PREFACE

이 책을 내면서

안녕하세요. 수험생 여러분!

저는 세계적으로 자랑스러운 인천국제공항과 누구나 선망하는 국내 공공기관에서 소방과 다른 분야에서 근무하면서 소방에 대한 관심을 갖게 되어, 소방관련 학업을 병행하게 되었고, 이 과정에서 다수의 관련 자격증도 취득하게 되었습니다.

이러한 수험과정을 통해서 누구보다 수험생 여러분들이 고민하고 있는 시험공부에 대해 잘 이해하고 있습니다.

소방안전관리자 시험은 점점 난이도가 높아지면서 수험생들의 공부 부담도 많아진 게 사실입니다. 따라서 본 저자는 수험생 여러분들의 조금이라도 부담을 덜어주고자, 다음과 같은 몇 가지 제언을 하고자 합니다.

1. 기출 분석을 통한 출제 빈도 파악
2. 빈출 내용의 정리
3. 빈출 내용의 핵심 키워드 정리

기술의 발전과 함께 위험요소 또한 다양해져 소방분야의 중요성이 더 커짐에 따라 다방면의 소방관련 업계로의 취업 및 사회 진출의 기회도 늘어날 것으로 예상됩니다.

수험생 여러분들의 소중한 시간이 낭비되지 않고 빠르게 합격이라는 값진 결과를 얻을 수 있도록 본 저자가 길을 열어주는 역할을 하도록 하겠습니다.

수험생 여러분들의 합격을 기원합니다!

저자 윤정현

소방안전관리자 단칼에 정복!!

소방안전관리자 2급 기출·예상문제

학습가이드

1. 시행처
한국소방안전원(www.kfsi.or.kr)

2. 진로 및 전망
- 빌딩, 각 사업체, 공장 등에 소방안전관리자로 선임되어 소방안전관리자의 업무를 수행할 수 있다.
- 건물주가 자체 소방시설을 점검하고 자율적으로 화재예방을 책임지는 자율소방제도를 시행함에 따라 소방안전관리자에 대한 수요가 증가하고 있는 추세이다.

3. 시험접수
- 시험접수방법

구분	시·도지부 방문접수 (근무시간: 09:00~18:00)	한국소방안전원 사이트 접수 (www.kisi.or.kr)
접수 시 관련 서류	• 응시수수료 결제(현금, 신용카드 등) • 사진 1매 • 응시자격별 증빙서류(해당자에 한함)	• 응시수수료 결제 (신용카드, 무통장입금 등) • 증빙자료 접수 불가

- 시험접수 시 기본 제출서류
  - 시험응시원서 1부
  - 사진 1매(가로 3.5cm X세로 4.5cm)

4. 시험과목

1과목	2과목
소방안전관리자 제도	소방시설(소화설비. 경보설비, 피난구조설비)의 점검 실습·평가
소방관계법령(건축관계법령 포함)	소방계획 수립 이론·실습·평가 (화재안전취약자의 피난계획 등 포함)
소방학개론	자위소방대 및 초기대응체계 구성 등 이론·실습·평가

2025 단칼에 끝내는

소방 안전관리자 2급

기출·예상문제집

◇ 한국소방안전원 교재완벽반영
◇ 소방관계법령의(과태료 및 벌금) 기출복원 예상문제 별도 구성
◇ 최신출제경향 분석을 바탕으로 문제 난이도 및 상세한 해설

소방안전관리자 단칼에 정복!!
소방안전관리자 2급 기출·예상문제

INFORMATION

화기취급감독 및 화재위험작업 허가 · 관리	작동기능점검표 작성 실습 · 평가
위험물 · 전기 · 가스 안전관리	응급처치 이론 · 실습 · 평가
피난시설. 방화구획 및 방화시설의 관리	소방안전교육 및 훈련 이론 · 실습 · 평가
소방시설의 종류 및 기준	화재 시 초기대응 및 피난 실습 · 평가
소방시설(소화설비 · 경보설비 · 피난구조설비)의 구조	업무수행기록의 작성 · 유지 실습 · 평가

5. 출제방법
- 시험유형 : 객관식(4지 선택형)
- 배점 : 1문제 4점
- 출제문항수 : 50문항(과목별 25문항)
- 시험시간 : 1시간(60분)

6. 합격기준 및 시험일시
- 합격기준 : 매 과목 100점을 만점으로 하여 매 과목 40점 이상, 전 과목 평균 70점 이상
- 시험일정 및 장소 : 한국소방안전원 사이트(www.kfsi.or.kr)에서 시험일정 참고

7. 합격자 발표
홈페이지에서 확인 가능

8. 지부별 연락처

지부(지역)	연락처	지부(지역)	연락처
서울지부(서울 영등포)	02-2671-9076~8	부산지부(부산 금정구)	051-553-8423~5
서울동부지부(서울 신설동)	02-3298-6951	대구경북지부(대구 중구)	053-429-6911, 7911
인천지부(인천 서구)	032-569-1971~2	울산지부(울산 남구)	052-256-9011~2
경기지부(수원 팔달구)	031-257-0131~3	경남지부(창원 의창구)	055-237-2071~3
경기북부지부(경기 파주시)	031-945-3118, 4118	광주전남지부(광주 광산구)	062-942-6679~81
대전충남지부(대전 대덕구)	042-638-4119, 7119	전북지부(전북 완주군)	063-212-8315~6
충북지부(청주 서원구)	043-237-3119, 4119	제주지부(제주시)	064-758-8047 064-755-1193
강원지부(홍성군)	033-345-2119~20	-	-

소방안전관리자 2급 기출·예상문제

들어가는 순서

제1편 소방관계법령

제1장 소방안전관리제도 ·· 10
제2장 소방기본법 ·· 11
제3장 화재의 예방 및 안전관리에 관한 법률 ······································ 14
제4장 소방시설 설치 및 관리에 관한 법률 ·· 46
제5장 건축관계법령 ·· 57

제2편 소방학개론

제1장 연소이론 ·· 70
제2장 화재이론 ·· 77
제3장 소화이론 ·· 84

제3편 화기취급 감독 및 화재위험작업 허가·관리

제1장 화기취급작업 안전관리규정 ·· 88
제2장 화재위험작업 허가·관리 ·· 92
제3장 위험물안전관리 ·· 93
제4장 전기안전관리 ·· 96
제5장 가스안전관리 ·· 97

CONTENTS

제 4 편 | 피난시설, 방화구획 및 방화시설의 유지·관리

제1장 피난시설, 방화구획 및 방화시설의 유지·관리 ········ 102

제 5 편 | 소방시설의 종류 및 기준, 구조·점검

제1장 소방시설의 종류 및 기준 ········ 108
제2장 소화설비 ········ 114
제3장 경보설비 ········ 183
제4장 피난구조설비 ········ 228

제 6 편 | 소방계획 수립

제1장 소방계획의 수립 ········ 244
제2장 자위소방대 및 초기대응체계 구성·운영 ········ 250
제3장 화재대응 및 피난 ········ 255

제 7 편 | 응급처치

제1장 응급처치 개요 ········ 258
제2장 응급처치 요령 ········ 260

들어가는 순서

제 8 편　소방안전교육 및 훈련

제1장 소방안전교육 및 훈련 ·· 268

제 9 편　작동점검표 작성 및 실습

제1장 작동점검표 작성 ·· 272

제 10 편　소방관계법령 벌금 및 과태료 기출복원 예상문제

제1장 소방관계법령 벌금 및 과태료 기출복원 예상문제 ······································ 276

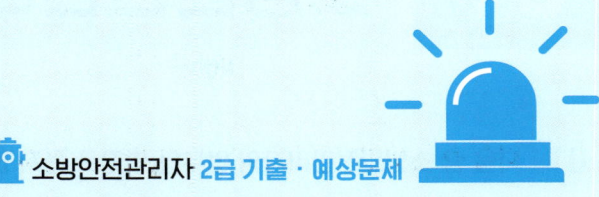
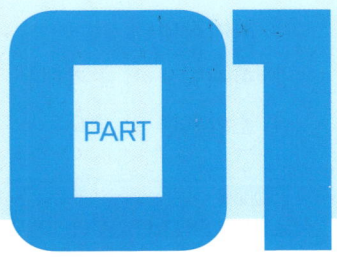

소방관계법령

제1장 소방안전관리제도
제2장 소방기본법
제3장 화재의 예방 및 안전관리에 관한 법률
제4장 소방시설 설치 및 관리에 관한 법률
제5장 건축관계법령

제01장 소방안전관리제도

01 다음 중 소방안전관리자의 업무와 역할로 옳지 않은 것은?

① 소방계획서의 작성 및 시행
② 화기작업
③ 화재발생 시 초기대응
④ 소방훈련 및 교육

해설
소방안전관리자의 업무와 역할
1. 피난계획에 관한 사항과 소방계획서의 작성 및 시행
2. 자위소방대 및 초기대응체계의 구성·운영·교육
3. 피난시설, 방화구획 및 방화시설의 유지·관리
4. 소방훈련 및 교육
5. 소방시설이나 그 밖의 소방관련 시설의 유지·관리
6. 화기취급의 감독
7. 소방안전관리에 관한 업무수행에 관한 기록·유지
8. 화재발생 시 초기대응
9. 그 밖의 소방안전관리에 필요한 업무

정답 01 ②

제 02 장 소방기본법

02 다음 중 한국소방안전원의 업무가 아닌 것은? 난이도 중

① 소방기술과 안전관리에 관한 교육 및 조사연구
② 화재예방과 안전관리의식 고취를 위한대국민 홍보
③ 소방안전에 관한 국제협력
④ 소방기술인정자격수첩 발급 업무

해설
한국소방안전원의 업무
1. 소방기술과 안전관리에 관한 **교육 및 조사연구**
2. 소방기술과 안전관리에 관한 **각종 간행물 발간**
3. 화재예방과 안전관리의식 고취를 위한 **대국민 홍보**
4. 소방업무에 관하여 **행정기관이 위탁하는 업무**
5. 소방안전에 관한 **국제협력**
6. 그 밖에 회원에 대한 기술지원 등 **정관으로 정하는 사항**
※ 소방기술인정자격수첩은 한국소방시설협회의 업무이다.

03 다음 중 소방기본법의 목적으로 옳지 않은 것은? 난이도 하

① 국민의 생명·신체 및 재산 보호
② 화재 예방·경계·진압, 화재, 재난·재해, 그 밖의 위급한 상황에서의 구조·구급활동
③ 개인의 복리증진
④ 공공의 안녕 및 질서 유지

해설
소방기본법의 목적
화재를 **예방·경계**하거나 **진압**하고 화재, 재난·재해, 그 밖의 위급한 상황에서의 **구조·구급활동 등**을 통하여 **국민의 생명·신체 및 재산을 보호**함으로써 **공공의 안녕 및 질서 유지와 복리증진**에 이바지함을 목적으로 한다.

정답 02 ④ 03 ③

04 다음 중 소방대상물이 아닌 것은?

① 항해중인 선박
② 건축물
③ 차량
④ 선박 건조 구조물

해설
소방대상물
건축물, 차량, 선박(「선박법」 제1조의2제1항에 따른 선박으로서 항구에 매어둔 선박만 해당한다), 선박 건조 구조물, 산림, 그 밖의 인공 구조물 또는 물건을 말한다.

05 다음 중 관계인에 해당되는 것을 모두 고른 것은?

| ㄱ. 소유자 | ㄴ. 경비원 | ㄷ. 관리자 | ㄹ. 점유자 |

① ㄱ, ㄴ
② ㄱ, ㄴ, ㄹ
③ ㄱ, ㄷ, ㄹ
④ ㄱ, ㄹ

해설
관계인
소방대상물의 소유자·관리자 또는 점유자를 말한다.

06 다음 중 소방대가 아닌 것은?

① 소방공무원
② 의무소방원
③ 의용소방대원
④ 자위소방대

해설
소방대
화재를 진압하고 화재, 재난·재해 그 밖의 위급한 상황에서 구조·구급활동 등을 하기 위하여 구성된 조직체로 소방공무원, 의무소방원, 의용소방대원을 말한다.

정답 04 ① 05 ③ 06 ④

07 한국소방안전원의 설립 목적으로 옳지 않은 것은?

① 소방기술과 안전관리기술의 향상 및 홍보
② 교육·훈련 등 행정기관이 위탁하는 업무의 수행
③ 소방 관계 종사자의 기술 향상
④ 소방시설업의 기술개선 및 연구·용역 및 평가

해설

한국소방안전원의 설립 목적
1. 소방기술과 안전관리기술의 향상 및 홍보
2. 교육·훈련 등 행정기관이 위탁하는 업무의 수행
3. 소방 관계 종사자의 기술 향상

※ 소방시설업의 기술개선 및 연구·용역 및 평가는 한국소방시설협회의 업무이다.

정답 07 ④

소방안전관리자 2급 기출·예상문제

제 03 장 화재의 예방 및 안전관리에 관한 법률

08 다음 중 화재안전조사의 명령권자로 옳은 것을 모두 고른 것은? 난이도 하

> ㄱ. 시·도지사 ㄴ. 소방청장
> ㄷ. 소방본부장 ㄹ. 소방서장
> ㅁ. 행정안전부 장관

① ㄱ, ㄴ, ㄷ, ㄹ ② ㄴ, ㄷ, ㄹ
③ ㄱ, ㄷ, ㄹ ④ ㄱ, ㄴ, ㄷ, ㄹ, ㅁ

해설
화재안전조사
소방청장, 소방본부장 또는 소방서장(이하 "소방관서장"이라 한다.)이 소방대상물, 관계지역 또는 관계인에 대하여 소방시설 등이 소방관계법령에 적합하게 설치·관리되고 있는지, 소방대상물에 화재 발생 위험이 있는지 등을 확인하기 위하여 실시하는 현장조사·문서열람·보고요구 등을 하는 활동

09 다음 중 화재안전조사를 실시할 수 있는 경우는? 난이도 중

① 화재예방강화지구 등 법령에서 안전검사를 하도록 규정되어 있는 경우
② 국가적 행사 등 주요 행사가 개최되는 장소 및 그 주변의 관계 지역에 대하여 소방안전관리 실태를 조사할 필요가 있는 경우
③ 화재예방안전진단이 성실하거나 완전하다고 인정되는 경우
④ 재난예측정보, 기상예보 등을 분석한 결과 소방대상물에 화재 발생 위험이 적다고 판단되는 경우

해설
화재안전조사를 실시할 수 있는 경우
1. 「소방시설 설치 및 관리에 관한 법률」 제22조에 따른 자체점검이 불성실하거나 불완전하다고 인정되는 경우
2. 화재예방강화지구 등 법령에서 화재안전조사를 하도록 규정되어 있는 경우
3. 화재예방안전진단이 불성실하거나 불완전하다고 인정되는 경우
4. 국가적 행사 등 주요 행사가 개최되는 장소 및 그 주변의 관계 지역에 대하여 소방안전관리 실태를 조사할 필요가 있는 경우
5. 화재가 자주 발생하였거나 발생할 우려가 뚜렷한 곳에 대한 조사가 필요한 경우
6. 재난예측정보, 기상예보 등을 분석한 결과 소방대상물에 화재의 발생 위험이 크다고 판단되는 경우
7. 제1호부터 제6호까지에서 규정한 경우 외에 화재, 그 밖의 긴급한 상황이 발생할 경우 인명 또는 재산 피해의 우려가 현저하다고 판단되는 경우

정답 08 ② 09 ②

10 화재예방강화지구의 지정권자로 옳은 것은? 난이도 중

① 국토교통부 장관 ② 소방대장
③ 시·도지사 ④ 소방서장

해설
화재예방강화지구
시·도지사가 화재발생 우려가 크거나 화재가 발생할 경우 피해가 클 것으로 예상되는 지역에 대하여 화재의 예방 및 안전관리를 강화하기 위해 지정·관리하는 지역이다.

11 화재안전조사 항목에 해당하는 것을 모두 고른 것은? 난이도 중

ㄱ. 화재의 예방조치 등에 관한 사항
ㄴ. 피난계획의 수립 및 시행에 관한 사항
ㄷ. 소화·통보·피난 등의 훈련 및 소방안전관리에 필요한 교육에 관한 사항
ㄹ. 방염에 관한 사항
ㅁ. 건설현장 임시소방시설의 설치 및 관리에 관한 사항
ㅂ. 소방시설등의 자체점검에 관한 사항
ㅅ. 소방자동차 전용구역의 설치에 관한 사항

① ㄱ, ㄴ, ㄷ
② ㄱ, ㄴ, ㄷ, ㄹ
③ ㄱ, ㄴ, ㄷ, ㄹ, ㅁ, ㅂ
④ ㄱ, ㄴ, ㄷ, ㄹ, ㅁ, ㅂ, ㅅ

해설
화재안전조사 항목
1. 화재의 예방조치 등에 관한 사항
2. 소방안전관리 업무 수행에 관한 사항
3. 피난계획의 수립 및 시행에 관한 사항
4. 소화·통보·피난 등의 훈련 및 소방안전관리에 필요한 교육에 관한 사항
5. 소방자동차 전용구역의 설치에 관한 사항
6. 소방시설공사업법에 따른 시공, 감리 및 감리원의 배치에 관한 사항
7. 소방시설의 설치 및 관리에 관한 사항
8. 건설현장 임시소방시설의 설치 및 관리에 관한 사항
9. 피난시설, 방화구획 및 방화시설의 관리에 관한 사항
10. 방염(防炎)에 관한 사항
11. 소방시설등의 자체점검에 관한 사항
12. 「다중이용업소의 안전관리에 관한 특별법」, 「위험물안전관리법」 및 「초고층 및 지하 연계 복합건축물 재난관리에 관한 특별법」의 안전관리에 관한 사항
13. 그 밖에 소방대상물에 화재의 발생 위험이 있는지 등을 확인하기 위해 소방관서장이 화재안전조사가 필요하다고 인정하는 사항

정답 10 ③ 11 ④

12 다음 빈칸에 들어갈 내용으로 옳게 짝지어진 것은?

> 1. 소방관서장은 화재안전조사 결과에 따른 소방대상물의 위치·구조·설비 또는 관리의 상황이 화재예방을 위하여 보완될 필요가 있거나 화재가 발생하면 인명 또는 재산의 피해가 클 것으로 예상되는 때에는 ㄱ._____으로 정하는 바에 따라 관계인에게 그 소방대상물의 개수·이전·제거, 사용의 금지 또는 제한, 사용폐쇄, 공사의 정지 또는 중지, 그 밖에 필요한 조치를 명할 수 있다.
> 2. ㄴ._____은 화재안전조사 결과 소방대상물이 법령을 위반하여 건축 또는 설비되었거나 소방시설등, 피난시설·방화구획, 방화시설 등이 법령에 적합하게 설치 또는 관리되고 있지 아니한 경우에는 관계인에게 제1항에 따른 조치를 명하거나 관계 행정기관의 장에게 필요한 조치를 하여 줄 것을 요청할 수 있다.

① ㄱ. 행정안전부령, ㄴ. 시·도지사
② ㄱ. 시·도의 조례, ㄴ. 시·도지사
③ ㄱ. 행정안전부령, ㄴ. 소방관서장
④ ㄱ. 국토교통부령, ㄴ. 관할 구청장

해설

화재안전조사 결과에 따른 조치명령
1. 소방관서장은 화재안전조사 결과에 따른 소방대상물의 위치·구조·설비 또는 관리의 상황이 화재예방을 위하여 보완될 필요가 있거나 화재가 발생하면 인명 또는 재산의 피해가 클 것으로 예상되는 때에는 **행정안전부령**으로 정하는 바에 따라 관계인에게 그 소방대상물의 개수(改修)·이전·제거, 사용의 금지 또는 제한, 사용폐쇄, 공사의 정지 또는 중지, 그 밖에 필요한 조치를 명할 수 있다.
2. **소방관서장**은 화재안전조사 결과 소방대상물이 법령을 위반하여 건축 또는 설비되었거나 소방시설등, 피난시설·방화구획, 방화시설 등이 법령에 적합하게 설치 또는 관리되고 있지 아니한 경우에는 관계인에게 제1항에 따른 조치를 명하거나 관계 행정기관의 장에게 필요한 조치를 하여 줄 것을 요청할 수 있다.

정답 12 ③

13 다음 장소가 뜻하는 것으로 옳은 것은?

난이도 하

> 1. 시장지역
> 2. 공장·창고가 밀집한 지역
> 3. 목조건물이 밀집한 지역
> 4. 노후·불량건축물이 밀집한 지역
> 5. 위험물의 저장 및 처리 시설이 밀집한 지역
> 6. 석유화학제품을 생산하는 공장이 있는 지역
> 7. 소방시설·소방용수시설 또는 소방출동로가 없는 지역

① 화재예방강화지구 ② 경계구역
③ 예방구역 ④ 재해위험지구

해설
화재예방강화지구
1. 시장지역
2. 공장·창고가 밀집한 지역
3. 목조건물이 밀집한 지역
4. 노후·불량건축물이 밀집한 지역
5. 위험물의 저장 및 처리 시설이 밀집한 지역
6. 석유화학제품을 생산하는 공장이 있는 지역
7. 「산업입지 및 개발에 관한 법률」제2조제8호에 따른 산업단지
8. 소방시설·소방용수시설 또는 소방출동로가 없는 지역
9. 「물류시설의 개발 및 운영에 관한 법률」제2조제6호에 따른 물류단지
10. 그 밖에 제1호부터 제9호까지에 준하는 지역으로서 소방관서장이 화재예방강화지구로 지정할 필요가 있다고 인정하는 지역

정답 13 ①

14 화재예방강화지구 및 이에 준하는 대통령령으로 정하는 장소에서 하지 말아야 할 행위로 알맞지 않은 것을 고르시오.

① 전자제품 사용
② 모닥불, 흡연 등 화기의 취급
③ 풍등 등 소형열기구 날리기
④ 용접·용단 등 불꽃을 발생시키는 행위

해설
화재 예방조치 등
누구든지 화재예방강화지구 및 이에 준하는 대통령령으로 정하는 장소에서는 다음 어느 하나에 해당하는 행위를 하여서는 안된다.(다만, 행정안전부령으로 정하는 바에 따라 안전조치를 한 경우에는 그러하지 아니한다.)
1. **모닥불, 흡연 등** 화기의 취급
2. **풍등 등 소형 열기구** 날리기
3. **용접·용단 등 불꽃을 발생**시키는 행위
4. 그 밖에 **대통령령으로 정하는 화재 발생 위험**이 있는 행위

---

15 다음 내용의 빈칸에 들어갈 내용으로 알맞은 것은?

> _____은 화재 발생 위험이 크거나 소화 활동에 지장을 줄 수 있다고 인정되는 행위나 물건에 대하여 행위 당사자나 그 물건의 관계인에게 다음의 명령을 할 수 있다.(다만, 해당하는 물건의 소유자 등을 알 수 없는 경우 소속 공무원으로 하여금 그 물건을 옮기거나 보관하는 등 필요한 조치를 하게 할 수 있다.
> 1. 모닥불, 흡연 등 화기의 취급, 풍등 등 소형열기구 날리기, 용접·용단 등 불꽃을 발생시키는 행위 그 밖에 대통령령으로 정하는 화재 발생 위험이 있는 행위
> 2. 목재, 플라스틱 등 가연성이 큰 물건의 제거, 이격, 적재 금지 등
> 3. 소방차량의 통행이나 소화 활동에 지장을 줄 수 있는 물건의 이동

① 시·도지사
② 국토교통부 장관
③ 소방관서장
④ 행정안전부 장관

해설
화재 예방조치 등
소방관서장은 화재 발생 위험이 크거나 소화 활동에 지장을 줄 수 있다고 인정되는 행위나 물건에 대하여 행위 당사자나 그 물건의 관계인에게 다음의 명령을 할 수 있다.(다만, 해당하는 물건의 소유자 등을 알 수 없는 경우 소속 공무원으로 하여금 그 물건을 옮기거나 보관하는 등 필요한 조치를 하게 할 수 있다.

정답 14 ① 15 ③

16 다음 내용의 빈칸에 들어갈 내용으로 알맞은 것은? 난이도 하

> 소방관서장은 옮긴 물건 등을 보관하는 경우에는 그 날부터 ㄱ._____ 동안 소방관서의 인터넷 홈페이지에 그 사실을 공고해야 하며, 보관기간은 공고기간의 종료일 다음날부터 ㄴ._____ 일 까지로 한다.

① ㄱ. 10일, ㄴ. 5일　　② ㄱ. 10일, ㄴ. 7일
③ ㄱ. 14일, ㄴ. 5일　　④ ㄱ. 14일, ㄴ. 7일

해설
화재 예방조치 등
소방관서장은 옮긴 물건 등을 보관하는 경우에는 그 날부터 14일 동안 소방관서의 인터넷 홈페이지에 그 사실을 공고해야 하며, 보관기간은 공고기간의 종료일 다음날부터 7일까지로 한다.

17 특정소방대상물의 소방안전관리에 관한 내용 중 옳지 않은 것은? 난이도 하

① 소방안전관리대상물의 관계인은 소방안전관리업무를 수행하기 위하여 소방안전관리자 자격증을 발급받은 사람을 소방안전관리자로 선임하여야 한다.
② 다른 법령에 따라 전기·가스·위험물 등의 안전관리자는 소방안전관리업무 전담 대상물(특급 및 1급 소방안전관리대상물)의 소방안전관리자를 겸할 수 없다.(단, 다른 법령에 특별한 규정이 있는 경우에는 예외)
③ 소방안전관리대상물의 관계인은 소방안전관리업무를 대행하는 관리업자로 하여금 업무를 대행하게 할 수 있으며, 이 때 감독할 수 있는 사람을 지정하여 소방안전관리자로 선임할 수 있다. 이 경우 소방안전관리자로 선임된 자는 선임된 날부터 3개월 이내에 강습교육을 받아야 한다.
④ 소방안전관리대상물의 관계인은 소방안전관리업무를 대행하는 관리업자로 하여금 업무를 대행하게 할 수 있으며, 이 때 감독할 수 있는 사람을 지정하여 소방안전관리자로 선임할 수 있다. 이 경우 소방안전관리자로 선임된 자는 선임된 날부터 5개월 이내에 강습교육을 받아야 한다.

해설
특정소방대상물의 소방안전관리
소방안전관리대상물의 관계인은 소방안전관리업무를 대행하는 관리업자로 하여금 업무를 대행하게 할 수 있으며, 이 때 감독할 수 있는 사람을 지정하여 소방안전관리자로 선임할 수 있다. 이 경우 소방안전관리자로 선임된 자는 선임된 날부터 <u>3개월 이내에 강습교육</u>을 받아야 한다.

정답 16 ④ 17 ④

18 다음 중 특급 소방안전관리대상물로 옳은 것은? 난이도 중

① 50층 이상(지하층을 포함)이거나 지상으로부터 높이가 200미터 이상인 아파트
② 30층 이상(지하층 제외)이거나 지상으로부터 높이가 120미터 이상인 특정소방대상물(아파트 포함)
③ 가연성 가스를 1천톤 이상 저장·취급하는 시설
④ 30층 이상(지하층을 포함)이거나 지상으로부터 높이가 120미터 이상인 특정소방대상물(아파트 제외)

해설

특급 소방안전관리대상물
가. 특급 소방안전관리대상물의 범위
　「소방시설 설치 및 관리에 관한 법률 시행령」 별표 2의 특정소방대상물 중 다음의 어느 하나에 해당하는 것
　1) <u>50층 이상(지하층은 제외한다)이거나 지상으로부터 높이가 200미터 이상인 아파트</u>
　2) <u>30층 이상(지하층을 포함한다)이거나 지상으로부터 높이가 120미터 이상인 특정소방대상물(아파트는 제외한다)</u>
　3) 2)에 해당하지 않는 특정소방대상물로서 연면적이 10만제곱미터 이상인 특정소방대상물(아파트는 제외한다)
나. 특급 소방안전관리대상물에 선임해야 하는 소방안전관리자의 자격
　다음의 어느 하나에 해당하는 사람으로서 특급 소방안전관리자 자격증을 발급받은 사람
　1) 소방기술사 또는 소방시설관리사의 자격이 있는 사람
　2) 소방설비기사의 자격을 취득한 후 5년 이상 1급 소방안전관리대상물의 소방안전관리자로 근무한 실무경력(법 제24조 제3항에 따라 소방안전관리자로 선임되어 근무한 경력은 제외한다. 이하 이 표에서 같다)이 있는 사람
　3) 소방설비산업기사의 자격을 취득한 후 7년 이상 1급 소방안전관리대상물의 소방안전관리자로 근무한 실무경력이 있는 사람
　4) 소방공무원으로 20년 이상 근무한 경력이 있는 사람
　5) 소방청장이 실시하는 특급 소방안전관리대상물의 소방안전관리에 관한 시험에 합격한 사람
다. 선임인원 : 1명 이상

정답 18 ④

19 다음 중 1급 소방안전관리대상물로 옳지 않은 것은? 난이도 중

① 30층 이상(지하층 제외)이거나 지상으로부터 높이가 120미터 이상인 아파트
② 연면적 1만 5천제곱미터 이상인 특정소방대상물(아파트 및 연립주택은 제외)
③ 가연성 가스를 1천톤 이상 저장·취급하는 시설
④ 30층 이상(지하층을 포함)이거나 지상으로부터 높이가 120미터 이상인 특정소방대상물(아파트 제외)

해설
1급 소방안전관리대상물

가. 1급 소방안전관리대상물의 범위
「소방시설 설치 및 관리에 관한 법률 시행령」 별표 2의 특정소방대상물 중 다음의 어느 하나에 해당하는 것(제1호에 따른 특급 소방안전관리대상물은 제외한다)
  1) 30층 이상(지하층은 제외한다)이거나 지상으로부터 높이가 120미터 이상인 아파트
  2) 연면적 1만5천제곱미터 이상인 특정소방대상물(아파트 및 연립주택은 제외한다)
  3) 2)에 해당하지 않는 특정소방대상물로서 지상의 층수가 11층 이상인 특정소방대상물(아파트는 제외한다)
  4) 가연성 가스를 1천톤 이상 저장·취급하는 시설
나. 1급 소방안전관리대상물에 선임해야 하는 소방안전관리자의 자격
다음의 어느 하나에 해당하는 사람으로서 1급 소방안전관리자 자격증을 발급받은 사람 또는 제1호에 따른 특급 소방안전관리대상물의 소방안전관리자 자격증을 발급받은 사람
  1) 소방설비기사 또는 소방설비산업기사의 자격이 있는 사람
  2) 소방공무원으로 7년 이상 근무한 경력이 있는 사람
  3) 소방청장이 실시하는 1급 소방안전관리대상물의 소방안전관리에 관한 시험에 합격한 사람
다. 선임인원 : 1명 이상

정답 19 ④

20 다음 중 2급 소방안전관리대상물로 옳은 것은?

난이도 중

① 가스제조설비를 갖추고 도시가스사업의 허가를 받아야 하는 시설 또는 가연성 가스를 10톤 이상 100톤 미만 저장·취급하는 시설
② 지하구
③ 30층 이상(지하층을 포함)이거나 지상으로부터 높이가 120미터 이상인 특정소방대상물(아파트 제외)
④ 연면적 1만 5천제곱미터 이상인 특정소방대상물(아파트 및 연립주택은 제외)

해설
2급 소방안전관리대상물

가. 2급 소방안전관리대상물의 범위

「소방시설 설치 및 관리에 관한 법률 시행령」 별표 2의 특정소방대상물 중 다음의 어느 하나에 해당하는 것(제1호에 따른 특급 소방안전관리대상물 및 제2호에 따른 1급 소방안전관리대상물은 제외한다)

1) 「소방시설 설치 및 관리에 관한 법률 시행령」 별표 4 제1호다목에 따라 옥내소화전설비를 설치해야 하는 특정소방대상물, 같은 호 라목에 따라 스프링클러설비를 설치해야 하는 특정소방대상물 또는 같은 호 바목에 따라 물분무등소화설비[화재안전기준에 따라 호스릴(ose reel) 방식의 물분무등소화설비만을 설치할 수 있는 특정소방대상물은 제외한다]를 설치해야 하는 특정소방대상물

2) 가스 제조설비를 갖추고 도시가스사업의 허가를 받아야 하는 시설 또는 가연성 가스를 100톤 이상 1천톤 미만 저장·취급하는 시설

3) 지하구

4) 「공동주택관리법」 제2조제1항제2호의 어느 하나에 해당하는 공동주택(「소방시설 설치 및 관리에 관한 법률 시행령」 별표 4 제1호다목 또는 라목에 따른 옥내소화전설비 또는 스프링클러설비가 설치된 공동주택으로 한정한다)

5) 「문화유산의 보존 및 활용에 관한 법률」 제23조에 따라 보물 또는 국보로 지정된 목조건축물

나. 2급 소방안전관리대상물에 선임해야 하는 소방안전관리자의 자격

다음의 어느 하나에 해당하는 사람으로서 2급 소방안전관리자 자격증을 발급받은 사람, 제1호에 따른 특급 소방안전관리대상물 또는 제2호에 따른 1급 소방안전관리대상물의 소방안전관리자 자격증을 발급받은 사람

1) 위험물기능장·위험물산업기사 또는 위험물기능사 자격이 있는 사람
2) 소방공무원으로 3년 이상 근무한 경력이 있는 사람
3) 소방청장이 실시하는 2급 소방안전관리대상물의 소방안전관리에 관한 시험에 합격한 사람
4) 「기업활동 규제완화에 관한 특별조치법」 제29조, 제30조 및 제32조에 따라 소방안전관리자로 선임된 사람(소방안전관리자로 선임된 기간으로 한정한다)

다. 선임인원 : 1명 이상

정답 20 ②

21 다음은 3급 소방안전관리대상물에 대한 설명이다. 빈칸에 들어갈 내용으로 옳은 것은?

난이도 하

> 특급, 1급, 2급 소방안전관리대상물을 제외한 특정소방대상물 중 간이스프링클러설비(주택전용 간이스프링클러설비는 제외) 또는 _____를 설치해야 하는 특정소방대상물

① 피난유도설비 ② 소화용수설비
③ 자동화재탐지설비 ④ 소화활동설비

해설
3급 소방안전관리대상물

가. 3급 소방안전관리대상물의 범위

「소방시설 설치 및 관리에 관한 법률 시행령」 별표 2의 특정소방대상물 중 다음의 어느 하나에 해당하는 것(제1호에 따른 특급 소방안전관리대상물, 제2호에 따른 1급 소방안전관리대상물 및 제3호에 따른 2급 소방안전관리대상물은 제외한다)

1) 「소방시설 설치 및 관리에 관한 법률 시행령」 별표 4 제1호마목에 따라 간이스프링클러설비(주택전용 간이스프링클러설비는 제외한다)를 설치해야 하는 특정소방대상물
2) 「소방시설 설치 및 관리에 관한 법률 시행령」 별표 4 제2호다목에 따른 자동화재탐지설비를 설치해야 하는 특정소방대상물

나. 3급 소방안전관리대상물에 선임해야 하는 소방안전관리자의 자격

다음의 어느 하나에 해당하는 사람으로서 3급 소방안전관리자 자격증을 발급받은 사람 또는 제1호부터 제3호까지의 규정에 따라 특급 소방안전관리대상물, 1급 소방안전관리대상물 또는 2급 소방안전관리대상물의 소방안전관리자 자격증을 발급받은 사람

1) 소방공무원으로 1년 이상 근무한 경력이 있는 사람
2) 소방청장이 실시하는 3급 소방안전관리대상물의 소방안전관리에 관한 시험에 합격한 사람
3) 「기업활동 규제완화에 관한 특별조치법」 제29조, 제30조 및 제32조에 따라 소방안전관리자로 선임된 사람(소방안전관리자로 선임된 기간으로 한정한다)

다. 선임인원: 1명 이상

정답 21 ③

22. 다음중 소방안전관리보조자 선임 대상물로 옳은 것은?

① 수련시설
② 200세대 이상인 아파트
③ 연면적이 1만5천제곱미터 이상인 특정소방대상물(아파트 및 연립주택 포함)
④ 숙박시설로 사용되는 바닥면적의 합계가 1천500제곱미터 미만이고 관계인이 24시간 상시 근무하고 있는 숙박시설

해설

소방안전관리보조자를 선임해야 하는 소방안전관리대상물의 범위와 선임 대상별 자격 및 인원기준

1. 소방안전관리보조자를 선임해야 하는 소방안전관리대상물의 범위
   별표 4에 따라 소방안전관리자를 선임해야 하는 소방안전관리대상물 중 다음 각 목의 어느 하나에 해당하는 소방안전관리대상물
   가. 「건축법 시행령」 별표 1 제2호가목에 따른 아파트 중 <u>300세대 이상인 아파트</u>
   나. <u>연면적이 1만5천제곱미터 이상</u>인 특정소방대상물(아파트 및 연립주택은 제외한다)
   다. 가목 및 나목에 따른 특정소방대상물을 제외한 특정소방대상물 중 다음의 어느 하나에 해당하는 특정소방대상물
      1) 공동주택 중 기숙사
      2) 의료시설
      3) 노유자 시설
      4) 수련시설
      5) 숙박시설(숙박시설로 사용되는 바닥면적의 합계가 1천500제곱미터 미만이고 <u>관계인이 24시간 상시 근무하고 있는 숙박시설은 제외</u>한다)
2. 소방안전관리보조자의 자격
   가. 별표 4에 따른 특급 소방안전관리대상물, 1급 소방안전관리대상물, 2급 소방안전관리대상물 또는 3급 소방안전관리대상물의 소방안전관리자 자격이 있는 사람
   나. 「국가기술자격법」 제2조제3호에 따른 국가기술자격의 직무분야 중 건축, 기계제작, 기계장비설비·설치, 화공, 위험물, 전기, 전자 및 안전관리에 해당하는 국가기술자격이 있는 사람
   다. 「공공기관의 소방안전관리에 관한 규정」 제5조제1항제2호나목에 따른 강습교육을 수료한 사람
   라. 법 제34조제1항제1호에 따른 강습교육 중 이 영 제33조제1호부터 제4호까지에 해당하는 사람을 대상으로 하는 강습교육을 수료한 사람
   마. 소방안전관리대상물에서 소방안전 관련 업무에 2년 이상 근무한 경력이 있는 사람
3. 선임인원
   가. 제1호가목에 따른 소방안전관리대상물의 경우에는 1명. 다만, 초과되는 300세대마다 1명 이상을 추가로 선임해야 한다.
   나. 제1호나목에 따른 소방안전관리대상물의 경우에는 1명. 다만, 초과되는 연면적 1만5천제곱미터(특정소방대상물의 방재실에 자위소방대가 24시간 상시 근무하고 「소방장비관리법 시행령」 별표 1 제1호가목에 따른 소방자동차 중 소방펌프차, 소방물탱크차, 소방화학차 또는 무인방수차를 운용하는 경우에는 3만제곱미터로 한다)마다 1명 이상을 추가로 선임해야 한다.
   다. 제1호다목에 따른 소방안전관리대상물의 경우에는 1명. 다만, 해당 특정소방대상물이 소재하는 지역을 관할하는 소방서장이 야간이나 휴일에 해당 특정소방대상물이 이용되지 않는다는 것을 확인한 경우에는 소방안전관리보조자를 선임하지 않을 수 있다.

정답 22 ①

23. 소방안전관리자 및 소방안전관리보조자는 몇일 이내에 선임하여야 하는가?

① 20일
② 14일
③ 30일
④ 7일

난이도 하

🔍 해 설
소방안전관리자 및 소방안전관리보조자 선임신고 등

소방안전관리대상물의 관계인은 소방안전관리(보조)자를 다음의 구분에 따라 해당 호에서 정하는 날부터 **30일 이내에 선임**해야 한다.(소방안전관리보조자의 경우는 (1),(3),(5) 항목만 적용)

(1) 신축·증축·개축·재축·대수선 또는 용도변경으로 해당 특정소방대상물의 소방안전관리(보조)자를 신규로 선임하여야 하는 경우: 해당 특정소방대상물의 사용승인일(건축법 제22조에 따라 건축물을 사용할 수 있게 된 날을 말한다)

(2) 증축 또는 용도변경으로 인하여 특정소방대상물이 영 제25조제1항에 따른 소방안전관리대상물로 된 경우 또는 특정소방대상물의 소방안전관리 등급이 변경된 경우: 증축공사의 사용승인일 또는 용도변경 사실을 건축물관리대장에 기재한 날

(3) 특정소방대상물을 양수하거나 민사집행법에 따른 경매, 채무자 회생 및 파산에 관한 법률에 따른 환가, 국세징수법·관세법 또는 지방세기본법에 따른 압류재산의 매각 그 밖에 이에 준하는 절차에 의하여 관계인의 권리를 취득한 경우: 해당 권리를 취득한 날 또는 관할 소방서장으로부터 소방안전관리(보조)자 선임 안내를 받은 날. 다만, 새로 권리를 취득한 관계인이 종전의 특정소방대상물의 관계인이 선임 신고한 소방안전관리(보조)자를 해임하지 아니하는 경우를 제외한다.

(4) 관리의 권원이 분리된 특정소방대상물의 경우 : 관리의 권원이 분리되거나 소방본부장 또는 소방서장이 관리의 권원을 조정한 날

(5) 소방안전관리(보조)자가 해임, 퇴직 등으로 소방안전관리(보조)자의 업무가 종료된 경우: 소방안전관리(보조)자를 해임한 날, 퇴직한 날 등 근무를 종료한 날

(6) 소방안전관리업무를 대행하는 자를 감독할 수 있는 사람을 소방안전관리자로 선임한 경우로서 그 업무대행 계약이 해지 또는 종료된 경우: 소방안전관리업무 대행이 끝난 날

(7) 소방안전관리자 자격이 정지 또는 취소된 경우: 소방안전관리자 자격이 정지 또는 취소된 날

정답 23 ③

[24~26] 다음 소방안전관리대상물의 조건을 보고 물음에 답하시오.

1. 용도 : 아파트
2. 층수 : 지하 5층, 지상 50층
3. 연면적 : 200,000m²
4. 세대수 : 1,500세대
5. 건축물의 높이 : 250m(지상으로부터)

24 위 조건에 해당하는 소방안전관리대상물의 등급 분류로 옳은 것은? 난이도 중

① 특급
② 1급
③ 2급
④ 3급

해설

특급 소방안전관리대상물

가. 특급 소방안전관리대상물의 범위
「소방시설 설치 및 관리에 관한 법률 시행령」 별표 2의 특정소방대상물 중 다음의 어느 하나에 해당하는 것
1) 50층 이상(지하층은 제외한다)이거나 지상으로부터 높이가 200미터 이상인 아파트
2) 30층 이상(지하층을 포함한다)이거나 지상으로부터 높이가 120미터 이상인 특정소방대상물(아파트는 제외한다)
3) 2)에 해당하지 않는 특정소방대상물로서 연면적이 10만제곱미터 이상인 특정소방대상물(아파트는 제외한다)

25 위 조건에 해당하는 소방안전관리대상물의 선임자격으로 옳은 것은? 난이도 중

① 소방설비기사의 자격을 취득한 후 3년 이상 1급 소방안전관리대상물의 소방안전관리자로 근무한 실무경력이 있는 사람
② 소방설비산업기사의 자격을 취득한 후 5년 이상 1급 소방안전관리대상물의 소방안전관리자로 근무한 실무경력이 있는 사람
③ 소방공무원으로 10년 이상 근무한 경력이 있는 사람
④ 소방기술사의 자격이 있는 사람

해설

특급 소방안전관리대상물

나. 특급 소방안전관리대상물에 선임해야 하는 소방안전관리자의 자격
다음의 어느 하나에 해당하는 사람으로서 특급 소방안전관리자 자격증을 발급 받은 사람
1) 소방기술사 또는 소방시설관리사의 자격이 있는 사람
2) 소방설비기사의 자격을 취득한 후 5년 이상 1급 소방안전관리대상물의 소방 안전관리자로 근무한 실무경력(법 제24조 제3항에 따라 소방안전관리자로 선임되어 근무한 경력은 제외한다. 이하 이 표에서 같다)이 있는 사람
3) 소방설비산업기사의 자격을 취득한 후 7년 이상 1급 소방안전관리대상물의 소방안전관리자로 근무한 실무경력이 있는 사람
4) 소방공무원으로 20년 이상 근무한 경력이 있는 사람
5) 소방청장이 실시하는 특급 소방안전관리대상물의 소방안전관리에 관한 시험에 합격한 사람
다. 선임인원: 1명 이상

정답 24 ① 25 ④

26 위 건물과 동일한 소방안전관리대상물의 범위로 옳지 않은 것은?   난이도 중

① 50층 이상(지하층은 제외한다)이거나 지상으로부터 높이가 200미터 이상인 아파트
② 30층 이상(지하층을 포함한다)이거나 지상으로부터 높이가 120미터 이상인 특정소방대상물(아파트는 제외한다)
③ 연면적이 10만제곱미터 이상인 특정 소방대상물(아파트는 제외한다)
④ 가연성 가스를 1천톤 이상 저장·취급하는 시설

해설
특급 소방안전관리대상물
가. 특급 소방안전관리대상물의 범위
「소방시설 설치 및 관리에 관한 법률 시행령」별표 2의 특정소방대상물 중 다음의 어느 하나에 해당하는 것
1) <u>50층 이상(지하층은 제외한다)이거나 지상으로부터 높이가 200미터 이상인 아파트</u>
2) <u>30층 이상(지하층을 포함한다)이거나 지상으로부터 높이가 120미터 이상인 특정소방대상물(아파트는 제외한다)</u>
3) <u>2)에 해당하지 않는 특정소방대상물로서 연면적이 10만제곱미터 이상인 특정소방대상물(아파트는 제외한다)</u>

[27~29] 다음 소방안전관리대상물의 조건을 보고 물음에 답하시오.

> 1. 용도 : 아파트
> 2. 층수 : 지하 3층, 지상 50층
> 3. 연면적 : 250,000m²
> 4. 세대수 : 2,500세대
> 5. 소방안전관리자 선임일 : 2024년 1월 14일

27 위 조건에 해당하는 소방안전관리대상물의 등급 분류로 옳은 것은?   난이도 상

① 특급   ② 1급
③ 2급   ④ 3급

해설
특급 소방안전관리대상물
가. 특급 소방안전관리대상물의 범위
「소방시설 설치 및 관리에 관한 법률 시행령」별표 2의 특정소방대상물 중 다음의 어느 하나에 해당하는 것
1) <u>50층 이상(지하층은 제외한다)이거나 지상으로부터 높이가 200미터 이상인 아파트</u>
2) <u>30층 이상(지하층을 포함한다)이거나 지상으로부터 높이가 120미터 이상인 특정소방대상물(아파트는 제외한다)</u>
3) 2)에 해당하지 않는 특정소방대상물로서 연면적이 10만제곱미터 이상인 특정소방대상물(아파트는 제외한다)

정답 26 ④ 27 ①

28 위 조건에 해당하는 소방안전관리대상물의 소방안전관리자와 소방안전관리보조자의 최소 선임인원은 몇 명인가? 난이도 상

① 소방안전관리자 : 1명, 소방안전관리보조자 : 5명
② 소방안전관리자 : 2명, 소방안전관리보조자 : 5명
③ 소방안전관리자 : 1명, 소방안전관리보조자 : 8명
④ 소방안전관리자 : 2명, 소방안전관리보조자 : 5명

해설

소방안전관리자 및 보조자

소방안전관리보조자 : $\frac{2500}{300}$ = 8.33 이므로 8명(소수점 아래 절삭)

1. 특급 소방안전관리대상물 소방안전관리자
   - 선임인원 : 1명 이상
2. 소방안전관리보조자 선임대상물
   - 아파트 중 300세대 이상인 아파트(초과되는 300세대마다 1명 이상을 추가로 선임)
   - 연면적이 15,000m^2 이상인 특정소방대상물(아파트 및 연립주택은 제외)
   - 다음의 어느 하나에 해당하는 특정소방대상물
     1) 공동주택 중 기숙사
     2) 의료시설
     3) 노유자 시설
     4) 수련시설
     5) 숙박시설(숙박시설로 사용되는 바닥면적의 합계가 1,500m^2 미만이고 관계인이 24시간 상시 근무하고 있는 숙박시설은 제외)

29 위 조건에 해당하는 소방안전관리대상물의 소방안전관리자 선임 후 최초 실무교육 이수기한을 고르시오. 난이도 상

① 2024년 7월 13일   ② 2024년 8월 13일
③ 2024년 9월 13일   ④ 2024년 10월 01일

해설

소방안전관리자 실무교육

소방안전관리자를 선임된 날로부터 6개월 이내에 실무교육을 받아야 한다. 이후 최초 실무교육 받은 날을 기준으로 2년마다 1회 이상 실무교육을 받아야 한다.
2024년 1월 14일에 소방안전관리자가 선임되었으면 6개월 내인 2024년 7월 13일까지 실무교육을 이수하여야 한다.

정답 28 ③ 29 ①

[30~32] 다음 소방안전관리대상물의 조건을 보고 물음에 답하시오.

> 1. 용도 : 아파트
> 2. 층수 : 지하 2층, 지상 35층
> 3. 연면적 : 58,000m²
> 4. 높이 : 120m
> 5. 세대수 : 600세대
> 6. 사용승인일 : 2019년 1월 14일 (종합점검(최초점검)은 사용승인일이 속한 월에 실시하였다)
> 7. 소방시설 : 자동화재탐지설비 및 스프링클러설비 설치

30 위 조건에 해당하는 소방안전관리대상물의 등급 분류로 옳은 것은? 난이도 **상**

① 특급 ② 1급
③ 2급 ④ 3급

해설
1급 소방안전관리대상물

가. 1급 소방안전관리대상물의 범위

「소방시설 설치 및 관리에 관한 법률 시행령」 별표 2의 특정소방대상물 중 다음의 어느 하나에 해당하는 것(제1호에 따른 특급 소방안전관리대상물은 제외한다)

1) <u>30층 이상(지하층은 제외한다)이거나 지상으로부터 높이가 120미터 이상인 아파트</u>
2) <u>연면적 1만5천제곱미터 이상인 특정소방대상물(아파트 및 연립주택은 제외한다)</u>
3) 2)에 해당하지 않는 특정소방대상물로서 지상층의 층수가 11층 이상인 특정소방대상물(아파트는 제외한다)
4) 가연성 가스를 1천톤 이상 저장·취급하는 시설

나. 1급 소방안전관리대상물에 선임해야 하는 소방안전관리자의 자격

다음의 어느 하나에 해당하는 사람으로서 1급 소방안전관리자 자격증을 발급받은 사람 또는 제1호에 따른 특급 소방안전관리대상물의 소방안전관리자 자격증을 발급받은 사람

1) 소방설비기사 또는 소방설비산업기사의 자격이 있는 사람
2) 소방공무원으로 7년 이상 근무한 경력이 있는 사람
3) 소방청장이 실시하는 1급 소방안전관리대상물의 소방안전관리에 관한 시험에 합격한 사람

다. 선임인원: 1명 이상

정답 30 ②

31. 위 조건에 해당하는 소방안전관리대상물의 소방안전관리보조자는 몇 명이어야 하는가?

① 1명
② 2명
③ 3명
④ 4명

난이도 상

해설

소방안전관리보조자

※ 소방안전관리보조자를 선임해야 하는 소방안전관리대상물의 범위

별표 4에 따라 소방안전관리자를 선임해야 하는 소방안전관리대상물 중 다음 각 목의 어느 하나에 해당하는 소방안전관리대상물

가. 「건축법 시행령」 별표 1 제2호가목에 따른 아파트 중 <u>300세대 이상인 아파트</u>
나. <u>연면적이 1만5천제곱미터 이상</u>인 특정소방대상물(아파트 및 연립주택은 제외한다)
다. 가목 및 나목에 따른 특정소방대상물을 제외한 특정소방대상물 중 다음의 어느 하나에 해당하는 특정소방대상물
  1) 공동주택 중 기숙사
  2) 의료시설
  3) 노유자 시설
  4) 수련시설
  5) 숙박시설(숙박시설로 사용되는 바닥면적의 합계가 1천500제곱미터 미만이고 <u>관계인이 24시간 상시 근무하고 있는 숙박시설은 제외</u>한다)

소방안전관리보조자 = $\frac{600}{300}$ = 2 이므로 2명

정답 31 ②

32 위 조건에 해당하는 소방안전관리대상물의 종합점검 시기를 고르시오.

① 2020년 1월 이내
② 2024년 12월 이내
③ 2025년 3월 이내
④ 2025년 7월 이내

해설
작동점검 및 종합점검 시기

구분	점검 횟수 및 점검 시기 등
작동점검	작동점검은 **연 1회 이상** 실시하며, 점검시기 등은 다음과 같다. 1. 종합점검 대상 : 종합점검을 받은 달부터 6개월이 되는 달에 실시 2. 위 1호에 해당하지 않는 특정소방대상물 : 특정소방대상물의 사용승인일이 속하는 달의 말일까지 실시
종합점검	**연 1회 이상**(특급 소방안전관리대상물은 반기에 1회 이상)실시하며, 점검시기는 다음과 같다.(단, 소방본부장 또는 소방서장은 소방청장이 소방안전관리가 우수하다고 인정한 특정소방대상물에 대해서는 3년의 범위에서 소방청장이 고시하거나 정한 기간 동안 종합점검을 면제할 수 있다. 다만, 면제기간 중 화재가 발생한 경우는 제외 1. 소방시설등이 신설된 특정소방대상물은 건축물을 사용할 수 있게 된 날부터 60일 이내 실시 2. **1을 제외한 특정소방대상물은 건축물의 사용승인일이 속하는 달에 실시**(단, 학교의 경우에는 해당 건축물의 사용승인일이 1월에서 6월 사이에 있는 경우에는 6월 30일까지 실시할 수 있다.) 3. 건축물 사용승인일 이후 다중이용업소에 따라 종합점검 대상에 해당하게 될 때에는 그 다음 해부터 실시한다. 4. 하나의 대지경계선 안에 2개 이상의 자체점검 대상 건축물 등이 있는 경우에는 그 건축물 중 사용승인일이 가장 빠른 연도의 건축물의 사용 승인일을 기준으로 점검할 수 있다.

정답 32 ①

[33~35] 다음 소방안전관리대상물의 조건을 보고 물음에 답하시오.

> 1. 용도 : 업무시설
> 2. 층수 : 지하 1층, 지상 5층
> 3. 연면적 : 2,000m²
> 4. 사용승인일 : 2024년 3월 29일
> 5. 소방시설 : 옥내소화전과 스프링클러설비 설치

33 위 조건에 해당하는 소방안전관리대상물의 등급 분류로 옳은 것은?   난이도 상

① 특급   ② 1급
③ 2급   ④ 3급

해설
2급 소방안전관리대상물

가. 2급 소방안전관리대상물의 범위
「소방시설 설치 및 관리에 관한 법률 시행령」 별표 2의 특정소방대상물 중 다음의 어느 하나에 해당하는 것(제1호에 따른 특급 소방안전관리대상물 및 제2호에 따른 1급 소방안전관리대상물은 제외한다)
1) 「소방시설 설치 및 관리에 관한 법률 시행령」 별표 4 제1호다목에 따라 옥내소화전설비를 설치해야 하는 특정소방대상물, 같은 호 라목에 따라 스프링클러설비를 설치해야 하는 특정소방대상물 또는 같은 호 바목에 따라 물분무등소화설비[화재안전기준에 따라 호스릴(ose reel) 방식의 물분무등소화설비만을 설치할 수 있는 특정소방대상물은 제외한다]를 설치해야 하는 특정소방대상물
2) 가스 제조설비를 갖추고 도시가스사업의 허가를 받아야 하는 시설 또는 가연성 가스를 100톤 이상 1천톤 미만 저장·취급하는 시설
3) 지하구
4) 「공동주택관리법」 제2조제1항제2호의 어느 하나에 해당하는 공동주택(「소방시설 설치 및 관리에 관한 법률 시행령」 별표 4 제1호다목 또는 라목에 따른 옥내소화전설비 또는 스프링클러설비가 설치된 공동주택으로 한정한다)
5) 「문화유산의 보존 및 활용에 관한 법률」 제23조에 따라 보물 또는 국보로 지정된 목조건축물

정답 33 ③

34 위 조건에 해당하는 소방안전관리대상물의 소방안전관리자 자격으로 옳지 않은 것은?

① 소방공무원으로 2년 이상 근무한 경력이 있는 사람
② 위험물기능장·위험물산업기사
③ 1급 소방안전관리자 자격증을 발급받은 사람
④ 2급 소방안전관리자 자격증을 발급 받은 사람

해설

2급 소방안전관리자 자격
다음의 어느 하나에 해당하는 사람으로서 2급 소방안전관리자 자격증을 발급받은 사람.
1호에 따른 특급 소방안전관리대상물 또는 제2호에 따른 1급 소방안전관리대상물의 소방안전관리자 자격증을 발급받은 사람
1) 위험물기능장·위험물산업기사 또는 위험물기능사 자격이 있는 사람
2) 소방공무원으로 3년 이상 근무한 경력이 있는 사람
3) 소방청장이 실시하는 2급 소방안전관리대상물의 소방안전관리에 관한 시험에 합격한 사람
4) 「기업활동 규제완화에 관한 특별조치법」 제29조, 제30조 및 제32조에 따라 소방안전관리자로 선임된 사람(소방안전관리자로 선임된 기간으로 한정한다)

35 위 조건에 해당하는 소방안전관리대상물의 관계인은 소방안전관리자를 몇일 이내에 선임하여야 하는가?

① 14일 이내 ② 15일 이내
③ 30일 이내 ④ 1년 이내

해설

소방안전관리자 선임
특정소방대상물의 관계인은 소방안전관리자를 다음 구분에 따라 정하는 날부터 30일 이내에 선임해야 합니다(「화재의 예방 및 안전관리에 관한 법률 시행규칙」 제14조제1항 참조)

정답 34 ① 35 ③

[36~38] 다음 소방안전관리대상물의 조건을 보고 물음에 답하시오.

> 1. 용도 : 병원
> 2. 층수 : 지하 2층, 지상 15층
> 3. 연면적 : 15,800m²
> 4. 소방안전관리자 선임일자 : 2024년 1월 3일

36 위 조건에 해당하는 소방안전관리대상물의 등급과 소방안전관리자의 최소 선임 인원을 고르시오.

난이도 ⓢ

① 특급, 1명
② 1급, 1명
③ 2급, 2명
④ 3급, 1명

해설
1급 소방안전관리대상물

가. 1급 소방안전관리대상물의 범위
「소방시설 설치 및 관리에 관한 법률 시행령」 별표 2의 특정소방대상물 중 다음의 어느 하나에 해당하는 것(제1호에 따른 특급 소방안전관리대상물은 제외한다)
1) 30층 이상(지하층은 제외한다)이거나 지상으로부터 높이가 120미터 이상인 아파트
2) 연면적 1만5천제곱미터 이상인 특정소방대상물(아파트 및 연립주택은 제외한다)
3) 2)에 해당하지 않는 특정소방대상물로서 지상층의 층수가 11층 이상인 특정소방대상물(아파트는 제외한다)
4) 가연성 가스를 1천톤 이상 저장·취급하는 시설

나. 1급 소방안전관리대상물에 선임해야 하는 소방안전관리자의 자격
다음의 어느 하나에 해당하는 사람으로서 1급 소방안전관리자 자격증을 발급받은 사람 또는 제1호에 따른 특급 소방안전관리대상물의 소방안전관리자 자격증을 발급받은 사람
1) 소방설비기사 또는 소방설비산업기사의 자격이 있는 사람
2) 소방공무원으로 7년 이상 근무한 경력이 있는 사람
3) 소방청장이 실시하는 1급 소방안전관리대상물의 소방안전관리에 관한 시험에 합격한 사람

다. 선임인원: 1명 이상

37 위 조건에 해당하는 소방안전관리자가 받아야하는 실무교육 이수기한으로 옳은 것을 고르시오.

난이도 ⓢ

① 2024년 12월 이내
② 2024년 7월 2일
③ 2025년 1월 2일
④ 2025년 7월 2일

해설
소방안전관리자 실무교육
소방안전관리자를 선임된 날로부터 6개월 이내에 실무교육을 받아야 한다. 이후 최초 실무교육 받은 날을 기준으로 2년마다 1회 이상 실무교육을 받아야 한다.
2024년 1월 3일에 소방안전관리자가 선임되었으면 6개월 내인 2024년 7월 2일까지 실무교육을 이수하여야 한다.

정답 36 ② 37 ②

38 위 조건에 해당하는 소방안전관리대상물의 소방안전관리자 자격으로 옳은 것은?

① 위험물 산업기사의 자격이 있는 사람
② 소방공무원으로 5년 이상 근무한 경력이 있는 사람
③ 소방설비 산업기사의 자격이 있는 사람
④ 위험물 기능장의 자격이 있는 사람

해설

1급 소방안전관리자의 자격

다음의 어느 하나에 해당하는 사람으로서 1급 소방안전관리자 자격증을 발급받은 사람 또는 제1호에 따른 특급 소방안전관리대상물의 소방안전관리자 자격증을 발급받은 사람

1) 소방설비기사 또는 소방설비산업기사의 자격이 있는 사람
2) 소방공무원으로 7년 이상 근무한 경력이 있는 사람
3) 소방청장이 실시하는 1급 소방안전관리대상물의 소방안전관리에 관한 시험에 합격한 사람

39 다음 내용중 빈칸에 들어갈 내용으로 옳게 짝지어진 것은?

1. 소방안전관리자 또는 소방안전관리보조자를 선임한 경우에는 행정안전부령으로 정하는 바에 따라 선임한 날부터 _____ 일 이내에 소방본부장 또는 소방서장에게 신고하여야 한다.
2. 소방본부장 또는 소방서장은 선임연기신청서를 제출받은 경우는 _____ 일 이내에 소방안전관리(보조)자 선임기간을 정하여 관계인에게 통보해야 한다.

① 30, 2   ② 14, 3
③ 20, 7   ④ 7, 14

해설

소방안전관리자 및 소방안전관리보조자 선임신고 등

1. 소방안전관리자 또는 소방안전관리보조자를 선임한 경우에는 행정안전부령으로 정하는 바에 따라 선임한 날부터 <u>14일 이내에 소방본부장 또는 소방서장에게 신고</u>하여야 한다.
2. 소방안전관리대상물의 출입자가 쉽게 알 수 있도록 소방안전관리자의 성명과 그 밖에 행정안전부령으로 정하는 사항을 게시하여야 한다.
3. 선임연기
   (1) 대상 : 2급, 3급 및 소방안전관리보조자를 선임해야 하는 소방안전관리대상물의 관계인
   (2) 사유 : 소방안전관리자 또는 소방안전관리보조자 강습교육이나 자격시험이 선임기간 내에 있지 않아 선임할 수 없는 경우
   (3) 절차 : 해당 관계인은 선임연기신청서(시행규칙 별지 제14호 서식)를 소방본부장 또는 소방서장에게 제출해야 하며, 소방본부장 또는 소방서장은 강습교육 접수 또는 시험응시 여부를 확인해야 한다.
   (4) 소방안전관리자 선임 연기기간 중 소방안전관리업무 수행자 : 소방안전관리대상물의 관계인
   (5) 연기일 통보 : 소방본부장 또는 소방서장은 선임연기신청서를 제출받은 경우는 <u>3일 이내</u>에 소방안전관리(보조)자 선임기간을 정하여 관계인에게 통보해야 한다.

정답 38 ③ 39 ②

40 소방안전관리대상물의 소방안전관리자 업무로 옳은 것을 모두 고르시오. 난이도 하

> ㄱ. 소방계획서의 작성 및 시행
> ㄴ. 소방 활동구역의 지정
> ㄷ. 소방훈련 및 교육
> ㄹ. 화기 취급의 감독
> ㅁ. 화재안전조사 실시
> ㅂ. 피난시설, 방화구획 및 방화시설의 관리

① ㄱ, ㄴ, ㄷ
② ㄱ, ㄷ, ㄹ
③ ㄱ, ㄷ, ㄹ, ㅂ
④ ㄱ, ㄴ, ㄷ, ㄹ, ㅁ, ㅂ

해설
소방안전관리대상물의 소방안전관리자 업무
1. 피난계획에 관한 사항과 대통령령으로 정하는 사항이 포함된 **소방계획서의 작성 및 시행**
2. 자위소방대 및 초기대응체계의 구성, 운영 및 교육
3. **피난시설, 방화구획 및 방화시설의 관리**
4. 소방시설이나 그 밖의 소방 관련 시설의 관리
5. **소방훈련 및 교육**
6. **화기 취급의 감독**
7. 소방안전관리에 관한 업무수행에 관한 기록·유지(위 3, 4, 6호 업무를 말함)
8. 화재발생 시 초기대응
9. 그 밖에 소방안전관리에 필요한 업무

실력향상 보충해설
특정소방대상물의 관계인 및 소방안전관리자 업무(법 제24조)

특정소방대상물(소방안전관리대상물 제외) 관계인	소방안전관리대상물 소방안전관리자
1. 피난시설, 방화구획 및 방화시설의 유지·관리 2. 소방시설이나 그밖의 소방관련 시설의 관리 3. 화기취급의 감독 4. 화재발생 시 초기대응 5. 그 밖에 소방안전관리에 필요한 업무	1. 피난시설, 방화구획 및 방화시설의 유지·관리 2. 소방시설이나 그밖의 소방관련 시설의 관리 3. 화기취급의 감독 4. 화재발생 시 초기대응 5. 그 밖에 소방안전관리에 필요한 업무 6. 피난계획에 관한 사항과 대통령령으로 정하는 사항이 포함된 소방계획서의 작성 및 시행 7. 자위소방대 및 초기대응체계의 구성, 운영 및 교육 8. 소방훈련 및 교육 9. 소방안전관리에 관한 업무수행에 관한 기록·유지

정답 40 ③

41 특정소방대상물(소방안전관리대상물 제외) 관계인의 업무로 옳지 않은 것은? 난이도 하

① 피난시설, 방화구획 및 방화시설의 관리
② 화기 취급의 감독
③ 화재발생 시 초기대응
④ 소방활동구역의 지정

> **해설**
> **특정소방대상물(소방안전관리대상물 제외) 관계인 업무**
> 1. 피난시설, 방화구획 및 방화시설의 관리
> 2. 소방시설이나 그 밖의 소방 관련 시설의 관리
> 3. 화기 취급의 감독
> 4. 화재발생 시 초기대응
> 5. 그 밖에 소방안전관리에 필요한 업무

42 소방안전관리자는 업무 수행에 관한 기록을 작성한 날부터 몇 년간 보관해야 하는가? 난이도 하

① 1년
② 3년
③ 2년
④ 5년

> **해설**
> **소방안전관리업무 수행에 관한 기록 · 유지**
> 소방안전관리자는 소방안전관리업무 수행에 관한 기록을 시행규칙 별지 저 12호 서식에 따라 월 1회 이상 작성·관리해야 한다.
> 1. 업무수행 중 보수 또는 정비가 필요한 사항을 발견한 경우에는 이를 지체없이 관계인에게 알리고 별지 제12호서식에 기록해야 한다.
> 2. 소방안전관리자는 업무 수행에 관한 기록을 작성한 날부터 <u>2년간 보관</u>해야 한다.

정답 41 ④ 42 ③

43 건설현장 소방안전관리대상물로 옳은 것은? 난이도 중

① 신축·증축·개축·재축·이전·용도변경 또는 대수선을 하려는 부분의 연면적의 합계가 15,000m² 이상인 것
② 대수선을 하려는 연면적 5,000m² 10층인 소방대상물
③ 재축을 하려는 연면적 3,000m² 냉동창고
④ 신축 중인 연면적 3,000m² 냉장창고

해설
건설현장 소방안전관리대상물
1. 신축·증축·개축·재축·이전·용도변경 또는 대수선을 하려는 부분의 **연면적의 합계가 15,000m² 이상**인 것.
2. 신축·증축·개축·재축·이전·용도변경 또는 대수선을 하려는 부분의 **연면적이 5,000m² 이상**인 것 중 다음 어느 하나에 해당하는 것.
2-1. **지하층의 층수가 2개 층 이상**인 것
2-2. **지상층의 층수가 11층 이상**인 것
2-3. **냉동창고, 냉장창고 또는 냉동·냉장창고**

44 건설현장 소방안전관리자의 업무로 옳지 않은 것은? 난이도 하

① 건설현장의 소방계획서 작성
② 건설현장 작업자에 대한 소방안전 교육 및 훈련
③ 공사진행 단계별 피난안전구역, 피난로 등의 확보와 관리
④ 건설현장의 작업자에 대한 안전보건교육

해설
건설현장 소방안전관리자 업무
1. **건설현장의 소방계획서 작성**
2. 임시소방시설의 설치 및 관리에 대한 감독
3. **공사진행 단계별 피난안전구역, 피난로 등의 확보와 관리**
4. **건설현장의 작업자에 대한 소방안전 교육 및 훈련**
5. 초기대응체계의 구성·운영 및 교육
6. 화기취급의 감독, 화재위험작업의 허가 및 관리
7. 그 밖에 건설현장의 소방안전관리와 관련하여 소방청장이 고시하는 업무

정답 43 ① 44 ④

45 건설현장 소방안전관리자의 선임신고 시 첨부하여야 할 서류로 옳은 것은?   난이도 하

① 소방안전관리자 자격증
② 현장 설계도면
③ 건설현장 소방안전관리자가 되려는 사람에 대한 주민등록등본
④ 건설현장 소방안전관리대상물의 공사 계약서 원본

해설
건설현장 소방안전관리자의 선임 신고
건설현장 소방안전관리대상물의 공사시공자는 건설현장 소방안전관리자를 선임한 경우에는 선임한 날부터 **14일 이내**에 별지 제19호서식의 건설현장 소방안전관리자 선임신고서(전자문서를 포함)에 다음 각 호의 서류(전자문서를 포함)를 첨부하여 **소방본부장 또는 소방서장에게 신고**해야 한다.(종합정보망 이용한 선임 신고 가능)
1. 소방안전관리자 자격증
2. 건설현장 소방안전관리자가 되려는 사람에 대한 강습교육 수료증
3. 건설현장 소방안전관리대상물의 공사 계약서 사본

46 건설현장 소방안전관리자의 선임기간으로 옳은 것은?   난이도 하

① 소방시설공사 착공신고일부터 건축물 준공일
② 소방시설공사 착공신고일부터 건축물 임시승인일
③ 소방시설공사 건축허가일부터 건축물 임시승인일
④ 소방시설공사 착공신고일부터 건축물 사용승인일

해설
건설현장 소방안전관리자의 선임 기간
건설현장 소방안전관리자의 선임 기간 : 소방시설공사 착공 신고일부터 건축물 사용 승인일까지 선임

정답 45 ① 46 ④

47 다음 피난계획의 수립 및 시행에 관한 내용에서 빈칸에 들어갈 내용으로 옳게 짝지어진 것은?

난이도 하

> 소방안전관리대상물의 ㄱ._____은 그 장소에 근무하거나 거주 또는 출입하는 사람들이 화재가 발생한 경우에 안전하게 피난할 수 있도록 ㄴ._____을 수립·시행하여야 하며, 피난시설의 위치, 피난경로 또는 대피요령이 포함된 피난 유도 안내정보를 근무자 또는 거주자에게 정기적으로 제공하여야 한다.

① ㄱ. 소방대장, ㄴ. 소방계획
② ㄱ. 관계인, ㄴ. 방재계획
③ ㄱ. 관계인, ㄴ. 피난계획
④ ㄱ. 소방서장, ㄴ. 소방계획

해설

피난계획의 수립 및 시행
소방안전관리대상물의 **관계인**은 그 장소에 근무하거나 거주 또는 출입하는 사람들이 화재가 발생한 경우에 안전하게 피난할 수 있도록 **피난계획**을 수립·시행하여야 하며, 피난시설의 위치, 피난경로 또는 대피요령이 포함된 피난 유도 안내정보를 근무자 또는 거주자에게 정기적으로 제공하여야 한다.

48 피난계획에 포함되어야 할 항목으로 옳지 않은 것은?

난이도 중

① 화재경보의 수단 및 방식
② 층별, 구역별 피난대상 인원의 연령별·성별현황
③ 피난약자 및 피난약자를 동반한 사람의 피난동선과 피난방법
④ 각 거실에서 옥외(옥상 또는 피난안전구역 제외)로 이르는 피난경로

해설

피난계획에 포함되어야 할 항목
1. 화재경보의 **수단 및 방식**
2. 층별, 구역별 피난대상 인원의 **연령별·성별현황**
3. 장애인, 노인, 임산부, 영유아 및 어린이 등 **이동이 어려운 사람(피난약자)의 현황**
4. 각 거실에서 **옥외(옥상 또는 피난안전구역 포함)로 이르는 피난경로**
5. 피난약자 및 피난약자를 동반한 사람의 **피난동선과 피난방법**
6. 피난시설, 방화구획, 그 밖에 **피난에 영향을 줄 수 있는 제반 사항**

정답 47 ③ 48 ④

49 다음 중 피난유도 안내정보의 제공에 관한 사항으로 옳은 것은?

① 연 1회 피난안내 교육을 실시
② 반기별 1회 이상 피난안내방송을 실시하는 방법
③ 피난안내도를 층마다 보기 쉬운 위치에 게시하는 방법
④ 눈에 잘 띄지 않는 장소에 피난안내영상을 제공하는 방법

해설
피난유도 안내정보의 제공
다음 어느 하나에 해당하는 방법으로 제공
1. 연 2회 피난안내 교육을 실시하는 방법
2. 분기별 1회 이상 피난안내방송을 실시하는 방법
3. 피난안내도를 층마다 보기 쉬운 위치에 게시하는 방법
4. 엘리베이터, 출입구 등 시청이 용이한 장소에 피난안내영상을 제공하는 방법

50 다음은 소방훈련에 관한 내용이다. 빈칸에 들어갈 내용으로 옳은 것은?

> 소방안전관리업무의 전담이 필요한 소방안전관리대상물(특급 및 1급)의 관계인은 소방훈련 및 교육을 한 날부터 _____일 이내에 소방훈련 및 교육 결과를 소방본부장 또는 소방서장에게 제출하여야 한다.

① 30 ② 14
③ 10 ④ 7

해설
소방안전관리대상물 근무자 및 거주자 등에 대한 소방훈련 등
소방안전관리업무의 전담이 필요한 소방안전관리대상물(특급 및 1급)의 관계인은 소방훈련 및 교육을 한 날부터 30일 이내에 소방훈련 및 교육 결과를 소방본부장 또는 소방서장에게 제출하여야 한다.

정답 49 ③ 50 ①

51 다음은 소방훈련 및 교육에 관한 사항이다. 빈칸에 들어갈 내용으로 옳게 짝지어진 것은?

난이도 하

> 소방훈련 및 교육은 연 ㄱ._____회 이상 실시(다만, 소방본부장 또는 소방서장이 화재예방을 위하여 필요하다고 인정하여 ㄴ._____회의 범위에서 추가로 실시할 것을 요청하는 경우에는 소방훈련과 교육을 실시해야 한다.)

① ㄱ. 1, ㄴ. 2
② ㄱ. 2, ㄴ. 2
③ ㄱ. 1, ㄴ. 1
④ ㄱ. 2, ㄴ. 1

해설

소방안전관리대상물 근무자 및 거주자 등에 대한 소방훈련 등
횟수 : 연 1회 이상 실시(다만, 소방본부장 또는 소방서장이 화재예방을 위하여 필요하다고 인정하여 2회의 범위에서 추가로 실시할 것을 요청하는 경우에는 소방훈련과 교육을 실시해야 한다.)

52 다음 빈칸에 들어갈 내용으로 옳게 짝지어진 것은?

난이도 하

> ㄱ._____ 또는 ㄴ._____은 불특정 다수인이 이용하는 대통령령으로 정하는 특정소방대상물의 근무자등에게 불시에 소방훈련과 교육을 실시할 수 있다.

① ㄱ. 소방청장   ㄴ. 소방본부장
② ㄱ. 시·도지사   ㄴ. 소방서장
③ ㄱ. 소방청장   ㄴ. 시·도지사
④ ㄱ. 소방본부장   ㄴ. 소방서장

해설

소방안전관리대상물 근무자 및 거주자 등에 대한 소방훈련 등
소방본부장 또는 소방서장은 불특정 다수인이 이용하는 *대통령령으로 정하는 특정소방대상물의 근무자등에게 불시에 소방훈련과 교육을 실시할 수 있다.

> **실력향상 보충해설**
>
> **대통령령으로 정하는 특정소방대상물**
> 1. 의료시설, 교육연구시설, 노유자 시설
> 2. 그 밖에 화재 발생 시 불특정 다수의 인명피해가 예상되어 소방본부장 또는 소방서장이 소방훈련·교육이 필요하다고 인정하는 특정소방대상물

정답 51 ① 52 ④

53 관계인은 소방훈련 및 교육을 실시했을 때에는 소방훈련·교육실시 결과기록부에 기록하여야 한다. 다음 중 소방훈련·교육실시 결과기록부의 보관기간으로 옳은 것은? 난이도 중

① 2년
② 1년
③ 3년
④ 5년

> **해설**
> **소방안전관리대상물 근무자 및 거주자 등에 대한 소방훈련 등**
> 관계인은 소방훈련 및 교육을 실시했을 때에는 소방훈련·교육실시 결과기록부에 기록하고, 소방훈련 및 교육을 실시한 날부터 2년간 보관해야 한다.

54 소방본부장 또는 소방서장은 불시 소방훈련·교육을 실시할 때 며칠 전까지 소방훈련·교육 계획서를 관계인에게 통지하여야 하는가? 난이도 중

① 30일
② 20일
③ 10일
④ 14일

> **해설**
> **소방안전관리대상물 근무자 및 거주자 등에 대한 소방훈련 등**
> 소방본부장 또는 소방서장은 불시 소방훈련·교육 실시 10일 전까지 불시 소방훈련·교육계획서를 관계인에게 통지하여야 한다.

55 소방본부장 또는 소방서장은 관계인에게 불시 소방훈련·교육 종료일부터 며칠 이내에 불시 소방훈련·교육 평가 결과서를 통지하여야 하는가? 난이도 중

① 14일
② 10일
③ 20일
④ 7일

> **해설**
> **소방안전관리대상물 근무자 및 거주자 등에 대한 소방훈련 등**
> 소방본부장 또는 소방서장은 관계인에게 불시 소방훈련·교육 종료일부터 10일 이내에 불시 소방훈련·교육 평가결과서를 통지하여야 한다.

정답 53 ① 54 ③ 55 ②

56 다음은 소방안전관리자의 강습교육에 관한 사항이다. 빈칸에 들어갈 내용으로 옳게 짝지어진 것은?

난이도 하

> 1. ㄱ._____은 강습교육을 실시하고자 하는 때에는 강습교육 실시 20일 전까지 일시·장소·그 밖의 강습교육 실시에 필요한 사항을 인터넷 홈페이지에 공고해야 한다.
> 2. 강습교육을 수료하려는 사람은 교육시간 합계의 90퍼센트 이상을 출석하고, 실습내용평가에 합격해야 하며 결강시간은 1일 최대 ㄴ._____시간을 초과할 수 없다.

① ㄱ. 소방청장   ㄴ. 2시간
② ㄱ. 소방본부장   ㄴ. 2시간
③ ㄱ. 소방본부장   ㄴ. 3시간
④ ㄱ. 소방청장   ㄴ. 3시간

해설

소방안전관리자 등에 대한 교육(강습교육)
1. **소방청장**은 강습교육을 실시하고자 하는 때에는 **강습교육 실시 20일 전까지** 일시·장소·그 밖의 강습교육 실시에 필요한 사항을 인터넷 홈페이지에 공고해야 한다.
2. 강습교육을 수료하려는 사람은 교육시간 합계의 90퍼센트 이상을 출석하고, 실습내용평가에 합격해야 하며 결강시간은 **1일 최대 3시간을 초과할 수 없다.**

57 소방청장은 실무교육을 실시하려는 경우에는 실무교육 실시일 전까지 일시·장소, 그 밖에 실무교육 실시에 필요한 사항을 인터넷 홈페이지에 공고하고 교육대상자에게 통보해야 한다. 빈칸에 들어갈 내용으로 옳은 것은?

난이도 하

① 10일   ② 14일
③ 30일   ④ 20일

해설

소방안전관리자 등에 대한 교육(실무교육)
소방청장은 실무교육을 실시하려는 경우에는 **실무교육 실시 30일 전까지** 일시·장소, 그 밖에 실무교육 실시에 필요한 사항을 인터넷 홈페이지에 공고하고 교육대상자에게 통보해야 한다.

정답 56 ④ 57 ③

58 소방안전관리자 및 소방안전관리보조자를 선임하는 경우 몇일 이내에 실무교육을 받아야 하는가? (단, 문제 이외의 다른 조건은 무시한다)

난이도 중

① 선임된 날부터 6개월 이내
② 자격발급된 날부터 6개월 이내
③ 선임된 날부터 3개월 이내
④ 자격발급된 날부터 1년 이내

해설

소방안전관리자 등에 대한 교육(실무교육)

1. 교육대상자 : 소방안전관리자(업무대행감독 소방안전관리자 포함) 및 소방안전관리보조자
2. 교육주기 : 선임된 날부터 6개월 이내(소방안전관련업무 경력으로 선임된 보조자의 경우는 3개월 이내), 그 이후에는 2년마다(최초 실무교육을 받은 날을 기준일로 하여 매 2년이 되는 해의 기준일과 같은 날 전까지를 말한다) 1회 이상 실무교육을 받아야 한다.

실력향상 보충해설

강습교육 과 실무교육

1. 소방안전관리 강습교육 또는 실무교육을 받은 후 1년 이내에 소방안전관리자로 선임된 사람은 해당 강습교육을 수료하거나 실무교육을 이수한 날에 실무교육을 이수한 것으로 본다.
2. 소방안전관리보조자의 경우 소방안전관리자 강습교육 또는 실무교육이나 소방안전관리보조자 실무교육을 받은 후 1년 이내에 소방안전관리보조자로 선임된 사람은 해당 강습교육을 수료하거나 실무교육을 이수한 날에 실무교육을 이수한 것으로 본다.
3. 자격 정지 : 소방청장은 실무교육을 받지 아니한 경우에는 1년이하의 기간을 정하여 자격을 정지시킬 수 있다.

위반사항	근거법령	행정처분기준		
		1차	2차	3차
실무교육을 받지 아니한 경우	법 제31조제1항 제4호	경고(시정명령)	자격정지(3개월)	자격정지(6개월)

정답 58 ①

제 04 장 소방시설 설치 및 관리에 관한 법률

59 다음 중 소방시설 설치 및 관리에 관한 법률의 목적으로 옳지 않은 것은?

① 소방시설등의 설치·관리와 소방용품 성능관리
② 국민의 생명·신체 및 재산을 보호
③ 공공의 안전과 복리 증진
④ 화재 예방·경계·진압, 화재, 재난·재해, 그 밖의 위급한 상황에서의 구조·구급활동

해설
소방시설 설치 및 관리에 관한 법률의 목적
특정소방대상물 등에 설치하여야 하는 소방시설등의 설치·관리와 소방용품 성능관리에 필요한 사항을 규정함으로써 국민의 생명·신체 및 재산을 보호하고 공공의 안전과 복리증진에 이바지함을 목적으로 한다.

60 소방시설의 종류로 옳지 않은 것은?

① 소화설비 ② 경보설비
③ 소화용수설비 ④ 급수장치

해설
소방시설의 종류
소화설비, 경보설비, 피난구조설비, 소화용수설비, 그 밖에 소화활동설비로서 대통령령으로 정하는 것이 있다.

61 건축물 등의 규모·용도 및 수용인원 등을 고려하여 소방시설을 설치하여야 하는 소방대상물로서 대통령령으로 정하는 것은 무엇인가?

① 피난사다리 ② 특정소방대상물
③ 경보설비 ④ 소화설비

해설
특정소방대상물
건축물 등의 규모·용도 및 수용인원 등을 고려하여 소방시설을 설치하여야 하는 소방대상물로서 대통령령으로 정하는 것.

정답 59 ④ 60 ④ 61 ②

62 다음은 무창층에 관한 설명으로, 빈칸에 들어갈 내용으로 옳게 짝지어진 것은? 난이도 하

> 1. 크기는 지름 ㄱ._____cm 이상의 원이 통과할 수 있을 것
> 2. 해당 층의 바닥면으로부터 개구부 밑부분까지의 높이가 ㄴ._____m 이내일 것

① ㄱ. 30cm 이상, ㄴ. 1m 이내
② ㄱ. 50cm 이상, ㄴ. 1.2m 이내
③ ㄱ. 30cm 이상, ㄴ. 1.2m 이내
④ ㄱ. 50cm 이상, ㄴ. 1m 이내

해설
무창층 : 지상층 중 다음 요건을 모두 갖춘 개구부(건축물에서 채광·환기·통풍 또는 출입 등을 위하여 만든 창·출입구, 그 밖에 이와 비슷한 것)의 면적의 합계가 해당 층의 바닥면적의 30분의1 이하가 되는 층
1. 크기는 지름 50cm 이상의 원이 통과할 수 있을 것
2. 해당 층의 바닥면으로부터 개구부 밑부분까지의 높이가 1.2m 이내일 것
3. 도로 또는 차량이 진입할 수 있는 빈터를 향할 것
4. 화재 시 건축물로부터 쉽게 피난할 수 있도록 창살이나 그 밖의 장애물이 설치되지 않을 것
5. 내부 또는 외부에서 쉽게 부수거나 열 수 있을 것

63 곧바로 지상으로 갈 수 있는 출입구가 있는 층이란 무엇인가? 난이도 하

① 피난층
② 지하층
③ 옥상층
④ 무창층

해설
피난층 : 곧바로 지상으로 갈 수 있는 출입구가 있는 층

64 다음 그림의 건물에서 피난층으로 옳은 것은? 난이도 하

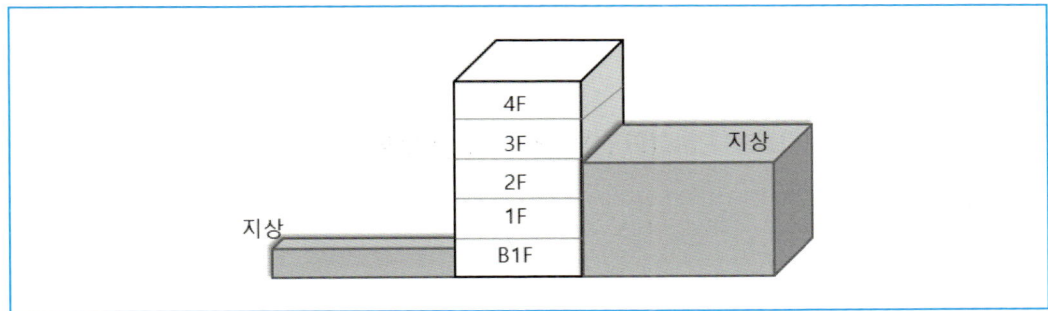

① 1F
② 1F, 3F
③ 3F, 4F
④ 3F

해설
피난층 : 곧바로 지상으로 갈 수 있는 출입구가 있는 층

정답 62 ② 63 ① 64 ②

65 특정소방대상물에 설치하는 소방시설의 관리 등에 관한 사항으로 옳은 것은? 난이도 상

① 특정소방대상물의 관계인은 대통령령으로 정하는 소방시설을 화재안전기준에 따라 설치·관리하여야 한다. 이 경우 장애인등이 사용하는 소화설비 및 피난구조설비는 대통령령으로 정하는 바에 따라 장애인등에 적합하게 설치·관리하여야 한다.
② 특정소방대상물의 관계인은 소방시설을 설치·관리하는 경우 화재 시 소방시설의 기능과 성능에 지장을 줄 수 있는 폐쇄(잠금 포함)·차단 등의 행위를 하여서는 아니된다. 다만, 소방시설의 점검·정비를 위하여 필요한 경우 폐쇄·차단은 할 수 있다.
③ 소방서장은 특정소방대상물의 관계인이 소방시설의 점검·정비를 위하여 폐쇄·차단을 하는 경우 안전을 확보하기 위하여 필요한 행동요령에 관한 지침을 마련하여 고시하여야 한다.
④ 소방청장, 소방본부장 또는 소방서장은 소방시설의 작동정보 등을 실시간으로 수집·분석할 수 있는 속보기를 구축·운영할 수 있다.

해설
소방시설의 관리 등
1. 특정소방대상물의 관계인은 대통령령으로 정하는 소방시설을 화재안전기준에 따라 설치·관리하여야 한다. 이 경우 장애인등이 사용하는 **경보설비 및 피난구조설비**는 대통령령으로 정하는 바에 따라 장애인등에 적합하게 설치·관리하여야 한다.
2. 특정소방대상물의 **관계인**은 소방시설을 설치·관리하는 경우 화재 시 소방시설의 기능과 성능에 지장을 줄 수 있는 폐쇄(잠금 포함)·차단 등의 행위를 하여서는 아니된다. 다만, **소방시설의 점검·정비를 위하여 필요한 경우 폐쇄·차단은 할 수 있다.**
3. **소방청장**은 2에 따라 특정소방대상물의 관계인이 소방시설의 점검·정비를 위하여 폐쇄·차단을 하는 경우 안전을 확보하기 위하여 필요한 행동요령에 관한 지침을 마련하여 고시하여야 한다.
4. 소방청장, 소방본부장 또는 소방서장은 소방시설의 작동정보 등을 실시간으로 수집·분석할 수 있는 **소방시설정보관리시스템을 구축·운영**할 수 있다.

66 단독경보형 감지기를 설치하여야 하는 장소로 옳은 것은? 난이도 하

① 단독주택
② 기숙사
③ 아파트
④ 가설건축물

해설
주택에 설치하는 소방시설
단독주택 및 공동주택(아파트 및 기숙사 제외)의 소유자는 소화기 및 단독경보형 감지기를 설치하여야 한다.

정답 65 ② 66 ①

67 다음 빈칸에 들어갈 내용으로 옳은 것은?

> ____제도란 연소 확대의 우려가 높은 다중이용시설이나 고층건물에 대하여 법령이 정하는 물품을 ____처리 하도록 의무를 부여하고 있다.

① 방염 ② 내화
③ 불연 ④ 방화

해설
방염

방염제도	연소 확대의 우려가 높은 다중이용시설이나 고층건물에 대하여 법령이 정하는 물품을 **방염처리** 하도록 의무를 부여하고 있다.
필요성	화재 시 연소확대 방지와 지연을 통해 피난자에게 피난시간을 확보하고 인명 및 재산피해를 줄이는데 있다.

68 다음 중 방염성능기준 이상의 실내장식물 등을 설치해야 하는 특정소방대상물로 옳지 않은 것은?

① 공연장 및 종교집회장
② 건축물의 옥내에 있는 문화 및 집회시설
③ 수영장
④ 교육연구시설 중 합숙소

해설
방염성능기준 이상의 실내장식물 등을 설치해야 하는 특정소방대상물
1. 근린생활시설 중 의원, 조산원, 산후조리원, 체력단련장, 공연장 및 종교집회장
2. 건축물의 옥내에 있는 시설 중 종교시설, **운동시설(수영장은 제외)**, 문화 및 집회시설
3. 의료시설, **교육연구시설 중 합숙소**
4. 노유자 시설, 숙박이 가능한 수련시설, 숙박시설
5. 방송통신시설 중 방송국 및 촬영소
6. **다중이용업소**
7. 위 1~6의 시설에 해당하지 않는 것으로서 층수가 11층 이상인 것(아파트등은 제외)

정답 67 ① 68 ③

69. 다음 중 방염처리대상인 것을 모두 고르시오. 난이도 상

> ㄱ. 카펫
> ㄴ. 두께 2밀리미터 미만인 종이벽지
> ㄷ. 암막·무대막
> ㄹ. 너비 10센티미터 이하인 반자돌림대
> ㅁ. 방음을 위하여 설치하는 방음재(방음용 커튼 포함)

① ㄱ, ㄴ, ㄷ
② ㄱ, ㄴ, ㄷ, ㄹ
③ ㄱ, ㄷ, ㅁ
④ ㄱ, ㄴ, ㄷ, ㄹ, ㅁ

해설
방염대상물품

제조 또는 가공 공정에서 방염처리를 한 다음의 물품	건축물 내부의 천장이나 벽에 부착하거나 설치하는 다음의 것
가. 창문에 설치하는 커튼류(블라인드를 포함한다) 나. <u>카펫</u> 다. <u>벽지류(두께가 2밀리미터 미만인 종이벽지는 제외한다)</u> 라. 전시용 합판·목재 또는 섬유판, 무대용 합판·목재 또는 섬유판(합판·목재류의 경우 불가피하게 설치 현장에서 방염처리한 것을 포함한다) 마. <u>암막·무대막</u>(「영화 및 비디오물의 진흥에 관한 법률」 제2조제10호에 따른 영화상영관에 설치하는 스크린과 「다중이용업소의 안전관리에 관한 특별법 시행령」 제2조제7호의4에 따른 가상체험 체육시설업에 설치하는 스크린을 포함한다) 바. 섬유류 또는 합성수지류 등을 원료로 하여 제작된 소파·의자(「다중이용업소의 안전관리에 관한 특별법 시행령」 제2조제1호나목 및 같은 조 제6호에 따른 단란주점영업, 유흥주점영업 및 노래연습장업의 영업장에 설치하는 것으로 한정한다)	가. 종이류(두께 2밀리미터 이상인 것을 말한다)·합성수지류 또는 섬유류를 주원료로 한 물품 나. 합판이나 목재 다. 공간을 구획하기 위하여 설치하는 간이 칸막이(접이식 등 이동 가능한 벽체나 천장 또는 반자가 실내에 접하는 부분까지 구획하지 않는 벽체를 말한다) 라. 흡음(吸音)을 위하여 설치하는 흡음재(흡음용 커튼을 포함한다) 마. <u>방음(防音)을 위하여 설치하는 방음재(방음용 커튼을 포함한다)</u> 가구류(옷장, 찬장, 식탁, 식탁용 의자, 사무용 책상, 사무용 의자, 계산대, 그 밖에 이와 비슷한 것을 말한다. 이하 이 조에서 같다)와 <u>너비 10센티미터 이하인 반자돌림대 등과 「건축법」 제52조에 따른 내부 마감재료는 제외한다.</u>

실력향상 보충해설
방염처리된 물품의 사용을 권장할 수 있는 경우
1. 다중이용업소, 의료시설, 노유자 시설, 숙박시설 또는 장례식장에서 사용하는 침구류·소파 및 의자
2. 건축물 내부의 천장 또는 벽에 부착하거나 설치하는 가구류

정답 69 ③

70 방염처리 물품의 선처리 성능검사 기관으로 옳은 것은?

① 한국소방안전원
② 한국소방시설협회
③ 소방청
④ 한국소방산업기술원

해설
방염처리 물품의 성능검사

구분	선처리물품	현장처리물품
처리방법	제조 또는 가공과정에서 방염처리(커튼류, 카펫, 합판·목재류 등)	설치현장에서 방염처리(합판·목재류)
실시기관	한국소방산업기술원	시·도지사(관할소방서장)
검사방법	검사신청수량 중 일정한 수량을 표본추출 하여 실시	일정한 크기·수량의 표본을 제출받아 실시
합격표시	방염성능검사 합격표시 부착	방염성능검사 확인표시 부착 「소방용품의 품질관리 등에 관한 규칙」별표 3

실력향상 보충해설
소방용품의 품질관리 등에 관한 규칙 별표 2

방염성능검사 합격표시(제5조제1항 본문 관련)

1. 방염대상물품에 붙이는 경우

방염물품의 종별	표시 양식(단위: mm)
합판, 섬유판, 소파·의자 등 합격표시를 바로 붙일 수 있는 것	KC 8
커텐 등 합격표시를 가열하여 붙일 수 있는 것	KC 5

비고 : 가. 합격표시는 해당 방염대상물품에 해당하는 표시 양식에 따른 크기 이상이어야 한다.
나. 합격표시의 부착방법 및 위치 등에 관하여는 소방청장이 정하는 바에 따른다.

2. 방염대상물품에 직접 표시하는 경우

비고 : 합격표시는 표시 양식에 따른 크기 이상이어야 한다.

정답 70 ④

71 특정소방대상물의 관계인은 그 대상물에 설치되어 있는 소방시설등이 법에 적합하게 설치·관리되고 있는지에 대하여 다음에 따른 기간 내에 스스로 점검하거나 관리업자등으로 하여금 정기적으로 자체점검하게 하여야 한다. 다음 중 자체점검으로 옳게 짝지어진 것은? 난이도 하

① 작동점검, 구조점검 ② 작동점검, 종합점검
③ 정밀점검, 종합점검 ④ 외관점검, 기능점검

해설
소방시설등의 자체점검
1. **작동점검** : 소방시설등을 인위적으로 조작하여 정상적으로 작동하는지를 소방시설등 작동점검표에 따라 점검
2. **종합점검** : 소방시설등의 작동점검을 포함하여 소방시설등의 설비별 주요 구성 부품의 구조 기준이 화재안전기준과 건축법 등 관련 법령에서 정하는 기준에 적합한지 여부를 소방시설등 종합점검표에 따라 점검하는 것으로 다음과 같이 구분
   - 최초점검 : 해당 특정소방대상물의 소방시설등이 새로 설치된 경우 건축물을 사용할 수 있게 된 날부터 60일 이내에 하는 점검
   - 그 밖의 종합점검 : 최초점검을 제외한 종합점검

72 소방 작동점검 및 종합점검의 점검횟수로 옳은 것은? 난이도 하

점검을 받는 특정소방대상물은 1급 소방안전관리대상물이다.

① 작동점검 : 연 1회 이상, 종합점검 : 연 1회 이상
② 작동점검 : 연 2회 이상, 종합점검 : 연 1회 이상
③ 작동점검 : 연 1회 이상, 종합점검 : 연 2회 이상
④ 작동점검 : 연 2회 이상, 종합점검 : 연 2회 이상

해설
자체점검의 점검 횟수 및 시기

구분	점검 횟수 및 점검 시기 등
작동점검	작동점검은 **연 1회 이상** 실시하며, 점검시기 등은 다음과 같다. 1. 종합점검 대상 : 종합점검을 받은 달부터 6개월이 되는 달에 실시 2. 위 1호에 해당하지 않는 특정소방대상물 : 특정소방대상물의 사용승인일이 속하는 달의 말일까지 실시
종합점검	**연 1회 이상**(특급 소방안전관리대상물은 반기에 1회 이상)실시하며, 점검시기는 다음과 같다.(단, 소방본부장 또는 소방서장은 소방청장이 소방안전관리가 우수하다고 인정한 특정소방대상물에 대해서는 3년의 범위에서 소방청장이 고시하거나 정한 기간 동안 종합점검을 면제할 수 있다. 다만, 면제기간 중 화재가 발생한 경우는 제외 1. 소방시설등이 신설된 특정소방대상물은 건축물을 사용할 수 있게 된 날부터 60일 이내 실시 2. 1을 제외한 특정소방대상물은 건축물의 사용승인일이 속하는 달에 실시(단, 학교의 경우에는 해당 건축물의 사용승인일이 1월에서 6월 사이에 있는 경우에는 6월 30일까지 실시할 수 있다.) 3. 건축물 사용승인일 이후 다중이용업소에 따라 종합점검 대상에 해당하게 된 때에는 그 다음 해부터 실시한다. 4. 하나의 대지경계선 안에 2개 이상의 자체점검 대상 건축물 등이 있는 경우에는 그 건축물 중 사용 승인일이 가장 빠른 연도의 건축물의 사용 승인일을 기준으로 점검할 수 있다.

정답 71 ② 72 ①

73 다음 중 작동점검 제외 대상으로 옳지 않은 것은?

① 소방안전관리자를 선임하지 않는 대상
② 위험물제조소등
③ 특급소방안전관리대상물
④ 자동화재탐지설비가 설치된 특정소방대상물

해설
자체점검의 구분과 대상 등

구분	점검 대상	점검 기술인력
작동점검	1. 간이스프링클러설비(주택전용 간이 스프링클러 설비 제외) 또는 자동화재탐지설비가 설치된 특정소방대상물	가. 관계인 나. 관리업에 등록된 기술인력 중 소방시설관리사 다. 「소방시설공사업법 시행규칙」 별표 4의2에 따른 특급점검자 라. 소방안전관리자로 선임된 소방시설관리사 및 소방기술사
	2. 위 1에 해당하지 않는 특정소방 대상물	가. 관리업에 등록된 소방시설관리사 나. 소방안전관리자로 선임된 소방시설관리사 및 소방기술사

	<u>3. 작동점검 대상 제외
	  - 소방안전관리자를 선임하지 않는 대상
	  - 위험물제조소 등
	  - 특급소방안전관리대상물</u>	

종합점검	1. 소방시설등이 신설된 특정소방대상물 2. 스프링클러가 설치된 특정소방대상물 3. 물분무등소화설비[호스릴 방식의 물분무등소화설비만을 설치한 경우는 제외]가 설치된 연면적 5,000m^2 이상인 특정소방대상물(위험물제조소등 제외) 4. 「다중이용업소의 안전관리에 관한 특별법 시행령」에 의한 단란주점영업, 유흥주점영업, 영화상영관, 비디오물감상실업, 복합영상물제공업, 노래연습장업, 산후조리업, 고시원업, 안마시술소의 다중이용업의 영업장이 설치된 특정 소방대상물로서 연면적이 2,000m^2 이상인 것 5. 제연설비가 설치된 터널 6. 「공공기관의 소방안전관리에 관한 규정」제2조에 따른 공공기관 중 연면적(터널·지하구의 경우 그 길이와 평균폭을 곱하여 계산된 값을 말한다) 이 1,000m^2 이상인 것으로서 옥내소화전설비 또는 자동화재탐지 설비가 설치된 것(단, 「소방기본법」 제2조제5호에 따른 소방대가 근무하는 공공기관은 제외	가. 관리업에 등록된 소방시설관리사 나. 소방안전관리자로 선임된 소방시설관리사 및 소방기술사

정답 73 ④

74. 소방안전관리대상물의 관계인은 자체점검이 끝난 날부터 며칠 이내에 관련 서류를 첨부하여 소방본부장 또는 소방서장에게 보고해야 하는가?

난이도 중

① 7일
② 10일
③ 15일
④ 20일

해설

자체점검 결과의 조치 등

관계인은 점검이 끝난 날부터 15일 이내에 소방시설등 자체점검 실시결과 보고서에 다음의 서류를 첨부하여 소방본부장 또는 소방서장에게 서면이나 소방청장이 지정하는 전산망을 통하여 보고해야 한다.

가. 점검인력 배치확인서(관리업자가 점검한 경우만 해당)
나. 소방시설등의 자체점검 결과 이행계획서[시행규칙 별지 제10호 서식]

---

75. 다음 빈칸에 들어갈 내용으로 옳게 짝지어진 것은?

난이도 중

> 1. 관리업자등은 자체점검을 실시한 경우에는 그 점검이 끝난 날부터 ㄱ._____ 일 이내에 소방시설등 자체점검 실시결과 보고서에 소방시설등 점검표를 첨부하여 관계인에게 제출해야 한다.
> 2. 소방본부장 또는 소방서장에게 자체점검 실시결과 보고를 마친 관계인은 소방시설등 자체점검 실시결과 보고서(소방시설등점검표 포함)를 점검이 끝난 날부터 ㄴ._____ 년간 자체 보관해야 한다.

① ㄱ. 10일, ㄴ. 2년
② ㄱ. 14일, ㄴ. 2년
③ ㄱ. 7일, ㄴ. 1년
④ ㄱ. 10일, ㄴ. 1년

해설

자체점검 결과의 조치 등

1. 관리업자등은 자체점검을 실시한 경우에는 그 점검이 끝난 날부터 10일 이내에 소방시설등 자체점검 실시결과 보고서에 소방시설등 점검표를 첨부하여 관계인에게 제출해야 한다.
2. 관계인은 자체점검 결과를 행정안전부령으로 정하는 바에 따라 소방시설등에 대한 수리·교체·정비에 관한 이행계획(중대위반사항에 대한 조치사항 포함)을 첨부하여 소방본부장 또는 소방서장에게 보고해야 한다.
3. 관계인은 점검이 끝난 날부터 15일 이내에 소방시설등 자체점검 실시결과 보고서에 다음의 서류를 첨부하여 소방본부장 또는 소방서장에게 서면이나 소방청장이 지정하는 전산망을 통하여 보고해야 한다.
   가. 점검인력 배치확인서(관리업자가 점검한 경우만 해당)
   나. 소방시설등의 자체점검 결과 이행계획서[시행규칙 별지 제10호 서식]
4. 소방본부장 또는 소방서장에게 자체점검 실시결과 보고를 마친 관계인은 소방시설등 자체점검 실시결과 보고서(소방시설등점검표 포함)를 점검이 끝난 날부터 2년간 자체 보관해야 한다.

정답 74 ③ 75 ①

실력향상 보충해설
자체점검 결과의 조치 등
1. 소방시설등의 자체점검 결과 이행계획서를 보고받은 소방본부장 또는 소방서장은 다음에 따라 이행계획의 완료 기간을 정하여 관계인에게 통보해야 한다.(다만, 소방시설등에 대한 수리·교체·정비의 규모 또는 절차가 복잡하여 기간 내에 이행을 완료하기가 어려운 경우에는 그 기간을 달리 정할 수 있다.)
   - 가. 소방시설등을 구성하고 있는 기계·기구를 수리하거나 정비하는 경우 : 보고일로부터 10일 이내
   - 나. 소방시설등의 전부 또는 일부를 철거하고 새로 교체하는 경우 : 보고일로부터 20일 이내
2. 이행계획을 완료한 관계인은 이행을 완료한 날부터 10일 이내에 소방시설등의 자체점검 결과 이행완료 보고서[시행규칙 별지 제11호 서식]에 다음의 서류를 첨부하여 소방본부장 또는 소방서장에게 보고해야 한다.
   - 가. 이행계획 건별 전·후 사진 증명자료
   - 나. 소방시설공사 계약서
3. 자체점검결과 보고를 마친 관계인은 보고한 날부터 10일 이내에 소방시설등 자체점검기록표를 작성하여 특정소방대상물의 출입자가 쉽게 볼 수 있는 장소에 30일 이상 게시해야 한다.

소방시설 설치 및 관리에 관한 법률 시행규칙 [별표 5]

소방시설등 자체점검기록표(제25조 관련)

소방시설등 자체점검기록표

- 대상물명 :
- 주　　소 :
- 점검구분 :　　　　　　[ ] 작동점검　　　　[ ] 종합점검
- 점 검 자 :
- 점검기간 :　　　　년　월　일　～　년　월　일
- 불량사항 : [ ] 소화설비　　[ ] 경보설비　　[ ] 피난구조설비
　　　　　　[ ] 소화용수설비 [ ] 소화활동설비 [ ] 기타설비 [ ] 없음
- 정비기간 :　　　　년　월　일　～　년　월　일

　　　　　　　　　　　　　　　　　　　　　　년　월　일

「소방시설 설치 및 관리에 관한 법률」 제24조제1항 및 같은 법 시행규칙 제25조에 따라 소방시설등 자체점검결과를 게시합니다.

※ 비고 : 점검기록표의 규격은 다음과 같다.
   - 가. 규격 : A4 용지(가로 297mm × 세로 210mm)
   - 나. 재질 : 아트지(스티커) 또는 종이
   - 다. 외측 테두리 : 파랑색(RGB 65, 143, 222)
   - 라. 내측 테두리 : 하늘색(RGB 193, 214, 237)
   - 마. 글씨체(색상)
     (1) 소방시설 점검기록표 : Y헤드라인M, 45포인트(외측 테두리와 동일)
     (2) 본문 제목 : 윤고딕230, 20포인트(외측 테두리와 동일)
        본문 내용 : 윤고딕230, 20포인트(검정색)
     (3) 하단 내용 : 윤고딕240, 20포인트(법명은 파랑색, 그 외 검정색)

76 특급소방안전관리대상물의 소방 작동점검 및 종합점검의 점검횟수로 옳은 것은?

① 작동점검 : 연 1회 이상
  종합점검 : 연 1회 이상
② 작동점검 : 제외
  종합점검 : 연 1회 이상
③ 작동점검 : 제외
  종합점검 : 반기 1회 이상
④ 작동점검 : 연 1회 이상
  종합점검 : 반기 1회 이상

해설

특급소방안전관리대상물의 자체점검

구분	점검 횟수 및 점검 시기 등
작동점검	제외
종합점검	연 1회 이상(**특급소방안전관리대상물은 반기에 1회 이상**)실시하며, 점검시기는 다음과 같다.(단, 소방본부장 또는 소방서장은 소방청장이 소방안전관리가 우수하다고 인정한 특정소방대상물에 대해서는 3년의 범위에서 소방청장이 고시하거나 정한 기간 동안 종합점검을 면제할 수 있다. 다만, 면제기간 중 화재가 발생한 경우는 제외 1. 소방시설등이 신설된 특정소방대상물은 건축물을 사용할 수 있게 된 날부터 60일 이내 실시 2. 1을 제외한 특정소방대상물은 건축물의 사용승인일이 속하는 달에 실시(단, 학교의 경우에는 해당 건축물의 사용승인일이 1월에서 6월 사이에 있는 경우에는 6월 30일까지 실시할 수 있다.) 3. 건축물 사용승인일 이후 다중이용업소에 따라 종합점검 대상에 해당하게 된 때에는 그 다음 해부터 실시한다. 4. 하나의 대지경계선 안에 2개 이상의 자체점검 대상 건축물 등이 있는 경우에는 그 건축물 중 사용승인일이 가장 빠른 연도의 건축물의 사용 승인일을 기준으로 점검할 수 있다.

77 다음 중 자체점검 결과의 중대위반사항으로 옳은 것은?

① 소화펌프(가압송수장치 미포함)의 고장으로 소방시설이 작동되지 않는 경우
② 수신기의 고장은 발생하지 않았으며 화재경보음이 자동으로 울리지 않은 경우
③ 소화배관 등이 폐쇄·차단되어 소화수 또는 소화약제가 자동 방출되지 않는 경우
④ 방화문 또는 자동방화셔터의 본래의 기능은 하지만 훼손된 경우

해설

자체점검 결과 중대위반사항
1. 소화펌프(가압송수장치 포함), 동력·감시 제어반 또는 소방시설용 전원(비상전원 포함)의 고장으로 <u>소방시설이 작동되지 않는 경우</u>
2. 화재 수신기의 고장으로 화재경보음이 자동으로 울리지 않거나 화재 수신기와 연동된 소방시설의 <u>작동이 불가능한 경우</u>
3. 소화배관 등이 폐쇄·차단되어 <u>소화수 또는 소화약제가 자동 방출되지 않는 경우</u>
4. 방화문 또는 자동방화셔터가 훼손되거나 철거되어 <u>본래의 기능을 못하는 경우</u>
관계인 또는 관리업자등은 위와 같은 중대위반사항이 발견된 경우에는 지체 없이 수리 등 필요한 조치를 하여야 한다.

정답 76 ③ 77 ③

소방안전관리자 2급 기출·예상문제

제 05 장 건축관계법령

78 다음은 방화구획에 관한 설명이다. 빈칸에 들어갈 내용으로 알맞은 것은? 난이도 하

> 건축물 내부를 방화벽으로 구획하여
> 1. ㄱ._____의 확산을 일정구역으로 제한한다.
> 2. ㄴ._____의 확산은 제연을 시행하도록 소방법에 위임한다.

① ㄱ. 홍수, ㄴ. 연기
② ㄱ. 연기, ㄴ. 화재
③ ㄱ. 화재, ㄴ. 연기
④ ㄱ. 홍수, ㄴ. 화재

해설
방화구획
건축물 내부를 방화벽으로 구획하여
1. <u>화재의 확산</u>을 일정구역으로 제한
2. <u>연기의 확산</u>은 제연을 시행하도록 소방법에 위임
3. 소화 작업 및 <u>피난시간을 일정시간 확보</u>

> **실력향상 보충해설**
> **건축물의 방화안전 개념(피난)**
> 대피공간, 발코니, 직통계단, 복도, 피난계단, 특별피난계단의 구조·치수 등을 규정

79 방화구획과 피난계단, 지상으로 통하는 주된 복도는 일정시간 화재의 확산을 방지토록 ㄱ_____, ㄴ_____, ㄷ_____를 실내 마감재로 사용한다. 빈칸에 들어갈 내용으로 옳은 것은? 난이도 하

① ㄱ. 불연재료, ㄴ. 준불연재료, ㄷ. 난연재료
② ㄱ. 내화재료, ㄴ. 준불연재료, ㄷ. 방염재료
③ ㄱ. 방화재료, ㄴ. 준불연재료, ㄷ. 난연재료
④ ㄱ. 가연재료, ㄴ. 준불연재료, ㄷ. 난연재료

해설
실내마감재
방화구획과 피난계단, 지상으로 통하는 주된 복도는 일정시간 화재의 확산을 방지토록 불연재, 준불연재료, 난연재료를 실내 마감재로 사용.

정답 78 ③ 79 ①

80 다음 중 「건축법」의 목적으로 옳지 않은 것은?   난이도 하

① 건축물의 대지·구조·설비기준 및 용도 등을 정함
② 소방용품 성능 관리
③ 건축물의 안전·기능 및 미관 향상
④ 공공복리 증진

해설
「건축법」의 목적
「건축법」의 목적은 건축물의 대지·구조·설비기준 및 용도 등을 정하여 건축물의 안전·기능 및 미관을 향상시킴으로써 공공복리 증진에 이바지함을 목적으로 한다.

> **실력향상 보충해설**
> **건축법과 소방관계법의 관계**
> 1. 건축법 : 화재의 발생방지(마감재), 화재의 확산의 한계(방화구획) 화재 시 내화강도 유지(내화 구조), 피난통로 확보를 규정 → 하드웨어 개념
> 2. 소방시설 설치 및 관리에 관한 법률 : 피난과 소화거점의 확보를 위한 제연으로부터 소화설비, 소화활동설비, 경보설비 등으로 구성 → 소프트웨어 개념

81 다음 빈칸에 들어갈 내용으로 옳은 것은?   난이도 하

> 지하층이란 건축물의 바닥이 지표면(G.L) 아래에 있는 층으로서 그 바닥으로부터 지표면까지의 평균 높이가 해당 층 높이의 _____ 이상인 것을 말한다.

① 1/3 이상   ② 1/2 이상
③ 1/5 이상   ④ 1/30 이상

해설
지하층
건축물의 바닥이 지표면(G.L) 아래에 있는 층으로서 그 바닥으로부터 지표면 까지의 평균 높이가 해당 층 높이의 1/2 이상인 것을 말한다.

정답 80 ② 81 ②

82 다음 그림을 참고하여 지하층을 산정하는 공식으로 옳은 것을 고르시오.

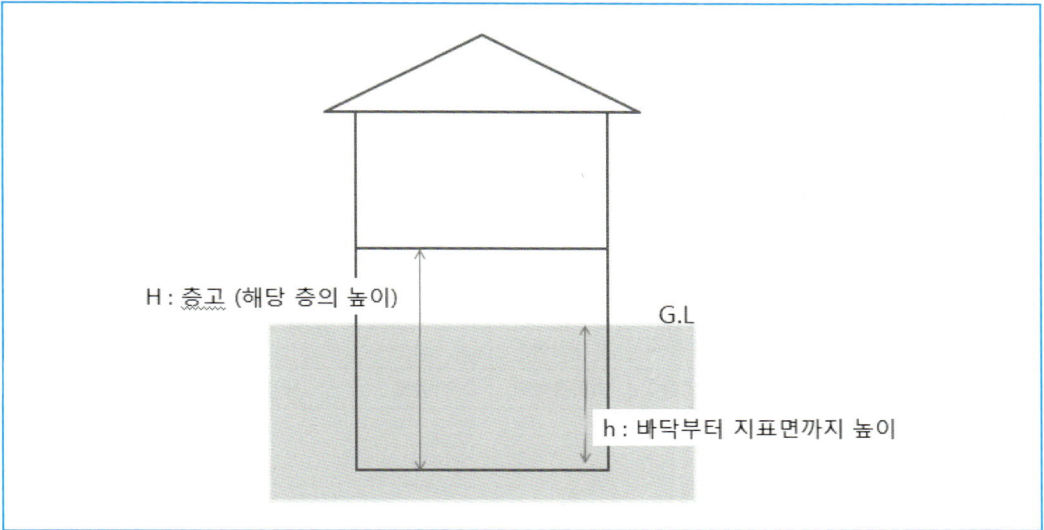

① $h \leq \frac{1}{4}H$ ② $h \leq \frac{1}{3}H$

③ $H \geq \frac{1}{2}h$ ④ $h \geq \frac{1}{2}H$

해설
지하층
건축물의 바닥이 지표면(G.L) 아래에 있는 층으로서 그 바닥으로부터 지표면까지의 평균 높이가 해당 층 높이의 $\frac{1}{2}$ 이상인 것을 말한다. $h \geq \frac{1}{2}H$ (h: 바닥으로부터 지표면까지의 높이, H: 해당 층 높이)

---

83 건축물 안에서 거주, 집무, 작업, 집회, 오락 등의 목적을 위하여 사용되는 방은 무엇인가?

① 침실   ② 발코니
③ 거실   ④ 복도

해설
거실
건축물 안에서 거주, 집무, 작업, 집회, 오락 등의 목적을 위하여 사용되는 방을 말한다.

정답 82 ④ 83 ③

84 건축물의 주요구조부에 해당하는 것을 모두 고른 것은?

ㄱ. 지붕틀 ㄴ. 내력벽 ㄷ. 기초 ㄹ. 보 ㅁ. 작은보 ㅂ. 기둥
ㅅ. 사잇기둥 ㅇ. 바닥

① ㄱ, ㄴ, ㄷ
② ㄱ, ㄴ, ㄹ
③ ㄱ, ㄴ, ㄹ, ㅂ, ㅇ
④ ㄷ, ㅁ, ㅅ

해설
주요구조부의 정의

주요구조부	지붕틀	내력벽	보	기둥	바닥	주계단
주요구조부가 아닌것	사잇기둥	최하층바닥	작은보	차양	옥외계단	기초

85 건축물의 주요구조부에 대한 설명으로 빈칸에 알맞은 답을 고르시오.

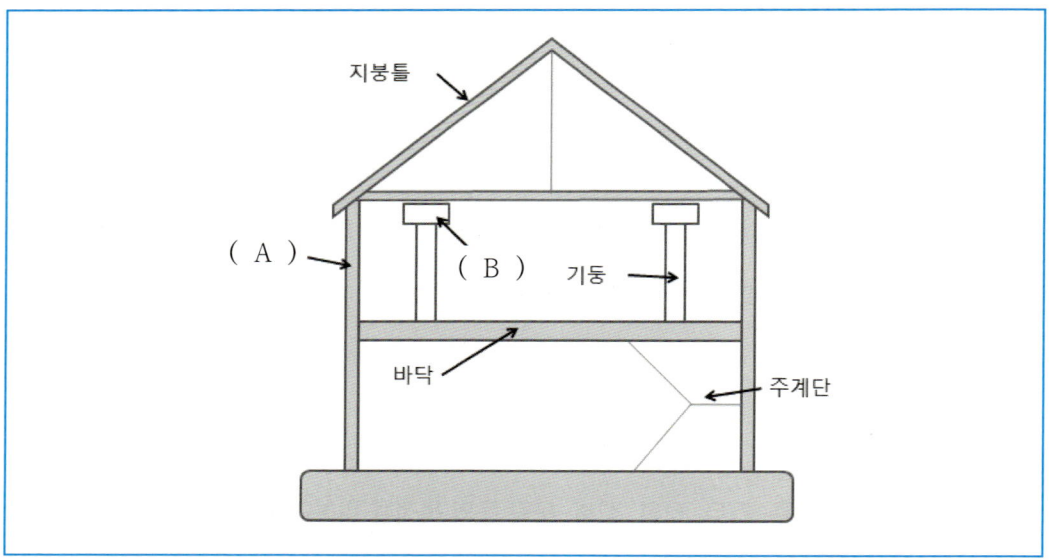

① A - 내력벽, B - 보
② A - 기초, B - 보
③ A - 내력벽, B - 작은보
④ A - 내력벽, B - 사잇기둥

해설

주요구조부	지붕틀	내력벽	보	기둥	바닥	주계단
주요구조부가 아닌것	사잇기둥	최하층바닥	작은보	차양	옥외계단	기초

정답 84 ③ 85 ①

86 다음 건축에 관한 설명 중 빈칸에 들어갈 내용으로 옳게 짝지어진 것은?

> ㄱ. _____ : 건축물이 없는 대지(기존 건축물이 철거 또는 멸실된 대지를 포함한다)에 새로이 건축물을 축조하는 것을 말한다.
>
> ㄴ. _____ : 기존 건축물이 있는 대지 안에서 건축물의 건축면적·연면적·층수 또는 높이를 증가시키는 것을 말한다.
>
> ㄷ. _____ : 기존 건축물의 전부 또는 일부(내력벽·기둥·보·지붕틀 중 3개 이상이 포함되는 경우를 말한다)를 철거하고 그 대지 안에 종전과 동일한 규모의 범위 안에서 건축물을 다시 축조하는 것을 말한다.
>
> ㄹ. _____ : 건축물이 천재지변이나 기타 재해에 의하여 멸실된 경우에 그 대지 안에 다시 축조하는 것을 말한다.
>
> ㅁ. _____ : 건축물의 주요구조부를 해체하지 않고 동일한 대지 안의 다른 위치로 옮기는 것을 말한다.

① ㄱ. 신축, ㄴ. 증축, ㄷ. 재축, ㄹ. 개축, ㅁ. 이전
② ㄱ. 증축, ㄴ. 신축, ㄷ. 개축, ㄹ. 재축, ㅁ. 이전
③ ㄱ. 신축, ㄴ. 증축, ㄷ. 개축, ㄹ. 재축, ㅁ. 이전
④ ㄱ. 신축, ㄴ. 개축, ㄷ. 증축, ㄹ. 재축, ㅁ. 이전

해설
건축

구분	설명
신축	건축물이 없는 대지(기존 건축물이 철거 또는 멸실된 대지를 포함한다)에 새로이 건축물을 축조하는 것(부속 건축물만 있는 대지에 새로이 주된 건축물을 축조하는 것을 포함하되, 개축 또는 재축에 해당하는 경우를 제외한다)을 말한다.
증축	기존 건축물이 있는 대지 안에서 건축물의 건축면적·연면적·층수 또는 높이를 증가시키는 것을 말한다. 즉 기존 건축물이 있는 대지에 건축하는 것은 기존 건축물에 붙여서 건축하거나 별동으로 건축하거나 관계없이 증축에 해당된다.
개축	기존 건축물의 전부 또는 일부(내력벽·기둥·보·지붕틀 중 3개 이상이 포함되는 경우를 말한다)를 철거하고 그 대지 안에 종전과 동일한 규모의 범위 안에서 건축물을 다시 축조하는 것을 말한다.
재축	건축물이 천재지변이나 기타 재해에 의하여 멸실된 경우에 그 대지 안에 다음의 요건을 갖추어 다시 축조하는 것을 말한다. 가. 연면적 합계는 종전 규모 이하로 할 것 나. 동수, 층수 및 높이는 다음 어느 하나에 해당할 것 - 동수, 층수 및 높이가 모두 종전 규모 이하일 것 - 동수, 층수 또는 높이의 어느 하나가 종전 규모를 초과하는 경우에는 해당 동수, 층수 및 높이가 건축법령에 모두 적합할 것
이전	건축물의 주요구조부를 해체하지 않고 동일한 대지 안의 다른 위치로 옮기는 것을 말한다.

정답 86 ③

87 그림의 빈칸에 알맞은 용어를 고르시오.

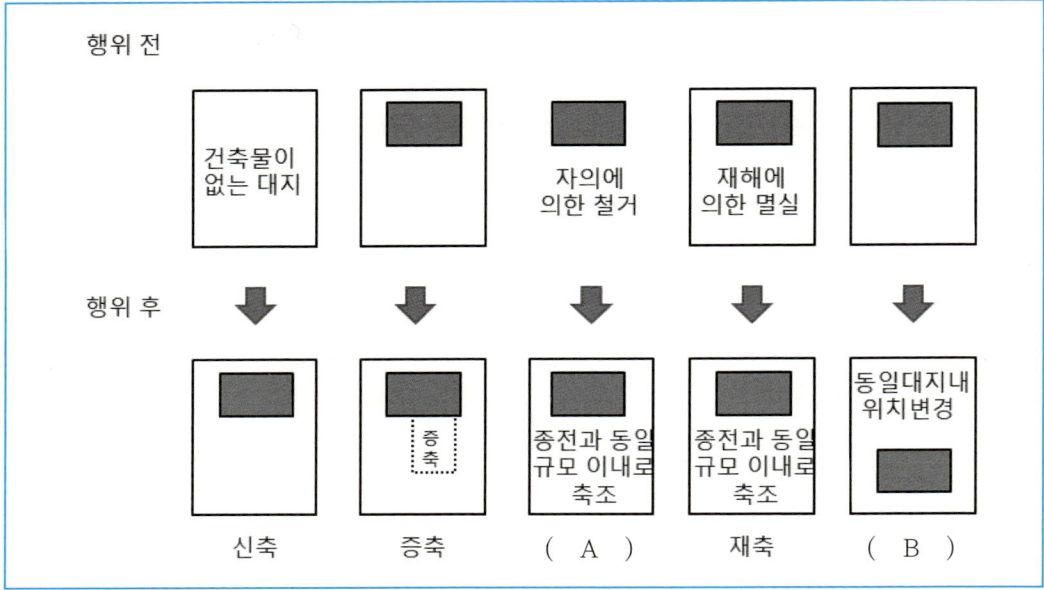

① A - 개축, B - 변경
② A - 개축, B - 이전
③ A - 대수선, B - 이전
④ A - 대수선, B - 변경

해설

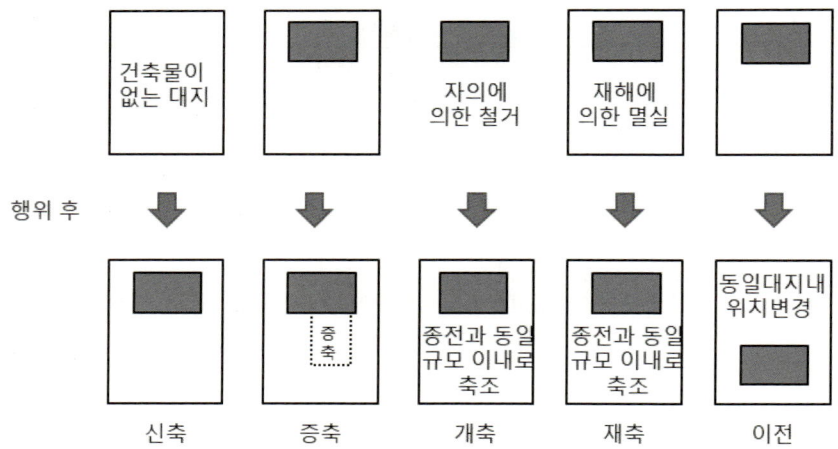

정답 87 ②

88 건축물의 노후화를 억제하거나 기능 향상 등을 위하여 대수선하거나 건축물의 일부를 증축 또는 개축하는 행위를 뜻하는 것은 무엇인가? 난이도 하

① 신축 ② 리모델링
③ 이전 ④ 재축

해설

리모델링 : 건축물의 노후화를 억제하거나 기능 향상 등을 위하여 대수선하거나 건축물의 일부를 증축 또는 개축하는 행위를 말한다.

89 다음 대수선에 관한 설명으로 옳지 않은 것은 무엇인가? 난이도 상

① 기둥을 증설 또는 해체하거나 3개 이상 수선 또는 변경하는 것
② 보를 증설 또는 해체하거나 3개 이상 수선 또는 변경하는 것
③ 방화벽 또는 방화구획을 위한 바닥 또는 벽을 증설 또는 해체하거나 수선 또는 변경하는 것
④ 건축물의 외벽에 사용하는 마감재료(법 제52조제2항)를 증설 또는 해체하거나 벽면적 20m² 이상 수선 또는 변경하는 것

해설

대수선 : 건축물의 기둥, 보, 내력벽, 주계단 등의 구조나 외부형태를 수선·변경하거나 증설하는 것으로서 대통령령으로 정하는 것을 말한다.
대수선은 다음 어느 하나에 해당하는 것으로서 **증축·개축 또는 재축이 해당하지 아니하는 것**을 말한다.
1. **내력벽**을 증설 또는 해체하거나 그 벽면적을 **30m² 이상 수선 또는 변경**하는 것
2. **기둥**을 증설 또는 해체하거나 **3개 이상 수선 또는 변경**하는 것
3. **보**를 증설 또는 해체하거나 **3개 이상 수선 또는 변경**하는 것
4. **지붕틀**(한옥의 경우에는 지붕틀의 범위에서 **서까래는 제외**한다)을 증설 또는 해체하거나 **3개 이상 수선 또는 변경**하는 것
5. **방화벽 또는 방화구획**을 위한 바닥 또는 벽을 **증설 또는 해체하거나 수선 또는 변경**하는 것
6. **주계단·피난계단 또는 특별피난계단**을 증설 또는 해체하거나 수선 또는 변경하는 것
7. **다가구주택의 가구 간 경계벽 또는 다세대주택의 세대 간 경계벽**을 증설 또는 해체하거나 수선 또는 변경하는 것
8. 건축물의 외벽에 사용하는 마감재료(법 제52조제2항)를 증설 또는 해체하거나 **벽면적 30m² 이상 수선 또는 변경**하는 것

정답 88 ② 89 ④

90 철망모르타르바르기·회반죽 바르기 등 화염의 확산을 막을 수 있는 성능을 가진 구조를 말하며, 인접건축물 화재에 의한 연소방지와 건물내에 화재확산을 방지하기 위한 구조로 옳은 것은?

난이도 하

① 내화구조
② 방화구조
③ 방화구획
④ 불연구조

해설
방화구조
철망모르타르바르기·회반죽 바르기 등 화염의 확산을 막을 수 있는 성능을 가진 구조를 말한다. 방화성능은 내화구조보다 떨어지나 인접건축물 화재에 의한 연소방지와 건물내에 화재 확산을 방지하기 위한 구조이다.

91 다음 각 재료별 내용으로 옳지 않은 것은?

난이도 하

① 불연재료 : 불에 타지 아니하는 성능을 가진 재료
② 준불연재료 : 불연재료에 준하는 성질을 가진 재료
③ 난연재료 : 불에 잘 타지 아니하는 성질을 가진 재료
④ 난연재료 : 불연재료에 준하는 성질을 가진 재료

해설
재료구분

구분	설명
불연재료	1. 불에 타지 아니하는 성능을 가진 재료로서 다음의 어느 하나에 해당하는 것을 말한다. 가. 콘크리트·석재·벽돌·기와·철강·알루미늄·유리·시멘트모르타르 및 회. 이 경우 시멘트모르타르 또는 회 등 미장재료를 사용하는 경우에는 「건설기술진흥법」제44조 제1항제2호의 규정에 의하여 제정된 건축공사표준시방서에서 정한 두께 이상인 것에 한한다. 나. 한국산업표준에 따라 시험한 결과 질량감소율 등이 국토교통부장관이 정하여 고시하는 불연 재료의 성능기준을 충족하는 것. 다. 그 밖에 위 1항과 유사한 불연성의 재료로서 국토교통부장관이 인정하는 재료. 다만, 위 1항의 재료와 불연성재료가 아닌 재료가 복합으로 구성된 경우를 제외한다.
준불연재료	불연재료에 준하는 성질을 가진 재료로서 한국산업표준에 따라 시험한 결과 가스유해성, 열방출량 등이 국토교통부장관이 정하여 고시하는 준불연재료의 성능기준을 충족하는 것을 말한다.
난연재료	불에 잘 타지 아니하는 성질을 가진 재료로서 한국산업표준에 따라 시험한 결과 가스유해성, 열방출량 등이 국토교통부장관이 정하여 고시하는 난연재료의 성능기준을 충족하는 것을 말한다.

정답 90 ② 91 ④

92 화재에 견딜 수 있는 성능을 가진 철근콘크리트조 · 연와조 기타 이와 유사한 구조로서 화재 시에 일정시간 동안 형태나 강도 등이 크게 변하지 않는 구조를 말하는 것은 무엇인가?

① 내화구조
② 방화구조
③ 불연구조
④ 방화구획

해설
내화구조
화재에 견딜 수 있는 성능을 가진 철근콘크리트조 · 연와조 기타 이와 유사한 구조로서 화재 시에 일정시간 동안 형태나 강도 등이 크게 변하지 않는 구조를 말하는 것으로 내화구조는 대체로 화재 후에도 재사용이 가능한 정도의 구조를 말한다.

93 다음 각 면적에 관한 내용으로 옳게 짝지어진 것은 무엇인가?

① 건축면적 : 건축물의 각층 또는 그 일부로서 벽 · 기둥 기타 이와 유사한 구획의 중심선으로 둘러싸인 부분의 수평투영면적으로 한다.
② 바닥면적 : 건축물의 외벽(외벽이 없는 경우에는 외곽 부분의 기둥)의 중심선으로 둘러싸인 부분의 수평투영면적으로 한다.
③ 연면적 : 하나의 건축물의 각층의 바닥면적의 합계로 한다. 다만, 용적률의 산정에 있어서는 지하층의 면적과 지상층의 주차용(해당 건축물의 부속용도인 경우에 한한다)으로 사용되는 면적, 피난안전구역의 면적, 건축물의 경사지붕아래 설치하는 대피공간의 면적은 산입하지 않는다.
④ 건폐율 : 대지면적에 대한 연면적(대지에 2 이상의 건축물이 있는 경우에는 이들 연면적의 합계로 한다)의 비율을 말한다.

해설
면적의 산정

구분	설명
건축면적	건축물의 외벽(외벽이 없는 경우에는 외곽 부분의 기둥)의 중심선으로 둘러싸인 부분의 수평투영면적으로 한다.
바닥면적	건축물의 각층 또는 그 일부로서 벽 · 기둥 기타 이와 유사한 구획의 중심선으로 둘러싸인 부분의 수평투영면적으로 한다.
연면적	하나의 건축물의 각층의 바닥면적의 합계로 한다. 다만, 용적률의 산정에 있어서는 지하층의 면적과 지상층의 주차용(해당 건축물의 부속용도인 경우에 한한다)으로 사용되는 면적, 피난안전구역의 면적, 건축물의 경사 지붕아래 설치하는 대피공간의 면적은 산입하지 않는다.
건폐율	대지면적에 대한 건축면적(대지에 2이상의 건축물이 있는 경우에는 이들 건축면적의 합계로 한다)의 비율을 말한다.
용적률	대지면적에 대한 연면적(대지에 2 이상의 건축물이 있는 경우에는 이들 연면적의 합계로 한다)의 비율을 말한다.
구역, 지역, 지구	가. 구역 : 도시개발구역, 개발제한구역 등 나. 지역 : 주거지역, 상업지역 등 다. 지구 : 방화지구, 방재지구, 경관지구 등

정답 92 ① 93 ③

94 건축물의 층수 산정에서 제외되는 부분으로 옳은 것은? 난이도 중

① 건축물의 옥상부분으로서 수평투영면적의 합계가 해당 건축물의 건축면적의 1/3 이하 인 것
② 지상층
③ 지하층
④ 건축물의 옥상부분으로서 수평투영면적의 합계가 해당 건축물의 건축면적의 1/8 이하(사업계획승인 대상 공동주택으로 전용면적 85m² 이하인 경우 1/3 이하) 인 것

해설

층수의 산정 및 제한
층수산정에서 제외되는 부분
1. 지하층
2. 건축물의 옥상부분(승강기탑·계단탑·망루·장식탑·옥탑 기타 이와 유사한 것)으로서 수평투영면적의 합계가 해당 건축물의 건축면적의 1/8 이하(사업계획승인 대상 공동주택으로 전용면적 85m² 이하인 경우 1/6 이하)인 것

실력향상 보충해설

층수산정의 원칙
1. 건축물의 지상층만을 층수에 산입하며 건축물의 부분에 따라 층수를 달리하는 경우에는 그 중에서 가장 많은 층수를 그 건축물의 층수로 본다.
2. 층의 구분이 명확하지 아니한 건축물은 높이 4m마다 하나의 층으로 산정한다.

95 다음 중 방화문에 관한 설명으로 옳지 않은 것은? 난이도 하

① 항상 닫혀있는 구조 또는 화재발생시 불꽃, 연기 및 열에 의하여 자동으로 닫힐 수 있는 구조이어야 한다.
② 60분 + 방화문 : 연기 및 불꽃을 차단할 수 있는 시간이 60분 이상이고, 열을 차단할 수 있는 시간이 60분 이상인 방화문
③ 60분 방화문 : 연기 및 불꽃을 차단할 수 있는 시간이 60분 이상인 방화문
④ 30분 방화문 : 연기 및 불꽃을 차단할 수 있는 시간이 30분 이상 60분 미만인 방화문

해설

방화문
화재의 확대, 연소를 방지하기 위해 방화구획의 개구부에 설치하는 문을 말한다.
1. 구분

60분+방화문	60분 방화문	30분 방화문
연기 및 불꽃을 차단할 수 있는 시간이 60분 이상이고, 열을 차단할 수 있는 시간이 30분 이상인 방화문	연기 및 불꽃을 차단할 수 있는 시간이 60분 이상인 방화문	연기 및 불꽃을 차단할 수 있는 시간이 30분 이상 60분 미만인 방화문

2. 구조 : 항상 닫혀있는 구조 또는 화재발생시 불꽃, 연기 및 열에 의하여 자동으로 닫힐 수 있는 구조이어야 한다.

정답 94 ③ 95 ②

96 다음 중 자동방화셔터 설치에 관한 설명으로 옳은 것은?

① 피난이 가능한 60분+방화문 또는 60분 방화문으로부터 5미터 이내에 별도로 설치할 것
② 불꽃이나 연기를 감지한 경우 개방되는 구조일 것
③ 열을 감지한 경우 일부 폐쇄되는 구조일 것
④ 불꽃감지기 또는 연기감지기 중 하나와 열감지기를 설치할 것

해설
자동방화셔터
내화구조로 된 벽을 설치하지 못하는 경우 화재 시 연기 및 열을 감지하여 자동 폐쇄되는 셔터를 말한다.

설치기준
가. 피난이 가능한 60분+방화문 또는 60분 방화문으로부터 3미터 이내에 별도로 설치할 것
나. 전동방식이나 수동방식으로 개폐할 수 있을 것
다. 불꽃감지기 또는 연기감지기 중 하나와 열감지기를 설치할 것
라. 불꽃이나 연기를 감지한 경우 일부 폐쇄되는 구조일 것
마. 열을 감지한 경우 완전 폐쇄되는 구조일 것

실력향상 보충해설
자동방화셔터의 구조
가. 자동방화셔터는 위 설치기준에 따른 구조를 가진 것이어야 하나, 수직방향으로 폐쇄되는 구조가 아닌 경우는 불꽃, 연기 및 열감지에 의해 완전폐쇄가 될 수 있는 구조여야 한다.
나. 자동방화셔터의 상부는 상층 바닥에 직접 닿도록 하여야 하며, 그렇지 않은 경우 방화구획처리를 하여 연기와 화염의 이동통로가 되지 않도록 하여야 한다.

정답 96 ④

소방안전관리자 단칼에 정복!!
소방안전관리자 2급 기출 · 예상문제

소방안전관리자 2급 기출·예상문제

PART 02
소방학개론

제1장 연소이론
제2장 화재이론
제3장 소화이론

제 01 장 연소이론

01 가연물이 공기 중의 산소 또는 산화제와 급격히 반응하여 열과 빛을 발생하면서 산화하는 현상은 무엇인가? 난이도 하

① 연소 ② 소화
③ 전도 ④ 대류

해설
연소의 정의
가연물이 공기 중의 산소 또는 산화제와 급격히 반응하여 열과 빛을 발생하면서 산화하는 현상

02 다음 중 연소의 3요소로 옳게 짝지어진 것은? 난이도 하

① 가연물질, 진공상태, 점화원
② 가연물질, 일산화탄소, 점화원
③ 가연물질, 산소공급원, 점화원
④ 가연물질, 산소공급원, 연쇄반응

해설
연소의 3요소
1. 가연물질(기체·액체 및 고체상태)
2. 산소공급원(공기·오존·산화제·지연성가스)
3. 점화원(활성화에너지)

실력향상 보충해설
연소의 4요소
1. 연소의 4요소 : 연소의 3요소(가연물질, 산소공급원, 점화원) + 연쇄반응

정답 01 ① 02 ③

03 다음 가연물질의 구비조건으로 옳은 것을 모두 고른 것은? 난이도 하

> ㄱ. 화학반응을 일으킬 때 필요한 활성화에너지(최소점화에너지)의 값이 커야 한다.
> ㄴ. 일반적으로 산화되기 쉬운 물질로서 산소와 결합할 때 발열량이 커야 한다.
> ㄷ. 열의 축적이 용이하도록 열전도도가 작아야 한다.
> ㄹ. 지연성(조연성)가스인 산소·염소와의 친화력이 강해야 한다.
> ㅁ. 연쇄반응을 일으킬 수 없는 물질이어야 한다.

① ㄱ, ㄴ, ㄷ
② ㄴ, ㄷ, ㄹ
③ ㄷ, ㄹ, ㅁ
④ ㄱ, ㄷ, ㅁ

해설

가연성 물질(가연물질의 구비조건)
1. 화학반응을 일으킬 때 필요한 활성화에너지(최소점화에너지)의 값이 작아야 한다.
2. 일반적으로 산화되기 쉬운 물질로서 산소와 결합할 때 발열량이 커야 한다.
3. 열의 축적이 용이하도록 열전도도가 작아야 한다.
4. 지연성(조연성)가스인 산소·염소와의 친화력이 강해야 한다.
5. 산소와 접촉할 수 있는 표면적(비교면적)이 큰 물질이어야 한다(기체>액체>고체).
6. 연쇄반응을 일으킬 수 있는 물질이어야 한다.

실력향상 보충해설

가연성 물질
가연물은 우리 주위에 무수히 존재하는 유기화합물의 대부분과 Na, Mg 등의 금속, 비금속, LPG, LNG, CO 등의 가연성 가스가 해당 된다. 즉 산화하기 쉬운 물질이며 이는 산소와 발열반응을 일으키는 물질을 말한다. 이에 비하여 불연성 물질은 산화하기 어려운 것으로서 물, 흙과 같이 이미 산화되어 더 이상 산화되지 않는 물질이다.

04 다음 중 가연물이 될 수 있는 물질을 고르시오. 난이도 하

① 헬륨
② 질소
③ 일산화탄소
④ 이산화탄소

해설

가연물이 될 수 없는 조건
1. **불활성기체** : 산소와 결합하지 못하는 기체(헬륨, 네온, 아르곤 등)
2. **산소와 화학반응을 일으킬 수 없는 물질** : 물, 이산화탄소 등
   - 일산화탄소는 산소와 반응하기 때문에 가연물이 될 수 있다.
3. 산소와 화합하여 **흡열반응하는 물질** : 질소 또는 질소산화물 등
4. 자체가 **연소하지 아니하는 물질** : 돌, 흙 등

정답 03 ② 04 ③

05 다음 중 공기 중 산소농도로 옳은 것은? 난이도 하

① 약 15%

② 약 30%

③ 약 21%

④ 약 40%

해설
산소공급원
일반적으로 공기 중에 함유되어 있는 산소는 공기 중에 약 1/5 정도(체적비 : 약 21%, 중량비 약 : 23%)로 존재하고 있다.

실력향상 보충해설

산화성물질 및 자기반응성 물질
물질 자체가 분자 내에 산소를 보유하고 있는 물질

1. **산화성 물질** : 위험물 중 제1류(산화성고체)·제6류(산화성액체) 위험물로서 가열·충격·마찰에 의해 산소를 발생한다.
   - 제1류 위험물(산화성고체) : 염소산염류, 과염소산염류, 무기과산화물, 질산염류, 과망가니즈산염류, 다이크로뮴산염류 등
   - 제6류 위험물(산화성액체) : 과염소산, 과산화수소, 질산 등
2. **자기반응성 물질** : 분자 내에 가연물과 산소를 충분히 함유하고 있는 제5류 위험물로서 연소속도가 빠르고 폭발을 일으킬 수 있는 물질이다.
   - 제5류 위험물(자기반응성 물질) : 나이트로글리세린, 셀룰로이드, 트라이나이트로톨루엔 등

---

06 연소반응이 일어나려면 최소의 활성화에너지가 필요한데, 이를 무엇이라 하는가? 난이도 하

① 산소공급원   ② 연쇄반응

③ 가연성 물질   ④ 점화원

해설
점화원
연소반응이 일어나려면 가연물과 산소공급원이 적절한 조화를 이루어 연소범위를 만들었을 때 외부로부터 최소의 활성화에너지가 필요한데 이를 점화원이라 한다.

정답 05 ③ 06 ④

07 점화원의 종류로 옳게 짝지어진 것은?   난이도 하

| ㄱ. 전기불꽃 | ㄴ. 충격 및 마찰 | ㄷ. 진공상태 | ㄹ. 단열압축 | ㅁ. 연쇄반응 |

① ㄱ, ㄴ, ㄷ
② ㄴ, ㄷ, ㄹ
③ ㄱ, ㄴ, ㄹ
④ ㄷ, ㄹ, ㅁ

해설
점화원

종류	설명
전기불꽃	단시간에 집중적으로 에너지가 방사되므로 에너지 밀도가 높은 점화원이다. 그러나 고체를 발화시킬 정도의 에너지를 부여하는 것은 어렵기 때문에 대부분 가연성 기체나 증기가 그 대상이 된다.
충격 및 마찰	두 개 이상의 물체가 서로 충격·마찰을 일으키면서 작은 불꽃을 일으키는데 이러한 마찰불꽃에 의하여 가연성 가스에 착화가 일어날 수 있다.
단열압축	기체를 높은 압력으로 압축하면 온도가 상승하는데, 이때 상승한 열에 의한 가연물을 착화시킨다.
불꽃 및 고온표면	불꽃이란 항상 화염을 가지고 있는 열 또는 화기로서 위험한 화학물질 및 가연물이 존재하고 있는 장소에서 불꽃의 사용은 위험하며, 작업장의 화기, 가열로, 건조장치, 굴뚝, 전기·기계설비 등이 있다.
정전기 불꽃	물체가 접촉하거나 결합한 후 떨어질 때 양전하와 음전하로 전하의 분리가 일어나 발생한 과잉전하가 물체(물질)에 축적되는 현상을 말하며, 가연물질에 착화가 가능하다.
자연발화	물질이 외부로부터 에너지를 공급받지 않아도 자체적으로 온도가 상승하여 발화되는 현상
복사열	물질에 따라서 비교적 약한 복사열도 장시간 방사로 발화될 수 있다.

08 정전기에 의한 재해를 방지하기 위한 예방대책으로 옳지 않은 것은?   난이도 하

① 정전기의 발생이 우려되는 장소에 접지시설을 한다
② 실내의 공기를 이온화하여 정전기의 발생을 예방한다
③ 전기 저항이 큰 물질은 대전이 용이하므로 전도체 물질을 사용한다
④ 정전기는 습도가 낮거나 압력이 높을 때 많이 발생하므로 습도를 50% 이상으로 한다

해설
정전기에 의한 재해 예방대책
정전기는 습도가 낮거나 압력이 높을 때 많이 발생하므로 습도를 70%이상으로 해야 한다.

정답 07 ③ 08 ④

09 연소범위에서 외부의 직접적인 점화원에 의해 인화될 수 있는 최저온도는 무엇인가? 난이도 하

① 인화점 ② 연소점
③ 발화점 ④ 복사열

해설
인화점(인화온도)
연소범위에서 외부의 직접적인 점화원에 의해 인화될 수 있는 최저온도, 즉 공기 중에서 가연물 가까이 점화원을 투여하였을 때 착화되는 최저의 온도를 인화점이라 한다.

실력향상 보충해설
인화점
1. 액체가연물질의 인화점

액체가연물질	아세톤	휘발유	등유	메틸알코올	에틸알코올	중유
인화점(°C)	-18.5	-43	39 이상	11.11	13	70 이상

2. 액체와 고체의 인화현상의 차이점

구분	액체	고체
가연성가스 공급	증발과정	열분해과정
인화에 필요한 에너지	적다	크다

---

10 외부의 직접적인 점화원 없이 가열된 열의 축적에 의하여 발화에 이르는 최저의 온도는 무엇인가? 난이도 하

① 연소점 ② 발화점
③ 인화점 ④ 폭발한계

해설
발화점(착화점, 발화온도)
외부의 직접적인 점화원 없이 가열된 열의 축적에 의하여 발화에 이르는 최저의 온도, 즉 점화원이 없는 상태에서 가연성 물질을 공기 또는 산소 중에서 가열함으로써 발화되는 최저 온도를 발화점이라 한다. 일반적으로 산소와의 친화력이 큰 물질일수록 발화점이 낮고 발화하기 쉬운 경향이 있다.

실력향상 보충해설
발화점
액체가연물질의 발화점

액체가연물질	아세톤	휘발유	등유	중유	메틸알코올	암모니아
발화점(°C)	465	280~456	210	400 이상	464	651

정답 09 ① 10 ②

11 연소상태가 계속될 수 있는 온도를 말하며 일반적으로 인화점보다 대략 10℃ 정도 높은 온도를 무엇이라 하는가?

① 연소점
② 인화점
③ 발화점
④ 연소범위

해설
연소점
연소상태가 계속될 수 있는 온도를 말하며 일반적으로 인화점보다 대략 10℃ 정도 높은 온도로서 연소상태가 5초 이상 유지될 수 있는 온도를 연소점이라 한다. 가연성 증기 발생속도가 연소속도보다 빠를 때 이루어 진다.

12 다음 중 인화점, 연소점, 발화점의 온도 크기를 비교하였을 때 옳은 것은 무엇인가?(단, 동일한 물질인 경우로 한다)

① 인화점 > 연소점 > 발화점
② 인화점 = 연소점 = 발화점
③ 인화점 < 연소점 < 발화점
④ 인화점 < 발화점 < 연소점

해설
인화점, 연소점, 발화점의 온도 크기 비교
인화점 < 연소점 < 발화점의 위치를 차지한다.

13 다음 빈칸에 들어갈 내용으로 옳은 것은?

> 가연성 증기와 공기와의 혼합 상태, 즉 가연성 혼합기가 연소(폭발)할 수 있는 범위를 _____라 한다.

① 연소범위
② 발화범위
③ 인화범위
④ 온도범위

해설
연소(폭발)범위
가연성 증기와 공기와의 혼합 상태, 즉 가연성 혼합기가 연소(폭발)할 수 있는 범위를 연소(폭발)범위라 하며, 연소 농도의 최저 한도를 하한, 최고 한도를 상한이라 한다.

정답 11 ① 12 ③ 13 ①

14 다음 중 폭발범위가 가장 넓은 것은 무엇인가?

① 수소
② 아세틸렌
③ 아세톤
④ 메틸알코올

해설
가연성증기의 연소(폭발)범위

기체 또는 증기	연소범위(vol%)
수소	4.1~75
아세틸렌	2.5~81
중유	1~5
등유	0.7~5
메틸알코올	6~36
암모니아	15~28
아세톤	2.5~12.8
휘발유	1.2~7.6

정답 14 ②

제02장 화재이론

15 사람의 의도에 반하거나 고의 또는 과실에 의하여 발생하는 연소 현상으로 옳은 것은? 난이도 하

① 화재 ② 정전
③ 낙뢰 ④ 누전

해설
화재의 정의
사람의 의도에 반하거나 고의 또는 과실에 의하여 발생하는 연소 현상으로서 소화할 필요가 있는 현상 또는 사람의 의도에 반하여 발생하거나 확대된 화학적 폭발현상을 의미한다.

16 다음 중 화재의 분류가 옳게 짝지어진 것은? 난이도 하

① 일반화재 : B급
② 금속화재 : C급
③ 주방화재 : K급
④ 유류화재 : A급

해설
화재의 분류

구분	적응물질	소화약제
일반화재(A급)	• 면화류, 고무, 석탄, 목재, 종이, 천 등 일반 가연물 • 연소 후 재를 남김	냉각소화 • 다량의 물 • 수용액
유류화재(B급)	• 인화성액체, 가연성액체, 알코올 등과 같은 유류 • 연소 후 재를 남기지 않음	질식·냉각소화 • 포(Foam)
전기화재(C급)	• 전기기기, 배선과 관련된 화재	주수소화 금지 • 이산화탄소 • 분말소화약제
금속화재(D급)	• 가연성 금속류(칼륨, 나트륨, 마그네슘, 알루미늄 등)	수계소화약제 사용안됨 • 금속화재용 분말소화약제 • 건조사 등
주방화재(K급)	• 주방에서 동식물유를 취급하는 조리기구 등	비누화 작용 및 냉각작용 • 강화액

정답 15 ① 16 ③

17 D급 화재를 의미하는 것으로 옳은 것은? 난이도 하

① 인명손실이 있는 화재
② 가연성 금속류가 가연물이 되는 화재
③ 소화할 때 다량의 물을 이용한 냉각소화가 적응성이 있는 화재
④ 연소 후 재를 남기지 않으며, 연소열이 크고 연소성이 좋은 화재

해설
화재의 분류
금속화재를 D급 화재라 한다.

18 다음 중 다량의 물을 이용한 소화방법이 가장 적절한 화재는? 난이도 하

① 목재, 종이, 천 등 일반 가연물의 화재
② 인화성액체, 가연성액체 등과 같은 유류 화재
③ 전류가 흐르고 있는 전기기기와 관련된 화재
④ 주방에서 동식물유를 취급하는 조리기구에서 일어나는 화재

해설
화재의 분류
다량의 물을 이용한 소화 방법이 가장 적절한 화재는 일반화재(A급화재)이다.

19 다음 화재의 현상 중 열전달 현상에 대한 설명으로 옳지 않은 것은? 난이도 중

① 하나의 물체가 다른 물체와 직접 접촉하여 열이 전달되는 것은 전도이다.
② 기체 혹은 액체와 같은 유체의 흐름에 의하여 열이 전달되는 것은 대류이다.
③ 화재 시 열의 이동에 가장 작게 작용하는 열 이동방식은 복사이다.
④ 화재에서 화염의 접촉 없이 연소가 확산되는 현상은 복사열에 의한 것이다.

해설
화재의 분류
화재 시 열의 이동에 가장 크게 작용하는 열 이동방식은 복사이다.

정답 17 ② 18 ① 19 ③

20 다음 중 열전달의 방식으로 옳지 않은 것은?

① 비화
② 전도
③ 대류
④ 복사

해설
열 전달의 종류

구분	설명
전도	• 하나의 물체가 다른 물체와 직접 접촉하여 전달되는 것 예) 가늘고 긴 금속막대의 한 끝을 불꽃으로 가열하면 불꽃이 닿지 않은 다른 부분에도 열이 전달되어 점점 뜨거워짐
대류	• 기체 혹은 액체와 같은 유체의 흐름에 의하여 열이 전달되는 것 예) 난로에 의하여 방안의 공기가 더워지는 것 냉장고를 보면 위쪽에 있는 냉각부분의 찬 공기가 아래로 흘러들도록 하여 전체를 차게 하는 것
복사	• 화재 시 열의 이동에 가장 크게 작용하는 열 이동방식 • 화염의 접촉 없이 연소가 확산되는 현상 • 화재현장에서 인접 건물을 연소시키는 것은 복사열이 주원인 예) 양지바른 곳에서 햇볕을 쬐면 따뜻한 것

21 다음 중 연소물질과 연소생성가스로 옳게 짝지어진 것은 무엇인가?

① 셀룰로이드 - 질소산화물
② 나일론 - 벤젠
③ 탄화수소류 - 암모니아
④ 멜라민 - 시안화수소

해설
연소생성물

건축재료, 가구, 의류 등 유기가연물은 일반적으로 화재열을 받으면 열분한 다음 공기 중의 산소와 반응하여 연소하며 여러 가지 생성물을 발생시킨다.

연소물질	연소생성가스
탄수수소류 등	일산화탄소 및 탄산가스
셀룰로이드, 폴리우레탄 등	질소산화물
질소성분을 갖고 있는 모사, 비단, 피혁 등	시안화수소
PVC, 방염수지, 플루오린화수지, 플루오린회수소 등의 할로겐화물	HF, HCl, HBr, 포스겐 등
멜라민, 나일론, 요소수지 등	암모니아
폴리스티렌(스티로폼) 등	벤젠

정답 20 ① 21 ①

22 연기가 인체에 미치는 영향으로 옳지 않은 것은?

① 시야를 감퇴하며 피난행동 및 소화활동을 저해한다.
② 정신적으로 긴장 또는 패닉현상에 빠지게 되는 2차적 재해의 우려가 있다.
③ 연기성분 중 대부분이 산소이므로 무해하다.
④ 최근 건물화재의 특징은 방염 처리된 물질을 사용하여 억제되고 있지만 다량의 연기입자 및 유독가스를 발생한다.

해설
연기가 인체에 미치는 영향
1. 시야를 감퇴하며 피난행동 및 소화활동을 저해한다.
2. 연기성분 중 유독물(일산화탄소, 포스겐 등)의 발생으로 생명이 위험하다.
3. 정신적으로 긴장 또는 패닉현상에 빠지게 되는 2차적 재해의 우려가 있다.
4. 최근 건물화재의 특징은 방염(난연)처리된 물질을 사용하여 연소 그 자체는 억제되고 있지만 다량의 연기입자 및 유독가스를 발생한다.

23 다음 중 연기의 유동 및 확산속도로 옳은 것은?

① 수평방향 : 0.1~1m/sec
② 계단실 내 수직이동속도 : 3~5m/sec
③ 수직방향 : 2~5m/sec
④ 수직방향 : 3~5m/sec

해설
연기의 유동 및 확산
1. 수평방향 : 0.5~1m/sec
2. 수직방향 : 2~3m/sec
3. 계단실 내의 수직이동 : 3~5m/sec

24 다음 중 일산화탄소의 특징으로 옳은 것은?

① 인체 내의 헤모글로빈과 결합하여 산소의 운반기능을 약화 시킨다.
② 상온에서 질소와 작용하여 포스겐을 생성한다.
③ 무취·무미·검은색의 환원성이 강한 가스이다.
④ 일산화탄소의 화학식은 CO_2이다.

해설
일산화탄소(CO)의 특징
1. 무색·무취·무미의 환원성이 강한 가스이다.
2. 상온에서 염소와 작용하여 유독성 가스인 포스겐($COCl_2$)을 생성한다.
3. 인체 내의 헤모글로빈과 결합하여 산소의 운반기능을 약화시켜 질식하게 한다.

정답 22 ③ 23 ② 24 ①

25 다음 중 일산화탄소의 공기 중의 농도와 중독증상으로 옳지 않은 것은?

① 공기 중의 농도 : 0.08%
   중독증상 : 구토·현기증·경련이 일어나고 24시간이면 실신
② 공기 중의 농도 : 0.02%
   중독증상 : 가벼운 두통 증상
③ 공기 중의 농도 : 0.32%
   중독증상 : 두통·현기증이 일어나고 30분이면 사망
④ 공기 중의 농도 : 1.28%
   중독증상 : 10분 내 사망

해설
일산화탄소의 공기 중의 농도와 중독증상

공기 중의 농도		경과시간(분)	중독증상
%	ppm		
0.02	200	120~180	가벼운 두통 증상
0.04	400	60~120	통증·구토증세
0.08	800	40	구토·현기증·경련이 일어나고 24시간이면 실신
0.16	1,600	20	두통·현기증·구토 등이 일어나고 2시간이면 사망
0.32	3,200	5~10	두통 현기증이 일어나고 30분이면 사망
0.64	6,400	1~2	두통·현기증이 심하게 일어나고 15~30분이면 사망
1.28	12,800	1~3	1~3분 내 사망

26 다음 중 이산화탄소의 특징으로 옳지 않은 것은?

① 이산화탄소는 무색·무미의 기체이다.
② 공기보다 가볍다.
③ 가스 자체는 독성이 거의 없다.
④ 다량이 존재할 때 사람의 호흡 속도를 증가시킨다.

해설
이산화탄소(CO_2)의 특징
1. 무색·무미의 기체로서 공기보다 무겁다.
2. 가스 자체는 독성이 거의 없으나 다량이 존재할 때 사람의 호흡속도를 증가시키고 혼합된 유해 가스의 흡입을 증가시켜 위험을 가중시킨다.

정답 25 ④ 26 ②

27. 다음 화재성상 단계별 특징으로 옳지 않은 것은?

① 초기 : 발화부위는 훈소현상으로부터 시작되는 경우가 많다.
② 성장기 : 내장재 등에 착화된 시점으로 그 후 실내온도가 급격히 상승한다.
③ 최성기 : 내화구조의 경우 20~30분이 되면 최성기에 이르며, 실내온도는 통상 800~1050℃ 이다.
④ 감쇠기 : 플래시오버 상태로 된다.

해설
화재성상 단계

구분	특징
초기	실내의 온도가 아직 크게 상승하지 않으며 해당 시간은 화원, 착화물질의 종류에 따라 다르다. 발화부위는 훈소현상으로부터 시작되는 경우가 많다.
성장기	내장재 등에 착화된 시점으로, 그 후 실내온도는 급격히 상승하며 이후 천장 부근에 축적된 가연성 가스가 착화되면 실내 전체가 화염에 휩싸이는 플래시오버 상태로 된다.
최성기	• 실내 전체에 화염이 충만하며, 연소가 최고조에 달한다. • 내화구조의 경우는 20~30분이 되면 최성기에 이르며 실내온도는 통상 800~1,050℃ 이다. • 목조건물은 타기 쉬운 가연물로 되어 있기 때문에 최성기까지 약 10분이 소요되며 이때의 실내온도는 1,100~1,350℃에 달한다.
감쇠기	최성기 이후 가연물은 대부분 타버리고 화세가 감쇠하면서 온도는 점차 내려가기 시작한다.

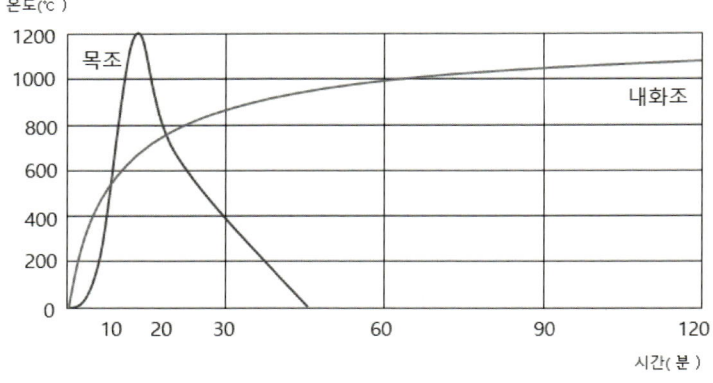

[실내화재의 진행과 온도변화]

실력향상 보충해설
플래시오버(Flash over)
화재로 발생한 가연성 분해 가스가 천장 부근에 모이고 갑자기 불꽃이 폭발적으로 확산하여 창문이나 방문으로부터 연기나 불꽃이 뿜어나오는 상태.

정답 27 ④

28 다음 중 화재 최성기때의 특징으로 옳지 않은 것은?

① 실내 전체에 화염이 충만하며, 연소가 최고조에 달한다.
② 내화구조의 경우는 20~30분이 되면 최성기에 이른다.
③ 내화구조의 경우 실내온도는 통상 800~1,050℃에 달한다.
④ 목조구조의 경우 실내온도는 통상 2,000℃ 이상에 달한다.

해설
화재 최성기
목조구조의 경우 실내온도는 통상 1,100~1,350℃에 달한다

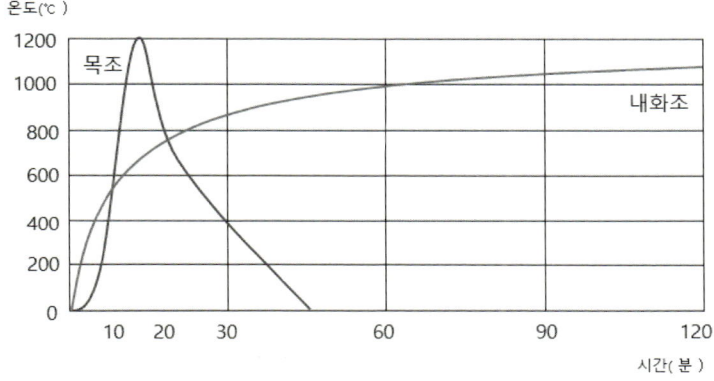

[실내화재의 진행과 온도변화]

제 03 장 소화이론

29 다음 소화 방법 중 제거소화의 방법으로 옳은 것은? 난이도 중

① 가스밸브의 폐쇄
② 불연성 기체로 연소물을 덮음
③ 주수에 의한 냉각작용
④ 할로겐화합물 소화약제에 의한 부촉매 작용

해설
소화 방법

구분	특징	종류
제거소화	연소반응에 관계된 가연물이나 그 주위의 가연물을 제거함으로써 연소반응을 중지시켜 소화하는 방법	• 가스밸브의 폐쇄 • 가연물 직접 제거 및 파괴 • 촛불을 입으로 강하게 불어 가연성 증기를 순간적으로 날려 보내는 방법 • 산불화재 시 진행 방향의 나무 등의 가연물 제거
질식소화	산소(공급원)를 차단하여 소화하는 방법으로 공기 중의 산소 농도를 15% 이하로 억제함으로써 화재를 소화하는 방법	• 불연성 기체로 연소물을 덮는 방법 • 불연성 포(Foam)로 연소물을 덮는 방법 • 불연성 고체로 연소물을 덮는 방법
냉각소화	연소하고 있는 가연물로부터 열을 뺏어 연소물을 착화온도 이하로 내리는 것으로 가장 일반적인 소화 방법.	• 주수에 의한 냉각작용 • 이산화탄소 소화약제에 의한 냉각작용
억제소화	연소의 4요소 중 연속적인 산화반응, 즉 연쇄반응을 약화시켜 연소가 계속되는 것을 불가능하게 하여 소화하는 것으로 화학적 작용에 의한 소화 방법.	• 할론, 할로겐화합물 소화약제에 의한 억제(부촉매) 작용 • 분말소화약제에 의한 억제(부촉매) 작용

정답 29 ①

30 다음 중 질식소화 방법과 무관한 것은 무엇인가? 난이도 하

① 유류탱크 화재 시 주변에 있는 유류탱크의 유류를 다른 곳으로 이동시킨다.

② 유류화재에서 포를 가연물 위로 덮어서 공기를 차단한다.

③ 수건, 담요, 이불 등의 고체를 덮어 공기를 차단한다.

④ 분말로 연소하는 가연물의 표면을 덮는다.

해설

질식소화
① 제거소화에 관한 설명이다.

실력향상 보충해설

화재별 소화원리에 따른 소화 방법

소화원리	소화설비
냉각소화	1. 스프링클러설비 2. 옥내·외 소화전설비
질식소화	1. 이산화탄소소화설비 2. 포소화설비 3. 분말소화설비 4. 불활성기체 소화약제
억제소화(부촉매)	1. 할론소화설비 2. 할로겐화합물소화약제

31 소화약제의 종류 별 소화 효과에 대한 설명으로 옳은 것을 모두 고르시오. 난이도 중

ㄱ. 물소화약제 : 냉각, 질식효과

ㄴ. 포소화약제 : 부촉매 효과

ㄷ. 분말소화약제 : 냉각, 부촉매 효과

ㄹ. 이산화탄소 소화약제 : 부촉매 효과

ㅁ. 할론 소화약제 : 질식, 부촉매, 냉각 효과

① ㄱ, ㄴ, ㄷ ② ㄱ, ㄹ
③ ㄱ, ㅁ ④ ㄱ, ㄴ, ㅁ

해설

소화약제의 종류

구분	소화효과
물소화약제	냉각, 질식효과
포소화약제	질식, 냉각효과
분말소화약제	질식, 억제(부촉매) 효과
이산화탄소(CO_2)소화약제	질식, 냉각효과
할론 소화약제	질식, 억제(부촉매), 냉각효과

정답 30 ① 31 ③

소방안전관리자 단칼에 정복!!
소방안전관리자 2급 기출 · 예상문제

화기취급 감독 및 화재위험작업 허가·관리

제1장 화기취급작업 안전관리규정
제2장 화재위험작업 허가·관리
제3장 위험물안전관리
제4장 전기안전관리
제5장 가스안전관리

소방안전관리자 2급 기출·예상문제

제 01 장 화기취급작업 안전관리규정

01 특정소방대상물의 신축·증축·개축·재축·이전·용도변경·대수선 또는 설비 설치 등을 위한 공사 현장에서 인화성 물품을 취급하는 작업 등 대통령령으로 정하는 작업을 하기 전에 설치 및 철거가 쉬운 소방시설을 설치하여야 하는데 그 명칭은 무엇인가?

난이도 중

① 작업소방시설　　　　　　　　② 임시소방시설
③ 피난방화시설　　　　　　　　④ 소화용수시설

해설

화재대비시설(임시소방시설)
특정소방대상물의 신축·증축·개축·재축·이전·용도변경·대수선 또는 설비 설치 등을 위한 공사 현장에서 인화성 물품을 취급하는 작업 등 대통령령으로 정하는 작업을 하기 전에 설치 및 철거가 쉬운 화재대비시설(임시소방시설)을 설치하고 관리하여야 한다.

실력향상 보충해설
임시소방시설의 종류
1. 소화기, 2. 간이소화장치, 3. 비상경보장치, 4. 가스누설경보기, 5. 간이피난유도선, 6. 비상조명등, 7. 방화포

02 다음 중 가연성물질이 있는 장소에서 화재위험작업을 하는 경우 준수사항으로 옳지 않은 것은?

난이도 하

① 용접불티 비산방지덮개, 용접방화포 등 불꽃, 불티 등 비산방지 조치
② 화기작업에 따른 인근 가연성물질에 대한 방호조치 및 소화기구 비치
③ 작업근로자에 대한 화재예방 및 피난교육 등 비상조치
④ 인화성 액체의 증기 및 인화성 가스가 남아있지 않도록 작업장 밀폐조치

해설

화재위험작업 준수사항
1. 작업 준비 및 작업 절차 수립
2. 작업장 내 위험물의 사용 보관 현황 파악
3. 화기작업에 따른 인근 가연성물질에 대한 방호조치 및 소화기구 비치
4. 용접불티 비산방지덮개, 용접방화포 등 불꽃, 불티 등 비산방지 조치
5. 인화성 액체의 증기 및 인화성 가스가 남아있지 않도록 환기 등의 조치
6. 작업근로자에 대한 화재예방 및 피난교육 등 비상조치

정답 01 ② 02 ④

03 다음은 화기취급작업 현장의 화재감시자 배치에 관한 내용이다. 빈칸에 들어갈 내용으로 옳은 것은?

난이도 중

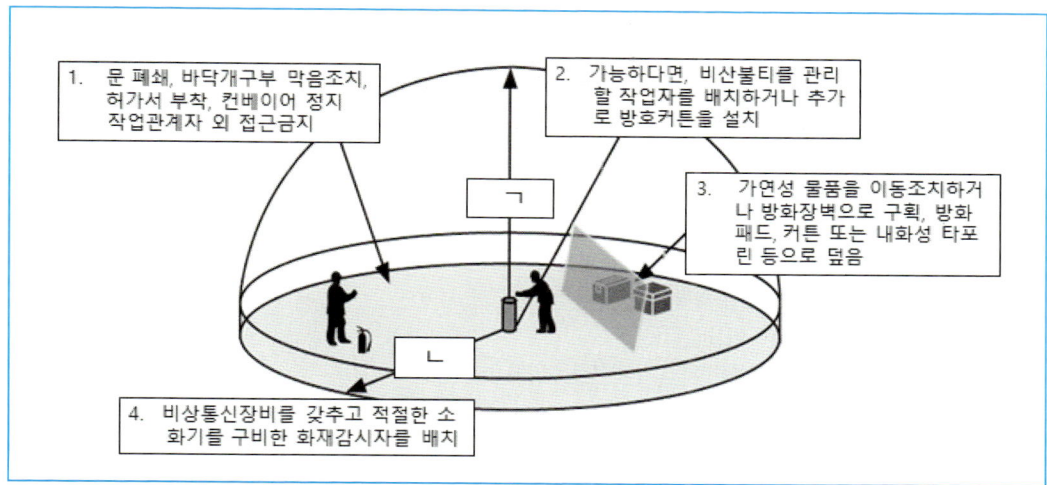

① ㄱ : 11m, ㄴ : 11m
② ㄱ : 12m, ㄴ : 11m
③ ㄱ : 10m, ㄴ : 10m
④ ㄱ : 15m, ㄴ : 12m

해설
화재감시자의 배치 장소

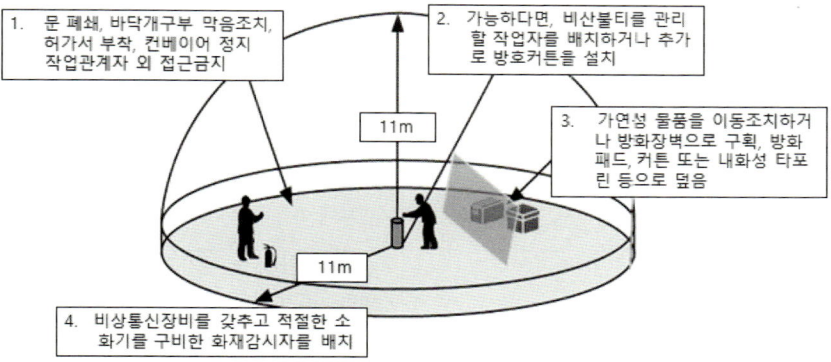

1. 작업반경 11미터 이내에 건물구조 자체나 내부(개구부 등으로 개방된 부분을 포함)에 가연성물질이 있는 장소
2. 작업반경 11미터 이내의 바닥 하부에 가연성물질이 11미터 이상 떨어져 있지만 불꽃에 의해 쉽게 발화될 우려가 있는 장소
3. 가연성물질이 금속으로 된 칸막이·벽·천장 또는 지붕의 반대쪽 면에 인접해 있어 열전도나 열복사에 의해 발화될 우려가 있는 장소
4. 다만 같은 장소에서 상시·반복적으로 용접·용단작업을 할 때 경보용 설비·기구, 소화설비 또는 소화기가 갖추어진 경우에는 화재감시자를 지정·배치하지 않을 수 있다.

정답 03 ①

04 다음 중 용접(용단) 작업 시 비산 불티의 특성으로 옳지 않은 것은?   난이도 중

① 용접(용단) 작업 시 수천개의 비산된 불티 발생
② 비산불티는 풍향, 풍속 등에 의해 비산거리 상이
③ 비산불티는 약 2,600℃ 이상의 고온체
④ 발화원이 될 수 있는 비산불티의 크기의 직경은 약 0.3~3mm

해설

용접(용단) 작업 시 비산 불티의 특성
1. 용접(용단) 작업 시 수천개의 비산된 불티 발생
2. 비산불티는 풍향, 풍속 등에 의해 비산거리 상이
3. 비산불티는 약 1,600℃ 이상의 고온체
4. 발화원이 될 수 있는 비산불티의 크기의 직경은 약 0.3~3mm
5. 비산 불티는 짧게는 작업과 동시에부터 수 분사이, 길게는 수 시간 이후에도 화재 가능성이 있음
6. 용접(용단) 작업 시 작업높이, 철판두께, 풍속 등에 따른 불티의 비산거리는 조건 및 환경에 따라 상이

실력향상 보충해설

용접·용단 작업자의 주요 재해발생원인 및 대책

구분	주요발생원인	대책
화재	불꽃비산	• 불꽃받이나 방염시트 사용 • 불꽃비산구역 내 가연물을 제거하고 정리·정돈 • 소화기 비치
	열을 받은 용접부분의 뒷면에 있는 가연물	• 용접부 뒷면을 점검 • 작업종료 후 점검
폭발	토치나 호스에서 가스누설	• 가스누설이 없는 토치나 호스 사용 • 좁은 구역에서 작업할 때는 휴게시간에 토치를 공기의 유통이 좋은장소에 둔다. • 호스접속 시 실수가 없도록 호스에 명찰 부착
	드럼통이나 탱크를 용접, 절단시 잔류 가연성가스 증기의 폭발	• 내부에 가스나 증기가 없는 것을 확인
	역화	• 정비된 토치와 호스 사용 • 역화방지기 설치
화상	토치나 호스에서 산소 누설	• 산소누설이 없는 호스 사용
	산소를 공기대신으로 환기나 압력 시험용으로 사용	• 산소의 위험성 교육 실시 • 소화기 비치

정답 04 ③

05 화재감시자의 배치 장소로서 옳지 않은 것은?

① 작업반경 11미터 이내에 건물구조 자체에 가연성물질이 있는 장소
② 작업반경 11미터 이내에 내부(개구부 등으로 개방된 부분을 포함)에 가연성물질이 있는 장소
③ 작업반경 11미터 이외의 바닥 하부에 가연성물질이 8미터 이상 떨어져 있지만 불꽃에 의해 쉽게 발화될 우려가 있는 장소
④ 가연성물질이 금속으로 된 칸막이·벽·천장 또는 지붕의 반대쪽 면에 인접해 있어 열전도나 열복사에 의해 발화될 우려가 있는 장소

해설

화재감시자

다음의 어느 하나에 해당하는 장소에서 용접·용단 작업을 하도록 하는 경우에는 화재감시자를 지정하여 용접·용단 작업 장소에 배치해야 한다.(다만, 같은 장소에서 상시·반복적으로 용접·용단 작업을 할 때 경보용 설비·기구, 소화설비 또는 소화기가 갖추어진 경우에는 화재감시자를 지정·배치하지 않을 수 있다.

1. 작업반경 11m 이내에 건물구조 자체나 내부(개구부 등으로 개방된 부분을 포함)에 가연성물질이 있는 장소
2. 작업반경 11m 이내의 바닥 하부에 가연성 물질이 11m 이상 떨어져 있지만 불꽃에 의해 쉽게 발화될 우려가 있는 장소
3. 가연성물질이 금속으로 된 칸막이·벽·천장 또는 지붕의 반대쪽 면에 인접해 있어 열전도나 열복사에 의해 발화될 우려가 있는 장소

정답 05 ③

제 02 장 화재위험작업 허가 · 관리

06 다음 빈칸에 들어갈 내용으로 옳은 것은?   난이도 하

> 화재예방을 위하여 화기취급작업을 사전에 허가하고 관련 법령에 근거하여 _____가 입회하여 감독하는 등 안전관리 업무를 수행하여야 한다.

① 화재감시자
② 작업감시자
③ 화기작업자
④ 사전허가자

해설

화기취급작업 사전허가

화재예방을 위하여 화기취급작업을 사전에 허가하고 관련 법령에 근거하여 화재감시자가 입회하여 감독하는 등 안전관리 업무를 수행하여야 하며, 사전허가, 안전조치 및 화기취급작업 감독의 처리절차와 화기취급작업 신청서 작성, 화기취급작업 허가서 교부 및 안전수칙 등의 사전허가 절차 등을 준수하여야 한다.

실력향상 보충해설
화기취급작업의 일반적인 절차

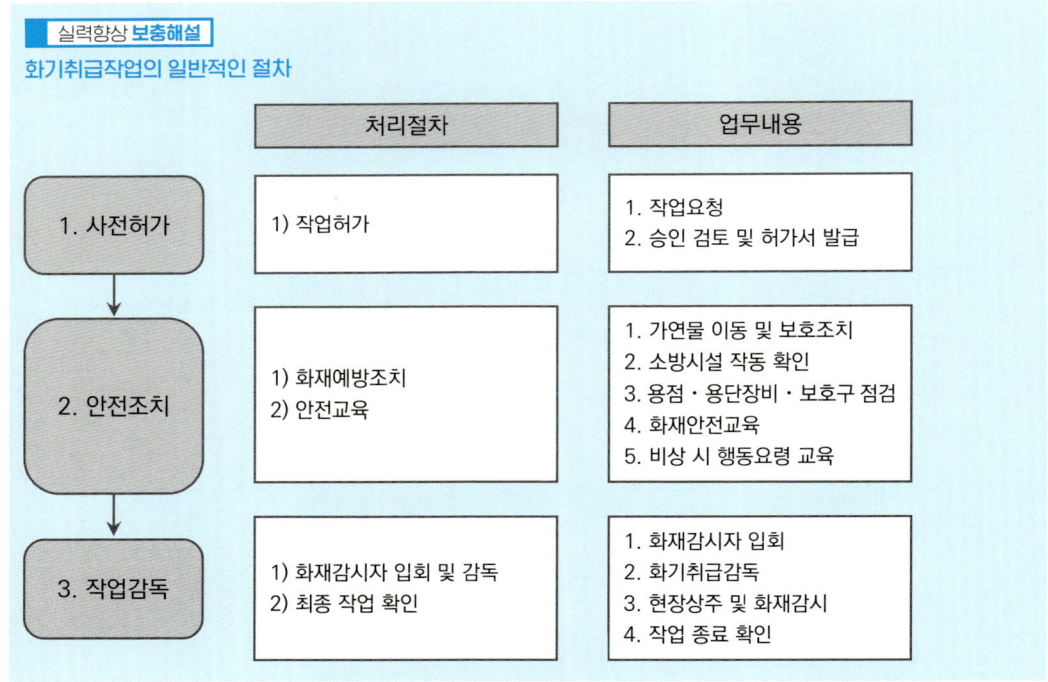

정답 06 ①

제 03 장 위험물안전관리

07 인화성 또는 발화성 등의 성질을 가지는 것으로서 대통령령이 정하는 물품은 무엇인가? 난이도 하

① 소화약제 ② 방염물품
③ 위험물   ④ 소방시설

해설
위험물의 정의
인화성 또는 방화성 등의 성질을 가지며 대통령령이 정하는 물품을 위험물이라 한다.

08 위험물을 종류별로 위험성을 고려하여 대통령령이 정하는 수량은 무엇이라 하는가? 난이도 하

① 유효수량 ② 방화수량
③ 허가수량 ④ 지정수량

해설
지정수량
위험물의 종류별로 위험성을 고려하여 대통령령이 정하는 수량으로서 제조소등의 설치허가 등에 있어서 최저의 기준이 되는 수량.

09 다음 중 위험물의 지정수량이 잘못 연결된 것은 무엇인가? 난이도 하

① 휘발유 - 300L   ② 등유 - 1,000L
③ 황 - 100kg   ④ 질산 - 300kg

해설
위험물의 지정수량

위험물	휘발유	등유·경유	중유	알코올류	황	질산
지정수량	200L	1,000L	2,000L	400L	100Kg	300Kg

휘발유의 지정수량은 200L 이다.

정답 07 ③ 08 ④ 09 ①

10 다음 빈칸에 들어갈 내용으로 옳게 짝 지어진 것은? 난이도 중

> 제조소등의 관계인은 위험물의 안전관리에 관한 직무를 수행하게 하기 위하여 제조소등마다 대통령령이 정하는 위험물의 취급에 관한 자격이 있는 자를 안전관리자로 선임하여야 하며, 해임하거나 퇴직한 때에는 그날로부터 ㄱ.____일 이내에 다시 선임하여야 하고, 선임한 날로부터 ㄴ.____일 이내에 소방본부장 또는 소방서장에게 신고하여야 한다.

① ㄱ. 14, ㄴ. 30
② ㄱ. 30, ㄴ. 14
③ ㄱ. 14, ㄴ. 14
④ ㄱ. 30, ㄴ. 30

해설
위험물안전관리자 선임 및 해임
제조소등의 관계인은 위험물의 안전관리에 관한 직무를 수행하게 하기 위하여 제조소등마다 대통령령이 정하는 위험물의 취급에 관한 자격이 있는 자를 안전관리자로 선임하여야 하며, 해임하거나 퇴직한 때에는 그날로부터 **30일** 이내에 다시 선임하여야 하고, 선임한 날로 부터 **14일** 이내에 소방본부장 또는 소방서장에게 신고하여야 한다.

11 다음 중 제5류 위험물의 특성으로 옳지 않은 것은? 난이도 중

① 대부분 물보다 가볍고, 증기는 공기보다 무거움
② 가연성으로 산소를 함유하여 자기연소
③ 가열, 충격, 마찰 등에 의해 착화, 폭발
④ 연소속도가 매우 빨라 소화가 곤란함

해설
위험물 류별 특성

구분	성질	특성
제1류	산화성 고체	• 강산화제로서 다량의 산소 함유 • 가열, 충격, 마찰 등에 의해 분해, 산소 방출
제2류	가연성 고체	• 저온 착화하기 쉬운 가연성 물질 • 연소 시 유독가스 발생
제3류	자연발화성 물질 및 금수성 물질	• 물과 반응하거나 자연발화에 의해 발열 또는 가연성가스 발생 • 용기 파손 또는 누출에 주의
제4류	인화성 액체	• 인화가 용이 • 대부분 물보다 가볍고, 증기는 공기보다 무거움 • 주수소화 불가능한 것이 대부분임
제5류	자기반응성 물질	**• 가연성으로 산소를 함유하여 자기연소 • 가열, 충격, 마찰 등에 의해 착화, 폭발 • 연소속도가 매우 빨라서 소화 곤란**
제6류	산화성 액체	• 강산으로 산소를 발생하는 조연성 액체(자체는 불연) • 일부는 물과 접촉하면 발열

정답 10 ② 11 ①

12 다음 중 물과 반응하거나 자연발화에 의해 발열 또는 가연성가스가 발생하는 위험물은 무엇인가?

① 제1류 위험물 ② 제3류 위험물
③ 제6류 위험물 ④ 제4류 위험물

해설
위험물 류별 특성
제3류 위험물(자연발화성 물질 및 금수성 물질)

13 다음 중 제4류 위험물의 공통적인 성질로 옳지 않은 것은?

① 인화하기 쉽다.
② 증기는 대부분 공기보다 무겁다.
③ 증기는 공기와 혼합되어 연소·폭발한다.
④ 착화온도가 높은 것은 위험하다.

해설
제4류 위험물의 공통적인 성질
1. 인화하기 쉽다.
2. 증기는 대부분 공기보다 무겁다.
3. 증기는 공기와 혼합되어 연소·폭발한다.
4. 착화온도가 낮은 것은 위험하다.
5. 대부분 물보다 가볍고 물에 녹지 않는다.

14 다음 중 위험물에 대한 설명으로 옳지 않은 것은?

① 제4류 위험물의 증기는 공기보다 무겁다.
② 제3류 위험물은 물과 반응하거나 자연발화에 의해 발열 또는 가연성가스가 발생한다.
③ 제5류 위험물은 연소속도가 매우 빨라서 소화가 곤란하다.
④ 제1류 위험물은 조연성 액체로 주수소화가 불가능한 것이 대부분 이다.

해설
위험물 류별 특성
제1류 위험물은 산화성 고체이다.
- 조연성 액체 → 제6류 위험물
- 주수소화 불가능한 것이 대부분 → 제4류 위험물

정답 12 ② 13 ④ 14 ④

제04장 전기안전관리

15 다음 중 전기화재의 주요 화재 원인으로 옳지 않은 것은? 난이도 중

① 누전에 의한 발화
② 기타 규격이상의 전선 또는 전기기계기구 등의 과열
③ 전선의 합선(단락)에 의한 발화
④ 과전류(과부하)에 의한 발화

해설
전기화재의 주요 화재 원인
1. 전선의 합선(단락)에 의한 발화
2. 누전에 의한 발화
3. 과전류(과부하)에 의한 발화
4. 기타 규격미달의 전선 또는 전기기계기구 등의 과열, 배선 및 전기기계기구 등의 절연불량 또는 정전기로부터의 불꽃

16 전기화재의 예방요령으로 옳지 않은 것은? 난이도 중

① 플러그를 뽑을 때는 몸체를 당기지 말고 선을 잡고 뽑는다.
② 하나의 콘센트에 여러 가지 전기기구를 꽂아서 사용하지 않는다.
③ 사용하지 않는 기구는 전원을 끄고 플러그를 뽑아 둔다.
④ 전선은 묶거나 꼬이지 않도록 한다.

해설
전기화재 예방요령
1. 하나의 콘센트에 여러 가지 전기기구를 꽂아 사용하지 않는다.
2. 사용하지 않는 기구는 전원을 끄고 플러그를 뽑아 둔다.
3. 플러그를 뽑을 때는 선을 당기지 말고 몸체를 잡고 뽑는다.
4. 과전류 차단장치를 설치한다.
5. 규격 퓨즈를 사용하고 끊어질 경우 그 원인은 조치한다.
6. 전기시설 설치 시 전문 면허업체에 의뢰하여 정확하게 시공한다.
7. 콘센트에 플러그는 흔들리지 않게 완전히 꽂아 사용한다.
8. 누전차단기를 설치하고 월 1~2회 동작 여부를 확인한다.
9. 전선은 묶거나 꼬이지 않도록 한다.
10. 전기담요는 접힌 부분에 열이 발생하므로 밟거나 접어서 사용하지 않는다.
11. 비닐전선은 열에 약하므로 백열전등이나 전열기구 등 고열을 발생하는 기구에는 고무코드 전선을 사용한다.
12. 비닐장판이나 양탄자 밑으로는 전선이 지나지 않도록 한다.
13. 전기기구는 'KS' 제품을 사용하고 사용 전 사용설명서를 읽어본다.
14. 전선이 쇠붙이나 움직이는 물체와 접촉되지 않도록 한다.

정답 15 ② 16 ①

제 05장 가스안전관리

17 다음 중 액화석유가스(LPG)의 주성분으로 옳은 것은? 난이도 중

① CH_4
② C_3H_8
③ C_8H_8
④ CH_{10}

해설
연료가스의 종류와 특성

구분	액화석유가스(LPG)	액화천연가스(LNG)
주성분	프로판(C_3H_8), 부탄(C_4H_{10})	메탄(CH_4)
용도	가정용, 공업용, 자동차 연료용	도시가스
비중	1.5~2(누출 시 낮은 곳 체류)	0.6(누출 시 천장쪽에 체류)
폭발범위	• 프로판 : 2.1~9.5% • 부탄 : 1.8~8.4%	5~15%

18 액화천연가스(LNG)의 탐지기 설치 위치로 옳은 것은? 난이도 중

① 상단은 바닥면의 상방 30cm 이내의 위치에 설치
② 상단은 천장면의 상방 30cm 이내의 위치에 설치
③ 하단은 천장면의 하방 30cm 이내의 위치에 설치
④ 수평거리 10m 이내의 위치에 설치

해설
연료가스의 종류와 특성

구분	액화석유가스(LPG)	액화천연가스(LNG)
탐지기의 위치	상단은 바닥면의 상방 30cm 이내	하단은 천장면의 하방 30cm 이내
가스누설경보기	가스연소기 또는 관통부로부터 수평거리 4m 이내	가스연소기로부터 수평거리 8m 이내
비중	1.5~2(누출 시 낮은 곳 체류)	0.6(누출 시 천장쪽에 체류)

정답 17 ② 18 ③

19 다음 중 LPG와 LNG에 대한 설명으로 옳지 않은 것은? 난이도 중

① LNG는 도시가스에 사용한다.
② LPG의 주성분은 프로판과 부탄이다.
③ LNG의 주성분인 메탄의 폭발범위는 1.8~8.4% 이다.
④ LNG의 주성분은 메탄이다.

해설
연료가스의 종류와 특성
메탄의 폭발 범위 : 5~15%

20 다음은 LNG에 관한 설명이다. 빈칸에 들어 갈 내용으로 옳게 짝지어진 것은? 난이도 중

- 가스연소기로부터 수평거리 ㄱ._____ 이내의 위치에 가스누설경보기를 설치한다.
- 탐지기의 하단은 천장면의 하방 ㄴ._____ 이내에 설치한다.

① ㄱ. 15m, ㄴ. 30cm
② ㄱ. 8m, ㄴ. 30cm
③ ㄱ. 8m, ㄴ. 50cm
④ ㄱ. 10m, ㄴ. 50cm

해설
연료가스의 종류와 특성

구분	액화천연가스(LNG)
탐지기의 위치	하단은 천장면의 하방 30cm 이내
가스누설경보기	가스연소기로부터 수평거리 8m 이내
비중	0.6(누출 시 천장쪽에 체류)

정답 19 ③ 20 ②

21 액화석유가스(LPG)의 탐지기 설치 위치로 옳은 것은?

① 상단은 바닥면의 상방 30cm 이내의 위치에 설치
② 상단은 천장면의 상방 40cm 이내의 위치에 설치
③ 하단은 천장면의 하방 30cm 이내의 위치에 설치
④ 수평거리 8m 이내의 위치에 설치

해설
연료가스의 종류와 특성

구분	액화석유가스(LPG)	액화천연가스(LNG)
탐지기의 위치	상단은 바닥면의 상방 30cm 이내	하단은 천장면의 하방 30cm 이내
가스누설경보기	가스연소기 또는 관통부로부터 수평거리 4m 이내	가스연소기로부터 수평거리 8m 이내
비중	1.5~2(누출 시 낮은 곳 체류)	0.6(누출 시 천장쪽에 체류)

22 다음은 LPG에 관한 설명이다. 빈칸에 들어 갈 내용으로 옳게 짝지어진 것은?

- 가스연소기로부터 수평거리 ㄱ._____ 이내의 위치에 가스누설경보기를 설치한다.
- 탐지기의 하단은 천장면의 하방 ㄴ._____ 이내에 설치한다.

① ㄱ. 15m, ㄴ. 30cm
② ㄱ. 4m, ㄴ. 20cm
③ ㄱ. 4m, ㄴ. 30cm
④ ㄱ. 10m, ㄴ. 50cm

해설
연료가스의 종류와 특성

구분	액화석유가스(LPG)
탐지기의 위치	상단은 바닥면의 상방 30cm 이내
가스누설경보기	가스연소기 또는 관통부로부터 수평거리 4m 이내
비중	1.5~2(누출 시 낮은 곳 체류)

정답 21 ① 22 ③

PART 04

피난시설, 방화구획 및 방화시설의 유지·관리

제1장 피난시설, 방화구획 및 방화시설의 유지·관리

소방안전관리자 2급 기출·예상문제

제 01 장 피난시설, 방화구획 및 방화시설의 유지·관리

01 다음 방화구획에 관한 설명 중 옳지 않은 것은?

① 건축물 내의 어느 부분에서 발생한 화재에 의해 건물 전체로 화재가 확대 되는 것을 방지
② 고층 및 지하 심층 건축물, 규모가 큰 일반 건축물이나 공장 등에서의 화재 발생 시 연기 및 화염의 확산 방지
③ 공간을 구성하는 바닥, 천장, 벽, 문 등의 부재는 연소방지상 내화적인 것이 요구
④ 화재 시 화염을 다른 곳으로 이동시킴

> **해 설**
> **방화구획**
> 1. 건축물 내의 어느 부분에서 발생한 화재에 의해 건물 전체로 화재가 확대 되는 것을 방지
> 2. 고층 및 지하 심층 건축물, 규모가 큰 일반 건축물이나 공장 등에서의 화재 발생 시 연기 및 화염의 확산 방지를 위한 구획
> 3. 공간을 구성하는 바닥, 천장, 벽, 문 등의 부재는 연소방지상 내화적인 것이 요구된다.

02 다음 중 방화구획의 설치기준으로 옳은 것은?

① 10층 이하의 층은 바닥면적 1,500m² 이내마다 구획
② 매층마다 구획(지하1층에서 지상으로 직접 연결하는 경사로 부위 포함)
③ 스프링클러설비가 설치된 10층 이하의 층은 바닥면적 3,000m² 이내마다 구획
④ 필로티 등의 부분을 주차장으로 사용하는 경우 그 부분은 다른 부분과 구획하지 않을 것

> **해 설**
> **방화구획 설치기준**
>
> | 종류 | 단위 | 구조 |
> |---|---|---|
> | 면적별 구획 | • 10층 이하의 층은 바닥면적 1,000m² 이내 마다 구획
• 11층 이상의 층은 바닥면적 200m²(내장재가 불연재인 경우 500m²) 이내마다 구획
※ 스프링클러설비, 기타 이와 유사한 자동식 소화설비를 설치한 경우에는 상기 면적의 3배 이내마다 구획 | • 내화구조의 바닥, 벽
• 60분 + 방화문·60분방화문
• 자동방화셔터(국토교통부장관이 정하는 기준에 맞는 것) |
> | 층별 구획 | 매층마다 구획(다만, 지하 1층에서 지상으로 직접 연결하는 경사로 부위 제외) | |
> | 필로티 등 | 필로티 등의 부분을 주차장으로 사용하는 경우 그 부분은 건축물의 다른 부분과 구획 | |
>
> 공동주택 중 아파트로서 4층 이상인 층에 대피공간을 설치하는 경우 그 대피공간과 실내의 다른 부분과 방화구획해야 함
>
> ※ 필로티 : 벽면적의 2분의 1이상이 그 층의 바닥면에서 위측 바닥 아래면까지 공간으로 된 것

정답 01 ④ 02 ③

03 다음 중 피난·방화시설 등의 범위로 잘못 짝지어진 것은?   난이도 ㊥

① 피난시설 : 계단(직통계단)

② 방화시설 : 방화문

③ 방화시설 : 피난안전구역

④ 피난시설 : 출입구(비상구 포함)

> **해설**
> **피난·방화시설 등의 범위**
> 1. 피난시설 : **계단(직통계단·피난계단 등)**, 복도, **출입구(비상구 포함)**, 그 밖의 피난시설(옥상광장, **피난안전구역**, 피난용 승강기 및 승강장 등)
> 2. 방화시설 : 방화구획(**방화문**, 자동방화셔터, 내화구조의 바닥·벽), 방화벽 및 내화성능을 갖춘 내부마감재 등

04 특별피난계단이 설치되어 있는 건축물의 피난시 이동경로로 옳은 것은?   난이도 ㊥

① 옥내 → 부속실 → 계단실 → 피난층

② 옥내 → 계단실 → 피난층

③ 옥내 → 부속실 → 옥외계단 → 옥상광장

④ 옥내 → 옥외계단 → 지상층

> **해설**
> **피난계단의 종류 및 피난 시 이동경로**
>
> | 피난계단의 종류 | 피난 시 이동경로 |
> |---|---|
> | 옥내피난계단 | 옥내 → 계단실 → 피난층 |
> | 옥외피난계단 | 옥내 → 옥외계단 → 지상층 |
> | 특별피난계단 | 옥내 → 부속실 → 계단실 → 피난층 |

05 다음 중 반드시 부속실이 설치되어 있는 피난계단의 종류는 무엇인가?   난이도 ㊦

① 옥내피난계단   ② 옥외피난계단

③ 특별피난계단   ④ 옥내비상계단

> **해설**
> **특별피난계단**
> 특별피난계단은 반드시 부속실이 있다.

정답 03 ③   04 ①   05 ③

06 다음 중 보기를 참고하여 피난시설, 방화구획 및 방화시설 관련 금지 행위 중 옳은 것을 고르시오.

난이도 중

> ㄱ. 비상구 등에 잠금장치(고정식 잠금장치 등)를 설치하여 쉽게 열 수 없도록 하는 행위
> ㄴ. 계단, 복도 등에 방범철책(창) 등을 설치하여 화재 시 피난할 수 없도록 하는 행위
> ㄷ. 피난·방화시설을 화재 시 사용할 수 없도록 폐쇄하는 행위
> ㄹ. 용접, 조적, 쇠창살, 석고보드 또는 합판 등으로 비상(탈출)구의 개방이 불가능 하도록 하는 행위

① 훼손행위　　② 폐쇄행위
③ 물건적치 및 장애물설치　　④ 변경행위

해설
피난시설, 방화구획 및 방화시설 관련 금지 행위

구분	금지 행위
폐쇄행위	• 건축법령에 의거 설치한 피난·방화시설을 화재시 사용할 수 없도록 폐쇄하는 행위 • 계단, 복도 등에 방범철책(창) 등을 설치하여 화재 시 피난할 수 없도록 하는 행위 • 비상구 등에 잠금장치(고정식 잠금장치 등)를 설치하여 누구나 쉽게 열 수 없도록 하는 행위 • 용접, 조적, 쇠창살, 석고보드 또는 합판 등으로 비상(탈출)구의 개방이 불가능 하도록 하는 행위 • 기타 객관적인 판단하에 누구라도 폐쇄라고 볼 수 있는 행위
훼손행위	• 방화문을 철거(제거)하는 행위나 방화문에 고임장치(도어 스톱) 등 설치 또는 자동폐쇄장치를 제거하여 그 기능을 저해 • 배연설비가 작동되지 아니하도록 기능에 지장을 주는 행위 • 기타 객관적인 판단하에 누구라도 피난·방화시설을 훼손하였다고 볼 수 있는 행위(구조적인 시설을 물리력을 가하여 훼손한때)
물건적치 또는 장애물 설치행위	• 계단, 복도(통로) 또는 출입구에 물건을 쌓아놓거나 또는 장애물을 방치하는 행위 • 계단, 또는 복도에 방범철책(쇠창살)을 설치하는 행위 　- 방범철책에 고정식 잠금장치를 설치하는 행위는 피난·방화시설의 폐쇄행위에 해당 • 자동방화셔터 주위에 물건 또는 장애물을 방치하거나 설치하여 그 기능에 지장을 주는 행위
변경행위	• 방화구획 및 내부마감재료를 임의로 변경하여 건축법령에 위반하였다고 볼 수 있는 행위 　- 임의구획으로 무창층을 발생하게 하는 행위 　- 방화구획에 개구부를 설치하여 그 기능에 지장을 주는 행위 등 • 방화문을 철거하고 목재, 유리문 등으로 변경하는 행위 • 기타 객관적인 판단하에 누구라도 피난·방화시설을 변경하여 건축법령에 위반하였다고 볼 수 있는 행위

정답 06 ②

07 다음 중 피난시설, 방화구획 및 방화시설의 변경행위로 옳지 않은 것은?

① 방범철책에 고정식 잠금장치를 설치하는 행위
② 방화구획에 개구부를 설치하여 그 기능에 지장을 주는 행위
③ 방화문을 철거하고 유리문 등으로 변경하는 행위
④ 임의구획으로 무창층을 발생하게 하는 행위

해설
피난시설, 방화구획 및 방화시설 관련 금지 행위
방범철책에 고정식 잠금장치를 설치하는 행위 → 폐쇄행위

08 다음 중 옥상광장 등의 설치 대상으로 옳지 않은 것은?

① 옥상광장 또는 2층 이상인 층에 노대 등의 주위에는 높이 1.2m 이상의 난간을 설치
② 5층의 문화 및 집회시설(전시장 및 동·식물원은 제외)은 옥상광장 설치 대상이다.
③ 3층 이상의 층이 근린생활시설 중 바닥면적 100m² 의 인터넷컴퓨터게임시설제공업소
④ 8층의 판매시설은 옥상광장 설치 대상이다.

해설
옥상광장 등의 설치
1. 옥상광장 또는 2층 이상인 층에 노대(노대나 그 밖에 이와 비슷한 것)등의 주위에는 높이 1.2m 이상의 난간을 설치하여야 한다.
2. 5층 이상의 층으로 옥상광장 설치 대상
   - 근린생활시설 중 공연장·종교집회장·인터넷컴퓨터게임시설제공업소(해당 용도로 쓰는 바닥 면적의 합계가 각각 300m² 이상인 경우)
   - 문화 및 집회시설(전시장 및 동·식물원은 제외)
   - 종교시설, 판매시설
   - 위락시설 중 주점영업 또는 장례시설

소방안전관리자 단칼에 정복!!
소방안전관리자 2급 기출·예상문제

소방시설의 종류 및 기준, 구조·점검

제1장 소방시설의 종류 및 기준
제2장 소화설비
제3장 경보설비
제4장 피난구조설비

제 01 장 소방시설의 종류 및 기준

01 다음 중 소방시설의 종류로 옳지 않은 것은? 난이도 하

① 소화설비 ② 경보설비
③ 피난구조설비 ④ 재난방지소화설비

해설

소방시설의 종류

구분	설명
소화설비	물 및 그 밖의 소화약제를 사용하여 소화하는 기계·기구 또는 설비
경보설비	화재발생 사실을 통보하는 기계·기구 또는 설비
피난구조설비	화재가 발생할 경우 피난하기 위하여 사용하는 기구 또는 설비
소화용수설비	화재를 진압하는데 필요한 물을 공급하거나 저장하는 설비
소화활동설비	화재를 진압하거나 인명구조 활동을 위하여 사용하는 설비

실력향상 보충해설

소방시설의 종류

소화설비	경보설비	피난구조설비	소화용수설비	소화활동설비
1. 소화기구 2. 자동소화장치 3. 옥내소화전설비 4. 스프링클러설비등 5. 물분무등소화설비 6. 옥외소화전설비	1. 단독경보형감지기 2. 비상경보설비 3. 시각경보기 4. 자동화재탐지설비 5. 화재알림설비 6. 비상방송설비 7. 자동화재속보설비 8. 통합감시시설 9. 누전경보기 10. 가스누설경보기	1. 피난기구 2. 인명구조기구 3. 유도등 4. 비상조명등 및 휴대용비상조명등	1. 상수도소화용수설비 2. 소화수조·저수조 3. 그 밖의 소화용수설비	1. 제연설비 2. 연결송수관설비 3. 연결살수설비 4. 비상콘센트설비 5. 무선통신보조설비 6. 연소방지설비

02 다음 중 간이소화용구에 해당하지 않은 것은? 난이도 하

① 에어로졸식 소화용구
② 주거용 주방자동소화장치
③ 소공간용 소화용구 및 소화약제 외의 것을 이용한 간이소화용구
④ 투척용 소화용구

해설

간이소화용구의 종류

에어로졸식 소화용구, 투척용 소화용구, 소공간용 소화용구 및 소화약제 외의 것을 이용한 간이소화용구

정답 01 ④ 02 ②

03 다음 중 소화기구의 종류로 옳지 않은 것을 고르시오. 난이도 하

① 소화기 ② 간이소화용구
③ 자동확산소화기 ④ 자동소화장치

해설
소화기구의 종류
1. 소화기
2. 간이소화용구 : 에어로졸식 소화용구, 투척용 소화용구, 소공간용 소화용구 및 소화약제 외의 것을 이용한 간이소화용구
3. 자동확산소화기

> **실력향상 보충해설**
> **소화기구**
> 1. 소화기 : 소화약제를 압력에 따라 방사하는 기구로서 <u>사람이 수동으로 조작</u>하여 동작
> 2. 간이소화용구 : <u>초기진화에 간편하게 사용</u>할 수 있는 소화용구
> 3. 자동확산소화기 : 화재를 감지하여 <u>자동으로 소화약제를 방출</u>, 확산시켜 <u>국소적으로 소화</u>하는 소화기

---

04 다음 소방시설 중 경보설비로 옳게 짝지어진 것은? 난이도 중

ㄱ. 가스자동소화장치	ㄴ. 단독경보형 감지기
ㄷ. 가스누설경보기	ㄹ. 자동화재탐지설비
ㅁ. 무선통신보조설비	

① ㄱ, ㄴ, ㄹ ② ㄴ, ㄹ, ㅁ
③ ㄴ, ㄷ, ㄹ ④ ㄱ, ㄷ, ㅁ

해설
경보설비의 종류

1	단독경보형감지기
2	비상경보설비 : 비상벨설비 · 자동식 사이렌설비
3	시각경보기
4	자동화재탐지설비
5	화재알림설비
6	비상방송설비
7	자동화재속보설비
8	통합감시시설
9	누전경보기
10	가스누설경보기

정답 03 ④ 04 ③

05 다음 중 소화설비에 해당하지 않은 것은? 난이도 중

① 자동소화장치
② 옥내소화전
③ 옥외소화전설비
④ 단독경보형감지기

해설

소화설비
물 및 그 밖의 소화약제를 사용하여 소화하는 기계·기구 또는 설비

구분	종류
소화기구	• 소화기 • 간이소화용구 : 에어로졸식 소화용구, 투척용 소화용구, 소공간용 소화용구 및 소화약제 외의 것을 이용한 간이소화용구 • 자동확산소화기
자동소화장치	• 주거용 주방자동소화장치 • 상업용 주방자동소화장치 • 캐비닛형 자동소화장치 • 가스자동소화장치 • 분말자동소화장치 • 고체에어로졸자동소화장치
옥내소화전설비	• 호스릴옥내소화전설비를 포함
스프링클러설비등	• 스프링클러설비 • 간이스프링클러설비(캐비닛형 간이스프링클러설비를 포함) • 화재조기진압용 스프링클러설비
물분무등소화설비	• 물분무소화설비 • 미분무소화설비 • 포소화설비 • 이산화탄소소화설비 • 할론소화설비 • 할로겐화합물 및 불활성기체소화설비 • 분말소화설비 • 강화액소화설비 • 고체에어로졸소화설비
옥외소화전설비	-

06 소방설비 중 화재발생 사실을 통보하는 기계·기구 또는 설비를 무엇이라 하는가? 난이도 하

① 경보설비
② 소화설비
③ 소화활동설비
④ 피난구조설비

해설

경보설비
화재발생 사실을 통보하는 기계·기구 또는 설비

정답 05 ④ 06 ①

07 다음 중 피난구조설비에 해당하지 않는 것은? 난이도 중

① 피난기구　　　　　　② 비상방송설비
③ 유도등　　　　　　　④ 인명구조기구

해설
피난구조설비
화재가 발생할 경우 피난하기 위하여 사용하는 기구 또는 설비

구분	종류
피난기구	피난사다리 · 구조대 · 완강기 · 간이완강기 그 밖에 화재안전기준으로 정하는 것
인명구조기구	방열복 · 방화복(안전모, 보호장갑 및 안전화를 포함) · 공기호흡기 · 인공소생기
유도등	피난유도선 · 피난구유도등 · 통로유도등 · 객석유도등 · 유도표지
비상조명등 및 휴대용 비상조명등	-

08 다음 중 피난구조설비의 피난기구에 해당하지 않은 것은? 난이도 중

① 피난사다리　　　　　② 간이완강기
③ 피난구유도등　　　　④ 구조대

해설
피난구조설비의 종류
피난사다리 · 구조대 · 완강기 · 간이완강기 그 밖에 화재안전기준으로 정하는 것

09 다음 중 피난구조설비 중 인명구조기구에 해당하지 않은 것은? 난이도 중

① 공기호흡기
② 방열복
③ 방화복(안전모, 보호장갑 및 안전화 제외)
④ 인공소생기

해설
인명구조기구
방열복 · 방화복(안전모, 보호장갑 및 안전화를 포함) · 공기호흡기 · 인공소생기

정답 07 ② 08 ③ 09 ③

10 다음 소방시설 중 소화용수설비로 옳은 것은? 난이도 중

① 상수도소화용수설비
② 연소방지설비
③ 연결살수설비
④ 옥내소화전설비

해설
소화용수설비의 종류

1	상수도소화용수설비
2	소화수조·저수조 그 밖의 소화용수설비

실력향상 보충해설
소화용수설비
화재를 진압하는 데 필요한 물을 공급하거나 저장하는 설비를 말한다.

11 다음 중 소화활동설비의 정의로 옳은 것은? 난이도 하

① 화재를 진압하는 데 필요한 물을 공급하거나 저장하는 설비
② 물 및 그 밖의 소화약제를 사용하여 소화하는 기계,기구 또는 설비
③ 화재를 진압하거나 인명구조 활동을 위하여 사용하는 설비
④ 화재가 발생할 경우 피난하기 위하여 사용하는 기구 또는 설비

해설
소화활동설비
화재를 진압하거나 인명구조 활동을 위하여 사용하는 설비를 말한다.

12 다음 중 소화활동설비의 종류가 아닌 것은? 난이도 중

① 제연설비
② 구조대
③ 연결살수설비
④ 무선통조보조설비

해설
소화활동설비의 종류

1	제연설비	2	연결송수관설비
3	연결살수설비	4	비상콘센트설비
5	무선통신보조설비	6	연소방지설비

정답 10 ① 11 ③ 12 ②

13 다음 중 빈 칸에 들어갈 설비의 종류를 고르시오.

> 화재를 진압하거나 인명구조 활동을 위하여 사용하는 설비로 ㄱ. _____, ㄴ. _____ 등이 있다.

① ㄱ. 상수도소화용수설비, ㄴ. 저수조
② ㄱ. 무선통신보조설비, ㄴ. 연결송수관설비
③ ㄱ. 비상방송설비, ㄴ. 통합감시시설
④ ㄱ. 피난기구, ㄴ. 인명구조기구

해설
소화활동설비의 종류
제연설비, 연결송수관설비, 연결살수설비, 비상콘센트설비, 무선통신보조설비, 연소방지설비

정답 13 ②

제 02 장 소화설비

소방안전관리자 2급 기출·예상문제

14 초기소화를 유효하게 실시하기 위하여 소화약제를 수동 또는 자동으로 방출하는 기구로 옳지 않은 것은 무엇인가? 난이도 하

① 소화기
② 간이소화용구
③ 자동확산소화기
④ 스프링클러설비

해설
소화기구의 종류
1. 소화기 : 소화약제를 압력에 따라 방사하는 기구로서 사람이 수동으로 조작하여 동작
2. 간이소화용구 : 초기진화에 간편하게 사용할 수 있는 소화용구
3. 자동확산소화기 : 화재를 감지하여 자동으로 소화약제를 방출, 확산시켜 국소적으로 소화하는 소화기

15 소화기에 대한 설명으로 옳지 않은 것은? 난이도 중

① 소화설비 중 소화기구에 해당한다.
② 적응화재로는 A. B. C. D. K급이 있다.
③ K급은 주방에서 일어나는 화재에 주로 쓰인다.
④ 소형소화기는 능력단위가 3단위 이상이고 대형소화기의 능력단위 미만인 것을 말한다.

해설
소형·대형 소화기 구분(능력단위 : 소화기구의 소화능력을 나타내는 수치)

종류	능력단위기준
소형소화기	능력단위가 1단위 이상이고 대형소화기의 능력단위 미만
대형소화기	화재 시 사람이 운반할 수 있도록 운반대와 바퀴가 설치되어 있고 능력단위가 A급 화재 10단위 이상, B급 화재 20단위 이상

정답 14 ④ 15 ④

16 다음 중 소화기 종류와 적응화재와 다른 것을 고르시오. 난이도 중

① A급 화재 → 일반화재
② B급 화재 → 유류화재
③ C급 화재 → 금속화재
④ K급 화재 → 주방화재

해설
소화기 적응화재

구분	적응물질	소화약제
일반화재(A급)	• 면화류, 고무, 석탄, 목재, 종이, 천 등 일반 가연물 • 연소 후 재를 남김	냉각소화 • 다량의 물 • 수용액
유류화재(B급)	• 인화성액체, 가연성액체, 알코올 등과 같은 유류 • 연소 후 재를 남기지 않음	질식·냉각소화 • 포(Foam)
전기화재(C급)	• 전기기기, 배선과 관련된 화재	주수소화 금지 • 이산화탄소 • 분말소화약제
금속화재(D급)	• 가연성 금속류(칼륨, 나트륨, 마그네슘, 알루미늄 등)	수계소화약제 사용안됨 • 금속화재용 분말소화약제 • 건조사 등
주방화재(K급)	• 주방에서 동식물유를 취급하는 조리기구 등	비누화 작용 및 냉각작용 • 강화액

17 다음 설명에 대한 소화기의 종류를 고르시오. 난이도 중

> 주방에서 동식물유를 취급하는 조리기구에서 일어나는 화재로 소화기의 적응 화재별 표시는 _____급 화재이다.

① K급 ② C급
③ B급 ④ A급

해설
소화기 적응화재
주방에서 동식물유를 취급하는 조리기구에서 일어나는 화재는 'K'급 화재(주방화재) 이다.

정답 16 ③ 17 ①

18 다음 중 A, B, C급 화재에 적용되는 분말소화기의 주성분으로 옳은 것은? 난이도 중

① 탄산수소나트륨 ② 제1인산암모늄
③ 탄산수소칼륨 ④ 탄산수소칼륨 + 요소

해설
분말소화기의 소화약제 및 적응화재

적응화재	주성분	소화효과
ABC급	제1인산암모늄($NH_4H_2PO_4$)	질식, 부촉매(억제)
BC급	탄산수소나트륨($NaHCO_3$)	
	탄산수소칼륨($KHCO_3$)	
	탄산수소칼륨($KHCO_3$) + 요소($NH_2)2CO$	

19 분말소화기에 대해 잘못 설명한 것을 고르시오. 난이도 중

① 가압식 소화기와 축압식 소화기로 분류된다.
② A,B,C급 모두 사용 가능한 주성분은 제1인산암모늄이다.
③ 가압식 소화기는 현재는 생산이 중단되었다.
④ 축압식 소화기는 용기 내 압력을 확인할 수 있도록 압력계가 부착되어 사용가능한 범위가 0.9MPa~1.5MPa로 적색으로 되어 있다.

해설
소화기의 구조

구분	설명
가압식 소화기	본체 용기 내부에 가압용 가스용기가 별도로 설치되어 있으며, 현재는 생산이 중단되었다
축압식 소화기	본체 용기 내에는 규정량의 소화약제와 함께 압력원인 질소가스가 충전되어 있다. 용기 내 압력을 확인할 수 있도록 지시압력계가 부착되어 사용 가능한 범위가 0.7~0.98MPa로 녹색으로 되어 있다.

정답 18 ② 19 ④

20 다음 중 분말소화기의 내용연수로 옳은 것은? 난이도 하

① 10년
② 20년
③ 15년
④ 30년

> **해설**
> **분말소화기의 내용연수**
> 소화기의 내용연수를 10년으로 하고 내용연수가 지난 제품은 교체 또는 성능검사에 합격한 소화기는 내용연수등이 경과한 날의 다음 달부터 다음의 기간동안 사용할 수 있다.
>
> | 구분 | 기간 |
> |---|---|
> | 내용연수 경과 후 10년 미만 | 3년 |
> | 내용연수 경과 후 10년 이상 | 1년 |

> **실력향상 보충해설**
> **분말소화기 폐기방법**
> 분말소화기는 폐기물관리법에 따라 생활폐기물 신고필증(스티커)을 구매·부착하여 지정된 장소에 배출(지방자치단체 조례에 따라 폐기방법이 다를 수 있으므로 자세한 사항은 시·군·구의 폐기물 담당부서로 문의)

21 다음 그림의 소화기의 명칭으로 옳은 것은? 난이도 하

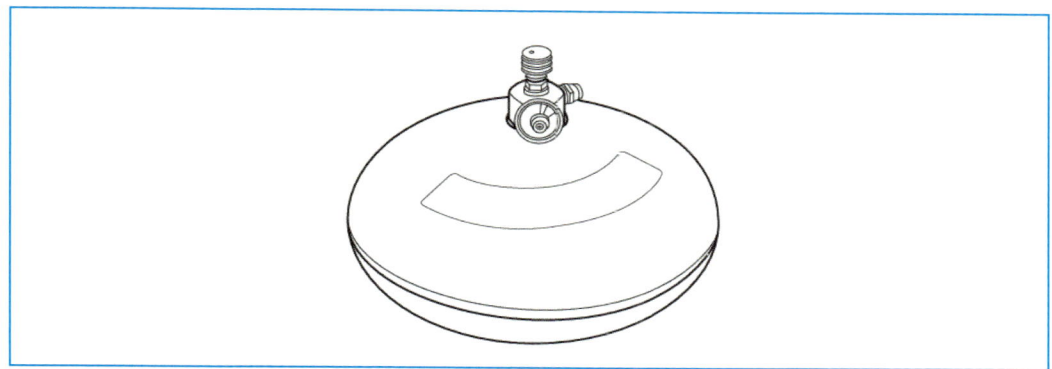

① 분말소화기
② 주방용자동소화장치
③ 투척용소화기
④ 자동확산소화기

정답 20 ① 21 ④

22 다음 그림은 초기진화에 간편하게 사용 할 수 있는 소화용구이다, 이러한 소화기구를 나타내는 명칭으로 알맞은 것을 고르시오.

난이도 하

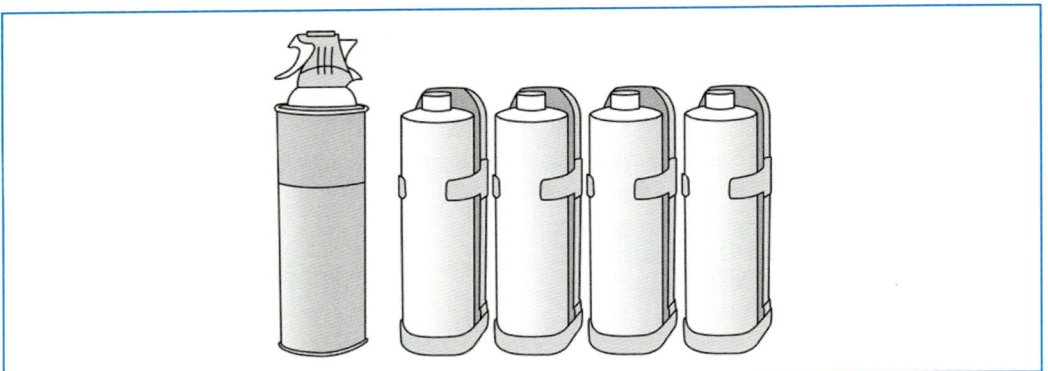

① 간이소화용구
② 소형분말소화기
③ 이산화탄소소화기
④ 자동확산소화기

23 이산화탄소 소화기에 대한 설명으로 옳지 않은 것은?

난이도 하

① 주성분은 이산화탄소이다.
② 적응화재는 A, B, C, K급이다.
③ 소화효과는 질식과 냉각이다.
④ 밸브 본체에는 일정 압력에서 작동하는 안전밸브가 장치되어있다.

해설
이산화탄소 소화기

구분	내용
주성분	이산화탄소 일명 액화탄산(CO_2)가스
적응화재	BC급
소화효과	질식, 냉각소화
구조	본체 용기에 충전된 이산화탄소가 레버식 밸브(대형소화기는 핸들식)의 개폐에 의해 방사 되므로 방사를 중지할 수 있다. 밸브 본체에는 일정한 압력에서 작동하는 안전밸브가 장치되어 있다

정답 22 ① 23 ②

24 다음 중 할론소화기의 소화약제 주성분으로 옳지 않은 것은? 난이도 상

① CF_2ClBr ② $C_2F_4Br_2$
③ $CFCl_4F_4Br_2$ ④ CF_3Br

해설
할론 소화기

구분	내용	
주성분	할론 1211	CF_2ClBr
	할론 2402	$C_2F_4Br_2$
	할론 1301	CF_3Br
적응화재	BC급(할론 1211 · 할론 1301 : ABC급)	
소화효과	억제(부촉매) 및 질식소화	
구조	할론 1211, 할론 2402	용기 내 압력을 가리키는 지시압력계가 붙어 있어 사용 가능한 압력 범위가 녹색으로 되어 있다.
	할론 1301	고압가스로서 가스 자체의 압력(증기압)으로 방사한다.(질소가스로 가압한 것도 있음). 할론소화약제 중 가장 소화능력이 좋으며, 독성이 가장 적고 냄새가 없다.

25 다음 중 소화기구의 능력단위 기준에 대한 설명으로 옳지 않은 것은? 난이도 상

① 위락시설 : 해당 용도의 바닥면적 $30m^2$마다 능력단위 1단위 이상
② 공연장 : 해당 용도의 바닥면적 $50m^2$ 마다 능력단위 1단위이상
③ 근린생활시설 : 해당 용도의 바닥면적 $80m^2$ 마다 능력단위 1단위 이상
④ 그 밖의 것 : 해당 용도의 바닥면적 $200m^2$ 마다 능력단위 1단위 이상

해설
소화기구의 설치기준(특정소방대상물에 따른 소화기구의 능력단위 기준)

특정소방대상물	소화기구의 능력단위
위락시설	해당 용도의 바닥면적 $30m^2$마다 능력단위 1단위 이상
공연장 · 집회장 · 관람장 · 문화재 · 장례식장 및 의료시설	해당 용도의 바닥면적 $50m^2$ 마다 능력단위 1단위이상
근린생활시설 · 판매시설 · 운수시설 · 숙박시설 · 노유자시설 · 전시장 · 공동주택 · 업무시설 · 방송통신시설 · 공장 · 창고시설 · 항공기 및 자동차 관련시설 및 관광휴게시설	해당 용도의 바닥면적 $100m^2$ 마다 능력단위 1단위 이상
그 밖의 것	해당 용도의 바닥면적 $200m^2$ 마다 능력단위 1단위 이상

※ 소화기구의 능력단위를 산출함에 있어서 건축물의 주요구조부가 내화구조이고, 벽 및 반자의 실내에 면하는 부분이 불연재료 · 준불연재료 또는 난연재료로 된 특정소방대상물에 있어서는 위 표의 기준면적의 2배를 해당 특정소방대상물의 기준면적으로 한다

정답 24 ③ 25 ③

26 할론소화약제 중 가장 소화능력이 좋으며, 독성이 가장 적고 냄새가 없는 할론소화약제로 옳은 것은?

① 할론 1301
② 할론 1211
③ 할론 2402
④ 할론 2211

해설

할론 소화기
할론 1301 소화기는 할론소화약제 중 가장 소화능력이 좋으며, 독성이 가장 적고 냄새가 없다.

27 소화기구의 능력단위가 해당용도의 바닥면적 $100m^2$마다 능력단위 1단위 이상인 것은? (단, 건축물의 주요 구조부는 일반구조)

① 위락시설
② 공연장
③ 노유자시설
④ 문화재시설

해설

소화기구의 설치기준(특정소방대상물에 따른 소화기구의 능력단위 기준)

특정소방대상물	소화기구의 능력단위
위락시설	해당 용도의 바닥면적 $30m^2$ 마다 능력단위 1단위 이상
공연장 · 집회장 · 관람장 · 문화재 · 장례식장 및 의료시설	해당 용도의 바닥면적 $50m^2$ 마다 능력단위 1단위이상
근린생활시설 · 판매시설 · 운수시설 · 숙박시설 · 노유자시설 · 전시장 · 공동주택 · 업무시설 · 방송통신시설 · 공장 · 창고시설 · 항공기 및 자동차 관련시설 및 관광휴게시설	해당 용도의 바닥면적 $100m^2$ 마다 능력단위 1단위 이상
그 밖의 것	해당 용도의 바닥면적 $200m^2$ 마다 능력단위 1단위 이상

※ 소화기구의 능력단위를 산출함에 있어서 건축물의 주요구조부가 내화구조이고, 벽 및 반자의 실내에 면하는 부분이 불연재료 · 준불연재료 또는 난연재료로 된 특정소방대상물에 있어서는 위 표의 기준면적의 2배를 해당 특정소방대상물의 기준면적으로 한다

28 바닥면적이 $1000m^2$인 공장에 소화기구의 능력 단위를 구하시오. (단, 건축물의 주요 구조부는 내화구조, 벽 및 반자의 실내와 면하는 부분이 불연재료)

① 5단위
② 6단위
③ 7단위
④ 8단위

해설

소화기구 설치기준
1. 바닥면적 $1000m^2$
2. 공장의 소화기구 능력단위 : 해당 용도의 바닥면적 $100m^2$마다 능력단위 1단위 이상
2-1. (단, 건축물의 주요 구조부는 내화구조, 벽 및 반자의 실내와 면하는 부분이 불연재료)에 따라 $100m^2 \times 2 = 200m^2$으로 적용 (계산 : $1000m^2 \div 200m^2 = 5$ ∴ 5단위)

정답 26 ① 27 ③ 28 ①

29 소화기구의 능력단위가 해당용도의 바닥면적 30m²마다 능력단위 1단위 이상인 것은?

난이도 중

① 위락시설
② 장례식장 및 의료시설
③ 근린생활시설
④ 교육연구시설

해설
소화기구 설치기준
1. 건축물의 주요 구조부와 벽 및 반자의 실내의 면하는 부분 자료의 조건이 주어지지 않으면 일반구조로 간주한다.
2. 교육연구시설의 소화기구 능력단위는 해당용도의 바닥면적 200m²마다 능력단위 1단위 이상

특정소방대상물	소화기구의 능력단위
위락시설	해당 용도의 바닥면적 30m² 마다 능력단위 1단위 이상
공연장·집회장·관람장·문화재·장례식장 및 의료시설	해당 용도의 바닥면적 50m² 마다 능력단위 1단위이상
근린생활시설·판매시설·운수시설·숙박시설·노유자시설·전시장·공동주택·업무시설·방송통신시설·공장·창고시설·항공기 및 자동차 관련시설 및 관광휴게시설	해당 용도의 바닥면적 100m² 마다 능력단위 1단위 이상
그 밖의 것	해당 용도의 바닥면적 200m² 마다 능력단위 1단위 이상

※ 소화기구의 능력단위를 산출함에 있어서 건축물의 주요구조부가 내화구조이고, 벽 및 반자의 실내에 면하는 부분이 불연재료·준불연재료 또는 난연재료로 된 특정소방대상물에 있어서는 위 표의 기준면적의 2배를 해당 특정소방대상물의 기준면적으로 한다

30 바닥면적이 1300m²인 노유자시설의 소화기구의 능력 단위와 3단위의 분말소화기를 설치 할 경우 최소 설치 개수로 올바른 것을 고르시오. (단, 건축물의 주요 구조부는 내화구조, 벽 및 반자의 실내와 면하는 부분이 불연재료)

난이도 중

① 6단위, 2개
② 6.5단위, 2개
③ 7단위, 3개
④ 8단위, 3개

해설
소화기구 설치기준
1. 바닥면적 1300m²
2. 노유자시설의 소화기구 능력단위 : 해당 용도의 바닥면적 100m²마다 능력단위 1단위 이상
   2-1. (단, 건축물의 주요 구조부는 내화구조, 벽 및 반자의 실내와 면하는 부분이 불연재료)에 따라 100m²×2 = 200m²으로 적용
   계산 : 1300m² ÷ 200m² = 6.5   ∴ 7단위(절상)
3. 능력단위 3단위의 분말소화기 최소 설치기준
   3-1. 7단위 ÷ 3단위 = 2.333   ∴ 3개(절상)

정답 29 ① 30 ③

31 조건을 참고하여 소화기구의 능력단위와 소화기의 최소설치 개수로 올바른 것을 고르시오.

난이도

[조건]

가. 내화구조
나. 벽 및 반자의 실내에 면하는 부분이 난연재료
다. 의료시설
라. 바닥면적 : 3000㎡
마. 소화기 : 분말소화기 3단위

① 20단위, 10개   ② 30단위, 10개
③ 40단위, 20개   ④ 60단위, 30개

해설

소화기구 설치기준

1. 바닥면적 3000㎡
2. 의료시설의 소화기구 능력단위 : 해당 용도의 바닥면적 50㎡ 마다 능력단위 1단위 이상
   2-1. (단, 건축물의 주요 구조부는 내화구조, 벽 및 반자의 실내와 면하는 부분이 불연재료)에 따라 50㎡ ×2 = 100㎡으로 적용
   계산 : 3000㎡ ÷ 100㎡ = 30 ∴ 30단위
3. 능력단위 3단위의 분말소화기 최소 설치기준
   3-1. 30단위 ÷ 3단위 = 10 ∴ 10개

실력향상 보충해설

소화기구 설치기준(특정소방대상물에 따른 소화기구의 능력단위 기준)

특정소방대상물	소화기구의 능력단위
1. 위락시설	해당 용도의 바닥면적 30㎡ 마다 능력단위 1단위 이상
2. 공연장·집회장·관람장·문화재·장례식장 및 의료시설	해당 용도의 바닥면적 50㎡ 마다 능력단위 1단위 이상
3. 근린생활시설·판매시설·운수시설·숙박시설·노유자시설·전시장·공동주택·업무시설·방송통신시설·공장·창고시설·항공기 및 자동차 관련시설 및 관광휴게시설	해당 용도의 바닥면적 100㎡ 마다 능력단위 1단위 이상
4. 그밖의 것	해당 용도의 바닥면적 200㎡ 마다 능력단위 1단위 이상

※ 건축물의 주요구조부가 내화구조이고, 벽 및 반자의 실내에 면하는 부분이 불연재료 준불연재료 또는 난연재료로 된 특정소방대상물은 위 표의 기준면적의 2배를 기준면적으로 한다.

정답 31 ②

32. 아래의 그림과 같이 소화기를 배치할 경우 옳지 않은 것을 고르시오.

난이도 상

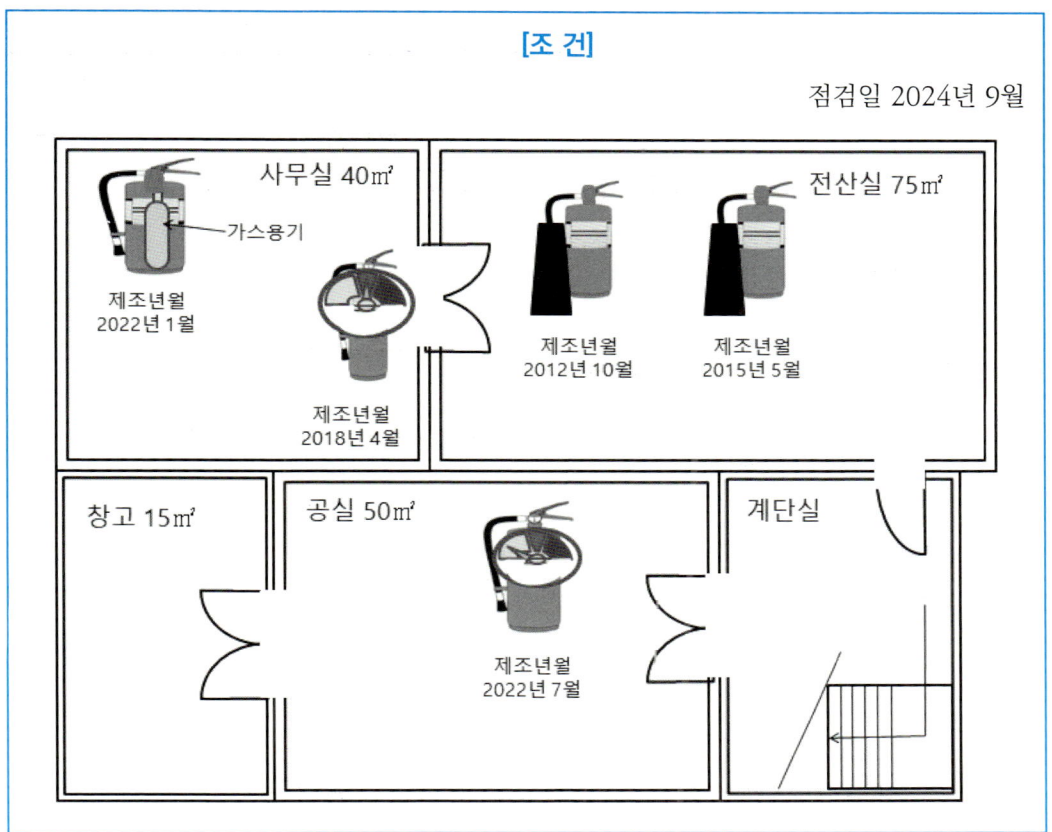

① 사무실의 가스용기를 포함한 소화기는 폐기조치 해야 한다.

② 전산실의 이산화탄소 소화기 중 제조년월 2012년도 10월 소화기는 내용연수 초과로 폐기 조치 해야한다.

③ 창고는 법적면적 미달로 소화기를 설치하지 않아도 되지만 설치하여 관리 하여도 상관없다.

④ 공실의 축압식 소화기는 지시압력계의 압력미달로 교체가 필요하다.

해설

소화기의 배치

1. 사무실의 가스용기를 포함한 소화기는 가압식 소화기로 가스용기 폭발 위험으로 생산이 중단
2. <u>전산실의 이산화탄소 소화기는 내용연수의 제한이 없으므로 사용가능</u>
3. 창고는 법적면적(바닥면적 33m² 이상 소화기 1대 이상 설치) 소화기 미달로 설치하지 않아도 되지만 운영상 설치하여 관리하여도 상관없다.
4. 공실의 축압식 소화기는 지시압력계의 정상압력 미달이므로 교체가 필요하다.

정답 32 ②

33. 아래의 그림과 같이 소화기를 배치할 경우 옳지 않은 것을 고르시오.

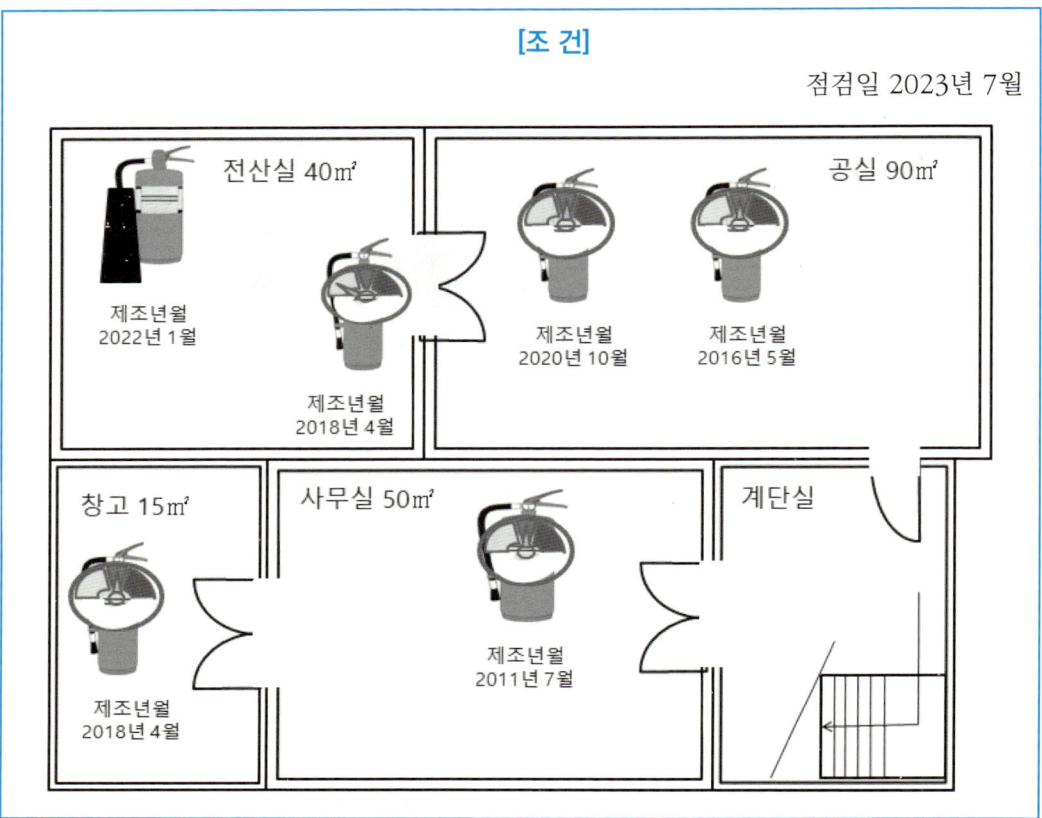

① 공실의 소화기는 교체할 필요가 없다.
② 전산실의 축압식 소화기는 지시압력계에 압력미달로 교체가 필요하다.
③ 사무실의 소화기는 내용연수 초과로 소화기 교체가 필요하다.
④ 창고 내에는 법적면적 미달로 소화기를 설치하면 안 된다.

해설
소화기의 배치
1. 전산실의 이산화탄소 소화기는 내용연수의 제한이 없으므로 사용가능
   1-1. 전산실 내 축압식 소화기는 지시압력계의 압력미달 상태로 교체가 필요하다.
2. 창고는 법적면적(바닥면적 33m^2 이상 소화기 1대 이상 설치) 소화기 미달로 설치하지 않아도 되지만 운영상 설치하여 관리하여도 상관없다.
3. 사무실의 축압식 소화기는 내용연수(10년)가 초과하여 소화기 교체가 필요하다.
4. 공실의 소화기 2대는 소화기의 내용연수(10년)가 초과하지 않는다.

정답 33 ④

> **실력향상 보충해설**
>
> **분말소화기 내용연수 및 폐기방법**
>
> 관련근거 : 「소방시설 설치 및 관리에 관한 법률 시행령」 제19조
>
> 내용 : 특정소방대상물의 관계인은 내용연수가 경과한 소방용품을 교체하여야 한다. 행정안전부령으로 정하는 절차 및 방법 등에 따라 소방용품의 성능을 확인받은 경우에는 그 사용기한을 연장할 수 있다.
>
> 소화기의 내용연수 : 10년
> 내용연수 경과 후 10년 미만 : 3년
> 내용연수 경과 후 10년 이상 : 1년
>
> **분말소화기 폐기방법**
> 지자체 조례에 따라 폐기방법이 다를 순있지만 분말소화기는 폐기물관리법에 따라 생활폐기물 신고필증(스티커)을 구매·부착하여 지정장소에 배출

34. 다음 중 주거용 주방자동소화장치 점검 항목으로 옳지 않은 것은?

① 가스누설탐지부 점검 ② 도통시험
③ 예비전원시험 ④ 가스누설차단밸브 시험

해설

주거용 주방자동소화장치 점검

구분	점검 방법
가스누설탐지부	점검용 가스등을 이용해 가스누설탐지부에 분사를 한다. • 화재 경보음이 발생하는지 확인 • 가스누설차단밸브가 작동하는지 확인한다(가스차단밸브 폐쇄).
가스누설차단밸브	• 수동작동버튼을 눌러 작동이 되는지 확인을 한다. • 감지센서에 가열시험을 하여 1차 감지온도에서 가스차단밸브가 작동하는지 점검을 한다. • 가스누설탐지부의 작동시험으로 가스밸브가 작동하는지 점검을 한다.
예비전원	전원의 플러그를 뽑은 상태에서 수신부의 예비전원램프가 점등되면 정상
감지부	감지센서에 가열시험기로 가열하여 작동하는 방법으로 1차 감지하면 경보 및 가스차단밸브 작동, 2차 감지하면 소화약제가 방출
제어반(수신부)	제어반에서 자동점검 기능이 있어 가스센서나 온도센서 및 예비전원의 이상이 생기면 자동으로 점등이 되며 소화기 상태의 이상이 있을 시 경보가 발생한다.
약제 저장용기	축압식과 가압식이 있으며 대부분 축압식으로 생산된다. 축압식은 압력계가 설치되어 있고 압력상태가 녹색범위 내에 있는지 확인한다. 가압식 소화기는 가압설비 및 약제상태를 점검한다.

정답 34 ②

35 다음 소화기의 설치기준으로 옳은 것을 모두 고르시오.

> ㄱ. 각 층마다 설치한다.
> ㄴ. 특정소방대상물의 각 부분으로부터 1개의 소화기까지의 수평거리가 소형소화기의 경우 10m 이내이다.
> ㄷ. 특정소방대상물의 각 부분으로부터 1개의 소화기까지의 수평거리가 대형소화기의 경우 30m 이내이다.
> ㄹ. 특정소방대상물의 각 층이 2 이상의 거실로 구획된 경우에는 각 층마다 설치하는 것 외에 바닥면적이 33m² 이상으로 구획된 각 거실에도 배치한다.
> ㅁ. 소화기구(자동확산소화기 포함)는 바닥으로부터 높이 1.0m 이하의 곳에 비치한다.

① ㄱ, ㄴ, ㄷ
② ㄱ, ㄷ, ㄹ
③ ㄱ, ㄹ, ㅁ
④ ㄷ, ㄹ, ㅁ

해설

소화기의 설치기준
1. 특정소방대상물의 설치장소에 따라 적응성이 있는 소화기구를 설치한다.
2. 특정소방대상물 따라 소화기구의 능력단위 이상으로 설치한다.
3. 보일러실, 발전실, 변전실 등 부속용도별로 사용되는 부분에 대하여는 소화기구 및 자동소화장치를 추가하여 설치한다.
4. <u>각 층마다 설치하되, 특정소방대상물의 각 부분으로부터 1개의 소화기까지의 보행거리가 소형소화기의 경우에는 20m 이내, 대형소화기의 경우에는 30m 이내가 되도록 배치한다.</u>
5. 특정소방대상물의 각 층이 2 이상의 거실로 구획된 경우에는 각 층마다 설치하는 것 외에 바닥면적이 33m² 이상으로 구획된 각 거실에도 배치한다.
6. 능력단위가 2단위 이상이 되도록 소화기를 설치하여야 할 특정소방대상물 또는 그 부분에 있어서는 간이소화용구의 능력단위가 전체 능력단위의 2분의 1을 초과하지 않게 한다(노유자시설의 경우에는 이를 제외).
7. <u>소화기구(자동확산소화기 제외)는 바닥으로부터 높이 1.5m 이하의 곳에 비치하고</u>, 소화기에 있어서는 "소화기", 투척용소화용구에 있어서는 "투척용소화용구", 마른 모래에 있어서는 "소화용 모래", 팽창진주암 및 팽창질석에 있어서는 "소화질석"이라고 표시한 표지를 보기 쉬운 곳에 부착한다. 다만, 소화기 및 투척용소화용구의 표지는「축광표지의 성능인증 및 제품검사의 기술기준」에 적합한 축광표지로 설치하고, 주차장의 경우 표지를 바닥으로부터 1.5m 이상의 높이에 설치할 것.

실력향상 보충해설
자동확산소화기의 설치기준 및 공동주택 화재안전기술기준

구분	내용
자동확산소화기 설치기준	1. 방호대상물에 소화약제가 유효하게 방사될 수 있도록 설치할 것. 2. 작동에 지장이 없도록 견고하게 고정할 것
공동주택 화재안전기술기준 (소화기구 및 자동 소화장치)	1. 바닥면적 100m² 마다 1단위 이상의 능력단위를 기준으로 설치 할 것. 2. 아파트등(주택으로 쓰는 층수가 5층 이상인 주택을 말한다. 이하 같다)의 경우 각 세대 및 공용부(승강장, 복도 등)마다 설치할 것 3. 아파트등의 세대 내 설치된 보일러실이 방화구획되거나, 스프링클러설비·간이스프링클러설비·물분무등소화설비 중 하나가 설치된 경우「소화기구 및 자동소화장치의 화재안전기술기준(NFTC 101)」[표2.1.1.3]제1호 및 제5호를 적용하지 않을 수 있다. 4. 아파트등의 경우「소화기구 및 자동소화장치의 화재안전기술기준(NFTC 101)」따른 소화기의 감소 규정을 적용하지 않을 것

정답 35 ②

36 축압식 소화기의 지시압력계가 정상범위를 나타내고 있다. 그렇다면 녹색의 정상범위로 옳은 것은?

난이도 하

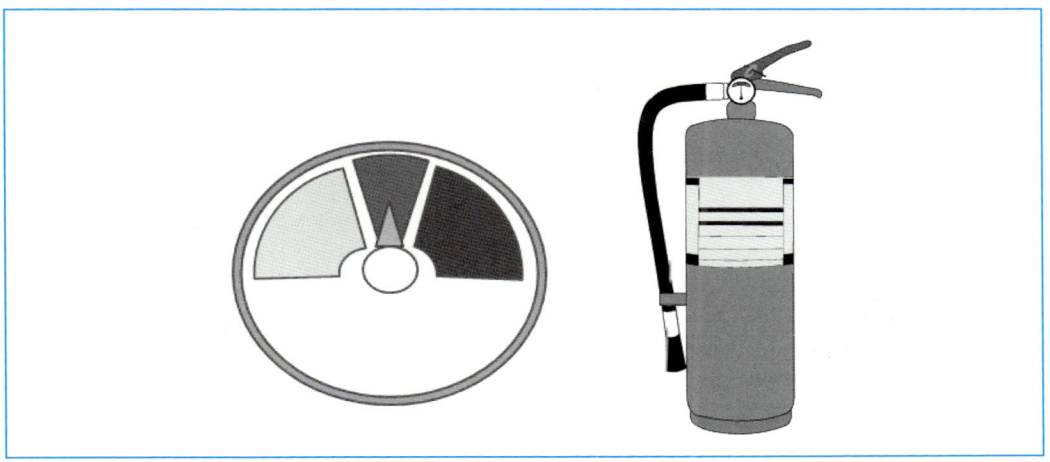

① 0.7~0.98MPa
② 0.4~0.68MPa
③ 1.0~1.12MPa
④ 0.1~0.93MPa

해설
소화기의 지시압력계
- 노란색(황색) : 압력부족(압력재충전요망)
- 녹색 : 정상범위(축압식의 경우 보통 0.7~0.98Mpa)
- 빨간색(적색) : 과압(압력이 높다)

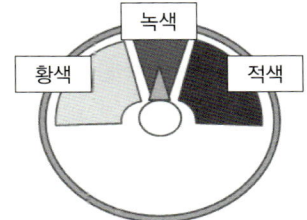

37 다음 중 주거용 주방자동소화장치 점검에 대한 설명으로 옳지 않은 것은?

난이도 중

① 가스누설탐지부 점검 시 점검용 가스를 분사하여 경보음 발생과 가스누설차단밸브 동작 여부 확인한다.
② 예비전원시험 시 전원 플러그를 뽑은 상태에서 수신부의 예비전원램프가 점등하는지 확인한다.
③ 가스누설차단밸브 시험 시 수동작동버튼을 눌러 작동이 되는지 확인한다.
④ 약제 저장용기 점검 시 축압식 소화기의 압력게이지에 적색범위에 있는지 확인한다.

해설
주거용 주방자동소화장치 점검
주거용 주방자동소화장치는 축압식과 가압식으로 분류되며, 그 중 축압식은 점검 시 압력상태가 적색이 아닌 **녹색**의 범위 내에 있는지를 확인할 것

정답 36 ① 37 ④

38 다음의 설명에 알맞은 설비를 고르시오. 난이도 하

> 건축물 내에서 화재가 발생했을 때 소방대상물 관계자 또는 자체소방대원이 화재발생 초기에 신속하게 소화할 수 있도록 건물 내에 설치하는 물소화설비이다.

① 스프링클러설비 ② 옥내소화전
③ 가압송수장치 ④ 옥외소화전

해설
옥내소화전설비
건축물 내에서 화재가 발생했을 때 소방대상물 관계자 또는 자체소방대원이 화재발생 초기에 신속하게 소화할 수 있도록 건물 내에 설치하는 물소화설비이다. 가장 기본적인 자체 초기 소화설비이므로 유사시에 정상적인 동작을 위하여 철저한 유지 관리 및 사용방법 숙지가 필요하다.

---

39 다음 중 옥내소화전의 사용방법으로 옳은 것은? 난이도 하

① 소화전함을 연다 → 호스를 빼고 노즐을 잡는다 → 밸브를 잠근다 → 불을 향해 쏜다
② 소화전함을 연다 → 노즐을 빼고 호스를 잡는다 → 밸브를 연다 → 불을 향해 쏜다
③ 소화전함을 연다 → 호스를 빼고 노즐을 잡는다 → 밸브를 연다 → 불을 향해 쏜다
④ 소화전함을 연다 → 노즐을 빼고 호스를 잡는다 → 밸브를 잠근다 → 불을 향해 쏜다

해설
옥내소화전 사용방법
소화전함을 연다(문을 연다) → 호스를 빼고 노즐을 잡는다 → 밸브를 돌린다(연다) → 불을 향해 쏜다

---

40 35층 건물의 옥내소화전설비 수원의 양을 구하는 식으로 옳은 것은? 난이도 중

① $N \times 2.6m^3$ 이상 ② $N \times 5.2m^3$ 이상
③ $N \times 7.8m^3$ 이상 ④ $N \times 10.4m^3$ 이상

해설
옥내소화전설비의 수원
- 1~29층 $N \times 2.6m^3$ 이상 (130ℓ × 20min)
- 30~49층 $N \times 5.2m^3$ 이상 (130ℓ × 40min)
- 50층 이상 $N \times 7.8m^3$ 이상 (130ℓ × 60min)

정답 38 ② 39 ③ 40 ②

41 다음 중 옥내소화전설비의 성능과 수원에 대한 설명으로 틀린 것은?

① 가압송수장치에는 펌프방식, 고가수조방식, 압력수조방식, 가압수조방식이 있다.
② 방수압력은 0.17MPa 이상 0.7MPa 이하이다.
③ 소화전 노즐에서의 방수량은 130L/min 이상이다.
④ 고층건축물의 수원을 구할 때 2(옥내소화전 개수)×130L/min×20min 이상이어야 한다.

해설
옥내소화전설비의 성능과 수원

구분	내용
옥내소화전설비의 성능	특정소방대상물의 어느 층에 있어서도 해당 층의 옥내소화전(2개 이상인 경우 2개, 고층건축물의 경우 최대 5개)을 동시에 방수 할 경우 각 소화전 노즐에서 • 방수량은 130L/min 이상 • 방수압력은 0.17MPa 이상 0.7MPa이하 성능이 요구된다.
옥내소화전설비의 수원	일반수조, 압력수조, 고가수조, 가압수조가 있다. • 수량 : 옥내소화전의 설치개수가 가장 많은 층의 설치개수 N(2개 이상 설치된 경우 2개, 고층건축물의 경우 최대 5개)에 $2.6m^3$(130L/min×20min)를 곱한 양 이상(호스릴 옥내소화전설비포함) → 30~49층 : N × $5.2m^3$(130L/min×40min) 이상 → 50층 이상 : N × $7.8m^3$(130L/min×60min) 이상 • 유효수량 : 타 소화설비와 수원이 겸용인 경우 각각의 소화설비 유효수량을 가산한 양 이상으로 한다

※ 고층건축물 : 층수가 30층 이상이거나 높이가 120미터 이상인 건축물

42 아래 조건을 읽고 옥내소화전설비 최소 수원의 양으로 옳은 것을 고르시오.

지상 4층인 건축물로서 각 층별 옥내소화전 설치 개수
• 1층 : 5개   • 2층 : 5개
• 3층 : 4개   • 4층 : 3개

① $5.2m^3$ ② $10m^3$
③ $7.8m^3$ ④ $2.6m^2$

해설
옥내소화전설비의 수원
옥내소화전의 설치개수가 가장 많은 층의 설치개수 N(2개 이상인 경우 2개, 30층이상 고층건축물의 경우 최대 5개)에 $2.6m^3$(130L/min×20min)를 곱한 양 이상으로 해야 하므로 $2 × 2.6m^3 = 5.2m^3$

정답 41 ④ 42 ①

43 지하3층 지상40층인 소방대상물에 옥내소화전설비가 각 층당 8개씩 설치되어 있을 때 해당 소방대상물의 옥내소화전 유효수량으로 옳은 것을 고르시오. 난이도 중

① $10m^3$
② $15m^3$
③ $26m^3$
④ $7.8m^3$

해설
옥내소화전설비의 수원
30층이상 49층 이하 고층건축물의 경우 옥내소화전의 설치개수가 가장 많은 층의 설치개수 N (고층건축물의 경우 최대 5개)에 $5.2m^3$(130L/min×40min)를 곱한 양 이상으로 해야 하므로 $\underline{5 \times 5.2m^3 = 26m^3}$

44 다음은 옥내소화전의 계통도 일부이다. ①의 명칭과 기능으로 옳은 것을 고르시오. 난이도 중

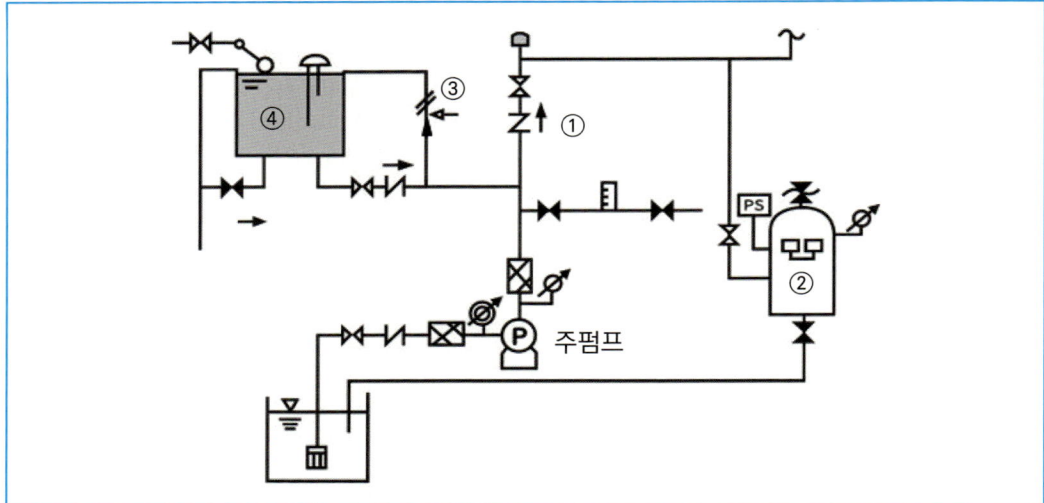

① 체크밸브, 역류를 방지한다.
② 리타딩챔버, 오동작을 방지한다.
③ 압력챔버, 수온상승을 방지한다.
④ 압력스위치, 압력변동을 검지한다.

해설
소화설비 계통도의 각 기능
① 체크밸브 : 역류를 방지한다.
② 기동용 수압개폐장치 : 배관 내 압력변동을 검지하여 자동으로 펌프를 기동 및 정지
③ 릴리프밸브
④ 물올림탱크

정답 43 ③ 44 ①

45 다음은 옥내소화전의 계통도를 보고 수원의 저수량을 구하시오.   난이도 중

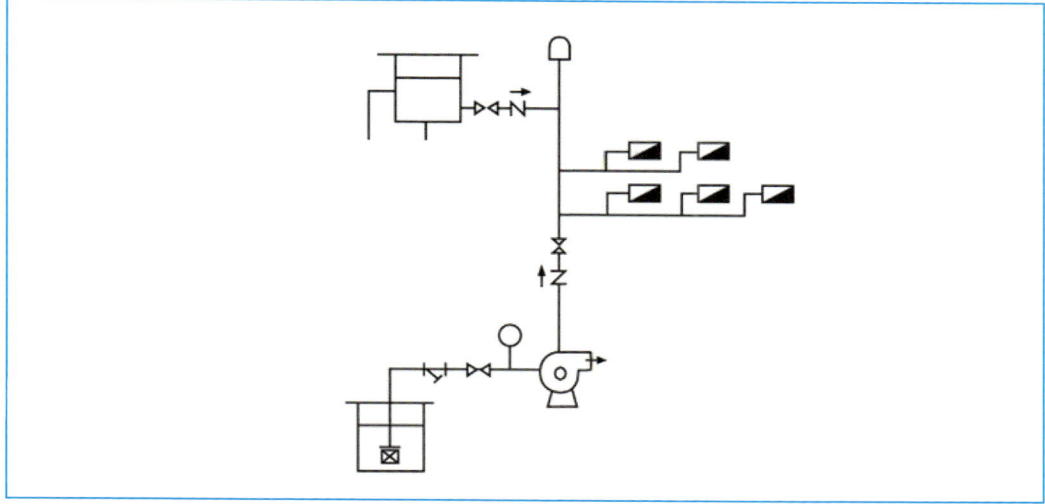

① $2.6m^3$ ② $5.2m^3$
③ $7.4m^3$ ④ $8.2m^3$

해설
수원의 유효저수량
Q = N(최대 2개) × $2.6m^3$ = $5.2m^3$

46 옥내소화전설비의 유효수량으로 옳은 것을 고르시오.   난이도 하

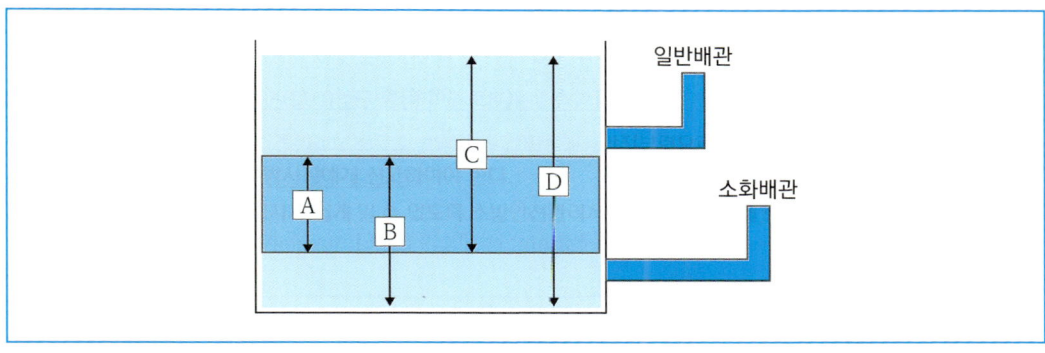

① A ② B
③ C ④ D

해설
일반배관(급수관)과 소화배관의 사이의 수량은 유효수량이다.

정답 45 ② 46 ①

47 옥내소화전 방수압력 측정에 대한 설명으로 옳지 않은 것을 고르시오.

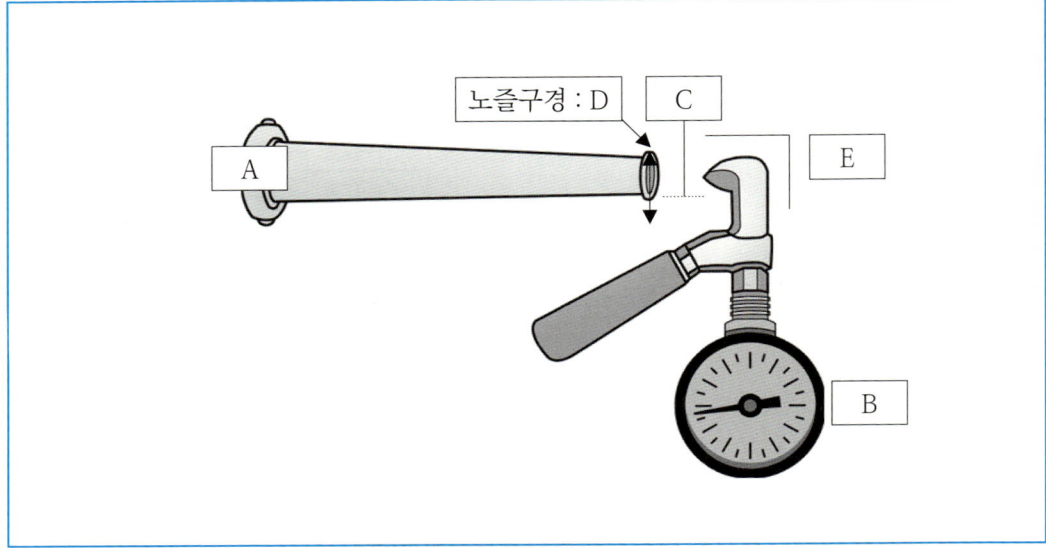

① C의 측정거리는 노즐 구경D정도에서 측정한다.
② 측정장비 B의 명칭은 피토게이지이다.
③ 관창A는 직사형 관창을 사용해야 한다.
④ 방수압력 측정은 봉상주수 상태에서 E와 같이 직각으로 측정한다.

해설
압수압력측정

구분	설명
방수압력측정	1. 방수압력과 방수량측정은 어느 층에 있어서도 2개 이상 설치된 경우 2개(설치개수가 1개인 경우 1개)를 개방시켜 놓고 측정 2. 노즐 선단에 방수압력측정계(피토게이지)를 근접(D/2)시켜서 측정 2-1. D = 노즐구경
방수량 산정	$Q = 2.065 \times D^2 \times \sqrt{p}$ Q : 분당방수량(L/min) D : 관경(또는 노즐의 구경mm) [옥내소화전 : 13mm, 옥외소화전 : 19mm] p : 방수압력(MPa)
측정 시 주의사항	1. 반드시 직사형 관창 사용하여 측정 2. 초기 방수 시 물속의 이물질 및 공기 등을 완전히 배출 후 측정 3. 방수압력측정계(피토게이지)는 봉상주수 상태에서 직각으로 측정

- 봉상주수 : 물줄기 형태로 분사
- 무상주수 : 안개모양의 미세한 물방울 형태로 분사

정답 47 ①

48 옥내소화전설비의 가압송수장치 구성 중 다른 것은?

① 펌프방식
② 고가수조방식
③ 라인프로포셔너 방식
④ 압력수조방식

> **해설**
> 옥내소화전설비의 가압송수장치

구분	내용
펌프방식	기동용 수압개폐장치(압력챔버, 전자식 압력스위치)를 설치하여 소화전의 개폐밸브 개방 시 배관 내 압력 저하에 의하여 압력스위치가 작동함으로써 펌프를 기동하는 방식
고가수조방식	고가수조로부터 자연낙차압을 이용하는 방식으로 최고층의 소화전에는 규정 방수압을 얻을 수 있는 높이에 수조를 설치하여야 하므로 일반 건물에 거의 사용되지 못함
압력수조방식	압력수조 내 물을 압입하고 압축된 공기를 충전하여 송수하는 방식으로서 탱크의 설치 위치에 구애받지 않는 장점이 있음

49 다음 중 가압송수장치의 설명으로 틀린 것은?

① 펌프방식 : 기동용 수압개폐장치를 설치해 소화전 개폐밸브 개방 시 배관 내 압력 저하에 의해 압력스위치가 작동함으로서 펌프를 기동하는 방식이다.
② 고가수조방식 : 자연낙차압을 이용하는 방식으로 최저층의 소화전에 규정 방수압을 얻을 수 있는 높이에 수조를 설치해야 한다.
③ 압력수조방식 : 압력수조 내 물을 압입하고 압축된 공기를 충전하여 송수하는 방식으로 탱크의 설치 위치에 구애받지 않는다는 장점이 있다.
④ 가압수조방식 : 별도의 압력탱크에 가압원인 압축공기 또는 불연성 고압기체에 의하여 소방용수를 가압해서 송수하는 방식으로 전원이 필요 없다.

> **해설**
> 옥내소화전설비의 가압송수장치 : 고가수조방식
> 자연낙차압을 이용하는 방식으로 최고층의 소화전에는 규정 방수압을 얻을 수 있는 높이에 수조를 설치

정답 48 ③ 49 ②

50 다음은 옥내소화전설비 순환배관에 설치된 설비의 동작 전 후 모습이다. 설비의 명칭으로 옳은 것은?

난이도 중

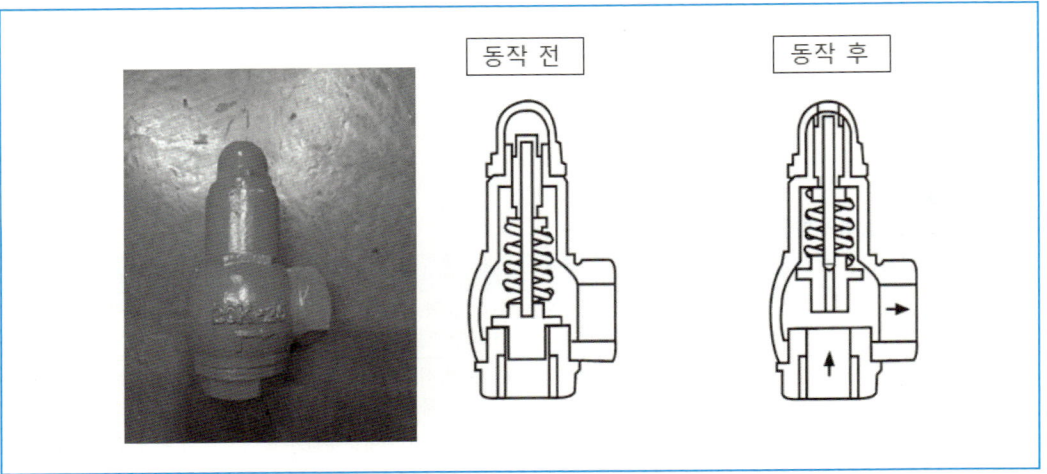

① 압력챔버
② 버터플라이밸브
③ 체크밸브
④ 릴리프밸브

해설
옥내소화전설비 펌프 순환배관의 릴리프밸브

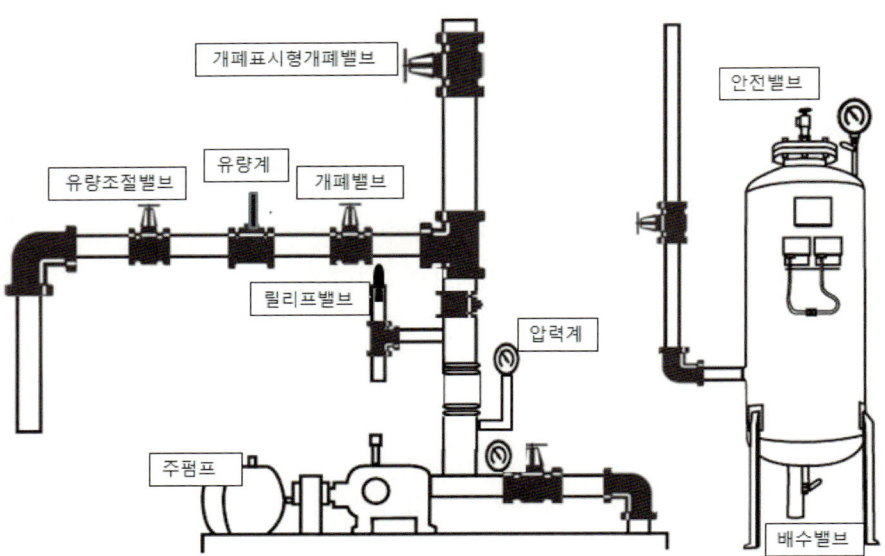

정답 50 ④

51 다음은 옥내소화전의 순환배관 설치에 관한 설명이다. 빈칸에 들어갈 말로 옳은 것은? 난이도 중

> 펌프의 체절운전 시 수온이 상승하여 펌프에 무리가 발생하므로 순환배관상의 _____를 통해 과압을 방출하여 수온상승을 방지하기 위하여 설치한다.

① 체크밸브
② 글로브밸브
③ 릴리프밸브
④ 볼밸브

해설

옥내소화전설비의 배관 : 순환배관
펌프의 체절운전 시 수온이 상승하여 펌프에 무리가 발생하므로 순환배관상의 **릴리프밸브**를 통해 과압을 방출하여 수온상승을 방지하기 위하여 설치한다.

※ 릴리프밸브란 내부 압력이 설정 값 이상으로 상승할 시, 압력이 설정 값 이하로 낮아지게 해주는 밸브로서 안전 밸브라고 불리기도 한다.

52 옥내소화전의 배관 중 정기적으로 펌프의 성능을 시험하여 펌프 성능곡선의 양부 및 방수압과 토출량을 검사하기 위하여 설치하는 배관을 무엇이라 하는가? 난이도 하

① 성능시험배관
② 순환배관
③ 유량배관
④ 배수배관

해설

옥내소화전설비의 배관 : 성능시험배관
정기적으로 펌프의 성능을 시험하여 펌프 성능곡선의 양부 및 방수압과 토출량을 검사하기 위하여 설치하는 배관으로 주변 부속으로는 개폐밸브, 유량계, 유량조절밸브가 설치되어 있다.

정답 51 ③ 52 ①

53 다음은 성능시험배관의 사진이다. 빈칸에 올바른 명칭을 고르시오.

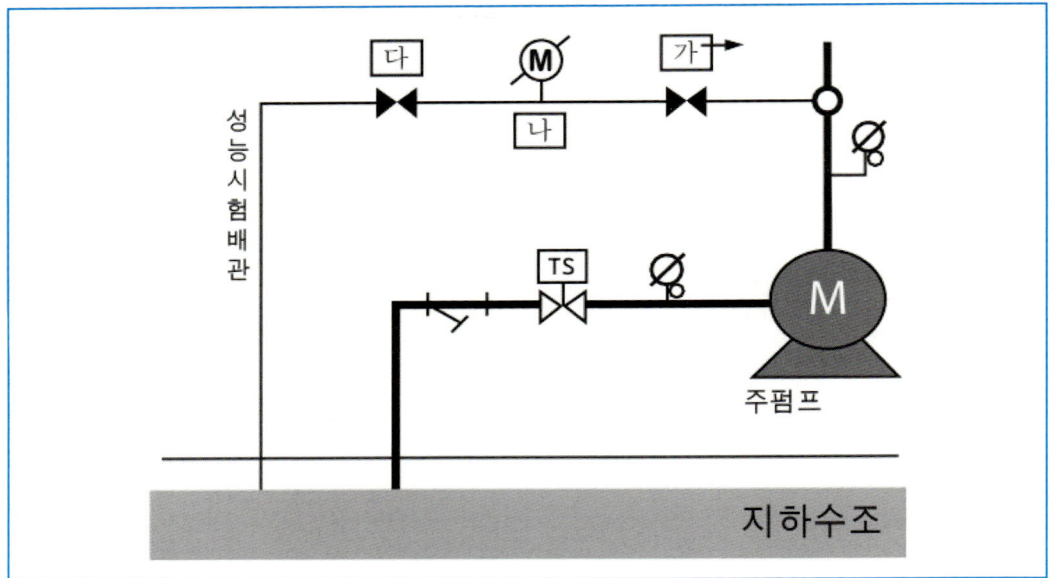

① 가 : 개폐밸브, 나 : 유량계, 다 : 유량조절밸브
② 가 : 체크밸브, 나 : 유량계, 다 : 개폐밸브
③ 가 : 유량조절밸브, 나 : 유량계, 다 : 개폐밸브
④ 가 : 체크밸브, 나 : 유량계, 다 : 유량조절밸브

해설
성능시험배관

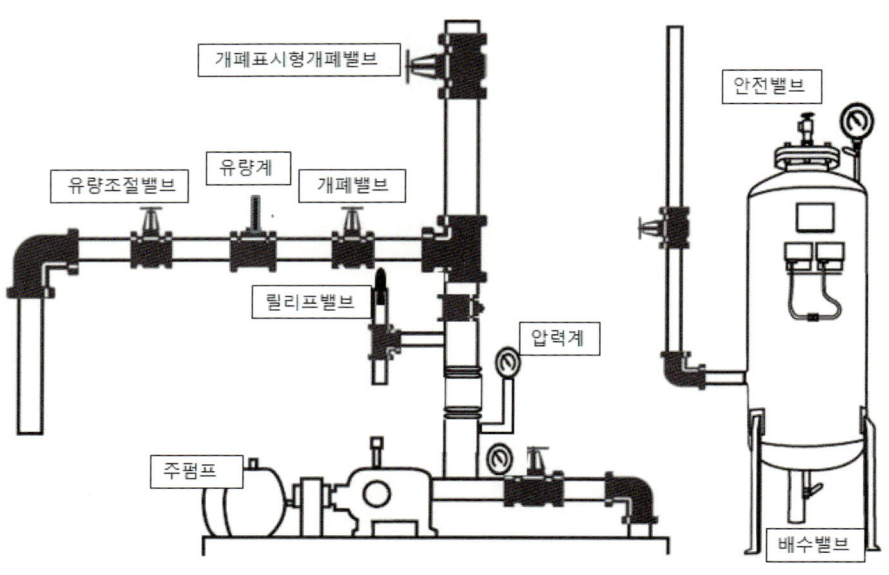

정답 53 ①

54 옥내소화전의 기동용 수압개폐장치의 역할로 옳지 않은 것은?

① 펌프를 자동으로 기동 시켜준다.
② 펌프를 수동으로 기동 시켜준다.
③ 펌프의 기동 시 급격한 압력 변화를 방지하게 해준다.
④ 수온상승을 방지하기 위하여 온도조절 장치가 설치되어 있다.

해설
옥내소화전설비의 기동용 수압개폐장치의 역할

구분	내용
배관 내 설정 압력 유지	기동용 수압개폐장치 및 압력스위치를 사용하여, 압력챔버 내 수압의 변화를 감지하여 설정된 펌프의 기동, 정지점이 될 때 펌프를 자동으로 기동, 정지시켜 준다
완충작용	기동용 수압개폐장치를 사용하면 펌프의 기동 시 챔버 상부의 공기가 완충작용을 하여 공기의 압축 및 팽창으로 인하여 급격한 압력 변화를 방지하게 된다

실력향상 보충해설
옥내소화전 기동용 수압개폐장치의 구성(압력챔버방식)

구분	내용	구분	내용
용적	100L 이상	배수밸브	압력챔버의 물 배수
안전밸브	과압방출	개폐밸브	점검 및 보수 시 급수 차단
압력스위치	압력의 증감을 전기적 신호로 변환	압력계	압력챔버 내의 압력 표시

※ 수동기동방식 : 기동장치로는 기동용 수압개폐장치 또는 이와 동등 이상의 성능이 있는 것을 설치한다. 다만, 학교·공장·창고 시설(옥상수조를 설치한 대상은 제외)로서 동결의 우려가 있는 장소에는 기동스위치(ON-OFF)에 보호판을 부착하여 옥내소화전함 내에 설치하여 제어장치에 의하여 펌프를 기동, 정지시킬 수 있다

정답 54 ④

55. 기동용 수압개폐장치의 명칭에 대한 설명 중 빈칸에 알맞은 것은?

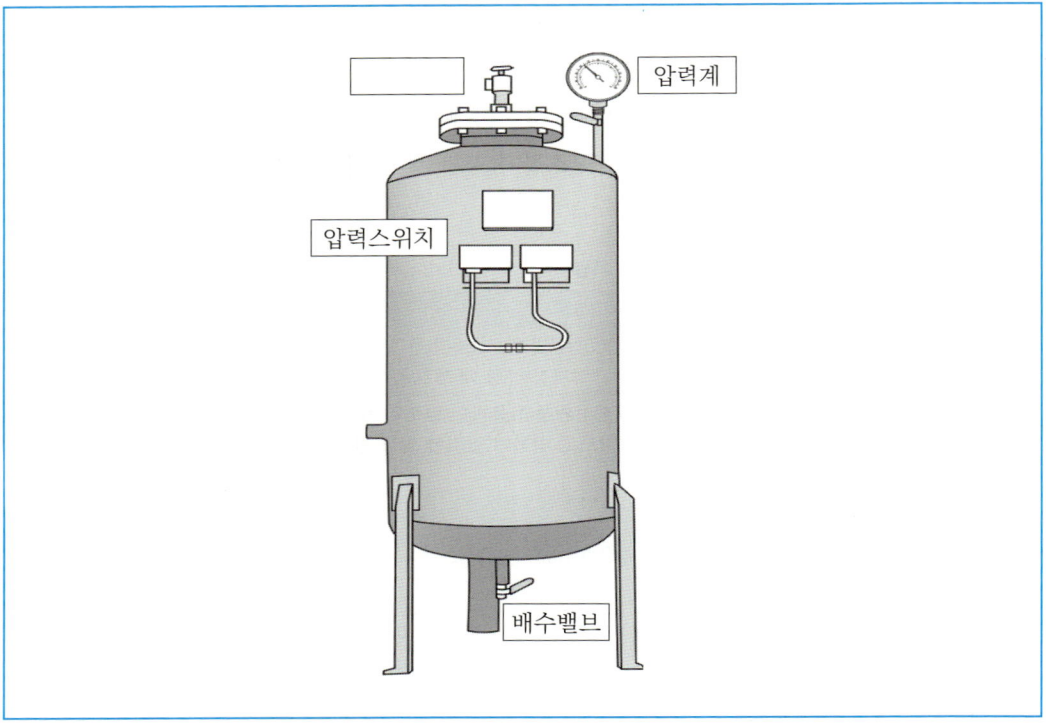

① 급수밸브
② 안전밸브
③ 릴리프밸브
④ 개폐밸브

해설

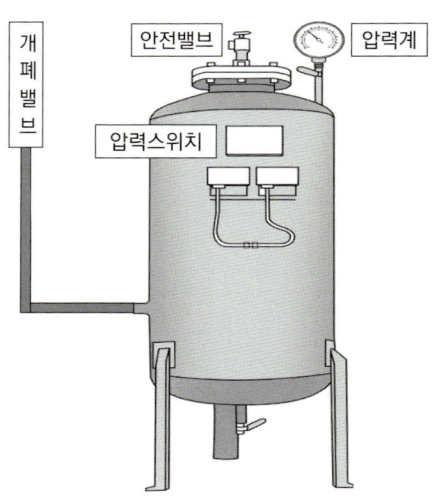

기동용 수압개폐장치

용적 : 100L 이상
안전밸브 : 과압방출
압력계 : 압력챔버 내의 압력표시
압력스위치 : 압력의 증감을 전기적
　　　　　　신호로 변환
개폐밸브 : 점검 및 보수 시 급수 차단
배수밸브 : 압력챔버의 물 배수

정답 55 ②

56 다음 중 옥내소화전 소화전함 등에 관한 설명으로 옳지 않은 것은?

① 옥내소화전설비의 함에는 그 표면에 "소화전"이라고 표시를 해야 한다.
② 방수구는 바닥으로부터 높이가 1.5m 이하의 위치에 설치 한다.
③ 방수구는 층마다 설치하되 소방대상물 각 부분으로부터 1개의 옥내소화전 방수구까지의 수평거리는 25m 이하가 되도록 한다(호스릴 옥내소화전 설비 제외).
④ 펌프 기동표시등은 옥내소화전함의 상부 또는 그 직근에 적색등으로 설치한다.

해설
옥내소화전설비 소화전함 등

구분	내용
소화전함	「소화전함 성능인증 및 제품검사의 기술기준」에 적합한 것으로 설치
	옥내소화전설비의 함에는 그 표면에 "소화전"이라고 표시를 해야 하며, 함 가까이 보기 쉬운 곳에 그 사용요령을 기재한 표지판을 붙여야 하며, 표지판을 함의 문에 붙이는 경우에는 문의 내부 및 외부 모두에 붙여야 한다.(사용요령은 외국어와 시각적인 그림을 포함하여 작성)
방수구	층마다 설치하되 소방대상물의 <u>각 부분으로부터 1개의 옥내소화전 방수구까지의 수평거리는 25m 이하가 되도록 한다(호스릴 옥내소화전 설비 포함)</u>. 다만, 복층형 구조의 공동주택의 경우에는 세대의 출입구가 설치된 층에만 설치할 수 있다.
	바닥으로부터 높이가 1.5m 이하의 위치에 설치한다.
표시	위치표시 설치위치 : 「표시등의 성능인증 및 제품검사기준」에 적합한 것으로 옥내소화전함의 상부에 설치한다.
	펌프 기동표시등 설치위치 : 가압송수장치의 기동을 표시하는 표시등은 옥내소화전함의 상부 또는 그 직근에 적색등으로 설치한다.
호스	호스는 구경 40mm 이상의 것으로 물이 유효하게 뿌려질 수 있는 길이로 설치(호스릴 옥내소화전 설비의 경우에는 25mm)
관창(노즐)	관창은 소방호스용 연결금속구 또는 중간연결금속구 등의 끝에 연결시켜 소화용수를 방수하게 하는 나사식 또는 차입식 토출기구를 말하며, 방사모양에 따라 봉상으로 방수되는 직사형과 봉상 및 분무 상태로 방수되는 방사형이 있다.

정답 56 ③

[57~58] 다음 옥내소화전함의 그림을 참고하여 알맞은 답을 고르시오.

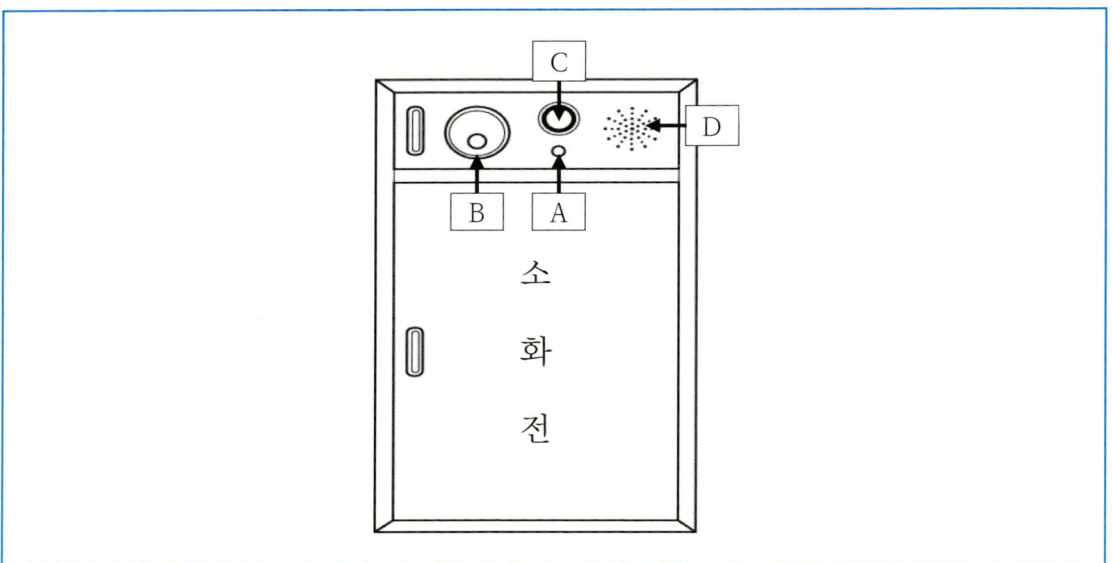

57 주펌프가 기동이 되며 적색등이 점등되는 펌프기동표시등으로 올바른 것은?

① A ② B
③ C ④ D

58 옥내소화전에 대한 설명으로 옳지 않은 것을 고르시오.

① A : 주펌프기동 표시등이며 주펌프가 기동되었을 경우 적색등으로 점등된다.
② B : 발신기로 누름버튼, 응답램프, 송수화기 잭 삽입구로 구성이 되어있으며 응답램프는 상시 점등상태로 유지되어야 한다.
③ C : 위치표시등으로 소화전의 위치를 표시하며 상시 점등이 되어있다.
④ D : 함 내부 지구경종이 설치되어있다.

해설

옥내소화전함
응답램프 평상시 소등상태
응답램프 누름 점등상태

A : 주펌프 기동표시등
B : 발신기
C : 위치표시등
D : 함 내부 지구경종

정답 57 ① 58 ②

59 옥내소화전 설비의 동력제어반(MCC판넬)과 감시제어반의 상태를 참고하여 주펌프(ㄱ) 충압펌프(ㄴ)의 기동표시등의 상태로 옳은 것을 고르시오.

난이도 중

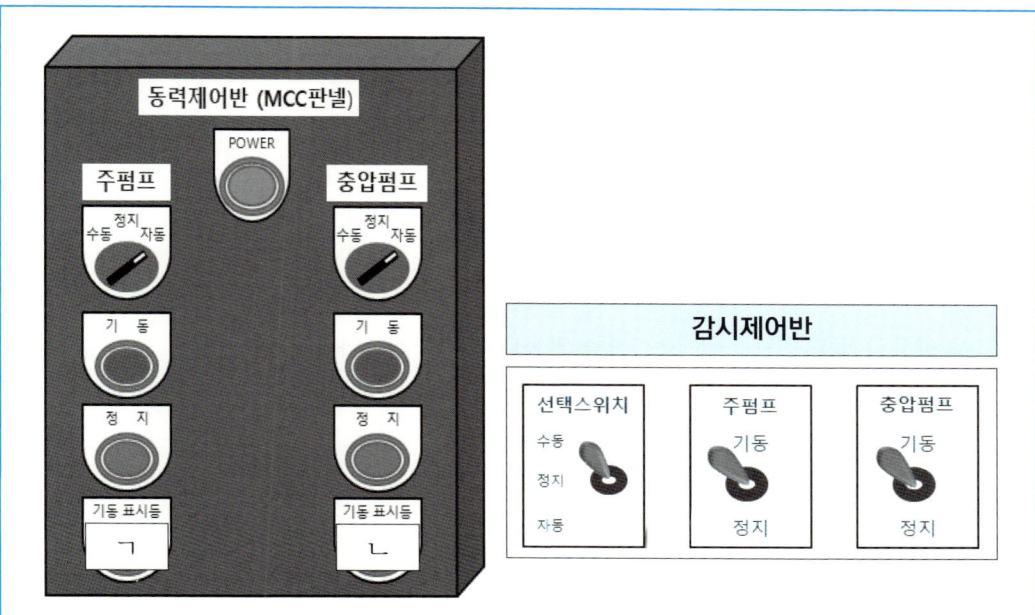

① ㄱ : 소등, ㄴ : 소등
② ㄱ : 소등, ㄴ : 점등
③ ㄱ : 점등, ㄴ : 소등
④ ㄱ : 점등, ㄴ : 점등

해설
옥내소화전설비의 펌프
- 동력제어반 : 주펌프와 충압펌프의 스위치가 자동상태
- 감시제어반 : 선택스위치(수동), 주펌프(기동), 충압펌프(기동)

정답 59 ④

60 옥내소화전의 감시제어반 상태를 나타낸 것으로 그림을 참고하여 옳지 않은 것을 고르시오. (모든 설비는 정상상태이며 아래그림의 조건을 제외하고 나머지 조건은 무시한다.) 난이도 상

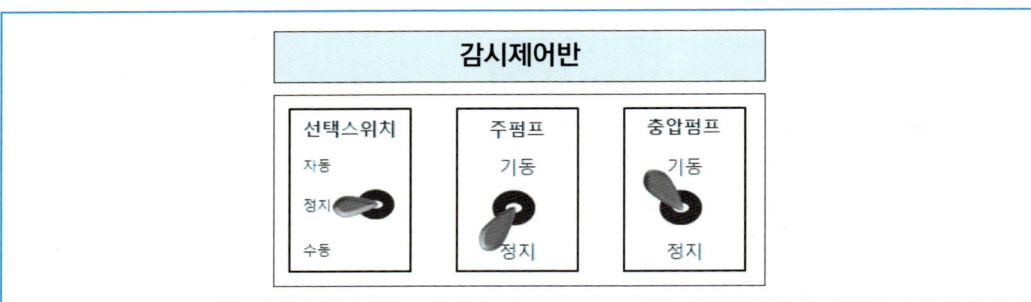

① 평상시 펌프 선택스위치는 "자동(연동)" 위치에 있어야 한다.
② 충압펌프를 기동 하기위해선 선택스위치를 "수동" 위치로 전환시켜야 한다.
③ 현재 주펌프와 충압펌프는 기동중이지 않다.
④ 현재 충압펌프는 기동중이다.

해설
옥내소화전 감시제어반의 선택스위치
- 평상시 : 선택스위치(자동), 주펌프(정지), 충압펌프(정지)
- 수동기동 : 선택스위치(수동), 주펌프(기동), 충압펌프(기동), 동력제어반(MCC판넬) 주펌프(자동), 충압펌프(자동)

정답 60 ④

61 동력제어반과 감시제어반이 아래 그림과 같은 상태일 때 점등이 되는 것을 모두 고르시오.

난이도 상

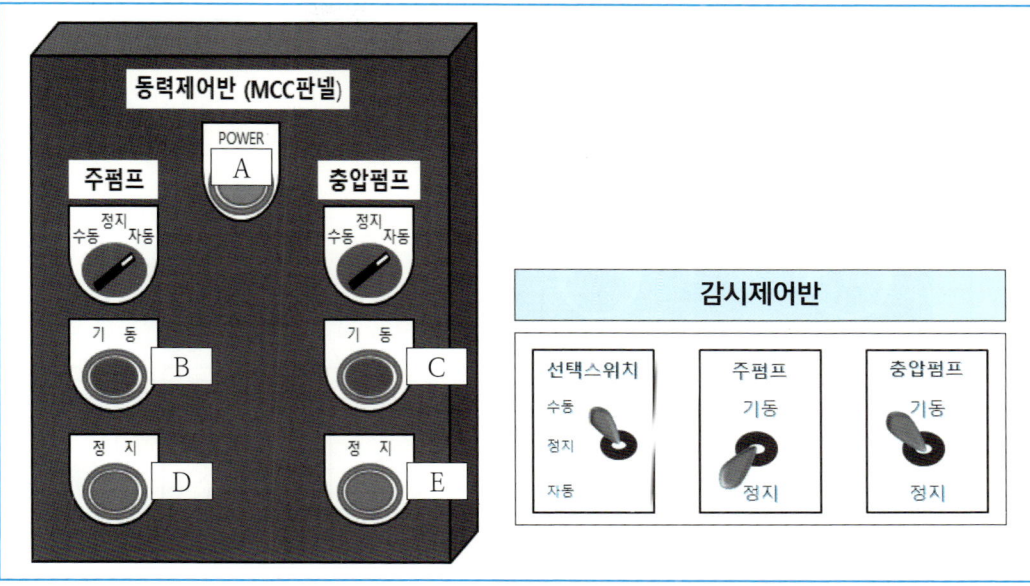

① A, C, D
② C
③ A, B, E
④ A, E

해설
소방펌프 기동
- 전원(A) : 항시 점등상태 유지
- 주펌프기동(B) : 감시제어반에서 정지 상태이므로 소등상태
- 충압펌프기동(C) : 감시제어반에서 기동 상태이므로 점등상태
- 주펌프정지(D) : 감시제어반에서 정지 상태이므로 점등상태
- 충압펌프정지(E) : 감시제어반에서 기동 상태이므로 소등상태

정답 61 ①

62 동력제어반과 감시제어반의 평상시 상태로 유지하기 위한 스위치 조작으로 옳지 않은 것은?

난이도 중

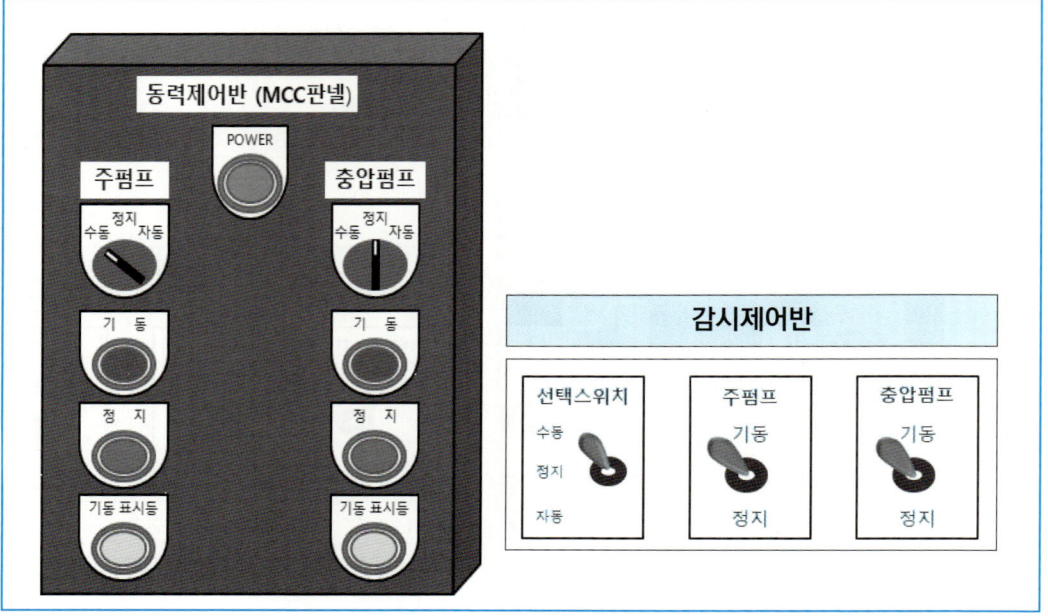

① 동력제어반의 주펌프와 충압펌프의 스위치를 "자동"으로 위치시킨다.
② 동력제어반의 주펌프와 충압펌프의 스위치를 "자동"이나 "수동" 어느 쪽이든 상관없다.
③ 감시제어반의 선택스위치는 "자동"으로 위치시킨다.
④ 감시제어반의 주펌프와 충압펌프의 스위치를 "정지"로 위치시킨다.

해설
동력제어반(MCC판넬), 감시제어반의 평상시 스위치 상태

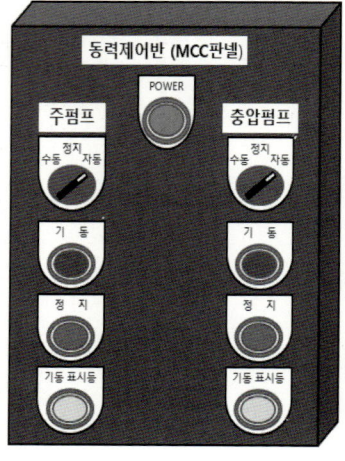
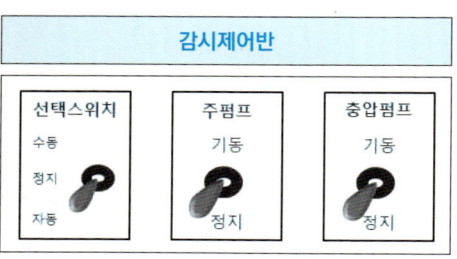

정답 62 ②

63 다음 중 호스릴 옥내소화전 설비의 호스 구경으로 알맞은 것은? 난이도 하

① 10mm
② 15mm
③ 20mm
④ 25mm

해설
호스릴 옥내소화전 설비의 호스
호스릴 옥내소화전 설비의 호스 구경은 25mm 이상의 것으로 한다.

64 다음 옥내소화전설비의 제어반에 관한 설명으로 옳지 않은 것은? 난이도 중

① 동력제어반과 감시제어반이 있다.
② 동력제어반에는 "옥내소화전설비용 동력제어반"이라고 표시한 표지를 설치한다.
③ 동력제어반의 외함은 두께 2mm 이상의 강판 또는 이와 동등 이상의 강도 및 내열성능이 있는 것으로 한다.
④ 감시제어반은 펌프 및 비상전원, 수조의 수위 및 각 회로의 작동, 이상 유무를 표시하는 장치이다.

해설
옥내소화전설비의 제어반

구분		내용
동력제어반		펌프의 동력(전원)을 제어하는 장치로 흔히 "MCC(Motor Control Center)"라고 부른다
	주요기능	• 각 펌프 동력 공급 또는 차단(ON / OFF) • 각 펌프의 자동 또는 수동 기동 선택(AUTO / MANU)
	설치기준	• 앞면은 적색. • 표지 : "옥내소화전설비용 동력제어반"이라고 표시한 표지 설치 • 외함 : 두께 1.5mm 이상의 강판 또는 이와 동등 이상의 강도 및 내열성능 있는 것
감시제어반		펌프 및 비상전원, 수조의 수위 및 각 회로의 작동, 이상 유무를 표시하는 장치로 자동화재탐지설비의 수신기에 기능을 추가하여 복합 수신기로 설치되는 경우가 많다

65 정지압력이 0.7MPA, 디프값이 0.2로 나왔다. 다음 중 올바른 기동압력을 구하시오. 난이도 중

① 0.2
② 0.3
③ 0.4
④ 0.5

해설
기동압력
정지점(RANGE) : 0.7, 차이점(DIFF/디프) : 0.2 이므로 기동점 = 정지점 − 차이점(DIFF/디프)이다.
따라서 기동압력 = 0.7 − 0.2 = 0.5

정답 63 ④ 64 ③ 65 ④

[66~67] 다음의 펌프의 성능곡선 그래프의 빈칸에 알맞은 답을 고르시오.

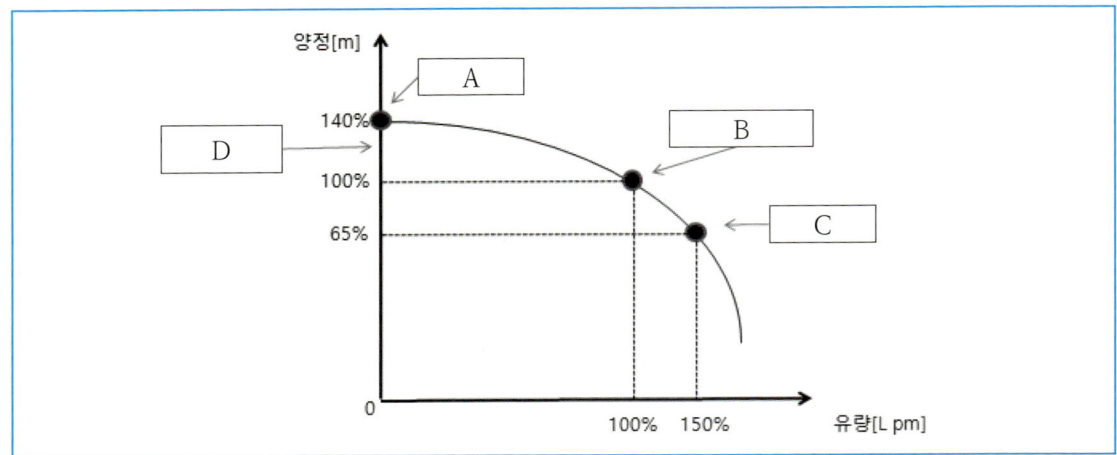

66 위의 펌프성능곡선의 빈칸 (A, B, C) 들어갈 알맞은 답을 고르시오.

	A	B	C
①	체절운전점	정격부하운전점	최대운전점
②	정격부하운전점	체절운전점	최대운전점
③	최대운전점	체절운전점	정격부하운전점
④	최대운전점	정격부하운전점	체절운전점

67 위의 펌프성능곡선의 빈칸 (D) 들어갈 알맞은 답을 고르시오.

① 성능시험 측정범위 ② 릴리프밸브 개방범위
③ 펌프성능 과부하 범위 ④ 정격토출범위

해설

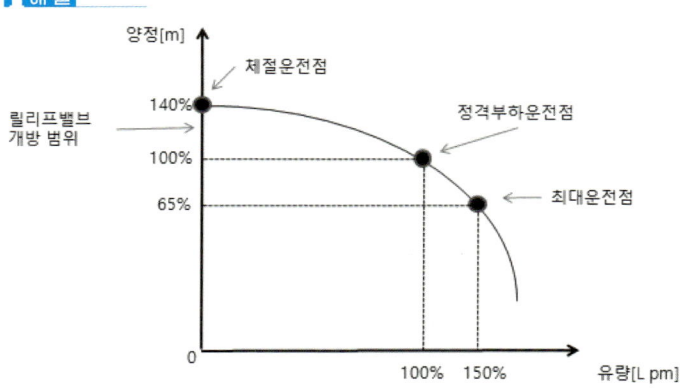

정답 66 ① 67 ②

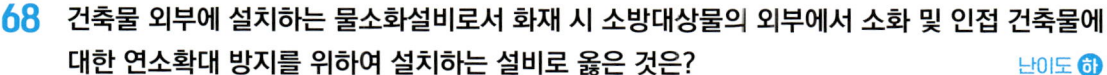

68 건축물 외부에 설치하는 물소화설비로서 화재 시 소방대상물의 외부에서 소화 및 인접 건축물에 대한 연소확대 방지를 위하여 설치하는 설비로 옳은 것은?   난이도 하

① 옥내소화전
② 소화기
③ 옥외소화전
④ 자동소화장치

🔹 **해설**

옥외소화전설비
건축물 외부에 설치하는 물소화설비로서 화재 시 소방대상물의 외부에서 소화 및 인접 건축물에 대한 연소확대 방지를 위하여 설치하는 설비

69 다음 중 옥외소화전설비에 관한 설명으로 옳은 것은?   난이도 중

① 방수량은 180L/min 이상이다.
② 종류는 지상용과 지하용(승하강식은 제외한다)으로 구분된다.
③ 방수압력은 2개의 소화전을 동시 사용할 경우 각 노즐선단 방수압력이 0.25MPa 이상 0.7MPa 이하 이다.
④ 건축물 외부에 설치되어 소화약제를 이용해 소화 및 연소 확대를 방지한다.

🔹 **해설**

옥외소화전설비의 구조

구분		내용
성능	방수량	350L/min 이상
	방수압력	2개의 소화전(설치개수가 1개인 경우에는 1개)을 동시 사용할 경우 각 **노즐선단 방수압력이 0.25MPa 이상 0.7MPa 이하**
	종류	지상용과 지하용(승하강식을 포함)으로 구분
수원의 용량		소화전 설치개수(2개 이상일 때는 2개)에 $7m^3$를 곱한 양 이상일 것
기타		옥내소화전설비의 구조와 유사하며, 소화전함, 방수구의 규격 등은 다르다

정답 68 ③ 69 ③

70. 다음은 옥외소화전의 설치기준에 관한 설명이다. 빈칸에 들어갈 말로 옳은 것은?

> 소방대상물의 각 부분으로부터 호스접결구까지의 수평거리가 ㄱ._____m 이하가 되도록 설치하여야 하며 호스는 구경 ㄴ._____m의 것으로 하여야 한다.

① ㄱ : 40m, ㄴ : 65mm
② ㄱ : 50m, ㄴ : 75mm
③ ㄱ : 60m, ㄴ : 85mm
④ ㄱ : 70m, ㄴ : 90mm

해설

옥외소화전 설치 기준
소방대상물의 각 부분으로부터 호스접결구까지 <u>수평거리가 40m 이하</u>가 되도록 설치하여야 하며 <u>호스는 구경 65mm의 것</u>으로 하여야 한다.
→ 옥외소화전의 토출구(방수구)의 안지름은 63.5mm로 65mm 호스와 연결하여 사용(지상용과 지하용 동일)

71. 다음은 옥외소화전함에 대한 설명이다. 빈칸에 들어갈 내용으로 옳은 것은?

> 옥외소화전이 31개 설치되어 있을 때 옥외소화전 _____개마다 1개 이상의 소화전함을 설치한다.

① 1개
② 2개
③ 3개
④ 4개

해설

옥외소화전함 등

구분	내용
옥외소화전함	옥외소화전마다 그로부터 5m 이내의 장소에 소화전함 설치
	옥외소화전 10개 이하 설치 : 1개 이상의 소화전함 설치
	옥외소화전 11개 이상 30개 이하 설치 : 11개 이상의 소화전함을 각각 분산하여 설치
	옥외소화전 31개 이상 설치 : 옥외소화전 3개마다 1개 이상의 소화전함 설치
표시등	가압송수장치의 조작부 또는 그 부근에는 가압송수장치의 기동을 명시하는 적색등을 설치
호스	구경 65mm
기타	기타 가압송수장치 등은 옥내소화전과 동일
표지	소화전함 표면에는 "옥외소화전"표시를 한 표지를 설치

→ 옥내소화전설비의 구조원리와 유사하며 소화전함, 방수구의 규격 등은 다르다

정답 70 ① 71 ③

72 옥외소화전이 9개 설치된 건물의 수원의 양을 구하시오.   난이도 중

① $7m^3$
② $14m^3$
③ $21m^3$
④ $32m^3$

해설
옥외소화전설비 수원의 양유효수량
Q = N × 350L/min × 20min
옥외소화전설비는 최대 2개까지만 인정되므로
Q = 2 × 350L/min × 20min = 14000L = $14m^3$

---

73 물을 소화약제로 하는 자동식 소화설비로서 화재가 발생한 경우에 소방대상물의 천장, 벽 등에 설치되어 있는 헤드에서 자동으로 물이 방사되어 화재를 진압할 수 있는 소화설비는 무엇인가?   난이도 하

① 스프링클러설비
② 옥내소화전설비
③ 옥외소화전설비
④ 자동화재탐지설비

해설
스프링클러설비
물을 소화약제로 하는 자동식 소화설비로서 화재가 발생한 경우에 소방대상물의 천장, 벽 등에 설치되어 있는 스프링클러헤드에서 자동으로 물이 방사되어 냉각 및 질식효과를 통해 화재를 진압할 수 있는 소화설비

---

74 다음 중 스프링클러설비의 구성으로 옳지 않은 것은?   난이도 하

① 기동용 가스용기
② 가압송수장치
③ 유수검지장치
④ 송수구

해설
스프링클러설비의 구성
헤드, 수원, 가압송수장치, 배관, 음향장치 및 기동장치, 송수구, 유수검지장치 등으로 구성

정답 72 ② 73 ① 74 ①

75 다음 중 스프링클러헤드의 구조로 옳지 않은 것은?

① 프레임 ② 체크밸브
③ 디플렉터 ④ 감열체

해설
스프링클러헤드의 구조

구분	내용
프레임(Frame)	헤드의 나사부분과 디플렉타를 연결하는 이음쇠 부분
디플렉타(Deflector)	헤드의 방수구에서 유출되는 물을 세분시키는 작용을 한다
감열체	정상상태에서는 방수구를 막고 있으나 열에 의해서 일정한 온도에 도달하면 스스로 파괴 또는 용해되어 헤드로부터 이탈됨으로써 방수구가 열려 스프링클러헤드가 작동되도록 하는 부분으로 퓨즈블링크와 유리벌브(글라스벌브)가 많이 사용된다

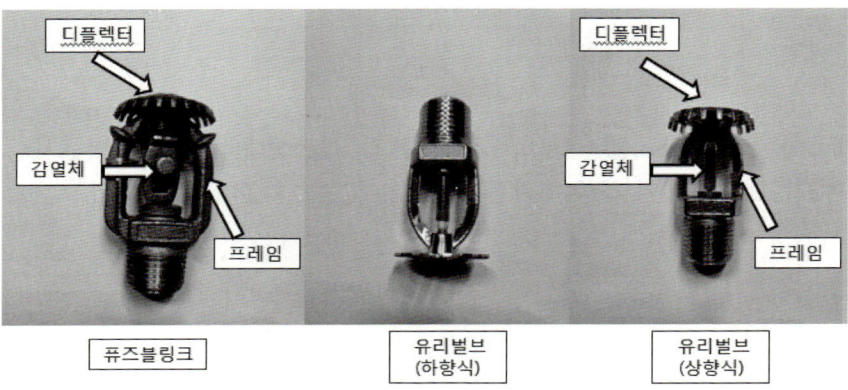

76 다음 중 스프링클러헤드의 종류로 옳지 않은 것은?

① 폐쇄형 스프링클러헤드 ② 개방형 스프링클러헤드
③ 수동형 스프링클러헤드 ④ 측벽형 스프링클러헤드

해설
스프링클러헤드의 종류

구분	내용
감열체 유무에 따른 분류	**폐쇄형 스프링클러헤드** : 정상상태에서 방수구를 막고 있는 감열체가 일정온도에서 자동적으로 파괴·용해 또는 이탈됨으로써 방수구가 개방되는 헤드
	개방형 스프링클러헤드 : 감열체 없이 방수구가 항상 열려져 있는 스프링클러헤드
부착방식에 따른 분류	상향형·하향형·측벽형

정답 75 ② 76 ③

77 다음은 스프링클러헤드의 방수압력 및 방수량에 대한 내용이다. 빈칸에 들어갈 내용으로 옳게 짝지어진 것은?

난이도 하

> 1. 방수압력 : 0.1Mpa 이상 ㄱ.____ 이하
> 2. 방수량 : ㄴ.____ 이상

① ㄱ. 1.2Mpa, ㄴ. 50L/min
② ㄱ. 1.2Mpa, ㄴ. 80L/min
③ ㄱ. 1.3Mpa, ㄴ. 50L/min
④ ㄱ. 1.3Mpa, ㄴ. 80L/min

해설
스프링클러헤드의 방수압력 및 방수량
기준개수의 모든 헤드로부터
1. 방수압력 : <u>0.1MPa 이상 1.2MPa 이하</u>
2. 방수량 : <u>80L/min 이상</u>

---

78 지하층을 제외한 층수가 10층 이하인 특정소방대상물 중 특수가연물을 저장·취급하는 공장의 스프링클러헤드의 기준개수로 옳은 것은?

난이도 중

① 10개
② 20개
③ 30개
④ 40개

해설
스프링클러헤드의 기준개수
스프링클러설비의 설치장소에 따라 적용하는 헤드의 기준개수는 아래 표와 같다. 이 때, 하나의 소방대상물이 2이상의 "스프링클러헤드의 기준개수"란에 해당하는 때에는 기준개수가 많은 것을 기준으로 한다.

스프링클러설비 설치장소			기준개수(개)
지하층을 제외한 층수가 10층 이하인 특정소방대상물	공장	특수가연물을 저장·취급하는 것	30
		그 밖의 것	20
	근린생활시설·판매시설·운수시설 또는 복합건축물	판매시설 또는 복합건축물(판매시설이 설치되는 복합건축물)	30
		그 밖의 것	20
	그 밖의 것	헤드의 부착높이가 8m 이상인 것	20
		헤드의 부착높이가 8m 미만인 것	10
지하층을 제외한 층수가 11층 이상인 특정소방대상물·지하가 또는 지하역사			30

정답 77 ② 78 ③

79 지하역사의 스프링클러 헤드의 기준개수로 옳은 것을 고르시오. 난이도 하

① 10개 ② 15개
③ 20개 ④ 30개

80 스프링클러설비 설치장소 별 기준개수를 나타내는 표에서 빈칸에 알맞은 것을 고르시오. 난이도 중

스프링클러설비 설치장소			기준개수(개)
지하층을 제외한 층수가 10층 이하인 특정소방대상물	공장	특수가연물을 저장·취급하는 것	30
		그 밖의 것	(A)
	근린생활시설·판매시설·운수시설 또는 복합건축물	판매시설 또는 복합건축물(판매시설이 설치되는 복합건축물)	30
		그 밖의 것	(B)
	그 밖의 것	헤드의 부착높이가 8m 이상인 것	20
		헤드의 부착높이가 8m 미만인 것	(C)
지하층을 제외한 층수가 11층 이상인 특정소방대상물·지하가 또는 지하역사			30

	A	B	C
①	30개	20개	10개
②	30개	30개	10개
③	20개	20개	20개
④	20개	20개	10개

해설

헤드의 기준개수

스프링클러설비 설치장소			기준개수(개)
지하층을 제외한 층수가 10층 이하인 특정소방대상물	공장	특수가연물을 저장·취급하는 것	30
		그 밖의 것	20
	근린생활시설·판매시설·운수시설 또는 복합건축물	판매시설 또는 복합건축물(판매시설이 설치되는 복합건축물)	30
		그 밖의 것	20
	그 밖의 것	헤드의 부착높이가 8m 이상인 것	20
		헤드의 부착높이가 8m 미만인 것	10
지하층을 제외한 층수가 11층 이상인 특정소방대상물·지하가 또는 지하역사			30

정답 79 ④ 80 ④

81 다음조건을 참고하여 스프링클러 헤드의 기준개수로 옳은 것을 고르시오.

[조 건]
ㄱ. 지상 7층 (지하층 제외) ㄴ. 용도 : 판매시설

① 10개 ② 20개
③ 30개 ④ 40개

82 다음조건을 참고하여 스프링클러 헤드의 기준개수로 옳은 것을 고르시오.

[조 건]
ㄱ. 지상 11층 (지하층 제외) ㄴ. 용도 : 아파트(400세대)

① 30개 ② 20개
③ 10개 ④ 기준개수 없음

83 특수가연물을 저장하고 폐쇄형 스프링클러헤드를 사용하는 8층 공장의 저수량을 구하시오.

① $38m^3$ ② $48m^3$
③ $58m^3$ ④ $68m^3$

해설

스프링클러설비 저수량

스프링클러설비 설치장소			기준개수(개)
지하층을 제외한 층수가 10층 이하인 특정소방대상물	공장	특수가연물을 저장·취급하는 것	30
		그 밖의 것	20
	근린생활시설·판매시설·운수시설 또는 복합건축물	판매시설 또는 복합건축물(판매시설이 설치되는 복합건축물)	30
		그 밖의 것	20
	그 밖의 것	헤드의 부착높이가 8m 이상인 것	20
		헤드의 부착높이가 8m 미만인 것	10
지하층을 제외한 층수가 11층 이상인 특정소방대상물·지하가 또는 지하역사			30

- 풀이1 : Q(저수량) = N(헤드기준개수) × 80L/min × 20min
- 풀이2 : Q(저수량) = N(헤드기준개수) × $1.6m^3$
- 1~29층 경우 : (80L/min × 20min) = $1.6m^3$ 이상
- 30~50층인 경우 : (80L/min × 40min) = $3.2m^3$ 이상
- 50층 이상 : (80L/min × 60min) = $4.8m^3$ 이상

따라서 Q(저수량) = 30(특수가연물 저장 헤드기준개수) × 80L/min × 20min(8층) = 48000L ∴ $48m^3$

정답 81 ③ 82 ① 83 ②

84 폐쇄형 스프링클러헤드를 사용하는 41층 아파트의 저수량을 구하시오. 난이도 상

① 38m³
② 48m³
③ 64m³
④ 96m³

해설
스프링클러 저수량

스프링클러설비 설치장소			기준개수(개)
지하층을 제외한 층수가 10층 이하인 특정소방대상물	공장	특수가연물을 저장·취급하는 것	30
		그 밖의 것	20
	근린생활시설·판매시설·운수시설 또는 복합건축물	판매시설 또는 복합건축물(판매시설이 설치되는 복합건축물)	30
		그 밖의 것	20
	그 밖의 것	헤드의 부착높이가 8m 이상인 것	20
		헤드의 부착높이가 8m 미만인 것	10
지하층을 제외한 층수가 11층 이상인 특정소방대상물·지하가 또는 지하역사			30

- 풀이1 : Q(저수량) = N(헤드기준개수)×80L/min×40min
- 풀이2 : Q(저수량) = N(헤드기준개수)×3.2m³
- 1~29층 경우 : (80L/min×20min) = 1.6m³ 이상
- **30~50층인 경우 : (80L/min×40min) = 3.2m³ 이상**
- 50층 이상 : (80L/min×60min) = 4.8m³ 이상
- 따라서 Q(저수량) = 30(층수가 11층 이상인 특정소방대상물 41층 아파트)×3.2m³ (41층) = 96m³

---

85 다음 중 스프링클러설비의 배관에 대한 설명으로 옳지 않은 것은? 난이도 하

① 가지배관은 토너먼트방식으로 한다.
② 스프링클러설비의 배관은 가지배관 교차배관, 주배관 등이 있다.
③ 교차배관에서 분기되는 지점을 기준으로 한쪽 가지배관에 설치되는 헤드의 개수는 8개 이하로 한다.
④ 교체배관의 끝에는 청소구를 설치한 뒤 나사보호용의 캡으로 마감한다.

해설
스프링클러설비의 배관
스프링클러설비의 배관은 가지배관, 교차배관, 주배관 등이 있다.
1. 가지배관 : 스프링클러헤드가 설치되어 있는 배관
    - **토너먼트방식이 아닐 것**
    - 교차배관에서 분기되는 지점을 기준으로 한쪽 가지배관에 설치되는 헤드의 개수 : **8개 이하**
2. 교차배관 : 직접 또는 수직배관을 통해 가지배관에 급수하는 배관
    - 위치 : **가지배관과 수평 또는 밑에 설치**
    - 교차배관 끝에 청소구를 설치하고 나사보호용의 **캡으로 마감**
3. 배관부속품, 물올림장치, 순환배관, 펌프성능시험배관은 **옥내소화전설비 준용**

정답 84 ④ 85 ①

86 다음 중 유수검지장치에 관한 설명으로 옳은 것은?

난이도 하

① 화재를 진압하는 데 필요한 물을 공급하거나 저장하는 설비
② 화재 시의 가압된 물이 뿜어져 분산됨으로써 소화기능을 하는 장치
③ 건축물 외부에 설치되고 화재 시 소방대상물의 외부에서 소화 및 인접 건축물에 대한 연소 확대 방지를 위하여 설치하는 설비
④ 배관 내의 유수현상을 자동적으로 검지하여 신호 또는 경보를 발하는 장치

해설
스프링클러설비의 유수검지장치
배관 내의 <u>유수현상을 자동적으로 검지하여 신호 또는 경보</u>를 발하는 장치

87 습식 스프링클러설비 작동 시 클래퍼가 개방된 후에 작동되는 것으로 옳지 않은 것은?

난이도 중

① 사이렌 경보
② 감시제어반의 화재표시등 점등
③ 헤드 개방 및 방수
④ 펌프 기동

해설
습식 스프링클러설비의 작동 순서
1. 화재 발생
2. 헤드 개방 및 방수
3. 2차측 배관 압력 저하
4. 1차측 압력에 의해 습식 유수검지장치의 클래퍼 개방
5. <u>습식 유수검지장치의 압력스위치 작동 → 사이렌 경보, 감시제어반의 화재표시등, 밸브개방표시등 점등</u>
6. 배관 내 압력저하로 기동용수압개폐장치의 압력스위치 작동 → 펌프 기동

88 습식 스프링클러설비의 주요 구성요소로 옳지 않은 것을 고르시오.

난이도 하

① 자동경보밸브(알람밸브)
② 압력스위치
③ 템퍼스위치
④ 수동기동장치

해설
습식 스프링클러설비의 주요 구성요소
자동경보밸브(알람밸브), 압력스위치, 템퍼스위치가 주요 구성요소이다.

정답 86 ④ 87 ③ 88 ④

89 습식 유수검지장치를 중심으로 1, 2차측 배관이 가압수로 유지되어 있다가 화재 시 열에 의한 헤드 개방으로 배관 내의 유수가 발생하여 소화하는 방식의 스프링클러설비는 무엇인가? 난이도 하

① 건식 스프링클러설비
② 준비작동식 스프링클러설비
③ 습식 스프링클러설비
④ 일제살수식 스프링클러설비

해설
스프링클러설비의 종류

구분		개요	주요 구성요소	장·단점
폐쇄형 헤드사용	습식	알람밸브를 중심으로 1차측 및 2차측 배관 내 항상 가압수가 충수되어 있어 화재가 발생하면 열에 의해 헤드가 개방되고 가압수가 즉시 살수 소화되는 설비	• 자동경보밸브 (알람밸브) • 압력스위치 • 템퍼스위치	1. 장점 • 구조가 간단하고 공사비 저렴 • 소화가 신속 • 유지 관리 용이 2. 단점 • 동결 우려 장소 사용제한 • 헤드 오동작 시 수손 피해 및 배관 부식 촉진
	건식	건식밸브를 중심으로 1차측에는 가압수를 2차측에는 압축공기 또는 질소가스를 채워둔다. 화재 시 헤드가 개방되면 2차측 압축공기가 유출되어 압력 저하가 생기고 1차측 가압수가 2차측으로 유입되어 소화되는 설비	• 건식밸브 • 가속기 • 공기배출기 • 공기압축기 • 압력스위치 • 템퍼스위치	1. 장점 • 동결 우려 장소 및 옥외 사용 가능 2. 단점 • 살수개시 시간 지연 및 구조가 복잡 • 화재초기 압축공기에 의한 화재 촉진 우려 • 일반헤드인 경우 상향형으로 시공
	준비작동식	준비작동밸브(프리액션밸브)를 중심으로 1차측에 가압수를 2차측에는 대기압 상태로 둔다. 화재 시 감지기가 작동하여 준비작동 밸브를 개방하고 2차측에 가압수가 유입되어 대기상태로 있다가 헤드가 열에 의해 개방되면 즉시 살수 소화하는 설비	• 준비작동밸브 (프리액션밸브) • 수동조작함 • 압력스위치 • 화재감지기 • 수동기동장치 (긴급해제밸브)	1. 장점 • 동결 우려 장소 사용 가능 • 헤드 오동작 시 수손피해 우려 없음 • 헤드개방 전 경보로 조기 대처 용이 2. 단점 • 감지장치로 감지기 별도 시공 필요 • 구조 복잡, 시공비 고가 • 2차측 배관 부실시공 우려
	부압식	준비작동밸브(프리액션밸브)를 중심으로 1차측에는 가압수를 2차측에는 부압으로 되어 있다가 화재시 감지기 동작에 의해 준비 작동밸브가 개방되고 2차 측이 가압수로 전환되며, 헤드가열에 의해 개방되면 즉시 살수하는 설비	• 준비작동식설비 주요 구성요소 • 진공펌프 • 진공밸브 • 부압제어부 • 템퍼스위치	1. 장점 • 배관파손 또는 오동작 시 수손피해 방지 2. 단점 • 동결 우려 장소 사용 제한 • 구조가 다소 복잡
개방형 헤드사용	일제살수식	일제개방밸브를 중심으로 1차측에는 가압수가 2차측은 대기압 상태로 둔다. 화재감지기 동작으로 일제개방밸브가 개방되고 담당구역에 설치된 개방형 헤드를 통해 일제히 살수 소화하는 설비	• 일제개방밸브 • 화재감지기 • 수동기동장치 • 템퍼스위치	1. 장점 • 초기화재에 신속 대처 용이 • 층고가 높은 장소에서도 소화 가능 2. 단점 • 수손피해 우려 • 화재감지장치 별도 필요

정답 89 ③

90

밸브 본체 내부의 클래퍼를 중심으로 2차측(헤드측)의 수압이 낮아지면 1차측(펌프측)의 압력으로 클래퍼가 개방되며, 클래퍼가 개방되면서 시트링 홀로 물이 들어가 압력스위치를 동작시켜 제어반에 사이렌, 화재표시등, 밸브개방표시등의 신호를 전달하는 장치를 무엇이라 하는가? 난이도 중

① 준비작동식밸브 ② 알람밸브
③ 건식밸브 ④ 일제개방밸브

해설
습식 유수검지장치(알람밸브)
밸브 본체 내부의 클래퍼를 중심으로 2차측(헤드측)의 수압이 낮아지면 1차측(펌프측)의 압력으로 클래퍼가 개방되며, 클래퍼가 개방되면서 시트링 홀로 물이 들어가 압력스위치를 동작시켜 제어반에 사이렌, 화재표시등, 밸브개방표시등의 신호를 전달하는 장치를 말한다.

91

아래에서 설명하는 스프링클러설비로 옳은 것은? 난이도 하

> 1차측 배관은 가압수, 2차측 배관은 압축공기 또는 축압된 가스상태로 유지되며 화재 시 열에 의한 헤드 개방 후 압축공기 또는 가압가스의 방출로 인한 배관의 압력차의 발생으로 살수되는 방식이다.

① 습식 스프링클러설비 ② 건식 스프링클러설비
③ 준비작동식 스프링클러설비 ④ 일제살수식 스프링클러설비

해설
건식 스프링클러설비
건식밸브를 중심으로 1차측 배관은 가압수로 2차측 배관은 압축공기 또는 축압된 가스상태로 유지되며 화재 시 열에 의한 헤드 개방 후 압축공기 또는 가압가스의 방출로 인한 배관의 압력차의 발생으로 살수되는 방식이다.

92

다음 중 가속기, 공기배출기, 공기압축기, 압력스위치, 템퍼스위치로 구성 되어 있는 스프링클러설비는 무엇인가? 난이도 하

① 습식 스프링클러설비 ② 건식 스프링클러설비
③ 준비작동식(프리액션) 스프링클러설비 ④ 일제살수식 스프링클러설비

해설
건식 스프링클러설비의 주요 구성요소
건식밸브(Dry Valve), 가속기(Accelerator), 공기배출기(Exhauster), 공기압축기(Air Compressor), 압력스위치, 템퍼스위치

정답 90 ② 91 ② 92 ②

93. 건식 스프링클러설비의 특징으로 옳은 것은?

① 소화에 신속하다.
② 유지관리가 편하다.
③ 별도의 감지기를 시공하므로 비용이 비싸다.
④ 동결 우려 장소 및 옥외 사용이 가능하다.

해설
건식 스프링클러설비의 특징(장·단점)

장점	단점
• 동결 우려 장소 및 옥외 사용 가능	• 살수개시 시간 지연 및 구조가 복잡 • 화재초기 압축공기에 의한 화재 촉진 우려 • 일반헤드인 경우 상향형으로 시공

94. 1차측은 가압수로, 2차측은 대기압 상태로 유지되어 있다가 화재발생 시 감지기의 작동으로 2차측 배관에 소화수가 충수된 후 화재 시 열에 의한 헤드개방으로 소화하는 방식의 스프링클러설비는 무엇인가?

① 습식 스프링클러설비
② 건식 스프링클러설비
③ 준비작동식 스프링클러설비
④ 일제살수식 스프링클러설비

해설
준비작동식(프리액션) 스프링클러설비
준비작동식 유수검지장치(프리액션밸브)를 중심으로 1차측은 가압수로, 2차측은 대기압 상태로 유지되어 있다가 화재발생 시 감지기의 작동으로 2차측 배관에 소화수가 충수된 후 화재 시 열에 의한 헤드개방으로 배관 내의 유수가 발생하여 소화하는 방식이다.

95. 다음은 프리액션밸브에 대한 설명이다. 다음 빈 칸에 들어갈 적절한 설비를 고르시오.

> 프리액션밸브는 A, B 감지기가 모두 동작하면 중간챔버와 연결된 _____가 개방되면서 중간챔버의 물이 배수되어 클래퍼가 밀려 1차측 배관의 물이 2차측으로 유수된다.

① 솔레노이드밸브
② 압력챔버
③ 체크밸브
④ 압력스위치

해설
준비작동식 유수검지장치(프리액션밸브)
준비작동식 유수검지장치는 A, B 감지기가 모두 동작하면 중간챔버와 연결된 전자밸브(솔레노이드밸브)가 개방되면서 중간챔버의 물이 배수되어 다이어프램(클래퍼)가 밀려 1차측 배관의 물이 2차측으로 유수된다.

정답 93 ④ 94 ③ 95 ①

96 준비작동식 스프링클러설비의 A or B 감지기가 작동되었을 때 나타나는 반응으로 옳지 않은 것은?

난이도 중

① 경종 경보
② 펌프 기동
③ 사이렌 경보
④ 화재표시등 점등

해설

준비작동식(프리액션) 스프링클러설비의 작동 순서
1. 화재 발생
2. 교차회로 방식의 A or B 감지기 작동(경종 또는 사이렌 경보, 화재표시등 점등)
3. 감지기 A and B 감지기 작동 또는 수동기동장치(SVP) 작동
4. 준비작동식 유수검지장치(프리액션밸브) 작동
   - 전자밸브(솔레노이드밸브) 작동
   - 중간챔버 감압
   - 밸브 개방
   - 압력스위치 작동 → 사이렌 경보, 밸브개방표시등 점등
5. 2차측으로 급수
6. 헤드 개방, 방수
7. 배관 내 압력저하로 기동용수압개폐장치의 압력스위치 작동 → 펌프 기동

97 다음 설명이 가리키는 스프링클러설비로 옳은 것은?

난이도 하

> 1차측은 가압수, 2차측은 대기압 상태이며 감지기 작동 시 담당구역의 모든 헤드에서 살수되는 방식이다.

① 습식 스프링클러설비
② 건식 스프링클러설비
③ 준비작동식 스프링클러설비
④ 일제살수식 스프링클러설비

해설

일제살수식 스프링클러설비
일제개방밸브를 중심으로 1차측은 가압수로, 2차측은 대기압 상태이며 감지기 작동 시 담당구역의 모든 헤드에서 살수되는 방식이다.

정답 96 ② 97 ④

98 스프링클러설비의 주요 구성요소 중 화재감지기가 설치되어야 하는 스프링클러설비는 무엇인가?

난이도 하

① 습식, 건식
② 준비작동식, 일제살수식
③ 습식, 준비작동식
④ 부압식, 건식

해설
스프링클러설비의 주요 구성요소
주요 구성요소 중 화재감지기가 설치되어야 하는 스프링클러설비는 준비작동식과 일제살수식, 부압식이 있다.

---

99 다음 중 공동주택의 화재안전기술기준(NFTC 608) 스프링클러설비에 관한 설명으로 옳지 않은 것은?

난이도 상

① 하나의 방호구역은 2개 층에 미치지 않도록 할 것
② 폐쇄형스프링클러헤드를 사용하는 아파트등은 기준개수 10개에 $1.2m^3$를 곱한 양 이상의 수원이 확보되도록 할 것
③ 감시제어반 전용실은 피난층 또는 지하 1층에 설치할 것
④ 거실에는 조기반응형 스프링클러헤드를 설치할 것

해설
공동주택의 화재안전기술기준(NFTC 608)
1. 폐쇄형스프링클러헤드를 사용하는 아파트등은 기준개수 10개(스프링클러헤드의 설치개수가 가장 많은 세대에 설치된 스프링클러헤드의 개수가 기준개수보다 작은 경우에는 그 설치개수를 말한다)에 $1.6m^3$를 곱한 양 이상의 수원이 확보되도록 할 것. 다만, 아파트등의 각 동이 주차장으로 서로 연결된 구조인 경우 해당 주차장 부분의 기준개수는 30개로 할 것.
2. 하나의 방호구역은 2개 층에 미치지 않도록 할 것, 다만, 복층형 구조의 공동주택에는 3개 층 이내로 할 수 있다.
3. 거실에는 조기반응형 스프링클러헤드를 설치할 것.
4. 감시제어반 전용실은 피난층 또는 지하1층에 설치할 것. 다만, 상시 사람이 근무하는 장소 또는 관계인이 쉽게 접근할 수 있고 관리가 용이한 장소에 감시제어반 전용실을 설치 할 경우에는 지상 2층 또는 지하 2층에 설치할 수 있다.
5. 「건축법 시행령」 제46조제4항에 따라 설치된 대피공간에는 헤드를 설치하지 않을 수 있다.

실력향상 보충해설
창고시설의 화재안전기술기준(NFTC 609)
1. 창고시설에 설치하는 스프링클러설비는 라지드롭형 스프링클러헤드를 습식으로 설치할 것. 다만, 다음의 어느 하나에 해당하는 경우에는 건식스프링클러설비로 설치할 수 있다.
   - 냉동창고 또는 영하의 온도로 저장하는 냉장창고
   - 창고시설 내에 상시 근무자가 없어 난방을 하지 않는 창고시설
2. 수원의 저수량은 라지드롭형 스프링클러헤드의 설치개수가 가장 많은 방호구역의 설치개수(30개 이상 설치된 경우에는 30개)에 $3.2m^3$(랙식 창고의 경우에는 $9.6m^3$)를 곱한 양 이상이 되도록 할 것.

정답 98 ② 99 ②

100 다음 중 스프링클러설비 배관의 1차측과 2차측 구성으로 옳은 것은 무엇인가?

① 습식 → 1차측 : 가압수, 2차측 : 압축공기
② 건식 → 1차측 : 가압수, 2차측 : 가압수
③ 프리액션 → 1차측 : 가압수, 2차측 : 대기압
④ 일제살수식 → 1차측 : 가압수, 2차측 : 가압수

해설

스프링클러설비의 구성

구분		1차측 배관	2차측 배관	특징
폐쇄형헤드 사용	습식	가압수	가압수	동파우려, 수손 피해
	건식		압축공기 또는 질소가스	동파 우려 피해는 없으나, 살수개시 시간 지연
	준비작동식		대기압	동결 우려 장소 사용 가능, 감지기 별도 시공
	부압식		부압수	수손 피해는 없으나, 동파 우려와 감지기 별도 시공
개방형헤드 사용	일제살수식	가압수	대기압	층고가 높은 장소 소화 가능하나 대량 살수로 수손 피해

101 다음 중 동결의 우려가 있는 곳에서 사용이 제한되는 스프링클러설비는 무엇인가?

① 건식 스프링클러설비
② 준비작동식 스프링클러설비
③ 습식 스프링클러설비
④ 일제살수식 스프링클러설비

해설

동결 우려 장소 사용 제한
습식 스프링클러설비와 부압식 스프링클러설비는 동결 우려 장소에 사용이 제한된다.

102 비화재 시 알람밸브의 경보로 인한 혼선 방지를 위한 장치로 옳은 것은?

① 솔레노이드밸브
② 체크밸브
③ 리타딩챔버
④ 압력스위치

해설

비화재 시 알람밸브의 경보로 인한 혼선 방지를 위한 장치
1. 구형의 경우 : 리타딩챔버(Retarding Chamber) 설치
2. 신형의 경우 : 최근 생산되는 알람밸브는 대부분 압력스위치 내부에 지연회로가 설치(약 4~7초 정도 지연)되어 출고되고 있으며 일부 제품의 경우에는 지연시간 조절이 가능한 타입도 있다.

정답 100 ③ 101 ③ 102 ③

103 다음은 습식 스프링클러설비의 습식 유수검지장치(알람밸브)의 구조를 나타낸 모습이다. 화살표가 가리키는 설비의 명칭은 무엇인가?

난이도 중

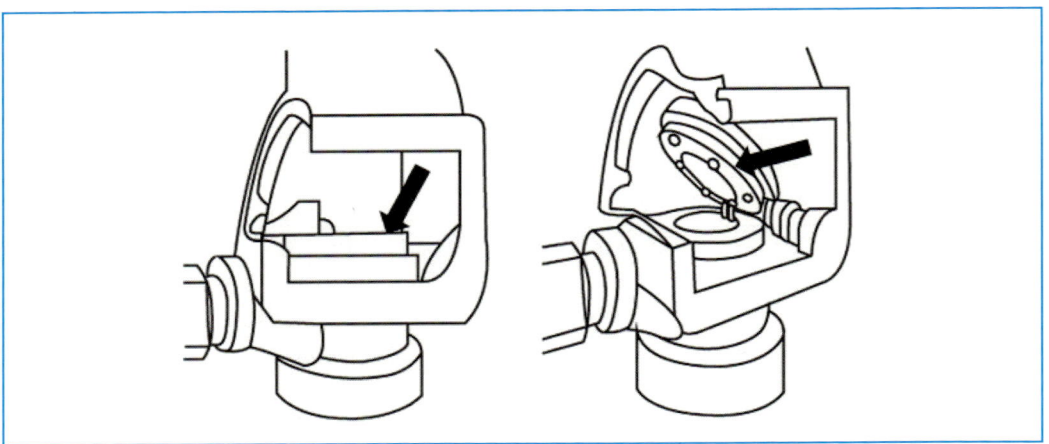

① 압력챔버
② 클래퍼
③ 압력스위치
④ 기동용수압개폐장치

해설

습식 유수검지장치(알람밸브) 구조
밸브 본체 내부의 클래퍼를 중심으로 2차측(헤드측)의 수압이 낮아지면 1차측(펌프측)의 압력으로 클래퍼가 개방 된다.

정답 103 ②

104 습식 스프링클러설비를 점검할 때 점검 및 작동 순서로 옳은 것은?

① 경보스위치 정지(필요시 정상상태) → 시험밸브 개방 → 클래퍼 개방 → 압력스위치 작동 → 복구 → 소화펌프 자동기동 여부 확인
② 경보스위치 정지(필요시 정상상태) → 클래퍼 개방 → 시험밸브 개방 → 압력스위치 작동 → 소화펌프 자동기동 여부 확인 → 복구
③ 경보스위치 정지(필요시 정상상태) → 시험밸브 개방 → 클래퍼 개방 → 압력스위치 작동 → 소화펌프 자동기동 여부 확인 → 복구
④ 경보스위치 정지(필요시 정상상태) → 클래퍼 개방 → 압력스위치 작동 → 시험밸브 개방 → 소화펌프 자동기동 여부 확인 → 복구

해설
습식 스프링클러설비의 점검

1. 준비
   알람밸브 작동 시 경보로 인한 혼란을 방지하기 위해 사전 통보 후 점검하거나 또는 수신반에서 경보스위치를 정지시킨후 시험(필요시 경보스위치 정상상태)
2. 작동
   - 시험장치 개폐밸브(시험밸브)를 개방하여 가압수 배출
   - 알람밸브 2차측 압력이 저하되어 클래퍼가 개방(작동)
   - 지연장치에 의해 설정시간 지연 후 압력스위치가 작동
3. 확인사항
   - 감시제어반(수신기) 확인사항
     - 화재표시등 점등 확인
     - 해당구역 밸브개방표시등 점등 확인
   - 해당 방호구역의 경보(사이렌)상태 확인
   - 소화펌프 자동기동 여부 확인
4. 복구(펌프 자동정지 시)
   - 시험장치 개폐밸브(시험밸브)를 잠근다.
   - 가압수에 의해 2차측 배관이 가압되면 클래퍼가 자동으로 복구되며 배관 내 압력을 채운 뒤 펌프는 자동으로 정지
5. 복구(펌프 수동정지 시)
   - 시험장치 개폐밸브(시험밸브)를 잠근다
   - 충압펌프는 자동상태로 두고, 주펌프만 수동으로 정지, 가압수에 의해 2차측 배관이 가압되면 클래퍼가 자동으로 복구되며 배관 내 압력을 채운 뒤 충압펌프는 자동으로 정지(화재안전기준의 개정으로 2006년 12월 30일 이후에 건축허가동의 대상물의 경우는 주펌프를 수동으로 정지시켜 준다)

정답 104 ③

105 스프링클러설비 주펌프 압력스위치의 RANGE 값과 DIFF 값이 다음과 같을 때 동작확인침이 아래로 내려왔을 경우 펌프의 상태와 기동점(기동압력)으로 옳은 것을 고르시오. 난이도 **상**

① 펌프의 상태 : 정지, 압력 : 0.8MPa
② 펌프의 상태 : 기동, 압력 : 0.9MPa
③ 펌프의 상태 : 기동, 압력 : 0.7MPa
④ 펌프의 상태 : 정지, 압력 : 0.7MPa

해설
스프링클러설비 펌프의 기동점, 정지점

기동점(기동압력)	정지점(양정, 정지압력)
기동점 = RANGE − DIFF	정지점 = RANGE

기동점 = 0.8MPa − 0.1MPa = 0.7MPa

정답 105 ③

106 습식 스프링클러설비의 시험밸브를 개방할 경우 아래의 감시제어반에서 점등 및 작동 되는 것을 모두 고르시오. (단, 모든 설비의 상태는 정상이며 그림의 조건을 제외한 다른 조건은 무시한다)

난이도 중

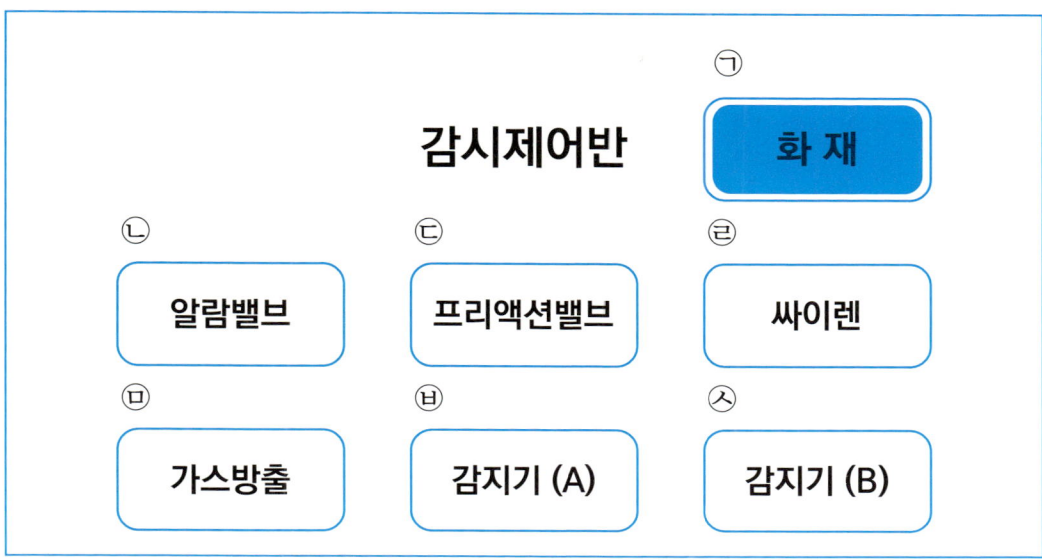

① ㄱ, ㅂ, ㅅ
② ㄴ
③ ㄱ, ㄴ, ㄹ
④ ㄱ, ㄴ, ㄷ, ㄹ

해설

습식스프링클러 설비 점검 시 확인사항
ㄱ : 감시제어반(수신기) 화재표시등 점등 확인
ㄴ : 해당구역 밸브개방표시등 점등 확인
ㄹ : 해당방호구역의 음향경보(사이렌) 확인

정답 106 ③

107 아래 그림은 습식스프링클러설비의 감시제어반(수신기)을 나타낸 것으로 점검을 위해 시험밸브를 개방했을 때 표시등이 점등 되지 않는 것을 고르시오. (단, 모든 설비의 상태는 정상이며 그림의 조건을 제외한 다른 조건은 무시한다)

난이도 상

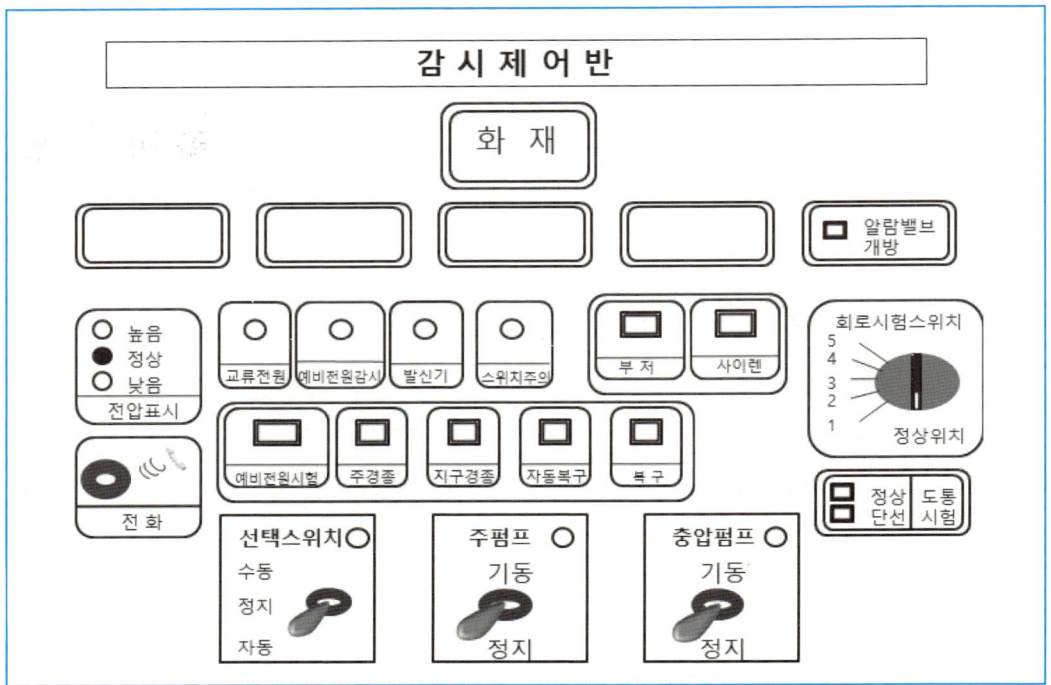

① 예비전원감시 표시등
② 주펌프, 충압펌프 표시등
③ 알람밸브 개방
④ 화재표시등

해설
습식스프링클러 설비 점검 시 확인사항
1. 감시제어반(수신기) 화재표시등 점등 확인
2. 해당구역 밸브개방표시등 점등 확인
3. 해당방호구역의 음향경보(사이렌) 확인
　3-1. 음향경보(사이렌)는 버튼을 눌러 출력을 정지시킬 수 있다.
4. 주·충압펌프 기동 확인

정답 107 ①

108 다음 그림은 습식스프링클러 설비의 시험밸브함의 평상시 상태이며 그림(우측)의 밸브를 개방하였을 때 확인하여할 사항으로 옳은 것을 고르시오.

난이도 하

① 해당방호구역 감지기 작동
② 음향장치(싸이렌)작동
③ 감시제어반 전압표시 변동확인
④ 시험밸브 이기 때문에 펌프는 작동되지 않는다.

해설
습식스프링클러 설비 점검 시 확인사항
1. 감시제어반(수신기) 화재표시등 점등 확인
2. 해당구역 밸브개방표시등 점등 확인
3. 해당방호구역의 음향경보(사이렌) 확인
4. 주·충압펌프 기동 확인

정답 108 ②

109 다음 중 준비작동식 스프링클러설비 점검 시 확인 사항으로 옳지 않은 것을 고르시오. 난이도 상

① A or B 감지기 작동 시 : 경종 또는 사이렌 경보
② A or B 감지기 작동 시 : 솔레노이드밸브 작동
③ A and B 감지기 작동 시 : 사이렌 경보
④ A and B 감지기 작동 시 : 펌프 자동기동

해설

준비작동식 스프링클러설비의 점검

1. 준비
   경보로 인한 혼란을 방지하기 위해 사전 통보 후 점검하거나, 수신반에서 경보스위치를 정지(필요시 정상상태), 2차측 개폐밸브를 잠그고 배수밸브를 개방

2. 작동 : 준비작동식 유수검지장치를 작동시키는 방법은 다음과 같다.
   - 해당 방호구역의 감지기 2개 회로 작동
   - SVP(수동조작함)의 수동조작스위치 작동
   - 밸브 자체에 부착된 수동기동밸브 개방
   - 감시제어반(수신기)측의 준비작동식 유수검지장치 수동기동스위치 작동
   - 감시제어반(수신기)에서 동작시험 스위치 및 회로선택 스위치로 작동(2회로 작동)

3. 확인 사항
   - A or B 감지기 작동 시
     - 화재표시등, A or B 감지기 지구표시등 점등
     - 경종 또는 사이렌 경보
   - A and B 감지기 작동 시
     - 전자밸브(솔레노이드밸브) 작동
     - 준비작동식밸브 개방으로 배수밸브로 배수
     - 밸브개방표시등 점등
     - 사이렌 경보
     - 펌프 자동기동

4. 복구
   - 1차측 개폐밸브 폐쇄로 펌프 정지(또는 수동 정지)
   - 제어반 복구 : 전자밸브복구(수동식에 한함)
   - 배수밸브 폐쇄
   - 세팅밸브 개방으로 중간챔버에 급수
   - 1차측 압력계가 상승하면 1차측 개폐밸브 서서히 개방
   - 2차측 압력계가 상승하지 않으면 정상 복구, 상승하면 배수부터 다시 실시
   - 세팅밸브 폐쇄
   - 2차측 개폐밸브 서서히 개방
   - 펌프를 수동으로 정지한 경우 제어반을 자동으로 놓는다.

정답 109 ②

110 다음은 준비작동식 스프링클러설비가 설치되어 있는 감시제어반(수신기)의 상태를 나타낸 것으로 그림을 참고하여 현재 작동 상태로 옳지 않은 것을 고르시오. (단, 모든 설비의 상태는 정상이며 그림의 조건을 제외한 다른 조건은 무시한다)

난이도 상

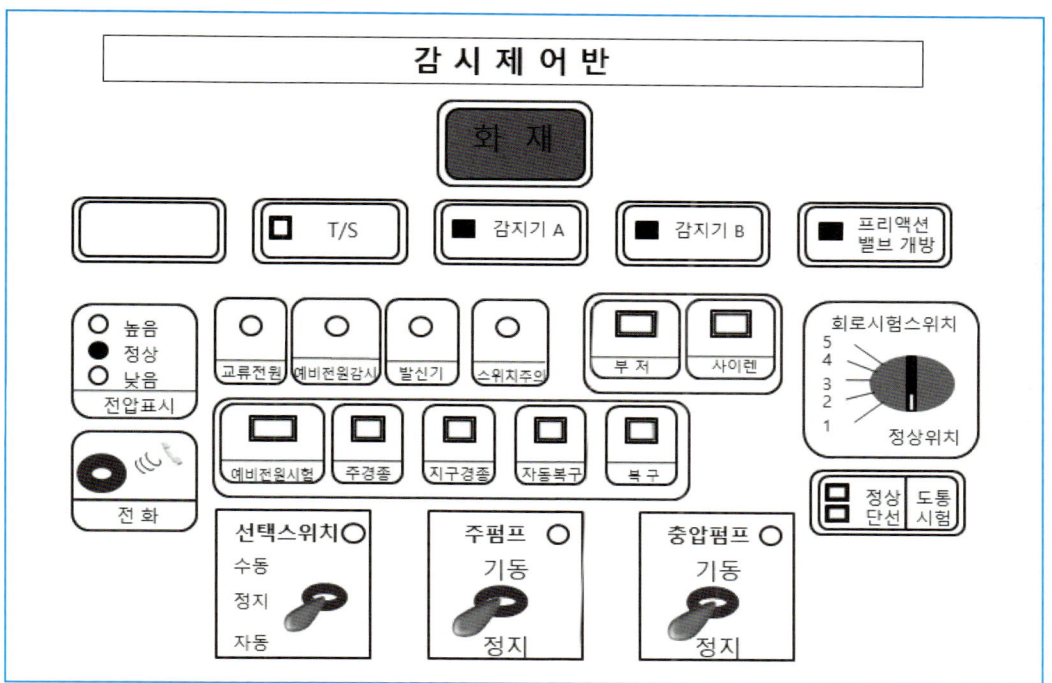

① 헤드를 통해 물이 방사 되고 있다.
② 프리액션밸브(준비작동식)가 작동되었다.
③ 음향장치(사이렌)가 작동되고 있다.
④ 개폐밸브는 폐쇄되어 있는 상태이다.

해설
준비작동식(프리액션) 스프링클러설비의 작동 순서
1. 화재 발생
2. 교차회로 방식의 A or B 감지기 작동(경종 또는 사이렌 경보, 화재표시등 점등)
3. 감지기 A and B 감지기 작동 또는 수동기동장치(SVP) 작동
4. 준비작동식 유수검지장치(프리액션밸브) 작동
   - 전자밸브(솔레노이드밸브) 작동
   - 중간챔버 감압
   - 밸브 개방
   - 압력스위치 작동 → 사이렌 경보, 밸브개방표시등 점등
5. 2차측으로 급수
6. 헤드 개방, 방수
7. 배관 내 압력저하로 기동용수압개폐장치의 압력스위치 작동 → 펌프 기동

템퍼스위치(T/S) : 감시제어반에서 밸브의 폐쇄상태를 경보음이나 점등으로 알려주는 장치이다.

정답 110 ④

111 다음 그림은 준비작동식 스프링클러설비가 설치된 감시제어반이다. 다음과 같이 설비가 동작한 상태를 올바르게 설명한 것을 고르시오. (단, 모든 설비의 상태는 정상이며 그림의 조건을 제외한 다른 조건은 무시한다)

난이도 상

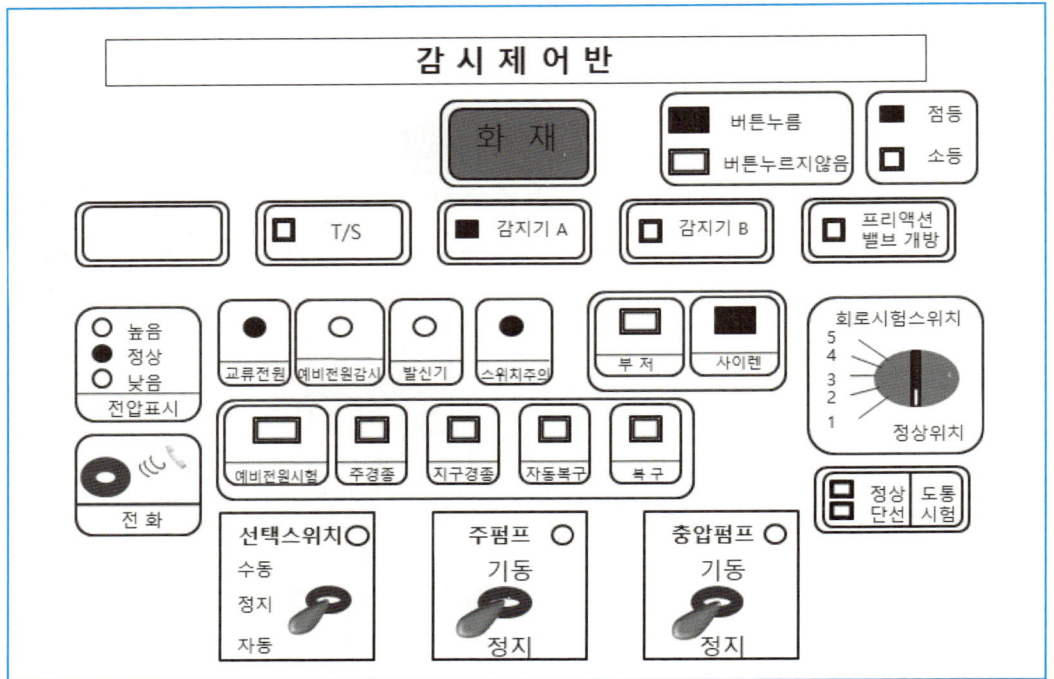

① 감지기 A, 감지기 B가 동시에 점등되지 않았으므로 화재표시등은 점등되지 않아야한다.

② 감지기 A가 점등되었으므로 화재표시등은 점등 된다.

③ 음향장치(사이렌)가 작동되고 있다.

④ 프리액션밸브(준비작동식)가 작동되었다.

해설

준비작동식(프리액션) 스프링클러설비의 작동 순서

1. 화재 발생
2. 교차회로 방식의 A or B 감지기 작동(경종 또는 사이렌 경보, 화재표시등 점등)
3. 감지기 A and B 감지기 작동 또는 수동기동장치(SVP) 작동
4. 준비작동식 유수검지장치(프리액션밸브) 작동
   - 전자밸브(솔레노이드밸브) 작동
   - 밸브 개방
   - 중간챔버 감압
   - 압력스위치 작동 → 사이렌 경보, 밸브개방표시등 점등
5. 2차측으로 급수
6. 헤드 개방, 방수
7. 배관 내 압력저하로 기동용수압개폐장치의 압력스위치 작동 → 펌프 기동

[추가해설]
감시제어반에서 사이렌 스위치가 눌려있기 때문에 감지기A가 동작되어도 사이렌은 울리지 않는다. 보기 ③번은 오답

정답 111 ②

112 준비작동식 스프링클러설비의 수동조작함(SVP)의 수동기동 버튼을 작동시켰을 때 감시제어반에 점등 되는 것으로 옳은 것을 모두 고르시오. (단, 모든 설비의 상태는 정상이며 그림의 조건을 제외한 다른 조건은 무시한다)

난이도 중

① A, D, E, F
② A, F
③ A, B, C, F
④ F

해설

A. 화재표시등, F 프리액션밸브 개방 표시등이 점등된다.
B. 가스계소화약제설비 작동시 점등
C. 습식 스프링클러설비 작동시 점등
D. E 문제에서 주어진 조건인 수동조작함으로 작동시키므로 점등되지 않는다.

※ 감지기작동에 의한 자동조작인 경우에는 점등된다.

실력향상 보충해설

준비작동식 스프링클러설비 수동조작함 작동 후 확인사항
1. 감시제어반(수신기) 화재표시등 점등 확인
2. 해당구역 밸브개방표시등 점등 확인
3. 해당방호구역의 음향경보(사이렌) 확인
4. 주·충압펌프 기동 확인

정답 112 ②

113 다음 중 준비작동식 유수검지장치의 작동 방법으로 옳지 않은 것을 고르시오. 난이도

① 해당방호구역의 감지기 1개 회로 작동
② 수동조작함의 수동조작스위치 작동
③ 밸브 자체에 부착된 수동기동밸브 개방
④ 수신기 측의 준비작동식 유수검지장치 수동기동스위치 작동

> **해설**
> 준비작동식 유수검지장치의 작동 방법
> 1. 해당 방호구역의 감지기 2개 회로 작동
> 2. SVP(수동조작함)의 수동조작스위치 작동
> 3. 밸브 자체에 부착된 수동기동밸브 개방
> 4. 감시제어반(수신기)측의 준비작동식 유수검지장치 수동기동스위치 작동
> 5. 감시제어반(수신기)에서 동작시험 스위치 및 회로선택 스위치로 작동(2회로 작동)

114 이산화탄소소화설비의 장점으로 옳은 것은? 난이도

① 가연물 외부에서 연소하는 표면화재에 적합하다.
② 비전도성이므로 전기화재에 좋다
③ 화재진화 후 시설물의 피해가 크다.
④ 인체에 무해하다.

> **해설**
> 이산화탄소소화설비의 장·단점
>
> | 장점 | 단점 |
> | --- | --- |
> | 1. 가연물 내부에서 연소하는 심부화재에 적합하다.
2. 화재진화 후 깨끗하다.
3. 피연소물에 피해가 적다.
4. 비전도성이므로 전기화재에 좋다. | 1. 사람에게 질식의 우려가 있다.
2. 방사 시 동상의 우려와 소음이 크다.
3. 설비가 고압으로 특별한 주의와 관리가 필요하다. |
>
> **실력향상 보충해설**
> 이산화탄소소화설비
> 이산화탄소를 고압가스용기에 저장해 두었다가 화재 발생 시 수동 또는 자동조작에 의하여 배관을 통해 화재지점에 이산화탄소를 방출하여 질식 및 냉각작용으로 화재를 소화하는 설비이며, 고압식과 저압식으로 분류된다.

정답 113 ① 114 ②

115 이산화탄소소화설비의 단점에 대한 설명으로 옳은 것을 고르시오.   난이도 하

① 화재진화 후 시설물의 피해가 크다.
② 표면화재에 적합하다.
③ 일반화재, 유류화재에만 적응성이 있다.
④ 방사 시 동상의 우려와 소음이 크다.

해설
이산화탄소소화설비의 단점
1. 사람에게 질식의 우려가 있다.
2. 방사 시 동상의 우려와 소음이 크다.
3. 설비가 고압으로 특별한 주의와 관리가 필요

116 할로겐 원자의 억제작용에 의하여 질식·냉각작용 및 연쇄반응을 억제하는 소화설비로 옳은 것은?   난이도 하

① 이산화탄소소화설비
② 스프링클러설비
③ 할론소화설비
④ 옥내소화전설비

해설
할론소화설비
할론소화설비는 불연성가스인 할론 소화약제를 사용하여 화재 발생 시 할로겐 원자의 억제작용에 의하여 질식·냉각작용 및 연쇄반응을 억제하는 소화설비이며, 축압식과 가압식으로 분류된다.

실력향상 보충해설
할로겐화합물 및 불활성기체소화설비
할론(1211·1301·2402) 외의 할로겐화합물 및 불활성기체 계열의 소화약제를 이용하여 소화하는 설비이다.

117 다음 중 가스계소화설비의 약제방출방식으로 옳지 않은 것은?   난이도 중

① 일제살수방식
② 국소방출방식
③ 호스릴방식
④ 전역방출방식

해설
가스계소화설비의 약제방출방식에 의한 분류

구분	내용
전역방출방식	고정식 소화약제 공급장치에 배관 및 분사헤드를 고정 설치하여 밀폐 방호구역 내에 소화약제를 방출하는 설비
국소방출방식	고정식 소화약제 공급장치에 배관 및 분사헤드를 설치하여 직접 화점에 소화약제를 방출하는 설비로 화재 발생부분에만 집중적으로 소화약제를 방출하도록 설치하는 방식
호스릴방식	분사헤드가 배관에 고정되어 있지 않고 소화약제 저장용기에 호스를 연결하여 사람이 직접 화점에 소화약제를 방출하는 이동식소화설비

정답 115 ④ 116 ③ 117 ①

118 다음의 가스계소화설비의 방출방식으로 옳은 것을 고르시오.

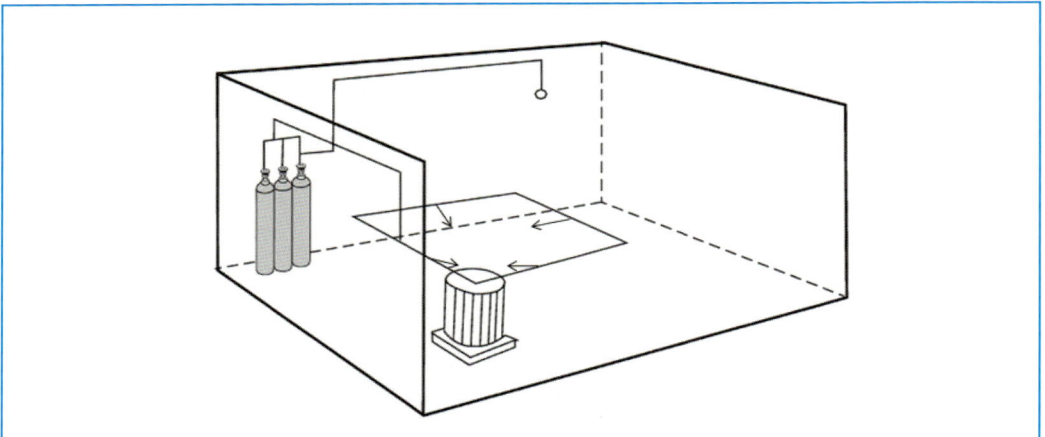

① 국소방출방식 ② 전역방출방식
③ 호스릴방식 ④ 릴리프방식

해설
방출방식

구분	내용
전역방출방식	고정식 소화약제 공급장치에 배관 및 분사헤드를 고정 설치하여 밀폐 방호구역 내에 소화약제를 방출하는 설비를 말한다.
국소방출방식	고정식 소화약제 공급장치에 배관 및 분사헤드를 설치하여 직접 화점에 소화약제를 방출하는 설비로 화재 발생부분에만 집중적으로 소화약제를 방출하도록 설치하는 방식을 말한다.
호스릴방식	분사헤드가 배관에 고정되어 있지 않고 소화약제 저장용기에 호스를 연결하여 사람이 직접 화점에 소화약제를 방출하는 이동식소화설비를 말한다.

정답 118 ①

119 가스계소화설비의 약제방출방식 중에 고정식 소화약제 공급장치에 배관 및 분사헤드를 고정 설치하여 밀폐 방호구역 내에 소화약제를 방출하는 방식으로 옳은 것을 고르시오.

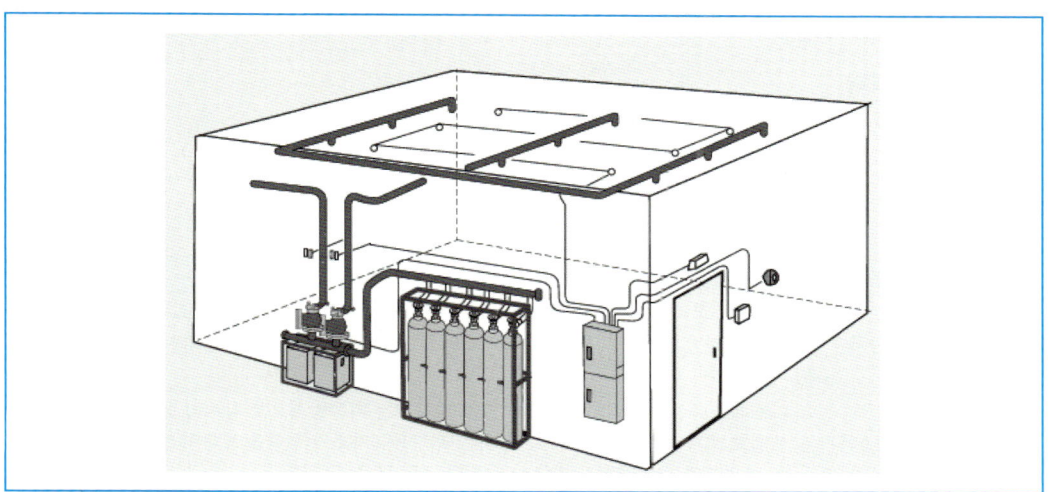

① 국소방출방식 ② 호스릴방식
③ 전역방출방식 ④ 수동조작방식

해설
약제방출방식에 의한 분류

구분	내용
전역방출방식	고정식 소화약제 공급장치에 배관 및 분사헤드를 고정 설치하여 밀폐 방호구역 내에 소화약제를 방출하는 설비를 말한다.
국소방출방식	고정식 소화약제 공급장치에 배관 및 분사헤드를 설치하여 직접 화점에 소화약제를 방출하는 설비로 화재 발생부분에만 집중적으로 소화약제를 방출하도록 설치하는 방식을 말한다.
호스릴방식	분사헤드가 배관에 고정되어 있지 않고 소화약제 저장용기에 호스를 연결하여 사람이 직접 화점에 소화약제를 방출하는 이동식소화설비를 말한다.

정답 119 ③

120 다음 중 가스계소화설비의 주요 구성요소로 옳지 않은 것은?

① 저장용기
② 솔레노이드밸브
③ 디플렉터
④ 수동조작함(수동식기동장치)

해설
가스계소화설비의 주요 구성요소

구분	내용
저장용기	가스계소화약제소화설비는 「고압가스안전관리법」에 의한 액화가스 또는 압축가스에 적용되기에 약제를 저장하는 용기 또한 「고압가스안전관리법」에 의한 기밀시험과 내압시험에 합격한 제품을 사용하여야 한다.
기동용 가스용기	가스계소화설비에서 가장 일반적으로 사용되는 기동방식으로 감지기 동작신호에 따라 솔레노이드밸브의 파괴침이 작동하면 기동용기의 기동용가스가 동관을 통하여 방출되어 저장용기의 봉판을 파괴하여 소화약제가 방출하게 된다.
솔레노이드밸브	전기적인 신호에 의하여 자동으로 격발되는 자동방식과 수동으로 안전핀을 뽑고 솔레노이드밸브의 수동조작버튼을 눌러서 격발하는 수동방식이 있다. 솔레노이드밸브가 작동하면 파괴침이 기동용기밸브의 봉판을 파괴하고 기동용 가스가 방출된다.
압력스위치	가스관 선택밸브 2차측에 설치하여, 소화약제 방출 시의 압력을 이용하여 접점신호를 형성하여 제어반에 입력시켜 방출표시등을 점등시키는 역할을 한다.
선택밸브	가스계소화설비에서 2개소 이상의 방호구역 또는 방호대상물에 대해 소화약제 저장용기를 공용으로 사용하는 경우에 사용하는 밸브로서 자동 또는 수동개방장치에 의해 개방되는 것을 말한다.
수동조작함 (수동식기동장치)	화재 시 수동조작에 의해 소화약제를 방출하는 기능의 기동스위치와 오동작시 방출을 지연시킬 수 있는 방출지연스위치, 보호장치, 전원표시등이 함께 내장된 조작함이다.
방출표시등	소화약제 방출압에 의한 압력스위치의 작동에 의해 점등되어 방호구역 안으로 거주자의 진입을 방지할 목적으로 설치된다.
방출헤드	전역방출방식인 경우 넓은 지역에 균일하게 확산, 방사하는 천장형과 국소지점만 방사하는 혼(나팔형), 측벽형 등이 있다.

정답 120 ③

121 가스계소화설비의 주요 구성요소의 명칭으로 옳은 것을 고르시오.

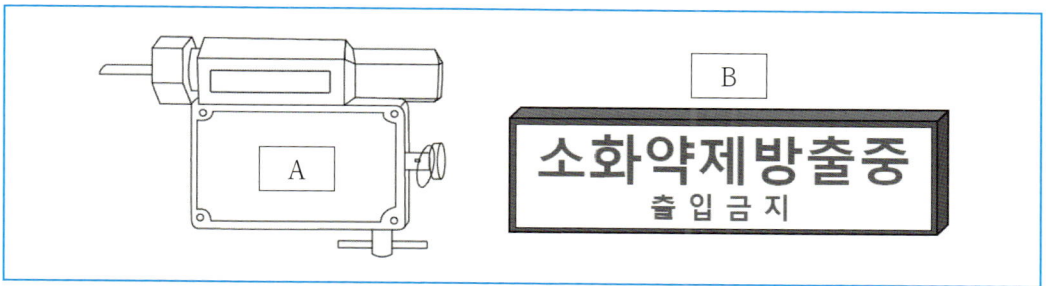

	A	B		A	B
①	솔레노이드밸브	기동표시등	②	솔레노이드밸브	방출표시등
③	수동조작함	방출표시등	④	압력스위치	기동표시등

해설
가스계소화설비 주요 구성요소

구분	내용
저장용기	소화약제가 저장되어 있는 용기(기밀시험과 내압시험에 합격한 제품만 사용가능)
기동용 가스용기	가스계 소화설비에서 가장 일반적으로 사용되는 기동방식 동작신호에 따라 솔레노이드밸브의 파괴침이 작동 → 기동용 가스용기 동관을 통해 방출. 저장용기의 봉판을 파괴하여 소화약제 방출
솔레노이드밸브	전기적인 신호에 따라 자동 격발, 안전핀을 뽑고 수동격발을 통해 기동용 가스용기를 방출시킨다.
압력스위치	소화약제 방출 시 압력을 이용하여 접점신호를 형성을 통해 제어반에 입력시켜 방출표시등을 점등시키는 역할
선택밸브	2개소 이상의 방호구역 또는 방호대상물에 대해 소화약제 저장용기를 공용으로 사용하는 경우에 사용하는 밸브 자동·수동 개방된다.
수동조작함 (수동식기동장치)	수동조작에 의해 소화약제를 방출시키는 기동스위치 오동작시 방출지연스위치, 보호장치, 전원표시등이 내장된 조작함
방출표시등	소화약제 방출압에 의한 압력스위치의 작동에 의해 점등 방호구역 안으로 거주자 및 외부로서 진입을 방지할 목적으로 설치
방출헤드	가스계소화약제 전용 방출헤드로 전역방출방식어 사용되는 천장형 국소지점에 방사하는 혼(나팔형), 측벽형 등이 있다.

정답 121 ②

122 다음은 가스계소화설비의 점검 전 안전조치에 관한 사항이다. 옳지 않은 것은? 난이도 중

① 기동용기에서 선택밸브에 연결된 조작동관 분리
② 기동용기에서 저장용기에 연결된 개방용 동관 분리
③ 제어반의 솔레노이드밸브를 연동
④ 솔레노이드 안전핀 체결 후 분리, 안전핀 제거 후에 격발 준비한다.

해설
가스계소화설비의 점검 전 안전조치

구분	내용
1단계	1. 기동용기에서 선택밸브에 연결된 조작동관 분리 2. 기동용기에서 저장용기에 연결된 개방용 동관 분리
2단계	제어반의 솔레노이드 밸브 연동정지
3단계	솔레노이드밸브 안전핀 체결 후 분리, 안전핀 제거 후 격발 준비

123 다음 중 가스계소화설비의 기동용기 솔레노이드밸브 격발시험방법으로 옳지 않은 것은? 난이도 상

① 수동조작버튼 작동 : 연동전환 후 기동용기 솔레노이드밸브에 부착되어 있는 수동조작버튼을 안전클립 제거 후 누름
② 수동조작함 작동 : 연동전환 후 수동조작함의 기동스위치 누름
③ 교차회로 감지기 동작 : 연동전환 후 방호구역 내 A 감지기 동작
④ 제어반 수동조작 : 솔레노이드밸브 선택스위치를 수동위치로 전환 후 정지에서 기동위치로 전환하여 동작

해설
가스계소화설비의 기동용기 솔레노이드밸브 격발시험 방법

시험방법	내용
수동조작버튼 작동(즉시격발)	연동전환 후 기동용기 솔레노이드밸브에 부착되어 있는 수동조작버튼을 안전클립 제거 후 누름
수동조작함 작동	연동전환 후 수동조작함의 기동스위치 누름
교차회로 감지기 동작	연동전환 후 방호구역 내 교차회로(A, B) 감지기 동작
제어반/수동조작/스위치 동작	솔레노이드밸브 선택스위치를 수동위치로 전환 후 정지에서 기동위치로 전환하여 동작

정답 122 ③ 123 ③

124 아래 그림은 가스계소화설비 기동용기함 내부의 주요구성요소이다. 가스계소화설비의 점검 전 안전조치의 순서를 올바르게 나열한 것을 고르시오. (단, 제어반의 솔레노이드밸브는 연동정지)

난이도 중

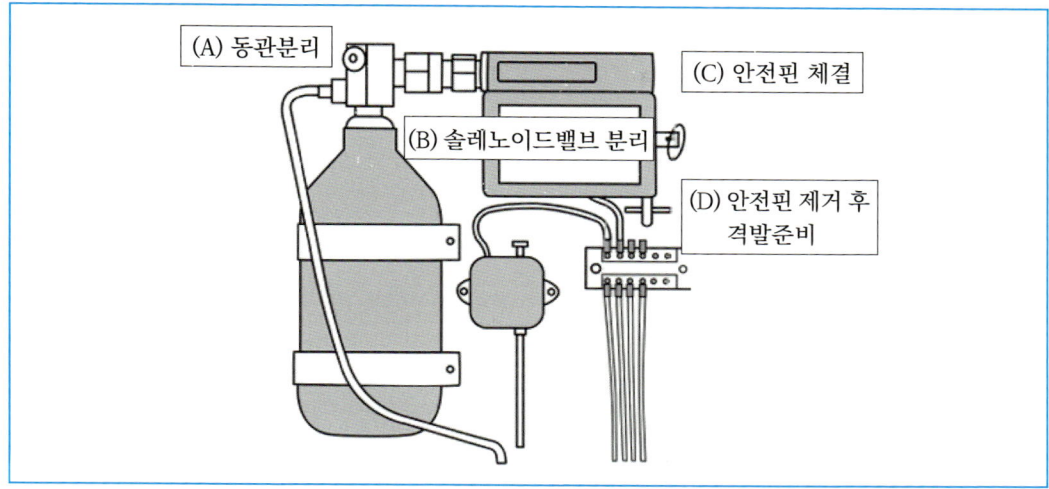

① C → B → A → D
② B → A → D → C
③ A → B → D → C
④ A → C → B → D

해설

가스계소화설비의 점검 전 안전조치 순서

구분	내용
1단계	1. 기동용기에서 선택밸브에 연결된 조작동관 분리 2. 기동용기에서 저장용기에 연결된 개방용 동관 분리
2단계	제어반의 솔레노이드 밸브 연동정지
3단계	1. 솔레노이드밸브 안전핀 체결 후 분리 2. 안전핀 제거 후 격발 준비

125 다음 중 가스계소화설비의 점검 시 동작확인 내용으로 옳지 않은 것은?

난이도 중

① 작동계통 정상 여부 확인
② 경보발령 여부 확인
③ 솔레노이드밸브 작동 여부 확인
④ 자동폐쇄장치 정지 및 환기장치 작동 여부 확인

해설

가스계소화설비의 점검 시 동작확인
1. 작동계통 정상 여부 확인
2. 지연장치의 지연시간 체크 확인
3. 경보발령 여부 확인
4. 솔레노이드밸브 작동 여부 확인
5. **자동폐쇄장치 작동 및 환기장치 정지 여부 확인**

정답 124 ④ 125 ④

126 다음 중 가스계소화설비의 방출표시등 작동시험방법으로 옳지 않은 것은? 난이도 하

① 압력스위치의 테스트 버튼을 당긴다.
② 방출표시등 점등 확인
③ 수동조작함 방출등 소등 확인
④ 테스트 버튼을 눌러 복구

> **해설**
> **가스계소화설비의 방출표시등 작동시험방법**

구분	내용		
1단계	압력스위치의 테스트 버튼을 당긴다		
2단계	방출표시등 점등 확인	수동조작함 방출등 점등 확인	제어반 방출표시등 확인
3단계	테스트 버튼을 다시 눌러 복구한다		

> **실력향상 보충해설**
> **방출표시등 작동 확인사항**
> 1. 방호구역 출입문 상단에 설치된 방출표시등의 점등 여부
> 2. 수동조작함(수동기동장치) 방출등(적색) 점등 여부
> 3. 제어반의 방출표시등

127 다음 중 가스계소화설비의 점검 후 복구방법으로 옳지 않은 것은? 난이도 하

① 제어반의 복구스위치 복구
② 제어반의 솔레노이드밸브 연동정지
③ 솔레노이드밸브에 안전핀을 분리 후 기동용기에 결합
④ 솔레노이드밸브 복구 : 점검 시 격발된 솔레노이드밸브를 복구

> **해설**
> **가스계소화설비의 점검 후 복구방법**

구분	내용
1단계	제어반의 복구스위치 복구
2단계	제어반의 솔레노이드밸브 연동정지
3단계	솔레노이드밸브 복구 : 작동점검 시 격발된 솔레노이드밸브를 복구
4단계	솔레노이드밸브에 안전핀을 체결 후 기동용기에 결합
5단계	제어반의 스위치를 연동상태 확인 후 솔레노이드밸브에서 안전핀 분리
6단계	점검 전 분리했던 조작동관을 결합

정답 126 ③ 127 ③

128 다음은 사진은 전기실의 하론소화설비를 점검하기 위해 기동용기, 동관, 솔레노이드밸브를 분리하고 감지기를 동작시킨 경우 확인되는 사항으로 옳은 것을 고르시오. 난이도 상

[조 건]
배선방식은 교차회로이며 방호구역 내 감지기 A, 감지기 B를 작동시킨 상태이다.

① 방출표시등 점등
② 방호구역 별 선택밸브 개방
③ 수동조작함 기동표시 점등
④ 솔레노이드밸브 동작

해설
가스계소화설비 감지기 동작 시 확인사항
1. 감시제어반(수신기) 화재표시등 점등 확인
2. 감시제어반(수신기) 감지기 작동 확인
3. 솔레노이드밸브 동작 확인 (30초 지연 후 파괴침 격발)
4. 음향장치(사이렌 또는 경종) 동작 확인

정답 128 ④

129 가스계소화설비의 기동용기함에서 방출표시등을 작동시험을 하는 주요구성의 명칭과 위치로 올바른 것을 고르시오.

난이도 하

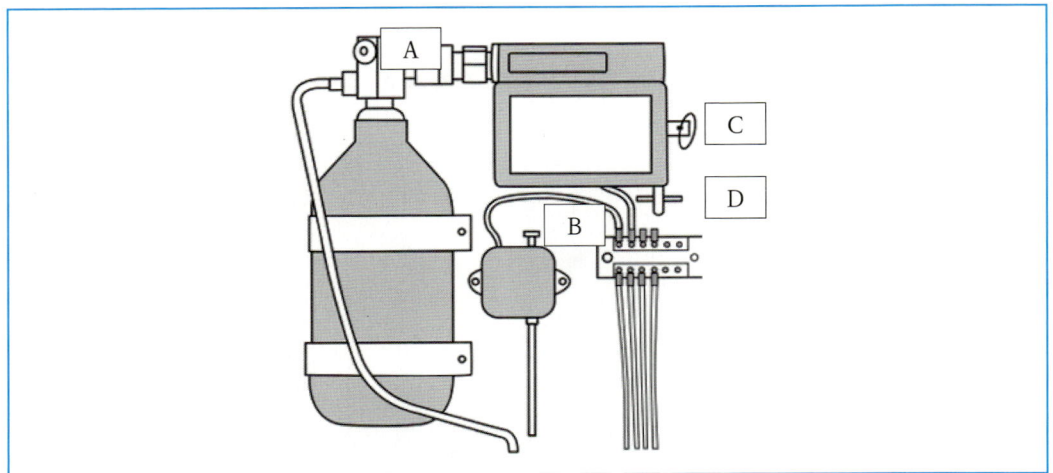

① A : 수동조작버튼
② B : 압력스위치
③ C : 압력스위치
④ D : 동관

해설
B의 압력스위치의 테스트버튼을 당겨 방출표시등 점등을 확인한다. 복구의 경우 테스트버튼을 다시 눌러주면 된다.

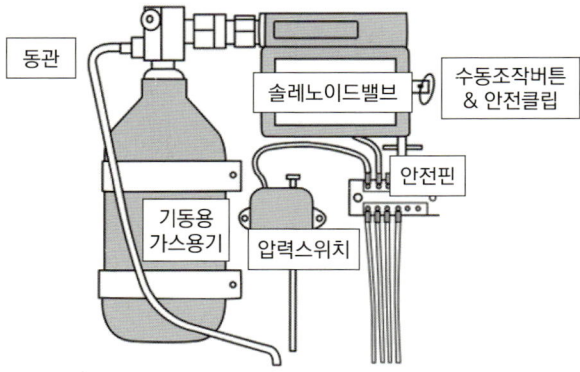

[가스계소화설비 기동용기함]

정답 129 ②

제 03 장 경보설비

소방안전관리자 2급 기출·예상문제

130 다음 빈칸에 들어갈 설비로 옳은 것은? 난이도 하

> _____는 화재초기에 발생되는 열, 연기 또는 불꽃 등을 감지기에 의해 감지하여 자동으로 경보를 발함으로써 화재를 조기에 발견하는 설비이다.

① 자동화재탐지설비 ② 제연설비
③ 옥내소화전설비 ④ 소화기

해설
자동화재탐지설비 : 화재초기에 발생되는 열, 연기 또는 불꽃 등을 감지기에 의해 감지하여 자동적으로 경보를 발함으로써 화재를 조기에 발견하여, 조기통보, 초기소화, 조기피난을 가능하게 하기 위한 설비이다.

131 다음 중 자동화재탐지설비의 구성으로 옳은 것은? 난이도 하

① 소화수조, 저수조
② 방출표시등, 수동조작함
③ 감지기, 수신기, 발신기, 음향장치, 중계기
④ 감지기, 수동기동장치, 준비작동식밸브

해설
자동화재탐지설비의 구성 : 감지기, 수신기, 발신기, 음향장치, 표시등, 전원, 배선, 시각경보기, 중계기 등으로 구성

정답 130 ① 131 ③

소방안전관리자 2급 기출·예상문제

132 감지기 또는 발신기로부터 발하여진 신호를 직접 또는 중계기를 거쳐 수신하여 화재의 발생을 해당 건물 관계자에게 표시하고 음향장치로 알려주는 설비는 무엇인가? 난이도 하

① 표시등
② 수신기
③ 자동화재속보설비
④ 경보기

해설
수신기 : 감지기 또는 발신기로부터 발하여진 신호를 직접 또는 중계기를 거쳐 수신하여 <u>화재의 발생을 건물 관계자에게 표시하고 음향장치로 알려주는 설비</u>이다.

> **실력향상 보충해설**
> P형 수신기와 R형 수신기
> 1. P형 수신기 : 일반적으로 사용되며 각 회로별 경계구역을 표시하는 지구표시등이 설치
> 2. R형 수신기 : 고유의 신호를 수신하는 것으로서 숫자 등의 기록장치에 의해 표시되며 동일구내에 다수동이나 초고층빌딩 등에 회선수가 매우 많은 대상물에 설치

133 다음 설명이 가리키는 것으로 옳은 것은? 난이도 하

> 자동화재탐지설비의 1회선(회로)이 화재의 발생을 유효하고 효율적으로 감지할 수 있도록 적당한 범위를 정한 구역을 말한다.

① 피난안전구역
② 피난구역
③ 경계구역
④ 활동구역

해설
경계구역
자동화재탐지설비의 1회선(회로)이 화재의 발생을 유효하고 효율적으로 감지할 수 있도록 적당한 범위를 정한 구역을 말한다.
1. 하나의 경계구역이 2이상의 건축물에 미치지 않도록 할 것
2. 하나의 경계구역이 2이상의 층에 미치지 않도록 할 것. 다만, 500m^2 이하의 범위 안에서는 2개의 층을 하나의 경계구역으로 할 수 있다.
3. 하나의 경계구역의 면적은 600m^2 이하로 하고 한 변의 길이는 50m 이하로 할 것. 다만, 해당 특정소방대상물의 주된 출입구에서 그 내부 전체가 보이는 것에 있어서는 한 변의 길이가 50m의 범위 내에서 1000m^2 이하로 할 수 있다.

정답 132 ② 133 ③

134 아래의 그림과 같은 건축물의 바닥면적을 참고하여 최소 경계구역수를 올바르게 구한 것은?

난이도 상

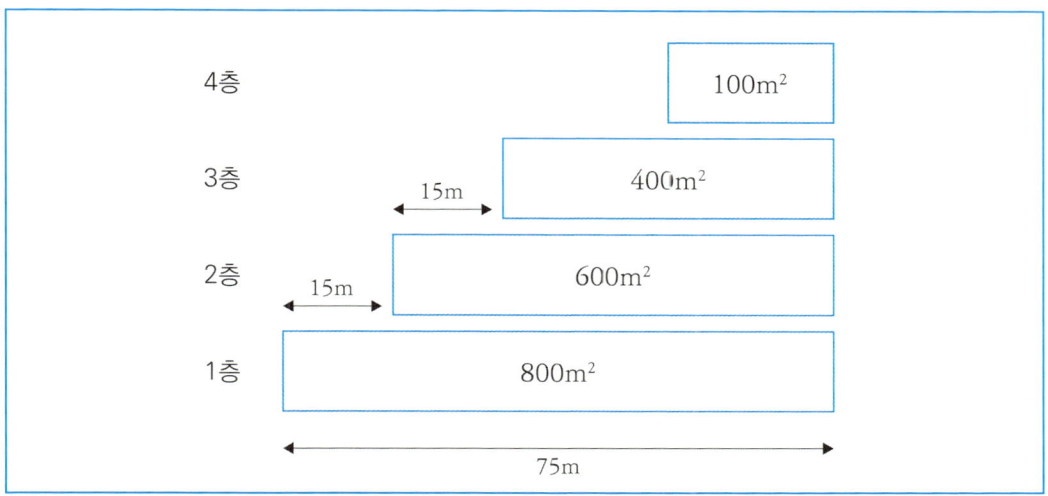

① 4개
③ 6개
② 5개
④ 7개

해설

1층 : 800m²(1층 바닥면적) ÷ 600m²(1개의 경계구역면적) = 1.333   ∴ 2개(절상)
      75m(1층 한변의 길이)가 50m 초과

2층 : 600m²(2층 바닥면적) ÷ 600m²(1개의 경계구역면적) = 1개이나   ∴ 2개
      75m − 15m = 60m(2층 한변의 길이)가 50m 초과

3층 + 4층 : 400m²(3층 바닥면적) + 100m²(4층 바닥면적) = 500m²   ∴ 1개
      3층과 4층 각각 한변의 길이가 50m 이하

∴ 1층~ 4층 최소 경계구역수는 2개(1층) + 2개(2층) + 1개(3층 + 4층) = 5개

정답 134 ②

135 아래의 그림과 같은 건축물의 바닥면적을 참고하여 최소 경계구역수를 올바르게 구한 것은?

난이도 상

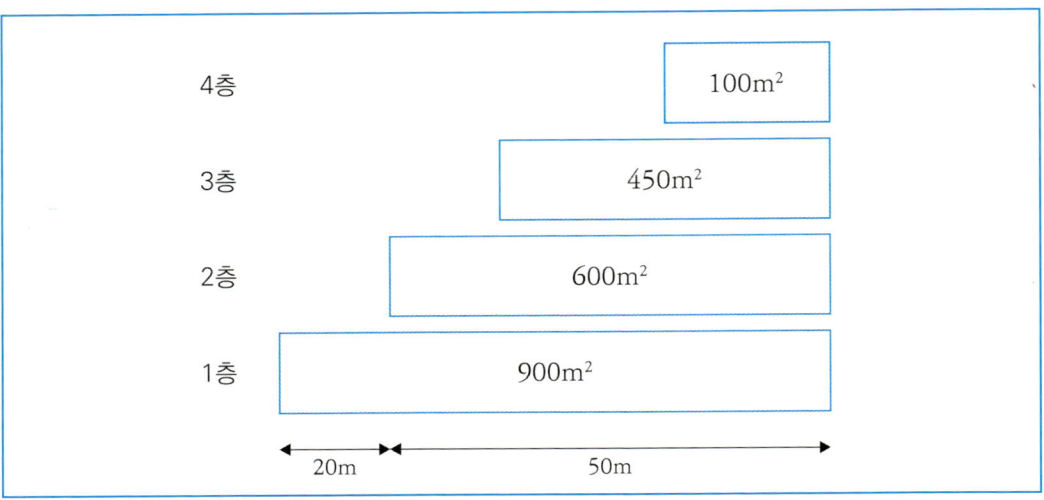

① 2개　　　　　　　　　　　　② 3개
③ 4개　　　　　　　　　　　　④ 5개

해설

1층 : 900m²(1층 바닥면적) ÷ 600m²(1개의 경계구역면적 600m² 이하) = 1.5　　∴ 2개(절상)
　　　70m(1층 한변의 길이)가 50m 초과

2층 : 600m²(2층 바닥면적) ÷ 600m²(1개의 경계구역면적 600m² 이하) = 1　　∴ 1개
　　　70m - 20m = 50m(2층 한변의 길이)가 50m 이하

3층 + 4층 : 450m²(3층 바닥면적) + 100m²(4층 바닥면적) = 550m²
　　　　　　3층 + 4층 = 550m² 즉 2 이상의 층이 500m² 이하의 범위 안에 해당하지 않으므로　　3층 = ∴ 1개
　　　　　　3층과 4층 각각 한 변의 길이가 50m 이하　　　　　　　　　　　　　　　　　　　4층 = ∴ 1개

∴ 1층~ 4층 최소 경계구역수는 2개(1층) + 1개(2층) + 1개(3층) + 1개(4층) = 5개

정답 135 ④

136 다음 중 경계구역에 대한 설명으로 옳지 않은 것을 고르시오.

① 자동화재탐지설비의 1회선이 화재의 발생을 유효하고 효율적으로 감지할 수 있도록 적당한 범위를 정한 구역을 말한다.
② 하나의 경계구역이 2이상의 층에 미치지 않도록 할 것 단 $300m^2$ 이하의 범위 안에서는 1개의 층을 하나의 경계구역으로 할 수 있다.
③ 하나의 경계구역의 면적은 $600m^2$ 이하로 하고 한 변의 길이는 50m 이하로 할 것
④ 하나의 경계구역의 면적은 $600m^2$ 이하로 하고 한 변의 길이는 50m 이하로 할 것 단, 해당 특정소방대상물의 주된 출입구에서 그 내부 전체가 보이는 것에 있어서는 한 변의 길이가 50m의 범위 내에서 $1,000m^2$ 이하로 할 수 있다.

해설
경계구역
하나의 경계구역이 2이상의 층에 미치지 않도록 할 것. 다만, $500m^2$ 이하의 범위 안에서는 2개의 층을 하나의 경계구역으로 할 수 있다.

> **실력향상 보충해설**
>
> **경계구역**
> 자동화재탐지설비의 1회선(회로)이 화재의 발생을 유효하고 효율적으로 감지할 수 있도록 적당한 범위를 정한 구역을 말한다.
> 1. 하나의 경계구역이 2이상의 건축물에 미치지 않도록 할 것
> 2. 하나의 경계구역이 2이상의 층에 미치지 않도록 할 것. 다만, $500m^2$ 이하의 범위 안에서는 2개의 층을 하나의 경계구역으로 할 수 있다.
> 3. 하나의 경계구역의 면적은 $600m^2$ 이하로 하고 한 변의 길이는 50m 이하로 할 것. 다만, 해당 특정소방대상물의 주된 출입구에서 그 내부 전체가 보이는 것에 있어서는 한 변의 길이가 50m의 범위 내에서 $1,000m^2$ 이하로 할 수 있다.

정답 136 ②

137 다음 중 수신기의 설치기준으로 옳은 것은?

① 수신기가 설치된 장소에는 경계구역 일람도를 비치하지 말 것.
② 감지기 오동작 시 소음을 대비하여 사람이 상시 근무하지 않은 곳에 설치한다.
③ 수신기의 조작스위치는 바닥으로부터 높이가 0.8m 이상 1m 이하인 장소에 설치한다.
④ 상시 사람이 근무하고 있는 장소에 설치.

해설
수신기의 설치기준
1. 수신기가 설치된 장소에는 경계구역 일람도를 비치할 것
2. 수신기의 조작스위치의 높이 : 바닥으로부터의 높이가 0.8m 이상 1.5m 이하
3. 수위실 등 상시 사람이 근무하고 있는 장소에 설치

실력향상 보충해설
P형 수신기의 스위치별 기능

스위치	설명
화재표시등	화재신호가 발생된 경우 적색으로 표시
지구표시등(경계구역표시등)	화재신호가 발생된 각 경계구역을 나타내는 표시등
전압표시등(전압계)	수신기의 공급전압을 표시
예비전원 감시표시등(축전지이상등)	예비전원의 이상 유무를 확인하여 주는 표시등
발신기응답표시등(작동등)	수신기에 수신된 신호가 발신기의 조작에 의한 신호인지의 여부를 식별해주는 표시장치
스위치주의표시등	각 조작스위치가 정상위치에 있지 않을 경우 점멸·점등을 반복
도통시험표시등	도통시험에서 해당 회로의 불량(적색등 점등)과 정상(녹색등 점등) 여부를 쉽게 판별할 수 있는 표시등
예비전원시험스위치	예비전원의 배터리 충전상태 점검 시 사용
주경종정지스위치	수신기 옆 또는 내부에 있는 주경종을 정지할 때 사용
지구경종정지스위치	지구경종의 명동을 정지할 때 사용하는 스위치
동작시험스위치	수신기에 화재신호를 수동으로 입력하여 수신기가 정상적으로 동작되는지를 점검하는 시험스위치
도통시험스위치	도통시험 스위치를 누르고 회로선택스위치를 회전시켜, 선택된 회로의 결선상태를 확인할 때 사용
회로선택스위치	스위치 주위에 회로번호가 표시되어 있으며, 동작시험이나 회로도통 시험을 실시할 때 필요한 회로를 선택하기 위하여 사용하는 스위치
자동복구스위치	스위치가 시험위치에 놓여 있을 때에는 감지기의 복구에 따라 수신기의 동작상태가 자동복구
화재복구스위치	수신기의 동작상태를 정상으로 복구할 때 사용
부저	발신기의 전화잭에 송수화기를 연결 시 부저 울림
전화잭	발신기와 수신기, 수신기 상호간 통화가능
비상방송정지스위치	비상방송 연동을 정지
축적스위치	일시적으로 발생한 열·연기 또는 먼지 등으로 인하여 감지기가 화재신호를 발신할 우려가 있는 경우에 대비하기 위하여 사용되는 스위치. 수신기가 축적상태인 경우 수신기의 지구표시등과 주음향장치를 명동시킬 수 있음

정답 137 ④

138 아래의 그림과 같은 건축물의 바닥면적과 조건을 참고하여 최소 경계구역수를 올바르게 구한 것은?

난이도 상

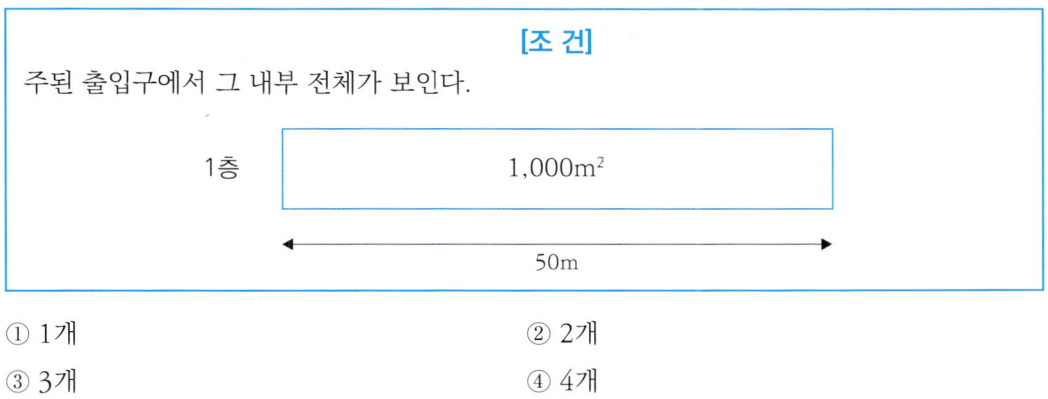

① 1개 ② 2개
③ 3개 ④ 4개

해설
경계구역
하나의 경계구역의 면적은 600m² 이하로 하고 한 변의 길이는 50m 이하로 할 것. 다만, 해당 특정소방대상물의 **주된 출입구**에서 그 내부 전체가 보이는 것에 있어서는 한 변의 길이가 50m의 범위 내에서 1,000m² 이하로 할 수 있다.

139 다음 중 발신기의 설치기준으로 올바른 것을 고르시오.

난이도 하

스위치는 바닥으로부터 ㄱ. ____ 이상, ㄴ. ____ 이하의 높이에 설치한다.
층마다 설치하되 하나의 발신기까지의 수평거리가 ㄷ. ____ 이하가 되도록 설치

① ㄱ : 1.0m, ㄴ : 1.5m, ㄷ : 30m
② ㄱ : 0.8m, ㄴ : 1.5m, ㄷ : 25m
③ ㄱ : 1.5m, ㄴ : 2.0m, ㄷ : 20m
④ ㄱ : 0.5m, ㄴ : 1.0m, ㄷ : 15m

해설
발신기의 설치기준
1. 스위치는 **바닥으로부터 0.8m 이상 1.5m 이하**의 높이에 설치
2. 층마다 설치하되, 하나의 발신기까지의 **수평거리가 25m 이하**가 되도록 설치

실력향상 보충해설
발신기의 동작원리
1. 동작
   발신기 누름스위치를 누름 → 수신기 동작(화재표시등, 지구표시등, 발신기 표시등, 경보장치 동작) → 응답표시등 점등
2. 복구
   발신기 누름스위치 원 위치로 복구 → 수신기 복구스위치를 누름 → 응답표시등 소등, 수신기의 동작표시등 소등

정답 138 ① 139 ②

140 화재 발견자가 수동으로 누름버튼을 눌러 수신기에 신호를 보내는 설비로 옳은 것은? 난이도 하

① 감지기
② 옥내소화전
③ 발신기
④ 유도등

해설
발신기
화재 발견자가 수동으로 누름버튼 눌러 수신기에 신호를 보내는 것

141 다음 그림은 발신기의 일반적인 구조이다. 빈칸에 들어갈 내용으로 옳은 것은? 난이도 중

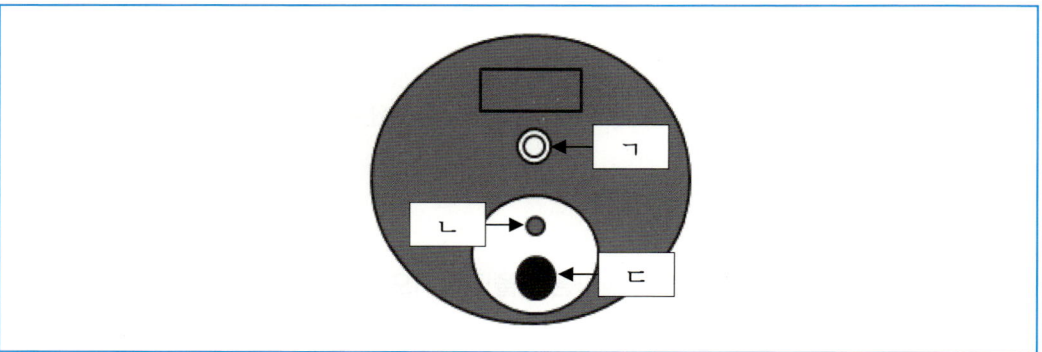

① ㄱ : 송수화기 잭 삽입구, ㄴ : 누름버튼, ㄷ : 응답램프
② ㄱ : 누름버튼, ㄴ : 응답램프, ㄷ : 송수화기 잭 삽입구
③ ㄱ : 누름버튼, ㄴ : 송수화기 잭 삽입구, ㄷ : 응답램프
④ ㄱ : 송수화기 잭 삽입구, ㄴ : 응답램프, ㄷ : 누름버튼

해설
발신기의 구조

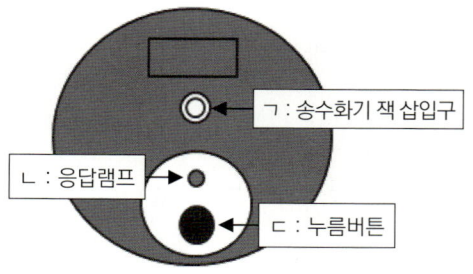

정답 140 ③ 141 ④

142 화재로 인하여 발생되는 열이나 연기 또는 불꽃 등을 감지하여 자동적으로 화재신호를 수신기에 전달하는 역할을 하는 설비로 옳은 것은? 난이도 하

① 감지기
② 발신기
③ 유도등
④ 자동화재속보설비

해설
감지기
화재로 인하여 발생되는 열이나 연기 또는 불꽃 등을 감지하여 자동적으로 화재신호를 수신기에 전달하는 역할을 한다.

143 다음 중 감지기의 특징으로 옳지 않은 것은? 난이도 중

① 차동식 스포트형 감지기 : 주위 온도가 일정상승률 이상이 되는 경우 작동
② 정온식 스포트형 감지기 : 주위 온도가 일정온도 이상이 되었을 때 작동
③ 이온화식 스포트형 감지기 : 주위 공기가 일정이상의 온도에 도달하게 될 경우 작동
④ 광전식 스포트형 감지기 : 연기에 포함된 미립자가 광원에서 방사되는 광속에 의해 산란반사를 일으키는 것을 이용

해설
감지기의 특징, 구조 및 동작원리

구분	특징	구조 및 동작원리
차동식 스포트형 감지기	주위 온도가 일정상승률 이상이 되는 경우 작동(거실, 사무실 등)	• 구조 : 감열실, 다이아프램, 리크구멍, 접점 등 • 동작원리 : 화재 시 온도상승 → 감열실 내의 공기가 팽창 → 다이아프램을 압박 → 접점이 붙어 화재신호를 수신기에 보낸다.
정온식 스포트형 감지기	주위 온도가 일정온도 이상이 되었을 때 작동 (보일러실, 주방 등)	• 구조 : 바이메탈, 감열판 및 접점 등으로 구분 • 동작원리 : 화재 시 감열판에 열전달 → 바이메탈이 휘어져 가동접점으로 이동 → 접점이 붙어 화재신호를 수신기에 보낸다.
연기 감지기	이온화식스포트형, 광전식스포트형 (계단, 복도 등)	• 이온화식 스포트형 : 주위 공기가 일정농도 이상의 연기를 포함하게 될 경우 작동한다. • 광전식 스포트형 : 연기에 포함된 미립자가 광원에서 방사되는 광속에 의해 산란반사를 일으키는 것을 이용

실력향상 보충해설
이온화식과 광전식 감지기 차이점

구분	이온화식	광전식
동작원리	이온전류의 감소	광량의 감소 또는 증가
연기입자	작은 연기입자(0.01~0.3μm)에 유리	큰 연기입자(0.2~1μm)에 유리
연기의 색상	이온에 연기입자가 흡착되는 것과 관계되므로 색상 무관	연기 색상에 따라 빛이 흡수 또는 반사되는 정도가 다르므로 검은색보다는 엷은 회색 연기가 감도에 유리
적응성	B급화재 등 불꽃화재	A급화재 등 훈소화재

정답 142 ① 143 ③

144 다음 그림을 보고 빈칸에 들어갈 내용으로 옳은 것은?

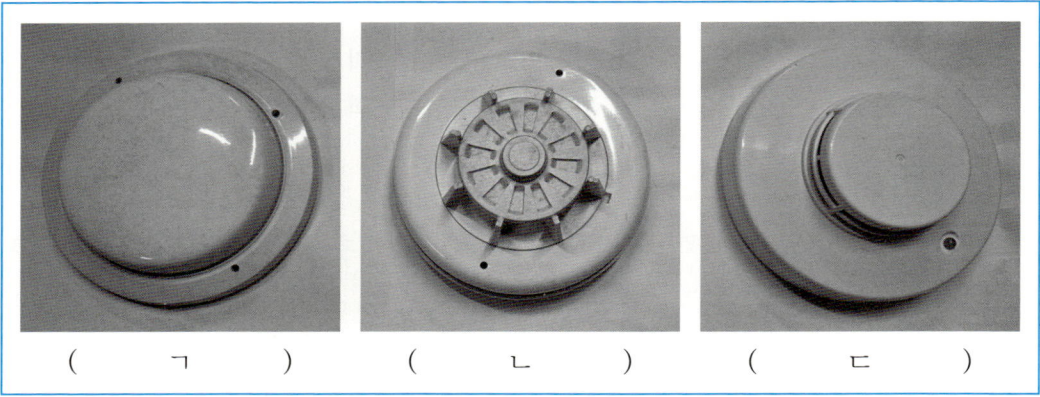

① ㄱ : 연기감지기, ㄴ : 열감지기(차동식), ㄷ : 열감지기(정온식)
② ㄱ : 열감지기(정온식), ㄴ : 열감지기(차동식), ㄷ : 연기감지기
③ ㄱ : 열감지기(차동식), ㄴ : 열감지기(정온식), ㄷ : 연기감지기
④ ㄱ : 연기감지기, ㄴ : 열감지기(정온식), ㄷ : 열감지기(차동식)

해설
감지기의 종류

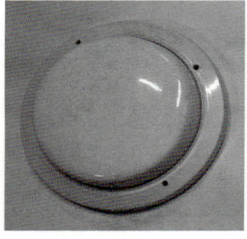  

열감지기(차동식)   열감지기(정온식)   연기감지기

145 다음 중 차동식 스포트형 감지기의 구조로 옳지 않은 것은?

① 리크구멍   ② 다이아프램
③ 감열실   ④ 바이메탈

해설
차동식 스포트형 감지기의 구조
감열실, 다이아프램, 리크구멍, 접점 등

정답 144 ③ 145 ④

146 다음 감지기의 배선방식으로 옳은 것은?

난이도 하

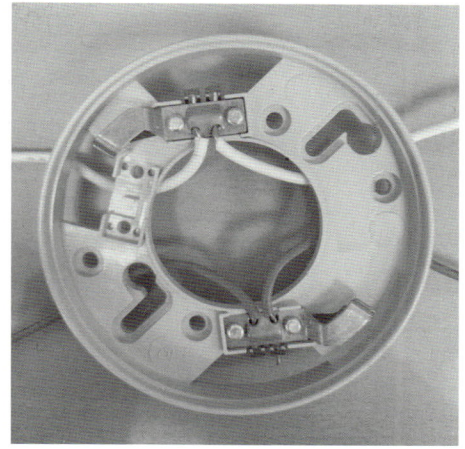

① 송배선식
② 삼상 3선식
③ 단상 2선식
④ 삼상 4선식

해설

감지기 회로배선(송배선식 배선)

감지기 사이의 회로 배선은 송배선식으로 한다.

도통시험(선로의 정상연결 유무 확인)을 원활히 하기 위한 배선방식

실력향상 보충해설

이온화식과 광전식 감지기 차이점

구분	이온화식	광전식
동작원리	이온전류의 감소	광량의 감소 또는 증가
연기입자	작은 연기입자(0.01~0.3μm)에 유리	큰 연기입자(0.2~1μm)에 유리
연기의 색상	이온에 연기입자가 흡착되는 것과 관계 되므로 색상 무관	연기 색상에 따라 빛이 흡수 또는 반사되는 정도가 다르므로 검은색보다는 엷은 회색 연기가 감도에 유리
적응성	B급화재 등 불꽃화재	A급화재 등 훈소화재

정답 146 ①

147 다음 중 정온식 스포트형 감지기의 구조로 옳지 않은 것은?

① 리크구멍
② 바이메탈
③ 감열판
④ 접점

해설
정온식 스포트형 감지기의 구조
바이메탈, 감열판 및 접점 등

148 다음 그림과 같은 구조를 가진 감지기로 옳은 것은?

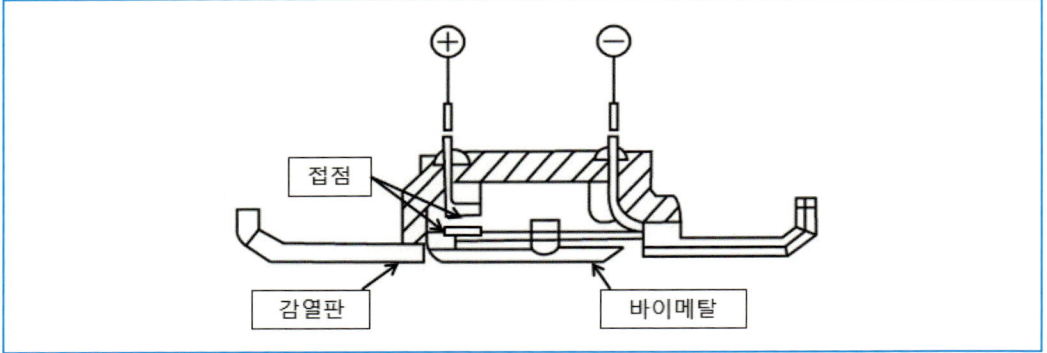

① 차동식 스포트형 열감지기
② 정온식 스포트형 열감지기
③ 광전식 스포트형 연기감지기
④ 이온화식 스포트형 연기감지기

해설
정온식 스포트형 열감지기의 구조
바이메탈, 감열판 및 접점 등으로 구분

정답 147 ① 148 ②

149 다음은 차동식 스포트형 열감지기의 구조이다. 빈칸에 들어갈 내용으로 옳은 것은? 난이도 상

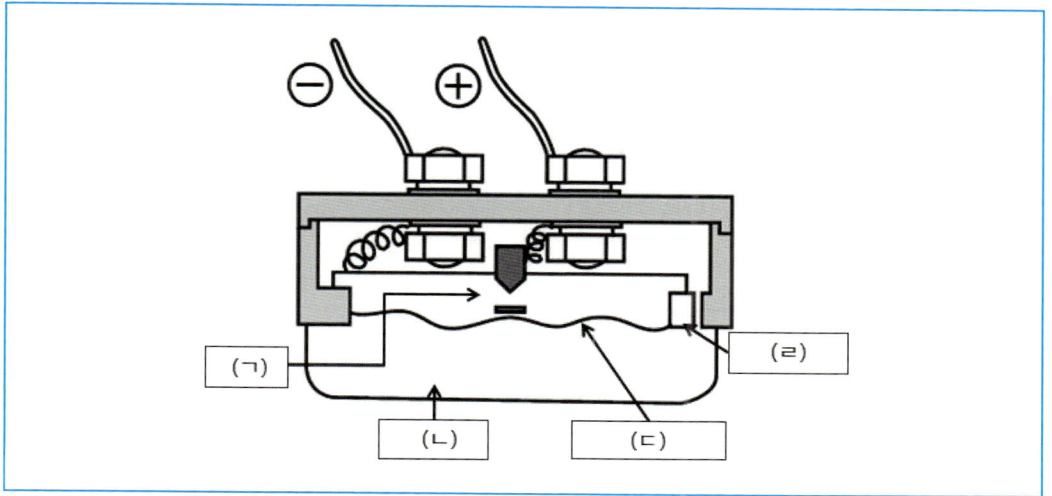

① ㄱ : 리크구멍, ㄴ : 감열실, ㄷ : 다이아프램, ㄹ : 접점
② ㄱ : 접점, ㄴ : 감열실, ㄷ : 다이아프램, ㄹ : 리크구멍
③ ㄱ : 다이아프램, ㄴ : 감열실, ㄷ : 접점, ㄹ : 리크구멍
④ ㄱ : 감열실, ㄴ : 접점, ㄷ : 다이아프램, ㄹ : 리크구멍

해설
차동식 스포트형 열감지기의 구조

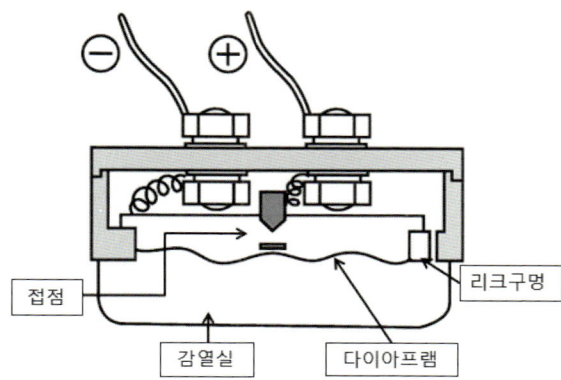

정답 149 ②

150 다음 그림은 광전식 스포트형 연기감지기의 작동도이다. 빈칸에 들어갈 내용으로 옳은 것은?

난이도 중

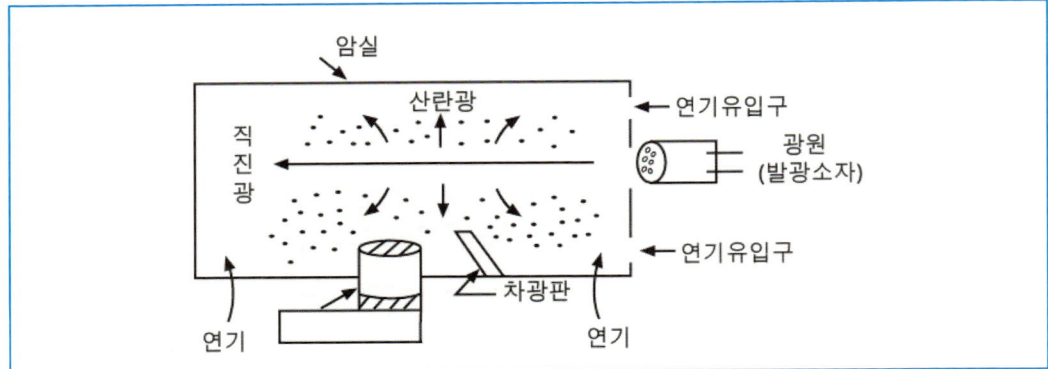

① 바이메탈
② 광전소자
③ 접점
④ 다이아프램

> **해설**
> 광전식 스포트형 연기감지기의 작동도

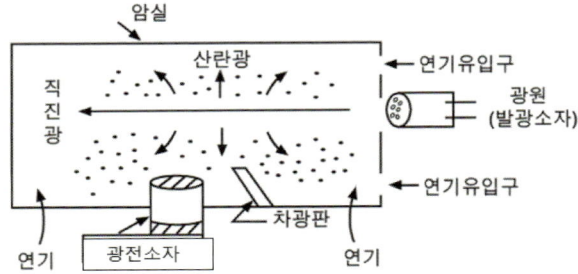

정답 150 ②

151 건축물의 주요구조부가 내화구조로 아래 그림과 두 개의 실에 차동식스포트형 감지기(1종)를 설치할 경우 필요한 감지기 최소수량으로 옳은 것은?

난이도 상

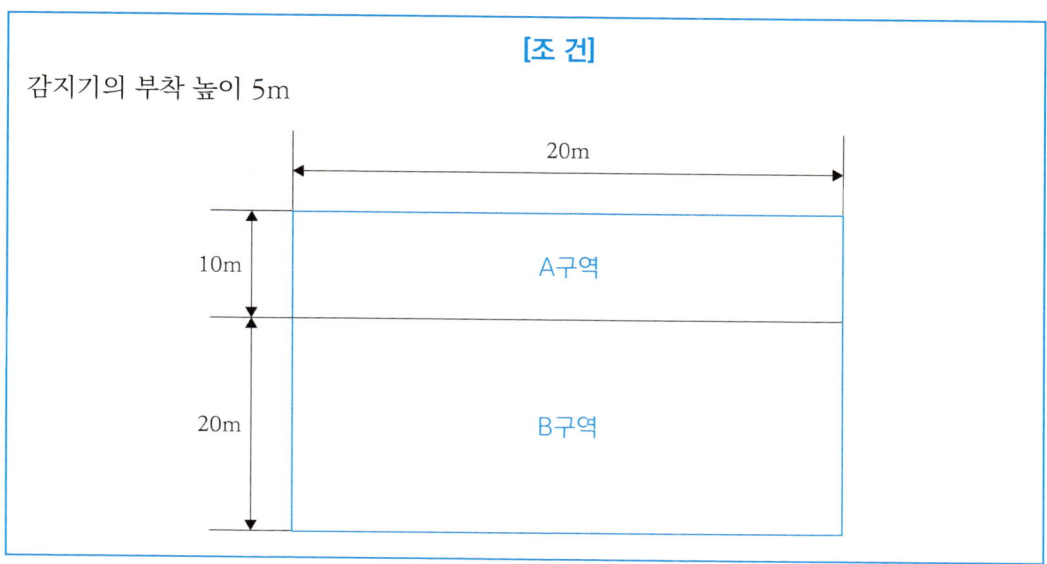

① 11개 ② 12개
③ 13개 ④ 14개

해설

A구역 감지기 설치개수 : (20×10) ÷ 45 = 4.444 ∴ 5개 (절상)
B구역 감지기 설치개수 : (20×20) ÷ 45 = 8.888 ∴ 9개 (절상)
5개(A구역) + 9개(B구역) ∴ 14개

실력향상 보충해설

감지기 설치유효면적

[단위 : m²]

부착높이 및 특정소방대상물의 구분		감지기의 종류						
		차동식 스포트형		보상식 스포트형		정온식 스포트형		
		1종	2종	1종	2종	특종	1종	2종
4m 미만	주요구조부가 내화구조로 된 특정소방대상물 또는 그 부분	90	70	90	70	70	60	20
	기타구조의 특정소방대상물 또는 그 부분	50	40	50	40	40	30	15
4m 이상 8m 미만	주요구조부가 내화구조로 된 특정소방대상물 또는 그 부분	<u>45</u>	35	45	35	35	30	-
	기타구조의 특정소방대상물 또는 그 부분	30	25	30	25	25	15	-

정답 151 ④

152 아래의 그림과 같은 실에 정온식 스포트형감지기(1종)를 설치할 경우 감지기 최소수량으로 옳은 것을 고르시오.

난이도 상

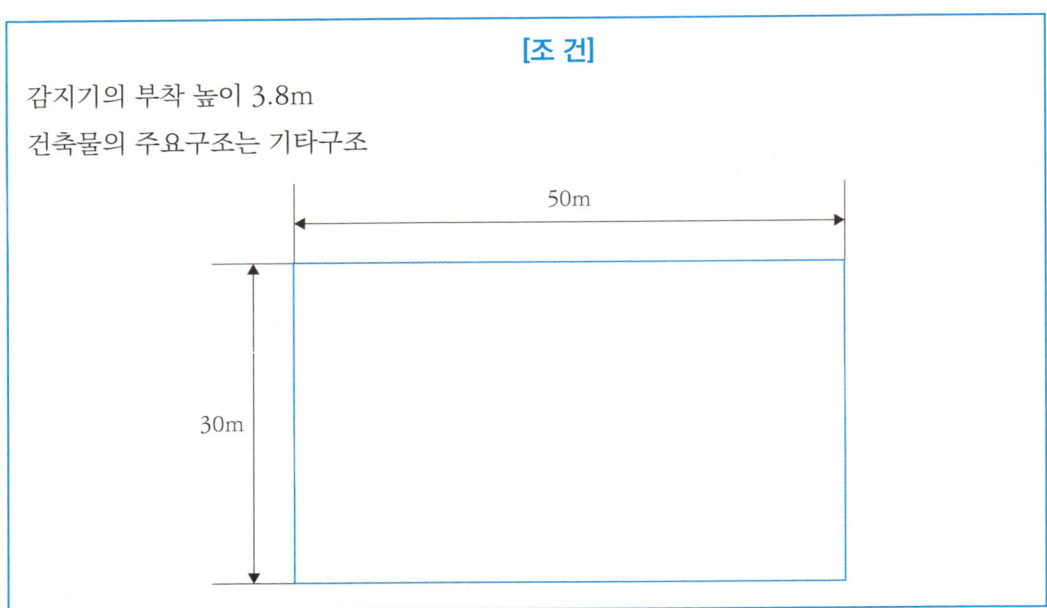

[조 건]
감지기의 부착 높이 3.8m
건축물의 주요구조는 기타구조

50m
30m

① 25개 ② 50개
③ 75개 ④ 100개

해설
감지기 설치개수 : (50×30) ÷ 30 = 50   ∴ 50개

실력향상 보충해설
감지기 설치유효면적

[단위 : m²]

부착높이 및 특정소방대상물의 구분		감지기의 종류					
		차동식 스포트형		보상식 스포트형		정온식 스포트형		
		1종	2종	1종	2종	특종	1종	2종
4m 미만	주요구조부가 내화구조로 된 특정소방대상물 또는 그 부분	90	70	90	70	70	60	20
	기타구조의 특정소방대상물 또는 그 부분	50	40	50	40	40	<u>30</u>	15
4m 이상 8m 미만	주요구조부가 내화구조로 된 특정소방대상물 또는 그 부분	45	35	45	35	35	30	-
	기타구조의 특정소방대상물 또는 그 부분	30	25	30	25	25	15	-

정답 152 ②

153 특정소방대상물의 주요구조부가 내화구조 이고 부착 높이가 3m인 사무실(200m²)에 보상식 스포트형 감지기(1종)를 설치할 경우 최소수량으로 옳은 것은?

난이도 중

① 2개
② 3개
③ 4개
④ 5개

해설

감지기 설치개수 : 200 ÷ 90 = 2.222 ∴ 3개(절상)

실력향상 보충해설

감지기 설치유효면적

[단위 : m²]

부착높이 및 특정소방대상물의 구분		감지기의 종류						
		차동식 스포트형		보상식 스포트형		정온식 스포트형		
		1종	2종	1종	2종	특종	1종	2종
4m 미만	주요구조부가 내화구조로 된 특정소방대상물 또는 그 부분	90	70	90	70	70	60	20
	기타구조의 특정소방대상물 또는 그 부분	50	40	50	40	40	30	15
4m 이상 8m 미만	주요구조부가 내화구조로 된 특정소방대상물 또는 그 부분	45	35	45	35	35	30	-
	기타구조의 특정소방대상물 또는 그 부분	30	25	30	25	25	15	-

154 특정소방대상물의 주요구조부가 내화구조 이고 부착 높이가 4m미만인 경우 차동식 스포트형 감지기(2종)의 설치유효면적을 고르시오.

난이도 중

① 70m²
② 90m²
③ 60m²
④ 20m²

해설

감지기 설치유효면적

[단위 : m²]

부착높이 및 특정소방대상물의 구분		감지기의 종류						
		차동식 스포트형		보상식 스포트형		정온식 스포트형		
		1종	2종	1종	2종	특종	1종	2종
4m 미만	주요구조부가 내화구조로 된 특정소방대상물 또는 그 부분	90	70	90	70	70	60	20
	기타구조의 특정소방대상물 또는 그 부분	50	40	50	40	40	30	15
4m 이상 8m 미만	주요구조부가 내화구조로 된 특정소방대상물 또는 그 부분	45	35	45	35	35	30	-
	기타구조의 특정소방대상물 또는 그 부분	30	25	30	25	25	15	-

정답 153 ② 154 ①

155 다음 중 감지기 설치유효면적의 빈 칸에 올바른 숫자를 고르시오.

부착높이 및 특정소방대상물의 구분		감지기의 종류					
		차동식 스포트형		보상식 스포트형		정온식 스포트형		
		1종	2종	1종	2종	특종	1종	2종
4m 이상 8m 미만	주요구조부가 내화구조로 된 특정소방대상물 또는 그 부분	(ㄱ)	35	45	35	35	30	-
	기타구조의 특정소방대상물 또는 그 부분	(ㄴ)	25	30	25	25	15	-

① (ㄱ): 45, (ㄴ): 30
② (ㄱ): 50, (ㄴ): 40
③ (ㄱ): 55, (ㄴ): 45
④ (ㄱ): 60, (ㄴ): 50

해설
감지기 설치유효면적

[단위 : m²]

부착높이 및 특정소방대상물의 구분		감지기의 종류					
		차동식 스포트형		보상식 스포트형		정온식 스포트형		
		1종	2종	1종	2종	특종	1종	2종
4m 미만	주요구조부가 내화구조로 된 특정소방대상물 또는 그 부분	90	70	90	70	70	60	20
	기타구조의 특정소방대상물 또는 그 부분	50	40	50	40	40	30	15
4m 이상 8m 미만	주요구조부가 내화구조로 된 특정소방대상물 또는 그 부분	<u>45</u>	35	45	35	35	30	-
	기타구조의 특정소방대상물 또는 그 부분	<u>30</u>	25	30	25	25	15	-

정답 155 ①

156 다음 중 감지기 설치유효면적의 빈 칸에 올바른 숫자를 고르시오. 난이도 중

부착높이 및 특정소방대상물의 구분		감지기의 종류						
		차동식 스포트형		보상식 스포트형		정온식 스포트형		
		1종	2종	1종	2종	특종	1종	2종
4m 미만	주요구조부가 내화구조로 된 특정소방대상물 또는 그 부분	90	70	90	70	70	(ㄱ)	20
	기타구조의 특정소방대상물 또는 그 부분	50	40	50	40	40	30	(ㄴ)

① (ㄱ) : 30, (ㄴ) : 10
② (ㄱ) : 60, (ㄴ) : 15
③ (ㄱ) : 80, (ㄴ) : 25
④ (ㄱ) : 100, (ㄴ) : 30

해설
감지기 설치유효면적

부착높이 및 특정소방대상물의 구분		감지기의 종류						
		차동식 스포트형		보상식 스포트형		정온식 스포트형		
		1종	2종	1종	2종	특종	1종	2종
4m 미만	주요구조부가 내화구조로 된 특정소방대상물 또는 그 부분	90	70	90	70	70	<u>60</u>	20
	기타구조의 특정소방대상물 또는 그 부분	50	40	50	40	40	30	<u>15</u>
4m 이상 8m 미만	주요구조부가 내화구조로 된 특정소방대상물 또는 그 부분	45	35	45	35	35	30	-
	기타구조의 특정소방대상물 또는 그 부분	30	25	30	25	25	15	-

정답 156 ②

157 다음 중 음향장치의 설치 위치가 옳은 것은? 난이도 중

① 주음향장치 : 각 경계구역
② 지구음향장치 : 수신기 내부
③ 주음향장치 : 수신기 내부
④ 지구음향장치 : 수신기 직근

해설
음향장치의 종류 및 설치 위치

종류	주음향장치	지구음향장치
설치 위치	수신기 내부 또는 직근에 설치	각 경계구역에 설치

> **실력향상 보충해설**
> **음향장치 설치기준**
> 1. 층마다 설치하되, 수평거리 25m 이하가 되도록 설치
> 2. 음량 크기는 1m 떨어진 곳에서 90dB 이상

158 다음 음향장치 설치기준에 관하여 빈칸에 들어갈 내용으로 옳은 것은? 난이도 하

> 1. 층마다 설치하되, 수평거리 ㄱ. ___m 이하가 되도록 설치
> 2. 음량 크기는 1m 떨어진 곳에서 ㄴ. ___dB 이상

① ㄱ : 20, ㄴ : 80 ② ㄱ : 25, ㄴ : 90
③ ㄱ : 30, ㄴ : 80 ④ ㄱ : 25, ㄴ : 60

해설
음향장치 설치기준
수평거리 : 25m 이하, 음량크기 : 1m 떨어진 곳에서 90dB 이상

정답 157 ③ 158 ②

159 다음 그림의 설비 명칭과 설치기준으로 옳은 것은?

① 경종(음향장치), 층마다 설치하되, 수평거리 25m 이상이 되도록 설치
② 광전식 스포트형 연기감지기, 수평거리 25m 이하가 되도록 설치
③ 경종(음향장치), 음량크기는 1m 떨어진 곳에서 90dB 이상
④ 차동식 스포트형 열감지기, 각 경계구역에 설치

해설
경종(음향장치)
1. 층마다 설치하되, 수평거리 25m 이하가 되도록 설치
2. 음량 크기는 1m 떨어진 곳에서 90dB 이상

정답 159 ③

[160~162] 다음 조건을 참고하여 알맞은 답을 고르시오.   난이도 상

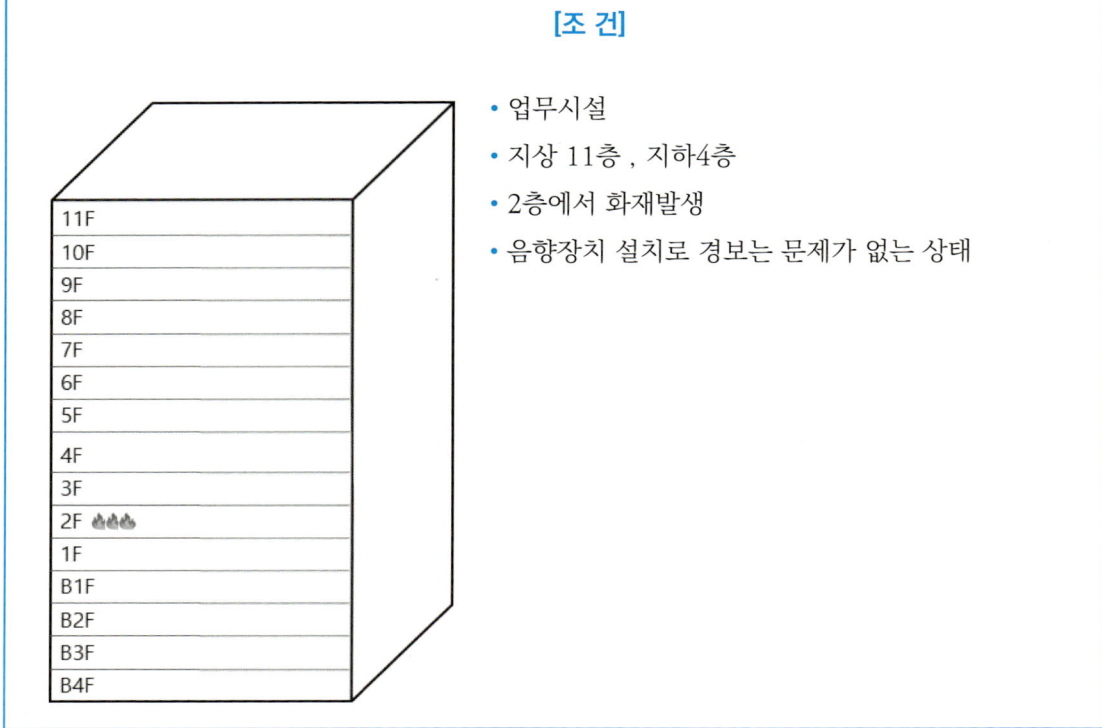

[조건]
- 업무시설
- 지상 11층, 지하4층
- 2층에서 화재발생
- 음향장치 설치로 경보는 문제가 없는 상태

160 해당 소방대상물의 경보방식은?

① 일제경보방식   ② 우선경보방식
③ 피난전용 경보방식   ④ 일괄경보방식

해설
우선경보방식/일제(전층)경보방식

우선경보방식		일제(전층)경보방식
층수가 11층(공동주택의 경우에는 16층)이상의 특정소방대상물		층수가 10층(공동주택의 경우에는 15층)이하의 특정소방대상물
2층 이상 층에서 발화	발화층 · 그 직상 4개층	어느 1개의 층에서 화재가 감지되더라도 전층 경보
1층에서 발화	발화층 · 그 직상 4개층 및 지하층	
지하층에서 발화	발화층 · 직상층 및 기타 지하층	

[추가 해설]
문제에서 화재의 경보는 우선경보방식으로 울리는 게 맞지만 수신기에서 화재는 지상 2층에서 감지되었기 때문에 수신기에서 지구회로 표시등은 지상 2층만 표시된다. 문제에서 경보를 요구하는지 발화층의 신호를 요구하는지 함정조심

정답 160 ②

161 해당 건물의 2층에서 화재가 발생할 경우 경보를 발하는 층으로 옳은 것은?

① 전층
② 지상2층부터 6층까지
③ 지상1층부터 5층까지
④ 지하4층부터 2층까지

해설
우선경보방식/일제(전층)경보방식

우선경보방식		일제(전층)경보방식
층수가 11층(공동주택의 경우에는 16층)이상의 특정소방대상물		층수가 10층(공동주택의 경우에는 15층)이하의 특정소방대상물
2층 이상 층에서 발화	발화층 · 그 직상 4개층	어느 1개의 층에서 화재가 감지되더라도 전층 경보
1층에서 발화	발화층 · 그 직상 4개층 및 지하층	
지하층에서 발화	발화층 · 직상층 및 기타 지하층	

162 음향장치에 관한 설명으로 옳지 않은 것을 고르시오.

① 주음향장치는 수신기 내부 또는 직근에 설치한다.
② 경종은 층마다 설치하되 음향장치(경종)은 수평거리 25m이하가 되도록 설치
③ 지구음향장치는 각 경계구역에 설치한다.
④ 음량 크기는 1m 떨어진 곳에서 80dB 이상

해설
음향장치

종류	설치기준
1. 주음향장치 : 수신기 내부 또는 직근에 설치	층마다 설치하되, 수평거리 25m 이하가 되도록 설치
2. 지구음향장치 : 각 경계구역에 설치	음량크기는 1m 떨어진 곳에서 90dB이상

실력향상 보충해설

시각경보장치
1. 자동화재탐지설비는 음향장치 외에 청각장애인용 시각경보장치를 설치하여야 한다.
2. 설치기준
   가. 복도·통로·청각장애인용 객실 및 공용으로 사용하는 거실(로비, 회의실, 강의실, 식당, 휴게실, 오락실, 대기실, 체력단련실, 접객실, 안내실, 전시실, 기타 이와 유사한 장소)에 설치하며, 각 부분으로부터 유효하게 경보를 발할 수 있는 위치에 설치할 것
   나. 공연장·집회장·관람장 또는 이와 유사한 장소에 설치하는 경우에는 시선이 집중되는 무대부 부분 등에 설치할 것
   다. 설치 높이는 바닥으로부터 2m이상 2.5m 이하의 장소에 설치할 것 다만, 천장의 높이가 2m 이하인 경우에는 천장으로부터 0.15m 이내의 장소에 설치하여야 한다.

정답 161 ② 162 ④

163 아래 그림에서 같이 지상 3층에서 화재가 발생 하였을 때 경보방식으로 옳은 것을 고르시오.

난이도 중

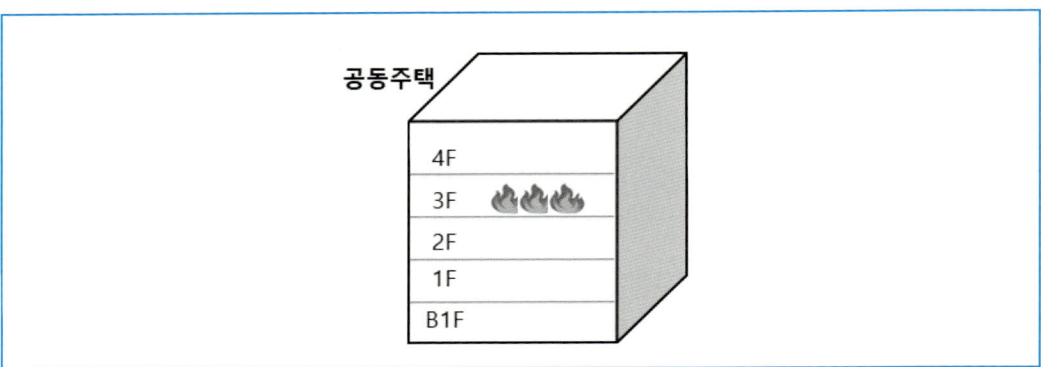

① 일제경보방식 ② 우선경보방식
③ 피난전용 경보방식 ④ 일괄경보방식

해설
우선경보방식/일제(전층)경보방식

우선경보방식		일제(전층)경보방식
층수가 11층(공동주택의 경우에는 16층)이상의 특정소방대상물		층수가 10층(공동주택의 경우에는 15층)이하의 특정소방대상물
2층 이상 층에서 발화	발화층・그 직상 4개층	어느 1개의 층에서 화재가 감지되더라도 전층 경보
1층에서 발화	발화층・그 직상 4개층 및 지하층	
지하층에서 발화	발화층・직상층 및 기타 지하층	

[추가 해설]
문제에서 화재의 경보는 일제(전층)경보방식으로 울리는게 맞지만 수신기에서 화재는 지상3층에서 감지되었기 때문에 수신기에서 지구회로 표시등은 지상3층만 표시된다. 문제에서 경보를 요구하는지 발화층의 신호를 요구하는지 함정조심

정답 163 ①

164 아래 그림과 같이 지상 6층 지하3층 건물에서 지하2층에 화재가 발생하였을 때 화재경보가 울리는 층으로 옳은 것은?

난이도 중

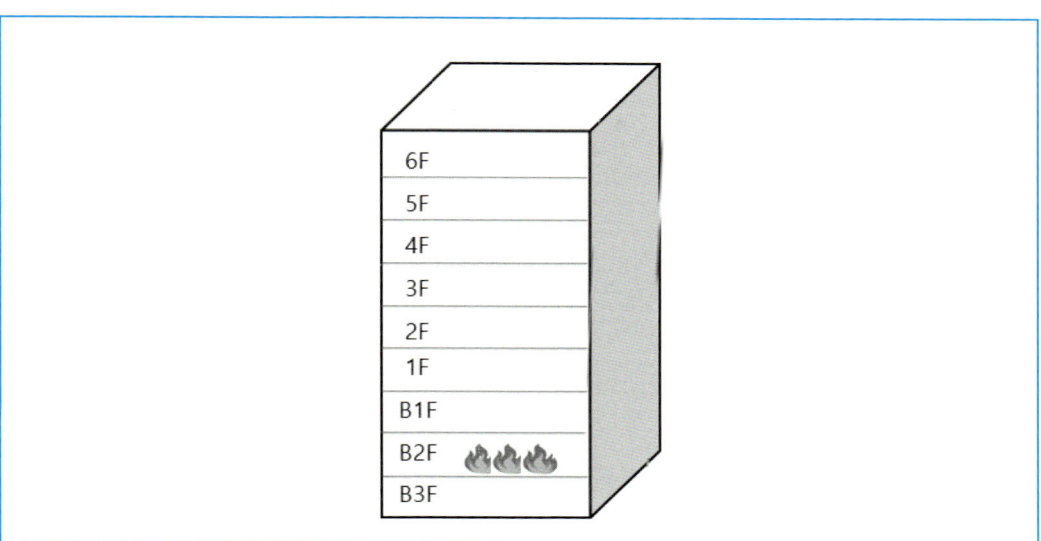

① 지상2층, 지상1층, 지하1층, 지하2층
② 전층
③ 지하층
④ 지상2층, 지상1층, 지하1층, 지하2층, 지하3층

해설
우선경보방식/일제(전층)경보방식

우선경보방식		일제(전층)경보방식
층수가 11층(공동주택의 경우에는 16층)이상의 특정소방대상물		층수가 10층(공동주택의 경우에는 15층)이하의 특정소방대상물
2층 이상 층에서 발화	발화층·그 직상 4개층	어느 1개의 층에서 화재가 감지되더라도 전층 경보
1층에서 발화	발화층·그 직상 4개층 및 지하층	
지하층에서 발화	발화층·직상층 및 기타 지하층	

[추가 해설]
문제에서 화재의 경보는 일제(전층)경보방식으로 울리는게 맞지만 수신기에서 화재는 지하2층에서 감지되었기 때문에 수신기에서 지구회로 표시등은 지하2층만 표시된다. 문제에서 경보를 요구하는지 발화층의 신호를 요구하는지 함정조심

정답 164 ②

165 다음은 시각경보장치의 설치기준 이다. 빈칸에 들어갈 내용으로 옳은 것은?

> 설치 높이는 바닥으로부터 ㄱ. ____m 이상 ㄴ. ____m 이하의 장소에 설치한다. 단, 천장의 높이가 2m 이하인 경우에는 천장으로부터 0.15m 이내의 장소에 설치한다.

① ㄱ : 0.8m, ㄴ : 1.5m
② ㄱ : 1.0m, ㄴ : 1.5m
③ ㄱ : 1.5m, ㄴ : 2.0m
④ ㄱ : 2.0m, ㄴ : 2.5m

해설
시각경보장치(청각장애인용)
1. 자동화재탐지설비는 음향장치 외에 청각장애인용 시각경보장치를 설치하여야 한다.
2. 설치기준
   - 복도·통로·청각장애인용 객실 및 공용으로 사용하는 거실(로비, 회의실, 강의실, 식당, 휴게실, 오락실, 대기실, 체력단련실, 접객실, 안내실, 전시실, 기타 이와 유사한 장소)에 설치하며, 각 부분으로부터 유효하게 경보를 발할 수 있는 위치에 설치할 것.
   - 공연장·집회장·관람장 또는 이와 유사한 장소에 설치하는 경우에는 시선이 집중되는 무대부 부분 등에 설치할 것
   - 설치 높이는 바닥으로부터 2m 이상 2.5m 이하의 장소에 설치할 것. 다만, 천장의 높이가 2m 이하인 경우에는 천장으로부터 0.15m 이내의 장소에 설치하여야 한다.

166 다음 중 감지기 작동 점검 시 옳지 않은 것을 고르시오.

① 감지기 시험기와 연기스프레이 등을 이용하여 점검한다.
② 정격전압의 70% 이상이면 감지기가 불량이므로 감지기 교체한다.
③ 전압이 0V면 회로가 단선이므로 회로를 보수한다.
④ 점검 시 감지기에 LED등(적색)여부를 확인한다.

해설
감지기 작동 점검
1. 감지기 시험기와 연기스프레이 등을 이용하여 점검한다.
2. 정격전압의 80% 미만이면 감지기가 불량이므로 감지기 교체한다.
3. 전압이 0V면 회로가 단선이므로 회로를 보수한다.
4. 점검 시 감지기에 LED등(적색)여부를 확인한다.

정답 165 ④ 166 ②

167 다음 중 발신기의 작동 점검 순서로 옳은 것은 무엇인가?

① 누름버튼 누름 → 수신기에서 발신기등 및 발신기 응답램프 점등 확인 → 주경종, 지구경종, 비상방송 등 연동설비 확인 → 누름버튼 복구(빼냄), 결합 → 수신기 화재신호 복구

② 수신기에서 발신기등 및 발신기 응답램프 점등 확인 → 누름버튼 누름 → 주경종, 지구경종, 비상방송 등 연동설비 확인 → 누름버튼 복구(빼냄), 결합 → 수신기 화재신호 복구

③ 누름버튼 누름 → 수신기에서 발신기등 및 발신기 응답램프 점등 확인 → 주경종, 지구경종, 비상방송 등 연동설비 확인 → 수신기 화재신호 복구 → 누름버튼 복구(빼냄), 결합

④ 수신기 화재신호 복구 → 수신기에서 발신기등 및 발신기 응답램프 점등 확인 → 주경종, 지구경종, 비상방송 등 연동설비 확인 → 누름버튼 복구(빼냄), 결합 → 누름버튼 누름

해설
발신기 작동 점검
발신기 누름버튼 누름 → 수신기에서 발신기등 및 발신기 응답램프 점등 확인 → 주경종, 지구경종, 비상방송 등 연동설비 확인 → 발신기의 누름버튼 복구(빼냄), 결합 → 수신기 화재신호 복구

168 다음 중 P형 수신기 점검방법으로 옳지 않은 것은?

① 동작시험
② 회로도통시험
③ 예비전원시험
④ 전화시험

해설
P형 수신기 점검방법

구분	내용
동작시험	수신기에 화재신호를 수동으로 입력하여 수신기가 정상적으로 동작되는지를 확인하기 위한 시험
회로도통시험	수신기에서 감지기 사이 회로의 단선 유무와 기기 등의 접속 상황을 확인하기 위한 시험
예비전원시험	상용전원이 사고 등으로 정전된 경우 자동적으로 예비전원으로 절환이 되며 또한 복구 시에는 자동적으로 상용전원으로 절환되는지의 여부와 상용전원이 정전되었을 때 화재가 발생하여도 수신기가 정상적으로 동작할 수 있는 전압을 가지고 있는지를 확인하는 시험

정답 167 ① 168 ④

169 P형 수신기에 화재신호를 수동으로 입력하여 수신기가 정상적으로 동작되는지를 확인하는 시험은 무엇인가?

① 동작시험
② 도통시험
③ 예비전원시험
④ 유통시험

해설

P형 수신기 동작시험: 수신기에 화재신호를 수동으로 입력하여 수신기가 정상적으로 동작되는지를 확인하기 위한 시험

구분	회로선택스위치	
	로터리 방식	버튼 방식
시험기준	• 1회선마다 복구하면서 모든 회선을 시험 • 비화재보 방지 또는 오동작 방지기능이 내장된 축적형 수신기의 경우 : 축적·비축적 선택 스위치를 비축적위치로 놓고 시험	
시험순서	• 동작시험 및 자동복구 시험스위치를 누른다. • 회로선택스위치를 차례로 회전시켜 시험	• 동작(화재)시험 및 자동복구 시험스위치를 누른다. • 각 경계구역별 동작버튼을 누른 후 시험
적부 판정방법	• 화재표시등, 각 지구(경계구역)표시등, 기타 표시장치의 점등, 음향장치의 작동 확인, 감지기회로 또는 부속기기 회로와의 연결접속 정상 여부 확인 • 동작시험 결과 상기와 같은 기능이 발휘되지 못하는 회로는 고장이므로 즉시 수리	
복구방법	• 회로선택스위치를 초기(정상)위치로 복구 • 동작시험 및 자동복구 시험스위치 복구 • 각 경계구역 표시등 및 화재표시등 소등 확인	• 동작(화재)시험 및 자동복구 시험스위치 초기(정상)상태로 복구 • 각 경계구역 표시등 및 화재표시등 소등 확인

정답 169 ①

170 아래의 P형 수신기의 그림에서 동작시험을 할 경우 스위치의 작동 순서로 옳은 것을 고르시오.

난이도 중

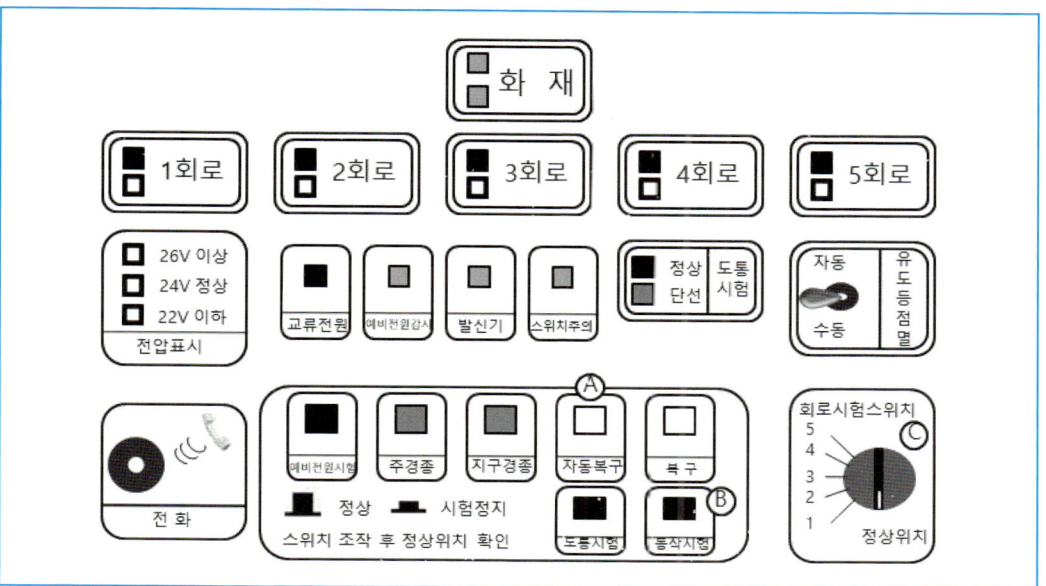

① 순서는 상관없다.
② B - A - C
③ C - B - A
④ C - A - B

해설

수신기 동작시험(로터리방식): 수신기에 화재신호를 수동으로 입력하여 수신기가 정상적으로 동작되는지를 확인하기 위한 시험

구분	회로선택스위치
	로터리 방식
시험기준	• 1회선마다 복구하면서 모든 회선을 시험 • 비화재보 방지 또는 오동작 방지기능이 내장된 축적형 수신기의 경우 : 축적·비축적 선택 스위치를 비축적위치로 놓고 시험
시험순서	• 동작시험 및 자동복구 시험스위치를 누른다. • 회로선택스위치를 차례로 회전시켜 시험
적부 판정방법	• 화재표시등, 각 지구(경계구역)표시등, 기타 표시장치의 점등, 음향장치의 작동 확인, 감지기회로 또는 부속기기 회로와의 연결접속 정상 여부 확인 • 동작시험 결과 상기와 같은 기능이 발휘되지 못하는 회로는 고장이므로 즉시 수리
복구방법	• 회로선택스위치를 초기(정상)위치로 복구 • 동작시험 및 자동복구 시험스위치 복구 • 각 경계구역 표시등 및 화재표시등 소등 확인

정답 170 ②

171 아래의 P형 수신기의 그림에서 동작시험을 한 후 복구순서에 대해 올바르게 설명한 것을 고르시오.

난이도 ⑧

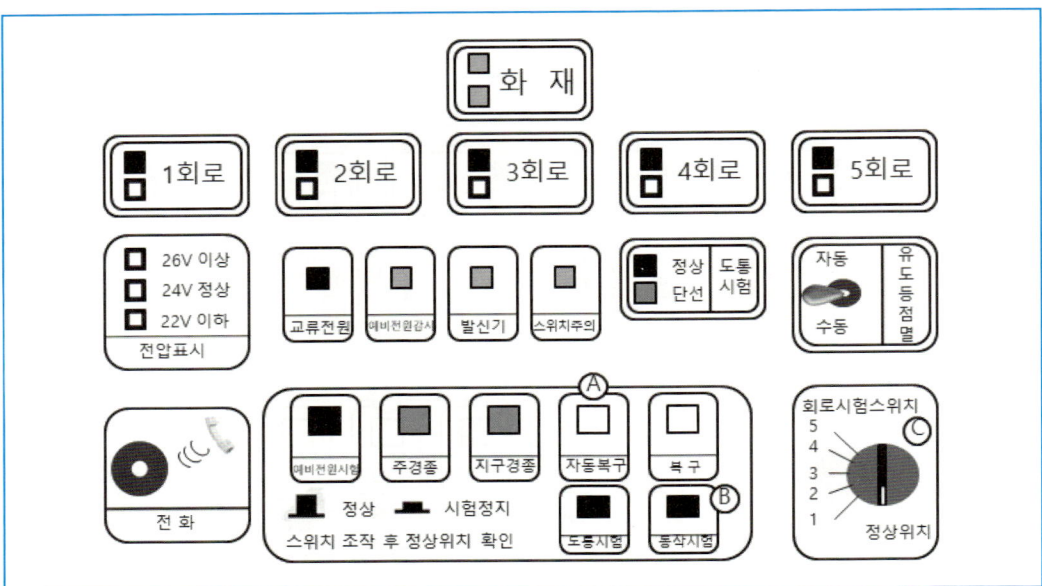

① 동작시험 후 복구 첫 번째로 C의 회로시험스위치를 정상위치로 복구시킨다.
② C의 회로시험스위치 복구 이후 A의 자동복구 스위치를 원위치로 복구 시킨다.
③ 동작시험 후 복구의 첫 번째 스위치는 B이다.
④ 순서에 상관없이 동작시험에 사용되었던 스위치들을 원위치로 복구시켜도 된다.

해설
수신기 동작시험(로터리방식) : 수신기에 화재신호를 수동으로 입력하여 수신기가 정상적으로 동작되는지를 확인하기 위한 시험

구분	회로선택스위치
	로터리 방식
시험기준	• 1회선마다 복구하면서 모든 회선을 시험 • 비화재보 방지 또는 오동작 방지기능이 내장된 축적형 수신기의 경우 : 축적·비축적 선택 스위치를 비축적위치로 놓고 시험
시험순서	• 동작시험 및 자동복구 시험스위치를 누른다. • 회로선택스위치를 차례로 회전시켜 시험
적부 판정방법	• 화재표시등, 각 지구(경계구역)표시등, 기타 표시장치의 점등, 음향장치의 작동 확인, 감지기회로 또는 부속기기 회로와의 연결접속 정상 여부 확인 • 동작시험 결과 상기와 같은 기능이 발휘되지 못하는 회로는 고장이므로 즉시 수리
복구방법	• 회로선택스위치를 초기(정상)위치로 복구 • 동작시험 및 자동복구 시험스위치 복구 • 각 경계구역 표시등 및 화재표시등 소등 확인

정답 171 ①

172 다음은 P형 수신기의 동작시험을 나타낸 것으로 그림을 참고하여 올바르게 설명 된 것을 고르시오.

난이도 상

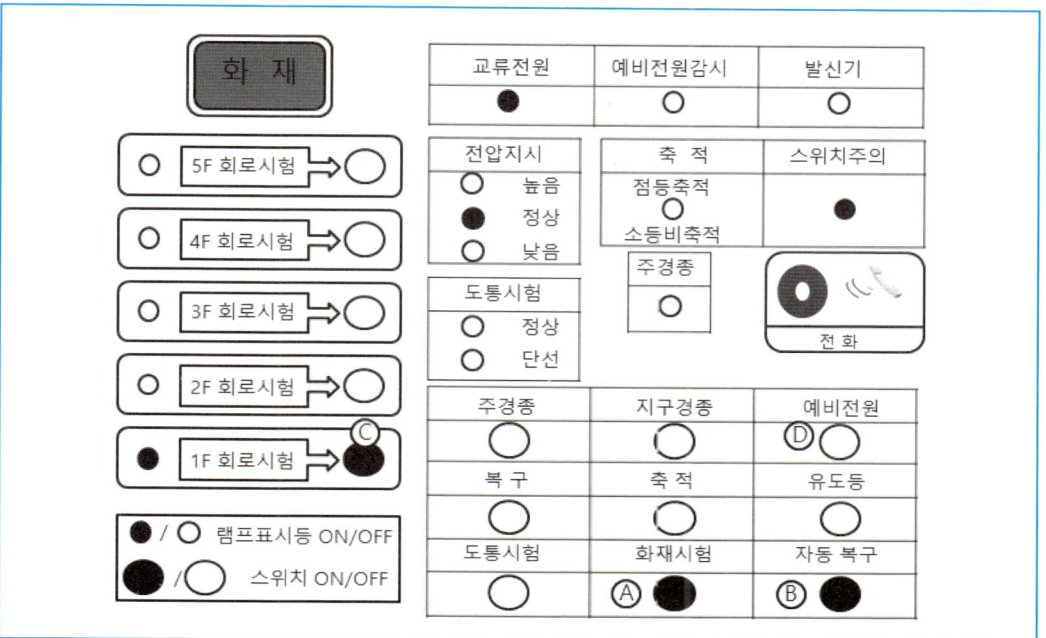

① 동작시험에 필요한 스위치는 A, B, C, D이다.
② A, B스위치를 누른 상태에서 C스위치를 눌러 1층 회로(경계구역) 동작시험을 하고 있다.
③ 동작시험 후 복구를 하기위해선 B의 스위치를 제외한 나머지 스위치를 정상위치로 한다.
④ D 스위치는 동작시험을 하기위한 첫 번째로 눌러야하는 스위치다.

해설

수신기 동작시험(버튼방식) : 수신기에 화재신호를 수동으로 입력하여 수신기가 정상적으로 동작되는지를 확인하기 위한 시험

구분	회로선택스위치
	버튼 방식
시험기준	• 1회선마다 복구하면서 모든 회선을 시험 • 비화재보 방지 또는 오동작 방지기능이 내장된 축적형 수신기의 경우 : 축적·비축적 선택 스위치를 비축적위치로 놓고 시험
시험순서	• 동작(화재)시험 및 자동복구 시험스위치를 누른다. • 각 경계구역별 동작버튼을 누른 후 시험
적부 판정방법	• 화재표시등, 각 지구(경계구역)표시등, 기타 표시장치의 점등, 음향장치의 작동 확인, 감지기회로 또는 부속기기 회로와의 연결접속 정상 여부 확인 • 동작시험 결과 상기와 같은 기능이 발휘되지 못하는 회르는 고장이므로 즉시 수리
복구방법	• 동작(화재)시험 및 자동복구 시험스위치 초기(정상)상태로 복구 • 각 경계구역 표시등 및 화재표시등 소등 확인

정답 172 ②

173 다음 중 도통시험의 목적으로 옳은 것은?

① 감지기 오동작을 방지하기 위하여
② 배선의 길이를 단축하기 위하여
③ 공사를 용이하게 하기 위하여
④ 수신기에서 감지기 사이 회로의 단선 유무와 기기 등의 접속 상황을 확인하기 위해

> **해설**
> **P형 수신기 도통시험** : 수신기에서 감지기 사이 회로의 단선 유무와 기기 등의 접속 상황을 확인하기 위한 시험

구분	회로선택스위치	
	로터리 방식	버튼 방식
시험순서	• 도통시험스위치를 누름 • 회로시험스위치를 각 경계 구역별로 차례로 회전	• 도통시험스위치를 누름 • 각 경계구역 동작버튼을 차례로 누름(수신기 모델별로 동작버튼을 누르지 않는 경우도 있음)

적부 판정방법	• 전압계가 있는 경우
	  정상 : 4~8[V]
	  단선 : 0[V]
	• 도통시험 확인등이 있는 경우
	  정상 : 정상 확인등 점등(녹색)
	  단선 : 단선 확인등 점등(적색)
		• 정상 : 각 경계구역별 도통시험 단선 확인등(녹색) 점등
		• 단선 : 각 경계구역별 도통시험 단선 확인등(적색) 점등

복구방법	• 회로시험스위치를 초기(정상)위치로 복구 • 도통시험스위치 복구	도통시험스위치 복구

정답 173 ④

174 수신기와 감지기 사이 회로의 단선과 유무와 기기 등의 접속 상황을 확인하기 위한 시험으로 아래 그림에서 가장먼저 어느 스위치를 눌러 점검하는지 고르시오.

난이도 상

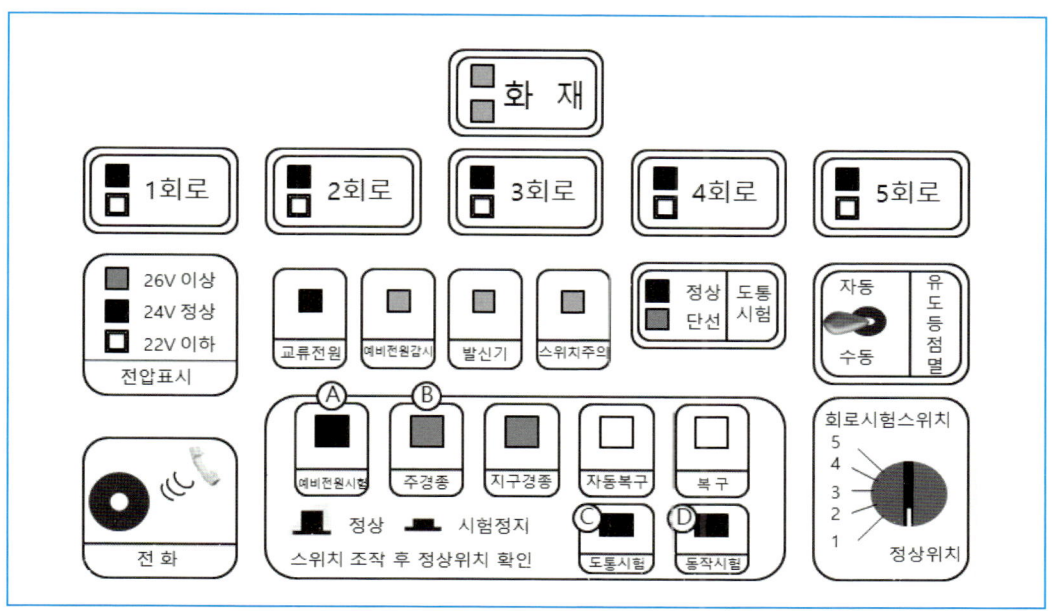

① A
② B
③ C
④ D

해설
수신기 도통시험(로터리방식)

구분	회로선택스위치
	로터리 방식
시험순서	• 도통시험스위치를 누름 • 회로시험스위치를 각 경계 구역별로 차례로 회전

적부 판정방법	• 전압계가 있는 경우
	  정상 : 4~8[V]
	  단선 : 0[V]
	• 도통시험 확인등이 있는 경우
	  정상 : 정상 확인등 점등(녹색)
	  단선 : 단선 확인등 점등(적색)

복구방법	• 회로시험스위치를 초기(정상)위치로 복구 • 도통시험스위치 복구

정답 174 ③

175 다음 그림의 P형 수신기에서 도통시험에 대한 설명으로 옳은 것을 고르시오. 난이도 중

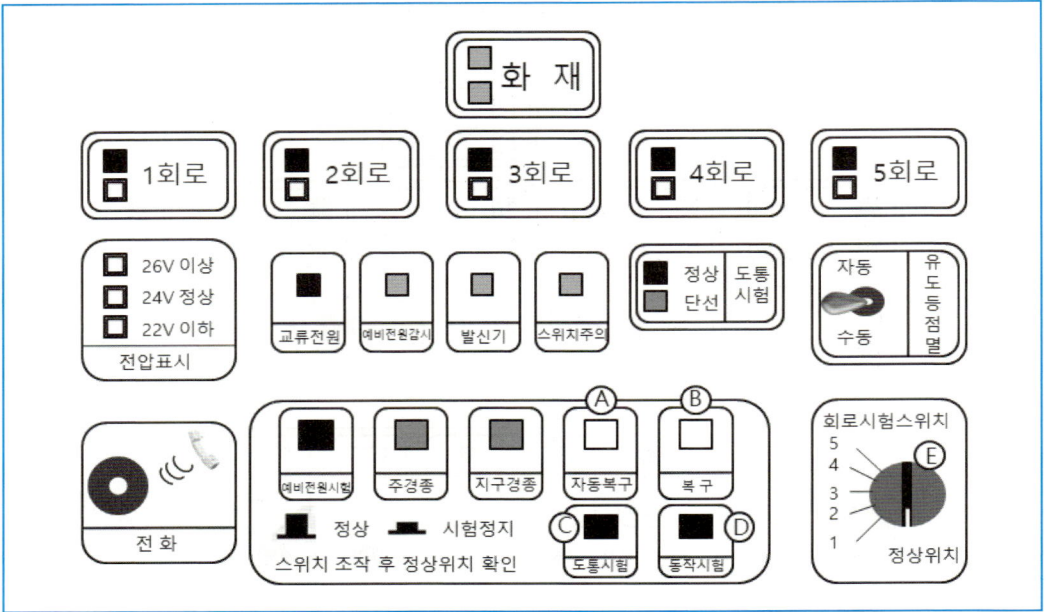

① C, D 스위치를 동시에 누른 다음 E 회로시험스위치를 돌리며 도통시험을 실시한다.
② E 회로시험스위치의 회로변경을 할때마다 A 스위치를 눌러준다.
③ C 도통시험 스위치를 누른 다음 E 회로시험스위치를 돌리며 도통시험을 실시한다.
④ 도통시험을 하는 경우 A, B, C, D, E의 스위치가 모두 사용된다.

해설
수신기 도통시험(로터리방식)

구분	회로선택스위치
	로터리 방식
시험순서	• 도통시험스위치를 누름 • 회로시험스위치를 각 경계 구역별로 차례로 회전

적부 판정방법	• 전압계가 있는 경우
	  정상 : 4~8[V]
	  단선 : 0[V]
	• 도통시험 확인등이 있는 경우
	  정상 : 정상 확인등 점등(녹색)
	  단선 : 단선 확인등 점등(적색)

복구방법	• 회로시험스위치를 초기(정상)위치로 복구 • 도통시험스위치 복구

정답 175 ③

176 다음 그림은 P형 수신기의 도통시험을 나타낸 것으로 수신기의 현재 상태 참고하여 옳지 않게 설명한 것을 고르시오.

난이도 상

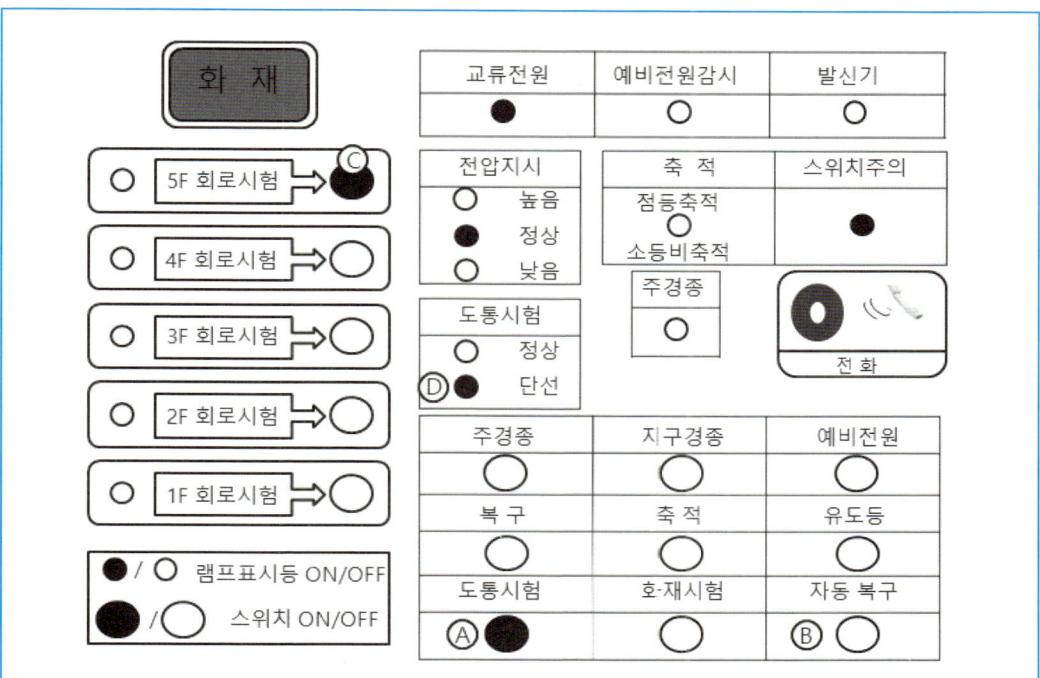

① 도통시험의 종료를 위해선 B 스위치를 눌러야 한다.
② 도통시험의 순서는 A 스위치를 누른 뒤 C 스위치를 눌러 5층의 도통시험을 실시한다.
③ 도통시험 결과 D의 표시등이 점등(적색)되어 있으므로 5층의 경계구역 회로는 현재 단선 상태이다.
④ 도통시험을 복구방법은 A의 스위치를 정상상태로 복구 시켜준다.

해설
수신기 도통시험(버튼방식)

구분	회로선택스위치
	버튼 방식
시험순서	• 도통시험스위치를 누름 • 각 경계구역 동작버튼을 차례로 누름 (수신기 모델별로 동작버튼을 누르지 않는 경우도 있음)
적부 판정방법	• 정상 : 각 경계구역별 도통시험 단선, 확인등(녹색) 점등 • 단선 : 각 경계구역별 도통시험 단선, 확인등(적색) 점등
복구방법	도통시험스위치 복구

정답 176 ①

177 감지기 시험기를 이용하여 3층과 4층을 동시에 감지기 점검을 하는 경우 수신기에서 점등되는 것을 모두 고르시오.

난이도 중

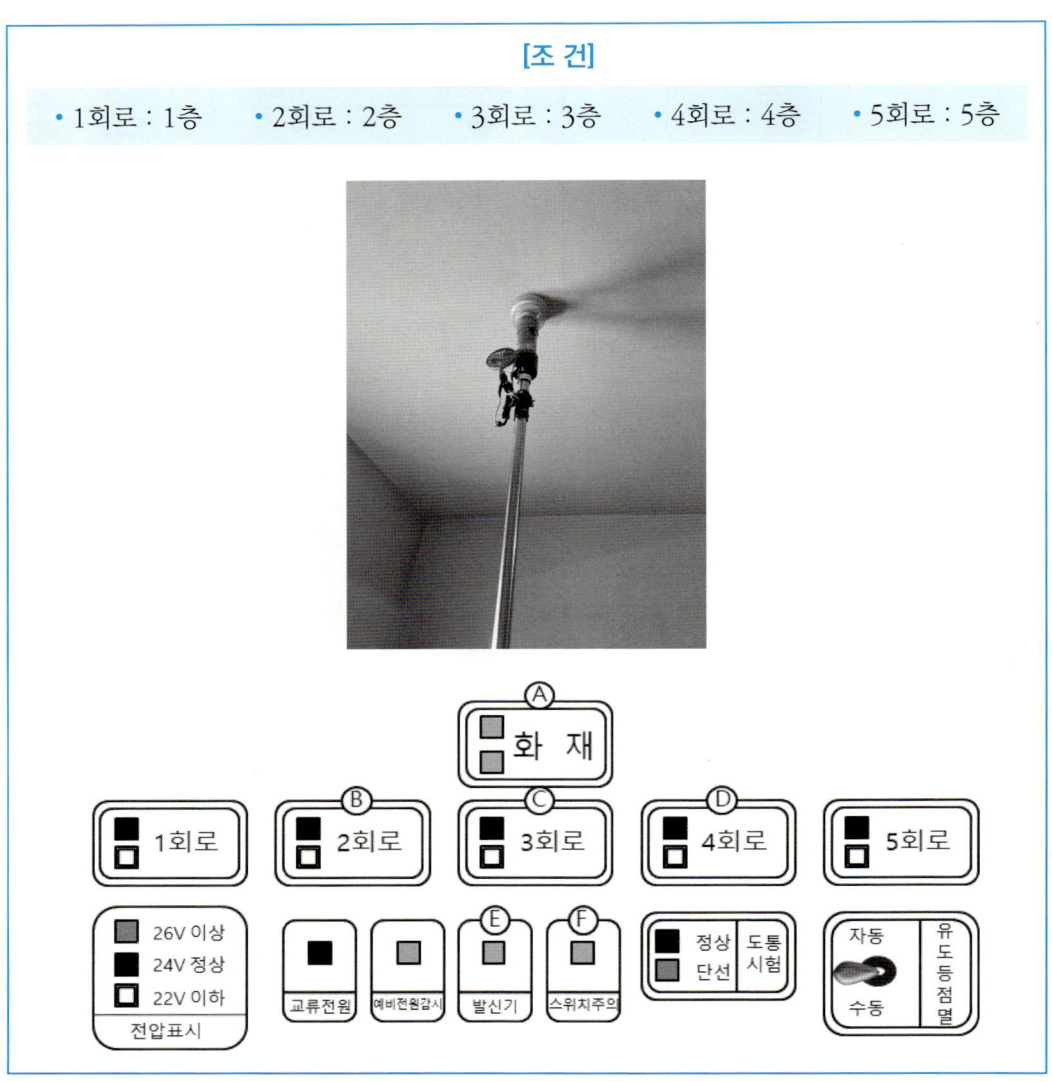

① A, B, C, D, E
② A, B, F
③ B, C, D
④ A, C, D

해설

감지기 시험 점검
- A, C, D : 화재표시등과 감지기 동작층(회로)가 점등된다.
- E : 감지기 동작에 의한 시험이므로 발신기와 관계가 없다.
- F : 현장 감지기 동작 시험이므로 스위치와는 관계가 없다.(점등되지 않음)

정답 177 ④

178 아래 그림과 같이 2층에서 발신기를 누를 경우 수신기에서 점등되는 것을 모두 고르시오.

난이도 중

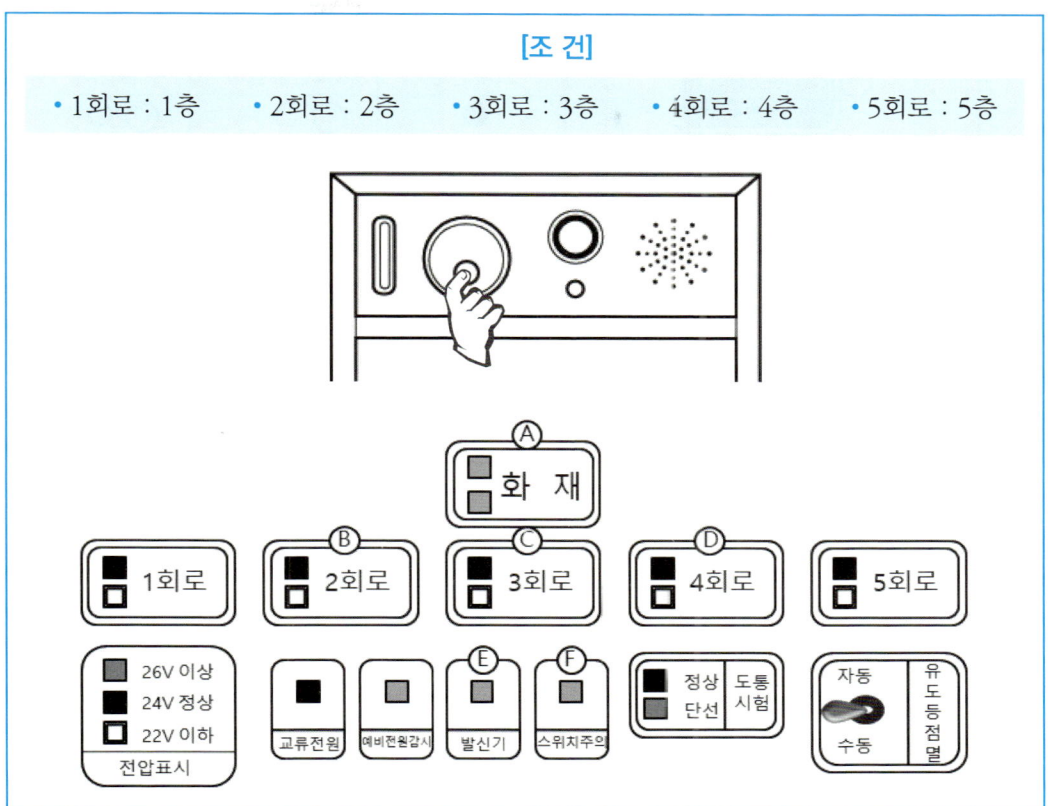

① A, B, E
② A, B, E, F
③ B, C, D, E
④ E, F

해설

발신기 시험 점검
- A, B : 화재표시등과 감지기 동작층(회로)가 점등된다.
- E : 발신기에 의한 시험이므로 수신기의 발신기 표시부에 점등된다.
- F : 현장 발신기 동작 시험이므로 스위치와는 관계가 없다. (점등되지 않음)

정답 178 ①

179 지상 5층에서 발신기를 눌러 화재신호를 입력 할 경우 아래와 같은 P형 수신기에 점등 되는 것을 모두 고르시오.

난이도 상

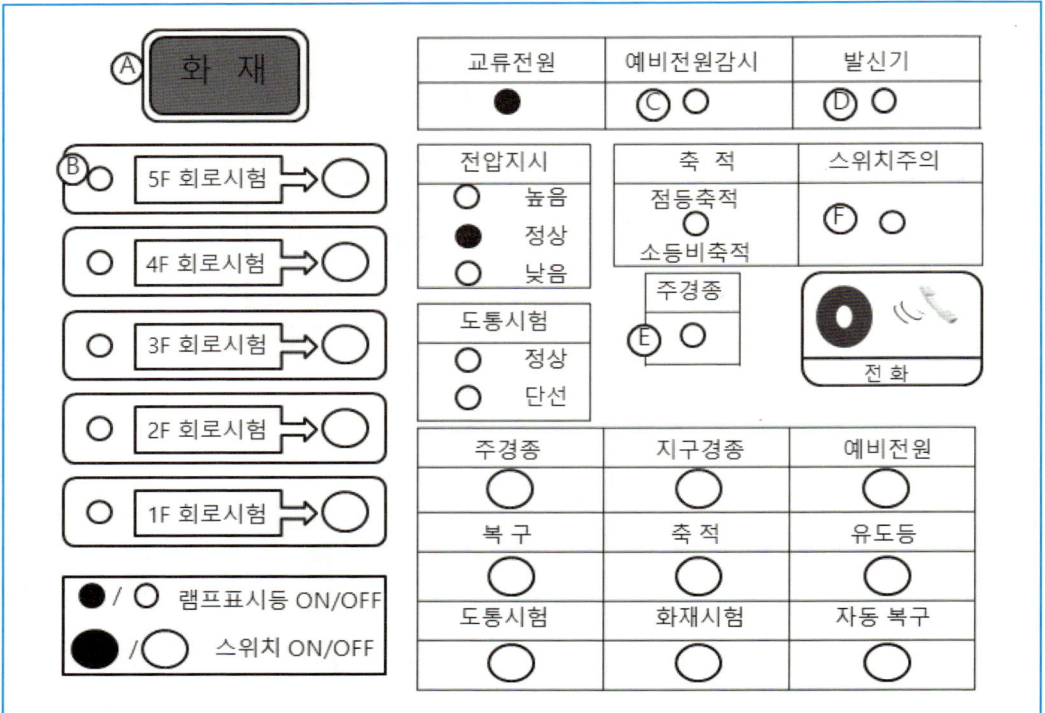

① C, D, E, F
② A, B, D, F
③ A, B, D
④ A, B, D, E

해설
수신기의 상태(발신기 동작)
- A : 화재를 나타내는 표시등 점등
- B : 발신기가 입력된 5층 해당구역 지구회로표시등 점등
- D : 화재입력 신호가 발신기 이므로 발신기 표시등이 점등
- E : 수신기에서 주경종, 화재발생 층에선 음향장치(경종 및 싸이렌)이 울린다.

정답 179 ④

180 상용전원이 정전되었을 때 화재가 발생하여도 수신기가 정상적으로 동작할 수 있는 전압을 가지고 있는지를 확인하는 시험으로 옳은 것은?

① 도통시험
② 동작시험
③ 예비전원시험
④ 단선시험

해설

P형 수신기 예비전원시험 : 전원이 사고 등으로 정전된 경우 자동적으로 예비전원으로 절환이 되며 또한 복구 시에는 자동적으로 상용전원으로 절환되는지의 여부와 상용전원이 정전되었을 때 화재가 발생하여도 수신기가 정상적으로 동작할 수 있는 전압을 가지고 있는지를 확인하는 시험

구분	로터리 방식	버튼 방식
시험방법	예비전원시험 스위치 누름(스위치를 누르고 있을 경우에만 시험 가능)	
적부 판정방법	• 전압계인 경우 정상 : 19~29[V] • 램프방식인 경우 정상 : 녹색 • 예비전원의 전압 및 상호 자동절환이 정상인지 확인	

181 로터리방식의 수신기에서 예비전원시험 스위치를 누른 후 전압표시에 적색등이 점멸된 경우를 올바르게 설명한 것은?

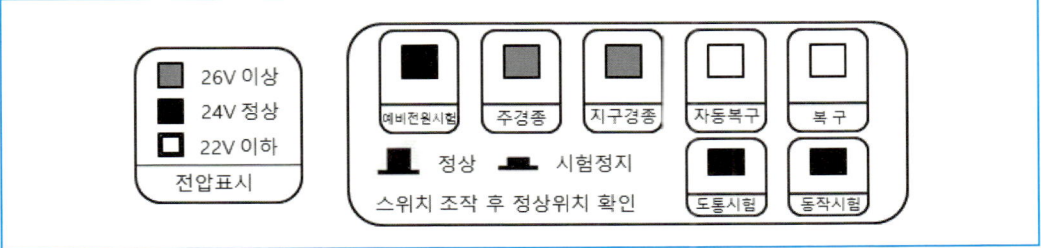

① 예비전원 24V 정상
② 예비전원 26V이상 과전압
③ 예비전원 22V이하 전압부족
④ 예비전원시험 스위치 고장

해설

수신기 예비전원 시험(로터리 방식)

시험방법 : 예비전원시험 스위치를 누름(스위치를 누르고 있을 경우에만 시험 가능)

- 26V 이상 : 과전압(적색)
- 24V 정상 : 정상전압(녹색)
- 22V 이하 : 전압부족(황색)
- 전압계인 경우 : 19~29V

정답 180 ③ 181 ②

182 다음 중 예비전원시험에 관한 설명으로 옳지 않은 것은?

① 시험방법 : 예비전원시험 스위치를 누른다.
② 정상인 경우 전압계에 19~29V
③ 정상인 경우 적색등이 표시된다.
④ 예비전원의 전압 및 상호 자동절환이 정상인지 확인한다.

해설
P형 수신기 예비전원시험
정상인 경우 : 녹색

183 특정소방대상물의 소방점검 중 어떤층에서 발신기를 눌러도 수신기와 건물 내에서 경종(음향장치)이 울리지 않았다. 아래 그림을 참고하여 수신기의 스위치 상태를 설명한 것으로 옳은 것은?

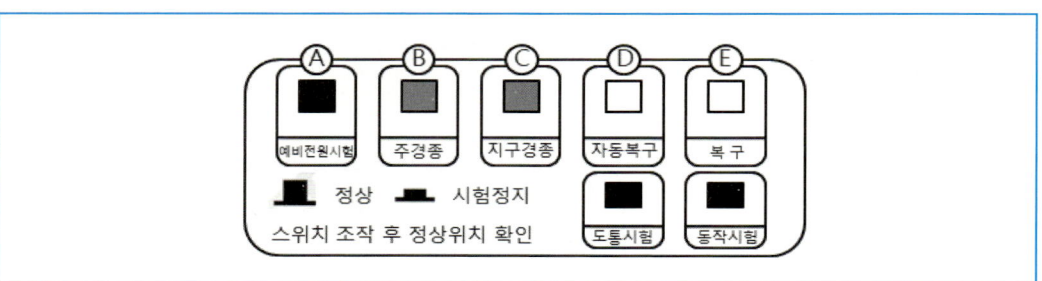

① A의 스위치가 누름 상태이다.
② B, C의 스위치가 누름 상태이다.
③ D의 스위치를 누르고 다시 점검을 실시한다.
④ E의 스위치가 누름 상태이다.

해설
수신기 점검 (음향장치)
• B, C : 발신기 또는 감지기를 통해 화재신호가 감지되어도 수신기에서 주경종 또는 지구경종 스위치가 누름상태라면 음향장치(주경종, 지구경종)는 동작되지 않는다.
• 주경종 : 수신기 인근이나 내부에 설치된 음향장치(경종)
• 지구경종 : 해당구역에 발신기에 설치되어 있는 음향장치(경종)

정답 182 ③ 183 ②

184 지상 5층의 건물에 다음 그림과 같이 P형 수신기에 점등된 상태를 참고하여 올바르게 설명된 것을 고르시오.

난이도 상

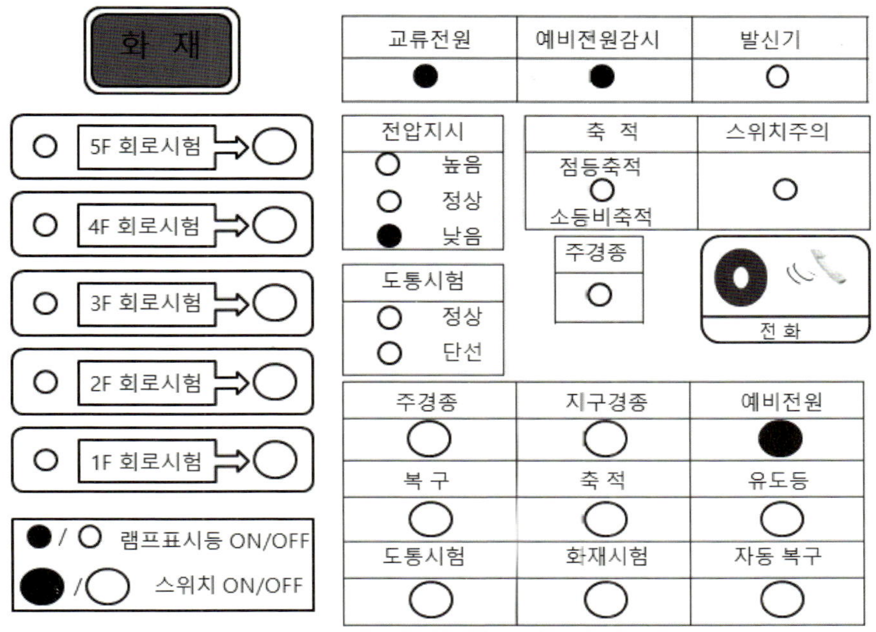

① 수신기 예비전원시험 결과 이상이 발생하였다.
② 건물 내에서 화재가 발생하였다.
③ 수신기 도통시험에 대한 그림이다.
④ 수신기의 전력상태는 정상이다.

해설

수신기의 상태(예비전원시험) : 예비전원 시험결과 예비전원감시 표시등이 점등 되어 이상이 발생한 상태
1. 예비전원 연결소켓 분리상태 점검
2. 예비전원 자체이상일 경우 교체

정답 184 ①

185 그림과 같은 버튼방식의 P형 수신기에서 평상시(정상상태)에 램프표시등이 점등 되는 것을 고르시오.

난이도 중

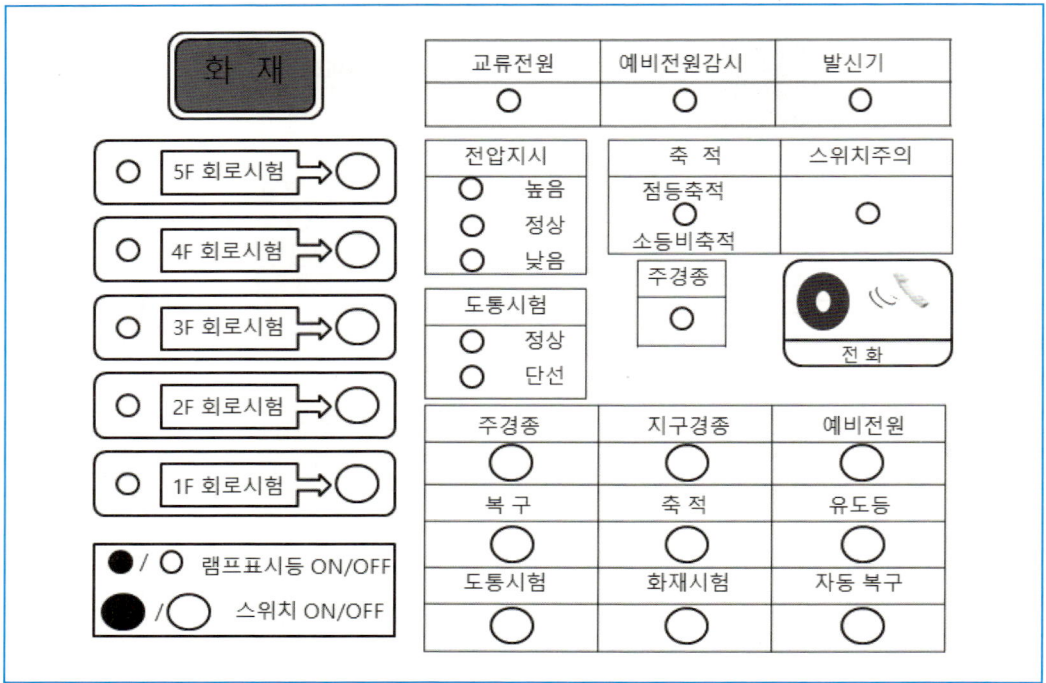

① 교류전원 , 전압지시(정상) ② 교류전원 , 전압지시(높음)
③ 예비전원감시, 전압지시(정상) ④ 축적 , 스위치주의

해설
수신기의 상태(평상시)
- 교류전원 점등
- 전압지시표시램프 점등(정상)

정답 185 ①

186 지상 5층의 건물에 다음 그림과 같이 P형 수신기에 점등된 상태를 참고하여 옳지 않게 설명된 고르시오.

난이도 상

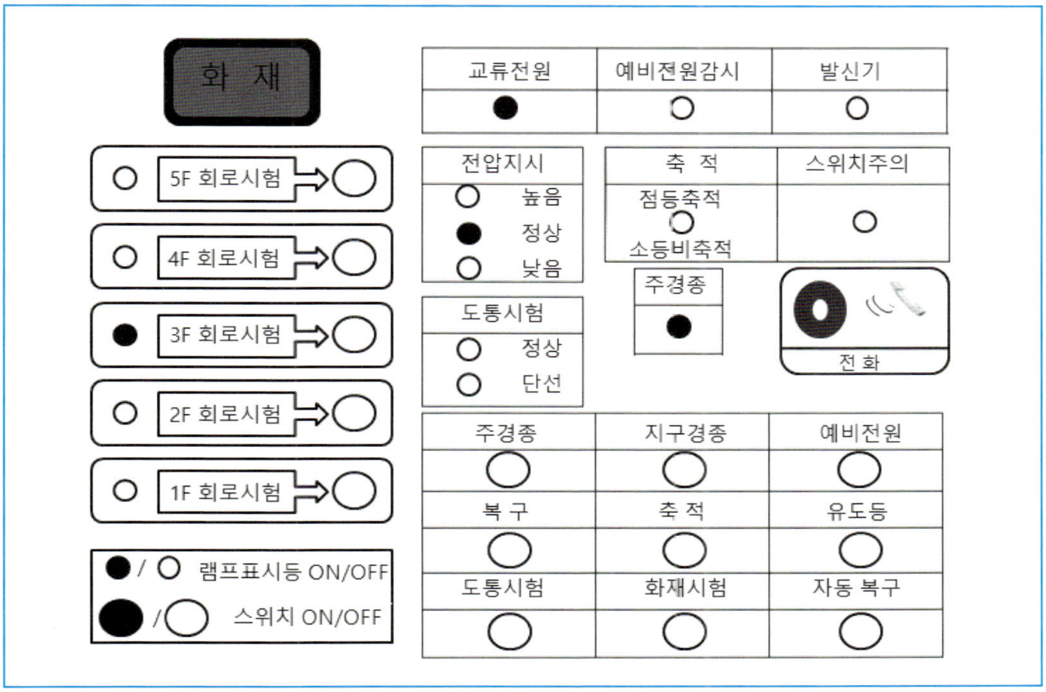

① 3층에서 화재가 발생하여 감지기에 의해 화재가 감지되었다.

② 3층에서 화재가 발생하여 누군가 발신기를 눌렀다.

③ 수신기 및 3층에서 음향장치(주경종, 경종, 싸이렌)가 작동된다.

④ 수신기의 전력상태를 정상이다.

해설
수신기의 상태(감지기 동작)
1. 화재를 나타내는 표시등 점등
2. 감지기가 입력된 3층 해당구역 지구회로표시등 점등
3. 수신기 및 3층에서 음향장치(주경종, 경종, 싸이렌)가 작동된다.
4. 발신기의 표시등이 점등 되지 않았으므로 감지기에 의해 화재발생을 알 수 있다.

정답 186 ②

187 최땡땡씨는 소방점검 이후 P형 수신기에 이상이 있는 것을 발견하였다. 수신기를 정상상태로 원상복구하기 위해 올바른 설명은 고르시오.

난이도 상

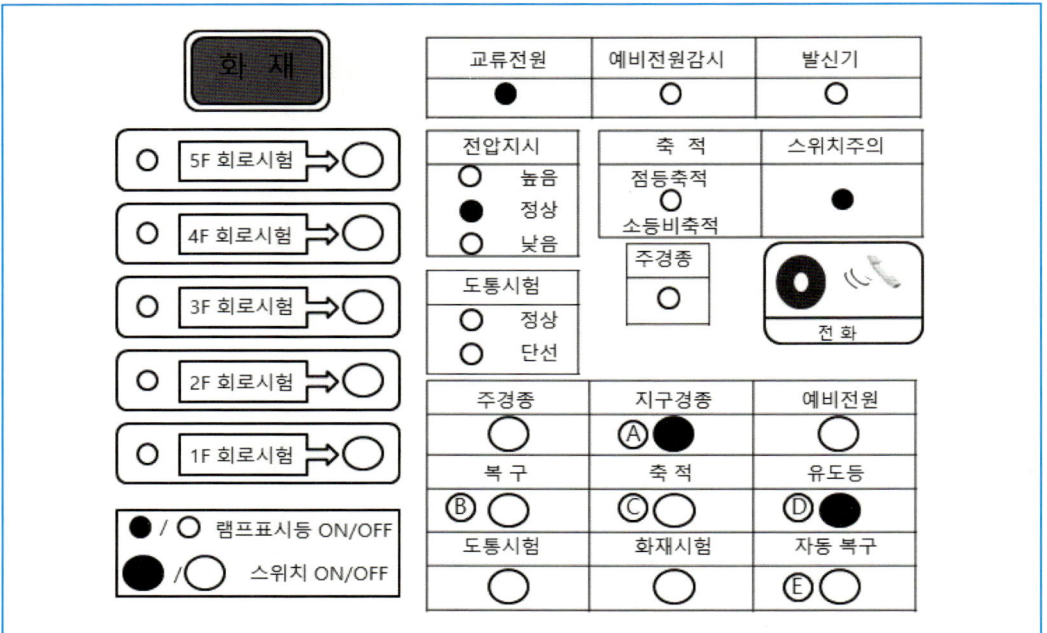

① B 스위치를 누르면 스위치주의 램프표시등이 꺼지며 수신기는 정상상태가 된다.
② E 스위치를 누르면 스위치주의 램프표시등이 꺼지며 수신기는 정상상태가 된다.
③ A, D 스위치를 정상상태로 위치시키면 램프표시등이 꺼지며 수신기는 정상상태가 된다.
④ C 스위치를 누르면 스위치주의 램프표시등이 꺼지며 수신기는 정상상태가 된다.

해설
수신기의 상태(스위치주의)
수신기의 스위치주의 표시등이 점등된 경우 조작스위치 정상상태 여부를 꼭 체크해야한다.

정답 187 ③

188 화재에 의한 열, 연기 또는 불꽃 이외의 요인에 의하여 자동화재탐지설비가 작동하여 화재경보를 발하는 것을 무엇이라 하는가?

난이도 하

① 비화재보
② 과전압
③ 단선
④ 도통

해설

자동화재탐지설비의 비화재보

화재에 의한 열, 연기 또는 불꽃 이외의 요인에 의하여 자동화재탐지설비가 작동하여 화재경보를 발하는 것을 비화재보라 한다. 즉, 자동화재탐지설비가 정상적으로 작동하였다 하더라도 화재가 아닌 경우의 경보를 말한다.

실력향상 보충해설

비화재보의 원인과 대책

주요원인	대책
주방에 비적응성 감지기가 설치된 경우	적응성 감지기로 교체
천장형 온풍기에 밀접하게 설치된 경우	기류흐름 방향 외 이격 설치
장마철 공기 중 습도 증가에 의한 감지기 오동작	복구스위치 누름 혹은 동작된 감지기 복구
청소불량(먼지·분진)에 의한 감지기 오동작	내부 먼지 제거 후 복구스위치 누름 또는 감지기 교체
건축물 누수로 인한 감지기 오동작	누수부분 방수처리 및 감지기 교체
담배연기로 인한 연기감지기 동작	흡연구역에 환풍기 등 설치
발신기를 장난으로 눌러 발신기 동작	입주자 소방안전교육을 통한 계도

정답 188 ①

제 04 장 피난구조설비

189 다음 중 피난기구의 종류 중 옳지 않은 것은?

① 완강기
② 구조대
③ 공기안전매트
④ 공기호흡기

해설

피난기구의 종류
화재가 발생하였을 때 소방대상물에 거주하는 사람들이 안전한 장소로 피난할 때 사용하는 기구

구분	내용
구조대	화재 시 건물의 창, 발코니 등에서 지상까지 포대를 사용하여 그 포대 속을 활강하는 피난기구
완강기	사용자의 몸무게에 의하여 자동적으로 내려올 수 있는 기구 중 사용자가 연속적으로 사용할 수 있는 것을 말하며, 속도조절기, 속도조절기의 연결부, 로프, 연결금속구, 벨트로 구성
간이완강기	간이완강기라 함은 지지대 또는 단단한 물체에 걸어서 사용자의 몸무게에 걸어서 사용자의 몸무게에 의하여 자동적으로 내려올 수 있는 기구 중 사용자가 교대하여 연속적으로 사용할 수 없는 일회용의 것
피난사다리	건축물 화재 시 안전한 장소로 피난하기 위해서 건축물의 개구부에 설치하는 기구로서 고정식 사다리, 올림식 사다리 및 내림식 사다리로 분류
미끄럼대	화재 발생 시 신속하게 지상으로 피난할 수 있도록 제조된 피난기구로서 장애인 복지시설, 노약자 수용시설 및 병원 등에 적합
다수인피난장비	화재 시 2인 이상의 피난자가 동시에 해당층에서 지상 또는 피난층으로 하강하는 피난기구
기타 피난기구	피난용트랩, 공기안전매트 등

추가해설 : 인명구조기구 – 공기호흡기

정답 189 ④

190 지지대 혹은 단단한 물체에 걸어서 사용자의 몸무게에 의하여 자동적으로 내려올 수 있는 기구 중 사용자가 교대하여 연속적으로 사용할 수 없는 일회용의 것으로 옳은 것은?

① 완강기
② 공기안전매트
③ 간이완강기
④ 구조대

해설
간이완강기
사용자의 몸무게에 의하여 자동적으로 내려올 수 있는 기구 중 사용자가 교대하여 연속적으로 사용할 수 없는 일회용의 것

실력향상 보충해설
설치장소별 피난기구의 적응성

	1층	2층	3층	4층 이상 10층 이하
노유자시설	• 미끄럼대 • 구조대 • 피난교 • 다수인피난장비 • 승강식피난기	• 미끄럼대 • 구조대 • 피난교 • 다수인피난장비 • 승강식피난기	• 미끄럼대 • 구조대 • 피난교 • 다수인피난장비 • 승강식피난기	• 구조대 • 피난교 • 다수인피난장비 • 승강식피난기
의료시설・근린생활시설 중 입원실이 있는 의원・접골원・조산원			• 미끄럼대 • 구조대 • 피난교 • 피난용트랩 • 다수인피난장비 • 승강식피난기	• 구조대 • 피난용트랩 • 다수인피난장비 • 승강식피난기
「다중이용업소의 안전관리에 관한 특별법 시행령」 제2조에 따른 다중이용업소로서 영업장의 위치가 4층 이하인 다중이용업소		• 미끄럼대 • 피난사다리 • 구조대 • 완강기 • 다수인피난장비 • 승강식피난기	• 미끄럼대 • 피난사다리 • 구조대 • 완강기 • 다수인피난장비 • 승강식피난기	• 미끄럼대 • 피난사다리 • 구조대 • 완강기 • 다수인피난장비 • 승강식피난기
그 밖의 것			• 미끄럼대 • 피난사다리 • 구조대 • 완강기 • 피난교 • 피난용트랩 • 간이완강기 • 공기안전매트 • 다수인피난장비 • 승강식피난기	• 피난사다리 • 구조대 • 완강기 • 피난교 • 간이완강기 • 공기안전매트 • 다수인피난장비 • 승강식피난기

정답 190 ③

191 다음 피난기구의 명칭으로 옳은 것은?

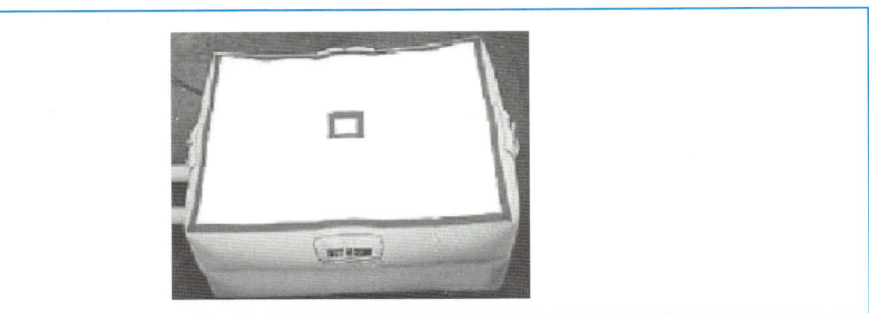

① 피난용트랩 ② 완강기
③ 공기안전매트 ④ 구조대

192 다음 중 인명구조기구의 종류 중 옳지 않은 것은?

① 방열복
② 공기호흡기
③ 인공소생기
④ 방화복(안전모, 보호장갑, 안전화 제외)

> **해설**
> **인명구조기구의 종류**
> 화재 시 발생하는 열과 연기로부터 인명의 안전한 피난을 위한 기구
>
> | 구분 | 내용 |
> |---|---|
> | 방열복 | 고온의 복사열에 가까이 접근하여 소방활동을 수행할 수 있는 내열피복 |
> | 공기호흡기 | 유독가스로부터 인명을 보호하기 위하여 용기에 압축한 공기를 저장하여 두었다가 필요시 마스크를 통해 호흡에 이용토록 하는 호흡기구 |
> | 인공소생기 | 화재의 발생으로 인하여 유독성 가스에 질식되거나 중독 등에 의해서 심폐기능이 악화되어 정상적으로 호흡할 수 없는 사람에게 인공호흡시켜 소생하도록 하는 구급용 기구로서 소방용으로 사용되는 것 |
> | 방화복 | 화재 진압 등의 소방활동을 수행할 수 있는 피복(안전모, 보호장갑, 안전화 포함) |

정답 191 ③ 192 ④

193 다음 그림을 보고 빈칸에 들어갈 내용으로 옳은 것은?

난이도 중

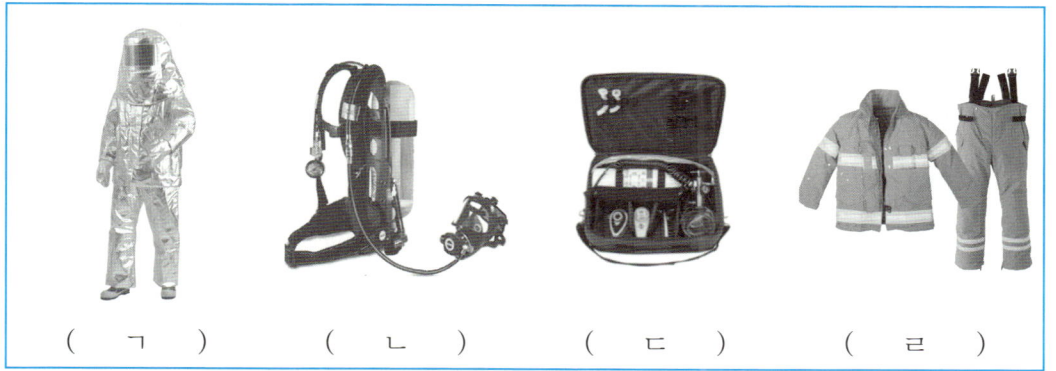

① ㄱ : 방화복, ㄴ : 인공소생기, ㄷ : 공기호흡기, ㄹ : 방열복
② ㄱ : 방열복, ㄴ : 인공소생기, ㄷ : 공기호흡기, ㄹ : 방화복
③ ㄱ : 방열복, ㄴ : 공기호흡기, ㄷ : 인공소생기, ㄹ : 방화복
④ ㄱ : 방화복, ㄴ : 공기호흡기, ㄷ : 인공소생기, ㄹ : 방열복

해설
인명구조기구

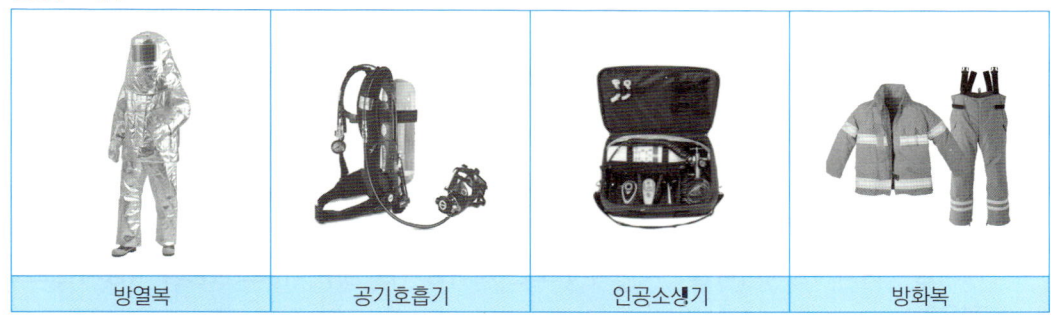

| 방열복 | 공기호흡기 | 인공소생기 | 방화복 |

정답 193 ③

194 화재발생 등에 따른 정전 시에 안전하고 원활한 피난활동을 할 수 있도록 거실 및 피난통로 등에 설치되어 자동 점등되는 것으로 옳은 것은?

① 유도등 ② 비상조명등
③ 수신기 ④ 감지기

해설
비상조명등
화재발생 등에 따른 정전 시에 안전하고 원활한 피난활동을 할 수 있도록 거실 및 피난통로 등에 설치되어 자동 점등되는 조명등

실력향상 보충해설
비상조명등의 설치

구분	내용
기준	• 특정소방대상물의 각 거실과 그로부터 지상에 이르는 복도·계단 및 그 밖의 통로에 설치 • 공동주택의 세대 내에는 출입구 인근 통로에 1개 이상 설치
조도	각 부분의 바닥에서 1럭스[lx] 이상
유효 작동시간	• 20분 이상 • 60분 이상(지하층을 제외한 층수가 11층 이상의 층이거나 지하층 또는 무창층으로서 용도가 도매시장·소매시장·여객자동차터미널·지하역사 또는 지하상가인 경우)

195 지하층을 제외한 층수가 11층 이상의 층이거나 지하층 또는 무창층으로서 용도가 도매시장·소매시장·여객자동차터미널·지하역사 또는 지하상가인 경우 비상조명등의 작동시간으로 옳은 것은?

① 100분 이상 ② 80분 이상
③ 60분 이상 ④ 40분 이상

해설
비상조명등 유효 작동시간
60분 이상 : 지하층을 제외한 층수가 11층 이상의 층이거나 지하층 또는 무창층으로서 용도가 도매시장·소매시장·여객자동차터미널·지하역사 또는 지하상가인 경우

정답 194 ② 195 ③

196 다음 설비의 명칭으로 옳은 것은?

① 휴대용비상조명등 ② 피난구유도등
③ 비상조명등 ④ 복도통로유도등

해설
비상조명등

197 휴대용비상조명등에 대한 설명으로 옳지 않은 것을 고르시오.

① 설치대상은 숙박시설 또는 다중이용업소이다.
② 20분 이상 유효하게 사용할 수 있는 건전지 및 배터리를 사용한다.
③ 어둠 속에서 위치를 확인할 수 있고 사용 시 수동으로 점등되는 구조이다.
④ 건전지를 사용하는 경우 방전조치를 하여야 하고 충전식 배터리의 경우 상시 충전 되는 구조로 한다.

해설

휴대용비상조명등

구분	내용
설치대상	• 숙박시설 또는 다중이용업소 • 수용인원 100명 이상의 영화상영관, 판매시설 중 대규모점포, 철도 및 도시철도 시설 중 지하역사, 지하가 중 지하상가
설치기준	• 숙박시설 또는 다중이용업소에는 객실 또는 영업장안의 구획된 실마다 잘 보이는 곳에 설치 • 20분 이상 유효하게 사용할 수 있는 건전지 및 배터리를 사용 • 어둠 속에서 위치를 확인할 수 있고, 사용시 자동으로 점등되는 구조 • 건전지를 사용하는 경우 방전방지조치를 하여야 하고, 충전식 배터리의 경우 상시 충전되는 구조

198 다음 중 대형피난구유도등을 설치해야 하는 장소로 옳은 것은?

① 오피스텔
② 복합건축물
③ 위락시설
④ 운전학원 및 정비학원

해설

대형피난구유도등 설치장소
1. 공연장·집회장(종교집회장 포함)·관람장·운동시설
2. 유흥주점영업시설(「식품위생법 시행령」제21조 제8호 라목의 유흥주점 영업 중 손님이 춤을 출 수 있는 무대가 설치된 카바레, 나이트클럽 또는 그 밖에 이와 비슷한 영업시설만 해당)
3. 위락시설·판매시설·운수시설·「관광진흥법」제3조 제1항제2호에 따른 관광숙박업·의료시설·장례식장·방송통신시설·전시장·지하상가·지하철역사

정답 197 ③ 198 ③

199 다음 각 설비의 비상전원 용량으로 옳게 짝지어진 것은?

① 유도등 : 20분 이상
② 비상조명등 : 30분 이상
③ 휴대용비상조명등 : 40분 이상
④ 유도등(지하상가 및 11층 이상) : 50분 이상

해설

유도등 및 유도표지

화재 시 피난을 유도하기 위한 등 및 표지로서, 유도등은 정상 상태에서는 상용전원으로 점등되고, 정전되었을 때는 비상전원으로 자동절환되어야 하며 비상전원의 용량은

- 20분 이상
- 60분 이상(지하층을 제외한 층수가 11층 이상의 층, 지하층 또는 무창층으로서 용도가 도매시장·소매시장·여객 자동차 터미널·지하역사 또는 지하상가의 경우)

실력향상 보충해설
유도등 및 유도표지의 종류

설치장소	종류
1. 공연장·집회장(종교집회장 포함)·관람장·운동시설	• 대형피난구유도등 • 통로유도등 • 객석유도등
2. 유흥주점영업시설(「식품위생법 시행령」제21조 제8호 라목의 유흥주점 영업 중 손님이 춤을 출 수 있는 무대가 설치된 카바레, 나이트클럽 또는 그 밖에 이와 비슷한 영업시설만 해당)	
3. 위락시설·판매시설·운수시설·「관광진흥법」제3조 제1항제2호에 따른 관광숙박업·의료시설·장례식장·방송통신시설·전시장·지하상가·지하철역사	• 대형피난구유도등 • 통로유도등
4. 숙박시설(제3호의 관광숙박업 외의 것을 말함)·오피스텔	• 중형피난구유도등 • 통로유도등
5. 제1호부터 제3호까지 외의 건축물로서 지하층·무창층 또는 층수가 11층 이상인 특정소방대상물	
6. 제1호부터 제5호까지 외의 건축물로서 근린생활시설·노유자시설·업무시설·발전시설·종교시설(집회장 용도로 사용하는 부분 제외)·교육연구시설·수련시설·공장·교정 및 군사시설(국방·군사시설 제외)·자동차정비공장·운전학원 및 정비학원·다중이용업소·복합건축물·아파트	• 소형피난구유도등 • 통로유도등
7. 그 밖의 것	• 피난구유도표지 • 통로유도표지

※ 1. 소방서장은 특정소방대상물의 위치·구조 및 설비의 상황을 판단하여 대형피난구유도등을 설치해야 할 장소에 중형피난구유도등 또는 소형피난구유도등을, 중형피난구유도등을 설치해야 할 장소에는 소형피난구유도등을 설치하게 할 수 있다.
2. 복합건축물의 주택의 세대 내에는 유도등을 설치하지 않을 수 있다.

정답 199 ①

200 다음 중 객석유도등을 설치해야 하는 장소로 옳은 것은?

① 오피스텔
② 종교집회장
③ 교정 및 군사시설
④ 위락시설

해설
객석유도등 설치장소
1. 공연장·집회장(종교집회장 포함)·관람장·운동시설
2. 유흥주점영업시설(「식품위생법 시행령」제21조 제8호 라목의 유흥주점 영업 중 손님이 춤을 출 수 있는 무대가 설치된 카바레, 나이트클럽 또는 그 밖에 이와 비슷한 영업시설만 해당)

201 다음 설비의 명칭으로 옳은 것을 고르시오.

설치장소 : 공연장, 극장 등

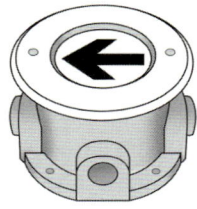

① 객석유도등
② 복도통로유도등
③ 거실통로유도등
④ 피난구유도등

해설
객석유도등

202 객석통로의 직선부분의 길이가 26m인 경우 객석유도등의 설치 개수로 옳은 것은?

① 5개
② 6개
③ 7개
④ 8개

해설

객석유도등 설치개수(개) = $\dfrac{\text{객석통로의 직선부분의 길이(m)}}{4} - 1$

$\dfrac{26}{4} - 1 = 5.5$　　∴ 6개(절상)

정답 200 ② 201 ① 202 ②

203 다음 그림과 조건에 해당하는 유도등의 종류로 옳은 것은?

난이도 하

[조 건]

1. 피난통로를 안내하기 위한 유도등으로 방향 명시
2. 바닥으로부터 높이 1m 이하의 위치에 설치 할 것
3. 이 통로유도등을 바닥에 설치하는 경우 하중에 따라 파괴 되지 않는 강도의 것으로 할 것

① 객석유도등 ② 복도통로유도등
③ 거실통로유도등 ④ 바닥통로유도등

해설

복도통로유도등 설치기준

특정소방대상물의 각 거실과 그로부터 지상에 이르는 복도 또는 계단의 통로에 다음 기준에 따라 설치

1. 복도에 설치하되 피난구유도등 1호 또는 2호에 따라 피난구유도등이 설치된 출입구 맞은편 복도 : 입체형 설치 또는 바닥에 설치
2. 구부러진 모퉁이 및 1호에 따라 설치된 통로유도등을 기점으로 보행거리 20m 마다 설치
3. **바닥으로부터 높이 1m 이하의 위치에 설치**. 다만, 지하층 또는 무창층의 용도가 도매시장·소매시장·여객자동차터미널·지하역사 또는 지하상가인 경우에는 복도·통로 중앙부분의 바닥에 설치
4. **바닥에 설치하는 통로유도등은 하중에 따라 파괴되지 않는 강도의 것으로 할 것**

정답 203 ②

204 다음 중 유도등의 설치기준으로 옳지 않은 것은?

① 피난구유도등은 피난구의 바닥으로부터 높이 1.5미터 이상으로서 출입구에 인접하도록 설치하여야 한다.
② 복도통로유도등은 바닥으로부터 1m 이하의 위치에 설치할 것.
③ 거실통로유도등은 구부러진 모퉁이 및 보행거리 30m마다 설치할 것.
④ 거실통로유도등은 바닥으로부터 높이 1.5m 이상의 위치에 설치할 것.

해설

- **피난구유도등 설치기준**
  피난구 또는 피난 경로로 사용되는 출입구를 표시하여 피난을 유도 하는 등으로 피난구의 <u>바닥으로부터 높이 1.5m 이상으로서 출입구에 인접하도록</u> 아래의 장소에 설치
  1. 옥내로부터 직접 지상으로 통하는 출입구 및 그 부속실의 출입구
  2. 직통계단·직통계단의 계단실 및 그 부속실의 출입구
  3. 1호 및 2호에 따른 출입구에 이르는 복도 또는 통로로 통하는 출입구
  4. 안전구획된 거실로 통하는 출입구
  5. 피난층으로 향하는 피난구의 위치를 안내할 수 있도록 1호 또는 2호에 따라 설치된 피난구유도등의 면과 수직이 되도록 피난구유도등을 추가로 설치(다만, 피난구유도등이 입체형인 경우에는 제외)

- **복도통로유도등 설치기준**
  특정소방대상물의 각 거실과 그로부터 지상에 이르는 복도 또는 계단의 통로에 다음 기준에 따라 설치
  1. 복도에 설치하되 피난구유도등 1호 또는 2호에 따라 피난구유도등이 설치된 출입구 맞은편 복도 : 입체형 설치 또는 바닥에 설치
  2. 구부러진 모퉁이 및 1호에 따라 설치된 통로유도등을 기점으로 보행거리 20m 마다 설치
  3. <u>바닥으로부터 높이 1m 이하의 위치에 설치</u>. 다만, 지하층 또는 무창층의 용도가 도매시장·소매시장·여객자동차터미널·지하역사 또는 지하상가인 경우에는 복도·통로 중앙부분의 바닥에 설치
  4. 바닥에 설치하는 통로유도등은 하중에 따라 파괴되지 않는 강도의 것으로 할 것

- **거실통로유도등 설치기준**
  특정소방대상물의 각 거실과 그로부터 지상에 이르는 복도 또는 계단의 통로에 다음 기준에 따라 설치
  1. 거실의 통로에 설치할 것. 다만, 거실 통로가 벽체 등으로 구획된 경우에는 복도통로유도등 설치
  2. <u>구부러진 모퉁이 및 보행거리 20m마다 설치할 것</u>
  3. <u>바닥으로부터 높이 1.5m 이상의 위치에 설치할 것(다만, 거실통로에 기둥이 설치된 경우 기둥부분 바닥으로부터 높이 1.5m 이하 위치에 설치</u>

- **계단통로유도등 설치기준**
  특정소방대상물의 각 거실과 그로부터 지상에 이르는 복도 또는 계단의 통로에 다음 기준에 따라 설치
  1. 각층의 경사로 참 또는 계단참(1개층에 경사로 참 또는 계단참이 2 이상 있는 경우 2개의 계단참마다)마다 설치
  2. 바닥으로부터 높이 1m 이하의 위치에 설치

- **객석유도등 설치기준**
  1. 객석의 통로, 바닥 또는 벽에 설치
  2. 객석내의 통로가 경사로 또는 수평로로 되어 있는 부분은 다음의 식에 따라 산출하여 설치

  $$객석유도등 설치개수(개) = \frac{객석통로의 직선부분의 길이(m)}{4} - 1$$

정답 204 ③

205 다음 중 유도등의 설치장소로 옳지 않은 것을 고르시오. 난이도 하

① 피난구유도등 : 출입구(상부)에 설치
② 복도통로유도등 : 일반복도(하부)에 설치
③ 계단통로유도등 : 일반 계단(하부)에 설치
④ 객석유도등 : 공연장, 극장 등 어두운 장소이므로 상단에 설치

해설
유도등의 종류 및 용도

구분	피난구 유도등	통로 유도등			객석 유도등
		복도	계단	거실	
용도	피난경로로 사용되는 출입구 표시	피난통로를 안내하기 위한 유도등으로 방향을 명시			객석의 통로·바닥·벽에 설치
예시					
설치장소(위치)	출입구(상부)	일반복도(하부)	일반계단(하부)	주차장, 도서관등 (상부)	공연장, 극장 등 (하부설치)

206 특정소방대상물 또는 그 부분에 사람이 없거나 상시 충전되는 3선식 배선으로 가능한 장소로 옳지 않은 것은? 난이도 중

① 외부에 빛에 의해 피난구 또는 피난 방향을 쉽게 식별할 수 있는 장소
② 공연장 암실등으로 어두워야 할 필요가 있는 장소
③ 특정소방대상물의 관계인 또는 종사원이 주로 사용하는 장소
④ 방재실

해설
유도등의 3선식 배선
전기회로에 점멸기를 설치하지 않고 항상 점등상태(2선식)을 유지할 것. 다만 특정소방대상물 또는 그 부분에 사람이 없거나 아래의 장소에는 상시 충전되는 3선식 배선으로 가능하다.
1. 외부에 빛에 의해 피난구 또는 피난 방향을 쉽게 식별할 수 있는 장소
2. 공연장 암실등으로 어두워야 할 필요가 있는 장소
3. 특정소방대상물의 관계인 또는 종사원이 주로 사용하는 장소

정답 205 ④ 206 ④

207. 다음 중 유도등의 3선식 배선 시 자동으로 점등되는 경우로 옳지 않은 것은?

① 자동화재탐지설비의 감지기 또는 발신기가 동작할 때
② 자동확산소화기가 동작할 때
③ 상용전원이 정전되거나 전원선이 단선되는 때
④ 방재업무를 통제하는 곳 또는 전기실의 배전반에서 수동으로 점등하는 때

해설
유도등의 3선식 배선 시 자동으로 점등되는 경우
1. 자동화재탐지설비의 감지기 또는 발신기가 동작할 때
2. 비상경보설비의 발신기가 동작할 때
3. 상용전원이 정전되거나 전원선이 단선되는 때
4. 방재업무를 통제하는 곳 또는 전기실의 배전반에서 수동으로 점등하는 때
5. 자동소화설비가 작동되는 때

208. 다음 중 유도등의 점검내용 중 옳지 않은 것을 고르시오.

① 2선식 유도등은 평상 시 소등되어 있는지 확인한다.
② 3선식 유도등 점검은 감지기·발신기·중계기·스프링클러설비 등을 현장에서 동작할 때 동시에 유도등이 점등되는지 확인한다.
③ 3선식 유도등 점검은 수신기에서 수동으로 점등스위치를 ON하고 건물 내의 점등이 안되는 유도등을 확인한다.
④ 2선식은 절전을 위하여 꺼 놓으면 유도등 내의 베터리가 충전이 되어 있지 않아 정전 시에도 점등이 되지 않는다.

해설
유도등의 점검내용

구분	점검내용
3선식 유도등	1. 수신기에서 수동으로 점등스위치를 ON하고 건물 내의 점등이 안되는 유도등을 확인 2. 감지기·발신기·중계기·스프링클러설비 등을 현장에서 작동(동작)과 동시에 유도등이 점등되는지를 확인
2선식 유도등	1. 유도등이 평상 시 점등되어 있는지 확인 2. 2선식 유도등을 절전을 위하여 꺼 놓으면 유도등 내의 배터리가 충전이 되어 있지 않아 정전 시에도 점등이 되지 않는다
예비전원(배터리)	예비전원 상태의 점검은 외부에 있는 점검스위치(배터리상태 점검스위치)를 당겨보는 방법 또는 점검버튼을 눌러서 점등상태를 확인한다

정답 207 ② 208 ①

209 다음 조건을 참고하여 피난구유도등의 배선방식으로 옳은 것을 고르시오. 난이도 하

[조 건]

- 평상 시 점등이 되어있다.
- 절전을 위해 평상시 꺼짐상태를 유지했으며 정전 시 점등이 되지 않았다.
- 파손되어 유도등으로 교체작업(기존배선방식)을 했으나 점등되지 않았다.

① 3선식 배선방식
② 단일 배선방식
③ 2선식 배선방식
④ 충전식 배선방식

해설
유도등 배선방식과 점검 시 특징

2선식	3선식
1. 평상 시 점등	1. 평상 시 소등 ↔ 정전 시 점등
2. 절전을 위해 꺼놓으면 유도등 내 예비전원(배터리)가 충전되지 않아 점등 되지 않는다.	2. 수신기에서 수동으로 유도등 절환스위치를 ON으로 작동하고 점등 단된 유도등을 확인한다.
3. 유도등 교체 시 2선식으로 배선하여도 예비전원(배터리)가 충전상태가 아니라면 점등되지 않을 수도 있다.	3. 현장 연동 여건에 따라(감지기·발신기·중계기 등)을 작동시켜 유도등 점등확인

정답 209 ③

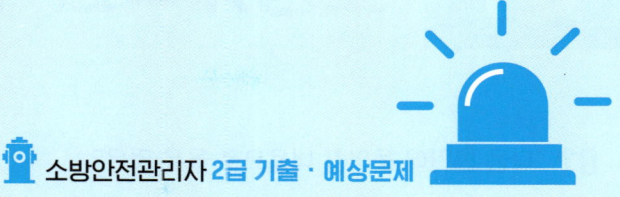

PART 06

소방계획 수립

제1장 소방계획의 수립
제2장 자위소방대 및 초기대응체계 구성·운영
제3장 화재대응 및 피난

소방안전관리자 2급 기출·예상문제

제 01 장 소방계획의 수립

01 다음 빈칸에 들어갈 내용으로 옳은 것은? 난이도 하

> _____은 소방안전관리대상물의 화재로 인한 재난발생을 사전에 예방·대비하고 화재 시 신속하고 효율적으로 대응·복구함으로써 인명 및 재산 피해를 최소화하기 위해 작성·운영하고 유지·관리하는 위험관리 계획을 의미한다.

① 소방계획 ② 피난계획
③ 방재계획 ④ 위험관리계획

해설
소방계획의 개념
소방계획은 소방안전관리대상물의 화재로 인한 재난발생을 사전에 예방·대비하고 화재 시 신속하고 효율적으로 대응·복구함으로써 인명 및 재산 피해를 최소화하기 위해 작성·운영하고 유지·관리하는 위험관리 계획을 의미한다.

02 소방계획의 주요 책임과 권한에 관한 사항으로 옳지 않은 것은? 난이도 하

① 대표·소유자 : 소방계획을 수립·실행하는 최종적인 책임과 권한
② 관리책임자 : 소방계획을 수립·실행하는 최종적인 책임과 권한
③ 안전관리자 : 소방계획의 수립·실행에 대한 실무적 책임과 권한
④ 근무·거주자 : 소방계획의 수립·실행에 참여하고 실천하는 책임과 권한

해설
소방계획의 책임과 권한

구분	주요 책임과 권한
대표·소유자	소방계획을 수립·실행하는 최종적인 책임과 권한
관리책임자	소방계획을 수립·실행하기 위한 관리적 책임과 권한
안전관리자	소방계획의 수립·실행에 대한 실무적 책임과 권한
근무·거주자	소방계획의 수립·실행에 참여하고 실천하는 책임과 권한

정답 01 ① 02 ②

03 다음 중 소방계획의 주요 내용으로 옳지 않은 것은? 난이도 중

① 위험물 저장·취급에 관한 사항
② 소화에 관한 사항과 연소 방지에 관한 사항
③ 위험물에 대한 업무수행기록 및 유지에 관한 사항
④ 화재 예방을 위한 자체점검계획 및 대응대책

해설

소방계획의 주요내용
1. 소방안전관리대상물의 위치·구조·연면적·용도 및 수용인원 등 일반 현황
2. 소방안전관리대상물에 설치한 소방시설·방화시설, 전기시설·가스시설 및 위험물시설의 현황
3. 화재예방을 위한 자체점검계획 및 대응대책
4. 소방시설·피난시설 및 방화시설의 점검·정비계획
5. 피난층 및 피난시설의 위치와 피난경로의 설정, 화재안전취약자의 피난계획 등을 포함한 피난계획
6. 방화구획, 제연구획, 건축물의 내부 마감재료 및 방염대상물품의 사용현황과 그 밖의 방화구조 및 설비의 유지·관리계획
7. 관리의 권원이 분리된 소방안전관리에 관한 사항
8. 소방훈련·교육에 관한 계획
9. 소방안전관리대상물의 근무자 및 거주자의 자위소방대 조직과 대원의 임무(화재안전취약자의 피난 보조 임무를 포함한다)에 관한 사항
10. 화기 취급 작업에 대한 사전 안전조치 및 감독 등 공사 중 소방안전관리에 관한 사항
11. 소화에 관한 사항과 연소 방지에 관한 사항
12. 위험물의 저장·취급에 관한 사항
13. 소방안전관리에 대한 업무수행에 관한 기록 및 유지에 관한 사항
14. 화재발생 시 화재경보, 초기소화 및 피난유도 등 초기대응에 관한 사항
15. 그 밖에 소방안전관리를 위하여 소방본부장 또는 소방서장이 소방안전관리대상물의 위치·구조·설비 또는 관리 상황 등을 고려하여 소방안전관리에 필요하여 요청하는 사항

04 다음 소방계획의 주요원리로 옳지 않은 것은? 난이도 중

① 종합적 안전관리
② 통합적 안전관리
③ 지속적 발전모델
④ 총괄적 재난안전관리

해설

소방계획의 주요원리

구분	주요내용
종합적 안전관리	• 모든 형태의 위험을 포괄 • 재난의 전주기적(예방·대비 → 대응 → 복구)단계의 위험성 평가
통합적 안전관리	• 외부 : 거버넌스(정부-대상처-전문기관) 및 안전관리 네트워크 구축 • 내부 : 협력 및 파트너십 구축, 전원참여
지속적 발전모델	• PDCA Cycle(계획 : Plan, 이행/운영 : Do, 모니터링 : Check, 개선 : Act)

정답 03 ③ 04 ④

05 다음 중 소방계획의 주요원리 및 내용으로 옳은 것은?

① 종합적 안전관리 : 거버넌스 및 안전관리 네트워크 구축
② 통합적 안전관리 : 모든 형태의 위험을 포괄
③ 지속적 발전모델 : PDCA CYCLE
④ 총괄적 안전관리 : 재난의 전주기적 단계의 평가

해설
소방계획의 주요원리
지속적 발전모델 : <u>PDCA Cycle</u>(계획 : Plan, 이행/운영 : Do, 모니터링 : Check, 개선 : Act)

06 다음 중 소방계획의 작성원칙으로 옳지 않은 것은?

① 관공서와의 협업
② 실현가능한 계획
③ 관계인의 참여
④ 계획수립의 구조화

해설
소방계획의 작성원칙

구분	내용
실현가능한 계획	소방계획의 작성에서 가장 핵심적인 측면은 위험관리이다. 소방계획은 대상물의 위험요인을 체계적으로 관리하기 위한 일련의 활동이다. 따라서 위험요인의 관리는 반드시 실현 가능한 계획으로 구성되어야 한다.
관계인의 참여	소방계획의 수립 및 시행과정에 소방안전관리대상물의 관계인(소유자, 점유자, 관리자), 재실자(상시거주자, 근무자) 및 방문자 등 전원이 참여하도록 수립하여야 한다.
계획수립의 구조화	체계적이고 전략적인 계획의 수립을 위해 작성-검토-승인의 3단계의 구조화된 절차를 거쳐야 한다.
실행우선	소방계획의 궁극적 목적은 비상상황 발생 시 신속하고 효율적인 대응 및 복구로 피해를 최소화하는 것이다. 문서로 작성된 계획만으로는 소방 계획이 완료되었다고 보기 어렵다. 교육훈련 및 평가 등 이행의 과정이 있어야 비로소 소방계획이 완성되었다고 볼 수 있다.

정답 05 ③ 06 ①

07 다음 빈칸에 들어갈 내용으로 옳은 것은?

난이도 중

> 특정소방대상물의 소방안전관리자는 소방계획서를 매년 ___월 ___일까지 작성하고 시행하여야 한다.

① 1월 1일
② 12월 31일
③ 3월 31일
④ 11월 9일

해설
소방계획의 수립시기
특정소방대상물의 소방안전관리자는 <U>소방계획서를 매년 12월 31일까지 작성</U>하고 시행하여야 한다. 또한 <U>1분기부터 3분기까지는 소방계획 내 수립된 이행계획</U>을 실시하고 <U>3분기에는 교육훈련 및 자체평가 등</U>을 통해 이행사항에 대한 측정 및 평가를 통해 감독을 실시하고 개선조치사항을 파악한다. 여기서 파악된 개선조치 요구사항 등은 위원회 등 의견수렴 체계를 거쳐 4분기에 실시하는 차기연도 소방계획 수립 시 반영토록 한다. 반면 신축 건축물과 새로 구입한 건축물의 경우의 소방계획은 소방안전관리자가 선임신고 시 최초 수립하고 이후는 위와 같은 일정에 따라 수립·운영한다.

08 다음 중 소방계획의 수립절차 4단계에 해당하지 않는 것은?

난이도 하

① 1단계 : 사전기획
② 2단계 : 소방안전관리자 선임
③ 3단계 : 설계/개발
④ 4단계 : 시행 및 유지관리

해설
소방계획의 수립절차

구분	내용
1단계(사전기획)	소방계획 수립을 위한 임시조직을 구성하거나 위원회 등을 개최하여 법적 요구사항은 물론 이해관계자의 의견을 수렴하고 세부 작성 계획을 수립
2단계(위험환경 분석)	대상물 내 물리적 및 인적 위험요인 등에 대한 위험요인을 식별하고, 이에 대한 분석 및 평가를 정성적·정량적으로 실시한 후 이에 대한 대책을 수립
3단계(설계/개발)	대상물의 환경 등을 바탕으로 소방계획수립의 목표와 전략을 수립하고 세부 실행계획을 수립
4단계(시행/유지관리)	구체적인 소방계획을 수립하고 이해관계자의 검토를 거쳐 최종승인을 받은 후 소방계획을 이행하고 지속적인 개선을 실시

정답 07 ② 08 ②

09 다음 중 소방계획의 수립절차에 대한 설명으로 빈칸에 알맞은 답을 고르시오.

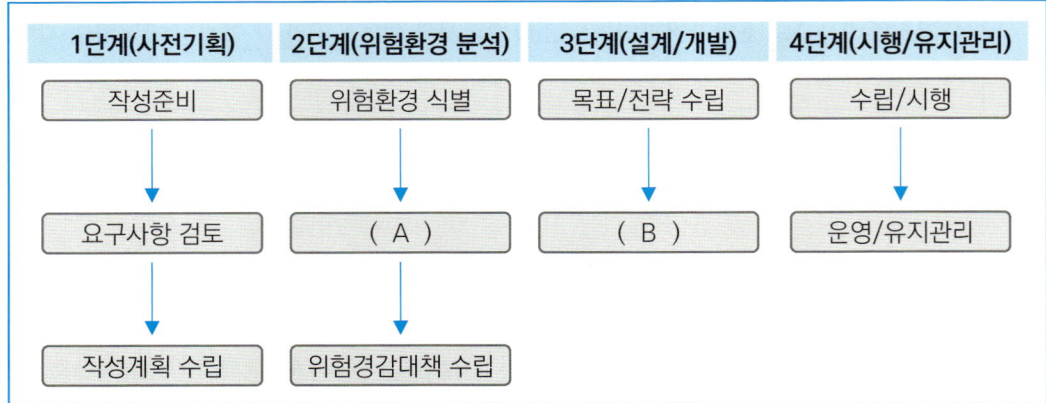

① A : 위험환경 분석/평가   B : 실행계획 설계 및 개발
② A : 실행계획 설계 및 개발   B : 위험환경 분석/평가
③ A : 안전대책 설계   B : 설계/개발 평가
④ A : 위험환경 분석/평가   B : 설계/개발 평가

해설

소방계획의 수립절차

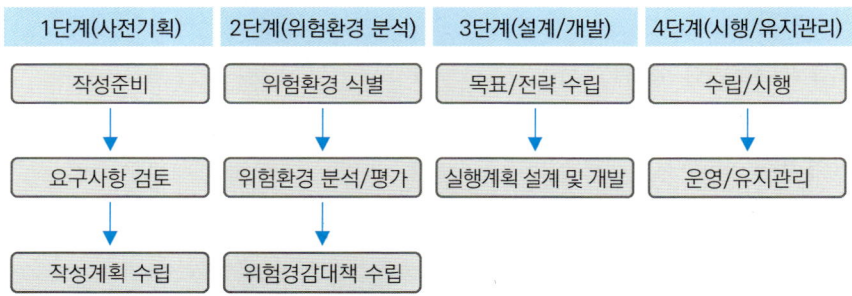

10 다음 중 소방계획의 수립절차에 대한 설명으로 빈칸에 알맞은 답을 고르시오. 난이도 하

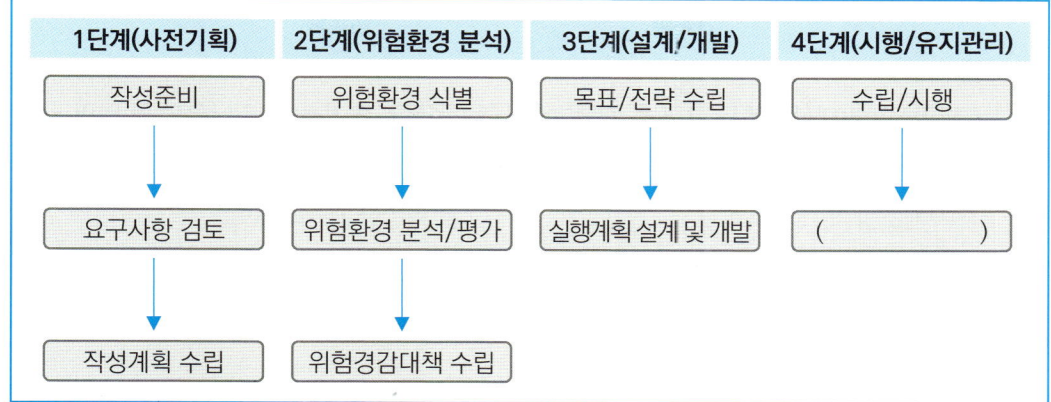

① 총괄평가
② 심사의뢰
③ 유지관리감독
④ 운영/유지관리

해설
소방계획의 수립절차

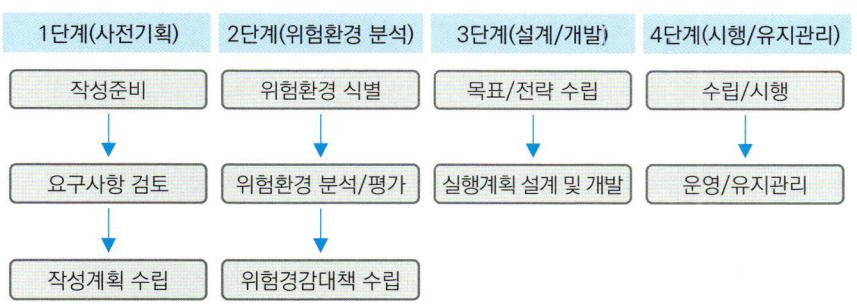

정답 10 ④

제 02 장 자위소방대 및 초기대응체계 구성·운영

11 소방안전관리대상물에서 화재 등 재난발생 시 비상연락, 초기소화, 피난유도 및 인명·재산피해 최소화를 위해 편성된 자율안전관리 조직으로 옳은 것은?

① 자체소방대 ② 소방안전관리자
③ 자위소방대 ④ 의용소방대

해설
자위소방대
1. 소방안전관리대상물에서 화재 등 재난발생 시 비상연락, 초기소화, 피난유도 및 인명·재산피해 최소화를 위해 편성된 자율안전관리 조직이다. 「화재의 예방 및 안전관리에 관한 법률」에서는 관계인과 소방안전관리대상물의 소방안전관리자로 하여금 자위소방대를 구성하고 운영토록 규정하고 있다.
2. 자위소방대는 소방안전관리대상물의 화재 시 초기소화, 조기피난 및 응급처치 등에 필요한 골든타임(화재 시 5분, CPR은 4~6분 이내)확보를 취해 필수적이다. 나아가 "개인의 재산권은 스스로 보호해야 한다"는 자기책임의 원칙에 입각한 관계자의 인식전환 및 책임의식 향상 등 자율안전관리체계 강화를 위한 필수요소 이다.

실력향상 보충해설
자위소방대의 역사
시초는 1952년 직장방공단 규정에 의한 방공단 및 하부조직인 소방반으로 볼 수 있다. 하지만 1958년 행정 지시로 자위소방대가 편성되고, 민방위 발족 직후('75.12) 자위소방대와 직장방공단을 직장방공소방대로 통합하여 편제가 일원화되었으며, 그 후 1979년 12월 방공법은 폐지되었으나 1983년 6월 민방위요소종합지침에 의하여 직장 내 자위소방대를 편성토록 한 것이 오늘날 자위소방대의 모태가 된 것으로 보고 있다.

12 다음 중 자위소방활동의 주요 업무로 옳지 않은 것은?

① 비상연락 ② 초기소화
③ 피난유도 ④ 구출작전

해설
자위소방활동

구분	업무특성
비상연락	화재 시 상황전파, 화재신고(119) 및 통보연락 업무
초기소화	초기소화설비를 이용한 조기 화재진압
응급구조	응급상황 발생 시 응급조치 및 응급의료소 설치·지원
방호안전	화재확산방지, 위험물시설에 대한 제어 및 비상반출
피난유도	재실자, 방문자의 피난유도 및 피난약자에 대한 피난보조 활동

정답 11 ③ 12 ④

13 다음 중 자위소방대의 조직구성 원칙으로 옳지 않은 것은? 난이도 하

① TYPE Ⅰ
② TYPE Ⅱ
③ TYPE Ⅲ
④ TYPE Ⅳ

해설
자위소방대 조직구성 원칙

대상처의 규모, 소방시설 및 편성대원에 따른 조직 편성기준은 다음과 같다.(다만, 대상처별 관리 및 이용형태가 특수한 경우에는 현장 여건에 따라 조직 편성기준을 달리 적용할 수 있다.)

구분	편성대상	편성기준	
TYPE Ⅰ	• 특급 • 1급(연면적 30,000m² 이상 포함 - 공동주택 제외)	지휘통제	지휘통제팀
		현장대응 (본부대)	비상연락팀, 초기소화팀, 피난유도팀, 응급구조팀, 방호안전팀 ※ 필요시 팀 가감편성
		현장대응 (지구대n)	Z- 구역(Zone)별 현장대응팀 ※ 구역별 규모, 인력에 따라 편성
TYPE Ⅱ	• 1급 • 연면적 30,000m² 이상의 경우 TYPE Ⅰ 참고 및 적용(공동주택 제외) • 2급(상시 근무인원 50명 이상)	지휘통제	지휘통제팀
		현장대응	비상연락팀, 초기소화팀, 피난유도팀, 응급구조팀, 방호안전팀 ※ 필요시 팀 가감편성
TYPE Ⅲ	• 2·3급 • 상시 근무인원 50명 이상의 경우 TYPE Ⅱ 참고 및 적용	지휘통제	지휘통제팀
		현장대응	(10인 미만) 현장대응팀 ※ 개별 팀 구분 없음 (10인 이상) 비상연락팀, 초기소화팀, 피난유도팀 ※ 필요 시 팀 가감 편성
초기 대응체계	상시 근무 또는 거주인원	초기대응	초기대응팀(휴일야간 포함)

정답 13 ④

14 소방대상물의 등급이 특급 건물인 경우 자위소방대의 조직구성 원칙으로 유형(Type)으로 옳은 것은?

① TYPE Ⅰ
② TYPE Ⅱ
③ TYPE Ⅲ
④ 특급은 유형이 존재하지 않음

해설

자위소방대 조직구성 원칙 TYPE Ⅰ

대상처의 규모, 소방시설 및 편성대원에 따른 조직 편성기준은 다음과 같다.(다만, 대상처별 관리 및 이용형태가 특수한 경우에는 현장 여건에 따라 조직 편성기준을 달리 적용할 수 있다.)

구분	편성대상	편성기준	
TYPE Ⅰ	• 특급 • 1급(연면적 30,000m² 이상 포함 - 공동주택 제외)	지휘통제	지휘통제팀
		현장대응 (본부대)	비상연락팀, 초기소화팀, 피난유도팀, 응급구조팀, 방호안전팀 ※ 필요시 팀 가감편성
		현장대응 (지구대n)	각 구역(Zone)별 현장대응팀 ※ 구역별 규모, 인력에 따라 편성
초기 대응체계	상시 근무 또는 거주인원	초기대응	초기대응팀(휴일야간 포함)

정답 14 ①

15 아래 조건에 해당하는 자위소방대의 조직구성 유형(Type)으로 옳은 것은? 난이도 하

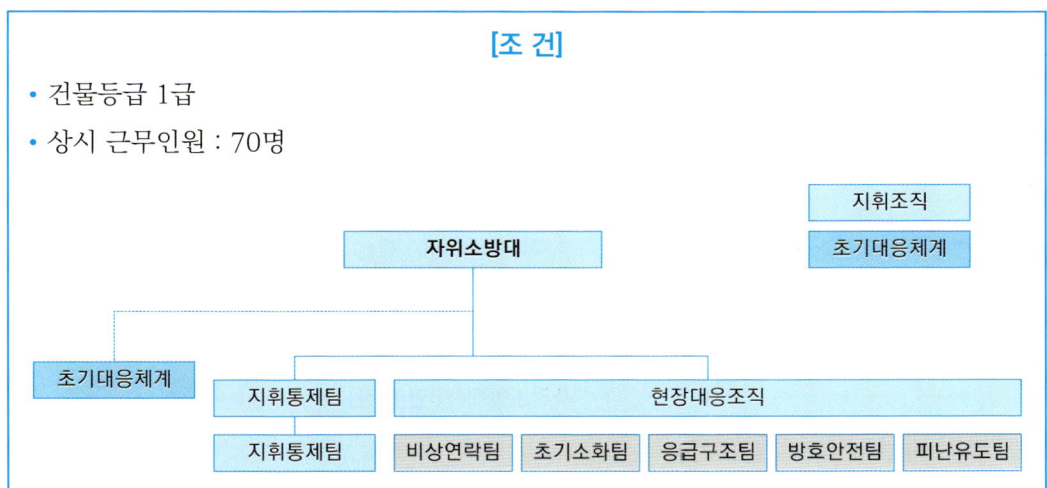

① TYPE Ⅰ ② TYPE Ⅱ
③ TYPE Ⅲ ④ TYPE Ⅳ

해설
자위소방대 조직구성 원칙 TYPE Ⅱ
대상처의 규모, 소방시설 및 편성대원에 따른 조직 편성기준은 다음과 같다.(다만, 대상처별 관리 및 이용형태가 특수한 경우에는 현장 여건에 따라 조직 편성기준을 달리 적용할 수 있다.)

구분	편성대상		편성기준
TYPE Ⅱ	• 1급 • 연면적 30,000m² 이상의 경우 TYPE Ⅰ 참고 및 적용(공동주택 제외) • 2급(상시 근무인원 50명 이상)	지휘통제	지휘통제팀
		현장대응	비상연락팀, 초기소화팀, 피난유도팀, 응급구조팀, 방호안전팀 ※ 필요시 팀 가감편성
초기 대응체계	상시 근무 또는 거주인원	초기대응	초기대응팀(휴일야간 포함)

정답 15 ②

16 다음 그림에 해당하는 자위소방대의 조직구성 유형(Type)으로 옳은 것은?

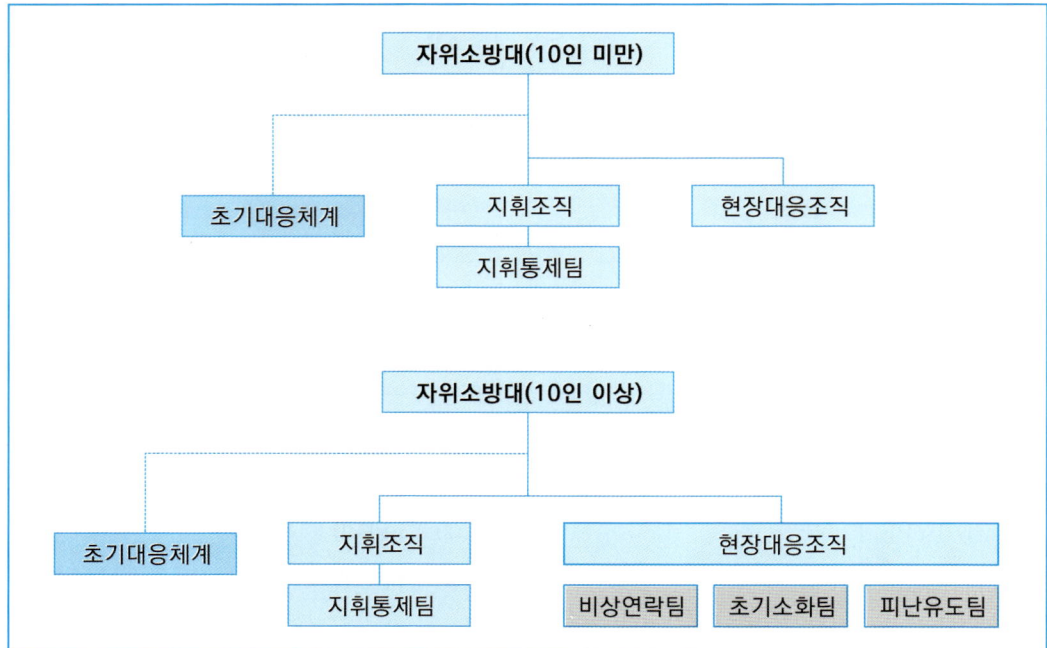

① TYPE Ⅰ
② TYPE Ⅱ
③ TYPE Ⅲ
④ TYPE Ⅳ

해설
자위소방대 조직구성 원칙 TYPE Ⅲ
대상처의 규모, 소방시설 및 편성대원에 따른 조직 편성기준은 다음과 같다.(다만, 대상처별 관리 및 이용형태가 특수한 경우에는 현장 여건에 따라 조직 편성기준을 달리 적용할 수 있다.)

구분	편성대상		편성기준
TYPE Ⅲ	• 2·3급 • 상시 근무인원 50명 이상의 경우 TYPE Ⅱ 참고 및 적용	지휘통제	지휘통제팀
		현장대응	(10인 미만)현장대응팀 ※ 개별 팀 구분 없음 (10인 이상) 비상연락팀, 초기소화팀, 피난유도팀 ※ 필요 시 팀 가감 편성
초기 대응체계	상시 근무 또는 거주인원	초기대응	초기대응팀(휴일야간 포함)

정답 16 ③

제03장 화재대응 및 피난

17 화재가 발생하였을 때 일반적인 피난행동으로 옳지 않은 것은?

① 아래층으로 대피가 불가능 한때에는 옥상으로 대피한다.
② 엘리베이터를 이용하여 신속하게 옥외로 대피한다.
③ 유도등, 유도표지를 따라 대피한다.
④ 옷에 불이 붙었을 때에는 눈과 입을 가리고 바닥에서 뒹군다.

해설
화재 시 일반적 피난행동
1. 엘리베이터는 절대 이용하지 않도록 하며 계단을 이용해 옥외로 대피
2. 아래층으로 대피가 불가능한 때에는 옥상으로 대피
3. 아파트의 경우 세대 밖으로 나가기 어려울 경우 세대 사이에 설치된 경량칸막이를 통해 옆세대로 대피하거나 세대 내 대피공간으로 대피
4. 유도등, 유도표지를 따라 대피
5. 연기 발생 시 최대한 낮은 자세로 이동하고, 코와 입을 젖은 수건 등으로 막아 연기를 마시지 않도록 한다.
6. 출입문을 열기 전 문 손잡이가 뜨거우면 문을 열지 말고 다른 길을 찾는다.
7. 옷에 불이 붙었을 때에는 눈과 입을 가리고 바닥에서 뒹군다.
8. 탈출한 경우에는 절대로 다시 화재 건물로 들어가지 않는다.

실력향상 보충해설
피난실패 시 행동요령
1. 건물 밖으로 대피하지 못한 경우에는 밖으로 통하는 창문이 있는 방으로 들어 간다.
2. 이후 방안으로 연기가 들어오지 못하도록 문틈을 커튼 등으로 막고, 내부 물건 등을 활용하여 자신의 위치를 알리고 구조를 기다린다.

18 장애유형별 피난보조시 시각적인 전달을 위해 표정이나 제스처를 사용하고 조명 또는 메모를 이용한 대화도 효과적인 장애유형으로 옳은 것은?

① 지적장애인
② 노약자
③ 청각장애인
④ 시각장애인

해설
청각장애인의 피난보조
시각적인 전달을 위해 표정이나 제스처를 사용하고 조명(손전등 및 전등)을 적극 활용하며 메모를 이용한 대화도 효과적이다.

정답 17 ② 18 ③

19 다음 중 장애유형별 피난보조 방법으로 옳은 것은? 난이도 중

① 지체장애인 : 2인 이상이 1조가 되어 피난을 보조하고 평지에서의 균형에 주의를 요한다.

② 시각장애인 : 지팡이를 이용하여 피난토록 한다. 피난보조자는 팔과 어깨에 살며시 기대도록 하여 안내하며 계단, 장애물 등을 미리 알려준다.

③ 지적장애인 : 공황상태에 빠질 수 있으므로 급박하고 빠른 어조로 도움을 주러 왔음을 밝히고 피난을 보조한다.

④ 노약자 : 일반인에 준하여 피난보조를 실시한다.

해설
장애유형별 피난보조 예시

구분	내용
지체장애인	불가피한 경우를 제외하고는 2인 이상이 1조가 되어 피난을 보조하고 장애 정도에 따라 보조기구를 적극 활용하며 계단 및 경사로에서의 균형에 주의를 요함 1. 일반적인 경우 • 소아 및 장애인의 몸무게가 보조자에 비해 가벼울때에는 업거나 한 손은 다리를 다른 한 손은 등을 받치고 안아 이동 • 장애인의 몸무게가 보조자에 비해 비슷하거나 무거울때에는 앉은 자세에서 장애인 옆에 위치하여 팔을 어깨에 걸쳐 부축하거나, 2인이 장애인 등 뒤로 팔목을 맞잡고 다른 한 손은 무릎 뒤쪽으로 하여 손을 잡은 후 서로 기대어 장애인을 고정시키고 셋을 센 후 일어나 들어서 대피(들것이나 담요의 활용도 효과적) 2. 휠체어 사용자 : 평지보다 계단에서 주의가 필요(많은 사람들이 보조할수록 쉬운 대피 가능) • 일반휠체어 사용자는 뒤쪽으로 기울여 손잡이를 잡고 뒷바퀴보다 한 계단 아래에서 무게중심을 잡고 이동 • 전동휠체어 사용자는 일반 휠체어와 동일한 요령으로 보조할 수도 있으나 무거워 많은 인원과 공간이 필요하므로 전원을 끈 후 업거나 안아서 피난을 보조
청각장애인	시각적인 전달을 위해 표정이나 제스처를 사용하고 조명(손전등 및 전등)을 적극 활용하며 메모를 이용한 대화도 효과적
시각장애인	지팡이를 이용하여 피난토록 한다. 피난보조자는 팔과 어깨에 살며시 기대도록 하여 안내하며 계단, 장애물 등을 미리 알려준다.(피난유도 시 여기, 저기 등 애매한 표현보다는 좌측 1m, 왼쪽 2m 같이 명확하게 표현하고 여러 명의 시각장애인이 동시 대피하는 경우 서로 손을 잡고 질서있게 피난)
지적장애인	공황상태에 빠질 수 있으므로 차분하고 느린 어조로 도움을 주러 왔음을 밝히고 피난을 보조, 인격을 고려한 친절한 말투 사용이 요구
노약자	장애인에 준하여 피난보조를 실시, 노인은 지병이 있는 경우가 많으므로 구조대가 알기 쉽게 지병을 표시하고, 인솔자나 보조자 외 어린이의 경우 성장이 빠른 1인, 기타는 장애정도가 적은 1인의 유도자를 지정하여 줄서서 피난하는 것이 바람직하며, 환자 및 임산부는 상태를 쉽게 알 수 있는 표식을 부착하는 등 배려한다.

정답 19 ②

소방안전관리자 2급 기출·예상문제

PART 07

응급처치

제1장 응급처치 개요
제2장 응급처치 요령

제 01 장 응급처치 개요

 소방안전관리자 2급 기출·예상문제

01 부상이나 질병으로 인해 위급한 상황에 놓인 환자에게 의사의 치료가 시행되기 전에 즉각적이며 임시적으로 제공하는 처치로 옳은 것은?   난이도 하

① 피난   ② 대피
③ 응급처치   ④ 소방계획

해설
응급처치의 정의 및 목적
가정, 직장 등에서 부상이나 질병으로 인해 위급한 상황에 놓인 환자에게 의사의 치료가 시행되기 전에 즉각적이며 임시적으로 제공하는 처치이다. 목적은 환자의 생명을 구하고 유지하며, 2차적으로 오는 합병증을 예방하고, 환자의 고통과 불안을 경감시켜, 차후 의사의 전문치료에 도움을 주어 회복을 빠르게 하는 데 그 목적이 있다.

실력향상 보충해설
응급처치의 중요성
1. 긴급한 환자의 생명을 유지
2. 환자의 고통을 경감
3. 위급한 부상부위의 응급처치로 치료기간을 단축
4. 현장처치의 원활화로 의료비 절감

02 다음 중 응급처치의 기본사항으로 옳지 않은 것을 고르시오.   난이도 하

① 기도확보(유지)   ② 지혈처리
③ 현장치료   ④ 상처보호

해설
응급처치 기본사항

구분	내용
기도확보(유지)	환자의 입(구강) 내에 이물질이 있을 경우, 이물질이 빠져나올 수 있도록 기침을 유도한다. 만약 기침을 할 수 없는 경우, 하임리히법을 실시한다. 이때 눈에 보이는 이물질이라 하여 함부로 제거하려 해서는 안된다. 환자가 구토를 하는 경우, 머리를 옆으로 돌려 구토물의 흡입으로 인한 질식을 예방해주어야 한다. 이물질이 제거된 후 머리를 뒤로 젖히고, 턱을 위로 들어올려 기도가 개방되도록 하되 접은 옷가지를 환자 목 뒤에 대어 편안하고 안전하게 유지한다.
지혈처리	사람의 체내에는 체중의 성인 7%, 소아의 경우 8~9% 혈액이 있으며 출혈로 혈액량 감소 시 온몸이 저산소 출혈성 쇼크상태가 된다. 출혈의 원인 및 환자의 상태 등에 따라 다르나, 일반적으로 개인당 혈액량의 15~20% 출혈 시 생명이 위험해지고 30% 출혈 시 생명을 잃게 된다.
상처보호	심한 상처로 출혈된 손상부위에 대하여 소독거즈로 응급처치하고 붕대로 드레싱하되 1차 사용한 거즈 등으로 상처를 닦는 것은 금하고 청결하게 소독된 거즈 등을 사용하여야 한다.

정답 01 ③ 02 ③

03 다음 중 응급처치의 기본사항(기도확보)으로 옳지 않은 것은?

① 환자의 입 내에 이물질이 있을 경우, 이물질이 빠져나올 수 있도록 기침을 유도한다.
② 기도를 개방할 때는 머리를 뒤로 젖히고 턱을 위로 들어 올린다.
③ 환자가 구토를 하는 경우 머리는 뒤로 젖혀 구토물의 흡입으로 인한 질식을 예방한다.
④ 환자의 입 안에 이물질이 보일 경우에도 제거하면 안된다.

해설

응급처치 기본사항
환자가 구토를 하는 경우 **머리를 옆으로 돌려서** 구토물의 흡입으로 인한 질식을 예방

정답 03 ③

제 02 장 응급처치 요령

04 다음 출혈의 증상 중 옳지 않은 것은?

난이도 하

① 체온이 올라가고 호흡곤란이 나타난다.
② 반사작용이 둔해진다.
③ 구토가 발생한다
④ 혈압이 점차 떨어진다.

해설
출혈의 정의 및 증상
1. 출혈
   혈액이 피부 밖으로 흘러나오는 것을 외출혈, 피부 안쪽에 고이는 것을 내출혈이라 하고, 혈액 총량은 체중의 약 8%를 차지하며, 성인의 경우 약 4~6L 정도이다.
2. 증상
   - 호흡과 맥박이 빠르고 약하고 불규칙하며, 체온이 떨어지고 호흡곤란도 나타난다.
   - 반사작용이 둔해진다.
   - 탈수현상이 나타나며 갈증을 호소한다.
   - 동공이 확대되고 두려움이나 불안을 호소한다.
   - 혈압이 점차 저하되며, 피부가 창백해지고 차고 축축해진다.
   - 구토가 발생한다.

정답 04 ①

05 다음 중 출혈 시 응급처치 방법으로 옳은 것은? 난이도 하

① 지혈대 사용은 출혈 시 최초의 수단이다.
② 환자를 눕히고 조이는 옷을 묶는다.
③ 지혈대를 오랜 시간 장착할수록 좋으므로 무릎, 팔꿈치와 같은 관절 부위에 착용한다.
④ 지혈대 착용시간을 기록한다.

해설
출혈 시 응급처치
환자를 편안하게 눕히고, 조이는 옷을 풀어 주어 호흡을 편하게 해주고, 손상부위를 올려 주고 차가운 국소찜질을 한다. 부상자의 공포심을 줄이고 심리적 안정감을 찾도록 도와주며 체온유지를 위하여 보온해준다.

구분	내용
직접압박법	출혈 상처부위를 직접 압박하는 방법, 소독거즈로 출혈부위를 덮은 후 4~6인치 압박붕대로 출혈부위가 압박되게 감아준다. 압박 후 출혈이 계속되면 소독된 거즈를 추가로 덮고 압박붕대를 한 번 더 감고 출혈 부위를 심장보다 높여 줌으로써 출혈량을 감소시킬 수 있다.
지혈대 사용법	절단과 같은 심한 출혈이 있을 때나 지혈법으로도 출혈을 막지 못할 경우 최후의 수단으로 사용, 이는 지혈대를 오랜 시간 장착, 방치하면 혈액으로 부터 공급 받던 산소의 부족으로 조직괴사가 유발되니 무릎, 팔꿈치와 같은 관절 부위에는 착용시키지 않는다(5cm 이상의 띠 사용). 1. 출혈부위에서 5~7cm 상단부위를 묶는다. 2. 출혈이 멈추는 지점에서 조임을 멈춘다. 3. 지혈대가 풀리지 않도록 정리한다. 4. 지혈대 착용시간을 기록한다.

06 다음 중 화상의 분류로 맞지 않는 것은? 난이도 하

① 표피화상(1도 화상)
② 부분층화상(2도 화상)
③ 국소화상(2도 화상)
④ 전층화상(3도 화상)

해설
화상의 정의 및 분류
화상은 신체가 손상받지 않고 흡수할 수 있는 양보다 많은 에너지에 노출될 때 에너지와 신체접촉면 사이의 온도가 증가하여 발생

구분	내용
표피화상 (1도 화상)	피부 바깥층의 화상을 말하며 약간의 부종과 홍반이 나타나며 부어오르면서 통증을 느끼나 치료 시 흉터 없이 치료된다.
부분층화상 (2도 화상)	피부의 두 번째 층까지 화상으로 손상되어 심한 통증과 발적, 수포가 발생하므로 표피가 얼룩얼룩하게 되고 진피의 모세혈관이 손상되며 물집이 터져 진물이 나고 감염의 위험이 있다.
전층화상 (3도 화상)	피부 전층이 손상되며 피하지방과 근육층까지 손상된 상태로 피부는 가죽처럼 매끈하고 회색이나 검은색으로도 된다. 피부에 체액이 통하지 않아 화상부위는 건조하며 통증이 없다.

정답 05 ④ 06 ③

07 화상환자 이동 전 조치사항으로 옳지 않은 것을 고르시오. 난이도 하

① 화상환자가 착용한 옷가지가 피부조직에 붙어 있을 때에는 바로 잘라내고 제거해야 한다.
② 통증 호소 또는 피부의 변화에 동요되어 간장, 된장, 식용기름을 바르는 일이 없도록 하여야 한다.
③ 골절환자일 경우 무리하게 압박하여 드레싱하는 것은 금한다.
④ 화상환자가 부분층화상일 경우 수포(물집)상태의 감염 우려가 있으니 터트리지 말아야한다.

해설
표피화상(1도 화상)
피부 바깥층의 화상을 말하며 약간의 부종과 홍반이 나타나며 부어오르면서 통증을 느끼나 치료 시 흉터 없이 치료된다.

실력향상 보충해설
화상의 응급처치

구분	내용
이동 전 조치	1. 화상환자가 착용한 옷가지가 피부조직에 붙어 있을 때에는 옷을 잘라내지 말고 수건 등으로 닦거나 접촉되는 일이 없도록 한다. 2. 통증 호소 또는 피부의 변화에 동요되어 간장, 된장, 식용기름을 바르는 일이 없도록 하여야 하고, 1도, 2도 화상은 화상부위를 흐르는 물에 식혀준다. 이때 물의 온도는 실온, 수압은 약하게 하여 화상부위보다 위에서 아래로 흘러내리도록 한다. 3도 화상은 물에 적신 천을 대어 열기가 심부로 전달되는 것을 막아 주고 통증을 줄여 준다. 3. 화상부분의 오염 우려 시는 소독거즈가 있을 경우 화상부위를 덮어주면 좋다 그러나 골절환자일 경우 무리하게 압박하여 드레싱하는 것은 금한다. 4. 화상환자가 부분층화상일 경우 수포(물집)상태의 감염 우려가 있으니 터트리지 말아야 한다.
이송	응급처치 후 환자의 화상부위가 상부로 오도록 조치하고 구급차에 들것 등으로 승차 시 화상부위가 손상되지 아니하도록 각별히 유의하여야 한다.

08 다음 중 표피화상(1도 화상)에 대한 설명으로 옳지 않은 것을 고르시오. 난이도 하

① 진피의 모세혈관이 손상되며 물집이 터져 진물이 난다.
② 표피 바깥층의 화상
③ 약간의 부종과 홍반이 나타난다.
④ 통증을 느끼나 흉터없이 치료된다.

해설
표피화상(1도 화상)
피부 바깥층의 화상을 말하며 약간의 부종과 홍반이 나타나며 부어오르면서 통증을 느끼나 치료 시 흉터 없이 치료된다.

정답 07 ① 08 ①

09 다음 중 심폐소생술의 과정이 아닌 것을 고르시오. 난이도 하

① 가슴압박　　　　　　　② 기도유지
③ 인공호흡　　　　　　　④ 맥박확인

해설
심폐소생술의 기본순서
호흡과 심장이 멎고 4~6분이 경과하면 산소 부족으로 뇌가 손상되어 원상 회복되지 않으므로 호흡이 없으면 즉시 심폐소생술을 실시해야 하며, 기본 순서는 가슴압박(Compression) → 기도유지(Airway) → 인공호흡(Breathing)의 C → A → B 순서이다.

10 자동심장충격기(AED)사용 중 패드 부착 단계에서 패드부착 위치로 옳은 것을 고르시오.(단, 해당 사진은 환자가 누워있는 상태를 바라보고있는 모습) 난이도 하

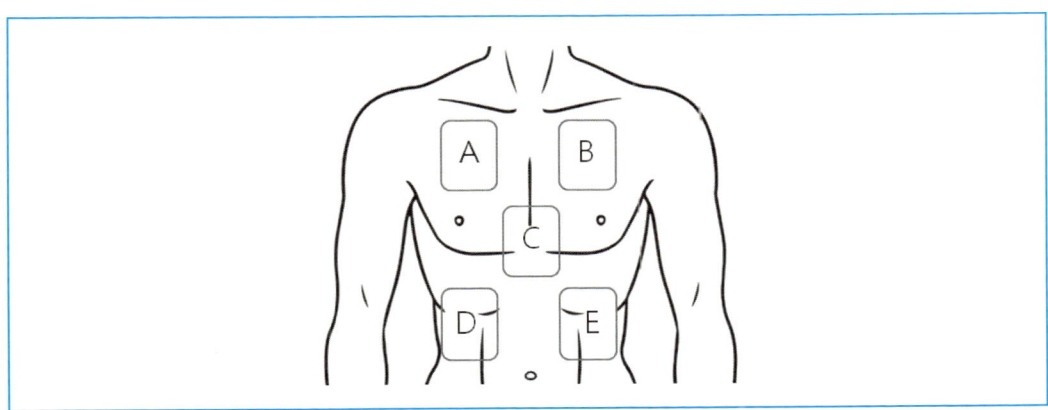

① A, B　　　　　　　② A, C
③ B, D　　　　　　　④ A, E

해설

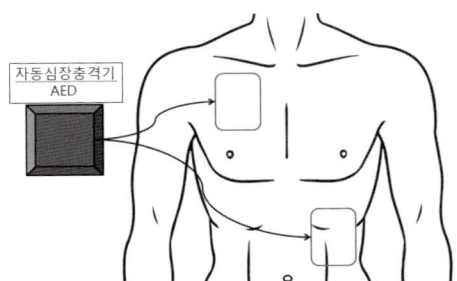

정답 09 ④　10 ④

11 다음 중 심폐소생술의 기본순서로 옳은 것은?

① 가슴압박 → 인공호흡 → 기도유지
② 인공호흡 → 가슴압박 → 기도유지
③ 가슴압박 → 기도유지 → 인공호흡
④ 기도유지 → 가슴압박 → 인공호흡

해설

심폐소생술의 기본순서
가슴압박(Compression) → 기도유지(Airway) → 인공호흡(Breathing)

12 자동심장충격기(AED)의 사용방법으로 옳은 것은?

① 패드 1 : 왼쪽 빗장뼈 아래에 부착한다.
② 패드 2 : 오른쪽 젖꼭지 아래의 중간 겨드랑선에 부착한다.
③ 심장충격(제세동)을 실시한 뒤에는 즉시 가슴압박과 인공호흡을 30:2로 다시 시작한다.
④ 심장충격기는 5분마다 심장리듬을 반복해서 분석하며 이러한 심장충격기의 사용 및 심폐소생술의 시행은 구급대가 현장에 도착할 때까지 지속한다.

해설

자동심장충격기(AED) 사용방법
반응과 정상적인 호흡이 없는 심정지 환자에게만 사용해야 한다. 심폐소생술 시행 중에 심장충격기가 도착하면 지체 없이 적용해야 한다.

구분	내용
전원켜기	심폐소생술에 방해가 되지않는 위치에 놓은 뒤에 전원 버튼을 누른다.
패드 부착(2개)	패드 1 : 오른쪽 빗장뼈 아래 패드 2 : 왼쪽 젖꼭지 아래의 중간겨드랑선 패드 부착부위에 이물질이 있다면 제거하며, 패드와 심장충격기 본체가 분리되어 있는 경우에는 연결한다.
심장리듬 분석	"분석 중..."이라는 음성 지시가 나오면, 심폐소생술을 멈추고 환자에게서 손을 뗀다. 심장충격이 필요한 경우라면 "심장충격 이 필요합니다"라는 음성 지시와 함께 심장충격기 스스로 설정 된 에너지로 충전을 시작한다. 심장충격기의 충전은 수 초 이상 소요되므로 가능한 가슴압박을 시행, 심장충격이 필요 없는 경우에는 "환자의 상태를 확인하고, 심폐소생술을 계속 하십시오"라는 음성 지시가 나오며, 이 경우에는 즉시 심폐소생술을 시작한다.
심장충격(제세동) 시행	심장충격(제세동)이 필요한 경우에만 심장충격(제세동) 버튼이 깜박이기 시작한다. 깜박이는 버튼을 눌러 심장충격(제세동)을 시행한다. 심장충격(제세동) 버튼을 누르기 전에는 반드시 다른 사람이 환자에게서 떨어져 있는지 확인하여야 한다.
즉시 심폐소생술 다시 시행	심장충격(제세동)을 실시한 뒤에는 즉시 가슴압박과 인공호흡을 30:2로 다시 시작한다. 심장충격기는 2분마다 심장리듬을 반복해서 분석하며, 이러한 심장충격기의 사용 및 심폐소생술의 시행은 119 구급대가 현장에 도착할 때까지 지속되어야 한다.

정답 11 ③ 12 ③

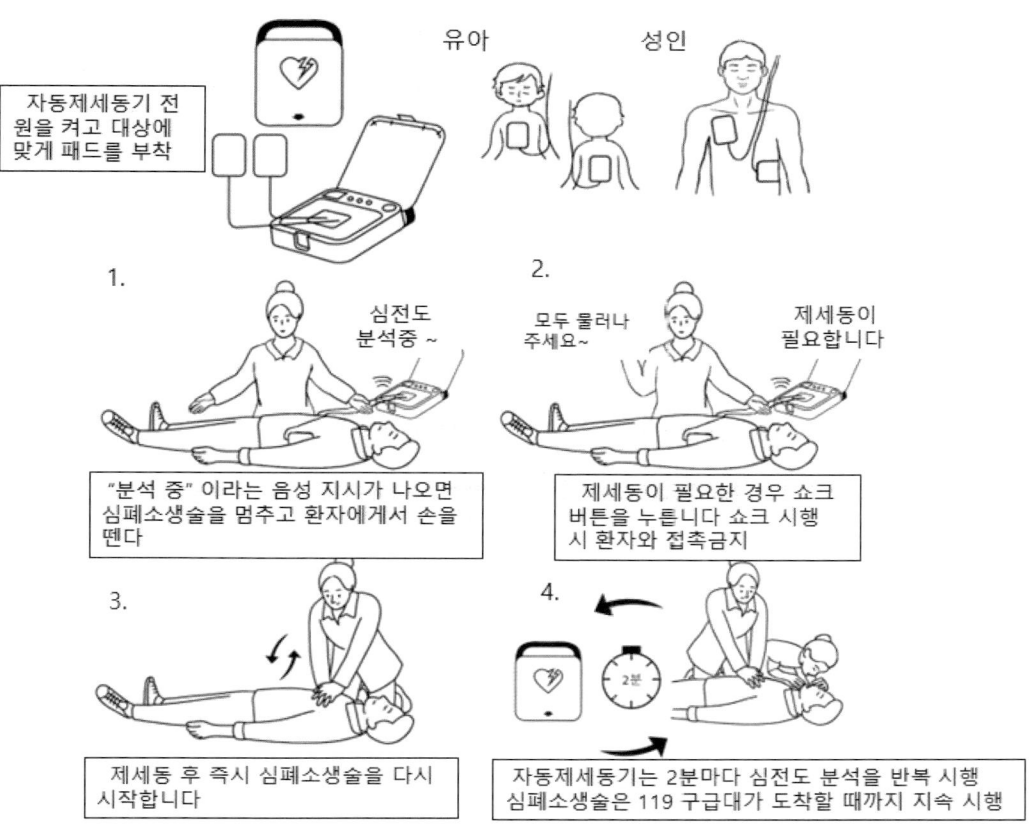

소방안전관리자 단칼에 정복!!
소방안전관리자 2급 기출·예상문제

PART 08

소방안전교육 및 훈련

제1장 소방안전교육 및 훈련

소방안전관리자 2급 기출·예상문제

제 01 장 소방안전교육 및 훈련

01 다음 중 소방교육 및 훈련의 실시원칙으로 옳지 않은 것은?　　난이도 하

① 학습자 중심의 원칙
② 동기부여의 원칙
③ 목적의 원칙
④ 안전관리의 원칙

해설
소방교육 및 훈련의 실시 원칙

구분	내용
학습자 중심의 원칙	• 한 번에 한 가지씩 습득 가능한 분량을 교육 및 훈련시킨다. • 쉬운 것에서 어려운 것으로 교육을 실시하되 기능적 이해에 비중을 둔다. • 학습자에게 감동이 있는 교육이 되어야 한다.
동기부여의 원칙	• 교육의 중요성을 전달해야 한다. • 학습을 위해 적절한 스케줄을 적절히 배정해야 한다. • 교육은 시기적절하게(Just-in-time) 이루어져야 한다. • 핵심사항에 교육의 포커스를 맞추어야 한다. • 학습에 대한 보상을 제공해야 한다. • 교육에 재미를 부여해야 한다. • 교육에 있어 다양성을 활용해야 한다. • 사회적 상호작용(social interaction)을 제공해야 한다. • 전문성을 공유해야 한다. • 초기성공에 대해 격려해야 한다.
목적의 원칙	• 어떠한 기술을 어느 정도까지 익혀야 하는가를 명확하게 제시한다. • 습득하여야 할 기술이 활동 전체에서 어느 위치에 있는가를 인식하도록 한다.
현실의 원칙	• 학습자의 능력을 고려하지 않은 훈련은 비현실적이고 불완전하다.
실습의 원칙	• 실습을 통해 지식을 습득한다. • 목적을 생각하고, 적절한 방법으로 정확하게 하도록 한다.
경험의 원칙	• 경험을 했던 사례를 들어 현실감 있게 하도록 한다.
관련성의 원칙	• 모든 교육 및 훈련 내용은 실무적인 접목과 현장성이 있어야 한다.

정답 01 ④

02 소방교육 및 훈련의 실시원칙 중 학습자 중심의 원칙에 관하여 옳지 않은 것은?

난이도 ㉮

① 한 번에 한 가지씩 습득 가능한 분량을 교육 및 훈련시킨다.
② 쉬운 것에서 어려운 것으로 교육을 실시하되 기능적 이해에 비중을 둔다.
③ 교육의 중요성을 전달해야 한다.
④ 학습자에게 감동이 있는 교육이 되어야 한다.

해설
소방교육 및 훈련의 실시 원칙(학습자 중심의 원칙)
1. 한 번에 한 가지씩 습득 가능한 분량을 교육 및 훈련시킨다.
2. 쉬운 것에서 어려운 것으로 교육을 실시하되 기능적 이해에 비중을 둔다.
3. 학습자에게 감동이 있는 교육이 되어야 한다.

03 소방교육 및 훈련의 실시원칙 중 목적의 원칙으로 옳은 것은?

난이도 ㉮

① 학습에 대한 보상을 제공해야 한다.
② 어떠한 기술을 어느 정도까지 익혀야 하는가를 명확하게 제시한다.
③ 학습자의 능력을 고려하지 않은 훈련은 비현실적이고 불완전하다.
④ 쉬운 것에서 어려운 것으로 교육을 실시하되 기능적 이해에 비중을 둔다.

해설
소방교육 및 훈련의 실시 원칙(목적의 원칙)
1. 어떠한 기술을 어느 정도까지 익혀야 하는가를 명확하게 제시한다.
2. 습득하여야 할 기술이 활동 전체에서 어느 위치에 있는가를 인식하도록 한다.

정답 02 ③ 03 ②

소방안전관리자 단칼에 정복!!
소방안전관리자 2급 기출·예상문제

PART 09

작동점검표 작성 및 실습

제1장 작동점검표 작성

제 01 장 작동점검표 작성

01 다음 중 작동점검표 구성으로 옳지 않은 것은?

① 점검인력 등급표
② 소방시설등 세부현황
③ 소방시설별 점검표
④ 소방시설등 점검표

해설
작동점검표 구성
1. 소방시설등 점검표
2. 소방시설등 세부현황
3. 소방시설별 점검표

02 다음 중 작동점검 및 종합점검 전 준비사항으로 옳지 않은 것은?

① 협의나 협조 받을 건물 관계인 등 연락처를 사전 확보
② 점검은 상황과 관계없이 불시점검
③ 점검의 목적과 필요성에 대하여 건물 관계인에게 사전 안내
④ 음향장치 및 각 실별 방문점검을 미리공지

해설
작동점검 및 종합점검 전 준비사항
1. 협의나 협조 받을 건물 관계인 등 연락처를 사전 확보
2. 점검의 목적과 필요성에 대하여 건물 관계인에게 사전 안내
3. 음향장치 및 각 실별 방문점검을 미리 공지

실력향상 보충해설
작동점검 및 종합점검 전 현황확인
1. 건축물대장을 이용하여 건물개요 확인
2. 도면 등을 이용하여 설비의 개요 및 설치위치 등을 파악
3. 점검사항을 토대로 점검순서를 계획하고 점검장비 및 공구를 준비
4. 기존의 점검자료 및 조치결과가 있다면 점검 전 참고
5. 점검과 관련된 각종 법규 및 기준을 준비하고 숙지

정답 01 ① 02 ②

03 다음 중 점검표 작성을 위한 준비물로 옳은 것은? 난이도 중

① 소방계획서
② 관할 소방서 지원 요청
③ 소방안전관리자 수첩
④ 소방시설등록증

해설
점검표 작성을 위한 준비물
1. 소방시설등 자체점검 실시결과 보고서 :「소방시설 설치 및 관리에 관한 법률 시행규칙」별지 제9호 서식
2. 소방시설등(작동, 종합(최초점검, 그밖의 점검))점검표 : 소방시설 자체점검사항 등에 관한 고시 별지 제4호서식
3. 건축물대장
4. 소방도면 및 소방시설 현황
5. 소방계획서 등

04 다음 중 소방시설등의 세부현황 구성으로 옳지 않은 것은? 난이도 하

① 소화기구, 자동소화장치
② 경보설비
③ 건축설비
④ 소화활동설비

해설
소방시설등의 세부현황 구성
1. 소화기구, 자동소화장치
2. 수계소화설비(공통사항)
3. 수계소화설비(개별사항)
4. 가스계소화설비(개별사항)
5. 경보설비
6. 피난구조설비
7. 소화용수설비
8. 소화활동설비

정답 03 ① 04 ③

소방안전관리자 단칼에 정복!!
소방안전관리자 2급 기출·예상문제

PART 10

소방관계법령 벌금 및 과태료 기출복원 예상문제

제1장 소방관계법령 벌금 및 과태료 기출복원 예상문제

제 01 장 소방관계법령 벌금 및 과태료 기출복원 예상문제

01 다음 중 3년 이하의 징역 또는 3천만원 이하의 벌금에 해당하지 않은 것을 고르시오. 난이도 중

① 화재가 발생하거나 불이 번질 우려가 있는 소방대상물 및 토지의 강제처분을 방해한 자 또는 정당한 사유 없이 그 처분에 따르지 아니한 자
② 화재안전조사 결과에 따른 조치명령을 정당한 사유없이 위반한 자
③ 화재예방안전진단 결과에 따른 보수·보강 등의 조치명령을 정당한 사유 없이 위반한 자
④ 화재안전조사를 정당한 사유 없이 거부·방해 또는 기피한 자

해설
④ 300만원 이하의 벌금에 해당

실력향상 보충해설
3년 이하의 징역 또는 3천만원 이하의 벌금

소방기본법	화재가 발생하거나 불이 번질 우려가 있는 소방대상물 및 토지의 강제처분을 방해한 자 또는 정당한 사유 없이 그 처분에 따르지 아니한 자
화재의 예방 및 안전관리에 관한 법률	• 화재안전조사 결과에 따른 조치명령을 정당한 사유없이 위반한 자 • 화재예방안전진단 결과에 따른 보수·보강 등의 조치명령을 정당한 사유 없이 위반한 자

02 다음 중 300만원 이하의 벌금 대상이 아닌 것은 무엇인가? 난이도 중

① 화재안전조사를 정당한 사유 없이 거부·방해 또는 기피한 자
② 화재예방조치 조치명령을 정당한 사유 없이 따르지 아니하거나 방해한 자
③ 소방안전관리자에게 불이익한 처우를 한 관계인
④ 소방안전관리자 자격증을 다른 사람에게 빌려 주거나 빌리거나 이를 알선한 자

해설
④ 1년 이하의 징역 또는 1천만원 이하의 벌금에 해당

실력향상 보충해설
300만원 이하의 벌금

300만원 이하 벌금	• 화재안전조사를 정당한 사유 없이 거부·방해 또는 기피한 자 • 화재예방조치 조치명령을 정당한 사유 없이 따르지 아니하거나 방해한 자 • 소방안전관리자, 총괄소방안전관리자, 소방안전관리보조자를 선임하지 아니한 자 • 소방시설·피난시설·방화시설 및 방화구획 등이 법령에 위반된 것을 발견하였음에도 필요한 조치를 할 것을 요구하지 아니한 소방안전관리자 • 소방안전관리자에게 불이익한 처우를 한 관계인

정답 01 ④ 02 ④

03 다음 중 화재가 발생하거나 불이 번질 우려가 있는 소방대상물 및 토지의 강제처분을 방해한 자 또는 정당한 사유 없이 그 처분에 따르지 아니한 자에 대한 벌금 규정은 무엇인지 고르시오. 난이도 **하**

① 5년 이하의 징역 또는 5천만원 이하의 벌금
② 4년 이하의 징역 또는 4천만원 이하의 벌금
③ 3년 이하의 징역 또는 3천만원 이하의 벌금
④ 2년 이하의 징역 또는 2천만원 이하의 벌금

해설
3년 이하의 징역 또는 3천만원 이하의 벌금

소방기본법	화재가 발생하거나 불이 번질 우려가 있는 소방대상물 및 토지의 강제처분을 방해한 자 또는 정당한 사유 없이 그 처분에 따르지 아니한 자
화재의 예방 및 안전관리에 관한 법률	화재안전조사 결과에 따른 조치명령을 정당한 사유없이 위반한 자
	화재예방안전진단 결과에 따른 보수·보강 등의 조치명령을 정당한 사유 없이 위반한 자

04 다음 중 5년 이하의 징역 또는 5천만원 이하의 벌금 대상이 아닌 것은 무엇인가? 난이도 **중**

① 위력을 사용하여 출동한 소방대의 화재진압·인명구조 또는 구급활동을 방해하는 행위
② 소방자동차의 출동을 방해한 사람
③ 사람을 구출하는 일 또는 불을 끄거나 번지지 아니하도록 하는 일을 방해한 사람
④ 긴급조치를 정당한 사유 없이 방해한 자

해설
④ 100만원 이하의 벌금에 해당

실력향상 보충해설
5년 이하의 징역 또는 5천만원 이하의 벌금

5년 이하의 징역 또는 5천만원 이하의 벌금	「소방기본법」 제16조제2항을 위반하여 다음의 어느 하나에 해당하는 행위를 한 사람 1. 위력을 사용하여 출동한 소방대의 화재진압·인명구조 또는 구급활동을 방해하는 행위 2. 소방대가 화재진압·인명구조 또는 구급활동을 위하여 현장에 출동하거나 출입하는 것을 고의로 방해하는 행위 3. 출동한 소방대의 소방장비를 파손하거나 그 효용을 해하여 화재진압·인명구조 또는 구급활동을 방해하는 행위 4. 출동한 소방대의 소방장비를 파손하거나 그 효용을 해하여 화재진압·인명구조 또는 구급활동을 방해하는 행위
	「소방기본법」 제21조제1항을 위반하여 소방자동차의 출동을 방해한 사람
	「소방기본법」 제24조제1항에 따른 사람을 구출하는 일 또는 불을 끄거나 불이 번지지 아니하도록 하는 일을 방해한 사람
	「소방기본법」 제28조를 위반하여 정당한 사유 없이 소방용수시설 또는 비상소화장치를 사용하거나 소방용수시설 또는 비상소화장치의 효용을 해치거나 그 정당한 사용을 방해한 사람

정답 03 ③ 04 ④

05 다음과 같은 상황에서 과태료의 기준으로 올바른 것을 고르시오. 난이도 중

> 건설현장 소방안전관리대상물의 소방안전관리자의 업무를 하지 아니한 경우

① 1차 위반 : 100만원, 2차 위반 : 200만원, 3차 이상 위반 : 300만원
② 1차 위반 : 200만원, 2차 위반 : 300만원, 3차 이상 위반 : 400만원
③ 1차 위반 : 300만원, 2차 위반 : 400만원, 3차 이상 위반 : 500만원
④ 1차 위반 : 400만원, 2차 위반 : 500만원, 3차 이상 위반 : 600만원

해설

300만원 이하의 과태료
1. 법 제17조(화재의 예방조치 등)제1항의 각 호를 위반하여 화기취급 등을 한 자
2. 법 제24조(특정소방대상물 소방안전관리)제2항을 위반하여 소방안전관리자를 겸한 자
3. <u>법 제29조(건설현장 소방안전관리)제2항을 위반하여 건설현장 소방안전관리대상물의 소방안전관리자의 업무를 하지 아니한 경우</u>

과태료 부과기준
1차 위반 : 100만원 / 2차 위반 : 200만원 / 3차 이상 위반 : 300만원

4. 소방안전관리업무를 하지 아니한 특정소방대상물의 관계인 또는 소방안전관리대상물의 소방안전관리자
5. 피난유도 안내정보를 제공하지 아니한 자
6. 소방훈련 및 교육을 하지 아니한 자

06 소방시설을 폐쇄, 차단하여 사람을 상해에 이르게 하였다. 올바른 벌칙을 고르시오. 난이도 상

① 3년 이하의 징역 또는 3천만원 이하의 벌금
② 5년 이하의 징역 또는 5천만원 이하의 벌금
③ 7년 이하의 징역 또는 7천만원 이하의 벌금
④ 10년 이하의 징역 또는 1억원 이하의 벌금

해설

소방시설에 폐쇄・차단 등의 행위를 한 자
1. 5년 이하의 징역 또는 5천만원 이하의 벌금
2. <u>사람을 상해에 이르게 한 때 : 7년 이하의 징역 또는 7천만원 이하의 벌금</u>
3. 사망에 이르게 한 때 : 10년 이하의 징역 또는 1억원 이하의 벌금

정답 05 ① 06 ③

07 다음과 같은 상황에서 과태료의 기준으로 올바른 것을 고르시오. 난이도 중

> 1. 피난유도 안내정보를 제공하지 아니한 자
> 2. 소방훈련 및 교육을 하지 아니한 자

① 100만원 ② 200만원
③ 300만원 ④ 400만원

해설
300만원 이하의 과태료
1. 법 제17조(화재의 예방조치 등)제1항의 각 호를 위반하여 화기취급 등을 한 자
2. 법 제24조(특정소방대상물 소방안전관리)제2항을 위반하여 소방안전관리자를 겸한 자
3. 법 제29조(건설현장 소방안전관리)제2항을 위반하여 건설현장 소방안전관리대상물의 소방안전관리자의 업무를 하지 아니한 경우

과태료 부과기준
1차 위반 : 100만원 / 2차 위반 : 200만원 / 3차 이상 위반 : 300만원

4. 소방안전관리업무를 하지 아니한 특정소방대상물의 관계인 또는 소방안전관리대상물의 소방안전관리자
5. 피난유도 안내정보를 제공하지 아니한 자
6. 소방훈련 및 교육을 하지 아니한 자

08 다음 중 점검기록표를 기록하지 아니하거나 특정소방대상물의 출입자가 쉽게 볼 수 있는 장소에 게시하지 아니한 관계인에게 부과하는 과태료를 고르시오. 난이도 중

① 1차 위반 : 50만원, 2차 위반 : 100만원, 3차 위반 : 200만원
② 1차 위반 : 100만원, 2차 위반 : 200만원, 3차 위반 : 300만원
③ 1차 위반 : 150만원, 2차 위반 : 300만원, 3차 위반 : 400만원
④ 1차 위반 : 200만원, 2차 위반 : 400만원, 3차 위반 : 500만원

해설
300만원 이하의 과태료
점검기록표를 기록하지 아니하거나 특정소방대상물의 출입자가 쉽게 볼 수 있는 장소에 게시하지 아니한 관계인

과태료 부과기준
1차 위반 : 100만원 / 2차 위반 : 200만원 / 3차 이상 위반 : 300만원

정답 07 ③ 08 ②

09 다음과 같은 상황에서 과태료 부과 기준으로 올바른 것을 고르시오. 난이도 **상**

> • 기간 내에 선임신고를 하지 아니한 자
> • 기간 내에 소방훈련 및 교육 결과를 제출하지 아니한 자

① 50만원 이하 과태료
② 100만원 이하 과태료
③ 200만원 이하 과태료
④ 300만원 이하 과태료

해설

200만원 이하의 과태료

1. <u>기간 내에 선임신고를 하지 아니하거나</u> 소방안전관리자의 성명 등을 게시하지 아니한 자
2. 법 제29조(건설현장 소방안전관리)제1항을 위반하여 기간 내에 선임신고를 하지 아니한 자

과태료 부과기준
• 지연신고기간이 1개월 미만인 경우 : 50만원
• 지연신고기간이 1개월 이상 3개월 미만인 경우 : 100만원
• 지연신고기간이 3개월 이상이거나 신고하지 않은 경우 : 200만원

3. <u>기간 내에 소방훈련 및 교육 결과를 제출하지 아니한 자</u>

---

10 다음 중 건설현장 소방안전관리대상물의 소방안전관리자의 업무를 하지 아니한 경우의 과태료 부과 기준을 고르시오.(단, 1차 위반하였을 경우) 난이도 **하**

① 50만원
② 100만원
③ 200만원
④ 300만원

해설

300만원 이하의 과태료(건설현장 소방안전관리)

법 제29조(건설현장 소방안전관리)제2항을 위반하여 건설현장 소방안전관리대상물의 소방안전관리자의 업무를 하지 아니한 경우

과태료 부과기준
<u>1차 위반 : 100만원</u> / 2차 위반 : 200만원 / 3차 이상 위반 : 300만원

정답 09 ③ 10 ②

11 다음 중 300만원 이하의 벌금 대상이 아닌 것은 무엇인가? 난이도 중

① 화재예방안전진단을 받지 아니한 자
② 화재안전조사를 정당한 사유 없이 거부·방해 또는 기피한 자
③ 화재예방조치 조치명령을 정당한 사유 없이 따르지 아니하거나 방해한 자
④ 소방안전관리자를 선임하지 아니한 자

해설
②, ③, ④ 300만원 이하의 벌금에 해당
① 1년 이하의 징역 또는 1천만원 이하 벌금에 해당

실력향상 보충해설
300만원 이하의 벌금

300만원 이하 벌금	• 화재안전조사를 정당한 사유 없이 거부·방해 또는 기피한 자 • 화재예방조치 조치명령을 정당한 사유 없이 따르지 아니하거나 방해한 자 • 소방안전관리자, 총괄소방안전관리자, 소방안전관리보조자를 선임하지 아니한 자 • 소방시설·피난시설·방화시설 및 방화구획 등이 법령에 위반된 것을 발견하였음에도 필요한 조치를 할 것을 요구하지 아니한 소방안전관리자 • 소방안전관리자에게 불이익한 처우를 한 관계인

12 시장지역에서 화재로 오인할 만한 우려가 있는 불을 피우거나 연막소독을 실시하고자 하는 자가 신고를 하지 아니하여 소방자동차를 출동하게 하였다. 과태료 부과 기준으로 옳은 것은? 난이도 하

① 100만원 이하   ② 80만원 이하
③ 40만원 이하   ④ 20만원 이하

해설
20만원 이하의 과태료
아래의 지역 또는 장소에서 화재로 오인할 만한 우려가 있는 불을 피우거나 연막소독을 실시하고자 하는 자가 신고를 하지 아니하여 소방자동차를 출동하게 한 자
1. 시장지역
2. 공장·창고가 밀집한 지역
3. 목조건물이 밀집한 지역
4. 위험물의 저장 및 처리시설이 밀집한 지역
5. 석유화학제품을 생산하는 공장이 있는 지역
6. 그 밖에 시·도의 조례로 정하는 지역 또는 장소

정답 11 ① 12 ④

13 다음 중 벌금 혹은 과태료 부과 기준이 다른 것을 고르시오. 난이도 중

① 소방자동차 전용구역에 주차한 자
② 소방자동차의 출동에 지장을 준 자
③ 소방활동구역을 출입한 사람
④ 한국소방안전원 또는 이와 유사한 명칭을 사용한 자

해설
① 100만원 이하의 과태료에 해당
②, ③, ④ 200만원 이하의 과태료에 해당

14 정당한 사유 없이 소방용수시설 또는 비상소화장치를 사용하거나 소방용수시설 또는 비상소화장치의 효용을 해치거나 그 정당한 사용을 방해한 사람에게 부과되는 벌칙을 고르시오. 난이도 중

① 1년 이하의 징역 또는 1천만원 이하의 벌금
② 3년 이하의 징역 또는 3천만원 이하의 벌금
③ 5년 이하의 징역 또는 5천만원 이하의 벌금
④ 7년 이하의 징역 또는 7천만원 이하의 벌금

해설
5년 이하의 징역 또는 5천만원 이하의 벌금

5년 이하의 징역 또는 5천만원 이하의 벌금	「소방기본법」 제16조제2항을 위반하여 다음의 어느 하나에 해당하는 행위를 한 사람 1. 위력을 사용하여 출동한 소방대의 화재진압·인명구조 또는 구급활동을 방해하는 행위 2. 소방대가 화재진압·인명구조 또는 구급활동을 위하여 현장에 출동하거나 출입하는 것을 고의로 방해하는 행위 3. 출동한 소방대의 소방장비를 파손하거나 그 효용을 해하여 화재진압·인명구조 또는 구급활동을 방해하는 행위 4. 출동한 소방대의 소방장비를 파손하거나 그 효용을 해하여 화재진압·인명구조 또는 구급활동을 방해하는 행위
	「소방기본법」 제21조제1항을 위반하여 소방자동차의 출동을 방해한 사람
	「소방기본법」 제24조제1항에 따른 사람을 구출하는 일 또는 불을 끄거나 불이 번지지 아니하도록 하는 일을 방해한 사람
	「소방기본법」 제28조를 위반하여 정당한 사유 없이 소방용수시설 또는 비상소화장치를 사용하거나 소방용수시설 또는 비상소화장치의 효용을 해치거나 그 정당한 사용을 방해한 사람

정답 13 ① 14 ③

15 다음 중 벌금에 해당하지 않는 항목을 고르시오. 난이도 중

① 정당한 사유 없이 소방대의 생활안전활동을 방해한 자
② 피난명령을 위반한 자
③ 소방대가 도착할 때까지 사람을 구출하지 않은 관계인
④ 화재 또는 구조·구급이 필요한 상황을 거짓으로 알린 사람

해설
④ 500만원 이하의 과태료에 해당

> **실력향상 보충해설**
> **100만원 이하의 벌금**
> 1. 정당한 사유 없이 소방대의 생활안전활동을 방해한 자
> 2. 정당한 사유없이 소방대가 현장에 도착할 때까지 사람을 구출하는 조치 또는 불을 끄거나 불이 번지지 아니하도록 하는 조치를 하지 아니한 소방대상물 관계인
> 3. 피난명령을 위반한 자
> 4. 소방기본법 제27조제1항을 위반하여 정당한 사유 없이 물의 사용이나 수도의 개폐장치의 사용 또는 조작을 하지 못하게 하거나 방해한 자
> 5. 소방기본법 제27조제2항에 따른 긴급조치를 정당한 사유 없이 방해한 자

16 한국소방안전원과 유사한 명칭을 사용한 업체가 적발되었다. 벌금 또는 과태료 부과기준으로 옳은 것은 무엇인가? 난이도 중

① 5년 이하의 징역 또는 5천만원 이하의 벌금
② 500만원 이하의 과태료
③ 200만원 이하의 과태료
④ 1년 이하의 징역 또는 1천만원 이하의 벌금

해설
200만원 이하의 과태료
1. 소방자동차의 출동에 지장을 준 자
2. 소방활동구역을 출입한 사람
3. 한국소방안전원 또는 이와 유사한 명칭을 사용한자

정답 15 ④ 16 ③

17 소방자동차 전용구역에 주차를 하다가 적발되었다. 벌금 또는 과태료 부과기준으로 옳은 것은?

난이도 중

① 3년 이하의 징역 또는 3천만원 이하의 벌금
② 100만원 이하의 과태료
③ 200만원 이하의 과태료
④ 1년 이하의 징역 또는 1천만원 이하 벌금

해설
100만원 이하의 과태료
소방자동차 전용구역에 주차하거나 전용구역에의 진입을 가로막는 등의 방해행위를 한 자

18 구급이 필요한 상황을 거짓으로 알린 사람이 적발되었다. 벌금 또는 과태료 부과기준으로 옳은 것은?

난이도 하

① 5년 이하의 징역 또는 5천만원 이하의 벌금
② 500만원 이하의 과태료
③ 200만원 이하의 과태료
④ 1년 이하의 징역 또는 1천만원 이하의 벌금

해설
500만원 이하의 과태료
화재 또는 구조·구급이 필요한 상황을 거짓으로 알린 사람

19 정OO씨가 윤OO씨에게 소방안전관리자 자격증을 빌려주었다. 벌금 또는 과태료 부과기준으로 옳은 것은?

난이도 하

① 5년 이하의 징역 또는 5천만원 이하의 벌금
② 500만원 이하의 과태료
③ 200만원 이하의 과태료
④ 1년 이하의 징역 또는 1천만원 이하의 벌금

해설
1년 이하의 징역 또는 1천만원 이하의 벌금
- 소방안전관리자 자격증을 다른 사람에게 빌려주거나 빌리거나 이를 알선한 자
- 화재예방안전진단을 받지 아니한 자

정답 17 ② 18 ② 19 ④

20 다음 중 벌금 또는 과태료 부과 기준이 다른 것을 고르시오.

① 위력을 사용하여 출동한 소방대의 화재진압·인명구조 또는 구급활동을 방해하는 행위
② 소방대가 화재진압·인명구조 또는 구급활동을 위하여 현장에 출동하거나 현장에 출입하는 것을 고의로 방해하는 행위
③ 사람을 구출하는 일 또는 불을 끄거나 불이 번지지 아니하도록 하는 일을 방해한 사람
④ 화재 또는 구조·구급이 필요한 상황을 거짓으로 알린 사람

해설

④ 500만원 이하의 과태료에 해당
①, ②, ③ 5년 이하의 징역 또는 5천만원 이하의 벌금에 해당

실력향상 보충해설
5년 이하의 징역 또는 5천만원 이하의 벌금

5년 이하의 징역 또는 5천만원 이하의 벌금	「소방기본법」 제16조제2항을 위반하여 다음의 어느 하나에 해당하는 행위를 한 사람 1. 위력을 사용하여 출동한 소방대의 화재진압·인명구조 또는 구급활동을 방해하는 행위 2. 소방대가 화재진압·인명구조 또는 구급활동을 위하여 현장에 출동하거나 출입하는 것을 고의로 방해하는 행위 3. 출동한 소방대의 소방장비를 파손하거나 그 효용을 해하여 화재진압·인명구조 또는 구급활동을 방해하는 행위 4. 출동한 소방대의 소방장비를 파손하거나 그 효용을 해하여 화재진압·인명구조 또는 구급활동을 방해하는 행위
	「소방기본법」 제21조제1항을 위반하여 소방자동차의 출동을 방해한 사람
	「소방기본법」 제24조제1항에 따른 사람을 구출하는 일 또는 불을 끄거나 불이 번지지 아니하도록 하는 일을 방해한 사람
	「소방기본법」 제28조를 위반하여 정당한 사유 없이 소방용수시설 또는 비상소화장치를 사용하거나 소방용수시설 또는 비상소화장치의 효용을 해치거나 그 정당한 사용을 방해한 사람

정답 20 ④

21 정○○씨는 ○○건물 건물주이나 소방안전관리자를 선임하지 않았다. 벌금 또는 과태료 부과기준으로 옳은 것은?

난이도 하

① 3년 이하의 징역 또는 3천만원 이하의 벌금
② 300만원 이하의 벌금
③ 200만원 이하의 과태료
④ 1년 이하의 징역 또는 1천만원 이하의 벌금

해설
300만원 이하의 벌금

300만원 이하 벌금	• 화재안전조사를 정당한 사유 없이 거부·방해 또는 기피한 자 • 화재예방조치 조치명령을 정당한 사유 없이 따르지 아니하거나 방해한 자 • **소방안전관리자, 총괄소방안전관리자, 소방안전관리보조자를 선임하지 아니한 자** • 소방시설·피난시설·방화시설 및 방화구획 등이 법령에 위반된 것을 발견하였음에도 필요한 조치를 할 것을 요구하지 아니한 소방안전관리자 • 소방안전관리자에게 불이익한 처우를 한 관계인

22 정○○씨가 소방시설을 차단하여 사람이 사망하였다. 벌금 또는 과태료 부과 기준으로 옳은 것은?

난이도 상

① 5년 이하의 징역 또는 5천만원 이하의 벌금
② 10년 이하의 징역 또는 1억원 이하의 벌금
③ 200만원 이하의 과태료
④ 1년 이하의 징역 또는 1천만원 이하 벌금

해설
소방시설에 폐쇄·차단 등의 행위를 한 자
1. 5년 이하의 징역 또는 5천만원 이하의 벌금
2. 사람을 상해에 이르게 한 때 : 7년 이하의 징역 또는 7천만원 이하의 벌금
3. 사망에 이르게 한 때 : 10년 이하의 징역 또는 1억원 이하의 벌금

정답 21 ② 22 ②

23 정○○씨는 자체점검 후 결과를 소방서에 거짓으로 보고 하였다. 벌금 또는 과태료 부과기준으로 옳은 것은?

① 3년 이하의 징역 또는 3천만원 이하의 벌금
② 300만원 이하의 과태료
③ 500만원 이하의 과태료
④ 1년 이하의 징역 또는 1천만원 이하의 벌금

해설

300만원 이하의 과태료

1. 소방시설을 화재안전기준에 따라 설치·관리하지 아니한 자
2. 공사현장에 임시소방시설을 설치·관리하지 아니한 자
3. 피난시설, 방화구획 또는 방화시설을 폐쇄·훼손·변경 등의 행위를 한 자

과태료 부과기준
1차 위반 : 100만원 / 2차 위반 : 200만원 / 3차 이상 위반 : 300만원

4. 관계인에게 점검 결과를 제출하지 아니한 관리업자등
5. **점검결과를 보고하지 아니하거나 거짓으로 보고한 자**

과태료 부과기준
• 지연보고 기간이 10일 미만인 경우 : 50만원
• 지연보고 기간이 10일 이상 1개월 미만인 경우 : 100만원
• 지연보고 기간이 1개월 이상이거나 보고하지 않은 경우 : 200만원
• **점검 결과를 축소·삭제하는 등 거짓으로 보고한 경우 : 300만원**

6. 자체점검 이행계획을 기간 내에 완료하지 아니한 자 또는 이행계획 완료 결과를 보고하지 않거나 거짓으로 보고한 자

과태료 부과기준
• 지연보고 기간이 10일 미만인 경우 : 50만원
• 지연보고 기간이 10일 이상 1개월 미만인 경우 : 100만원
• 지연완료기간 또는 지연보고 기간이 1개월 이상이거나, 완료 또는 보고하지 않은 경우 : 200만원
• 이행계획 완료 결과를 거짓으로 보고한 경우 : 300만원

7. 점검기록표를 기록하지 아니하거나 특정소방대상물의 출입자가 쉽게 볼 수 있는 장소에 게시하지 아니한 관계인

과태료 부과기준
1차 위반 : 100만원 / 2차 위반 : 200만원 / 3차 이상 위반 : 300만원

정답 23 ②

24 다음 위반사항 중 과태료가 부과되는 위반사항으로 옳은 것은? 난이도 상

① 소방시설을 폐쇄한 자
② 소방시설등에 대하여 스스로 점검을 하지 아니하거나 관리업자등으로 하여금 정기적으로 점검하게 하지 아니한 자
③ 자체점검 결과 소화펌프 고장 등 중대위반사항이 발견되어 필요한 조치를 하지 않은 관계인 또는 관계인에게 중대위반사항을 알리지 아니한 관리업자
④ 피난시설을 폐쇄 혹은 변경한 자

해설
① 5년 이하의 징역 또는 5천만원 이하의 벌금에 해당
② 1년 이하의 징역 또는 1천만원 이하의 벌금에 해당
③ 300만원 이하의 벌금에 해당
④ 300만원 이하의 과태료에 해당

실력향상 보충해설

300만원 이하 과태료
1. 소방시설을 화재안전기준에 따라 설치·관리하지 아니한 자
2. 공사현장에 임시소방시설을 설치·관리하지 아니한 자
3. 피난시설, 방화구획 또는 방화시설을 폐쇄·훼손·변경 등의 행위를 한 자

과태료 부과기준
1차 위반 : 100만원 / 2차 위반 : 200만원 / 3차 이상 위반 : 300만원

4. 관계인에게 점검 결과를 제출하지 아니한 관리업자등
5. 점검결과를 보고하지 아니하거나 거짓으로 보고한 자

과태료 부과기준
• 지연보고 기간이 10일 미만인 경우 : 50만원
• 지연보고 기간이 10일 이상 1개월 미만인 경우 : 100만원
• 지연보고 기간이 1개월 이상이거나 보고하지 않은 경우 : 200만원
• 점검 결과를 축소·삭제하는 등 거짓으로 보고한 경우 : 300만원

6. 자체점검 이행계획을 기간 내에 완료하지 아니한 자 또는 이행계획 완료 결과를 보고하지 않거나 거짓으로 보고한 자

과태료 부과기준
• 지연보고 기간이 10일 미만인 경우 : 50만원
• 지연보고 기간이 10일 이상 1개월 미만인 경우 : 100만원
• 지연완료기간 또는 지연보고 기간이 1개월 이상이거나, 완료 또는 보고하지 않은 경우 : 200만원
• 이행계획 완료 결과를 거짓으로 보고한 경우 : 300만원

7. 점검기록표를 기록하지 아니하거나 특정소방대상물의 출입자가 쉽게 볼 수 있는 장소에 게시하지 아니한 관계인

과태료 부과기준
1차 위반 : 100만원 / 2차 위반 : 200만원 / 3차 이상 위반 : 300만원

정답 24 ④

25 소방시설등에 대하여 스스로 점검을 하지 아니하거나 관리업자등으로 하여금 정기적으로 점검하게 하지 아니한 자에게 부과되는 벌칙을 고르시오.   난이도 하

① 5년이하 징역 또는 5천만원 이하의 벌금

② 500만원 이하의 과태료

③ 200만원 이하의 과태료

④ 1년이하 징역 또는 1천만원 이하의 벌금

해설
1년 이하 징역 또는 1천만원 이하의 벌금
소방시설등에 대하여 스스로 점검을 하지 아니하거나 관리업자등으로 하여금 정기적으로 점검하게 하지 아니한 자

---

26 자체점검 이행계획을 기간 내에 완료하지 아니한 자 또는 이행계획 완료 결과를 보고하지 않거나 거짓으로 보고한 자에게 부과되는 과태료 기준으로 옳은 것은?   난이도 하

① 지연완료기간 또는 지연보고 기간이 10일 미만인 경우 : 100만원

② 지연완료기간 또는 지연보고 기간이 10일 이상 1개월 미만인 경우 : 150만원

③ 지연완료기간 또는 지연보고 기간이 1개월 이상이거나, 완료 또는 보고를 하지 않은 경우 : 250만원

④ 이행계획 완료 결과를 거짓으로 보고한 경우 : 300만원

해설
300만원 이하의 과태료
자체점검 이행계획을 기간 내에 완료하지 아니한 자 또는 이행계획 완료 결과를 보고하지 않거나 거짓으로 보고한 자

과태료 부과기준
• 지연보고 기간이 10일 미만인 경우 : 50만원
• 지연보고 기간이 10일 이상 1개월 미만인 경우 : 100만원
• 지연완료기간 또는 지연보고 기간이 1개월 이상이거나, 완료 또는 보고하지 않은 경우 : 200만원
• 이행계획 완료 결과를 거짓으로 보고한 경우 : 300만원

정답 25 ④ 26 ④

27 관계인 정OO씨는 사이가 안 좋은 소방안전관리자에게 불이익한 처우를 주고 있다. 다음 중 부과할 수 있는 벌칙을 고르시오. 난이도 하

① 5년 이하의 징역 또는 5천만원 이하의 벌금
② 300만원 이하의 벌금
③ 200만원 이하의 벌금
④ 1년 이하의 징역 또는 1천만원 이하의 벌금

해설
300만원 이하의 벌금

300만원 이하 벌금	• 화재안전조사를 정당한 사유 없이 거부·방해 또는 기피한 자 • 화재예방조치 조치명령을 정당한 사유 없이 따르지 아니하거나 방해한 자 • 소방안전관리자, 총괄소방안전관리자, 소방안전관리보조자를 선임하지 아니한 자 • 소방시설·피난시설·방화시설 및 방화구획 등이 법령에 위반된 것을 발견하였음에도 필요한 조치를 할 것을 요구하지 아니한 소방안전관리자 • 소방안전관리자에게 불이익한 처우를 한 관계인

28 소방시설 자체점검 결과에 따른 이행계획을 완료하지 않아 OO업체에게 조치의 이행을 명령하였으나 OO업체는 명령을 위반하였다. 다음과 같은 사례로 부과되는 벌칙을 고르시오. 난이도 중

① 5년 이하의 징역 또는 5천만원 이하의 벌금
② 3년 이하의 징역 또는 3천만원 이하의 벌금
③ 1년 이하의 징역 또는 1천만원 이하의 벌금
④ 300만원 이하의 벌금

해설
3년 이하의 징역 또는 3천만원 이하의 벌금
1. 소방시설이 화재안전기준에 따라 설치·관리되고 있지 아니할 때 관계인에게 필요한 조치명령을 정당한 사유 없이 위반한 자
2. 법 제16조(피난시설, 방화구획 및 방화시설의 관리)제1항에 해당하는 행위를 한 경우에는 피난시설, 방화구획 및 방화시설의 관리를 위하여 필요한 조치를 명할 수 있으나, 이에 따른 명령을 정당한 사유 없이 위반한 자
3. 소방시설 자체점검 결과에 따른 이행계획을 완료하지 않아 필요한 조치의 이행을 명하였으나, 이에 따른 명령을 정당한 사유 없이 위반한 자

정답 27 ② 28 ②

29 소방점검업자 정OO씨는 관계인에게 점검 후 결과를 제출하지 않았다. 다음에 해당하는 벌칙을 고르시오.

난이도 중

① 1년 이하의 징역 또는 1천만원 이하의 벌금
② 300만원 이하의 과태료
③ 500만원 이하의 과태료
④ 200만원 이하의 과태료

해설

300만원 이하의 과태료

1. 소방시설을 화재안전기준에 따라 설치·관리하지 아니한 자
2. 공사현장에 임시소방시설을 설치·관리하지 아니한 자
3. 피난시설, 방화구획 또는 방화시설을 폐쇄·훼손·변경 등의 행위를 한 자

과태료 부과기준
1차 위반 : 100만원 / 2차 위반 : 200만원 / 3차 이상 위반 : 300만원

4. **관계인에게 점검 결과를 제출하지 아니한 관리업자등**
5. 점검결과를 보고하지 아니하거나 거짓으로 보고한 자

과태료 부과기준
• 지연보고 기간이 10일 미만인 경우 : 50만원
• 지연보고 기간이 10일 이상 1개월 미만인 경우 : 100만원
• 지연보고 기간이 1개월 이상이거나 보고하지 않은 경우 : 200만원
• 점검 결과를 축소·삭제하는 등 거짓으로 보고한 경우 : 300만원

6. 자체점검 이행계획을 기간 내에 완료하지 아니한 자 또는 이행계획 완료 결과를 코고하지 않거나 거짓으로 보고한 자

과태료 부과기준
• 지연보고 기간이 10일 미만인 경우 : 50만원
• 지연보고 기간이 10일 이상 1개월 미만인 경우 : 100만원
• 지연완료기간 또는 지연보고 기간이 1개월 이상이거나, 완료 또는 토고하지 않은 경우 : 200만원
• 이행계획 완료 결과를 거짓으로 보고한 경우 : 300만원

7. 점검기록표를 기록하지 아니하거나 특정소방대상물의 출입자가 쉽게 볼 수 있는 장소에 게시하지 아니한 관계인

과태료 부과기준
1차 위반 : 100만원 / 2차 위반 : 200만원 / 3차 이상 위반 : 300만원

정답 29 ②

30 화재 또는 구조·구급이 필요한 상황을 거짓으로 신고하였다. 이에 해당하는 벌칙을 고르시오.

난이도 중

① 1년 이하의 징역 또는 1천만원 이하의 벌금
② 3년 이하의 징역 또는 3천만원 이하의 벌금
③ 500만원 이하의 과태료
④ 300만원 이하의 과태료

해설
500만원 이하의 과태료
화재 또는 구조·구급이 필요한 상황을 거짓으로 알린 사람

31 다음 중 200만원 이하의 과태료로 옳지 않은 것은?

난이도 하

① 소방자동차의 출동에 지장을 준 자
② 소방활동구역을 출입한 사람
③ 한국소방안전원 또는 이와 유사한 명칭을 사용한 자
④ 화재 또는 구조·구급이 필요한 상황을 거짓으로 알린 사람

해설
④ 500만원 이하의 과태료

실력향상 보충해설
200만원 이하의 과태료
1. 소방자동차의 출동에 지장을 준 자
2. 소방활동구역을 출입한 사람
3. 한국소방안전원 또는 이와 유사한 명칭을 사용한 자

정답 30 ② 31 ④

32 김OO씨는 화재가 발생했다는 신고를 접수 후 출동하였으나 소방자동차 전용구역에 불법차량들이 주차되어 있어 화재진압에 어려움을 겪었다. 이에 부과하는 벌칙으로 옳은 것은?

① 5년 이하의 징역 또는 5천만원 이하의 벌금
② 3년 이하의 징역 또는 3천만원 이하의 벌금
③ 500만원 이하의 과태료
④ 100만원 이하의 과태료

해설
100만원 이하의 과태료
소방자동차 전용구역에 주차하거나 전용구역에의 진입을 가로막는 등의 방해행위를 한 자

33 김OO씨는 화재가 난 것을 목격하여 소방활동구역을 출입하였다. 이에 부과하는 벌칙을 고르시오.

① 1년 이하의 징역 또는 1천만원 이하의 벌금
② 500만원 이하의 과태료
③ 300만원 이하의 과태료
④ 200만원 이하의 과태료

해설
200만원 이하의 과태료
1. 소방자동차의 출동에 지장을 준 자
2. 소방활동구역을 출입한 사람
3. 한국소방안전원 또는 이와 유사한 명칭을 사용한 자

정답 32 ④ 33 ④

34. 다음 중 3년 이하의 징역 또는 3천만원 이하의 벌금으로 옳은 것을 고르시오.

① 화재가 발생하거나 불이 번질 우려가 있는 소방대상물 및 토지의 강제처분을 방해한 자
② 화재예방안전진단을 받지 아니한 자
③ 화재안전조사를 정당한 사유 없이 거부한 자
④ 소방안전관리자에게 불이익한 처우를 한 관계인

> **해설**
> ② 1년 이하의 징역 또는 1천만원 이하의 벌금
> ③, ④ 300만원 이하의 벌금

> **실력향상 보충해설**
> 3년 이하의 징역 또는 3천만원 이하의 벌금
> 1. 화재가 발생하거나 불이 번질 우려가 있는 소방대상물 및 토지의 강제처분을 방해한 자 또는 정당한 사유 없이 그 처분에 따르지 아니한 자
> 2. 소방시설이 화재안전기준에 따라 설치·관리되고 있지 아니할 때 관계인에게 필요한 조치명령을 정당한 사유 없이 위반한 자
> 3. 법 제16조(피난시설, 방화구획 및 방화시설의 관리 제①항에 해당하는 행위를 한 경우에는 피난시설, 방화구획 및 방화시설의 관리를 위하여 필요한 조치를 명할 수 있으나, 이에 따른 명령을 정당한 사유 없이 위반한 자
> 4. 소방시설 자체점검 결과에 따른 이행계획을 완료하지 않아 필요한 조치의 이행을 명하였으나, 이에 따른 명령을 정당한 사유 없이 위반한 자

정답 34 ①

저/자/약/력

윤정현
- 소방방재학과
- 위험물기능장, 위험물산업기사
- 소방설비기사(전기), 소방설비기사(기계)

- 현) 서울지방국세청 종합상황센터 근무
- 전) 인천국제공항공사 예방안전실 조장
- 전) 인천국제공항소방대 화재진압대원

소방 안전관리자 2급
기출·예상문제집

발 행 인	(주)이룸북스
공 편 저	윤정현·정한진
일러스트	어영휘
출판등록	제2018-000026호
주 소	경기도 화성시 경기대로 1025-5 병점제일타운 오피스밸리 227호
전 화	070-8877-8498
팩 스	02-6969-9188
가 격	20,000원

E-mail _ eloombooks@naver.com
ISBN _ 979-11-90455-48-0

※ 이 책의 무단 복제나 복사 전재 행위는 저작권법에 접촉됩니다.
※ 잘못된 책은 구입하신 서점에서 바꾸어 드립니다.

소방안전관리자 단칼에 정복!!
소방안전관리자 2급 기출 · 예상문제

2013~2022
학년도

최신
연도별 변형
기출문제집

예시답안과 해설

예시답안과 해설

2013학년도 유치원 교직논술

본책 p.6

내용	작성란	
유아 평가의 목적 2가지 [2점]	개별 유아의 특성 파악	교육·보육 활동의 개선을 위해서이다.
		학부모 상담 시 활용(부모와 유아 관련 정보 공유, 가정 연계, 일관성 있는 교육)하기 위해서이다.
신뢰도 및 관찰자 간 신뢰도와 관찰자 내 신뢰도의 의미(3점), 신뢰도를 높일 수 있는 방법(2점) [5점]	신뢰도	신뢰도는 측정하려는 것을 얼마나 안정적으로 일관성 있게 측정하였느냐의 문제이며, 검사 도구가 오차 없이 정확하게 측정한 정도를 의미한다.
	관찰자 간 신뢰도	여러 명의 관찰자가 관찰했을 때 관찰자들의 관찰 결과가 얼마나 유사한가를 의미하는 신뢰도이다.
	관찰자 내 신뢰도	한 관찰자가 모든 측정 대상에 대하여 동일한 기준으로 계속적으로 일관성 있게 측정하는지를 나타낸다.
	신뢰도를 높일 수 있는 방법	- 다수의 평가자가 평가하도록 한다. - 관찰 방법, 관찰 내용, 관찰 기준 등을 명확하게 해야 한다. - 교사들의 관찰 훈련을 강화해야 한다.
	문제점	해결 방안
- 김 교사가 포트폴리오 평가 수행 과정에서 범한 문제점 4가지 [4점] - 문제점에 대한 해결 방안 4가지 [4점]	포트폴리오 평가의 자료 수집 내용과 평가 시기만을 설정한 점이다.	평가 계획은 평가의 내용 및 시기뿐 아니라 평가 주기, 평가 방법, 결과의 활용 방안 등 가능한 구체적으로 계획해야 한다.
	평가를 통해 유아들의 강점을 확인하고자 하거나 잘한 것 위주로 분석한 것(성취 중심의 결과 평가가 되어 버림)이다.	포트폴리오에 나타나는 다양한 유아의 특성을 있는 그대로 파악하여 유아에 대한 이해를 높여야 한다.
	학기 말에 집중적으로 자료를 수집한 점이다.	학기 초부터 포트폴리오를 주기적으로 수집하고 분석하여 유아의 발달 변화를 파악해야 한다.
	포트폴리오를 학부모 면담 자료보다는 유치원 홍보에 사용한 점이다.	유아의 포트폴리오는 학부모 면담 자료로 사용하여 가정과 유아에 대한 정보를 공유하고 유치원과 가정이 일관성 있는 교육을 하여 유아의 전인발달을 지원할 수 있도록 해야 한다.

차례

2013학년도 공립 유치원 교원 임용시험
- 유치원 교직논술 ··· 4
- 유치원 교육과정 A ··· 5
- 유치원 교육과정 B ··· 9

2013학년도 추가 공립 유치원 교원 임용시험
- 유치원 교직논술 ··· 14
- 유치원 교육과정 A ··· 15
- 유치원 교육과정 B ··· 20

2014학년도 공립 유치원 교원 임용시험
- 유치원 교직논술 ··· 26
- 유치원 교육과정 A ··· 27
- 유치원 교육과정 B ··· 29

2015학년도 공립 유치원 교원 임용시험
- 유치원 교직논술 ··· 34
- 유치원 교육과정 A ··· 35
- 유치원 교육과정 B ··· 37

2016학년도 공립 유치원 교원 임용시험
- 유치원 교직논술 ··· 40
- 유치원 교육과정 A ··· 41
- 유치원 교육과정 B ··· 48

2017학년도 공립 유치원 교원 임용시험
- 유치원 교직논술 ··· 52
- 유치원 교육과정 A ··· 53
- 유치원 교육과정 B ··· 58

2018학년도 공립 유치원 교원 임용시험
- 유치원 교직논술 ··· 64
- 유치원 교육과정 A ··· 65
- 유치원 교육과정 B ··· 73

2019학년도 공립 유치원 교원 임용시험
- 유치원 교직논술 ··· 78
- 유치원 교육과정 A ··· 79
- 유치원 교육과정 B ··· 83

2019학년도 추가 공립 유치원 교원 임용시험
- 유치원 교직논술 ··· 90
- 유치원 교육과정 A ··· 91
- 유치원 교육과정 B ··· 95

2020학년도 공립 유치원 교원 임용시험
- 유치원 교직논술 ··· 102
- 유치원 교육과정 A ··· 103
- 유치원 교육과정 B ··· 108

2021학년도 공립 유치원 교원 임용시험
- 유치원 교직논술 ··· 116
- 유치원 교육과정 A ··· 117
- 유치원 교육과정 B ··· 122

2022학년도 공립 유치원 교원 임용시험
- 유치원 교직논술 ··· 128
- 유치원 교육과정 A ··· 129
- 유치원 교육과정 B ··· 132

• 실전 연습용 답안지 12회분

배지윤의 아테나
유아교육과정 연도별 변형 기출문제집

예시답안과 해설

예시답안과 해설

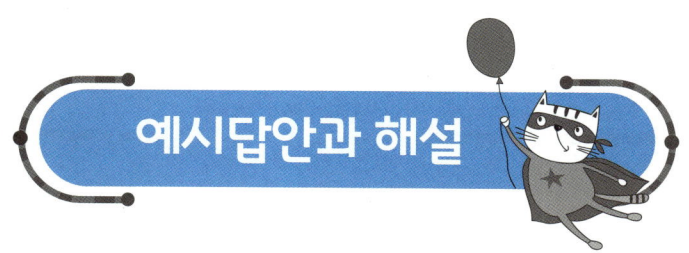

2019학년도 유치원 교직논술

본책 p.132

내용	작성란	
	관심사	동료장학의 제안 내용
박 교사의 관심사(3점)와 동료장학 내용(3점) [6점]	전근지의 업무환경 파악 (학부모 의사소통 등)	- 홈페이지 활용 등 유치원의 업무 시스템 및 유아와 학부모 특성 등에 대해 안내해야 한다.
	새로운 교수 기술	- 유치원 내 경력 교사와의 학습공동체를 운영한다. • 수업사례 분석 및 토의 • 환경구성 능력 향상하기 • 유아 평가 및 문제행동 유아 사례 소개
	유아교육에 대한 현장 연구	- 인근 유치원 동료 교사 간의 유치원 교사 모임에 참여한다. • 관심 있는 주제에 대한 체계적이고 구체적인 연구계획 수립 및 실행하기 • 전문서적 읽기와 토의, 유아 관찰 및 수업 실행 후 효과 등을 비교·분석하는 동료장학
동료장학의 기대 효과 [4점]	김 교사	- 자신의 수업을 성찰할 수 있고 교사 전문성이 향상된다.
		- 다양한 교수·학습 방법을 공유할 수 있다. - 교사 교육자로서의 능력을 습득할 수 있다.
	박 교사	- 전근지에 대한 빠른 업무 파악이 가능하다. - 새 유치원 동료들과 친밀감과 신뢰감을 쌓을 수 있다.
		- 새로운 교수·학습 방법을 습득할 수 있다. - 현장 연구를 할 수 있다.
신임 교사의 관심사(1점)와 동료장학의 내용(2점) [3점]	관심사	동료장학의 제안 내용
	수업실행	- 경력 교사의 수업을 관찰하도록 한다.
		- 자신의 수업 모니터링 후 비교·분석한다. - 같은 형태의 수업을 함께 해 본다.
신임 교사의 대인관계에서 어려움 극복 방안 [2점]	학부모와의 관계	- 부모를 이해할 수 있는 전문서적 읽기를 한다. - 멘토링(역할극) 등을 통해 다양한 상황에 대한 부모와의 상담 연습을 한다.
	동료와의 관계	- 자신과 동료 교사의 특성에 대해 이야기한다. • 서로의 공통점과 차이점 인식하기(벤다이어그램 만들기) • 긍정적인 관계를 위해 교사들이 할 수 있는 일에 대해 이야기하기 - 바람직한 대화법을 습득한다.
서론	- 유치원 교사의 현장 적응과 전문성 향상을 위해 동료장학은 매우 중요하다. - 경력과 현재 상황 등에 따른 관심사에 따라 다양한 동료장학을 해야 한다.	
결론	- 교직 수행에 있어 다양한 문제들을 동료장학으로 해결 가능하다. - 동료와의 친밀감과 신뢰감을 높여 질 높은 동료장학을 할 수 있도록 노력해야 한다.	

참고 「교사의 전문성 신장을 위한 동료장학 자료」(2005)

(1) 동료장학의 팀 구성
  ① 경력 교사와 초임 교사의 팀 구성
  ② 경력 교사 또는 초임 교사만의 팀 구성
  ③ 관심 있는 장학 주제별 팀 구성
  ④ 교사의 전문성 발달 수준별 팀 구성
  ⑤ 교사와 장학담당자(원장, 원감, 장학사 등) 간의 팀 구성
  ⑥ 원내 동료 교사 간의 팀 구성
  ⑦ 인근 유치원 동료 교사 간의 팀 구성

(2) 동료장학의 방법
  ① 유아 관찰   ② 수업사례분석   ③ 멘토링
  ④ 동료 간 협의   ⑤ 동료 코칭

(3) 동료장학의 효과
  ① 공동체 의식 형성 : 유치원을 포함하여 대부분의 학교는 교사들이 자신의 교실에 혼자 앉아 있는 구조인데, 동료장학을 통하여 교사들은 동료와 함께 계획하고 교수하며 평가하는 시간을 가짐으로써 공동체 의식을 갖게 된다.
  ② 상황 학습 : 교실의 다양한 상황을 접해 볼 기회를 가짐으로써 다양한 수업을 이해하고 이를 활용할 수 있다.
  ③ 반성 : 다른 교사와 협의하는 행위는 개개인이 자신의 교수뿐만 아니라 동료로부터 받은 피드백 또한 반성하게 한다. 동료장학은 자신의 교수 내용과 과정에 관해 깊이 있는 사고를 하도록 촉진한다.
  ④ 공유언어 : 교수 행위를 설명하는 과정에서 공유된 전문적 용어를 사용하는 것은 교사들로 하여금 자신의 교수에 대한 지식을 높여 가는 것이다.
  ⑤ 전문적 성장 : 교사들 간에 상호 도움을 주고받는 코치의 역할을 함으로써, 전통적인 교사의 역할을 넘어서서 교사 교육자로서의 역할을 확장시키는 것이다.
  ⑥ 지지적 환경 : 동료장학은 교사에게 새로운 실천을 실험하도록 장려하고 새로운 것을 시도할 수 있는 자신감을 준다.

독립변인	조작변인	가설을 검증하기 위하여 의도적으로 변화시키는 변인
	통제변인	실험하는 동안 일정하게 유지시켜야 하는 변인
종속변인		독립변인에 따라 변하는 변인으로 실험 결과에 해당함
변인통제		조작변인은 변화시키고, 나머지 통제변인들은 일정하게 유지시키는 것

▶ 실험에서의 '변인'

3)
- ① : ⓐ 잠재적 발달 수준, ⓑ 비계설정자
- ② : 임의측정 단위인 블록을 반복하여 호스의 길이를 잴 때, 블록 사이를 띄엄띄엄 놓지 않고 붙여서 측정하는 것이다.
- ③ : 같은 길이를 쟀는데, 너희가 놓은 벽돌 수와 선생님이 놓은 벽돌 수가 왜 다를까?

2)
- ① : 관찰, 바구니 안에 있는 것을 만져 보고 자석에 붙는지 안 붙는지 관찰해 보자.
- ② : 예측, 동전을 자석에 붙여 보면 어떻게 될 것 같니?

> ▶ 2015 개정 유치원 교육과정 '자연탐구' 영역
> '탐구하는 태도 기르기' 내용 범주 '탐구기술 활용하기' 내용
>
> [해설서] [지침서] 유아로 하여금 주변의 사물과 자연환경을 지각하고 반복적으로 탐색하는 과정을 통해 문제를 탐구하는 방법을 익힐 수 있도록 하는 내용이다. 유아는 일상생활에서 접하는 문제해결 과정에서 처음에는 탐색, 관찰, 비교 등의 기본적인 탐구기술을 활용하여 궁금한 것을 알아간다. 연령이 증가하면서 점차적으로 궁금한 문제를 해결하기 위해 기본적인 탐구기술뿐만 아니라 예측, 실험, 의사소통 등의 좀 더 복잡한 탐구기술을 활용해 보는 내용을 다룰 수 있다.
>
> | 3세 | 4세 | 5세 |
> |---|---|---|
> | | 일상생활의 문제를 해결하는 과정에서 탐색, 관찰 등의 방법을 활용해 본다. | 일상생활의 문제를 해결하는 과정에서 탐색, 관찰, 비교, 예측 등의 탐구기술을 활용해 본다. |
>
> (1) 일상생활의 문제를 해결하는 과정에서 탐색, 관찰 등의 방법을 활용해 본다. <4세>
>   ① 유아가 우리 주변의 일상생활에서 일어나는 현상에 대해 관심을 가지고 궁금한 문제를 해결하는 과정에서 반복적으로 탐색하거나 관찰하는 등의 탐구기술을 활용해 보는 내용이다.
>   ② 기초적인 탐구기술-탐색, 관찰(만 4세)
>   ㉠ 탐색, 관찰 등 기초적인 탐구기술 : 만 4세 유아는 궁금한 것을 알아가기 위해서 탐색이나 관찰 등 기초적인 탐구기술을 활용하는 것이 필요하다.
>   ㉡ 탐색, 관찰의 환경 구성 : 유아가 일상생활에서 다양한 문제를 해결하는 과정에서 나타나는 현상과 사물들을 구체적으로 탐색하고 주의깊게 관찰하도록 돕는 환경을 구성해 주고, 시각뿐만 아니라 청각, 후각, 미각, 촉각을 활용하여 탐색하도록 격려한다.
> (2) 일상생활의 문제를 해결하는 과정에서 탐색, 관찰, 비교, 예측 등의 탐구기술을 활용해 본다. <5세>
>   ① 유아가 문제를 해결하기 위해 탐색, 관찰, 비교, 분류, 측정, 예견 및 추론, 실험 등 여러 가지 탐구기술을 활용해 보는 내용이다.
>   ② 복잡한 탐구기술-비교, 분류, 예측, 실험, 의사소통(만 5세)
>   ㉠ 만 5세 유아는 관심 갖는 문제를 해결하기 위해 좀 더 다양하고 복잡한 탐구기술을 활용할 수 있다.
>   ㉡ 환경 구성 및 질문 전략 : 유아가 다양한 탐구기술을 사용할 수 있도록 환경을 구성해 주는 것뿐만 아니라 비교하고, 분류하고, 예측하고, 실험하고, 토의할 수 있도록 돕는 질문 전략을 사용하여 탐구 과정을 지원해 준다.

> ▶ 2015 개정 유치원 교육과정 '자연탐구' 영역 '과학적 탐구하기' 내용 범주 '물체와 물질 알아보기' 내용
> (1) 친숙한 물체와 물질의 특성에 관심을 갖는다. <3세>
>   ① 유아가 주변에서 쉽게 발견할 수 있는 친숙한 물체나 물질의 크기, 모양, 색, 냄새, 소리, 질감과 같은 기본적 특성에 관심을 가지고 자연스럽게 탐색해 보도록 하는 내용이다.
>   ② 친숙한 물체와 물질 탐색 : 만 3세 유아는 생활 속에서 사용되는 물체와 물질에 대해 탐색하는 것을 즐긴다. 그러므로 유아에게 익숙한 여러 가지 물체나 물질을 제공해 주어 특성에 관심을 갖도록 한다. 예 크기와 색, 질감이 다른 다양한 공을 제공해 주면 공을 탐색하면서 공의 특성에 관심을 갖게 된다.
> (2) 친숙한 물체와 물질의 특성을 알아본다. <4세>
>   ① 유아가 친숙한 물체나 물질에 대해 지속적으로 관심을 갖고 경험하면서 자연스럽게 물체나 물질의 특성을 알아보는 것에 대한 내용이다.
>   ② 친숙한 물체와 물질의 특성 알기
>   ㉠ 크기, 색, 모양, 질감 : 만 4세 유아는 물체나 물질에 관심을 갖는 것에서 더 나아가 물체나 물질의 크기, 색, 모양, 질감 등과 같은 특성을 구체적으로 알고자 한다.
>   ㉡ 친숙한 물질의 기본적 특성 알기 : 주변에서 익숙하게 볼 수 있는 자석이나 구슬과 같은 물체나 밀가루 반죽과 같은 물질 등을 가지고 놀이하면서 물체나 물질이 가지고 있는 기본적인 특성을 알아볼 수 있다.
> (3) 주변의 여러 가지 물체와 물질의 기본 특성을 알아본다. <5세>
>   ① 유아가 관심 영역을 주변의 다양한 물체와 물질로 확대하여 기본적인 특성을 구체적으로 알아보는 내용이다.
>   ② 여러 가지 물체와 물질의 기본 특성 알기
>   ㉠ 다양한 특성 알기(변화) : 만 5세 유아는 만 4세 시기에 탐색한 물체와 물질의 범위를 더 넓혀 다양한 방법으로 기본적 특성을 알아가게 된다.
>   ㉡ 새롭게 접한 물체와 물질 특성 알기 : 유아는 주변에서 새롭게 접한 물체와 물질에 대해서도 궁금해하며 세부적인 특성을 알아볼 수 있다. 예 밀가루 반죽을 만들 때 밀가루의 기본적인 특성을 아는 것과 더불어 물을 넣어 밀가루 반죽으로 변화되는 과정에서 밀가루 반죽의 끈적거리는 것과 같은 세부적인 특성도 알아볼 수 있다.

08

1)
- : 소리가 호스를 통해 전달되는 과학적 원리를 설명한다.

2)
- ① : 조작변인은 호스의 다양한 굵기이다. 통제변인은 호스의 길이, 재질 등 호스의 굵기를 제외한 실험 중 일관되게 유지되어야 할 그 이외의 다양한 변인들이다.
- ② : 변인통제는 유아가 비교하고자 하는 조작변인 이외의 다른 통제변인들을 동일하게 만들어 주는 것이다. 이는 유아가 실험에서 궁금해하는 것에 대해 과학적인 결과를 확인할 수 있도록 하기 때문에 필요하다.

4)
- ① : 지렁이는 땅속에 사니까 풀 밑에 숨겨!
- ② : 교사는 미술 표현에 있어서 사실과 원리에 입각한 정답을 가르쳐 주었다. 이는 교사가 하나의 정답만 요구하거나 일방적으로 지식을 전달하기 위해 개입하는 것이므로 적합하지 않다. 유아의 흥미나 관심을 반영하지 않고 창의성을 발전시키지 못하기 때문이다.

 참고

▶ 2019 개정 유치원 교육과정 총론 '교수·학습'

> 유아와 유아, 유아와 교사, 유아와 환경 간에 능동적인 상호작용이 이루어지도록 한다.

- 교사와 유아 간의 상호작용

교사는 유아의 놀이에 귀 기울여 놀이의 의미와 배움을 발견하고, 이를 확장하기 위해 다양한 상호작용을 한다. 교사는 유아의 흥미와 관심이 어디에 있는지 파악하고, 칭찬, 격려, 미소, 공감 등 정서적 또는 언어적 상호작용을 통해 유아의 놀이를 긍정적으로 수용하고 격려한다. 교사는 답이 정해진 질문을 하거나 일방적으로 지식을 전달하기 위해 개입하는 것이 아니라 유아의 흥미와 관심에 교감하며 놀이를 지원하는 상호작용을 하도록 한다. 이때 유아의 놀이에서 나타나는 상상력과 사물을 의인화하여 이해하는 유아의 독특한 놀이 표현을 지지하고 함께 교감하는 태도가 필요하다. 교사는 유아와 주변 세계를 이해하는 공동의 놀이자로서 놀이에서 발생하는 문제를 함께 해결하면서 유아의 배움을 이끄는 상호작용을 할 수 있다.

06

1)
- ① : ⓐ 자기 중심적 표상, '내 앞에', '내 뒤에' 등과 같이 자신의 몸을 중심으로 위, 아래, 앞, 뒤의 위치와 방향을 이해하고 표현하는 것이다. ⓑ 지표 중심적 표상, '큰 나무 옆에'와 같이 주위 환경에 있는 다른 물체를 기준으로 위치와 방향을 이해하고 표상하는 것이다.
- ② : 나눔아, 네 옆에 무엇이 있니?
- ③ : 빵집에서 가장 가까운 곳에는 무엇이 있을까?

참고

▶ 3차원 공간에서의 위치 관계 이해(시글러 R. S. Siegler)

자기 중심적 표상	자신을 중심으로 위치와 방향을 이해하는 것이다. '내 앞에', '내 뒤에' 등과 같이 자신의 몸을 중심으로 위, 아래, 앞, 뒤의 공간적 관계를 나타낸다.
지표 중심적 표상	주위 환경에 있는 다른 물체와 관련지어 표상하는 것으로 주로 지표가 되는 물체(큰 나무, 특정 건물, 시설물)를 기준으로 위치 관계를 이해하는 것이다.
객관 중심적 표상	3차원 세계의 모든 물체 관계를 좌표 체계를 사용하는 지도와 같이 일반적이고 객관적인 참조의 틀을 사용하여 나타내는 것이다.

2)
- ① : [A] 이름 수(수의 명목적 의미), [B] 집합 수(수의 집합적 의미)
- ② : [A] 손흥민 선수의 등번호는 7이래. 그래서 손흥민 선수를 7번 선수, 라고 불러도 된다. [B] 오늘 생일인 친구의 나이만큼 초를 꽂아 보자.

 참고

▶ 2015 개정 교사용 지침서 p.149

수가 사용되는 다양한 상황을 경험함으로써 직관적으로 수의 여러 가지 의미 즉, 수량을 나타내는 집합 수, 순서를 나타내는 순서 수, 명칭으로 사용되는 이름 수를 이해하도록 한다.

예 • "오늘 생일인 친구의 나이만큼 초를 꽂아 보자." (집합 수)
- "우리 게임하는 순서를 정해 보자. 누가 먼저 하면 좋을까?" (순서 수)
- "우리 유치원 전화번호를 알아보자." (이름 수)

▶ 수의 여러 가지 의미

수의 위치적 의미	영화관이나 운동장의 좌석번호, 집주소 등과 같이 수가 위치를 나타내는 것이다.
수의 명목적 의미	시내버스 번호, 상품의 모델 번호, TV 채널 등과 같이 수가 신원이나 정보를 나타내는 의미로 활용되는 것이다.
수의 순서적 의미	종합병원이나 은행, 우체국의 대기표와 같이 수가 순서를 표시하는 것이다.
수의 연속적 의미	체중이나 키, 온도, 시간 등 연속적 특성을 가지고 있는 것에 수를 부여하는 것이다.

07

1)
- ① : 동화, 쇠집게와 동전은 색깔이 같으니까 붙을 거예요.
- ② : 인지적 갈등(인지적 비평형/인지적 갈등), 어! 이상하다? 안 붙어.
- ③ : 인지적 평형

 참고

▶ 문제 해설

	직접 실험	새로운 자료에 대한 예측
자석에 붙는 것	가위 앞(은색), 쇠집게(은색)	동전(은색) (유아 도식 : 은색은 자석에 붙는다)
자석에 붙지 않는 것	나무 블록, 가위 손잡이, 지우개	

2)
- ① : 나의 가족을 소개하고 내가 우리 집에서 하는 역할 이야기하기
- ② : 교실에서 발생한 갈등 상황을 토대로 규칙 정하기

▶ 2019 개정 유치원 교육과정 '사회관계' 영역

내용 범주	내용
더불어 생활하기	가족의 의미를 알고 화목하게 지낸다.
	친구와 서로 도우며 사이좋게 지낸다.
	친구와의 갈등을 긍정적인 방법으로 해결한다.
	서로 다른 감정, 생각, 행동을 존중한다.
	친구와 어른께 예의 바르게 행동한다.
	약속과 규칙의 필요성을 알고 지킨다.

04

1)
- ① : 통합
- ② : 음악, 미술, 움직임과 춤, 극놀이

2)
- ① : 셈여림, 빠르기
- ② : 난 톡, 톡, 톡 아주 천천히 내리는 이슬비야.

▶ 2018 기출문제 B. 4 원본

2015 개정 유치원 교육과정 '예술경험' 영역의 '통합적으로 표현하기'의 세부 내용에 기초하여 ① 다음 (   ) 안에 들어갈 말을 쓰고, ② 위 놀이 장면 중 3가지 이상의 예술 영역이 통합적으로 표현된 유아 반응 1가지를 찾아, 예술 영역명과 함께 쓰시오. [2점]

음악, 움직임과 춤, 미술, ( ) 등의 통합적 표현활동	
유아의 반응	예술 영역 명칭
민수 : (머뭇거리며 친구들을 쳐다보다가 왔다 갔다 한다.)	극놀이, 움직임과 춤
민수 : (잠시 머뭇거리다가 마라카스를 천천히 한 번씩 손으로 치며) 난 톡, 톡, 톡, 아주 천천히 내리는 이슬비야.	음악, 극놀이
진호 : (민수에게) 이슬비야, 안녕? (두 개의 마라카스를 흔들고 서로 부딪치며) 우리 같이 유치원 꽃밭으로 떠나 볼까?	극놀이, 음악, 움직임과 춤

[정답]
- ① : 극놀이
- ② : 이슬비야 안녕? (두 개의 마라카스를 흔들고 서로 부딪치며) 우리 같이 유치원 꽃밭으로 떠나 볼까? - 극놀이, 음악, 움직임과 춤

3)
- ① : 내적중재
- ② : 우아의 극놀이에 소나기의 역할을 맡아 소나기의 행동을 크게 보여 주는 것과 같이 교사가 사회극놀이에서 역할을 맡아 놀이에 참여하여 유아들에게 가작화 행동의 구체적 모델을 제공하는 것이다.

(1) 스밀란스키(S. Smilansky) 사회극놀이 개입 단계

1단계	유아들에게 다양한 경험을 제공한다. 예 현장학습
2단계	다양한 경험을 놀이로 만들 수 있는 환경을 구성한다. 예 장소, 소품 등 제공
3단계	놀이를 관찰하며 놀이 기술이 부족한 유아를 확인한다. 예 가작화가 어려운 유아
4단계	놀이 내부 또는 외부에서 사회극놀이에 개입한다. 예 의사 놀이의 환자로 교사가 참여

(2) 스밀란스키 '사회극놀이 훈련'

외적중재	놀이 상황 밖에서 유아에게 사회극놀이 행동을 하도록 제안하는 것이다.
내적중재	교사가 사회극놀이에서 하나의 역할을 맡아 놀이에 참여하여 유아에게 가작화 행동의 구체적 모델을 제공한다.
주제-상상 훈련	동화를 읽어 주고 유아들에게 역할을 배정해 주며 신호를 주거나 역할을 맡아서 유아들의 극놀이를 도와주는 구조화된 놀이훈련이다.

05

1)
- : ⓒ 질감, ⓔ (찰흙을 주무르면서) 부드럽고 매끈매끈하다.

▶ 「유아를 위한 명화감상 활동 자료」(2006)

미술의 요소	선, 모양, 색, 명암, 질감, 공간감
미술의 원리	균형, 강조, 움직임, 조화

2)
- : ⓒ 공간, ⓓ (풀밭의 여백을 가리키며) 비워 두어요.

3)
- ① : 회전식 표현/중앙원근법적 표현
- ② : 대상을 여러 방향에서 중앙을 향하게 그리는 것으로, 화지를 돌려가면서 그리는 것이다.

2018학년도 유치원 교육과정 B 본책 p.124

01

1)
- ① : ABC 서술식 사건표집법
- ② : 유아 행동의 원인과 결과를 분명하게 알아보고자 했기 때문이다.

2)
- : 최 교사는 시영이에게 "시영아, 자리에 앉아."라고 말한다.

3)
- ① : 자유놀이 후 정리시간의 문제 행동
- ② : 선행사건

> **참고**
>
> ▶ ABC 서술식 사건표집법
> 시간표집법이나 빈도 사건표집법과 같이 관찰 행동의 출현 빈도만을 알려 주는 것이 아니라 관찰 행동의 전후 상황을 기록할 수 있어 원인과 결과를 알 수 있다.
>
> | 관찰시간 | 선행사건 | 행동 | 후속사건 |
> |---|---|---|---|
> | 11:00 | 최 교사가 장난감을 정리하라고 한다. | 시영이는 장난감을 가지고 논다. | 최 교사가 시영이에게 지금은 정리할 시간이라고 알려 준다. |
> | 11:04 | 최 교사가 시영이가 가지고 노는 장난감을 정리한다. | 시영이는 두 다리를 뻗고 소리 지르며 운다. | 최 교사가 시영이에게 자리에 앉을 것을 요구한다. |

4)
- : ⓔ 최 교사가 장난감을 정리하라고 한다. ⓜ 시영이는 두 다리를 뻗고 소리 지르며 운다.

02

1)
- ① : 통합
- ② : 6

2)
- ① : ⓒ 19, ⓜ 1
- ② : 자격 취득 과정

3)
- ① : ⓗ 즉시, ⓐ 비밀엄수, ⓞ 친권자
- ② : 아동학대 조기 발견을 위해서이다.

4)
- : 1

> **참고**
>
> ▶ 「아동복지법 시행령」 [대통령령 제32714호, 2022. 6. 21., 일부 개정]
>
> **제26조(아동학대 신고의무자에 대한 교육)** ① 법 제26조제1항부터 제3항까지의 규정에 따른 아동학대 예방 및 신고의무와 관련한 교육에는 다음 각 호의 사항이 포함되어야 한다.
> 1. 아동학대 예방 및 신고의무에 관한 법령
> 2. 아동학대 발견 시 신고 방법
> 3. 피해아동 보호 절차
>
> ② 관계 중앙행정기관의 장은 법 제26조제1항에 따라 아동학대 신고의무자의 자격 취득 과정이나 보수교육 과정에 아동학대 예방 및 신고의무와 관련된 교육을 1시간 이상 포함시켜야 한다.
>
> ※ 보수교육(補修敎育) : 재직 중인 조직의 구성원을 대상으로 새로운 지식이나 기술 또는 법령의 내용을 습득시키고 근무 태도와 가치관을 개선시키기 위해 실시하는 훈련을 말한다.

03

1)
- ① : 사회적 기술/친사회적 기술/대인관계기술
- ② : 토의하기, 협동학습/협동활동
- ③ : 자아중심적 사고이다. 조망수용 능력은 유아들이 자신의 관점에서만 사태를 보고 이해하는 자아 중심성에서 벗어나 다른 사람의 관점에서 상황과 정보를 이해하는 능력이다.

> **참고**
>
> ▶ 유아 인성교육의 교수·학습 방법
> [『유치원 기본과정 내실화를 위한 인성교육 프로그램』(2011)]
> 토의, 협동학습, 현장학습, 역할놀이, 도서 활용, 스토리텔링, 세대 간 지혜나눔 전문가 활용
>
> | | |
> |---|---|
> | 토의 | 토의는 도덕적 문제에 대해 유아들이 서로 의견을 나누고 의견들 사이에 유사점과 차이점을 찾아보며, 궁극적으로 자율적으로 문제를 해결하는 것이다. 유아들의 인지발달 단계에 적합한 토론 주제를 제시하여 유아들끼리 토론을 해 나가도록 유도한다. 가정이나 유치원에서 유아들이 경험하는 다양한 갈등 상황이 토론의 주제가 될 수 있다. 유아들끼리의 토론이 잘 진행되지 않는 경우 교사가 중간에 개입하여 토론의 진행을 도울 수 있다. |
> | 협동학습 | 유아 인성교육에 있어서 인성교육 내용들이 지식 전달에 그치지 않고 유아 수준에서 적절한 실천으로 이어질 수 있도록 협동학습을 최대한 활용해야 한다. 협동학습의 과정에서 유아들은 집단 구성원들과 공동의 목표를 달성하기 위하여 주어진 과제를 수행하고 지속하면서 자기가 맡은 바 역할을 끝까지 책임감 있게 완성하려는 노력을 보임으로써 능력이 향상된다. 또한 집단 구성원들과 다양한 의견들을 절충하는 가운데 타인의 권리와 요구를 존중하면서 자기의 의견, 요구, 느낌 등을 적절히 표현하는 자기주장 능력도 증진된다. |

공휴일 중심 교육과정 (1930년대 이후)	• 사회 교육의 중요한 자원인 공휴일을 활용한 접근 방식이다. • 사회문화적 유산과 위인에 대한 다양한 정보와 지식을 길러줄 수 있고 다문화에 대해서도 관심 갖게 할 수 있다.	전형적인 관광식 위주의 내용들을 열거하는 데 그칠 수도 있다.
사회과학 개념의 구조화 접근 방식 (1960년대)	• 역사, 지리, 경제, 환경과 같은 사회과학 분야의 기본 개념을 가르치는 접근 방식이다. • 사회적 탐구 과정을 경험할 수 있고 다양한 사회과학 분야를 체계적으로 배울 수 있다.	자칫 지식 중심으로 흐를 수 있다.
사회·문화적 환경 접근 방식 (1960년대 이후)	• 피아제의 인지발달이론, 비고츠키의 사회문화적 발달이론, 브론펜브레너의 생태체계이론에 근거한 접근법이다. • 사회적 지식이나 정보를 유아의 개인적 경험과 사회문화적 배경에 근거하여 내용을 구성하는 것이다. • 민주 시민의 자질을 기르기 위해 요구되는 사회적 기술, 태도 및 가치, 지식을 통합하여 다룰 수 있다. (통합적 접근 방법)	다양한 사회문화적 현상이나 환경에 관련된 사실들을 단순하게 전달하는 데 그칠 수도 있다.

2)
- ① : 역사
- ② : ㉤ 생활의 연속성, ㉥ 리더십

> **참고**
>
> ▶ 역사 교육의 내용 (「교사와 유아를 위한 유아 사회 교육 활동 자료」(2007))
>
> | 유형 | 하위 내용 |
> |---|---|
> | 시간 | 과거·현재·미래 구분하기, 시간의 흐름에 대해 이해하기, 과거와 연계 과정 이해하기 |
> | 변화 | 주변의 변화 탐색하기, 변화의 계속성 이해하기, 변화의 결과와 영향 알기 |
> | 인과관계 | 사건(사실)의 원인과 결과 탐색하기, 과거의 사건이 현재에 미치는 영향 이해하기, 현재의 사건이 미래에 미칠 영향 예측하기 |
> | 생활의 연속성 | 과거의 생활과 현재의 생활 비교하기, 각 세대의 삶을 통하여 생활의 연속성 이해하기 |
> | 리더십 | 역사적 인물들의 배경과 존재 이해하기, 개인의 지도력이 역사에 미치는 영향 이해하기 |

3)
- ① : 마음 이론
- ② : 나의 감정을 알고 상황에 맞게 표현한다.

> **참고**
>
> ▶ 2019 개정 유치원 교육과정 '사회관계' 영역
>
> | 내용 범주 | 나를 알고 존중하기 |
> |---|---|
> | 내용 | 내용 이해 |
> | 나의 감정을 알고 상황에 맞게 표현한다. | 유아가 자신의 감정에 대해 알고 다양한 상황에서 자신의 감정을 적절하게 표현하는 내용이다. |

4)
- : 배려

> **참고**
>
> ▶ 배려 지향적 도덕성 발달 이론(길리건 C. Gilligan)
>
> 길리건은 남성이 여성보다 도덕성이 높다는 콜버그의 이론을 비판하면서 도덕성 발달에 성차를 주장했다. 남성은 정의와 공평성에 초점을 두지만 여성은 보살핌과 관계 중심에 초점을 두며 도덕적 딜레마 인식에도 차이가 있다는 것이다.
>
> | 1수준 | 자기중심적 단계 | 생존을 위해 타인에 대한 관심이나 배려 없이 자기 자신만을 돌보는 수준이다. |
> |---|---|---|
> | 1.5수준 (저 1 과도기) | 이기심에서 책임감으로의 변화 | 이기심과 타인에 대한 애착으로 인한 책임감이 공존한다. |
> | 2수준 | 책임감과 자기희생 단계 | 타인을 위해 자신을 희생하는 수준으로 타인에 대한 책임감을 강조한다. 자기희생을 도덕적 이상으로 간주한다. |
> | 2.5수준 (제2 과도기) | 선행에서 인간관계에 대한 진실성으로의 변화 | 타인을 위한 선행에서 인간관계에 대한 진실성으로 변하는 과도기적 수준이다. 배려는 이제 하나의 보편적 의무가 된다. |
> | 3수준 | 자신과 타인을 배려하는 단계 | 자신을 무력하고 복종하는 존재로 여기지 않고 의사결정에 적극적으로 동등하게 참여한다. 비폭력과 모든 사람들의 고통을 최소화하려는 의무가 도덕적 기초가 된다. |

5)
- : 나 전달법

3)
- : 후기 음운적 전략으로, 재윤이가 소리 나는 대로 쓴 것이 맞는지 교사에게 물어보는 것과 같이 소리 나는 대로 쓴 철자가 표준적 철자가 아니라는 것을 인식하고 주변 사람에게 확인을 받고자 한다.

참고

(1) 쉬케단츠(J. Schickedanz, 2002) 유아의 쓰기 발달 단계

물리적 관계 전략	자국(Marking)의 수와 외형을 물체 또는 사람의 특성과 연결시킨다. 예 유아가 자신의 이름을 쓰기 위해 자국(Marking) 3개를 긋고, 아빠의 이름을 쓰기 위해 3개 이상의 자국을 그으면서 "아빠는 나보다 크잖아."라고 말하는 것은 물리적 관계 전략을 사용한 것이다.
시각적 디자인 전략	단어의 위치적 특성을 받아들인다. 글자는 참조물과 외형적으로 닮지 않았다는 것을 안다. 흔히 자신의 이름 쓰기를 시도하며 다른 사람이 써 준 이름을 베껴 쓴다. 그러나 특별히 정해진 자음, 모음 글자로 여러 단어들을 쓸 수 있다는 것을 인식하지 못한다.
음절적 전략	유아는 구어와 쓰여진 글자가 관계 있다는 것을 인식한다. 구어를 음절로 나누어 각 음절을 자국 하나로 기호화한다. 같은 글자가 다른 단어에도 재현된다.
시각적 규칙 전략	단어처럼 보이게 하기 위해서 자음과 모음을 연결하여 단어를 만든다.
권위에 기초한 전략	시각적 규칙 전략 말기에 나타나는 것으로, 자음과 모음을 연결하여 만든 대부분의 단어가 실제 단어가 아니라는 것을 알게 되면서 유아는 성인에게 철자를 물어 가며 주변의 인쇄물이나 익숙한 책의 잘 아는 단어를 베껴 쓴다.
초기 음운적 전략	단어의 각 글자 소리를 내어가며 철자를 생성하기 시작하며 그 결과 발명적 철자가 나타난다.
후기 음운적 전략	유아가 소리에 기초한 철자법이 실제 단어와 똑같지 않다는 것을 인식하기 시작한다. 그래서 다시 주변 사람들에게 철자를 묻기 시작한다. 이 전략은 2~4세 유아들에서 일반적으로 볼 수 있는 전략은 아니다.

(2) 쉬케단츠(J. Schickedanz, 1990)의 쓰기 발달 경향
  ① 12개월 : 쓰기 도구 자체에 대한 탐색을 한다.
  ② 18개월 : 우연한 수직선의 출현 이후 의도적으로 수직선을 산출하기 시작한다.
  ③ 19개월 : 수평선 긋는 것에 초점을 두어 긁적거리기 시작한다.
  ④ 20개월 : 우연히 원형의 자국을 만들고 계속 여러 번 반복하여 시도하면서 쓴 글자에 이름을 붙이기 시작한다.
  ⑤ 22개월 : 수직선과 수평선을 그으면서 선 집단들을 분류하여 말하기 시작한다.
  ⑥ 23개월 : '나도 쓸래'라는 말이 나타나기 시작한다. 선의 의도적 반복과 경험한 선들로 구성하는 경향이 나타나기 시작한다. (획 출현 단계)
  ⑦ 31개월 : 아이디어가 쓰는 행동으로 나타난다는 생각이 출현한다. "무엇을 쓸까?" 하는 물음이 나타난다. 알파벳 글자의 모방이 나타난다.
  ⑧ 32~42개월 : 자신의 이름이 어떤 글자로 구성되는지 말로는 알고 있으나 쓸 수는 없다. 단어 쓰기에서의 시각적 재창조 전략이 나타난다.
  ⑨ 3.5~4.5세 : 단어처럼 보이게 하는 것으로는 단어를 구성하지 못한다는 것을 안다. 이 시기 처음에는 "이 단어가 무슨 단어지?" 하고 묻기 시작하다가 질문의 방향을 "이게 단어야?" 하고 묻는다. 때로는 "'사랑하는 엄마에게'라고 어떻게 쓰지?" 하고 묻고는 편지의 내용을 그림으로 그리는 현상도 나타난다. 이 시기 말쯤 실제 단어를 사용하기 시작한다. (글자 형태 나타남)
  ⑩ 5.5~6세 : 단어를 말할 때 소리 나는 대로 쓰면 단어의 철자가 된다고 생각한다. 그러면서 어떤 단어가 자신이 쓴 것과 다른 사람이 쓴 것이 다르다는 것을 알아차리기 시작하고 단어를 쓰는 것은 아주 어려운 것이라는 생각을 갖게 된다. 그로 인해 한동안 쓰지 않는 현상이 생긴다.
  ⑪ 6~6.5세 : 철자 속에 묶음이 있다는 것을 알고 발견한다. 철자를 바르게 쓸 수 없기 때문에 쓰기 싫어하는 현상이 나타난다.
  ⑫ 6.5세 : 표준적인 절차 표기가 나타난다.

08

1)
- ① : 공휴일 접근법
- ② : 매년 같은 공휴일과 행사가 반복되어 유아들이 지루하게 느낄 수 있다.

참고

▶ 유아 사회 교육 접근 방식(시펠트 C. Seefeldt, 2001)

접근 방식	개념 및 장점	단점
사회생활 중심 교육과정 (1920~30년대)	• 민주 시민 생활에 중요한 사회적 기술 향상을 목적으로 한다. • 협동하기, 나누기, 협상하기, 타인 입장 고려하기 등의 능력 향상이 목표이다.	사회적 학습의 복잡성은 간과되고 단순한 습관 훈련과 기술 형성에 초점을 두기 쉽다.
현재생활 중심 교육과정 (1930년대 이후)	• 지금-여기의 현재 일상생활에 있는 주변 환경의 현상을 직접 경험하면서 실질적인 사회 교육을 하는 것이다. • 현재 생활을 직접적으로 교육하므로 유아의 사회적 삶에 도움이 된다.	가족, 지역사회 등 주제를 단순화하여 사실적 지식을 전달하는 데 그칠 수도 있다.

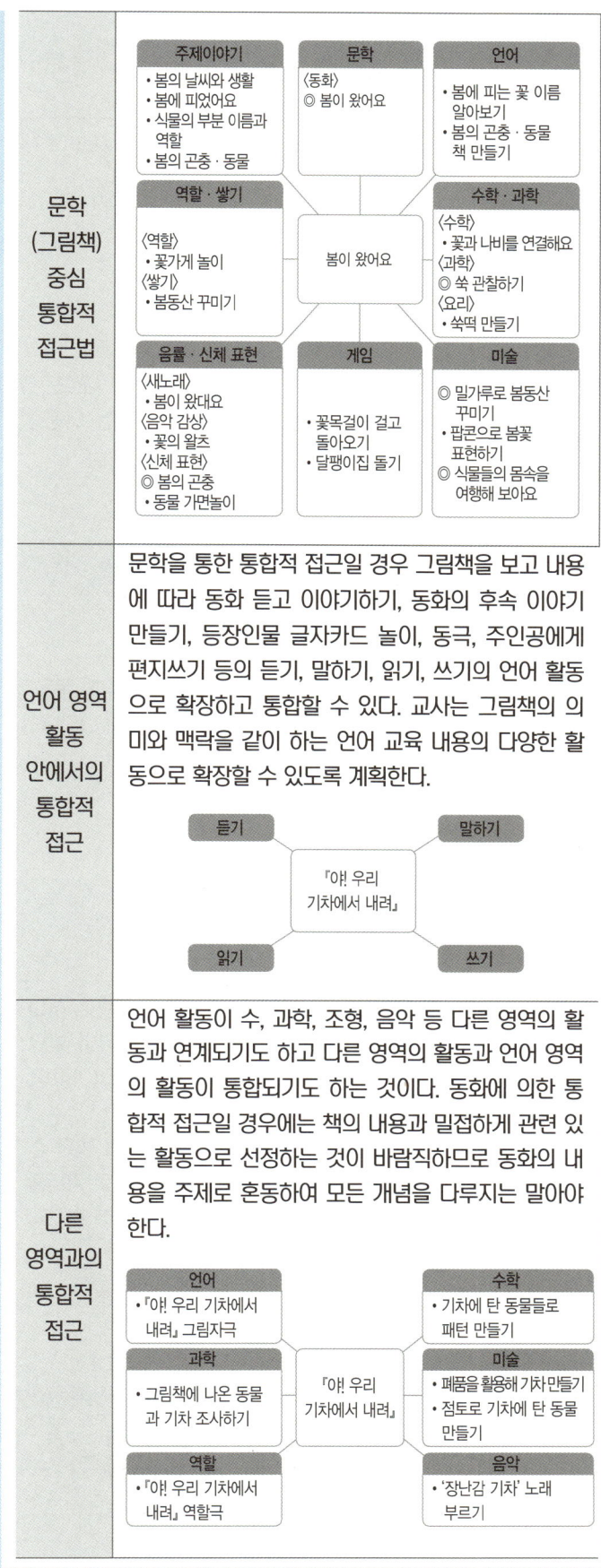

4)
- : [A]는 심미적 읽기 입장으로 텍스트의 내용을 자신의 경험에 비추어 상상하고 확장시키는 것이며, [B]는 정보추출식 읽기 입장으로 텍스트에서 정보를 얻으려고 하는 것이다.

> 참고

▶ 독자반응 이론(로젠블랫 L. Rosenblatt)

독자반응 이론이란, 독자를 텍스트의 의미를 전달받는 수동적인 입장으로 생각하지 않고, 독자와 이야기 텍스트 간의 교류를 중요하게 생각하는 것이다. 독자는 텍스트가 제공하는 '청사진'에 개인적 경험을 불러내어 문학적 의미를 구성한다고 본다.

정보추출식 반응 (efferent response)	독자가 텍스트로부터 정보를 얻는 것이다.
심미적 반응 (aesthetic response)	독자가 이야기를 감정적으로나 지적으로 깊이 맛봄으로써 텍스트를 체험할 때 일어나는 것이다. 읽으면서 배경과 등장인물의 이미지를 창조하고 읽은 후에도 이야기를 생생하게 경험하게 된다. 즉, 상상하고 그림을 그리고, 연상하고 확장시키고, 가설을 세우고, 회고하는 것 등을 포함한다.

07

1)
- ① : 피켓에 쓰는 글에서 아이들이 잘못 쓴 철자는 수정해 주어야 한다는 것은 부적절한 지도 방법이다.
- ② : 글자 쓰기 과정은 자연스럽게 발달하며 익혀지는 것이므로, 교사가 의도적으로 유아가 쓴 글자를 수정하려고 하면 오히려 글쓰기에 대한 흥미를 잃고 거부감을 느끼게 되어 쓰기가 발달하지 못하기 때문이다.

2)
- ① : 표어에 쓸 내용을 말해 보고 글로 쓰면서 말과 글의 관계
- ② : 글자와 비슷한 형태

> 참고

▶ 2019 개정 유치원 교육과정 '의사소통' 영역

내용 범주	읽기와 쓰기에 관심 가지기
내용	내용 이해
말과 글의 관계에 관심을 가진다.	유아가 일상에서 말이 글로, 글이 말로 옮겨지는 것에 관심을 갖는 내용이다.
자신의 생각을 글자와 비슷한 형태로 표현한다.	유아가 자신의 생각이나 말을 끼적거리거나 글자와 비슷한 선이나 모양, 글자와 비슷한 형태로 표현하는 내용이다.

3)
- ㉠ : 배경
- ㉡ : 플롯

05

1)
- ① : 발음중심 접근법, 언어의 작은 단위부터 학습하게 되므로 글자를 좀 더 빨리 익힐 수 있고 이후 유능한 읽기 쓰기를 할 수 있다.
- ② : ⓒ 개별화의 원리, ⓒ 집단 역동성의 원리

▶ 교수·학습의 기본 원리(2007 개정 지도서, 1. 총론)

놀이 중심의 원리	교육 활동이 놀이를 통해 이루어지도록 하는 것이다.
생활 중심의 원리	실제 생활 환경 및 일상생활 경험을 통해 학습하도록 하는 것이다.
개별화의 원리	개별 유아의 흥미 및 이해 정도에 따라 교육 활동을 선정하고, 학습 속도에 맞게 제시하며, 교수·학습 방법을 달리 적용하는 것을 말한다.
집단 역동성의 원리	유아-유아, 유아-교사 간 상호작용으로 탈중심화를 촉진시키고 문제해결을 위한 갈등, 논쟁, 협동을 자극한다.
자발성의 원리	내적 동기 유발을 위해 유아 자신이 학습 활동의 목적을 가질 수 있게 하고, 유아의 발달 수준에 맞는 활동을 제시하며 수용적인 분위기를 만들어 주어야 한다.
융통성의 원리	유아들의 흥미나 욕구, 우발적인 사태 등을 고려하여 활동 내용이나 방법, 자료 등을 변경하는 것이다.

2)
- ① : 음소 생략
- ② : '보슬보슬'에서 /ㅂ/를('ㅂ'을) /ㄱ/로('ㄱ'으로) 바꿔 말해 보면 무슨 소리가 될까?

▶ 음운 조작 유형

유형		예
음절	분리	물장난 → 물 + 장난
	합성	물 + 개 → 물개
	대치	물바다 → 피바다
	생략	안내자 → 안내
	첨가	안내 → 안내자
음소	분리	사 → ㅅ + ㅏ
	합성	ㅅ + ㅏ → 사
	대치	보슬보슬 → 고슬고슬
	생략	닥 → 다
	첨가	타 + ㄹ → 탈

▶ 2018 기출문제 A. 5 원본

최 교사 : 소윤아, '보슬보슬'에서 /ㅂ/를('ㅂ'을) /ㄱ/로('ㄱ'으로) 바꿔 말해 보면 무슨 소리가 될까?
소　윤 : 음…, '고슬고슬'이요.

3)
- ① : ⓐ 음절, ⓑ 음소
- ② : '물장난'의 '물'과 '개구리'의 '개'가 만나면 어떤 새로운 말이 될까?, '출렁출렁'처럼 네 개의 글자로 된 낱말에는 어떤 것이 있었니?

06

1)
- ① : 환상 동화
- ② : 첫째, 현재와 환상의 시·공간 초월이 나타난다. 둘째, 동물들이 사람과 같이 말하고 행동하는 등 초현실적인 장면이 나타난다.

2)
- ① : 주제중심 통합적 접근법
- ② : 문학중심 통합적 접근법

▶ 언어 교육의 통합적 접근

주제에 따른 교육 내용의 통합적 접근	거미줄 모형(webbing) : 한 주제를 중심으로 하여 여러 교과 영역을 연결시키고 나아가 영유아 발달의 여러 영역을 포괄하는 통합적 접근이다(이기숙, 2001). 교사는 주제와 활동 선정에 있어 영유아의 발달 수준을 고려하여 필요한 모든 영역을 중심으로 거미줄 모형을 만들고 주제와 연관된 활동을 고르게 분포시킨다. 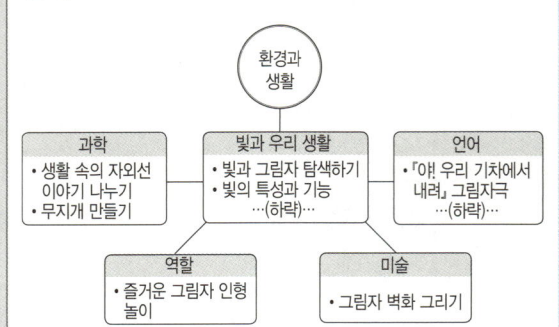

04

1)
- : 실외 자투리 공간, 텃밭, 통로, 작은 마당 등을 공간의 특성과 안전을 고려하여 놀이 공간으로 구성한다.

▶ 2019 개정 유치원 교육과정 '총론'의 바깥놀이 관련 내용

(1) 2019 개정 유치원 교육과정 '편성·운영'

> 하루 일과에서 바깥놀이를 포함하여 유아의 놀이가 충분히 이루어지도록 편성하여 운영한다.

- 2시간 이상의 충분한 놀이 시간 운영

  놀이시간은 짧게 여러 번 제공하기보다 긴 시간으로 편성하여 놀이의 흐름이 끊기지 않고 유아가 충분히 놀이하고 몰입할 수 있도록 한다. 교사는 바깥놀이를 포함하여 놀이 시간을 2시간 이상 확보하되, 날씨와 계절, 기관의 상황, 유아의 관심사와 놀이 특성 등을 고려하여 융통성 있게 편성·운영한다. 예를 들어, 하루 일과에서 바깥놀이는 미세먼지, 날씨 등을 고려하여 실내놀이로 편성·운영할 수 있고, 다른 날은 바깥놀이를 길게 편성할 수도 있다.

(2) 2019 개정 유치원 교육과정 '교수·학습'

> 유아가 다양한 놀이와 활동을 경험할 수 있도록 실내외 환경을 구성한다.

- 다양하고 안전한 실내외 놀이 공간 구성

  개정 누리과정에서 놀이 환경은 유아가 놀이하는 실내외 모든 공간과 놀이자료를 포함한다. 유아가 보고 듣고 만지며 자유롭게 표현할 수 있는 놀이 환경은 놀이가 다양하게 이루어지도록 하는 중요한 교육적 자원이다. 따라서 교사는 다양한 실내외 놀이 환경과 풍부한 놀이자료를 제공하여 유아의 놀이가 활성화되도록 돕는다.

  ……(중략)……

  실외 공간은 유아가 마음껏 뛰어놀며, 자연과 계절의 변화를 만나고 탐색할 수 있는 놀이 환경이다. 교사는 유아가 몸을 충분히 움직여 즐겁게 놀이하고 위험으로부터 자신을 안전하게 보호하는 능력을 기를 수 있도록 지원해야 한다. 이처럼 실외 놀이 환경은 유아가 안전하게 놀이할 수 있는 공간과 자료로 구성해야 한다. 또한 유아들이 활발한 신체 움직임을 바탕으로 모험과 도전을 하면서 궁금한 것을 찾아 자유롭게 탐색하는 놀이를 다양하게 경험할 수 있는 놀이 환경을 구성한다. 실외 자투리 공간, 텃밭, 통로, 작은 마당 등은 공간의 특성과 안전을 고려하여 놀이 환경으로 구성하며, 유치원과 어린이집의 상황에 따라 인근 공원과 놀이터 등도 놀이 공간으로 활용할 수 있다.

2)
- ① : 가정과 지역사회와의 협력과 참여에 기반하여 운영한다.
- ② : 실내외 신체활동에 자발적으로 참여한다.

▶ 2019 개정 유치원 교육과정 '신체운동·건강' 영역

내용 범주	신체활동 즐기기
내용	내용 이해
실내외 신체활동에 자발적으로 참여한다.	유아가 하루 일과에서 실내외의 다양한 신체활동에 자발적으로 즐겁게 참여하는 내용이다.

3)
- ① : 2
- ② : 하루 일과에서 바깥놀이는 첫째, 미세먼지, 날씨 등을 고려하여 실내놀이로 편성·운영한다. 둘째, 바깥놀이하기 적절한 날씨에 바깥놀이를 좀 더 길게 편성한다.

4)
- : 놀이의 흐름이 끊기지 않고 유아가 충분히 놀이하고 몰입할 수 있다.

5)
- ① : 응급처치
- ② : 사고보고서

▶ 응급상황 및 사고 발생 시 대처 방법 (「유치원 안전 교육 길라잡이」(2014, 경기도 교육청) 참고)

즉시, 침착하게 행동	다친 유아를 안심시키고, 다른 유아들도 현장에서 벗어나도록 하여 안심시킨다.
상황 판단	다친 유아를 함부로 움직이게 하지 말고, 신속하게 상황을 판단한다.
도움 요청	간단하게 처치할 수 없는 경우라면 섣불리 접근하기보다는, 119 구급 상황관리센터에 연락하여 상황을 명확하게 전달하고 도움을 요청하고 기다린다.
응급처치 실시 (상황에 맞는 응급처치 하기)	응급처치를 할 수 있다면 도움을 받을 수 있을 때까지 사전에 계획한 응급조치 절차 계획에 따라 신속하게 행동한다.
상황 설명 (사고 알리기)	응급처치 할 사람이 오면 정확한 환자의 상태와 응급처치 내용을 알린다.
학급 안정시키기	다른 유아들이 동요하지 않도록 차분히 안내하고 다른 교사에게 학급 관리를 인계한다.
유아와 함께 있기	부모가 도착할 때까지 교사는 유아와 함께 있도록 한다.
필요한 의료조치 하기	현장에서 응급처치로 의식이 회복되었을 경우에도 전문 의료진에게 인계한다.
사고보고서 작성	24시간 내에 사고발생 관련 보고서를 작성하고 기록철에 해당 보고서를 철하고 가능하다면 사본 1부를 당일 부모에게 준다.

03

1)
- ⓔ : 공간

2)
- ① : ⓗ 세게(힘껏, 강하게), ⓢ 눈, 손
- ② : ⓘ 천천히(느리게), ⓧ 눈, 발

3)
- ① : 촉진하기
- ② : ⓑ 선생님이 다른 친구에게 공을 던질 때 어떻게 던지는지 잘 보자. ⓒ 친구가 공을 잘 받을 수 있도록 손을 높이 올려 공을 천천히 앞쪽으로 던지자.

> **참고**
>
> ▶ 유아 교사의 교수 행동(제6차 지도 자료, 1. 총론)
>
> (1) 인정하기 : 유아에게 관심을 보이며 긍정적인 격려를 해 주는 행동이다. 유아를 인정한다는 것은 유아로 하여금 자긍심을 가지고 즐겁게 활동에 참여하도록 해 준다. 그러나 칭찬이 지나치면 활동 과제에 대한 유아의 동기를 약화시킬 수도 있다. 따라서 적절한 수준의 인정이 중요하다. 예를 들어, "정말 멋지게 그림을 그렸구나.", "네가 최고야."식으로 어떤 점이 멋진지, 왜 최고인지가 불분명한 칭찬을 하기보다는, "친구들이 잘 들을 수 있도록 분명한 목소리로 말해 주었구나.", "파랗게 칠한 하늘이 시원해 보이는구나."와 같이 유아의 활동 상황을 사실에 근거하여 긍정적으로 격려하여 주는 것이 좋다.
>
> (2) 모범 보이기 : 일반적으로 모범 보이기는 지시적인 측면과 비지시적인 측면으로 나누어 볼 수 있다. 지시적인 모범 보이기가 시범 보이기의 형태로 나타나는 데 비하여 비지시적인 모범 보이기는 암시적인 성격을 띤다고 할 수 있다. 예를 들어, 교실에서 조용히 행동하도록 할 때 지시적인 교사는 "○○처럼 발끝을 들고 소리 안 나게 걷도록 하자."라고 하는 데 비하여, 비지시적인 교사는 스스로 소리 안 나게 걷는 모습을 항상 보여 줌으로써 유아들이 자연스럽게 닮아 가도록 한다. 비지시적인 모범 보이기는 유아의 행동이 자발적이 되도록 이끌어 준다.
>
> (3) 촉진하기 : 학습 준비가 되었을 때 다음 단계에 도달하도록 유아에게 일시적인 도움을 주는 행동이다. 예를 들어, 유아가 두발자전거를 탈 때 균형 감각을 가지도록 하기 위하여 잠깐 두발자전거 뒤를 잡아 주는 것 같은 도움을 말한다. 또한, 유아의 확산적 사고를 돕기 위하여 "또 다른 방법은 없을까?"와 같은 질문을 하는 것도 한 예가 된다.
>
> (4) 지원하기 : 촉진하기와 유사하나, 교사의 참여 정도 면에서 차이가 있다. 예를 들어, 자전거에 보조 바퀴를 달아 주고 자전거를 타게 한 후, 자전거 타기에 익숙해지면 보조 바퀴를 떼어 내는 것과 같이, 유아가 도움이 더 이상 필요하지 않다고 할 때까지 지원하여 주는 행동을 말한다.
>
> (5) 지지하기 : 기대되는 능력에 유아가 도달하도록 유아에게 적합한 학습 방법을 사용하여 도움을 주거나, 도전의 기회를 마련하여 주는 행동을 말한다. 교사는 각 유아가 스스로 하고 싶지만 도움이 없으면 하기 어려운 활동 과제를 파악하여 유아에게 도움을 줄 수 있다. 이때, 교사는 유아의 주인 의식이나 동기를 약화시키는 일이 없이 유아가 새로운 수준의 능력이나 이해로 나아갈 수 있도록 상호작용을 한다.
>
> (6) 함께 구성하기 : 교사와 유아가 함께 프로젝트를 수행하거나 활동을 하는 것을 말한다. 이때, 교사와 유아는 모두 학습자인 동시에 교사가 된다. 예를 들어, 교사가 유아와 함께 의논하여 구성물을 만든다든지, 역할놀이 영역에서 함께 놀이 대본을 구상하고 각자 역할을 맡아 소꿉놀이를 하는 예를 들 수 있다.
>
> (7) 시범 보이기 : 유아에게 바람직한 행동이 형성되도록 하기 위하여, 교사가 활동을 직접 해 보이고, 유아가 이를 관찰하도록 하는 것을 말한다. 이러한 시범은 유아가 한 활동이 분명히 잘못된 방법으로 이루어졌을 때, 이를 고쳐 주기 위한 방안이 될 수 있다.
>
> (8) 지도하기 : 교사가 유아들이 어떤 과제를 반드시 특정한 방법으로 수행하기를 원할 때 사용하는 것이다. 예를 들어, 장애를 가진 한 유아가 교사의 행동을 관찰하기도 하고, 여러 번 연습하기도 했음에도 불구하고 혼자서 음식을 먹기가 학습되지 않았을 때, 교사는 그 유아에게 직접적으로 지도하는 방법을 사용할 수 있다. 즉, "숟가락을 이렇게 꼭 쥐고, 선생님처럼 입에 대어 보자."라고 지도할 수 있다.

4)
- : 조작동작, 물체에 힘을 가하는 추진운동이나 물체로부터 힘을 받게 되는 흡수운동이 나타나는 신체동작이다.

(3) 교육 방법
① 감각적 훈련, 구체물에 의한 경험, 습관 형성을 통한 학습이 중요하다.
② 잘못된 행동을 했을 때에는 수치심을 사용하여 뉘우치게 해야 하며 칭찬과 존중을 통한 학습이 이루어져야 한다.
③ 학교 교육보다 가정 교육을 중시했으며 모범이 될 만한 인물이 있어야 한다.

(4) 저서
① 『교육에 관한 의견』: 체육론, 덕육론, 지육론, 심의론 등을 주장했다.
② 『인간 오성론』: 백지설, 감각적 경험과 이의 반성작용을 통한 내적 지식의 형성을 강조했다.

▶ 루소(J. J. Rousseau, 18세기 계몽사상가)
(1) 인간관과 아동관
① 성선설: 아동은 본래부터 선하고 성인의 축소판이 아니다.
② '자연으로 돌아가라'라는 명제는 타락한 상태로부터 인간 본래의 자연스러움을 간직하는 인간으로 회복하기 위해 노력하라는 것이다.

(2) 『에밀』에 나타난 교육 사상
① 합자연의 원리: 자연에 의한 교육, 사물에 의한 교육, 인간에 의한 교육이 조화를 이루어야 한다.
② 자연인을 위한 교육: 자연인이란 사회의 정의에 충실하고 공동의 복지를 위해 자기를 억제할 줄 아는 사람이다.
③ 소극적 교육: '적극적 교육'이란 성인의 사고나 도덕을 주입시키는 교육이다. 진정한 교육은 악덕의 침입과 편견을 막는 '소극적 교육'이어야 한다.
④ 연령별 차이에 따른 교육: 유아기, 아동기, 소년기, 청년기로 교육 단계를 나누어 제시했다.
⑤ 아동 중심 교육: 무엇을 어떻게 학습할 것인가라는 교육 내용과 방법의 결정권은 교사가 아닌 아동에게 있다.
⑥ 습관론: 노동의 필요성을 몸에 익혀야 하며 습관 형성과 노작 및 연습에 의한 능력 개발과 정신적·육체적 성장을 강조했다.

2)
- ⓒ: 자연, ⓔ: 사물

3)
- ⓜ: 진보주의
- ⓗ: 계몽주의

▶ 유아교육 사상
(1) 계몽주의(18세기 철학 사조)
① 계몽: 모든 전통의 구속에서 벗어나 자유롭고 선입견에 구애됨 없이 사고방식·학문·종교·도덕 등 모든 것에 대한 비판적·합리적인 태도를 보급시켜 일반 민중의 질적 수준을 높이는 것을 말한다.
② 인간 이성의 자유를 속박하는 중세적 세계관을 배격하여 종교, 정치, 사회의 모든 권위적 구속을 제거하여 인간 스스로가 자신의 힘으로 판단할 수 있어야 한다고 주장했다.

(2) 실용주의(19세기 말~20세기 초에 시작된 현대 철학 사조)
① 행동적·실천적인 면에서 볼 때 어떤 사상이 진리를 갖고 있는지 아닌지는 그 사상 자체에 의하는 것이 아니라 그 사상을 만들어 낸 행위의 결과에 의해서 결정된다.
② 동적(動的)·과정적(過程的)인 면에서 볼 때 행위·실천을 중시함으로써 진리를 동적·과정적으로 파악한다. 즉, 진리는 이미 있는 것이 아니라 만들어지는 것이며 선천적 이유, 고정된 원리, 폐쇄된 체계, 모든 절대자를 배척한다.
③ 듀이(J. Dewey)에 이르러 실용주의는 교육학·철학·윤리학·심리학·미학·논리학 등에 확산, 응용되어 도구주의(instrumentalism) 또는 실험주의(experimentalism)로 발전되었다. 그의 교육론은 20세기 초에 형성·전개된 미국의 진보주의 교육사조와 관련하여 현대교육의 사상적 흐름에 영향을 준 바가 크다.

(3) 진보주의
① 보수주의 혹은 전통주의에 대한 반항적 사조(思潮)나 운동이다.
② 교육사조로서의 진보주의는 1918년에 아동중심 교육을 주장하던 미국의 교육학자·심리학자들이 「진보주의 교육협회」(The Progressive Education Association)를 결성한 데서 본격적으로 출발한 교육운동을 뜻한다.
③ 진보주의는 루소(J. J. Rousseau)의 자연주의 교육사상의 영향을 입은 19세기 유럽의 「신교육운동」(The New Education Movement)과 19세기 말에 발달한 심리학과 아동에 관한 연구가 고조된 것에 관련하여 20세기 초기부터 미국 사회에서 전개된 교육사조이다. 전통적인 권위주의와 성인중심적 교육관에서 탈피하여, 아동의 개성·흥미·욕구·적성·자발성 등을 교육의 중요한 원리로 삼고 외부의 강제나 통제에 의한 교육을 배척하는, 이른바 아동중심 교육이 진보주의 교육운동의 동기이다.

2018학년도 유치원 교육과정 A

01

1)
- : 유아들의 내면에 어떤 것이 여자에게 적합한 것인지, 어떤 것이 남자에게 적합한 것인지를 스스로 판단하고 분류하는 성도식이 있어서 유아들이 이에 따라 행동하려고 하기 때문이다.

참고

▶ 2018 기출문제 A. 1. (가) 일부

마치 유아들 내면에, 이 놀잇감이 남자에게 적합한 것인지 또는 여자에게 적합한 것인지를 스스로 판단하고 분류하는 ( )이/가 있어서, 유아들이 이에 따라 행동하는 것처럼 보였다. 뿐만 아니라 유아들은 자신의 성에 적합한 역할에 대한 정보를 더 많이 수집하여 자신의 ( )에 적합한 정보를 더 잘 기억하여 정보를 처리하고 학습하는 것 같다는 생각을 했다.

〔정답〕 • : 성도식(유아가 선택적인 기억과 선호 과정을 통해 자신의 성 역할을 학습하는 인지적 구조를 뜻한다.)

참고

▶ 성도식 이론(벰 S. L. Bem, 1985)

성도식 이론이란 사회학습 이론과 인지발달 이론의 요소를 결합한 것으로, 성역할 개념의 습득과정을 설명하는 일종의 정보처리 이론이다. 유아는 어떤 물체나 행동 또는 역할이 남성에게 적합한 것인지 여성에게 적합한 것인지를 분류하는 도식을 습득하여 자신의 성에 적합한 성도식을 구성하게 된다. 그리고 성도식이 형성되면 그것에 근거해서 자신에 관한 정보를 포함한 모든 정보를 부호화하고 조직화하여 성역할을 구체화시켜 나가게 되고 성 관련 행동을 선택하거나 통제하게 된다. 그러므로 성도식 이론은 환경에서 자신의 도식에 맞는 성 관련 정보에 주의를 기울이며 이로 인해 주변에서 나타나는 성 관련 사태에 대한 추론을 가능하게 한다. 따라서 성역할 고정관념을 낳을 가능성이 높아진다.

2)
- ① : 양성평등 교육
- ② : 역할놀이 영역 벽에 남녀 운전기사, 남녀 간호사, 남녀 경찰관 사진을 붙여 놓은 것이다.
- ③ : ⓒ 성역할 고정관념, ⓓ 성인지 감수성

참고

▶ 성인지 감수성 교육

성별 간의 불평등에 대한 이해와 지식을 갖춰 일상생활 속의 성 차별적 요소를 감지하는 민감성을 기르는 교육이다. 넓게는 성평등 의식과 실천 의지, 그리고 성 인지력까지의 성 인지적 관점을 모두 포함한다.

3)
- ① : 생존에 대한 초기 관심사 단계, 현장 적응이 힘들고 업무가 익숙하지 않은 것과 같이 문제 행동 학생이나 효과적인 교수학습 방법보다는 교사로서의 생존에 관심이 집중되어 있다.
- ② : 학생에 대한 관심사 단계, 민수가 성역할 고정관념을 갖게 된 이유나 문제 행동에 대해 관심을 갖는 것과 같이 개별 학생의 특성 및 요구 등을 파악하고자 하는 데 관심이 집중되어 있다.

참고

▶ 교사 관심사 발달 단계(풀러와 브라운 F. Fuller & F. Brown)

교직 이전 관심사 단계	• 경험 없는 예비교사 • 교사보다 학생에 관심, 교사에 대한 환상
생존에 대한 초기 관심사 단계	• 교사 자신의 생존에 대한 관심사로 옮겨 감 • 학급통제, 교육 내용에 대한 숙달, 장학사의 평가 등에 관심
교수상황 관심사 단계	• 수업 과다, 과중한 업무 등 교사 자신의 교수 행위 등에 관심
학생에 대한 관심사 단계	• 학생들의 학습, 그들의 사회·정서적 요구, 학생에 대한 개인적 관계 등에 관심

02

1)
- ㉠ : 교육 목적
- ㉡ : 건강

참고

▶ 로크(J. Locke, 17세기 계몽 사상가)
(1) 교육 사상
① 백지설 : 인간은 백지 상태에서 태어난다고 가정하면서 조기 교육과 환경의 중요성을 강조했다.
② 경험론 : 모든 지식의 기초가 되는 최초의 지식은 감각 경험이다.
③ 신사 양성과 습관 형성 : 도덕적 도야와 자기 통제를 위한 습관 형성을 주장했다.
(2) 교육 내용
① 체육론 : 건강을 통한 교육의 중요성을 강조했다.
② 덕육론 : 자신의 욕망을 억제하고 이성에 따라 행동하는 정신을 기르는 것이다.
③ 지육론 : 경험을 통한 지식의 축적이다.
④ 심의론 : 아동은 백지 상태로 태어나며, 사물에 대해 말로 설명하기보다 그림과 같은 시각적인 교재를 사용해야 한다.

2018학년도 유치원 교직논술

내용	작성란		
유치원-가정 연계의 필요성 [3점]	브론펜브레너는 유아의 생활에 직·간접적으로 작용하는 사회적 환경들의 상호연계성을 체계화하였다.		
	이 중 유치원과 가정은 미시체계로서 유아가 속한 가장 근접한 환경으로 유아와 직접적인 상호작용을 하며 유아의 성장과 발달에 영향을 준다.		
	그리고 유아의 중간체계란 미시체계인 유치원과 가정의 상호작용을 말한다. 즉, 가정에서의 경험은 학교에서 일어나는 일에 영향을 주고, 학교에서의 경험은 가정에서 일어나는 일에 영향을 주는 것이다.		
	한편, 유치원과 가정의 연계는 중간체계로서 유치원의 교육 방향과 유아의 가정 내 경험을 일관되게 유지시킬 수 있다. 결과적으로 유치원과 가정의 연계는 유아의 전인발달을 지원해 줄 수 있으므로 반드시 필요한 것이다.		
유치원-가정 연계의 유형(3점) 및 사례(3점) [6점]	연계 유형		사례
	- 부모 역할하기 • 부모 역할 지원하기 • 자녀교육에 대한 정보 제공		워크숍, 부모교육
	- 의사소통하기 • 의견교환		알림장
	- 의사 결정하기 • 유치원 운영에 대한 부모 참여		유치원 운영위원회, 학부모회
김 교사 유치원의 교육상 문제점(3점)과 해결 방안(3점) [6점]		문제점	해결 방안
	유아	- 유아에 대한 이해 부족 발생 - 유치원-가정의 일관성 있는 교육 어려움 - 유아에게 풍부한 경험 줄 수 없음	- 양방향적 상호작용으로 유치원의 교육 목적을 정확히 전달해야 한다. - 가정과 기관에서 유아 활동을 공유하고 일관성 있는 교육을 해야 한다.
	부모	- 유치원에 무관심 - 수동적 자세	- 부모 참여를 독려하여 유치원 교육 및 운영에 책임과 권한을 부여해야 한다.
	유치원	- 교육 활동 개선 미흡 - 유치원 발전 저해 - 불투명한 기관 운영	- 부모에게 유치원 운영에 대한 다양한 피드백을 받을 수 있는 통로를 마련해야 한다.

 부모참여 유형 구분 및 사례(앱스테인 J. L. Epstein, 1995)

유형	특징	유형	특징
부모역할하기 (parenting)	학부모의 기본 의무를 다하기 위해 부모가 자녀의 발달을 이해하고 건강하고 안전한 가정환경을 조성할 수 있도록 자녀 지원을 위한 가정환경 구성에 도움을 제공한다. 예 부모교육과 훈련, 가족 건강·영양 등 정보 제공, 가정 방문 등	가정학습 (Learning at home)	가정에서 교육과정과 관련한 활동, 결정, 계획과 숙제 돕는 방법과 정보를 제공하는 것이다. 예 교육과정 관련 정보 제공, 숙제 또는 가정에서 해 보는 활동 등
의사소통하기 (communicating)	유아의 건강한 발달과 성장을 위해 학교와 학부모가 상담 등을 통해 효과적인 의사소통에 참여하는 것이다. 예 부모 상담, 자녀 작업 전달, 가정통신문, 알림장, 전화, 기관 안내 등	의사결정 (decision making)	학교의 학부모 조직이나 학교 운영위원회 등 각종 위원회에 참여하거나 심의 및 의결에 참여하는 것이다. 예 부모 운영위원회, 기관 개선을 위한 건의 모임 등
자원봉사참여/ 부모지원 (volunteering)	다양한 학급 활동에 자원봉사자나 보조자로 참여하는 것이다. 예 기관과 교사를 돕는 지원, 일일교사, 기관행사 지원 등	지역사회와의 연계 협력 (collaborating with Community)	기관 프로그램을 강화하는 지역사회로부터의 서비스를 구체화하고 조직하는 것이다. 예 지역사회 자원에 대한 안내, 지역사회 활동과의 연계 등

▶ 2019 개정 유치원 교육과정 '자연탐구' 영역

내용 범주	생활 속에서 탐구하기
내용	내용 이해
물체의 특성과 변화를 여러 가지 방법으로 탐색한다.	유아가 주변에서 쉽게 발견할 수 있는 친숙한 물체나 물질의 크기, 모양, 색, 냄새, 소리, 질감과 같은 기본적 특성에 관심을 갖는 내용이다. 나아가 그 물체나 물질을 자르고 섞는 등 다양한 방법으로 변화시켜 보며, 변화되는 특성과 변화되지 않는 특성이 무엇인지 탐색해 보는 내용이다.

ⓑ 유아에게 자신의 미술작품과 또래의 미술작품을 가지고 공동으로 꾸미고 만드는 활동은 자신의 생각과 느낌을 나누면서 협동적인 미술 활동에 적극적으로 참여하게 한다.

> **참고**
>
> ▶ 2007 개정 유치원 교육과정 '표현생활'
>
> 협동적인 조형 활동은 환경의 재구성을 통해 더욱 흥미롭게 확장될 수 있다. 예를 들어, 꽃밭 만들기를 할 때 처음에는 각자 조그만 종이에 여러 가지 방법으로 꽃을 그린 후 오려 붙이기를 하여 친구들 것과 합하여 커다란 꽃밭을 만들게 된다. 완성된 꽃밭은 며칠을 지나는 동안 나비, 벌 등 여러 가지 곤충이 추가되고, 나비 축제, 튤립 축제 등 여러 가지 축제로 확장되는 등의 환경의 재구성을 통해 더욱 능동적인 표현 활동으로 지속되고 다른 영역과의 통합을 통해 의미 있는 교육 활동으로 전개될 수 있다. 협동적인 조형 활동은 2~3명의 소집단에서 더 큰 집단으로 확장해 가는 등 다양한 집단 활동으로 계획할 수 있다. 협동의 경험이 부족한 유아에게는 처음부터 전지와 같이 큰 재료를 함께 구성하는 집단적인 협력은 용이하지 않기 때문에 전자의 방법이 순차적으로 먼저 이루어지면 보다 질적인 협동 활동을 할 수 있게 된다.

07

1)
- ① : 물체의 위치와 방향, 모양을 알고 구별한다.
- ② : △와 □에는 뾰족한 곳이 몇 개 있니?

> **참고**
>
> ▶ 2019 개정 유치원 교육과정 '자연탐구' 영역
>
> | 내용 범주 | 생활 속에서 탐구하기 |
> | --- | --- |
> | 내용 | 내용 이해 |
> | 물체의 위치와 방향, 모양을 알고 구별한다. | 유아가 자신과 물체를 기준으로 앞, 뒤, 옆, 위, 아래 등 공간 안에서 위치와 방향을 알아가는 내용이다. 유아가 주변 환경에서 네모나 세모, 둥근 기둥, 상자 모양 등을 찾고 다양한 모양에서 공통점과 차이점을 알아가는 내용이다. |

2)
- ⓒ : 추론하기, 이미 알고 있거나 발견한 정보를 근거로 수학적 문제에 대해 논리적 결론을 내리고 자신의 수학적 사고를 설명하기 위해 사물 또는 사실들 간의 관계와 규칙성 등을 파악하여 증명해 나가는 것을 의미한다.
- ⓔ : 연계하기, 수학적 사고를 일상생활이나 다른 교과 영역과 연결 짓는 것을 의미한다. 비형식적 수학을 형식적 수학으로, 혹은 그 반대로 연결 짓는 것 모두를 포함한다.

3)
- ① : 시각적 표상 양식, 운동적 표상 양식
- ② : 패턴 전이하기

4)
- ① : 단순분류, 색깔이라는 1가지 속성으로 모양 조각을 분류했기 때문이다.
- ② : 색깔

08

1)
- ① : 움직임
- ② : 유아가 행위를 다양하게 바꿀 수 있기 때문에

> **참고**
>
> ▶ 물리적 지식(카미와 드브리스 C. Kamii & R. DeVries)
>
> (1) 물리적 지식 활동의 예
>   ① 물체의 움직임에 대한 활동 : 유아의 행위에 의해 물체의 움직임이 발생하는 것으로 사물 자체가 변하는 것은 아니다.
>   **예** 당기기, 밀기, 굴리기, 차기, 뛰어오르기, 불기, 빨기, 던지기
>   ② 물체의 변화에 대한 활동 : 사물 자체의 속성이 변화되는 것과 관계되는 활동으로 유아의 행위보다는 사물 자체의 상호작용에 기인한다. **예** 물감 혼합하기, 얼음 녹이기 등
>   ③ 사물의 움직임과 변화 사이의 활동 : 유아의 행위가 정확하게 사물 그 자체의 변화를 일으키는 것이 아니고, 그 행위로부터 나타나는 결과나 그 어떠한 움직임도 유아의 행위에 의해서라기보다는 물체의 속성에 의한 것이다. **예** 자석 붙여 보기, 물에 가라앉거나 뜨는 물건 발견하기, 그림자 놀이 등
>
> (2) 좋은 물리적 활동의 선정 기준
>   ① 유아가 자신의 행위를 통하여 사물의 움직임이나 변화를 만들어 낼 수 있는 것이어야 한다.
>   ② 사물에 대한 행위를 변화시킬 수 있어야 한다.
>   ③ 나타나는 사물의 반응이 관찰 가능한 것이어야 한다.
>   ④ 나타나는 사물의 반응은 즉각적으로 나타나는 것이어야 한다.
>
> (3) 물체의 변화를 포함하는 활동을 선택할 때 고려할 점
>   ① 물체에 가하는 행위가 원시적인 사람들도 할 수 있는 것인지 고려해야 한다.
>   ② 요리하기는 물체의 변화를 유아가 직접 관찰할 수 있어 적합한 활동이다.

2)
- ① : 실험하기
- ② : 공을 굴리는 위치와 볼링핀과의 거리

3)
- ① : 물체의 특성과 변화를 여러 가지 방법으로 탐색한다.
- ② : 힘의 세기

05

1)
- : ⓒ이 부적절하다. 타악기로 구성된 사물놀이 악기로는 멜로디 탐색을 할 수 없으므로 활동 방법에 의해 목표 달성을 할 수 없기 때문이다.

2)
- : 우리나라 전통 예술에 관심을 갖고 친숙해진다.

> **참고**
>
> ▶ 2019 개정 유치원 교육과정 '예술경험' 영역
>
> | 내용 범주 | 예술 감상하기 |
> |---|---|
> | 내용 | 내용 이해 |
> | 우리나라 전통 예술에 관심을 갖고 친숙해진다. | 유아가 우리나라 고유의 전통 음악, 춤, 미술, 건축물, 극 등에 관심을 가지고 전통 예술을 감상하며 우리나라 문화에 친숙해지는 내용이다. |

3)
- ① : ⓑ, 4분음표와 8분음표가 나타난다.
- ② : 문답식 노래

> **참고**
>
> ▶ 장단
>
> | 의미 | 길고 짧음을 뜻함. 우리 음악 전체와 부분에서 반복적으로 나타나는 리듬형으로 우리 음악의 기본 양식 | |
> |---|---|---|
> | 4박자 계열 | 2소박 4박자 | 단모리(휘모리) |
> | | 3소박 4박자 | 굿거리, 중중모리, 타령, 자진모리 |
> | 3박자 계열 | 세마치, 중모리, 진양조 | |

(굿거리, 세마치, 자진모리, 휘모리 장단 악보)

4)
- ① : 유아들에게 차례로 악기를 나눠 줄 때에는 먼저 규칙을 정해 잘 이해하도록 해야 한다. 악기를 받자마자 바닥에 내려놓고 교사의 지시가 있을 때까지 들지 않도록 하고 악기를 다루는 법을 알려 주어 무기나 장난감 등으로 사용하지 않도록 한다.
- ② : 한 번에 1가지 악기만 준비한 것은 부적절하다. 2가지 이상의 악기 연주를 준비하도록 한다.

06

1)
- ① : '대칭, 나비 데칼코마니'는 종이를 반으로 접어 물감을 사용하여 한 면에 나비의 날개 한쪽을 그리고 다른 면을 겹쳐 물감을 다른 표면에 옮기면 좌우가 대칭선을 기준으로 같은 모양의 나비 날개가 완성되기 때문이다.
- ② : 봄 느낌 마블링

2)
- : ① 투시적 표현, 자동차 안의 사람의 모습을 실제 보이지 않는 곳까지 모두 그렸기 때문이다.
  ② 동시성의 표현, 해와 달을 동시에 그려 낮과 밤에 경험한 것을 동시에 표현하였기 때문이다.

3)
- : ① ⓜ이 부적절하다. 처음으로 협동화 그리기에 참여하는 4세의 경우, 10명씩 조를 짜 주기보다 2~3명씩 조를 짜 주도록 한다.
  ② ⓗ이 부적절하다. 만 4세는 집단 안에서 의사 교환과 협상을 하며 공동으로 미술작품을 표현하고 완성하는 데 제한이 있으므로 먼저 개별 미술 활동을 한 다음 또래들 것과 함께하고 공동으로 꾸미는 경험을 하도록 한다.

> **참고**
>
> ▶ 2015 개정 유치원 교육과정 내용 '미술 활동으로 표현하기'
>   - 협동적인 미술 활동에 참여한다. <4세>
> ① 유아가 또래와 함께 하는 미술 활동에 참여하는 과정에서 서로 생각과 느낌의 차이가 있음을 알고 이를 나누도록 하는 내용이다.
> ② 협동적 미술 활동
>   ㉠ 완성보다는 참여에 가치 : 만 4세 유아는 또래들과 사회적 상호작용을 통해 협동은 할 수 있으나, 집단에서 일정한 역할을 맡아 의사 교환과 협상을 하며 공동으로 미술작품을 표현하고 완성하는 데 제한이 있다. 따라서 만 4세는 협동적인 미술 활동에 따른 작품의 완성보다는 협동적인 미술 활동 과정에 적극적으로 참여하도록 하는 것이 중요하다.
>   ㉡ 인정되고 수용되는 경험 선행 : 유아가 또래들과 협동적인 미술 활동에 참여하기 위해서는 자신의 개인적인 미술 표현이 교사 혹은 또래들에게 인정되고 수용되는 경험을 통해 자신감과 만족감을 경험하는 것이 선행되어야 한다.
>   ㉢ 만 4세 협동 미술의 구체적인 방법
>   ⓐ 만 4세 유아가 적극적으로 협동적인 미술 활동에 참여하도록 하기 위해서는 먼저 개별 미술 활동을 한 다음, 이어서 또래들과의 협동적인 미술 활동에 참여하도록 이끌 수 있다.

> **참고**
> ▶ 2019 개정 유치원 교육과정 '사회관계' 영역
>
> | 내용 범주 | 사회에 관심 가지기 |
> |---|---|
> | 내용 | 내용 이해 |
> | 다양한 문화에 관심을 가진다. | 유아가 다른 나라의 다양한 문화와 생활양식에 대해 관심을 가지고, 문화의 다양성을 이해하며 존중하는 내용이다. |

04

1)
- : 능동적인 상호작용

> **참고**
> ▶ 2019 개정 유치원 교육과정 누리과정의 운영 '교수·학습'
>
> 유아와 유아, 유아와 교사, 유아와 환경 간에 능동적인 상호작용이 이루어지도록 한다.
>
> (1) 유아와 유아 간의 상호작용
> ① 유아가 주도하는 놀이 중심의 개정 누리과정에서는 유아와 유아 간의 상호작용이 더 활발하고 빈번하게 일어난다.
> ② 생각 나누기 : 유아는 또래들과 함께 놀이하면서 자신의 생각을 표현하고, 친구들의 의견을 듣고 때때로 생각을 바꾸기도 한다.
> ③ 친사회적 행동 : 더 재미있게 놀이하기 위해 양보하고, 배려하고, 나와 다른 의견을 수용하여 조절하는 경험도 할 수 있다.
> ④ 교사의 지원 : 교사는 유아들이 자유롭고 활기차게 놀이할 수 있는 분위기를 제공하여 유아 간의 다양한 상호작용을 격려해 주어야 한다.
>
> (2) 교사와 유아 간의 상호작용
> ① 교사는 유아의 놀이에 귀 기울여 놀이의 의미와 배움을 발견하고, 이를 확장하기 위해 다양한 상호작용을 한다.
> ② 놀이 인정 : 교사는 유아의 흥미와 관심이 어디에 있는지 파악하고, 칭찬, 격려, 미소, 공감 등 정서적 또는 언어적 상호작용을 통해 유아의 놀이를 긍정적으로 수용하고 격려한다.
> ③ 유아와 함께 교감 : 교사는 답이 정해진 질문을 하거나 일방적으로 지식을 전달하기 위해 개입하는 것이 아니라 유아의 흥미와 관심에 교감하며 놀이를 지원하는 상호작용을 하도록 한다. 이때 유아의 놀이에서 나타나는 상상력과 사물을 의인화하여 이해하는 유아의 독특한 놀이 표현을 지지하고 함께 교감하는 태도가 필요하다.
> ④ 놀이에서 발생하는 문제를 함께 해결 : 교사는 유아와 주변 세계를 이해하는 공동의 놀이자로서 놀이에서 발생하는 문제를 함께 해결하면서 유아의 배움을 이끄는 상호작용을 할 수 있다.

2)
- ① : 숨을 한번 크게 쉬어 보는 건 어떨까?
- ② : 친구가 장난감을 가지고 놀지 못하게 하면 너희들은 기분이 어떻겠니?
- ③ : 자기동기화, 정말 가지고 놀고 싶은 장난감에 대한 욕구를 참고 기다리며 다른 장난감을 가지고 놀도록 하는 것과 같이 나중의 더 큰 만족을 위해 현재 욕구를 참을 수 있는 방법을 제시한 것이기 때문이다.

> **참고**
> ▶ 정서지능 구성요소(골만 D. Goleman)
>
> | 자기인식 | 자신이 느끼는 감정을 빨리 인식하고 알아차리는 능력 |
> |---|---|
> | 자기조절 | 인식된 자신의 감정을 적절하게 처리하고 변화시키는 능력 |
> | 자기동기화 | • 어려움을 참아내어 자신의 성취를 위해 노력할 수 있는 능력
• 지금 눈앞에 있는 것을 당장 원하기보다는 조금 참아서 더 큰 것을 구할 수 있다면 참고 기다려 보겠다는 의지를 가질 수 있음을 뜻함 |
> | 감정이입 | 타인이 느끼는 감정을 자신의 것처럼 느끼고 타인의 감정을 읽어 내는 능력 |
> | 대인관계 | 인식한 타인의 감정에 적절하게 대처할 수 있는 정서표현 능력 |

3)
- ① : 귀납적
- ② : 교사가 '친구와 나눠 써야 한다'라고 직접 설명하는 것이 아니라 유아의 사고를 자극하여 스스로 왜 친사회적 행동을 해야 하는지 사고할 수 있도록 하는 것이므로 유아의 행동 변화가 빠르고 지속성이 있으며 다른 상황에서도 적용이 가능하다.

> **참고**
> ▶ 친사회적 행동 지도법
> ① 친사회적 도덕 추론(Prosocial Moral Reasoning) : 외적 규제의 역할이 최소한인 상태에서 자신의 욕구와 다른 사람의 필요 중 어느 한쪽을 만족시킬 것인가를 선택하는 갈등 상황에서의 추론이다. (아이젠버그 Eisenberg)
> ② 도덕적 추론 : 도덕적 주제와 갈등이 내포된 이야기를 선정하여 교사 자신이 정해진 답을 설교하고 훈계하는 것이 아니라 유아의 사고를 자극하여 보다 높은 추론으로 이끄는 방법이다. (콜버그 Kohlberg)
> ③ 귀납적 추론 : '친구끼리는 장난감을 나눠 써야 해'라고 설명하거나 지시하는 것이 아닌 '다른 친구가 왜 화가 났지?', '네가 이렇게 하면 다른 친구의 마음은 어떻겠니?' 등 유아의 인지적 성장에 적합한 귀납적 설명으로 갈등 해결을 돕는 것이다. (솔로몬 Solomon 등)

> ▶ 2017 기출문제 B. 2-2) 원본
> 병규가 ⓒ과 같은 반응을 보일 수 있는 이유는 (ⓐ)을/를 알고 있기 때문이다.
> 〔정답〕 • : 내재적 규칙

> ▶ 놀이 관점(비고츠키 L. Vygotsky)
> ① 놀이는 유아가 더 높은 수준의 기능을 획득하도록 유아의 근접 발달지대 내에서 비계를 제고함으로써 발달을 촉진시키게 된다.
> ② 상상놀이를 통해 현실의 욕구를 대신 실현하면서 만족감을 얻는다.
> ③ 상상놀이는 유아의 추상적 사고에 영향을 미친다. 유아들이 상상놀이를 수행하면서 사물(예 약)을 나타내기 위해 다른 사물(예 초콜릿)을 사용할 때 의미는 대상과 분리되기 시작한다.
> ④ 놀이는 자기조절을 촉진시킨다. 놀이는 특별한 놀이 제의 역할과 규칙에 따라 자신의 행동을 금지하고 구속할 것을 요구하기 때문에 유아들로 하여금 자기조절을 연습하도록 돕는다. 상상놀이에서 만든 규칙에 의해서 어린이들은 사회의 규범과 기대를 보다 잘 이해하고 그에 따라 행동하려고 노력한다. 놀이의 변화는 외현적인 상상적 상황과 그에 내재된 규칙의 형태인 상상놀이로부터 외현적인 규칙과 그에 내포된 상상적 상황 형태인 규칙 있는 게임으로 전환되고, 연령이 증가되면서 상징놀이가 소멸되는 것이 아니라 현실 속으로 스며든다고 했다. 초기에 상징놀이가 유아가 단독적으로 행한다고 할지라도 그 놀이 안에는 이미 사회적 상황이 존재하며 내재된 규칙에 의해 놀이가 진행되기 때문에 초기 상상놀이 역시 사회적 상징놀이라고 했다.

3)
- ① : 극화놀이
- ② : 병행-구성놀이 수준, 영준이와 석민이는 같은 공간, 같은 시간에 동일한 로봇 만들기를 하고 있으나 서로 상호작용은 나타나지 않기 때문이다.

4)
- ① : 거시 영역 놀이
- ② : 자신의 신체나 놀잇감을 노는 것에서 벗어나 또래인 혜진이나 진서와 사회적인 상호작용을 하는 단계이기 때문이다.

> ▶ 놀이 발달 단계(에릭슨 E. Erikson)
>
> | | |
> |---|---|
> | 자기 세계 놀이 | 자신의 신체를 가지고 탐색하는 단계이다. |
> | 미시 영역 놀이 | 자신의 신체에서 벗어나 주변의 사물이나 놀잇감을 조작하며 노는 단계이다. |
> | 거시 영역 놀이 | 자신의 신체와 사물에서 벗어나 주변의 또래와 사회적인 상호작용을 하는 단계이다. |

03

1)
- ① : 문화
- ② : 야, 말도 제대로 못하면서 이것도 못하냐?

2)
- ① : 관광적 교육과정/관광식 접근법
- ② : 정체성 형성, 편견에 대한 비판적 사고, 협력

> ▶ 더만-스파크스(Derman-Sparks) 등은 반편견 교육과정을 다문화 교육이라는 이름으로 실시되고 있는 관광적 교육과정(tourist curriculum)과 구별하고 있다. 관광적 교육과정은 음식, 문화, 전통의상, 가구와 같은 공예품을 통해 문화에 대하여 가르침으로써 다른 사람의 경험의 문제를 축제, 표면의 문제로 다루면서 실생활을 소홀히 취급하여 진정한 의사소통에 실패할 수 있다고 주장하고 있다.

> ▶ 반편견 교육과정의 주요 목적(Derman-Sparks, 1989 ; Hall & Rhomberg, 1995)
> ① 정체성 형성 : 자신의 정체감에 대하여 긍정적으로 생각할 수 있도록 한다. 자신에 대한 긍정적인 생각은 개인적 정체감 및 집단의 정체감과 관련된 것으로 우월감을 갖지 않고 자신감을 가질 수 있게 도와준다.
> ② 상호작용(협력) : 다양한 외모, 성, 계층, 인종, 능력을 가진 사람들과 감정이입적인 상호작용을 할 수 있도록 기회를 제공한다. 유아가 다른 사람을 편안하게 느끼지 않는 것은 비언어적(눈을 마주치기를 피함, 좋지 않은 얼굴 표정 등), 언어적(놀리기 등), 신체적(때리기, 밀기 등)으로 나타날 수 있다. 그러므로 사람들 사이의 차이점과 유사점을 이해하고 차이에 대하여 묻고, 배우고 협의하며 수용하는 과정에서 반편견적인 이해와 태도를 발달시키게 된다.
> ③ 편견에 대한 비판적 사고 : 편견에 대한 비판적 사고는 불공평한 상황에 접했을 때 자신과 다른 사람들이 어떻게 느끼는가에 대하여 진지하게 생각할 수 있는 기회를 가지도록 도울 수 있다.
> ④ 반편견적 행동을 취할 수 있도록 고무 : 편견적 행동에 대한 비판적 사고와 감정이입이 기초가 되어 불공정함과 편견에 직면할 때 자신과 다른 사람을 위해 이의를 제기할 수 있게 되며 이를 행동으로 옮기는 것을 학습하도록 도울 수 있다.

3)
- ① : 다양한 문화에 관심을 가진다.
- ② : 존중

2017학년도 유치원 교육과정 B

본책 p.106

01

1)
- : 지문

 참고

▶「실종아동 등의 보호 및 지원에 관한 법률」[법률 제17575호, 2020. 12. 8., 일부 개정]
제7조(미신고 보호행위의 금지) 누구든지 정당한 사유 없이 실종아동 등을 경찰관서의 장에게 신고하지 아니하고 보호할 수 없다. <개정 2006. 2. 21., 2011. 8. 4.>
제7조의2(실종아동등의 조기발견을 위한 사전 신고증 발급 등)
① 경찰청장은 실종아동 등의 조속한 발견과 복귀를 위하여 아동등의 보호자가 신청하는 경우 아동등의 지문 및 얼굴 등에 관한 정보(이하 "지문등정보"라 한다)를 제8조의2에 따른 정보시스템에 등록하고 아동등의 보호자에게 사전신고증을 발급할 수 있다. <개정 2017. 10. 24.>
② 경찰청장은 제1항에 따라 지문등정보를 등록한 후 해당 신청서(서면으로 신청한 경우로 한정한다)는 지체 없이 파기하여야 한다. <신설 2017. 10. 24.>
③ 경찰청장은 제1항에 따라 등록된 지문등정보를 데이터베이스로 구축·운영할 수 있다. <개정 2017. 10. 24.>

2)
- : 안전인증

 참고

▶「어린이제품 안전 특별법」[법률 제18819호, 2022. 2. 3., 일부 개정]
제2조(정의) 이 법에서 사용하는 용어의 뜻은 다음과 같다.
……(중략)……
6. "어린이제품 안전관리"란 어린이의 생명·신체에 대한 위해 또는 재산상 피해를 방지하기 위하여 어린이제품의 제조 또는 유통 등을 관리하는 활동을 말한다.
7. "어린이제품 공통안전기준"이란 어린이제품에서 기본적으로 준수하여야 하는 안전기준을 말한다.
8. "안전인증"이란 제품검사(어린이제품을 시험·검사하는 것을 말한다. 이하 같다)와 공장심사(제조설비·자체검사설비·기술능력 및 제조체제를 심사하는 것을 말한다. 이하 같다)를 모두 거치거나 제품검사만을 거쳐 어린이제품의 안전성을 증명하는 것을 말한다.
9. "안전인증대상 어린이제품"이란 구조·재질 및 사용방법 등으로 인하여 어린이의 생명·신체에 대한 위해 또는 재산상 피해에 대한 우려가 크다고 인정되는 어린이제품 중에서 안전인증을 통하여 그 위해를 방지할 수 있다고 인정되는 어린이제품으로서 산업통상자원부령으로 정하는 것을 말한다.
10. "안전확인"이란 제품검사를 통하여 안전성을 증명하는 것을 말한다.
11. "안전확인대상 어린이제품"이란 구조·재질 및 사용방법 등으로 인하여 어린이의 생명·신체에 위해를 초래할 우려가 있는 어린이제품 중에서 제품검사로 그 위해를 방지할 수 있다고 인정되는 어린이제품으로서 산업통상자원부령으로 정하는 것을 말한다.

3)
- ① : 브레인스토밍
- ② : ㉠ 비판금지의 원리/판단보류의 원리, ㉡ 결합과 개선의 원리

 참고

▶ 브레인스토밍의 원리(알렉스 오스본 Alex Osborn, 1888~1966)

비판금지 (판단보류) 원리	아이디어 비판을 받으면 분위기에 짓눌려 더 이상 아이디어를 내지 않기도 한다.
자유분방 (독창성)의 원리	아무리 하찮은 아이디어라도 망설이지 말고 발표해야 한다. 하찮은 아이디어라도 다른 사람에게 영감을 주어 놀라운 아이디어로 발전될 수 있다.
양산 (다양성)의 원리	브레인스토밍에서는 아이디어의 질보다 아이디어의 개수가 중요하다.
결합과 개선 (결합)의 원리	처음에는 전혀 관계없어 보이는 개별 아이디어들이 이유 있는 기준에 따라 결합하면 엄청난 아이디어로 다시 태어나는 경우가 많다. 따라서 기존의 아이디어를 다각도로 검토해 새로운 의미로 확장하는 노력이 필요하다.

4)
- : 사전답사를 하여 떡집의 위치와 가는 방법을 숙지했어야 한다.

02

1)
- ① : 상징놀이
- ② : 초콜릿을 약의 대용 사물로 사용한 것에서 사물의 가작화, 의사와 환자의 역할을 맡아 놀이를 한 것에서 역할의 가작화, 병규의 의사 선생님 대화, 수진이의 환자의 대화에서 행동 및 상황의 가작화가 나타난다.

2)
- : ㉡의 병규는 상징놀이의 내재된 규칙을 지키고자 성진이에게 이를 가르쳐 주고 있고, ㉢의 성진이는 상징놀이의 내재된 규칙을 지키지 않고 놀이에서 이탈하고 있다.

08

1)
- ① : 주변의 상징, 글자 등의 읽기에 관심을 가진다.
- ② : 책에 관심을 가지고 상상하기를 즐긴다.

> **참고**
>
> • 2019 개정 유치원 교육과정 '의사소통' 영역
>
> | 내용 범주 | 읽기와 쓰기에 관심 가지기 |
> |---|---|
> | 내용 | 내용 이해 |
> | 주변의 상징, 글자 등의 읽기에 관심을 가진다. | 유아가 일상에서 자주 보는 상징(표지판, 그림문자 등)이나 글자 읽기에 관심을 가지는 내용이다. 유아가 상징이나 글자에는 사람들의 생각과 감정, 정보가 담겨 있다는 것을 이해하는 내용이다. |
> | 내용 범주 | 책과 이야기 즐기기 |
> | 내용 | 내용 이해 |
> | 책에 관심을 가지고 상상하기를 즐긴다. | 유아가 책에 흥미를 가지며 책 보는 것을 즐기고 상상하는 즐거움을 경험하는 내용이다. |

2)
- : 1글자가 1음절에 해당한다.

3)
- ① : [A]는 표지의 그림을 보고 추측하여 읽는 맥락적 읽기 유형이고, [B]는 자소와 음소를 대응하여 읽는 분석적 읽기 유형이다.
- ② : 발생적 문식성 관점, 형식적으로 글자를 학습하지 않았더라도 자연스럽게 글자 읽기에 관심을 갖고 유아 수준에서 그림 등을 단서로 하여 읽은 것이기 때문이다.

> **참고**
>
> ▶ 2017 기출문제 A. 8-2) 원본
> ① [A]와 [B]에 해당되는 읽기의 유형을 차례대로 쓰고, ② [A]의 읽기에 해당되는 문식성 발달에 대한 관점을 쓰시오. [2점]
> 〔정답〕
> - ① : [A]는 표지의 그림을 보고 추측하여 읽는 맥락적 읽기 유형이고, [B]는 자소와 음소를 대응하여 읽는 분석적 읽기 유형이다.
> - ② : 발생적 관점/발생적 문식성 관점

> **참고**
>
> ▶ 문식성 발달에 대한 관점
>
> | 전통적 관점 | 준비도 교육과 기능학습(skill learning)을 강조 |
> |---|---|
> | 발생적 관점 | 단어 수준의 해독이 아니라, 문자 언어의 기능적(functional)인 사용을 강조 |

4)
- ① : 바른 태도로 듣고 말한다.
- ② : 진우가 준태의 말을 끝까지 듣지 않고 차례 지키기를 하지 못하고 끼어드는 태도를 보였기 때문이다.

> **참고**
>
> • 2019 개정 유치원 교육과정 '의사소통' 영역
>
> | 내용 범주 | 듣기와 말하기 |
> |---|---|
> | 내용 | 내용 이해 |
> | 바른 태도로 듣고 말한다. | 유아가 말하는 사람에게 주의를 기울이며 듣는 내용이다. 말을 끝까지 듣고, 자신의 의견을 말하는 내용이다. |

(2) 자신과 다른 사람의 운동 능력의 차이를 이해한다. <5세>

만 5세 유아가 또래 간 신체운동 능력의 차이를 인정하고 존중해 주는 태도를 가질 수 있도록 한다. 이러한 태도는 유아가 다른 친구와 협동하며 놀이하는 데 기초가 되며 다른 사람을 존중하는 바탕이 된다. 신체운동을 할 때에는 유아들 간의 비교를 삼가고 누구나 잘하는 부분과 덜 잘하는 부분이 있다는 것을 서로 인정할 수 있도록 각각의 유아가 잘할 수 있는 다양한 활동을 준비하여 제시한다.

▶ 관련 2019 개정

영역	신체운동·건강
내용 범주	신체활동 즐기기
내용	내용 이해
실내외 신체활동에 자발적으로 참여한다.	유아가 하루 일과에서 실내외의 다양한 신체활동에 자발적으로 즐겁게 참여하는 내용이다.
영역	사회관계
내용 범주	더불어 생활하기
내용	내용 이해
서로 다른 감정, 생각, 행동을 존중한다.	유아가 다른 사람들의 감정, 생각, 행동에 관심을 갖고 감정, 생각, 행동이 서로 다를 수 있음을 이해하고 존중하는 내용이다.

4)
- ① : ⓐ 관계, ⓑ 신체와 물체와의 관계
- ② : 줄넘기 줄과 자신의 신체와의 관련성을 인식해야 한다. 즉, 줄넘기를 할 때 자신의 다리에 닿지 않게 줄을 넘겨야 한다는 것을 인식해야 한다.

07

1)
- : 책과 이야기 즐기기

▶ 2019 개정 유치원 교육과정 '의사소통' 영역 내용 범주 '책과 이야기 즐기기'
(1) 개정의 중점
유아가 동화와 동시, 말놀이와 이야기 짓기 등 일상에서 자연스럽게 문학을 즐기는 경험에 중점을 두어 '책과 이야기 즐기기' 내용 범주를 새롭게 제시하였다.

(2) 내용 및 내용 이해

내용 범주	책과 이야기 즐기기
내용	내용 이해
책에 관심을 가지고 상상하기를 즐긴다.	유아가 책에 흥미를 가지며 책 보는 것을 즐기고 상상하는 즐거움을 경험하는 내용이다.
동화, 동시에서 말의 재미를 느낀다.	유아가 동화와 동시를 자주 들으며 우리말의 재미와 아름다움을 느끼는 내용이다.
말놀이와 이야기 짓기를 즐긴다.	유아가 끝말잇기, 수수께끼, 스무고개 등 다양한 말놀이를 즐기는 내용이다. 자신의 경험, 생각, 상상을 기초로 새로운 이야기를 만드는 과정을 즐기는 내용이다.

▶ 2015 개정 '의사소통'

내용 범주	말하기	
내용	느낌, 생각, 경험 말하기	
세부 내용		
3세	4세	5세
	이야기를 지어 말한다.	이야기 지어 말하기를 즐긴다.

만 5세 '이야기를 지어 말하기를 즐긴다.'는 유아가 이야기의 구조에 맞게 상상력과 창의력을 발휘하여 이야기를 지어 말하는 것을 즐기는 내용이다. 만 5세 유아는 자신이 경험한 일, 다른 사람으로부터 들은 이야기, 그림책 결과 후에 다시 일어날지도 모르는 일, 마음속에 상상하는 일 등을 토대로 이야기를 지어 말하거나 주변에서 접할 수 있는 다양한 자료를 보고 이야기를 꾸며 말하는 것을 즐긴다. 만 5세 유아는 이야기 지어 말하는 것을 즐기면서 다양한 문학적 요소를 경험하고 언어적 표현 능력을 향상시킬 수 있다. 따라서 이야기를 지어 말할 수 있는 기회를 자주 제공하고 친구들과 함께 만든 이야기를 서로 듣고 즐길 수 있도록 격려한다. 이때 교사는 유아의 이야기를 받아써 주고 이를 다시 읽어 주어서, 유아가 '글자로 쓰기'나 '쓴 글 읽기'에 자신의 정신적 에너지와 노력을 모두 써버리지 않도록 지원을 아끼지 않아야 한다.

2)
- ① : 시공간을 초월하는 상상 속 이야기로 유아에게 주인공과의 동일시를 통해 스트레스 해소와 심리적 안정감을 준다.
- ② : 단선적 형식

▶ 동화의 구성요소
등장인물, 배경, 주제, 플롯, 시점, 문체

3)
- ① : 주제
- ② : 열린, 열린 결말이란 작가가 작품의 마지막 부분을 명확하게 끝맺지 않고 독자들이 작품의 결말을 상상하도록 하는 마무리 형식이다.

[별표 6] 안전점검의 항목 및 방법(제11조제2항 관련)
1. 안전점검의 항목
   가. 어린이 놀이시설의 연결 상태
   나. 어린이 놀이시설의 노후(老朽) 정도
   다. 어린이 놀이시설의 변형 상태
   라. 어린이 놀이시설의 청결 상태
   마. 어린이 놀이시설의 안전수칙 등의 표시 상태
   바. 부대시설의 파손 상태 및 위험물질의 존재 여부
2. 안전점검의 방법
   어린이 놀이시설의 관리주체는 제1호의 점검항목에 대하여 다음 각 목의 기준에 따라 구분하여 안전점검을 한 후, 그 결과를 안전점검 실시대장에 기록하여야 한다.
   가. 양호 : 어린이 놀이시설의 이용자에게 위해(危害) · 위험을 발생시킬 요소가 없는 경우
   나. 요주의 : 어린이 놀이시설의 이용자에게 위해 · 위험을 발생시킬 요소는 발견할 수 없으나, 어린이 놀이기구와 그 부분품의 제조업체가 정한 사용 연한이 지난 경우
   다. 요수리 : 어린이 놀이시설의 이용자에게 위해 · 위험을 발생시킬 요소가 되는 틈, 헐거움, 날카로움 등이 생길 가능성이 있거나, 어린이 놀이시설이 더럽거나 안전 관련 표시가 훼손된 경우
   라. 이용금지 : 어린이 놀이시설의 이용자에게 위해 · 위험을 발생시킬 수 있는 틈, 헐거움, 날카로움 등이 있거나 위해가 발생한 경우

▶「어린이 놀이시설 안전관리법」[법률 제17695호, 2020. 12. 22., 일부 개정]

제12조(어린이 놀이시설의 설치검사 등) ① 설치자는 제11조의 규정에 따라 설치한 어린이 놀이시설을 관리주체에게 인도하기 전에 대통령령이 정하는 방법 및 절차에 따라 안전검사기관으로부터 설치검사를 받아야 한다.
② 관리주체는 제1항에 따라 설치검사를 받은 어린이 놀이시설에 대하여 대통령령으로 정하는 방법 및 절차에 따라 안전검사기관으로부터 2년에 1회 이상 정기시설검사를 받아야 한다.

3)
: 2회 이상이 부적절하다. 상 · 하반기 각각 1회 이상 실시해야 한다.

참고

▶「학교보건법」[법률 제18640호, 2021. 12. 28., 일부 개정]

제4조의2(공기 질의 유지 · 관리 특례) ① 학교의 장은 제4조제2항에 따른 공기 질의 위생점검을 상 · 하반기에 각각 1회 이상 실시하여야 한다.
② 학교의 장은 제4조제2항 및 제3항에 따라 교사 안에서의 공기 질을 측정하는 장비에 대하여 교육부령으로 정하는 바에 따라 매년 2회 이상 정기적으로 점검을 실시하여야 한다. <개정 2021. 12. 28.> [본조신설 2019. 4. 2.]

06

1)
- ① : 개인 공간
- ② : 두 팔을 벌려 옆의 친구와 닿지 않는 공간과 같이 개인 공간은 몸을 둘러싸고 있는 공간으로, 한 지점에 머무르는 동안 몸이 닿을 수 있는 곳을 의미한다.

2)
- : 직접적 교수법, 줄넘기를 하는 방법에 대해 교사가 직접 시범을 보이고, 동작을 상세하게 설명한 후 그대로 따라하도록 했기 때문이다.

참고

▶ 유아 동작 교육의 교수 방법

직접적 교수 방법		유아들이 모두 같은 동작을 하면서 일치와 균일성을 배우는 것이다. 정확한 교사의 시범과 설명을 통해 효율적으로 결과를 도출해 낼 수 있지만 창의성과 연결되지 못한다.
간접적 교수 방법	안내 · 발견적 교수 방법	교사가 마음속에 생각하고 있는 구체적인 동작 교육에 대한 답을 유아에게서 이끌어 내는 것(수렴적)이다. 유아에게 시범을 보이게 한다.
	탐색적 교수 방법	발산적 문제해결 방법이다. 주어진 주제에 적합한 다양한 방법을 탐색해 가는 과정을 중요시한다.

3)
- : 각자 잘하거나 못하는 운동이 있음을 이해하고 존중하는 태도를 기르도록 지도해야 한다.

참고

▶ 2015 개정 '신체운동 · 건강'

내용 범주	신체활동에 참여하기	
내용	자발적으로 신체활동에 참여하기	
세부 내용		
3세	4세	5세
	자신과 다른 사람의 운동 능력 차이에 관심을 갖는다	자신과 다른 사람의 운동 능력의 차이를 이해한다.

(1) 자신과 다른 사람의 운동 능력의 차이에 관심을 갖는다. <4세>
여러 가지 신체활동에 참여하면서 유아는 자신이 좋아하는 운동과 잘하는 신체 동작이 있다는 것을 알고, 익숙하지 않거나 선호하지 않는 운동이 있다는 것을 알게 된다. 또한 유아는 다른 사람의 운동 능력을 자신과 비교하면서 서로의 차이에 관심을 갖게 된다. 만 4세 유아가 자신의 특성에 맞는 신체운동을 경험함으로써 성공적인 경험을 하고 서로의 차이를 자연스럽게 인정할 수 있도록 한다.

> **참고**
>
> ▶ **성역할 고정관념의 발달**
> - 유아는 성 정체감이 형성된 직후 또는 동시에 성역할 고정관념을 가진다.
> - 남아가 여아보다 더 강한 고정관념을 지니고 남녀 역할에 전통적 견해를 보인다.
> - 성역할 고정관념이 약한 경우는 취업모의 자녀나 이성을 선호하는 아동들이다.
> - 애드워즈(Edwards, 1986) : 전조작기 유아들은 남자와 여자는 반대의 개념이라고 생각하고 자신의 욕구를 충족시키기 위해 성역할 고정관념을 나타내는 경우가 많다. 예 운전은 남자가 하는 것이니 운전사 역할을 하겠다고 함

3)
- ① : 역할이행
- ② : 지속성이 나타나지 않았다. 사회극놀이가 되려면 놀이가 최소한 10분 이상 지속되어야 하는데 관찰시간(09:45~09:55) 10분 동안 사회극놀이는 극히 일시적으로 시작되었다 끝났기 때문이다.

04

1)
- ① : 코메니우스
- ② : 합자연의 원리

> **참고**
>
> ▶ **코메니우스(17세기 실학주의)**
> (1) 합자연의 원리 : 자연적 순서에 따라 교육과정이 진행된다면 학습이 쉽게 될 것이다.
> (2) 교육 단계론 : 어머니의 무릎 학교(유아기), 모국어 학교(아동기), 라틴어 학교(소년기), 대학 및 외국 여행(청년기)으로 나눈 공교육의 틀을 제시했다.
> (3) 주요 저작
>   ① 『대교수학』: 자연의 법칙에 따른 교육방법 등을 제시했다.
>   ② 『범교육론』: 모든 계급의 남녀아동을 동일한 학교에서 교육해야 한다고 주장했다.
>   ③ 『세계도회』: 어린이를 위해 최초로 삽화를 넣은 책으로, 라틴어 학습 초보자를 위해 고안되었다.
>   ④ 『유아학교』: 어머니와 교사를 위한 교육 안내서이다. 건전한 학습이란 사물에 대해 알기(직접 경험), 행하면서 배우기, 말하면서 배우기이다.

2)
- : ① ⓑ가 부적절하다. 유아가 교구와 상호작용을 하는 동안 교사는 관찰자의 역할을 하면서 유아의 활동에 방해가 되지 않도록 해야 하고 유아가 도움을 요청하는 경우에만 도움을 주어야 한다.
  ② ⓔ가 부적절하다. 교구는 사용법이 정해져 있어 정해진 방법으로만 활용해야 한다.

3)
- ① : ㉢의 학자는 '게젤'이며, ㉣의 용어는 '준비도' 이다.
- ② : ㉠은 유아 개인의 발달특성, 흥미나 관심, 요구에 맞도록 교육과정이 운영되어야 한다는 것이다. ㉥ 사회·문화적 적합성

> **참고**
>
> ▶ **미국의 전국유아교육협회(NAEYC)의 「발달에 적합한 실제」**
>
> | | |
> |---|---|
> | 연령 적합성 | 유아기 연령 범주에 속하는 보편적 특성에 적합한 학습환경과 교육적 경험을 통해 교육과정을 운영해야 한다는 원리이다.
예 놀이와 직접 경험, 구체적 교구 사용 |
> | 개인적 적합성 | 유아의 발달 수준, 흥미, 이해 수준에 적합하게 교육과정을 운영해야 한다는 원리이다.
예 흥미 영역 중심의 환경구성, 자유로운 선택 기회, 개별 유아의 학습 방법과 속도에 맞는 다양한 교수 전략 |
> | 사회·문화적 적합성 | 유아의 발달과 학습은 그들이 속한 다양한 사회·문화적 맥락에 의해 영향을 받으므로 개별 유아 및 그 가족이 지닌 가치, 신념, 전통, 문화 등에 적합해야 한다는 것이다.
예 양성평등, 노인공경, 반편견 등 |

05

1)
- : ① ⓒ 손바닥에 부목을 대는 것이 부적절하다. 골절이 된 부위가 손가락이므로 손가락에 볼펜이나 막대 등으로 고정할 수 있는 부목을 대야 한다.
  ② ⓓ 우유를 먹이는 것은 부적절하다. 병원 이동 중에는 음식물을 주지 않는다.

> **참고**
>
> ▶ **손가락 골절 시 응급처치**
> 골절이 의심되어 병원으로 갈 때는 불안해하지 않도록 몸을 따뜻하게 해 주고, 음식물을 주지 않는다. 이는 접합 수술 시 마취를 해야 하는 경우도 있기 때문이다.

2)
- ① : ⓜ 1회, ⓗ 안전점검 실시대장
- ② : 2년에 1회 이상

> **참고**
>
> ▶ **「어린이 놀이시설 안전관리법 시행령」** [대통령령 제31805호, 2021. 6. 22., 일부 개정]
> **제11조(안전점검 실시)** ① 관리주체는 법 제15조제1항에 따라 안전점검을 월 1회 이상 실시하여야 한다.
> ② 제1항에 따른 안전점검의 항목 및 방법은 [별표 6]과 같다.

2017학년도 유치원 교육과정 A

본책 p.98

01

1)
- ① : 1969년
- ② : 학문

2)
- ① : 초·중등학교 교육과정의 개정과 함께 상호연계성 속에서 개정하기 위해서이다. / 제5공화국이 들어서면서 유신 말기의 정책 의지가 강하게 반영되어 있던 기존의 교육과정을 전면적으로 새롭게 개정하기 위해서이다.
- ② : 4~5시간

 참고

▶ 제3차 유치원 교육과정 개정의 특징
- 제5공화국이 들어서면서 유신 말기의 정책 의지가 반영되어 있던 기존의 교육과정을 전면적으로 새롭게 개정하려는 교육개혁 조치에 따라 개정 2년 만에 다시 개정되었다.
- 처음으로 초·중고등학교 교육과정의 개정과 함께 상호 연계성 속에서 개정되었다.
- 문교부가 교육 전문 연구 기관인 한국교육개발원에 교육과정의 연구·개발을 위탁하여 체계적인 연구에 의해 교육과정을 개정하였다.

3)
- : "만 3세부터 5세까지의 어린이"는 잘못되었다. "만 3세부터 초등학교 취학 전까지의 어린이"로 고쳐야 한다.

참고

▶ 유아교육법 [법률 제18193호, 2021. 7. 20., 일부 개정]
제2조(정의) 이 법에서 사용하는 용어의 뜻은 다음 각 호와 같다.
<개정 2010. 3. 24., 2012. 3. 21.>
1. "유아"란 만 3세부터 초등학교 취학 전까지의 어린이를 말한다.
2. "유치원"이란 유아의 교육을 위하여 이 법에 따라 설립·운영되는 학교를 말한다.
3. "보호자"란 친권자·후견인 그 밖의 자로서 유아를 사실상 보호하는 자를 말한다.

4)
- : ① ⓐ, 추구하는 인간상 구현을 위한 지식, 기능, 태도 및 가치를 반영하여 구성한다.
  ② ⓑ, 3~5세 유아가 경험해야 할 내용으로 구성한다.

02

1)
- ① : 총체적 언어 지도 접근법이다. 그림책을 읽고 내용을 이해하는 것으로 충분하다고 하는 것과 같이 언어의 형식보다는 의미를 중요시하는 활동을 했고, 듣기, 말하기, 읽기, 쓰기를 통합적으로 발달시키고자 했기 때문이다.
- ② : 균형적 언어 지도 접근법이다. 그림책을 읽는 의미 중심 활동 다음에 반복해서 나오는 낱말이나 구절의 글자를 익히는 활동을 한 것과 같이 언어의 의미를 중요시하는 활동을 하면서 부분적으로 철자 등 형식을 중요시하는 활동을 했기 때문이다.

2)
- : 자신의 생각을 글자와 비슷한 형태로 표현한다.

참고

▶ 2019 개정 유치원 교육과정 '의사소통' 영역

내용 범주	읽기와 쓰기에 관심 가지기
내용	내용 이해
자신의 생각을 글자와 비슷한 형태로 표현한다.	유아가 자신의 생각이나 말을 끼적거리거나 글자와 비슷한 선이나 모양, 글자와 비슷한 형태로 표현하는 내용이다.

3)
- ① : 환경 인쇄물
- ② : 유아에게 친숙하고 실생활의 특정한 맥락을 담고 있기 때문이다.

4)
- : 행동주의

03

1)
- ① : 서로 다른 감정, 생각, 행동을 존중한다.
- ② : 대인 관계 지능(대인 간 지능)이다. 지수가 임규가 함께 놀고 싶다는 것을 알고 함께 놀자고 한 것과 같이 다른 사람의 마음을 공감해 주고 반응해 주었기 때문이다.

참고

▶ 2019 개정 유치원 교육과정 '사회관계' 영역

내용 범주	더불어 생활하기
내용	내용 이해
서로 다른 감정, 생각, 행동을 존중한다.	유아가 다른 사람들의 감정, 생각, 행동에 관심을 갖고 감정, 생각, 행동이 서로 다를 수 있음을 이해하고 존중하는 내용이다.

2)
- ① : 성역할 고정관념
- ② : 배달 역할을 하고 싶은 자신의 욕구를 충족시키고자 했기 때문이다.

2017학년도 유치원 교직논술

본책 p.96

내용	작성란	
유아 교사의 역할 4가지 [4점]	교수자	
	상담자 및 조언자	
	행정 업무 및 관리자	
	현장 연구자 / 동료와의 협력자	
역할갈등의 개념 (김 교사)(3점)	자신이 수행해야 하는 행동 양식을 인식하는 것을 역할지각이라고 하고 역할을 수행하는 것을 역할행동이라고 한다. 역할 이론에 의하면 역할기대는 역할지각에 영향을 미치며 궁극적으로 역할을 수행하는 데 영향을 미친다. 역할지각과 역할기대, 그리고 역할행동이 불일치할 때 발생되는 갈등을 역할갈등이라고 한다. <김 교사의 대화 내용> - 역할지각 : 교수자 - 역할행동 : 교수자 - 역할기대 : 학부모나 원장의 기대	
역할갈등의 내용(2점) [5점]	최 교사	역할지각 : 발달 장애 유아의 학급 내 생활 관련 조언자 역할기대 : 발달 장애 유아의 문제 행동 중재 조언자 (교사에게 기대하는 역할을 교사가 인식하지 못하거나 부정하는 경우)
	박 교사	역할행동 : 경력이 2년밖에 안 된 교사 역할기대 : 유능한 경력 교사 (교사에게 기대하는 역할을 수행하지 못하거나 지위에 맞지 않는 역할을 기대하는 경우)
개인 차원의 역할갈등 해결 방안 (최 교사) [2점]	학부모에게 자신의 한계에 대해 설명해야 한다.	
	특수 유아 지도에 대한 관심과 지식을 축적해야 한다.	
개인 차원의 역할갈등 해결 방안 (박 교사) [2점]	동료와 협력해야 한다.	
	다른 유치원 및 병설된 학교로부터 정보 등 인적 물적 지원을 요청해야 한다.	
조직 차원의 역할갈등 해결을 위한 지원 방안 [2점]	- 특수 유아 상담 시 유치원 교사와 특수 교사가 함께 상담하도록 시간을 조정해야 한다. - 유치원 교사와 특수 교사의 동료장학을 추진해야 한다.	
	- 명확한 역할 분담으로 업무의 효율성을 높여야 한다. - 교사장학과 연수를 통해 교사들의 역량을 강화해야 한다.	

 **역할갈등의 원인과 상황**

갈등 발생 원인	내용	상황	교사가 느끼는 정서
역할기대 ≠ 역할지각	교사에게 기대하는 역할을 교사가 인식하지 못하거나 부정하는 경우	영아반 보육교사에게 주어지는 양육의 역할을 인식하지 못하는 경우	혼돈
역할기대 ≠ 역할행동	교사에게 기대하는 역할을 수행하지 못하거나 지위에 맞지 않는 역할을 기대하는 경우	한 학급으로 구성된 공립 병설유치원의 경우 초임 교사임에도 불구하고 원감의 역할까지 해야 하는 경우	부담
역할기대 > 역할지각	교사가 인식하는 것보다 훨씬 더 많은 역할을 기대하여 희생을 요구하는 경우	저출산 문제로 보육에 대한 사회의 요구가 크지만 실제 사회적 경제적 보상은 매우 미약한 경우	불만
역할지각 > 역할행동	교사가 자신이 해야 하는 역할을 인식하였으나 행동이 그에 미치지 못하는 경우	유아를 공평하게 대해야 한다고 인식하지만 실제로는 편애하는 경우	자괴감 실망

유아 교사의 문제해결 유형

유형	특성	정의
반성적 태도형	• 자신의 문제를 인식함 • 문제의 원인을 찾아냄 • 문제의 해결 방법을 연구함	이 유형의 교사는 미래 지향적이며 문제를 해결하고 자신의 부정적 이미지를 극복하기 위해 보다 적극적으로 노력함
환경 순응형	• 문제에 순응함 • 자신보다 외부에 관심이 있음 • 문제를 극복하려는 의지가 약함 • 주변 사람들과의 마찰이나 불만에 반응하지 않음	이 유형의 교사는 문제를 그대로 받아들이고 노력하여 바람직한 교사가 되겠다고 하는 마음은 있지만 문제의 원인을 자신의 외부에서 찾으며 그를 해결하기보다 순응함
거부형	• 교사답지 못한 역할수행에 불만을 나타냄 • 교사로서 인정받지 못하는 것에 불만을 강하게 나타냄 • 자신이 관심 있는 것 외에는 모두 무관심함 • 모든 문제의 원인을 주변의 환경 탓으로 돌림 • 문제를 알고 있지만 해결 의지가 없음	이 유형의 교사는 모든 문제의 근원이 자신보다는 외부의 잘못에 있으며 그 환경에 자신이 적응하기를 거부함

3)
- ① : 말놀이와 이야기 짓기를 즐긴다.
- ② : 매미 음악극 하기/매미 노래극 하기

▶ 2019 개정 유치원 교육과정 '의사소통' 영역

내용 범주	책과 이야기 즐기기
내용	내용 이해
말놀이와 이야기 짓기를 즐긴다.	유아가 끝말잇기, 수수께끼, 스무고개 등 다양한 말놀이를 즐기는 내용이다. 자신의 경험, 생각, 상상을 기초로 새로운 이야기를 만드는 과정을 즐기는 내용이다.

07

1)
- ① : 동수는 규칙성을 스스로 구성할 수 있는 수준이고, 영희는 동수가 구성한 규칙성을 인식하고 따라서 모방하는 수준이다.
- ② : 청각적 패턴 전이

2)
- ① : 임의측정 단위
- ② : 신체 단위

3)
- ① : 순서무관의 원리
- ② : 이중서열이다. 단풍잎과 접시를 크기대로 일대일 대응하여 짝지어 순서대로 배열한 것과 같이 일대일 대응을 사용해서 두 집합의 사물들을 순서적으로 짝지어 배열하는 것이다.

▶ 순서 짓기의 종류

단순서열	3개 이상의 물체를 한 가지 속성에 따라 순서대로 배열하는 것이다. 예 배→사과→귤의 크기 순서대로 배열
이중서열	일대일 대응을 사용해서 두 집합의 사물들을 순서적으로 짝지어 배열하는 것이다. 예 아빠 곰-큰 침대, 엄마 곰-중간 침대, 아기 곰-가장 작은 침대
복합서열	두 가지 속성을 동시에 고려해서 순서를 짓는 것이다. 예 블록은 크고 긴 것부터 작고 짧은 것 순서대로 배열

08

1)
- ① : 진서가 세모 틀로 세모 비눗방울을 만들겠다고 하는 것과 같이 틀 모양과 같은 비눗방울 모양을 만들 수 있다고 생각하는 것이다.
- ② : 진서의 대상과 상호작용하는 단계에서 생긴 오개념은 동주와의 사회적 상호작용에 의해 과학적 개념으로 변화하였다.

▶ 내면화(비고츠키 L. S. Vygotsky)

비고츠키의 지식 발달 기제인 내면화 과정은 다음과 같은 세 단계를 거친다. 첫 번째 단계는 아동이 대상과 상호작용을 하는 단계이다. 두 번째 단계에서 아동은 사회적 상호작용을 겪게 된다. 그리고 세 번째 단계에서 의미의 내면화가 이루어진다. 비로소 아동은 이전에는 단지 사회적 상호작용에서만 존재하던 것을 개인 내 정신 국면에서 자발적으로 통제할 수 있게 된다. 아동은 주변의 사회와의 계속적인 상호작용을 통해서 고등정신기능들을 발달시켜 나간다. 요컨대 아동의 인지발달은 개인 간 정신 국면에 해당하는 사회적 상호작용이 내면화라는 긴 발달적 과정을 거쳐 개인 내 정신 국면으로 전환됨으로써 가능해진다.

2)
- ① : 관찰, 비교
- ② : 궁금한 것을 탐구하는 과정에 즐겁게 참여한다.

▶ 2019 개정 유치원 교육과정 '자연탐구' 영역

내용 범주	탐구 과정 즐기기
내용	내용 이해
궁금한 것을 탐구하는 과정에 즐겁게 참여한다.	유아가 궁금한 것을 알아보기 위해 관찰, 비교, 분류, 예측, 실험 등의 다양한 탐구 과정을 자발적으로 즐기는 내용이다.

3)
- ① : 구름, 하트, 강아지, 토끼 등 다양한 모양의 틀
- ② : 다양한 모양의 틀로 비눗방울을 만들어도 비눗방울은 항상 동그랗다.

▶ 실험에서의 변인

독립변인		실험 결과에 영향을 줄 수 있는 변인이다.
	조작변인	가설을 검증시키기 위하여 의도적으로 변화시키는 변인이다. 조작변인을 살펴보면 실험의 목적이 무엇인지 알 수 있다. 예 다양한 모양의 틀
	통제변인	실험하는 동안 일정하게 유지시켜야 하는 변인이다. 예 비눗방울 모양
종속변인		독립변인에 따라 변하는 변인으로 실험 결과에 해당한다. 예 비눗방울의 모양
변인통제		정확한 실험 결과를 위해 조작변인만 변화시키고, 나머지 통제변인들은 일정하게 유지시키는 것을 말한다. 예 실험 시 틀의 모양만 몇 가지로 변화시키고 그 외의 변인은 동일하게 유지시키기

분배	생산된 재화와 용역이 그 사회구성원 개개인 또는 집단에 귀속되는 일을 말한다. 분배의 의미와 가치를 경험하고 이해해야 한다.
절제	계획적인 소비생활을 위해 기초가 되는 절제의 필요성을 인식하고, 절약과 저축하는 습관을 형성해야 한다.
재활용	제품을 다시 자원으로 만들어, 새로운 제품의 원료로 이용하는 일로 자원이 한정되어 있기 때문에 재활용(recycling)은 필수적이다. 리듀스(reduce, 쓰레기 줄이기), 리유스(reuse, 재사용하기)와 함께 3R을 실천할 수 있어야 한다.

05

1)
- : 질감

2)
- ① : 여백
- ② : 우리나라 전통 예술에 관심을 갖고 친숙해진다.

> **참고**
>
> ▶ 2019 개정 유치원 교육과정 '예술경험' 영역
>
> | 내용 범주 | 예술 감상하기 | |
> |---|---|---|
> | 내용 | 내용 이해 | |
> | 우리나라 전통 예술에 관심을 갖고 친숙해진다. | 유아가 우리나라 고유의 전통 음악, 춤, 미술, 건축물, 극 등에 관심을 가지고 전통 예술을 감상하며 우리나라 문화에 친숙해지는 내용이다. | |

3)
- : 어떤 점이 잘했고 멋진지가 불분명한 칭찬은 유아에게 동기유발이나 성취감을 줄 수 없기 때문이다. 따라서 구체적으로 유아의 작품에 대해 이야기하고 격려해야 한다.

4)
- : 다양한 미술 재료와 도구로 자신의 생각과 느낌을 표현한다.

> **참고**
>
> ▶ 2019 개정 유치원 교육과정 '예술경험' 영역
>
> | 내용 범주 | 창의적으로 표현하기 |
> |---|---|
> | 내용 | 내용 이해 |
> | 다양한 미술 재료와 도구로 자신의 생각과 느낌을 표현한다. | 유아가 자연과 생활에서 발견한 다양한 재료와 도구를 활용하여 여러 가지 방법으로 표현하는 내용이다. 자신의 경험, 느낌, 생각 등을 창의적으로 표현하는 과정을 즐기는 내용이다. |

5)
- : 예술경험, 의사소통, 자연탐구

06

1)
- ① : 장단을 소고로 연주해 본다.
- ② : 소고를 연주하며 자유롭게 노래 부른다.

> **참고**
>
> ▶ '제주 매미' 악곡의 특성
>
> | 구성음 | 음정 | 미, 솔, 라, 도(4음) |
> |---|---|---|
> | | 음역 | 미~도(E~C) |
> | 장단 | | 휘모리(단모리) |
> | 전승 지역 | | 제주도 |
> | 용어 풀이 | | '주월'(벌매미), '재열'(왕매미)의 제주도 방언 |

2)
- ① : ©
- ② : 단모리(휘모리) 장단에 어울리는 노래이다.

> **참고**
>
> ▶ 국악 리듬
>
> | 4박자 계열 | 2소박 4박자 | 휘모리(단모리) |
> |---|---|---|
> | | 3소박 4박자 | 굿거리, 중중모리, 타령, 자진모리 |
> | 3박자 계열 | 세마치, 진양조 | |
>
> (1) 세마치
>
> | 부호 | ① | | ① | | | | ○ | |
> |---|---|---|---|---|---|---|---|---|
> | 장구 입장단 | 덩 | | 덩 | | 덕 | 쿵 | 덕 | |
>
>
>
> (2) 자진모리
>
> | 부호 | ① | | ① | | ① | | | ○ |
> |---|---|---|---|---|---|---|---|---|
> | 장구 입장단 | 덩 | | 덩 | | 덩 | | 덕 | 쿵 |
>
> (3) 휘모리(단모리)
>
> | 부호 | ① | | ① | | ○ | | ○ | |
> |---|---|---|---|---|---|---|---|---|
> | 장구 입장단 | 덩 | | 덩 | | 쿵 | 덕 | 쿵 | |
>
>

놀이안내자	유아의 놀이에 적극적으로 참여하며, 새로운 놀이 주제를 제안하거나, 현재 진행되고 있는 주제를 확장시키기 위한 새로운 소품이나 사건들을 소개할 수 있다.
지시자, 교수자 (감독 및 방향 전환자)	교사가 유아의 놀이에 대한 통제권을 가지는 경우로, 놀이에 개입하여 유아의 자발적인 놀이 욕구를 침해한다.

04

1)
- ① : 현재생활 중심 접근
- ② : 부가적 단계

▶ 유아 사회 교육 접근 방식(시펠트 C. Seefeldt, 2001)

사회생활 중심 접근	기본적인 습관 형성과 사회적 기술발달이 목표이다.
현재생활 중심 접근	유아의 경험을 바탕으로 유아의 주변, 그리고 점차 넓은 사회로 나아가는 형태로 이루어져야 하며, 현재 생활에서 직접 경험을 통해 세상에 대한 발견에 바탕을 두어야 한다.
공휴일 중심 접근	유아의 사회생활에 중요한 의미를 줄 수 있는 전통적인 국경일이나 명절, 유아와 가족에게 중요한 기념일 등을 유아 사회 교육의 접근 방식으로 활용한다.
사회과학 개념의 구조화 접근	사회과학 개념에 대한 학문적 지식의 구조를 바탕으로 사회 교육을 구성하고자 했다.
통합적 접근 방법	바람직한 민주 시민의 자질을 기르기 위해 요구되는 사회적 기술, 태도, 가치 및 지식을 유아의 개인적 경험과 사회문화적 배경에 근거하여 내용을 구성하는 것이다.

▶ 다문화 교육의 유형(뱅크스 J. Banks)

기여 모형	소수민족 집단의 영웅, 문화 및 기타 관련 요소들을 특별히 정한 기념일 등에 집중적으로 다루는 방식
부가 모형	소수민족 집단과 관련된 문화, 주제, 관점 등을 기존의 교육과정에 대한 구조적 변화 없이 추가로 부가하여 가르침
변환 모형	교육과정의 기본 목표, 구조, 본질이 다양한 문화, 민족, 인종 집단의 관점 등과 조화될 수 있도록 변화시킬 것을 강조하는 모형
사회 행동 모형	학습자들로 하여금 소수민족 문화와 관련된 문제를 해결하기 위한 노력과 행동을 수행할 것을 강조하는 모형

2)
- : 내가 살고 있는 곳에 대해 궁금한 것을 알아본다.

▶ 2019 개정 유치원 교육과정 '사회관계' 영역

내용 범주	사회에 관심 가지기	
내용	내용 이해	
내가 살고 있는 곳에 대해 궁금한 것을 알아본다.	유아가 자주 접하는 가까운 주변 지역과 이웃에 대해 관심을 가지고, 궁금한 것을 알아보며, 지역 구성원으로서 유대감과 소속감을 느끼는 내용이다.	

3)
- ① : 희소성, 공책이랑 연필 사고 싶다. 그리고 저 인형도 사고 싶어. 하지만 돈이 2장뿐이야.
- ② : 기회비용이란 어떤 것을 얻기 위해 포기한 대가를 말한다. 공책 못 사서 아쉽지만, 이번엔 연필이랑 인형 사야지.

4)
- : 절제

▶ 경제 소비자 교육 개념 요소

개념 요소	교육적 의미
희소성	희소성이란 사람들의 무한한 욕망에 비해 그 욕망을 충족시켜 주는 재화나 서비스가 부족한 현상이다.
선택	사람마다 욕구가 다르고 필요로 하는 것이 다르기 때문에 희소성도 사람마다 다르게 작용하며, 사람들은 선택(choice)의 문제에 직면하게 됨을 이해해야 한다.
기회비용	기회비용이란 어떤 것을 얻기 위해 포기한 대가로, 실제로 지출하지는 않았다고 해도 비용의 성격을 가지고 있으면 모두 비용에 포함된다. 선택을 해야 하는 상황에서 되도록 포기한 것에 대한 기회비용이 작은 것을 선택하는, 즉 합리적 선택을 할 수 있어야 한다.
의사결정	희소한 것일수록 가격이 비싸기 때문에 자신에게 가장 필요한 것이 무엇인지를 심사숙고하여 구매하는 합리적인 의사결정을 통해 효용극대화를 경험할 수 있어야 한다.
화폐가치	화폐로 살 수 있는 재화와 용역의 양을 말하며, 모든 경제 활동의 기본이 된다. 화폐의 종류와 기능에 대한 기본적 이해가 선행되어야 한다.
생산	다양한 상품이 나에게 오기까지의 과정을 이해하고 우리는 누구나 생산자인 동시에 소비자임을 이해해야 한다.
소비	계획적이고 합리적인 소비 행위를 경험하고 소비자의 권리와 책임을 이해하고 실천해야 한다.

2016학년도 유치원 교육과정 B (본책 p.88)

01

1)
- ① : 행동목록법
- ② : 첫째, 관찰한 행동이 얼마나 자주 일어나는지 알 수 있다고 한 것은 잘못되었다. 행동목록법은 행동의 유무만 기록하므로 행동의 빈도는 알 수 없다. 둘째, 행동목록법으로 유아의 행동 발달을 단계적으로 파악할 수 없다고 한 것은 잘못되었다. 행동목록법을 반복적으로 사용할 경우 유아의 행동 발달을 단계적으로 파악할 수 있기 때문이다.

2)
- : 누리과정 운영 개선

3)
- ⓒ 빈도사건표집법, 공격적 행동이 얼마나 많이 나타나는지

> **▶ 2016 기출문제 B. 1-3) 원본**
> 최 교사 : 사건표집법의 하나인 (ⓒ)을/를 활용하여 관찰하면 그 유아의 공격성 원인은 알아내기 어렵지만, 유아의 공격적 행동이 나타날 때마다 표시하면 되니까 공격적 행동이 얼마나 많이 나타나는지를 알 수 있어요.
> 〔정답〕• ⓒ : 빈도사건표집법

4)
- : 포트폴리오

02

1)
- ① : 적극적 경청/반영적 경청
- ② : 자녀가 문제의 소유자라는 것이다.
- ③ : 수용 수준의 확인

2)
- : 승연이 어머니와의 상담 내용을 민수 어머니에게 전달한 것은 부적절하다. 다른 부모와 상담한 내용에 대해서는 비밀을 엄수해야 하기 때문이다.

3)
- : 유아의 건강 및 안전 관리

03

1)
- ① : 각본이론에서는 유아가 자신의 경험에 근거하여 사건을 구성할 수 있게 되고, 경험한 것에 대한 해석이 놀이 내용으로 표현된다고 본다.
- ② : 유아들이 사회극놀이에서 주차장 놀이라는 큰 목적하에 손님을 맞이하고 그다음에 안내하며, 10층에 차를 세우도록 하는 두 가지 이상의 사건들을 수행하고 있기 때문이다.

▶ 각본이론, 울프 & 그롤만(Wolf & Grollman)의 각본 수준
각본이론은 유아의 사회극놀이를 관찰하고 이를 통해 교사가 유아의 인지 및 언어적 능력의 차이와 자아개념과 성격의 차이를 인식하고 분석할 수 있도록 도와준다는 점에서 의의가 있다.

쉐마(도식) 수준	유아가 단순한 작은 사건(예 음식을 만드는 것)과 연관된 한 가지 또는 그 이상의 짧은 행동을 수행할 때 나타난다.
사건 수준	한 가지 목표를 추구하기 위해 부분적인 두 가지 혹은 세 가지의 도식을 수행하게 될 때 나타난다. (예 음식을 만들고 먹는 것) 이 수준에서는 같은 결과를 추구하는 몇 가지 다른 도식들이 있는 대략적인 사건이 필요하게 된다.
에피소드 (일화) 수준	한 가지 목적을 지향하는 둘 혹은 그 이상의 사건들을 수행할 때 나타난다. (예 케이크를 굽는 척하고 이것을 친구에게 주는 것) 에피소드는 또한 두 가지 혹은 그 이상의 좀 더 대략적인 사건을 포함하기도 한다. (예 다양한 음식을 요리하여, 다양한 놀이 친구에게 대접하고 설거지하기)

2)
- : 승연아, 주차 빌딩에 차가 가득 차서 10층만 남았다고 하자.

▶ 베이트슨(G. Bateson) 이론
베이트슨은 놀이의 초의사소통적(meta-communicative)인 측면을 의사소통 체계에 연결시켰다. 놀이가 발달에 기여하는 중요도는 아동의 놀이 내용에서 발견되는 것이 아니라, 아동이 어떤 역할을 하면서 놀고 있을 때 그들이 역할을 형성 · 재형성하는 과정에 대해 배우는 데에서 찾을 수 있다.

3)
- ① : 놀이안내자, 놀이 경험이 없어서 등 놀이 시작을 못 하는 유아들에게 적극적으로 개입하여 놀이를 시작하도록 제안하거나 새로운 주제를 제시하여 놀이를 확장시키는 역할이다.
- ② : 공동놀이자, 유아의 놀이에 참여하여 최소한의 역할을 맡는 것이다. 놀이의 주도권은 유아에게 있다.

▶ 놀이 개입 유형(존슨 J. Johnson, 크리스티 J. Christie, 야키 T. Yawkey)

비참여자	유아의 놀이에 참여하지 않는 것이다.
방관자	유아의 놀이 활동을 지켜보는 역할이다.
환경구성자 (무대관리자)	놀이에 참여하지 않고 놀이 환경 준비를 돕거나 대본이 주제와 연결될 수 있도록 돕는다.
공동놀이자	유아의 놀이에 참여하여 최소한의 역할을 맡는 것이다. 놀이의 주도권은 유아에게 있다.

4수준	(3~4세) 그림에 맞추어 이야기를 꾸민다.	그림에 맞추어 이야기를 한다. 익숙한 책을 읽을 때 새로운 내용을 첨가하거나 책에 나와 있는 언어와 같은 소리를 내면서 문어적으로 이야기할 수 있다.
5수준	(5세) 글자, 의미, 이야기 지식에 초점을 둔다.	책은 그림을 보고 읽는 것이 아니라 글을 보고 읽는 것이라는 것을 이해하며, 단어에 대한 지식이 점진적으로 발달한다. 그러나 모르는 단어가 나오면 의미가 통하는 다른 단어로 바꾼다.
6수준	(6세) 단어의 형태와 소리-글자 관계에 초점을 둔다.	자신이 아는 철자, 단어, 소리를 사용하여 책 속의 글을 정확한 단어로 읽으려고 노력한다.
7수준	(초등1~2 이상) 이야기와 글자에 대한 지식을 연결한다.	읽기와 관련된 정보원(음운론, 통사론, 의미론, 화용론)을 적절히 사용한다.

2)
- : 고운 말을 사용한다.

> **참고**
>
> - 2019 개정 유치원 교육과정 '의사소통' 영역
>
> | 내용 범주 | 듣기와 말하기 |
> |---|---|
> | 내용 | 내용 이해 |
> | 고운 말을 사용한다. | 유아가 일상생활에서 자주 쓰는 유행어, 속어, 신조어, 상대방을 비난하는 말을 사용하지 않고, 우리말을 바르게 사용하는 내용이다. |

3)
- ⓒ 유형 : 경험적 접근의 질문
  목적 : 흥미를 가지고 이야기 세계 자체에 몰입할 수 있으며, 이야기와 관련된 자유로운 상상, 감정이입, 가상놀이가 가능해진다.
- ⓒ 유형 : 분석적 접근의 질문
  목적 : 이야기의 내용과 구조를 더욱 잘 이해하게 된다.

> **참고**
>
> ▶ 반응 중심 접근법, 매니(J. Many)와 와이즈만(D. Wiseman)의 질문 유형 분류
>
> | 경험적 접근법
(심미적 접근법) | 문학 작품 속 등장인물의 이야기를 유아 자신의 경험에 반영하여 반응함으로써 작품의 내용을 다시 상기시키고 그 내용을 유아 자신의 경험과 관련지음으로써 작품을 더 깊게 의미화하여 흥미를 더할 수 있다. |
> |---|---|
> | 분석적 접근법
(정보 추출식 접근법) | 이야기의 내용과 구조를 더욱 잘 이해하게 되고, 극놀이에도 도움을 줄 수 있다. |

4)
- ① : 발음중심 언어 교육 접근법
- ② : 동극활동, 이는 발음중심 언어 교육 접근법에서 강조하는 글자를 정확하게 읽기 위한 활동이 아닌 총체적 언어 교육 접근법에서 강조하는 의미를 중시하는 통합적 활동이기 때문이다.

3)
- ① : 추구하는 인간상
- ② : 문장이 명사형 어미로 종결되지 않았기 때문이다.

> **참고**
>
> ▶ 유치원 생활기록부 기재 요령
> - 유치원 교육과정(교육부고시 제2019-189호)에서 제시된 추구하는 인간상, 목적과 목표, 5개 영역 등을 통합하여 기술한다.
> - 3문장 내외로 간결하게 기재한다. 문장은 명사형 어미(~함, ~임 등)로 종결하며, 마침표를 찍는다.

07

1)
- : 통제적 기능, 다른 사람의 행동을 규제하거나 통제하는 기능이다.

2)
- : 사진과 이름이 있는 이름카드나 '김수지'라는 이름 전체를 부르는 것만 반복했기 때문이다.

3)
- ① : 친구 이름의 낱자를 활용한 활동
- ② : 전이 활동으로 '성씨 부르기', 이름과 같은 음절로 시작하는 낱말카드 놀이

4)
- ① : 자신의 이름에 있는 '호'는 읽을 수 있었기 때문에 아는 글자 '호'로 다른 글자를 유추해서 읽었다.
- ② : '호랑이'의 글자 수가 3개라는 것을 알고 3글자의 단어 카드를 유추해서 읽었다.

> **참고**
>
> ▶ 한글 해독 책략(이차숙, 2003)
>
> | | |
> |---|---|
> | 단서 책략 | 단어를 전체로 기억하고 암기하여 발음하는 방법이다. 단어의 주변에 있는 단서를 주로 이용하여 추리하여 읽기 때문에 실제로는 전혀 해독이 일어나지 않는다.
예 '팔각정' 글자 옆의 그림을 보고 '휴게소'라고 읽음 |
> | 글자 수와 음절 수 대응 책략 | '글자'라는 단위가 존재하는 한글을 해독할 때에만 나타나는 독특한 책략이다. 즉, 글자 한 개는 음절 한 개에 해당된다는 사실을 알고, 추리하여 읽는 방법이다.
예 가족에 대한 글자들 중에서 '할아버지'라는 단어가 있다면, 입으로는 '할아버지'라는 단어를 소리 내어 읽고, 손가락으로는 글자 하나하나를 짚어 가다가 글자 수와 음절 수가 맞아떨어지면 만족해하며 '할아버지'라고 크게 읽는다. |
> | 아는 글자 이용 책략 | 읽어야 하는 글자들 속에 유아가 아는 글자가 있으면 그 글자를 중심으로 추리하여 해독하는 방법이다.
예 '자동차'라는 세 글자를 해독해야 하는데 마지막 글자인 '차' 자를 안다면, '기차', '마차', '자동차', '소방차' 등을 소리 내어 보고 마침내 음절 수와 기타 여러 가지 맥락을 고려하여 앞의 두 글자는 모르지만 자신이 알고 있는 '차' 자를 중심으로 '자동차'라고 해독한다. |
> | 자소·음소 대응 책략 | 아는 글자와 유사하게 생긴 글자들은 자소·음소의 대응 규칙을 적용하여 비슷하게 소리 내어 읽어 본다. 자연히 자·모음자에 주의를 기울이게 되고, 자·모음자의 차이에 따른 소리의 차이도 구분하려고 애를 쓰게 된다. |
> | 철자 책략 | 의식적으로 글자의 구성요소를 분석하려고 애쓰지 않아도 글자를 구성하고 있는 철자가 저절로 눈에 들어오고 글자가 저절로 해독되는 과정이다. 즉, 자소·음소의 대응을 자유자재로 할 수 있게 된다. '강'과 '공'의 차이는 구태여 구분하려고 애쓰지 않아도 그 차이가 저절로 구분된다. 앞 단계에서 사용한 책략들과 다른 점은 의식적으로 자·모음자의 소리에 주의를 기울이지 않아도 정확한 소리와 대응시킬 수 있다는 점과 글자의 유형이 아닌 글자의 조합은 쉽게 구별하여 글자가 될 수 없다는 것을 안다는 점이다. 그리고 소리 내어 읽지 않아도 의미를 이해할 수 있다. |

08

1)
- ① : 단어의 형태와 소리-글자의 관계에 초점을 두고 책 속의 글을 정확한 단어로 읽으려고 노력한다. (6수준)
- ② : 그림보다는 글자를 보고 읽지만 모르는 단어가 나오면 의미가 통하는 다른 단어로 바꾼다. (5수준)

> **참고**
>
> ▶ 읽기 발달 단계(자롱고 M. Jalongo)
>
> | 1수준 | 책이 무엇인지 이해한다. | 책과 장난감을 구별한다. |
> |---|---|---|
> | 2수준 | (2세반~3세)
책의 기능을 이해한다. | 책을 똑바로 든 채 책장을 넘기고 다른 물건들과 다르게 다룬다. |
> | 3수준 | (3세)
청취자와 참여자가 된다. | 그림 하나하나에 대해 이야기를 하고, 기억나는 단어 몇 개를 연결해서 읽는다. |

제7조(학적사항) ① 입학의 경우 연월일, 원명, 연령을 입력한다.
② 재입학·편입학·전학·휴학·퇴학·수료·졸업의 경우 줄을 추가하고, 제1항에 따른 입학의 경우와 동일한 방법으로 입력한다.
③ '특기사항' 란에는 특기할 만한 사유를 입력한다.
④ '졸업 후의 상황' 란에는 유아의 진로상황을 입력한다.

제8조(출결상황) ① 출결상황은 각 항목에 따라 아라비아 숫자로 입력한다.
② '수업일수'는 「유아교육법 시행령」 제12조의 규정에 의하여 원장이 정한 총 출석해야 할 일수를 입력한다.
③ '출석일수'는 출석한 일수를 입력한다.
④ '결석일수'는 결석한 일수를 입력한다.
⑤ '특기사항' 란에는 일주일 이상 장기 결석한 경우 사유 등을 간략하게 입력한다.

제9조(신체발달상황) 「학교건강검사규칙」 제4조에 따라 신체검사 결과를 다음 각 호와 같이 입력한다.
1. '검사일'은 연월일을 아라비아 숫자로 입력한다.
2. '키', '몸무게'는 아라비아 숫자로 소수 첫째 자리까지 입력한다.

제9조의2(건강검진) 법 제17조제1항에 따라 건강검진 사항은 다음 각 호와 같이 입력한다.
1. '검진일'은 건강검진을 시행한 연월일을 아라비아 숫자로 입력한다.
2. '검진기관'은 건강검진을 시행한 기관명을 한글로 입력한다.
3. '특기사항' 란에는 유아의 건강이 유치원 생활에 영향을 미치는 내용이 있는 경우 보호자의 동의를 받아 입력한다.

제10조(유아발달상황) ① 유치원 교육과정에 제시된 신체운동·건강, 의사소통, 사회관계, 예술경험, 자연탐구 영역 등의 관찰 결과를 바탕으로 유아를 종합적으로 이해할 수 있는 문장으로 입력한다.
② 삭제
③ 삭제

제11조(기타) ① '수료·졸업대장번호' 란에는 3세~6세아가 수료·졸업할 경우 아라비아 숫자로 수료·졸업학년도 및 수료·졸업대장번호를 입력한다.
② 삭제
③ '사진' 란에는 상반신 컬러 사진을 입력한다.
④ '반' 란에는 반명을 입력한다.
⑤ '담임 성명' 란에는 담임 성명을 입력한다.

2)
· : 외할머니댁 등 친인척 방문은 교외체험학습이 되므로 출석으로 인정해야 한다. 원장의 허가를 받은 교외체험학습은 출석으로 인정하기 때문이다.

▶ 출결상황과 관련된 법령 및 생활기록부 작성 지침
(1) 관련 법령
① 「유아교육법 시행령」 제12조제1항
법 제12조제3항에 따라 유치원의 수업일수는 매 학년도 180일 이상을 기준으로 원장이 정한다. 다만, 원장은 다음 각 호의 구분에 따른 범위에서 수업일수를 줄일 수 있으며, 이 경우 다음 학년도가 시작되기 전까지 관할청에 보고해야 한다. <개정 2020. 8. 14.>
1. 천재지변의 발생, 연구학교의 운영 등 교육과정의 운영에 필요한 경우(제2호에 해당하는 경우는 제외한다) : 수업일수의 10분의 1
2. 법 제31조제1항·제3항에 따른 휴업명령이나 휴원처분에 따라 휴업하거나 휴원하는 경우 : 해당 휴업기간 또는 휴원기간
② 「유아교육법 시행령」 제12조제2항
원장은 교육상 필요한 경우 보호자의 동의를 받아 교외체험학습을 허가할 수 있다. 이 경우 원장은 교외체험학습을 유치원규칙으로 정하는 범위에서 수업으로 인정할 수 있다. <신설 2020. 6. 23.>
③ 「유치원생활기록부 작성 및 관리지침」 제8조제2항
법 제8조제2항에 따라 '수업일수'는 「유아교육법 시행령」 제12조의 규정에 의하여 원장이 정한 총 출석해야 할 일수를 입력한다.

(2) 생활기록부 작성 시 유의사항
① 수업일수는 매 학년도 180일 이상이 원칙이다.
② 출석해야 하는 날짜에 출석하지 않았을 때 결석으로 처리한다.
③ 지각, 조퇴는 결석일수로 처리하지 않는다.
④ 출석으로 인정된 원격수업일수는 출석일수에 산입한다.
⑤ 다음의 경우는 출석으로 인정한다.
▲ 지진, 폭우, 폭설, 폭풍, 해일 등의 천재지변 또는 법정 감염병, 미세먼지(유치원 내 확산 방지를 위해 유치원장이 필요하다고 인정하는 비법정 감염병을 포함) 등으로 출석하지 못한 경우
▲ 공권력의 행사로 인하여 출석하지 못한 경우
▲ 원장의 허가를 받은 '유치원을 대표한 경기·경연대회 참가, 현장실습, 교환학습, 교외체험학습 등'으로 출석하지 못한 경우
※ 교외체험학습은 현장체험학습, 친인척 방문, 가족동반 여행, 고적 답사 및 향토행사 참여 등임. 단, 감염병 위기경보 단계가 '심각, 경계' 단계인 경우에 한해 '가정 학습'도 교외체험학습 신청·승인 사유에 해당하며, 이때 유치원장은 유아의 안전, 건강을 최우선으로 판단하여 승인 여부를 결정함. 그 기간 및 횟수는 교육과정 이수에 지장이 없는 범위 안에서 유치원 규칙으로 정함.
▲ 기타 부득이한 사유로 원장의 허가를 받아 결석한 경우
⑥ 일주일 이상 장기 결석은 연속한 수업일수 7일 이상의 결석을 의미한다(주말, 공휴일 제외).

05

1)
- ① : 탐색적 방법, 교사가 답이 없는 질문을 하고 설명이나 시범 없이 유아들이 자유롭게 동작을 표현하도록 했기 때문이다.
- ② : 유아 스스로 실험

> **참고**
>
> ▶ 할시(E. Halsey)와 포터(L. Porter)가 제시한 탐색적 접근의 기본 절차(1970)
> (1) 과제 설정하기(문제 · 움직임 설정)
> (2) 유아 스스로 실험
> (3) 관찰과 평가
> (4) 평가에서 알게 된 내용을 적용하여 다시 해 보기

2)
- ① : 조작동작
- ② : 굴리기

3)
- : 첫째, 유아들이 자신이 현재 하고 있는 동작이 어떤 동작이라는 것을 인식할 수 있다. 둘째, 동작 활동과 관련된 어휘가 향상된다.

4)
- ⓒ과 Ⓐ : 방향의 측면에서 ⓒ은 위로, Ⓐ은 옆으로 공의 방향을 다르게 하였다.
- Ⓐ과 ⓞ : 범위의 측면에서 Ⓐ은 붙어 서서 좁게, ⓞ은 간격을 넓혀 넓게 공간을 활용했다.

> **참고**
>
> ▶ 동작 요소(라반 R. Laban)
>
> | | | |
> |---|---|---|
> | 공간 | 방향
(direction) | 앞, 뒤, 옆, 위, 아래 |
> | | 수준(level) | 높게, 보통, 낮게 |
> | | 범위
(extension) | 가까이-보통-멀리
좁게-보통-넓게
작은-보통-큰 |
> | | 경로(way) | 직선, 곡선, 지그재그 |
> | 시간 | 속도 | 빠르게-느리게 |
> | | 기간 | 길게-짧게 |
> | 무게 | 강한(strong)-가벼운(light) | |
> | 흐름 | 자유로운(free) : 갑자기 중단 안 됨
제한적인(bound) : 갑자기 중단 가능 | |

06

1)
- ① : 유아의 건강이 유치원 생활에 영향을 미치는 내용이 있는 경우
- ② : 보호자의 동의를 받아 입력해야 한다.

> **참고**
>
> ▶ 「유치원생활기록부 작성 및 관리지침」[시행 2020. 8. 27.] [교육부고시 제2020-315호, 2020. 8. 27., 일부 개정]
>
> **제1조(목적)** 이 지침은 「유아교육법」(이하 "법"이라 한다) 제14조에 따라 유치원생활기록부를 작성 및 관리하기 위한 기준을 정함을 목적으로 한다.
>
> **제2조** 삭제
>
> **제3조(입력 · 서식 등)** ① 유치원생활기록부는 「공공기록물관리에 관한 법률 시행령」 제2조제7호에 따른 전자기록생산시스템을 통해 전자적으로 생산 · 관리하여야 한다.
> ② 유치원생활기록부는 별지 제1호 서식에 따라 누가하여 입력한다.
> ③ 유치원생활기록부는 한글로 입력하고, 입력란이 부족할 때에는 유치원의 필요에 따라 추가할 수 있다.
> ④ 유치원생활기록부 작성 시 필요한 경우, 보조기록부는 각 유치원의 실정에 맞게 작성 · 사용하되, 시 · 도 교육청별로 일정한 서식을 작성 · 사용할 수 있다.
>
> **제4조(정정)** ① 매 학년이 종료된 이후에는 당해 학년도 이전의 유치원생활기록부 입력 자료에 대한 정정은 원칙적으로 금지한다.
> ② 제1항의 규정에도 불구하고, 정정이 불가피한 경우에는 반드시 정정내용에 관한 증빙자료를 첨부하여 유치원생활기록부 정정 절차에 따라 처리해야 한다.
> ③ 제2항에 따른 증빙자료는 전자기록생산시스템에 등록하여 관리하여야 하고, 유치원생활기록부 정정대장에 증빙자료의 문서번호를 등록하여 함께 보관하여야 한다.
> ④ 유치원생활기록부 정정대장은 별지 제2호 서식과 같다.
>
> **제5조(보관 · 활용)** ① 유치원생활기록부는 준영구 보존해야 한다.
> ② 유치원장은 유아의 보호자 또는 유아가 입학한 초등학교장 및 특수학교장이 유아의 생활지도에 필요하여 요청하면 보호자가 동의할 경우 유치원생활기록부를 송부하여야 한다.
> ③ 유아가 전학할 경우, 유치원장은 보호자의 요청에 따라 유치원생활기록부를 전입한 유치원에 송부하고, 퇴학할 경우에는 유치원생활기록부에 퇴학일을 입력하여 전자기록생산시스템에 등록한다.
>
> **제6조(인적사항)** 유치원생활기록부의 인적사항은 다음 각 호와 같이 입력한다.
> 1. '성명'은 한글로 입력한다. 다만 부득이한 경우 해당국 언어로 입력할 수 있다.
> 2. '성별'은 남, 여로 입력한다.
> 3. '생년월일'은 주민등록등본상의 생년월일을 입력한다.
> 4. '주소'는 입학 당시의 주소와 변경된 주소를 누가하여 입력하고, 졸업 당시의 주소를 최종적으로 입력한다.
> 5. '가족상황' 란에는 부모(보호자)의 성명, 생년월일을 입력한다.
> 6. 삭제

> **참고**

▶ **학자별 유아 교사의 역할**

학자	역할 유형
카츠(Katz, 1970)	• 모친 모형 • 치료 모형 • 교수 모형
스포덱 (Spodek, 1985)	• 양육 역할 • 교수 역할 • 관련적 역할
쉬케단츠 (Schickedanz, 1990)	• 지식 전달자 • 계획자 · 조직자 · 평가자 • 훈육자 • 의사결정자
사라초 (Saracho) (1984)	• 진단자 • 교육과정 설계자 • 교수조직자 • 학습지도자 • 상담자 및 조언자 • 의사결정자
사라초 (Saracho) (1997)	• 교육과정 설계자 • 일과 계획 및 수행자 • 상담자 및 조언자 • 연구자 • 행정 업무 및 관리자

2)
- : 자기장학

3)
- ㉣ : 자발성의 원리, 컨설팅 장학은 장학이 필요한 교사의 자발적 요청으로 이루어졌을 때 효과가 크다.
- ㉤ : 학습성의 원리, 컨설팅 장학은 장학을 받는 교사와 컨설턴트 모두 서로 성장하고 학습하는 과정이어야 한다.

> **참고**

▶ **컨설팅 장학의 원리**

원리	특징
자발성의 원리	의뢰인의 자발적 요청으로 이루어질 때 실질적인 학교의 변화를 이끌어 낼 수 있다.
학습성의 원리	컨설팅 장학은 의뢰인과 학교 컨설턴트 모두 서로 성장하고 학습하는 과정이어야 한다.
독립성의 원리	의뢰인과 학교 컨설턴트의 관계는 수평적·독립적이어야 한다.
한시성의 원리	의뢰된 과제가 해결되면 종료된다.
자문성의 원리	과제를 해결하기 위한 과정에서 학교 컨설턴트는 자문적 역할만을 하며, 결정권과 책임은 의뢰인에게 있다.
전문성의 원리	전문성을 갖춘 학교 컨설턴트들에 의해 전문적 지도와 조언 활동이 되어야 한다.

4)
- ① : 교사의 발달은 개인적 환경과 조직적 환경의 영향을 받아 성장과 좌절이 반복된다.
- ② : 능력 구축 단계

> **참고**

▶ **교직 발달 모델(버크 P. Burke, 훼슬러 R. Fessler, 크리스텐슨 J. Christensen)**

교직 이전 단계	• 전문적 지식과 기술을 습득하기 위해 교육을 받는 시기(예비 교사, 자격증 준비 경력 교사)
교직 입문 단계	• 신입 : 교사로서 생존하려고 하는 기간 • 경력 교사 : 새로운 역할 수행을 위해 노력
능력 구축 단계	• 능력과 기술을 향상시키기 위해 적극적이고 능동적으로 노력하는 단계 • 새로운 교수자료, 방법, 기술 등을 습득하기 위해 워크숍, 세미나, 학회 등에 자발적으로 참여하거나 상급학교 진학도 추진
열중과 성장 단계	• 교직 수행에 필요한 전문적 지식과 기술을 가지고 있으며, 계속해서 전문성을 향상시키기 위해 노력. 자신의 일을 사랑하고 직업에 만족
좌절 단계	• 교직에 대해 좌절감과 회의를 느끼는 단계 • 이직률 높음
안정과 침체 단계	• 현실에 안주, 현 상태를 유지 • 침체. 주어진 일만 하고 변화 바라지 않음
교직 쇠퇴	• 교사들이 교직을 떠나려고 준비하는 단계
교직 퇴직	• 교직을 그만두거나 출산, 육아 등의 이유로 일시적인 휴직을 하는 시기

앞의 네 단계는 높은 동기 부여, 높은 과업 성취, 교사의 정체감 확립 등이 특징이며, 뒤의 네 단계는 교직에 대한 만족감의 감소, 교수 행위에 대한 기대감 감소 등이 특징이다. 한 단계 후 반드시 다음 단계가 오는 것이 아니며, 한쪽 방향으로만 진행되는 것도 아니다. 이들은 교사의 발달 단계가 반드시 이전 단계에서 다음 단계로 순차적으로 옮겨 가는 것이 아니며 다음 단계가 이전 단계보다 항상 질적으로 높은 단계이거나 혹은 더 가치로운 단계라고 가정하지 않았다. 교직 순환모형은 교사의 발달은 개인적 환경(가족의 지원, 인생의 위기, 누적된 경험, 개인의 성향)과 조직적 환경(학교 규정, 경영과 장학, 지역사회의 신뢰, 전문단체에서의 활동, 교원단체 분위기)의 영향을 받아 순환적이고 역동적으로 이루어진다는 것을 강조한다. 이러한 환경적 요인들은 교사로 하여금 직업적인 성장을 추구하도록 격려하는 역할을 할 수도 있지만 때로는 교사의 발달에 부정적으로 작용할 수 있다.

4)
- ① : 전문가적 수준
- ② : 여러 가지 교육목표들 가운데 어떤 것이 더 교육적으로 추구할 만한 가치가 있는지에 대해 반성적으로 사고하는 수준이다.

> **참고**
>
> ▶ 반성적 사고 수준(반 매넌 M. van Manen)
>
> | | |
> |---|---|
> | 기술적 수준 | 주어진 목적을 달성하기 위해 교육적 지식을 기술적으로 적용하는 것에 관심이 있다. |
> | 전문가적 수준 | 모든 교육적인 행위가 특정한 가치관과 연결되어 있다고 보며, 여러 가지 교육목표들 가운데 어떤 것이 더 교육적으로 추구할 만한 가치가 있는지에 대한 고려도 함께 한다. |
> | 도덕적·윤리적 수준 | 어떤 교육적인 경험이나 활동이 공평하고 평등하며, 행복한 삶으로 이끌어 줄 것인가에 초점이 맞추어진다. 교사들은 유아들의 장기적인 발달뿐만 아니라 교육정책에도 공헌을 하게 된다. |

03

1)
- : 첫째, 혼합연령 학급을 구성하고 있는 각각의 단일 연령에 대한 차별적 배려가 필요하다. 둘째, 다 연령 간의 연계를 도모하여 유아들 간 상호협력, 지원, 배려, 격려, 모델링 등의 사회적 관계가 활성화될 수 있도록 하여야 한다.

2)
- ① : 짝지어 활동하기
- ② : 3세-ⓒ 블록으로 울타리 세우기
  4세-ⓐ 블록으로 길 만들기
  5세-ⓑ 폐품으로 건물 만들기

3)
- : ① 4, 5세의 이야기 나누기에 참여하지 않는 3세를 위해 교사의 도움을 크게 필요로 하지 않는 그림책 보기와 낱말 그림 카드 맞추기 등 정적인 활동을 제공한 것이다.
  ② 교사의 시야 범위 내 언어 영역 공간에서만 활동할 수 있도록 제한하고 주의 깊게 살펴본 점이다.

4)
- : 게임판은 모든 연령이 공유하지만 주사위는 연령별로 구분함으로써 활동 자료를 통한 난이도 수준 조절 전략을 사용했다.

> **참고**
>
> ▶ 『혼합연령(복식) 학급 교사용 지도서』(2013)
>
> 1. 기본 방향
>   (1) 혼합연령 학급을 구성하고 있는 각각의 단일 연령에 대한 차별적 배려가 필요하다.
>   (2) 혼합연령 집단을 구성하고 있는 다 연령 간의 연계를 도모하여 유아들 간 상호협력, 지원, 배려, 격려, 모델링 등의 사회적 관계가 활성화될 수 있도록 하여야 한다.
>
> 2. 흥미 영역 활동 중 동일 활동 내에서의 난이도 수준 조절 전략
>
> | 난이도 수준 조절 전략 | 조절 내용 |
> |---|---|
> | 활동 자료를 통한 조절 | • 주사위
• 카드 크기와 수 |
> | 활동 방법을 통한 조절 | • 출발에서 도착점까지의 길이 |
>
> 3. 동일 활동 내에서 연령 간 연계를 위한 전략 : 짝지어 활동하기, 주도하기, 공유하기, 전달하기, 분업하기, 협력하기 등
>
> 4. 혼합연령(복식) 학급에서 소집단 활동을 위한 시간 안배 및 활동에 참여하지 않는 유아들의 관리
>   ① 시간 안배 : 모든 시간대에 다양한 소집단 구성이 가능하지만, 만 3세는 자유선택활동 시간, 만 4, 5세는 낮잠 시간, 만 5세는 바깥놀이 시간을 좀 더 활용하는 것이 용이하다.
>   ② 활동에 참여하지 않는 유아들의 관리
>   ㉠ 교사가 수업을 진행하고 있어 자유롭지 못한 만큼 교사의 도움을 크게 필요로 하지 않는 정적인 활동(예 퍼즐 맞추기, 구슬 끼우기, 끈 끼우기, 책 보기 등)을 3개 활동 이하로 제한하고, 교사의 시야 범위 내에 특정 공간 안에서 활동할 수 있도록 환경적으로 통제할 필요가 있다.
>   ㉡ 유아들이 흥미를 갖고 몰입할 수 있는 자료를 선정하여 제공하고 갈등이 발생하지 않도록 자료의 양도 충분히 제공해 줄 필요가 있으며, 두 연령이 남게 되면 그중 큰 연령이 어린 연령을 관리할 수 있도록 역할을 주어 도움을 받을 수 있다.

04

1)
- ㉠ : 일과 계획 및 수행자/교수 조직자
- ㉡ : 상담자 및 조언자

2016학년도 유치원 교육과정 A

01

1)
- ① : 생태체계이론
- ② : 외체계

2)
- ① : 행동주의 학습 이론
- ② : 강화

3)
- : 주도성

▶ **심리사회적 발달 8단계(에릭슨 E. Erikson)**

신뢰감 대 불신감	출생~1세	일관성 있는 관심과 사랑을 받은 영아는 신뢰성을, 그렇지 못한 영아는 불신감을 형성한다.
자율성 대 수치심과 회의	1~3세	배변 훈련과 관련된 갈등이 나타나는 시기로, "아니야", "내가"라는 자기 주장이 받아들여지고 격려받았을 때 효능감과 자율성이 형성된다.
주도성 대 죄책감	3~6세	부모에 대한 의존으로부터 벗어나고자 하는 시기로, 어떠한 행동을 선택하고 수행했을 때 사회적 지지와 격려를 받으면 주도성이 형성된다.
근면성 대 열등감	6~12세	가족을 벗어나 사회적 관계를 넓히면서 사회에서 생존해 나가는 데 필요한 기술들을 숙달시켜 나간다.
자아정체감 대 정체감 혼미	12세 이후 청년기	지금까지 발달해 온 자신을 정립하고 분명한 자기인식을 가지게 되면서 자아정체감이 확립된다.
친밀감 대 고립감	성인 초기	바람직한 정체감을 형성한 사람은 성인기에 접어들었을 때 타인과의 관계 속에서 친밀감을 형성할 수 있다.
생산성 대 침체성	성인 중기	자녀를 낳아 키우면서, 그리고 직업이나 사회적 봉사 등에서 생산성을 형성한다.
자아통합 대 자아절망	성인 후기	자신의 생을 수용하고 나름대로 인생의 의미를 부여하게 되었을 때 자아통합이 이루어진다.

02

1)
- ① : 개미의 특성에 대해 알게 한다.
- ② : '알게 한다'는 교사를 주체로 한 진술이기 때문이다. 학습이나 학습경험의 주체는 교사가 아니라 유아 개개인이므로 '개미의 특성에 대해 안다'와 같이 유아를 주체로 진술해야 한다.

2)
- ① : ⓐ 일상생활, ⓑ 활동
- ② : 오전 간식, 점심 및 휴식

▶ **2019 개정 유치원 교육과정 '편성·운영'**

놀이	자유놀이, 바깥놀이
일상생활	오전 간식, 점심 및 휴식
활동	이야기 나누기, 소집단활동, 새노래, 동화 듣기

3)
- : 교사는 바깥놀이를 포함하여 놀이시간을 2시간 이상 확보해야 하기 때문이다.

▶ **2019 개정 유치원 교육과정 '편성·운영'**

라. 하루 일과에서 바깥놀이를 포함하여 유아의 놀이가 충분히 이루어지도록 편성하여 운영한다.

 유치원과 어린이집의 하루 일과는 유아가 주도하는 놀이를 중심으로 편성·운영하도록 한다. 유아는 하루 일과에서 놀이, 일상생활, 활동 등을 하면서 다양한 경험을 한다.
 놀이는 바깥놀이를 포함하여 하루 일과 중 가장 길게, 우선적으로 편성·운영하여 유아가 충분히 놀이할 수 있도록 한다. 일상생활에 포함되는 등원, 손 씻기, 화장실 다녀오기, 간식, 점심, 낮잠, 휴식 등은 유아의 신체적 리듬을 반영하여 편성·운영함으로써 유아들이 즐겁게 하루를 보낼 수 있도록 한다. 활동은 유아가 놀이를 통한 배움을 확장해 갈 수 있도록 돕는 교사의 지원이다. 교사는 유아가 주도하는 놀이를 지원하기 위해 필요에 따라 활동을 계획하여 운영할 수 있다. 교사는 미리 계획한 활동을 모두 해야 한다거나 정해진 순서대로 일과를 운영해야 한다는 부담을 내려놓고 유아가 주도하는 놀이의 흐름에 따라 융통성 있게 일과를 운영하도록 한다.
······(중략)······
 놀이시간은 짧게 여러 번 제공하기보다 긴 시간으로 편성하여 놀이의 흐름이 끊기지 않고 유아가 충분히 놀이하고 몰입할 수 있도록 한다. 교사는 바깥놀이를 포함하여 놀이시간을 2시간 이상 확보하되, 날씨와 계절, 기관의 상황, 유아의 관심사와 놀이 특성 등을 고려하여 융통성 있게 편성·운영한다. 예를 들어, 하루 일과에서 바깥놀이는 미세먼지, 날씨 등을 고려하여 실내놀이로 편성·운영할 수 있고, 다른 날은 바깥놀이를 길게 편성할 수도 있다.

2016학년도 유치원 교직논술

내용	작성란	
교육과정의 탄력적 운영이 필요한 이유 [3점]	국가 수준의 교육과정은 전국 유치원을 대상으로 한 공통적인 기준이기 때문이다.	
	학습자 특성 측면에서 유아의 흥미는 계속 변화하므로 이를 반영하기 위해서이다.	
	유치원 특성 측면에서 학기 중의 예기치 못한 상황에 맞춰 교육과정을 운영하기 위해서이다.	
교육과정의 탄력적 운영 시 고려한 사항 및 의의 [8점]	고려한 사항	의의
	지역사회의 축제 문화에 참여하는 것을 고려했다.	가정과 지역사회와의 협력과 참여에 기반하여 운영한다.
	장애 유아를 위해 활동의 내용과 방법을 조정하는 것을 고려했다.	유아의 발달과 장애 정도에 따라 조정하여 운영한다.
	놀이처럼 축제에 참여하는 것을 고려했다.	유아가 놀이를 통해 배우도록 한다.
	나비 축제를 주제로 5개 영역의 통합적 활동을 고려했다.	5개 영역의 내용이 통합적으로 유아의 경험과 연계되도록 한다.
교직의 전문직 관점에서 교사에게 요구되는 특성 2가지(2점)	융통성 : 국가 수준 교육과정에 대한 지식을 기초로 유치원의 상황 및 유아의 특성에 따라 교육과정을 탄력적으로 운영해야 하기 때문이다.	
	민감성 : 유아의 흥미와 개별적 발달 수준을 민감하게 알아차려야 하기 때문이다.	
교직의 전문직 관점에서 교사에게 요구되는 역할 2가지(2점) [4점]	의사결정자 : 변화가 많은 현장 상황에 알맞은 교육적 판단을 내려야 하기 때문이다.	
	동료와의 협력자 : 다양한 정보를 수집하고 최선의 결정을 내리기 위해서이다.	

06

1)
- ① : 질감
- ② : 음색

2)
- ① : 유창성
- ② : 주어진 자극에 대해 제한된 시간 내에 많은 양의 반응을 보일 수 있는 능력을 말한다. 유창성에서는 반응의 질이 아니라 반응의 양이 중요하다.

3)
- : 가족 그림에서 형을 작게 그리거나 아예 그리지 않거나 까맣게 칠해 놓은 것을 보아 형과의 관계에 문제가 있다고 보인다.

> **참고**
>
> ▶ 2015 기출문제 B. 6-3) 원본
> 주연이는 계속해서 그림에 형에 대한 자기 내면의 억압된 감정을 무의식적으로 표출하는 것 같다.

07

1)
- ① : 물체를 세어 수량을 알아본다.
- ② : 일상에서 모은 자료를 기준에 따라 분류한다. 사과와 대추로 나누고, 나눈 사과를 다시 빨강과 초록으로 나눠 볼래?

2)
- : 손가락

> **참고**
>
> ▶ 비계
> 건축에서 유래된 용어로, 아동이 궁극적으로 스스로의 힘으로 문제를 해결할 수 있도록 하는 견고한 이해를 확립하는 동안 제공되는 성인 또는 더 유능한 또래의 조력을 뜻한다.

3)
- ① : 즉지, 1~5 정도의 물체를 세지 않고도 보자마자 몇 개인지 파악할 수 있는 능력이다.
- ② : 일대일 대응

> **참고**
>
> ▶ 2015 누리과정 해설서 p.143
> '구체물 수량에서 '같다', '더 많다', '더 적다'의 관계를 안다.'
> ……(중략)…… 유아는 수량의 차이가 크지 않은 경우에도 일대일 대응이나 수 세기를 하면서 수량을 비교하게 된다. 수 세기를 하면서 뒤로 갈수록 수량이 많아짐을 이해하여 수량을 파악하고 '같다', '더 많다', '더 적다'로 수량을 비교하게 된다.

08

1)
- ① : 생활 속에서 탐구하기
- ② : 물체의 특성과 변화를 여러 가지 방법으로 탐색한다.

2)
- : 왜 가루가 되었을까?

3)
- ① : 개방성
- ② : 민수와 하영이가 빵의 모양이 세모인지 삼각형인지를 놓고 싸우는 것과 같이 자신의 의견이 잘못될 수 있고 친구의 의견이 맞을 수 있다는 생각을 하지 못했기 때문이다.

> **참고**
>
> ▶ 과학적 태도
>
> | | |
> |---|---|
> | 호기심 | 신기한 것을 탐구하려는 정서로 문제해결이나 학습의 동기가 된다.
예 질문 자주 하기, 새로운 대상에 관심 기울이기, 문제가 있을 때 원인을 찾으려고 노력하기 등 |
> | 객관성 | 자신의 주관적인 생각이나 가설에 치우치지 않고 상반되는 증거도 수집하며, 가능한 많은 자료를 수집하여 객관적으로 결론을 내리려는 태도이다.
예 자기가 본 대로 정직하게 표현하기, 실험 결과에 근거하여 결론 내리기, 문제해결에서 몇 가지 가능한 해결책 고려하기 |
> | 개방성 | 새로 밝혀진 근거에 따라 자신의 주장을 변경하는 태도, 반대의 견해나 결론도 기꺼이 수용하고 새로운 아이디어와 방법을 추구하는 태도이다.
예 자기주장에 대한 비판을 수용하기, 실패한 것에 대하여 기꺼이 수용하기, 한 가지 문제에 대해 여러 가지 의견 듣기 등 |
> | 끈기성 | 실패에도 포기하지 않고 반복해서 도전해 보려는 태도이다.
예 실험에서 원하는 결과가 나오지 않아도 다시 한 번 시도해 보는 것 등 |
> | 협동성 | 개인보다는 집단의 이익을 먼저 생각하고 행동하며, 이견이 있을 때 서로 협의하려는 태도이다.
예 집단 내 이견을 서로 협의하기, 실험 도구를 나누어 사용하기, 실험 후 정리정돈 함께 하기, 실험에서 역할 분담하기, 집단 전체의 생각을 따르기 등 |

2)
- ● : 정서의 인식과 표현, 자기 정서와 타인 정서를 인식하고 정서의 명칭을 언어로 표현할 수 있으며 다른 사람의 정서에 감정이입을 하는 것이다.

> **참고**
>
> ▶ 정서지능 3영역 10요소 모형(살로베이와 메이어 Salovey & Mayer, 1990)
>
> | 정서지능 영역 | 요소 |
> | --- | --- |
> | 정서의 인식과 표현 | • 자기 정서의 언어적 인식과 표현
• 자기 정서의 비언어적 인식과 표현
• 타인 정서의 비언어적 인식과 표현
• 감정이입 |
> | 정서의 조절 | • 자기의 정서 조절
• 타인의 정서 조절 |
> | 정서의 활용 | • 융통성 있는 계획 세우기
• 창조적 사고
• 주의 집중의 전환
• 동기화 |

3)
- ① : 만족지연능력
- ② : 연령이 증가함에 따라 충동을 억제할 수 있는 만족지연능력이 향상되어 도구적 공격성은 감소하고 적대적 공격성은 상대적으로 증가한다.

> **참고**
>
> ▶ 만족지연능력
> 보다 크고 장기적인 목표 달성을 위해 순간의 충동적인 욕구나 행동을 자제하며 즐거움과 만족을 지연시키는 선택을 하고, 그 지연에 따른 좌절을 바람직한 보상을 기다리며 자발적으로 인내할 수 있는 자기통제능력이다.

04

1)
- ① : 견학/현장체험/현장학습
- ② : 사회에 관심 가지기

2)
- ● : ⓐ 예의 바르게, 도서관에서 일하시는 분에 대해 알아보고 지켜야 하는 태도와 말씨를 알아본다.

3)
- ● : ⓒ, 문제 행동을 보일 때마다 관심을 보이면 그것이 강화의 역할을 해서 문제 행동의 빈도를 증가시킬 수 있기 때문이다.

4)
- ● : 연희를 교실 뒤쪽에 마련된 의자에 3분간 앉아 있도록 하고 약속한 시간이 지난 후 왜 혼자 의자에 앉아 있게 되었는지 이야기 나눈다. 이러한 행동 수정 방법은 연희와 수지의 격한 갈등 양상에서 나타나는 흥분된 감정을 진정시키고 부적절한 행동을 줄이는 장점이 있다.

05

1)
- ① : '동물의 사육제' 곡 전체를 들려준다.
- ② : 주의집중 시간이 짧은 전조작기 유아들의 발달 특성을 고려하여 음악 감상 지도 시에는 곡 전체를 들려주지 말고 대비가 분명한 부분을 다양하게 선정하여 들려준다.

> **참고**
>
> ▶ 음악 감상 지도 시 유의점(『유아음률교육활동자료(1996)』)
> 음반을 사용할 경우 음악은 다양한 양식의 음악을 택하도록 하며 한 곡을 오랫동안 들려주기보다는 음악적 요소의 대비가 분명한 곡을 선정하여 짧고 다양하게 들려주도록 한다. 또한 다양한 장르의 음악을 경험하도록 선곡한다.
> ① 다양한 곡을 듣는 것이 가장 중요한 목적이다. 음악을 듣고 난 후 유아에게 언어적으로 반응할 시간을 충분히 주거나, 음악에 맞는 다양한 표현을 하도록 격려한다.
> ② 음악 감상곡은 짧고 묘사적이며, 생동감이 있고 예술적인 곡을 선정하여 유아가 듣는 집중력을 증가시키고 폭넓은 음악을 듣도록 자극한다.
> ③ 주변의 인사나 단체를 활용하여 생생하게 연주되는 질 높은 음악을 들을 기회를 갖도록 하는 것이 중요하다.
> ④ 주제별로 모아진 시청각 자료와 함께 그에 맞는 곡을 감상하는 것도 유아의 듣기 집중력을 증가할 수 있는 방법이다.

2)
- ● : 창의적으로 표현하기

3)
- A : 이 그림은 무엇으로 그렸을까?
- B : 이 그림을 어디에 걸어 두면 잘 어울릴까?

> **참고**
>
> ▶ 미술 감상 단계(펠드만 E. B. Feldman)
>
> | 기술하기 | 이 그림 속에는 어떤 것들이 보이니?
금붕어는 어떤 모습을 하고 있니? |
> | --- | --- |
> | 분석하기 | 이 그림은 무엇으로 그렸을까? |
> | 해석하기 | 이 그림의 바로 전에는 무슨 일이 일어났을까?
화가는 왜 이 그림을 그렸을까? |
> | 평가하기 | 이 그림을 어디에 걸어 두면 잘 어울릴까? |

유아에게 어휘를 지도할 때에는 필요에 따라 직접적으로 지도하거나 모방하도록 하는 방법을 사용할 수 있다(명시적 어휘 지도). 예를 들어 집에서 기르는 짐승에 대한 내용일 때 교사는 집에서 기르는 짐승을 어려운 말로 무엇이라고 부르는지 묻고 '가축'이라는 어휘를 소개하면서 유아로 하여금 따라 해 보도록 할 수 있다.

▶ 반의어와 유의어

반의어	두 단어의 의미가 서로 반대인 경우 그 단어를 반의어라 한다. 흔히 반대말, 반대라고도 한다. '낮'과 '밤', '남자'와 '여자' 등이 그 예이다. 반의어 관계는 어떤 비교 기준이 하나일 때 성립한다. 예 '할아버지'와 '할머니'는 성 하나만 다르므로 반의어가 된다. '청년'은 성 이외에 나이까지 다르므로 '할머니'의 반의어가 될 수 없다. '소년'과 '소녀', '어른'과 '아이'는 각각 반의 관계가 성립하는데 '책상'과 '토끼'는 반의어일 수 없는 것도 같은 이유에서다.
유의어	소리는 서로 다르지만 그 뜻이 비슷한 말을 말한다. 예 아이-어린이, 아버지-아빠, 책방-서점 등 (동의어는 거의 같은 뜻을 가진 다른 낱말이라는 점과 달리, 유의어는 뜻은 비슷하나 단어의 성격 등이 다른 경우에 해당하는 것이다.)

3)
- ① : 대치
- ② : 상황에 적절한 단어를 사용하여 말한다.

참고

▶ 유아기 언어의 음운상의 특징과 예시
① 반복 현상 : 멍멍, 까까, 빵빵
② 생략 현상 : 사탕 → 아탕
③ 첨가 현상 : 물 → 무이
④ 대치 현상 : 선생님 → 쩐쨍님, 사과 → 하과
⑤ 유사 현상 : 귀 → 기, 김치 → 긴치
⑥ 경음화 현상 : 고기 → 꼬기, 불이야 → 뿔이야

참고

▶ 2019 개정 유치원 교육과정 '의사소통' 영역

내용 범주	듣기와 말하기	
내용		내용 이해
상황에 적절한 단어를 사용하여 말한다.		유아가 때와 장소, 대상과 상황을 고려하여 적절한 단어와 문장을 선택하여 말하는 내용이다.

2015학년도 유치원 교육과정 B

본책 p.70

01

1)
- : 소음

2)
- ① : 놀이와 활동
- ② : 첫째, 다른 영역을 없애고 쌓기놀이 영역을 넓히자는 유아의 요구를 받아들이지 않은 것은 부적절하다. 흥미 영역은 유아들이 좋아하는 놀이를 중심으로 구성하고, 유아들이 흥미를 보이지 않는 영역은 다른 영역과 통합하여 재구성하거나 다른 영역으로 대체하도록 한다. 둘째, 우물터 영역을 구성하지 않은 것은 부적절하다. 유아의 관심과 요구에 따라 새로운 영역을 구성할 수 있도록 허용해 주어야 한다.

3)
- : 난이도가 다른 다양한 놀잇감을 준비하여 유아들이 각자의 발달 수준과 흥미에 맞는 수·조작 활동을 할 수 있도록 한다.

02

1)
- ① : 은물
- ② : ⓑ

2)
- : 교구를 활용하여 활동할 때 유아 스스로 자신의 실수나 오류를 발견할 수 있도록 고안되어서 교사가 잘못을 수정해 주지 않아도 유아 스스로 오류 정정이 가능하다.

3)
- ① : ⓒ 경험, ⓔ 흥미
- ② : 계속성의 원리, 상호작용의 원리

03

1)
- ① : 적대적 공격성은 ⓒ, ⓒ과 같이 상대가 밉고 화가 나서 타인을 해치려는 의도를 가지고 행하는 것이다.
- ② : 도구적 공격성은 ㉠과 같이 공간이나 놀잇감 등을 차지하기 위해 결과적으로 다른 사람에게 해를 가하는 것이다.

참고

▶ 2015 기출문제 B. 3-1) 원본
하트업(W. W. Hartup)에 의하면 유아들에게 나타나는 공격성은 위 사례의 ㉠처럼 자신의 이익을 위해 타인에게 해를 가하는 (A) 공격성과, ⓒ과 ⓒ처럼 타인을 해치려는 의도를 가지고 행하는 (B) 공격성이 있다.
[정답] • A : 적대적   • B : 도구적

3)
- : ① 유아의 발달 수준보다 어려운 신체활동을 자주 계획하기, 자신의 신체를 긍정적으로 인식하도록 성공적인 경험을 제공하는 것이 중요하므로 유아의 발달 수준과 흥미에 적합한 활동을 제시한다.
  ② 특정 동작을 따라하도록 시범 보이거나 설명하지 않기, 신체활동 시 안전뿐 아니라 흥미를 유발시키고 자신의 신체와 움직임의 요소를 인식하게 하기 위해 적절한 시범과 언어적 설명이 필요하다.

06

1)
- : ① 청바지를 벗기고 찬물로 식힌 점이다. 화상 시 딱 붙는 옷을 벗기면 피부가 상할 수 있기 때문에 옷을 입은 채로 찬물로 식히거나 가위로 잘라서 벗겨야 한다.
  ② 병원에 가기 전 화상 연고를 바른 것이다. 병원에서 적절한 처치를 할 경우 섣불리 바른 화상 연고가 방해가 될 수 있기 때문이다.

2)
- ⓐ : 마스크 착용 여부 확인
- ⓑ : 환기 및 소독
- ⓒ : 위생수칙 교육

3)
- : ① 정호가 잘못 이해하고 있다. 횡단보도에 차가 멈춰 있어 차 사이로 건널 때에는 차에 가려 유아를 보지 못하고 움직이는 차가 있을지 모르므로 다음 신호를 기다리거나 어른과 함께 건너고, 운전자와 눈을 마주치면서 천천히 건너야 한다.
  ② 승현이가 잘못 이해하고 있다. 자동차 밑으로 공이 굴러 들어가면 반드시 성인에게 부탁해 꺼내 달라고 해야 한다.

07

1)
- ① : 균형적 언어 교육 접근법
- ② : 동시 내용을 예측해 보거나 동시 활동을 동작이나 미술로 통합한 것과 같이 언어의 의미에 초점을 맞추는 총체적 언어 교육 접근법에 근거한 활동과 '라, 러, 로, 루' 등 모음을 1가지씩 바꾸어 동요를 부르거나 자음과 모음 조합하기 활동과 같이 언어의 형식에 초점을 맞추는 발음중심 언어 교육 접근법의 활동을 적절히 혼합하여 언어의 의미와 형식 모두를 인식시켰기 때문이다.

> **참고**
>
> ▶ 균형적 언어 교육 접근법
> 총체적 언어 교육 접근법과 발음중심 언어 지도법을 혼합한 언어 교육 방법이며, 문식성 과정의 형식(발음중심, 기술 등)과 기능(이해, 목적, 의미) 모두의 중요성을 알고 학습자의 특성에 따라 균형을 잡아가며 언어 교육을 실천하는 접근법이다.

2)
- : 음소

3)
- ① : 책의 그림을 단서로 하여 책의 내용을 추측하여 읽는다.
- ② : 2019 개정 유치원 교육과정 '의사소통' 영역의 내용 범주 '책과 이야기 즐기기'의 '내용'인 '책에 관심을 가지고 상상하기를 즐긴다.'에 근거하여 유아가 책의 그림을 보고 추측하여 읽는 것을 허용하지 않고 유아가 책의 글자를 정확하게 읽는 것을 지도하려 했기 때문이다. / 2019 개정 유치원 교육과정 '의사소통' 영역의 내용 범주 '책과 이야기 즐기기'의 '내용'인 '책에 관심을 가지고 상상하기를 즐긴다.'에 근거하여 유아에게 글자를 정확하게 읽도록 하면 유아가 책 읽기에 흥미를 잃고 글자를 읽으려 하지 않을 수 있기 때문이다.

> **참고**
>
> ▶ 읽기 발달 단계(클레이 M. M. Clay)
>
> | 단계 | 내용 |
> |---|---|
> | 1단계 | • 글자가 이야기로 전환될 수 있음을 아는 단계이다.
• 그림책을 거꾸로 들고 웅얼웅얼 소리를 낸다. |
> | 2단계 | • 문어체와 구어체가 다르다는 것을 아는 단계이다.
• 책을 들고 문어체로 말을 한다. |
> | 3단계 | • 그림을 단서로 책의 내용을 추측하면서 읽는다.
• 글자가 아닌 그림을 보면서 이야기를 꾸며 가면서 책을 읽는다.
• 그림을 조합한 내용으로 이야기를 만들어 주어도 수긍한다. |
> | 4단계 | • 반복해서 읽은 책의 문장을 기억하는 단계이다.
• 자신이 기억한 책의 내용과 다르게 읽어 주면 아니라고 한다. |
> | 5단계 | • 단어의 시각적 단서를 사용하여 문장을 읽는 단계이다.
• 글자를 하나씩 가리키며 소리 내서 책을 읽는다. |

08

1)
- ① : ㉠ 확장 모방, ㉡ 의미 부연
- ② : ㉠은 유아가 '사자'라고 단편적으로 표현한 문장 구조를 교사가 그대로 사용하면서 '사자를 보았구나'라고 성숙한 문형으로 확장한 것이다. 한편 ㉡은 '사자가 으르렁 했어요'라고 표현한 문장의 문법은 그대로 사용하면서 '큰 소리'라는 새로운 어휘를 덧붙여 의미를 확대해서 부연하는 방법이다.

2)
- ㉠ : 어휘
- ㉡ : 유의어

> **참고**
>
> ▶ 말하기 지도 내용
> ① 발음
> ② 문장의 구조
> ③ 어휘

2015학년도 유치원 교육과정 A

01

1)
- ㉠ : 응급의료기관
- ㉡ : 정보시스템
- ㉢ : 회계

2)
- ⓐ : 국가교육위원회
- ⓑ : 지역

3)
- ⓓ : 원장, 원감, 수석교사, 교사

4)
- ⓔ : 정서적 학대
- ⓕ : 가정폭력
- ⓖ : 방임

02

1)
- ① : 다원이가 "버스를 줘."라고 말하자 용우는 "싫어." 하고 말한다.
- ② : (나)의 조사 결과의 원인이 되는 용우의 행동 특성을 알 수 있기 때문이다.

2)
- ① : 사회성 측정법(동료 지명법, 또래 지명법), 우주반 유아들의 사회적 관계와 상호작용의 형태 등 한 반 유아들의 사회적 역학관계를 알아보기 위해서이다.
- ② : ⓐ 슬기, 보경 ⓑ 용우

3)
- ① : ㉡ 신체운동 지능, ㉢ 언어 지능
- ② : 스카프를 가지고 자신의 이름에 있는 자음을 신체 표현해 보기

03

1)
- ① : 생존기
- ② : 교직 생활의 시작기로, 유아 통제나 활동 지도에 자신감이 없고 자신의 교사로서의 자질에 대해 불안함을 느낀다.

2)
- : 이론적으로 배웠던 지식을 유아교육 현장의 상황과 맥락에 맞게 적용하고 재구성하면서 형성되는 지식이다. 이는 교사가 교직 생활의 경험을 통해 능동적으로 구성하는 것이다.

> **참고**
> ▶ 실천적 지식
> 교사가 학교 현장에서 학생들을 교육하면서 겪는 경험을 통해 스스로 터득하고 생성한 지식으로 교실에서 일어나는 사건이나 상황을 이해하고 해결해 나가는 능력을 의미하며, 이론적 개념으로 일반화시키기보다는 어떤 방법으로 사용할 것인가에 대한 지식이다. 이러한 실천적 지식은 교사가 다양한 교육현상에 끊임없이 의문을 제기하고 이를 해결하기 위해 사고하고 탐색하는 반성적인 과정을 통해 구성된다는 점에서 교실 상황에 대한 이해와 교수기술의 개선에 영향을 줄 수 있다.

3)
- ① : 김 교사는 자신이 어려워하는 미술 감상에 대해 장학을 하고 싶어 했으나 원감이 일방적으로 '이야기 나누기'로 결정한 것이다.
- ② : 장학의 내용은 장학을 돕는 담당자와 장학 대상 교사의 협의하에 이루어져야 하며, 특히 장학 대상 교사의 특정한 필요성이나 요구가 반영되어야 하기 때문이다.

04

1)
- ① : 전환적 추론
- ② : 겨운이는 자신이 소진이의 손등을 꼬집어서 소진이가 배가 아픈 것이라고 생각했다. 이렇듯 전환적 추론이란 서로 관련이 없는 두 개의 사건을 인과관계로 생각하는 것이다.

2)
- : ① 상징적 사고가 나타난다. 숟가락을 마이크처럼 입에 댄 채 노래를 부르는 것은 마이크를 들고 노래를 부르는 사람을 기억해 놨다가 표상하여 표현한 것이기 때문이다.
② 물활론적 사고가 나타난다. 숟가락에 맞은 인형도 아픔을 느끼고 치료가 필요하다고 생각하는 것과 같이 사물이 살아 있다고 생각하고 있기 때문이다.

3)
- : 방금 전 접시에 각자 5개씩 놓았는데, 두 접시 모두에서 과자를 빼거나 넣지 않았으니까 과자의 개수는 같단다. 좁게 줄지어 놓은 현우의 과자를 지연이처럼 띄엄띄엄 떨어뜨려 놓으면 과자의 개수가 같다는 것을 알 거야.

05

1)
- : ⓓ 도구, 큰 공 굴리기, 훌라후프 돌리기

2)
- ① : 회전하기
- ② : 시간

2015학년도 유치원 교직논술

내용	작성란	
반성적 사고의 필요성 [4점]	교사 자신	교사 전문성이 향상된다.
		높은 문제해결력과 자아효능감으로 교직 생활에 자신감을 가질 수 있다.
	유치원 측면	질 좋은 유아교육을 할 수 있다.
		협력적인 조직 문화를 만들 수 있다.
반성적 사고를 통해 안 교사가 개선해야 할 교수 행동과 대안 각각 3가지 [6점]	개선해야 할 교수 행동	대안
	의도적으로 다른 영역에 가서 놀도록 한 점이다.	유아가 자발적으로 다른 영역에 흥미를 갖도록 해야 한다.
	유아들의 놀이 행동을 주의 깊게 관찰하지 않은 점이다.	유아들이 쌓기놀이 영역에서 매번 똑같은 것만 만드는 이유를 생각해 보고 이에 맞게 지도해야 한다.
	미술 활동 전 탐색 활동을 다양하게 하지 않고 제한된 해바라기의 모습만 제시한 것이다.	직접 해바라기를 관찰하거나 동영상, 사진, 그림 등 다양한 모습의 해바라기를 제시하여 유아가 해바라기에 대해 충분히 탐색하고 이야기 나누도록 해야 한다.
미술 활동과 관련한 반성적 사고 [3점]	실천 행위 중의 반성적 사고	유아들이 교사가 보여 준 해바라기와 똑같이 그리고 있는 것을 알아채고 그 원인을 찾아 다양한 해바라기를 떠올릴 수 있도록 탐색 자료를 제시하거나 질감이 다른 여러 재료를 준비해 주어야 한다.
	실천 행위에 대한 반성적 사고	해바라기 미술 활동 교수·학습 지도의 문제점에 대해 생각해 보아야 한다.
	실천 행위를 위한 반성적 사고	앞으로의 미술 활동 지도 방법에 대해 다시 생각해 보고 다양한 미술 활동을 할 수 있는 방법에 대해 연구해야 한다.
안 교사 반성적 사고 증진 방안 [2점]	자기장학(반성적 저널 쓰기 등)	
	동료장학(멘토링 등)	

관계 (지각)	신체 간의 관계	가까이/멀리, 꼬이게 등의 관계
	사람과의 관계	짝, 소집단(만나기/헤어지기, 마주 보기 등)
	물체와의 관계	공, 후프, 평균대 등과의 관계(위, 아래 등)

3)
- : 비대칭 모양
- ② : 곡선 모양

> **참고**
>
> ▶ 동작의 모양 요소
> ① 직선/곡선 모양 : 전신 혹은 신체의 부분을 사용하여 신체를 쭉 뻗거나 둥글게 만드는 것이다.
> ② 꼬인 모양 : 신체가 동시에 각각 반대되는 방향으로 회전하는 형태이다. 예 허리를 중심으로 다리와 엉덩이가 한쪽 방향으로 향하고, 상체는 그 반대 방향을 향하게 된다.
> ③ 대칭/비대칭 모양 : 양 측면이 정확하게 같은(서로 다른) 모양을 취하는 것이다.

4)
- ① : ⓐ은 4~5명이 한 모둠이 되어 협동적인 미술 활동을 하는 것으로, 여러 명이 협동하여 활동을 하는 것은 아직 의사소통 능력과 역할조망 능력이 발달하지 않은 3세 유아에게는 어려운 과제이기 때문이다.
- ② : 1명이 개별적으로 하나의 숫자를 만들고 교사가 모아 하나의 모빌을 만든다.

07

1)
- ① : ㉠ 분류하기, ㉢ 예측하기, ㉣ 추론하기
- ② : 초록색이면서 별 모양의 반죽을 모아 본다.

2)
- ① : ㉢, ㉣
- ② : ㉢은 가설을 세우는 예측하기이고 ㉣은 결과의 원인을 찾는 추론하기의 단계이다. 이 단계에서 유아들은 자신의 생각을 또래나 교사와 함께 공유하면서 서로 다른 생각에도 관심을 가질 수 있기 때문이다.

> **참고**
>
> ▶ 2019 개정 유치원 교육과정 '자연탐구' 영역
>
> | 내용 범주 | 탐구 과정 즐기기 | |
> |---|---|---|
> | 내용 | 내용 이해 | |
> | 탐구 과정에서 서로 다른 생각에 관심을 가진다. | 유아가 탐구하는 과정에서 자신의 생각을 또래나 교사와 공유하고, 서로 다른 생각에 관심을 가지는 내용이다. | |

3)
- : 그림과 사진으로 구성된 떡 만들기 요리 순서표, 추상적인 글이나 기호로 설명하기에 복잡한 요리 과정을 구체적인 그림과 사진으로 요리 순서를 알려 주는 것이기 때문이다.

4)
- : ㉠ 논리·수학적 지식, ㉣ 물리적 지식

> **참고**
>
> ▶ 지식의 유형
> (카미와 드브리스 프로그램 C. Kamii & DeVries Program)
> p.9 2013 기출문제 B. 1-1) 참고

08

1)
- : 구체물이 아닌 동물원에 간 경험과 같은 추상적 대상을 세었기 때문이다.

2)
- : ㉡ 시각적 패턴 유형, ㉢ 운동적 패턴 유형

> **참고**
>
> ▶ 패턴의 3가지 유형
>
> | 시각적 유형 | 색동옷, 포장지, 옷감, 타일 바닥 등의 시각적 패턴은 구성 능력을 길러 준다. |
> |---|---|
> | 청각적 유형 | 손뼉치기, 응원하기, 북 치기 등 청각적 패턴은 운율적 반응 능력을 길러 준다. |
> | 운동적 유형 | '왼발 뛰기, 왼발 뛰기, 오른발 뛰기' 등의 운동적 패턴은 신체표현 능력을 길러 준다. |

3)
- : 주변에서 반복되는 규칙을 찾는다.

> **참고**
>
> ▶ 2019 개정 유치원 교육과정 '자연탐구' 영역
>
> | 내용 범주 | 생활 속에서 탐구하기 |
> |---|---|
> | 내용 | 내용 이해 |
> | 주변에서 반복되는 규칙을 찾는다. | 유아가 생활 주변에서 사물이나 사건의 양상이 일정한 순서로 반복 배열되는 것에 관심을 갖고 즐기며, 반복되는 배열에 숨어 있는 질서와 규칙을 발견하여 다음에 올 것이 무엇인지를 예측하는 내용이다. |

4)
- ① : ㉣ 보상성, ㉤ 가역성
- ② : 아까 선생님이 준 똑같은 찰흙에 더 넣지도 않고, 빼지도 않았으니까 똑같겠지?

2)
- ① : 가설
- ② : ㉤ → ㉥ → ㉣

> **참고**
>
> ▶ 유아 사회 교육을 위한 교수-학습 모형
>
> | 인지발달 모형 | 피아제의 인지발달이론에 기초를 두고 지식의 세 유형인 물리적 지식, 사회적 지식, 논리·수학적 지식에 초점을 둔다. |
> |---|---|
> | 사회적 탐구 모형 | 유아들이 사회적 현상과 자신의 생활에 대해 반성적으로 사고하고 탐구할 수 있는 능력을 길러 주기 위한 탐구의 과정에 초점을 맞추는 모형이다. |
> | 개념습득 모형 | 브루너(J. Bruner)에 의하면 개념은 이름, 예(적절한 예, 부적절한 예), 속성, 가치적 속성, 원리의 5가지를 가지고 있다. |
> | 문제해결학습 모형 | 19세기 후반 지식 축적과 기능 연마를 위주로 했던 주입식 교육에 대한 문제를 제기하면서 나타난 학습 형태로서, 듀이(J. Dewey)에 의해서 체계화되었다. |
> | 토의학습 모형 | 학습의 현장에서 토의를 사용하여 학습 효과를 높이고자 하는 학습 형태로, 교사와 유아, 유아와 유아 간의 토의를 통해 달성하고자 하는 학습 성과를 유아 자신이 발견하여 알게 하는 공동 학습 방법이다. |

3)
- : 서로 다른 감정, 생각, 행동을 존중한다.

> **참고**
>
> ▶ 2019 개정 유치원 교육과정 '사회관계' 영역
>
> | 내용 범주 | 더불어 생활하기 | |
> |---|---|---|
> | 내용 | | 내용 이해 |
> | 서로 다른 감정, 생각, 행동을 존중한다. | | 유아가 다른 사람들의 감정, 생각, 행동에 관심을 갖고 감정, 생각, 행동이 서로 다를 수 있음을 이해하고 존중하는 내용이다. |

4)
- : 반편견

05

1)
- ㉠ : 오디에이션
- ㉡ : 노래극은 등장인물의 대사 일부를 노래로 표현하는 것이다. (뮤지컬은 이에 춤의 요소가 포함되며, 오페라는 대부분 음악으로 이루어져 있다.)

2)
- ① : 노래를 즐겨 부른다.
- ② : 신체표현하기

> **참고**
>
> ▶ 음악 교육의 5가지 영역
>
> 음악 듣기, 노래 부르기, 악기 연주하기, 신체표현하기, 음악 창작하기

3)
- ① : 자진모리, 덩, 덩, 덩, 덕, 쿵
- ② : ㉥ 징, 꽹과리, 장구, 북

> **참고**
>
> ▶ 사물놀이 악기(꽹과리, 장구, 북, 징)
>
> 꽹과리는 천둥, 장구는 비, 북은 구름, 징은 바람에 비유하여 사물을 '운우풍뢰'(雲雨風雷)로 나타내기도 한다. 사물놀이의 리더는 '상쇠'라고 부르며 꽹과리를 친다.

06

1)
- : 신체나 도구를 활용하여 움직임과 춤으로 자유롭게 표현한다.

2)
- ① : 관계
- ② : ㉡은 사람과 사람과의 관계이고, ㉢은 신체와 사물과의 관계이다.

> **참고**
>
> ▶ 동작의 구성요소(지각 운동 능력의 요소)
>
> | 동작의 구성요소 | 하위 주제 | 탐색 개념 |
> |---|---|---|
> | 신체 (지각) | 신체 명칭 | 신체 각 부분의 명칭 |
> | | 신체 모양 | 직선/곡선, 꼬임, 대칭/비대칭, 균형 |
> | | 신체 표면 | 앞, 뒤, 옆(오른쪽, 왼쪽) |
> | 공간 (지각) | 장소 | 자기 공간, 일반 공간 |
> | | 높이 | 높게, 낮게, 중간 높이로 |
> | | 방향 | 앞, 뒤, 옆, 위, 아래, 비스듬히 |
> | | 범위(크기) | 크게/작게, 넓게/좁게, 중간으로 |
> | | 바닥 모양 | 곡선으로/직선으로, 지그재그로 등 |
> | 시간 (지각) | 속도 | 빠르게/느리게, 점점 빠르게/점점 느리게(가속과 감속) 등 |
> | | 리듬 | 박자, 리듬패턴, 동시적으로/연속적으로 |
> | | 흐름 | 유연하게/끊기게 |
> | 무게 (지각) | 무게 전이 | 무겁게/가볍게, 점차 사라지게 |
> | | 힘의 세기 | 세게/약하게, 중간 정도로 |

▶ 2019 개정 유치원 교육과정 '사회관계' 영역

내용 범주	더불어 생활하기	
내용	내용 이해	
친구와 서로 도우며 사이좋게 지낸다.	유아가 친구들과 함께 놀이하는 즐거움을 느끼고 친구와 서로 도우며 배려하고 협력하며 더불어 살아가는 내용이다.	
친구와의 갈등을 긍정적인 방법으로 해결한다.	유아가 친구와 갈등이 생겼을 때 자신의 감정과 생각을 제대로 표현하고, 배려, 양보, 타협 등을 통해 해결하는 내용이다.	

3)
- ① : 자기 중심적 조망(역할수용) 단계, 역할수용 능력이 미분화된 상태로 자신의 관점이 타인의 관점과 동일할 것이라고 생각하며, 타인의 관점을 인식, 고려하지 못하고 자신의 관점으로만 판단한다.
- ② : 철수도 엄마도 외할머니를 좋아한다고 해도 철수에게 혼자 자전거를 타지 말도록 한 엄마가 항상 좋아하실까?

▶ 아동기 조망수용(역할수용) 능력의 발달 단계(셀만 R. Selman)

0단계 자아 중심적 단계 (3~6세)	미분화된 단계라고도 하며, 자신의 관점과 다른 사람의 관점이 같다고 생각한다. 자신이 느끼는 것은 모두 옳다고 생각하고 타인도 그렇게 느낄 것이라 생각한다.
1단계 사회 정보적 조망수용 단계 (6~8세)	타인의 조망이 자신의 것과 다를 수 있다는 것을 알지만, 그것은 그 사람이 다른 정보를 가지고 있기 때문이라고 생각한다. 타인의 사고를 예측하기 어려워한다.
2단계 자기 반영적 조망수용 단계 (8~10세)	같은 정보를 알아도 자신과 타인의 관점이 다를 수 있다는 것을 알게 되고 타인의 입장에서 그들이 어떻게 행동할 것인지 예측도 가능하다. 그러나 아직까지 자신의 입장과 타인의 입장을 동시에 고려하지 못한다.
3단계 상호적 조망수용 단계 (10~12세)	아동은 자신과 타인의 입장을 동시에 고려할 수 있으며, 타인도 그렇게 할 수 있다고 인식한다. 제3자의 관점을 가정하고 각 사람이 상대방의 견해에 어떻게 반응할지를 예측할 수 있다.
4단계 사회적 조망수용 단계 (12~15세 이상)	타인의 입장을 사회적 체계의 입장('일반화된 타인'의 입장)과 비교함으로써 이해하려 한다.

04

1)
- ㉠ : 사회생활 중심 접근 방식
- ㉡ : 사회과학 개념의 구조화 접근 방식

▶ 유아 사회 교육 접근 방식(시펠트 C. Seefeldt, 2001)

접근 방식	개념 및 장점	단점
사회생활 중심 교육과정 (1920~30년대)	• 민주 시민 생활에 중요한 사회적 기술 향상을 목적으로 한다. • 협동하기, 나누기, 협상하기, 타인 입장 고려하기 등의 능력 향상이 목표이다.	사회적 학습의 복잡성은 간과되고 단순한 습관 훈련과 기술 형성에 초점을 두기 쉽다.
현재생활 중심 교육과정 (1930년대 이후)	• 지금-여기의 현재 일상생활에 있는 주변 환경의 현상을 직접 경험하면서 실질적인 사회 교육을 하는 것이다. • 현재 생활을 직접적으로 교육하므로 유아의 사회적 삶에 도움이 된다.	가족, 지역사회 등 주제를 단순화하여 사실적 지식을 전달하는 데 그칠 수도 있다.
공휴일 중심 교육과정 (1930년대 이후)	• 사회 교육의 중요한 자원인 공휴일을 활용한 접근 방식이다. • 사회문화적 유산과 위인에 대한 다양한 정보와 지식을 길러 줄 수 있고 다문화에 대해서도 관심 갖게 할 수 있다.	전형적인 관광식 위주의 내용들을 열거하는 데 그칠 수도 있다.
사회과학 개념의 구조화 접근 방식 (1960년대)	• 역사, 지리, 경제, 환경과 같은 사회과학 분야의 기본 개념을 가르치는 접근 방식이다. • 사회적 탐구 과정을 경험할 수 있고 다양한 사회과학 분야를 체계적으로 배울 수 있다.	자칫 지식 중심으로 흐를 수 있다.
사회·문화적 환경 접근 방식 (1960년대 이후)	• 피아제의 인지발달이론, 비고츠키의 사회문화적 발달이론, 브론펜브레너의 생태체계이론에 근거한 접근법이다. • 사회적 지식이나 정보를 유아의 개인적 경험과 사회문화적 배경에 근거하여 내용을 구성하는 것이다. • 민주 시민의 자질을 기르기 위해 요구되는 사회적 기술, 태도 및 가치, 지식을 통합하여 다룰 수 있다. (통합적 접근 방법)	다양한 사회문화적 현상이나 환경에 관련된 사실들을 단순하게 전달하는 데 그칠 수도 있다.

02

1)
- ① : 등장인물
- ② : 전래
- ③ : 환상동화는 열린 구조의 결말인 것에 비해, 전래동화는 권선징악을 주제로 해피엔딩의 닫힌 구조인 경우가 많다. (환상동화는 많은 작품이 현대에 창작된 것으로 시공간을 넘나들면서 내용이 전개되는 경우가 많다.)

2)
- : 통제적 기능, 다른 사람의 행동을 규제하거나 통제하는 기능이다.

> **참고**
>
> ▶ 언어 기능의 유형(할리데이 M. Halliday)
>
> | | |
> |---|---|
> | 도구적 (instrumental) 기능 | 개인의 욕구를 만족시키기 위한 기능이다.
예 엄마 사탕 주세요. |
> | 통제적 (regulatory) 기능 | 다른 사람의 행동을 규제하거나 통제하는 기능이다.
예 만지지 마. |
> | 상호작용적 (interactional) 기능 | 타인과 사회적 관계를 성립하고 유지하는 기능이다.
예 우리 같이 놀자. |
> | 개인적 (personal) 기능 | 개인적 견해 및 느낌, 생각, 경험을 표현하는 기능이다.
예 나는 빨간색이 좋아. |
> | 발견적 (heuristic) 기능 | 정보를 추구하고 환경을 탐색하여 이해하기 위한 기능이다.
예 소는 무얼 먹지? |
> | 상상적 (imaginative) 기능 | 가상과 상상의 세계를 만들어 내는 기능이다.
예 우린 지금 날고 있는 거야. |
> | 정보적 (informative) 기능 | 정보를 교환하기 위해 언어를 사용하는 기능이다.
예 게임 방법을 알려 줄게. |

3)
- : 음소

4)
- ① : 표층구조
- ② : 언어습득장치

03

1)
- ① : ⓐ 역할이행, ⓑ 가작화(사물의 가작화, 행동의 가작화)
- ② : 가작화 의사소통

> **참고**
>
> ▶ 사회극놀이의 성립 요소(스밀란스키 S. Smilansky)
>
> | 사회극놀이의 요소 | 해당하는 내용 |
> |---|---|
> | 역할이행 | 유아가 어떠한 역할을 받아들이고 그러한 역할을 언어로 나타내거나("나는 엄마야.") 적합한 행동(인형의 기저귀를 갈아 주는 시늉)을 하는 것이다. |
> | 가상전환 (가작화) | ① 사물의 가작화 : 대용 사물이 사용되거나 말로써 표현
② 행동의 가작화 : 망치질을 하고 있는 시늉을 하거나 행동을 나타내기 위한 언어적 표현 ("나는 지금 망치로 못을 박고 있는 거야.")을 한다.
③ 상황의 가작화 : 언어로 상황을 만들어 낸다. ("자, 우리는 비행기 안에 있어.") |
> | 사회적 상호작용 | 적어도 두 명 이상의 유아가 놀이 에피소드와 관련하여 직접적으로 서로 상호작용을 한다. |
> | 언어적 의사소통 | ① 상위 의사소통 : 놀이 에피소드를 구조화하고 조직화하는 데 사용된다.
• 사물의 가작화 : "인형을 아기라고 하자."
• 역할의 배정 : "너는 아빠 해. 난 엄마 할래."
• 이야기 줄거리 계획 : "아기 목욕시키고 재우는 걸로 하자."
• 부적절한 행동을 하는 놀이자에 대한 견책 : "인형을 그렇게 박박 문지르면 어떻게 해?"
② 가작화 의사소통 : "여보, 우리 아기 목욕시켜야 해요" |
> | 지속성 | 일반적으로 유치원 유아들은 10분 정도 놀이를 지속해야 사회극놀이로 간주한다. |

2)
- : 친구와의 갈등을 긍정적으로 해결할 줄 아는 것이 장점이다. 아나운서 역할을 가지고 형주와 다운이가 갈등하게 되어 놀이가 깨질 것 같자 아나운서 역할을 둘이서 같이 하면 된다는 좋은 해결책을 제시하고 자신은 자진해서 카메라맨 역할을 맡아 원만하게 갈등을 해결했기 때문이다.

▶ 근지구력과 평형성

근지구력	무게나 힘 등의 자극에 대해 반복하여 힘을 낼 수 있는 능력
평형성	움직이거나 정지한 상태에서 몸의 균형을 유지시킬 수 있는 능력

3)
- ① : 주은이는 달팽이처럼 바닥에 큰 동그라미에서 작은 동그라미를 그리면서 돌고 있구나.
- ② : 재민이는 몸을 작게 움츠렸다가 다리와 팔을 크게 쭉 뻗었구나.

4)
- : 신체를 인식하고 움직인다.

08

1)
- ① : 자전거 전용도로
- ② : 보행자 전용도로 표시가 있는 길에는 자전거를 타고 들어가지 않도록 하자.

2)
- : 교통안전 규칙을 지킨다.

▶ 2019 개정 유치원 교육과정 '신체운동·건강' 영역

내용 범주	안전하게 생활하기
내용	내용 이해
교통안전 규칙을 지킨다.	유아가 안전한 보행 및 도로 횡단, 교통기관의 안전한 이용 등 교통안전 규칙을 알고 실천하는 내용이다.

3)
- ① : 자전거를 타고 횡단보도를 건너간 것이 부적절하다. 자전거에서 내려 자전거를 끌고 걸어서 횡단보도를 건너가야 한다.
- ② : 안전모

4)
- ① : 부목을 대고 붕대로 고정시킨다.
- ② : 응급처치 동의서

2014학년도 유치원 교육과정 B

본책 p.52

01

1)
- ① : 과잉일반화, 주격 조사 '이/가/이가'를 구별하여 '벚꽃이 있어요'라고 표현해야 하는 것을 예외없이 '이가'를 사용하여 '벚꽃이가 있어요'라고 말한 것과 같이 하나의 문법 규칙을 예외 없이 모든 경우에 사용하여 오류가 나타나는 것이다.
- ② : 아, 민들레와 벚꽃이 있었구나.

2)
- ① : 주변의 상징, 글자 등의 읽기에 관심을 가진다.
- ② : 여기 다양한 꽃 이름이 쓰여 있는 꽃 사진이 있어. 산책 가서 우리가 보았던 꽃 사진을 찾아 어떤 꽃인지 말해 보고 아래 이름도 읽어 보자.

3)
- : 내적언어

4)
- ① : 언어 경험 접근법
- ② : 대화

▶ 언어 경험 접근법

(1) 정의 : 유아들이 직접 경험한 것을 주제로 이야기를 나눈 후 이야기 내용 중 의미 있는 단어의 글자를 쓰거나 읽는 접근법이다.

(2) 의의 : 말이 어떻게 글로 연결되는지 배울 수 있다. 또한 유아의 흥미와 경험에 맞게 글자의 모양, 글자가 모여 단어가 되는 것, 형태소와 음소의 연결 등을 배울 수 있다.

(3) 언어 경험 접근법의 절차

절차	내용
계획	견학 등 유아의 경험을 어떻게 확장시키고 언어 활동을 어떻게 할 것인지 미리 계획을 세운다.
경험	유아에게 경험을 제공하여 유아들에게 말거리, 글거리를 만들어 준다.
대화	유아들의 경험을 언어로 표현하게 하여 경험에 대한 이해를 넓히고 언어 능력을 발달시킨다.
경험 (대화)의 기록	언어화된 경험을 기록하는 것이다. 교사가 기록하고 유아가 보완하거나, 경험의 일부를 그림으로 그리게 하고 그림을 설명하여 그것을 보완하는 방법 등 다양한 방법이 있다.
읽기	언어 경험 차트 등 기록해 놓은 것을 유아들이 읽어 보도록 하는 것이다. 함께 읽기, 안내적 읽기, 혼자 읽기 등의 읽기를 할 수 있다.

▶ 탈중심화
① 자신을 향한 가상행동 : 자신을 향한 가상행동이 나타난다.
② 사물에게 흉내 행동 : 탈중심화를 보여 무생물을 자신의 가장놀이에 참여시킨다.
③ 사물이 역할을 담당 : 무생물이 역할을 하기 시작한다.

04

1)
- : 수용성

2)
- ⓐ : 적극적 경청, 준이가 유치원에 가는 것을 싫어하는 것은 문제가 되는 사람이 유아이기 때문이다.
- ⓑ : 나 전달법, 준이 어머니가 전화통화를 할 때 준이가 말을 걸거나 소리를 질러 불편하게 된 것은 문제가 되는 사람이 준이 어머니이기 때문이다.

3)
- ⓓ : 공감적 이해
- ⓔ : 무조건적 긍정적 존중

4)
- : 프리맥 강화, 준이에게 골고루 먹는 행동의 빈도를 증가시키기 위해 준이가 좋아하는 동화책을 읽어 주기로 한 것과 같이 선호가 낮은 행동의 빈도를 높이기 위해 선호가 높은 행동을 정적 강화물로 사용하는 것이다.

05

1)
- ① : ABC 서술식 사건표집법
- ② : 조작적 정의

▶ 조작적 정의
추상적인 개념이나 용어를 경험적으로 측정이 가능하도록 조작하여 의미를 나타내는 것

2)
- ① : 민재의 때리는 행동의 원인을 알고 적절한 행동 지도를 하려고 한 것과 같이 관찰 대상 유아 행동의 원인과 결과를 알 수 있어 문제 행동 지도방법을 계획하는 데 도움을 준다.
- ② : '공격적인 민재는' 이라는 표현은 교사의 주관적 해석이 포함된 표현이므로 적절하지 않다.

3)
- : 평정척도, 관찰 대상 유아 행동에 대해 단순한 출현 유무뿐만 아니라 행동 정도에 대한 정보를 제공해 준다.

4)
- : '자녀는 규칙적으로 자고, 적당량의 음식을 골고루 먹습니까?' 는 부적절하다. 두 가지 다른 행동을 하나의 문항에 포함시켰기 때문이다.

5)
- : ⓑ 비교, ⓐ 표준화 검사법

▶ 표준화 검사법
표준화 검사법은 개인차를 비교할 수 있도록 규준을 제시해 준다.

06

1)
- ① : 교수 상황에 대한 관심사
- ② : 생존에 대한 초기 관심사, 학생에 대한 관심사

▶ 교사 관심사 이론(풀러 F. Fuller, 브라운 O. Brown)
① 교직 이전 관심사 단계 : 경험이 없는 예비교사들이 교사보다는 학생에게 관심을 보인다. 교사에 대한 환상을 갖는다.
② 생존에 대한 초기 관심사 단계 : 학생에 대한 이상적인 관심사가 교사 자신의 생존에 대한 관심사로 옮겨 간다. 학급통제, 교육 내용에 대한 숙달, 장학사의 평가 등에 관심을 갖는다.
③ 교수 상황에 대한 관심사 단계 : 많은 학생, 수업 과다, 과중한 업무, 시간의 부족, 교수 자료의 부족, 교사 자신의 교수 행위 등에 관심을 갖는다.
④ 학생에 대한 관심사 단계 : 학생들의 학습, 그들의 사회·정서적 요구, 학생에 대한 개인적 관계 등에 관심을 갖는다.

2)
- ① : 자기장학
- ② : 전문서적을 읽고 토론하기

3)
- : 교사 연수를 통해 누리과정의 운영이 개선되도록 한다.

4)
- : 3

07

1)
- : 조작적 동작, 던지기

2)
- ⓒ : 근지구력, 열을 셀 때까지 철봉에 매달리기 위해 근육의 힘을 지속적이고 반복적으로 사용해야 하기 때문이다.
- ⓓ : 평형성, 한 발로 서서 쓰러지지 않도록 몸의 균형을 유지할 수 있어야 하기 때문이다.

2014학년도 유치원 교육과정 A

본책 p.44

01

1)
- ㉠ : 교육기본법

2)
- ㉡ : 3
- ㉢ : 보호자

3)

	잘못 기술된 것	바르게 고친 것
• 편성·운영	지역	기관
• 교수·학습	학습활동	일상생활
• 평가	내용	목적

02

1)
- ㉠ : 지적 능력(머리), 도덕적 능력(가슴), 기능적 능력(손)
- ㉡ : 직관

2)
- : 인위적인 교육으로 유아를 변화시키고자 하는 것이 아닌 유아의 선천적인 능력을 존중하면서 유아가 그 능력을 스스로 키워 갈 수 있도록 도와주는 것이다.

3)
- ㉢ : 통일성(신성)

4)
- ① : 계속성의 원리, 상호작용의 원리
- ② : [계속성의 원리] 민정이가 직접 타 본 기차의 경험을 쌓기로 표현하거나 다른 교통기관에 대해서도 관심을 갖게 된 것과 같이 과거의 경험이 현재의 경험에 영향을 미치고 현재의 경험은 미래의 경험에 영향을 미치게 된다는 것이다.
[상호작용의 원리] 민정이가 직접 타 본 실제 기차의 객관적인 요소를 '길다' 라는 주관적 인상으로 해석하여 쌓기로 표현한 것과 같이 경험 속에는 객관적이고 외적인 요소와 주관적이고 내적인 요소가 함께 작용하고 있다는 것이다.

> **참고**
>
> ▶ 2014 기출문제 A. 2-3) 원본
> 듀이(J. Dewey)는 "경험의 (㉣) 원리는 모든 경험에 대해 보편적으로 적용될 수 있는 것으로 지금 우리가 하고 있는 경험은 어느 정도 그리고 어떤 식으로든지 앞으로 올 경험의 객관적인 조건들을 구성하게 됩니다. 나아가 지금 하고 있는 경험이 앞으로 경험하게 될 외부적인 조건들을 구성하는 데 영향을 미칩니다.
> ……(중략)……
> (㉤)(이)라는 말은 경험의 의미를 이해하는 데 필요한 두 번째 원리입니다. 여기에는 경험 속에서 함께 작용하는 두 가지 요소, 즉 객관적이고 외적인 요소와 주관적이고 내적인 요소가 함께 작용하고 있다는 것을 의미합니다."라고 하였다.
> [정답] • : ㉣ 계속성/연속성 ㉤ 상호작용

03

1)
- ① : 자기조절
- ② : 점차 유아의 수행 능력이 증가함에 따라 도움을 감소시킨다.

> **참고**
>
> • 비계설정의 목표
> 비계설정의 목표는 학생들로 하여금 자신의 근접발달 영역에서의 과제 해결 능력과 자기조절 능력을 증진시키는 것이다. 이를 위해서는 두 가지 방법이 있다. 하나는 학생들에게 적절한 수준의 과제를 제시함으로써 도전감을 갖도록 하는 것이다. 만약 제시된 과제가 너무 어려울 경우에는 과제를 작은 단위로 나누거나 또는 학생에게 어떤 자료가 다음 단계에 필요한지를 볼 수 있도록 과제와 관련된 자료를 재배치할 수도 있다. 다른 하나는 학생의 현재 요구와 능력에 맞도록 교사의 개입 정도를 조절하는 것이다. 도움을 필요로 하는 상황에서 도움을 주고 점차적으로 도움의 양이나 정도를 감소시키는 것이다.
> 비계설정을 통하여 자기조절 능력을 신장시키기 위하여 학생들로 하여금 공동활동을 가능한 한 많이 수행하도록 할 필요가 있다. 이를 위해서 교사는 학생이 독립적으로 문제를 해결할 수 있는 상황을 정확하게 파악하여 가능한 한 빨리 조절과 도움을 멈추어야 한다. 이때 학생에게 문제해결 방안의 발견 과정에 참여하게 하는 질문을 함으로써 학생의 학습과 자기조절 능력의 신장을 최대화시킬 필요가 있다. 요컨대 비계설정의 목표는 학생들을 근접발달 영역에 잠시 머물게 함으로써 잠재적인 발달 수준을 끊임없이 실제적 발달 수준으로 전환시키는 것이라고 할 수 있다.

2)
- : 인형이나 종이벽돌 블록의 물리적 사물의 의미, 즉 명칭을 사물과 분리하여 아기라는 명칭으로 부르며 놀이 속에서 아기의 대용 사물로 사용한 것이다.

3)
- ① : 구성놀이, 구성놀이는 주로 창조력과 구성력이 필요한 놀이로 물건을 조작해서 새로운 것을 창조하거나 구성하는 놀이이다. 적목, 점토, 공작, 종이접기, 그림 그리기 등이 이에 포함된다.
- ② : 정화/카타르시스

4)
- ① : 자기 자신에게 가장 행동을 하는 것에서 자기 자신이 아닌 사물을 대상으로 한 가장 행동으로 확대되는 것이다.
- ② : 탈맥락화

2014학년도 유치원 교직논술

내용		작성란	
유치원 교사가 협력할 대상과 이유 [3점]	동료 교사	유치원 운영 및 행사 등 유치원의 원활한 업무 진행을 위해, 동료장학을 위해서 등이다.	
	학부모	가정과 연계하여 유아교육의 효과 향상을 위해서이다.	
	유아	라포를 형성하여 질적인 상호작용을 통한 전인발달 지원을 위해서이다.	
직무 스트레스 유발 요인 [4점]	인간관계 측면	학부모의 잦은 전화 및 요구사항이다.	
		동료 교사의 무리한 요구이다.	
	직무여건 측면	물적(화장실 시설), 인적(보조 교사) 자원의 부족이다.	
		과도한 업무량이다.	
직무 스트레스가 교사와 유치원에 미치는 부정적 영향 [4점] (사례)	교사에게 미치는 영향	심신 약화	• 가슴이 쿵쾅, 피곤(신체적) • 밤에 잠이 안 옴(중신적)
		의욕 상실	• 출근 회피 등 • 업무 의욕 및 사기 저하
	유치원에 미치는 영향	유아교육	• 유아교육 질 저하
		조직문화	• 협력적 유치원 조직문화 형성에 부정적 영향 • 부모와 협력관계 구축 어려움
직무 스트레스 대처 방안 [4점]	자기 관리 능력 개발 차원	업무 능력 향상을 위한 지식과 기술을 습득해야 한다.	
		스트레스 정서 관리 능력 향상을 위한 취미 생활을 갖도록 해야 한다.	
	문제해결 능력 개발 차원	문제를 정의하고 해결 방법을 찾는 문제해결 능력을 향상시킨다.	
		동료 교사와 이야기 나누기 등 갈등 해결을 위한 의사소통 능력을 향상시킨다.	

(5) 표상하기
① 정의 : 수학적 아이디어와 이해를 언어, 제스처, 그림, 기호나 부호, 숫자 같은 다양한 매체를 활용하여 재현하는 것을 의미한다. 정보를 기록하고, 문제해결 방법을 의사소통하고, 추론을 설명하는 데 결정적이며, 의사소통 수단이 되기도 한다.
② 표상하기의 유형
  ㉠ 관련된 실제 상황으로 표상하기 : 6개의 과자를 두 명이 똑같이 먹으려면 어떻게 나누어야 할지 실제적 상황에서 수학적 사고를 나타내도록 한다.
  ㉡ 구체물로 표상하기 : 귤 3개가 있는데 1개를 더 받았을 때 몇 개인지 알기 위해 손가락이나 블록을 사용하는 것이다.
  ㉢ 그림(영상적)으로 표상하기 : 유치원 동네를 돌아보고 동네의 공간 관계를 그림으로 표상하는 것이다.
  ㉣ 구어(수학적 언어)로 표상하기 : 수학적 아이디어나 해결 방안을 수학적 용어로 사용하는 것으로, '오리 다섯 마리'와 '오리 오 마리'를 구분하는 것도 포함된다.
  ㉤ 상징(숫자나 기호)으로 표상하기 : 수학적 아이디어나 해결 방안을 구체적인 수학적 부호나 기호로 나타내는 것이다.

08

1)
- : 한쪽 끝에서 다른 한쪽 끝을 맞춰 재지 않았다.

> **참고**
>
> ▶ 측정 지도 시 유의점(2015 개정 교사용 지침서 p.156)
>
> ① 놀이 및 일상에서 유아가 길이, 크기, 무게, 들이 등의 속성을 인식하고 비교하거나 순서 지어 볼 수 있도록 한다. 초기에는 두 물체의 길이나 크기가 두드러지게 차이 나는 것을 가지고 '~보다 크다', '~보다 작다', '~와 같다' 등의 용어를 사용하며 비교해 보는 경험을 제공한다. 점차 각 속성을 비교하기에 효과적인 전략을 생각하며 비교하고 순서 지어 보게 한다.
> ② 유아가 측정을 위해 손 뼘, 발 길이, 블록, 연필과 같은 임의 단위를 사용하도록 한다. 손 뼘이나 발 길이와 같은 신체 단위는 사람에 따라 다르므로 측정 결과가 달라진다는 점을 인식할 수 있도록 한다.
> ③ 유아가 측정 과정에서 나타나는 문제점을 경험하고 해결하는 과정에서 측정할 속성에 적합한 단위를 선정하고, 동일한 단위를 반복하여 측정할 때 필요한 기술을 인식할 수 있도록 지도한다. 예를 들어, 단위를 반복할 때 사이가 벌어지지 않게 정확하게 연결하거나 물체들의 한쪽 끝을 맞추어 배열하는 것과 같은 측정 기술이 필요함을 인식하게 한다.
> ④ 측정은 실생활에서 실제 많이 접하는 경험이므로 교사는 유아가 필요에 의해 직접 측정을 하는 허용적인 분위기를 조성한다. "누구 신발이 더 큰지 알아보자. 어떻게 하면 될까?", "내 손을 재어 보자. 무엇으로 재어 볼 수 있을까?"

2)
- ① : 물체를 세어 수량을 알아본다. 주사위 2개를 던져 나온 수의 합만큼 말을 움직이는 판 게임
- ② : ⓑ 모양, ⓒ 속성

> **참고**
>
> ▶ 2019 개정 유치원 교육과정 '자연탐구' 영역
>
> | 내용 범주 | 생활 속에서 탐구하기 |
> |---|---|
> | 내용 | 내용 이해 |
> | 물체를 세어 수량을 알아본다. | 유아가 일상에서 수에 관심을 가지고, 수량을 세어 많고 적음 및 수량의 변화를 알아보는 내용이다. |

3)
- ① : 문제해결하기
- ② : 표상하기-자신들의 생각을 그림이나 글로 기록하도록 하는 것, 의사소통하기-자신의 전략이나 방법을 친구들에게 말하고 들으며 서로의 생각을 공유하는 것

> **참고**
>
> ▶ 수학적 과정
>
> (1) 문제해결하기
> ① 정의 : 일상생활과 수학적 상황에서 문제를 구성하고 해결할 수 있는 전략이다.
> ② 문제해결하기의 4단계 : 문제를 이해하기, 문제해결에 대한 계획 세우기, 문제해결에 대한 계획을 실행하기, 문제해결에 대해 재검토하기
>
> (2) 추론하기
> ① 정의 : 막연한 추측과는 달리, 제시된 정보를 근거로 추정하여 결론을 내리는 것이다.
> ② 추론하기의 방법
>   ㉠ 수학적 관계성 인식 : 물체의 수나 양, 형태, 크기 등의 속성을 인식하고 비교하는 것을 토대로 물체 간의 관계를 파악하는 것이다.
>   ㉡ 추리하기 : 기존의 정보를 토대로 관련된 결론을 도출하는 것이다.
>   ㉢ 일반화하기 : 정보나 사건의 규칙성을 인식하고 유사한 상황에 대한 결론을 내리는 데 이 규칙성을 적용하는 것이다.
>   ㉣ 정당화하기(증명하기) : '왜 그렇게 생각하니?' 라는 물음에 자신이 논리적으로 추리한 것의 타당함을 밝히는 과정이다.
>
> (3) 의사소통하기
> ① 정의 : 수학적 이해나 사고, 문제해결 방법 등을 수학적 어휘나 상징을 사용하여 공유하는 것이다.
> ② 의사소통하기의 방법
>   ㉠ 수학적 어휘 사용하기 : '네모 모양의 블록이 필요해' 라고 말하는 것처럼 수학적 어휘 사용은 수학적 이해를 명료화하고 조직화한다.
>   ㉡ 수학적 사고와 문제해결하기 : 서로 무엇을 어떻게 했고, 결과는 어떠했는지 등 수학적 사고나 수학적 관계에 대한 이해 또는 문제해결 방법에 대해 이야기하는 것이다
>
> (4) 연계하기
> ① 정의 : 연결하기, 관련짓기 등의 용어로도 사용되며, 기존 지식과 새로운 지식 간, 수학 개념 간, 다른 교과목 간, 일상적 상황과 수학 간의 연계 등을 포함한다.
> ② 연계하기의 유형
>   ㉠ 수학과 다른 교과 간 연계 : 문학, 사회, 과학, 예술, 신체 활동을 통한 수학 교육 등 다른 교과와 수학을 연계시키는 것이다.
>   ㉡ 수학 내용 간 연계 : 수, 공간, 도형, 측정, 규칙성, 자료 수집과 결과 나타내기 등의 수학 내용을 통합하여 활동하는 것이다.
>   ㉢ 일생생활과의 연계 : 식탁에 사람 수대로 수저를 놓거나 은행 대기표를 사용하는 등 의미 있는 맥락과 수학을 연계시키는 것이다.

3)
- ① : 셈여림
- ② : 신체악기, 리듬악기

4)
- : 서로 다른 예술 표현을 존중한다.

> **참고**
>
> ▶ 2019 개정 유치원 교육과정 '예술경험' 영역
>
> | 내용 범주 | 내용 |
> |---|---|
> | 예술 감상하기 | 다양한 예술을 감상하며 상상하기를 즐긴다. |
> | | 서로 다른 예술 표현을 존중한다. |
> | | 우리나라 전통 예술에 관심을 갖고 친숙해진다. |

07

1)
- : 선영. 선영이와 창수는 틀 모양대로 비눗방울이 나올 것이라는 인지 도식을 가지고 있었으나 실제 비눗방울이 동그란 모양으로 나오는 것을 보고 선영이만이 "어? 이상하네!"라고 말하며 인지적 불일치를 경험했기 때문이다.

2)
- ① : 호기심
- ② : 주변 세계와 자연에 대해 지속적으로 호기심을 가진다.

> **참고**
>
> ▶ 2019 개정 유치원 교육과정 '자연탐구' 영역
>
> | 내용 범주 | 탐구 과정 즐기기 | |
> |---|---|---|
> | 내용 | 내용 이해 | |
> | 주변 세계와 자연에 대해 지속적으로 호기심을 가진다. | 유아가 물질, 물체, 동식물, 자연현상 등에 호기심을 가지고, 놀이에서 지속적으로 궁금한 것을 찾아가거나 표현하는 내용이다. | |
> | 궁금한 것을 탐구하는 과정에 즐겁게 참여한다. | 유아가 궁금한 것을 알아보기 위해 관찰, 비교, 분류, 예측, 실험 등의 다양한 탐구 과정을 자발적으로 즐기는 내용이다. | |
> | 탐구 과정에서 서로 다른 생각에 관심을 가진다. | 유아가 탐구하는 과정에서 자신의 생각을 또래나 교사와 함께 공유하고, 서로 다른 생각에 관심을 가지는 내용이다. | |

3)
- : 내가 '후~' 하고 살살 불었더니 크게 불어졌어요.

4)
- ㉠ : 예측하기
- ㉡ : 비교하기

> **참고**
>
> ▶ 과학적 탐구 과정(과학과정기술의 유형)
>
> | | | |
> |---|---|---|
> | 기본 기능 | 관찰하기 | 모든 감각기관을 이용해서 사물, 현상, 사건에 대한 정보를 얻는 것이다. |
> | | 분류하기 | 여러 가지 사물, 정보, 생각을 특정 준거에 따라 공통 속성으로 나누는 것이다. |
> | | 비교하기 | 둘 또는 그 이상의 사물이나 현상을 견주어 서로 간의 유사점과 공통점, 차이점 등을 알아보는 것이다. |
> | | 의사소통 하기 | 몸짓, 얼굴 표정, 목소리 톤, 그림, 글, 도표와 사진 등을 통해 의견을 교환하는 것을 말한다. |
> | | 측정하기 | 길이, 부피, 무게, 온도, 시간 등의 특성을 알아보는 활동이다. |
> | | 어림하기 | 적절한 양이나 가치를 판단하는 것이다. |
> | | 예측하기 | 현재 가지고 있는 지식이나 관찰을 근거로 미래에 일어날 사건을 예상해 보도록 하는 것이다. |
> | | 추론하기 | 관찰을 통해 결과를 확인하고 결과의 원인을 알아보는 것이다. "왜 그렇게 생각했어?"의 질문보다 "무엇을 보고 그렇게 생각했니?" 등의 질문이 적절하다. |
> | | 변인 변별하기 | 결과에 영향을 미치는 요인을 아는 것이다. |
> | | 변인 통제하기 | 조작변인은 변화시키고, 통제변인은 일정하게 유지시키는 것이다. |
> | 통합 기능 | 조작적으로 정의하기 | 사건이나 사물의 개념을 정의하고자 할 때 그 개념이 포함되는 명제의 진위를 판별할 수 있는 조건을 제시하여 정의하는 것이다. 예 용해성 : 소금은 물에 넣으면 녹는다. |
> | | 가설 설정하기 | 예상되는 결과에 대한 최선의 예측을 위해 정보를 사용하는 것이다. |
> | | 실험하기 | 과학적 검증을 고안하고 실행하기 위해 다양한 사고기술을 사용하는 것이다. |
> | | 그래프로 나타내기 | 측정값들의 관계를 보여 주기 위해 자료들을 도표·그림으로 변환하는 것이다. |
> | | 자료 수집 및 해석하기 | 자료를 조직적인 방법으로 모아서 결론을 도출하는 것이다. |
> | | 모델 형성하기 | 사물이나 사건의 추상적·구체적인 예시를 만드는 것이다. |
> | | 탐구·조사하기 | 문제해결을 위해 관찰, 자료 수집, 자료 분석을 사용하고 결론의 도출을 요구하는 복합적인 과정 기능이다. |

> **참고**
> ▶ 교사 지도 연속 모형(볼프강과 샌더스 Wolfgang & Sanders)
>
> | 개방적 ⇧ ⇩ 구조적 | 응시 | 응시, 눈맞춤, 웃음, 고개 끄덕이기 |
> |---|---|---|
> | | 비지시적 진술 | "아기 인형에게 우유를 먹이고 있구나." |
> | | 질문 | "아기에게 우유를 먹였으니 그다음에는 무엇을 할까?" |
> | | 지시적 진술 | "아기가 졸린 것 같으니 아기를 업고 재우자." |
> | | 모델링 | "아기를 안을 때는 이렇게 안아 주자." (직접 시범) |
> | | 물리적 개입 | 소품 제시, 신체적 아동 행동 교정 |

3)
- ① : 친사회적 행동
- ② : 그럼, 민수랑 같이 만들어 보자.

05

1)
- : 다양한 미술 재료와 도구로 자신의 생각과 느낌을 표현한다.

> **참고**
> ▶ 2019 개정 유치원 교육과정 '예술경험' 영역
>
> | 내용 범주 | 창의적으로 표현하기 | |
> |---|---|---|
> | 내용 | 내용 이해 | |
> | 다양한 미술 재료와 도구로 자신의 생각과 느낌을 표현한다. | 유아가 자연과 생활에서 발견한 다양한 재료와 도구를 활용하여 여러 가지 방법으로 표현하는 내용이다. 자신의 경험, 느낌, 생각 등을 창의적으로 표현하는 과정을 즐기는 내용이다. | |

2)
- : 모양/형태

> **참고**
> ▶ 「유아를 위한 명화감상 활동 자료」
>
> | 미술의 요소 | 선, 모양, 색, 명암, 질감, 공간감 |
> |---|---|
> | 미술의 원리 | 균형, 강조, 움직임, 조화 |

3)
- ⓒ : 난화기, ⓒ은 무엇을 상징해서 어떤 형태로 그리려는 의도 없이 끼적이며 그림을 그린 것이기 때문이다.
- ⓓ : 도식기, ⓓ은 기저선이 나타나는 등 공간개념이 나타났기 때문이다.

> **참고**
> ▶ 그림 발달 단계(로웬펠드 V. Lowenfeld)
>
> | 발달 단계 | 특징 |
> |---|---|
> | 난화기 (2~4세) | • 자아 표현의 시작이다.
• 초기 난화기, 조절된 중기 난화기, 명명된 후기 난화기(3세 후반~4세) |
> | 전도식기 (4~7세) | • 재현의 첫 시도가 나타난다.
• 두족인, 주관적 채색, 투시적 형태, 자기 중심적 표현(지각한 대로 표현), 알고 있는 내용의 표현 |
> | 도식기 (7~9세) | • 사물에 대한 개념이 형성된다.
• 기저선, 색에 대한 도식, 반복적 그림 |
> | 여명기 (9~11세) | • 형태에 대한 사실적인 표현에 관심을 갖는다.
• 조감도식 표현, 도식적이고 기하학적인 선 |
> | 의사실기 (11~13세) | • 사실적이고 합리적인 표현이 나타난다.
• 시각형(사실적 표현), 비시각형(느낀 내용 표현) |
> | 사실기 (13~16세) | • 창의적 활동을 하고자 한다.
• 시각형(눈에 보이는 대로 묘사), 촉각형(주관적, 정서적, 충동적 표현), 중간형(시각형과 촉각형 절충) |

4)
- : 의인화된 표현

06

1)
- ① ♪♪
- ② ♪♪♪♪

> **참고**
> ▶ 음표
>
> | 온음표 | o |
> | 2분 음표 | ♩ ♩ |
> | 4분 음표 | ♩ ♩ ♩ ♩ |
> | 8분 음표 | ♪ ♪ ♪ ♪ ♪ ♪ ♪ ♪ |
> | 16분 음표 | ♬♬♬♬♬♬♬♬ |

2)
- : 즉흥 연주

> **참고**
> ▶ 음악교수법(달크로즈, 스위스)
>
> | 유리드믹스 | 음악을 신체로 표현하는 것이다. |
> |---|---|
> | 솔페이지 | 계이름으로 노래를 부르는 것이다. |
> | 즉흥 연주 | 셈여림, 빠르기, 리듬 등과 음 높이 등을 창의적으로 개성 있게 결합, 표현하는 능력을 기르는 것이다. |

2)
- ① : 타율적 도덕성
- ② : 선재의 이유 - 일부러 2벌을 떨어뜨린 주호보다 도와주려다가 4벌을 떨어뜨린 동수를 더 나쁘다고 한 것과 같이 행위의 원인이나 의도가 아닌 결과로서 판단했기 때문이다.

  은아의 이유 - 선생님이 정해 준 놀이 인원을 반드시 지켜야 한다고 생각하는 것과 같이 규칙은 절대적이며 변경할 수 없다고 생각했기 때문이다.

> **참고**
>
> ▶ 도덕성 발달 단계(피아제 J. Piaget)
>
> | 전도덕성 단계 (2~4세) | · 규칙이나 질서 등의 도덕적 인식이 없다.
· 규칙이 없는 게임이나 놀이에 몰두한다. |
> |---|---|
> | 타율적 도덕성 단계 (5~9세) | · 도덕적 절대성 : 규칙이란 절대적이며 변경이 불가능한 것으로 인식한다.
· 내재적 정의에 대한 믿음 : 규칙을 어기면 누군가 반드시 처벌한다고 생각한다.
· 실재론 : 행위의 의도나 원인보다 결과에 의해 판단한다. |
> | 자율적 도덕성 단계 (9세 이후) | · 도덕적 상대성 : 규칙은 인위적 승인에 의해 이루어졌으며 변화될 수 있다고 생각한다.
· 규칙을 위반해도 항상 처벌이 따르는 것은 아니라는 것을 안다.
· 행위의 결과보다 의도나 원인을 고려하게 된다. |

3)
- : 약속과 규칙의 필요성을 알고 지킨다. 승민이는 가게놀이에서 바지에 맞는 돈을 내고 바지를 사야 한다는 놀이 약속 및 규칙의 필요성을 모르고 지키려 하지 않았기 때문이다.

> **참고**
>
> ▶ 2019 개정 유치원 교육과정 '사회관계' 영역
>
> | 내용 범주 | 더불어 생활하기 |
> |---|---|
> | 내용 | 내용 이해 |
> | 약속과 규칙의 필요성을 알고 지킨다. | 유아가 다른 사람과 더불어 살아가기 위해 필요한 약속과 규칙이 있음을 이해하는 내용이다. 상황에 따라 필요한 약속과 규칙을 의논하여 정하고 지키는 내용이다. |

04

1)
- : 병행놀이, 유아가 다른 유아와 같은 장소에서 같은 시각에 같은 유형의 놀이를 하고 있으나 서로 상호작용은 하지 않는 놀이이다.

> **참고**
>
> ▶ 인지놀이와 사회놀이의 발달
>
> | | 2세 | 3세 | 4세 | 5세 |
> |---|---|---|---|---|
> | 인지놀이 | 기능놀이 | 구성놀이
상징놀이 | 구성놀이
상징놀이 | 극놀이
규칙있는 게임 |
> | 사회놀이 (파튼) | 단독놀이 | 병행놀이 | 연합놀이 | 협동놀이 |
>
> ▶ 사회놀이 단계(파튼 M. Parten)
>
> | 몰입되지 않은 놀이 (unoccupied play) | 비참여 행동. 자신의 신체를 가지고 놀거나 돌아다니며, 교사를 따라다니거나 주위를 둘러보는 등의 목적 없는 행동을 한다. |
> |---|---|
> | 방관자적 놀이 (on-looker play) | 다른 놀이를 하는 친구를 보기는 하나, 놀이 활동을 같이 하지는 않는다. 흥미 있는 친구의 행동을 계속 관찰하다가 질문이나 제안을 하기도 한다. |
> | 단독놀이 (solitary play) | 주변에 또래들이 있어도 자신의 놀이 세계에서 완전히 혼자이다. 또한 단독놀이와 함께 방관자적 놀이도 많이 한다. |
> | 병행놀이 (parallel play) | 유아가 같은 장소에서 같은 시각에 다른 유아와 같은 유형의 놀이를 하고 있는 것이다. 또래가 옆에 있다는 것이 중요한 의미를 갖지만, 실제로 서로 상호작용은 하지 않는다. |
> | 연합놀이 (associative play) | 각자 독립적인 활동을 하는 병행놀이에서 점차 서로 나누어 갖기, 빌려 주기, 차례로 하기, 대화 등이 나타난다. |
> | 협동놀이 (cooperative play) | 사회 성숙도가 가장 높은 수준의 놀이이다. 두 명 이상의 유아들이 놀이 활동에 참여하고, 공동 목표를 가지며, 지휘권을 갖는 유아가 있게 된다. |

2)
- ① : 교사는 유아들의 놀이 상황을 주의 깊게 관찰하며, 스스로 갈등을 해결할 수 있도록 기다린다.
- ② : 민수 때문에 영희가 만든 탑이 무너졌구나.
- ③ : 질문

2013학년도 추시 유치원 교육과정 B 본책 p.34

01

1)
- ㉠ : 읽기 준비도, 읽기와 쓰기 발달에 필요한 기반이 유아에게 먼저 형성되어야 함을 강조한 개념이다. 즉, 유아가 읽고 쓸 준비가 될 때까지 유아를 대상으로 한 문자 지도는 연기되어야 하고, 대신 눈과 손의 협응 등과 같은 읽기와 쓰기 발달에 필요한 기반 형성을 강조해야 한다는 것이다.
- ㉡ : 발생적 문식성, 형식적인 언어 학습이 없어도 일상생활 속에서 다양한 문식성 활동을 통해 자연스럽게 문식성을 배워 나간다는 것이다.

2)
- ① : ⓐ 주변의 상징, 글자 등의 읽기에 관심을 가진다. 성주가 그림을 보며 내용에 맞게 이야기를 하는 것이다.
- ② : 책과 이야기 즐기기

3)
- : 결정적 시기, 언어습득을 위한 자극이 필요한 연령에 언어적 자극을 받지 못하고 그 이후에 자극을 받았지만 언어발달에 제한이 있었던 지니와 같이 결정적 시기는 어떤 특별한 심리적 특성이나 행동의 획득이 이루어지는 특정한 시기이다. 결정적 시기는 이 시기가 지나면 지속적인 자극을 제시하여도 발달에는 한계가 있다는 의미를 내포하고 있다.

02

1)
- ㉠ : 발음중심 언어 교육 접근법, ㉠에서 교사는 승우의 철자를 고쳐 주었다. 이렇듯 발음중심 언어 교육 접근법은 철자법 등 글자의 형태를 강조하며 글자의 해독(decoding)을 중시한다.
- ㉣ : 총체적 언어 교육 접근법, ㉣에서 준수는 정확한 철자로 글자를 쓰지는 못했지만 언어로 의미를 전달하려고 했다. 이렇듯 총체적 언어 교육 접근법(의미중심 언어 교육 접근법)에서는 글의 기능이나 의미를 강조하며 유아의 의사소통 능력 향상을 중요하게 여긴다.

2)
- : '우', '우', 내 이름 '우'자하고 여기 '우'자하고 똑같아요.

3)
- ① : 음절
- ② : 8개

4)
- : 정보그림책

5)
- : 듣기와 말하기, 고운 말을 사용한다.

 참고

▶ 2019 개정 유치원 교육과정 '의사소통' 영역

내용 범주	듣기와 말하기	
내용		내용 이해
고운 말을 사용한다.		유아가 일상생활에서 자주 쓰는 유행어, 속어, 신조어, 상대방을 비난하는 말을 사용하지 않고, 우리말을 바르게 사용하는 내용이다.

03

1)
- : 나선형 조직 원리, (가)는 '우리 동네 사람들'을 주제로 3세에게는 자주 만날 수 있는 우리 동네 사람들에게 관심을 갖고, 4세에게는 좀 더 관찰해야 알 수 있는 우리 동네 사람들의 일에 관심을 갖고, 5세에게는 좀 더 추상적인 다양한 직업에 대해 관심을 갖게 했다. 이렇듯 나선형 조직 원리는 교육 내용을 반복적으로 제시하되, 쉽고 구체적인 활동에서 좀 더 복잡하고 추상적인 수준으로 내용을 조직하는 것이다.

 참고

▶ 내용 조직의 원리(유아 사회 교육의 내용 조직 원리)

동심원적 조직	유아를 중심으로 하는 내용을 우선으로 하고 점차 유아 주변에 있는 내용들을 사회 교육의 내용으로 구성하는 것이다. ※ 유의점 : 유아의 주변 세계에 있지 않으면 유아가 실질적으로 경험할 수 없기 때문에 유아의 경험의 폭을 넓혀 줄 수 있는 내용들이 선정되도록 한다.
나선형적 조직	동일한 내용을 어린 연령 단계에서는 직접적이고 구체적인 활동으로 제시하고, 다음에는 그림이나 영상 활동처럼 조금 높은 단계로 확대하여 제시하며, 점차 상징적이고 추상적인 수준으로 반복 제시하는 것이다.
아동 발달 조직	유아들의 발달 수준 및 유아들의 흥미나 관심 등과 같은 유아들의 요구에 근거해서 유아 사회 교육의 내용을 조직하는 방법이다. ※ 이론적 배경 : 게젤, 듀이
과정 중심 조직	사회적 사태에 대해 유아들이 사고하는 방법을 스스로 배울 수 있도록 도우며, 사태에 직면할 때마다 적절한 갈등의 해결 방법을 유아 스스로 발견할 수 있도록 상호작용한다. ※ 이론적 배경 : 피아제, 비고츠키

심폐지구력	심장, 폐, 혈관의 기능과 밀접한 관계가 있는 능력	수영, 오래달리기, 자전거 타기, 계단 오르기, 걷다가 달리기
유연성	관절에 뻣뻣함 없이 부드럽고 자연스럽게 움직일 수 있는 능력	손목 발목 수축 이완 운동, 어깨와 귀 닿기, 몸으로 비행기 만들기, 다리 벌리기, 발 들어올리기, 발로 신체 부위 대기
평형성	움직이거나 정지한 상태에서 몸의 균형을 유지할 수 있는 능력	줄 따라 걷기, 엉덩이로 서기, 평균대 걷기, 한 발로 서기, 허수아비, 회전하여 중심 잡기
민첩성	일정한 방향으로 움직이는 몸을 신속하게 다른 방향으로 바꿀 수 있는 능력	차렷 열중쉬어, 왕복 달리기, 얼음놀이, 가위바위보 소리 듣고 움직이기, 방향 바꾸기
순발력	순간적으로 최대한의 힘을 발산할 수 있는 능력	높이뛰기, 높이 뛰어 회전하기, 개구리 점프, 공던지기, 가위 점프, 무릎과 가슴 닿기
협응성	감각 기관과 신체 부분이 조화를 이루어 행할 수 있는 능력	따라 해 보세요, 그림자 놀이, 몸으로 숫자 만들기, 박수 치며 걷기

2)
- : 실내외 신체활동에 자발적으로 참여한다.

참고

▶ 2019 개정 유치원 교육과정 '신체운동·건강' 영역
(1) 내용 범주와 내용

내용 범주	내용
신체활동 즐기기	신체를 인식하고 움직인다.
	신체 움직임을 조절한다.
	기초적인 이동운동, 제자리 운동, 도구를 이용한 운동을 한다.
	실내외 신체활동에 자발적으로 참여한다.

(2) 내용 및 내용 이해

내용 범주	신체활동 즐기기	
내용		내용 이해
실내외 신체활동에 자발적으로 참여한다.		유아가 하루 일과에서 실내외의 다양한 신체활동에 자발적으로 즐겁게 참여하는 내용이다.

3)
- ⓐ : 안내·발견적
- ⓑ : 탐색적

참고

▶ 유아 동작 교육의 교수 방법의 유형

직접적 교수 방법		유아들이 모두 같은 동작을 하면서 일치와 균일성을 배우는 것이다. 효율적으로 결과를 도출해 낼 수 있지만 창의성과 연결되지 못한다.
간접적 교수 방법	안내·발견적 교수 방법	교사가 마음속에 생각하고 있는 구체적인 동작 교육에 대한 답을 유아에게서 이끌어 내는 것(수렴적)이다. 유아에게 시범을 보이게 한다.
	탐색적 교수 방법	발산적 문제해결 방법이다. 주어진 주제에 적합한 다양한 방법을 탐색해 가는 과정을 중요시한다.

2)
- : 구체적

3)
- ① : 가정과 지역사회와의 협력과 참여에 기반하여 운영한다.
- ② : 유아에게 더욱 다양한 경험을 제공하고 지역사회에 관심을 갖게 할 수 있다.

>
> ▶ 2019 개정 유치원 교육과정 '편성 · 운영'
>
> **가정과 지역사회와의 협력과 참여에 기반하여 운영한다.**
>
> 유아가 속해 있는 가정, 기관, 지역사회 등은 모두 교육과정의 주체이므로, 상호 연계하고 협력해야 한다. 유아 · 놀이 중심 교육과정을 운영하기 위해서는 무엇보다 부모의 역할이 중요하다. 부모는 유아의 놀 권리와 즐겁게 놀이하며 배우는 놀이의 가치를 이해하여 가정에서 유아의 놀이를 지원해야 한다. 이를 위해 유치원과 어린이집에서는 부모 참여, 간담회, 워크숍, 상담 등 다양한 기회를 마련하여 부모의 역할을 지원할 필요가 있다. 지역사회는 유아의 다양한 경험을 지원하는 풍부한 자원이다. 따라서 유치원과 어린이집에서는 유아들이 지역사회의 여러 기관이나 장소를 직접 경험하면서 지역사회에 관심을 가질 수 있도록 지원해야 한다. 예를 들어 유치원과 어린이집에서는 기관이 위치한 지역사회 특성에 따라 지역사회 문화예술단체와 시설, 공공기관 및 지역 인사 등을 활용하여 유아의 경험을 확장할 수 있는 기회를 마련하고 지원할 수 있다. 또한 유치원과 어린이집을 지원하는 공공기관과의 상호 협의를 통해 누리과정 운영이 원활하게 이루어질 수 있도록 한다.

4)
- : 공간 방향화

07

1)
- ⓒ : 오르기/클라이밍
- ⓑ : 말뛰기/갤로핑

>
> ▶ 동작의 유형과 명칭
>
> | 동작의 유형 | 이동 동작 | 비이동 동작 | 조작적 동작 |
> |---|---|---|---|
> | 동작의 명칭 | 걷기 (walking) | 구부리기 (bending) | 던지기 (throwing) |
> | | 달리기 (running) | 뻗기 (stretching) | 받기 (catching) |
> | | 두 발 뛰기 (jumping) | 꼬기 (twisting) | 차기 (kicking) |
> | | 한 발 뛰기 (hopping) | 돌리기 (turning) | 때리기 (striking) |
> | | 두 발 번갈아 뛰기 (skipping) | 흔들기 (swinging) | 튕기기 (bounding) |
> | | 미끄러지기 (sliding) | 앉기 (sitting) | 굴리기 (rolling) |
> | | 말뛰기 (galloping) | 서기 (standing) | 튀긴 공 잡기 (trapping) |
> | | 오르기 (climbing) | 멈추기 (stopping) | 밀기 (pushing) |
> | | 뛰어넘기 (leaping) | 피하기 (dodging) | 당기기 (pulling) |
> | | 엎드려 기기 (crawling) | 균형 잡기 (balancing) | 들어올리기 (lifting) |

2)
- ① : ⓒ, ⓔ
- ② : ⓓ

3)
- : 시간, 경로

4)
- ① : 신체활동 즐기기
- ② : 신체 움직임을 조절한다.

>
> ▶ 2019 개정 유치원 교육과정 '신체운동 · 건강' 영역
>
> | 내용 범주 | 신체활동 즐기기 |
> |---|---|
> | 내용 | 내용 이해 |
> | 신체 움직임을 조절한다. | 유아가 몸을 움직이며 균형을 잡고, 몸이나 도구의 움직임을 다양하게 조절하는 내용이다. 또한 눈과 손을 협응하며 소근육 움직임을 조절하는 내용이다. |

08

1)
- ㉠ : 민첩성, 일정한 방향으로 움직이는 몸을 신속하게 다른 방향으로 바꿀 수 있는 능력이다.
- ㉡ : 유연성, 관절에 뻣뻣함 없이 부드럽고 자연스럽게 움직일 수 있는 능력이다.

>
> ▶ 기초체력의 요소
>
> | 체력 요소 | 개념 | 활동 |
> |---|---|---|
> | 근력 | 근육의 무게나 힘 등의 자극에 대해 최대한 힘을 발산할 수 있는 능력 | 앉아서 등밀기, 벽밀기, 오리걸음, 팔씨름, 팔굽혀펴기, 줄다리기, 엉덩이 밀기, 매달리기 |
> | 근지구력 | 무게나 힘 등의 자극에 대해 반복하여 힘을 낼 수 있는 능력 | |

2)
- ㉠ : 가정통신문
- ㉡ : 워크숍

3)
- ① : 체계적 둔감법
- ② : 부모님이 따뜻하게 안아주시면서 개를 만나는 상황을 상상해 보라고 해 보세요. 불안해하면 이제 그만 상상을 멈추게 한 후 꼭 안아 주세요. 이를 반복하면서 개가 점점 가까이 와 있는 것을 상상하라고 하고 불안해하면 상상을 멈추라고 하세요. 이것을 반복하다 보면 개에 대한 공포나 불안이 조금 가벼워질 거예요.

> **참고**
>
> ▶ **체계적 둔감법**
>
> 조셉 울페(Joseph Wolpe)에 의해 개발된 행동수정 기법의 일종이다. 심리학 용어로, 공포를 불러일으키는 자극과 긍정적인 반응을 유발하는 자극을 함께 제시함으로써 불안이나 공포를 제거하는 행동수정 기법을 말한다. 약한 자극부터 강한 자극까지 단계적으로 수위를 조절하는 것이 특징이다. 예를 들어, 개에 대한 공포증을 느끼는 사람이라면 길거리에서 개를 대면하는 상황을 상상하는 것, 10미터 거리에서 개를 만나는 것, 5미터 앞에서 만나는 것, 1미터 앞에서 만나는 것, 마지막으로 개를 만지고 시간을 같이 보내는 것과 같이 단계적으로 행동 목표를 정하고 수행하면서 개에 대한 공포를 극복할 수 있다.

05

1)
- ① : 대리강화
- ② : 주의집중은 준우가 어제 주희가 친구에게 양보해서 칭찬받는 것을 본 것과 같이 학습자가 모델의 행동에 대해 주의를 기울이는 것이며, 파지는 준우가 주희가 친구에게 양보하는 것을 기억하는 것과 같이 중요한 모델의 행동을 기억하는 것이다. 운동재생은 정훈이에게 놀잇감을 양보한 것과 같이 기억하고 있는 모델의 행동을 직접 수행해 보는 것이며, 동기화는 교사의 칭찬과 같이 운동재생된 행동을 강화하고 유지시키는 것이다.

2)
- ① : 시간표집법
- ② : 유아 행동의 빈도는 알 수 있으나 행동의 정도 혹은 행동의 질적인 측면은 알 수 없다.

3)
- ① : 다중지능
- ② : ⓐ 타인의 기분과 동기를 파악하고 변별하는 능력, ⓑ 문제해결 과정에서 서로 다른 의견을 잘 조율하고 통솔하는 능력

> **참고**
>
> ▶ **9가지 다중지능**
>
> | | |
> |---|---|
> | 대인관계 지능 | 타인의 정서, 동기, 의도 등을 이해하고 이에 적절히 반응할 수 있으며 대인 간 상호관계를 잘 다루어 가는 능력이다. |
> | 개인이해 지능 | 자신의 정서 및 욕구를 잘 인식하고 이해하며 이를 자신의 목표 행동에 사용할 수 있는 능력이다. |
> | 공간 지능 | 사물 사이의 관계를 확인하고 사물을 그림으로 나타내며 공간에서 길을 잘 찾아내고 정신적 그림을 생각해 내며 묘사해 내는 능력이다. |
> | 신체·운동 지능 | 신체를 잘 다루고 물체를 기술적으로 잘 다루는 능력이다. |
> | 음악 지능 | 소리의 음조와 리듬에 민감하고 음악적 표현이 풍부한 능력이다. |
> | 언어 지능 | 언어에 대한 민감성을 가지고 언어의 기능을 활용하는 능력이다. |
> | 논리 수학 지능 | 숫자나 기호, 상징체계 등을 습득하고 논리적, 수학적으로 사고하는 능력을 의미하며, 기존의 지능지수(IQ)에서 주로 초점을 두었던 영역이다. 논리적 추론이나 숫자 간의 관계, 연결성에 대해서 파악하는 능력과 연관되어 있다. |
> | 자연탐구 지능 | 자연을 분석하고 상호작용하는 능력으로, 이 지능이 높을 경우 자연에 관심이 많고 동식물 채집 등의 활동을 선호하거나 다양한 동식물 종류에 대해서 해박하다. |
> | 실존 지능 | 영성, 삶의 의미, 희로애락, 인간의 본성, 삶과 죽음과 같은 실존적 문제들에 대해 고민하고 사고하는 것과 관련된 지능이다. |

06

1)
- ① : 극화된 경험
- ② : ㉡ 구성된 경험, ㉣ 직접적·목적적 경험

> **참고**
>
> ▶ **경험의 원추(cone of experience) 모형(데일 E. Dale, 1969)**
>
>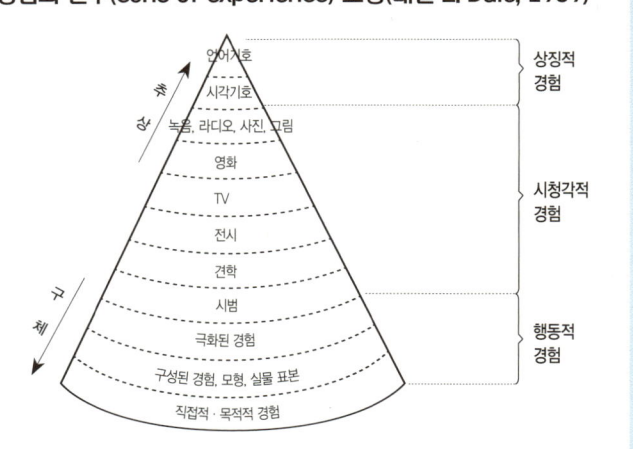

02

1)
- ㉠ : 주도
- ㉡ : 사물
- ㉢ : 공간

2)
- : ㉣, 실내의 제한된 흥미 영역에서 교사가 미리 준비한 놀이를 선택하게 하는 방식보다는 유아가 자유롭게 놀이하며 즐기는 방식으로 바꾸어 갈 필요가 있다.

3)
- : 자율적 판단/교육적 판단/교육적 지원 등(유사한 내용 정답 처리)

> **참고**
>
> ▶ 2019 개정 유치원 교육과정 총론 '교수 · 학습' 중 일부
>
> | 나. 유아가 놀이를 통해 배우도록 한다. |
>
> ……(중략)……
>
> 교사가 유아의 놀이를 존중한다는 것은 유아의 놀이를 바라만 보거나 방관하는 것이 아니라, 유아의 배움에 필요한 지원 내용을 생각하고, 준비하고, 지원하는 과정을 모두 포함한다. 예를 들어 교사는 유아가 놀이하며 경험한 내용을 관찰하고, 놀이에서 나타나는 배움에 주목하여 이를 기록할 수 있다. 이러한 기록은 유아의 놀이 지원을 위한 교사의 자율적 판단의 근거가 된다. 교사는 계획안을 활용하여 유아가 실제 놀이한 내용을 적합한 방식으로 기록하고, 그에 따른 교사의 지원 내용도 함께 작성할 수 있다. 계획안은 유아가 놀이하며 배우는 과정을 이해하는 자료가 되며, 이를 작성하면서 유아에게 필요한 놀이 지원도 함께 계획할 수 있다.

03

1)
- ① : 유아가 준비된 환경에서 교구를 활용하여 교사의 개입이 없어도 자기 스스로 오류를 정정해 나가는 것이다.
- ② : 흡수정신

> **참고**
>
> ▶ 몬테소리(M. Montessori)의 교육원리
>
> | | |
> |---|---|
> | 민감기 | 외부 환경의 특정 자극에 대해 민감하게 반응하여 특정한 능력을 좀 더 수월하게 습득할 수 있는 시기이다. |
> | 흡수정신 | 환경을 받아들이면서 스스로 경험하여 배우게 되는 유아의 내부에 잠재해 있는 흡수하는 정신 능력으로 유아의 내면적 잠재능력을 의미한다. |

2)
- ① : ㉢ 자유, ㉣ 서머힐(Summerhill)
- ② : 전교 자치회/자치회

3)
- : 소극적 교육이란 교사 중심의 적극적 교육이 아니라 유아의 내면적인 발달을 최대한 보장하고 이를 저해하는 외부의 편견이나 나쁜 환경의 영향을 최소한으로 제한하는 것이다. / 아동의 자연스러운 발달을 보장하고 이를 위해서 악덕이 침입하지 않는 바람직한 환경 속에서 아동의 자유로운 활동을 존중하는 것이다.

04

1)
- ① : 민호의 자아상태는 '아동자아'이며, 엄마의 자아상태는 '부모자아'이다.
- ② : 보완적 상호교류
- ③ : 민호가 아동자아로서 엄마에게 배고프다고 하자 엄마가 부모자아로서 아동자아에게 긍정적으로 반응하여 샌드위치를 만들어 준다고 한 것과 같이 민호와 엄마가 서로 기대하는 자아상태가 평행을 이루어 상호교류했기 때문이다.

> **참고**
>
> ▶ 교류분석 이론(번 E. Berne)
>
> (1) 자아상태의 구조
>
> | | | |
> |---|---|---|
> | 부모자아 | 비판적 | • 설교, 비판, 강압적, 단정적
• 화내거나 손가락질, 지시 |
> | | 양육적 | • 동정적, 배려하는 말투
• 안아줌, 어깨 두드림 |
> | 성인자아 | | • 육하원칙의 기계적 말투
• 바른 자세로 경청, 신중하게 생각 |
> | 아동자아 | 자유로운 | • 밝고 명랑하고 자유로우며 욕구를 표현하는 말투
• 활발하고 풍부한 유머와 웃음 |
> | | 순응하는 | • 자신감 없이 중얼거림
• 타인의 표정을 살피고 불안해함 |
>
> (2) 교류유형
>
> | | | |
> |---|---|---|
> | 보완적 상호교류 (상보교류) | | • 말하는 사람이 기대하는 자아상태가 상호교류하는 경우이다.
• 두 개의 자아상태가 상호 관여하고 있는 교류로서 자극과 반응이 평행을 이루는 형태이다. 이러한 자극은 인간관계에 문제를 일으키지 않는다. |
> | 교차적 상호교류 (교차교류) | | • 말하는 사람이 기대하지 않는 자아상태가 교차하는 경우이다.
• 의사소통에서 자극과 반응이 평행이 아니고 서로 어긋날 때 이루어지는 상호작용을 말한다. 교차교류는 갈등을 불러일으키는 교류라고 볼 수 있으며 특정 주제에 관해 의사소통이 즉각 중단된다. |
> | 이면적 교류 | 각진 교류 | 두 사람 간에 3종류의 자아상태가 관여하는 경우이다. |
> | | 이중적 교류 | 두 사람 간에 4종류의 자아상태가 작용하는 것이다. |

2013학년도 추시 유치원 교육과정 A   본책 p.26

01

1)
- ㉠ : 방과후 과정
- ㉡ : 돌봄

2)
- ㉢ : 통합교육
- ㉣ : 개별화교육

3)
- ① : ㉤ 아동복지, ⓐ 4
- ② : 성폭행범에 대한 개념

> **참고**
>
> ▶ 초등학교 취학 전 안전 교육 기준 「아동복지법 시행령」 [별표 6] <개정 2022. 6. 21.>

성폭력 예방 교육	6개월에 1회 이상 (연간 4시간 이상)	1. 내 몸의 소중함 2. 내 몸의 정확한 명칭 3. 좋은 느낌과 싫은 느낌 4. 성폭력 예방법과 대처법 5. 성폭력의 개념 및 성폭력의 주체에 대한 교육
아동학대 예방 교육	6개월에 1회 이상 (연간 4시간 이상)	1. 나의 권리 찾기(소중한 나) 2. 아동학대 및 아동학대행위자 개념 3. 자기 감정 표현하기 및 도움 요청하기 4. 신고 이후 도움받는 방법
실종·유괴의 예방·방지 교육	3개월에 1회 이상 (연간 10시간 이상)	1. 길을 잃을 수 있는 상황 이해하기 2. 미아 및 유괴 발생 시 대처방법 3. 유괴범에 대한 개념 4. 유인·유괴 행동에 대한 이해 및 유괴 예방법
감염병 및 약물의 오용·남용 예방 등 보건위생 관리 교육	3개월에 1회 이상 (연간 10시간 이상)	1. 감염병 예방을 위한 개인위생 실천 습관 2. 예방접종의 이해 3. 몸에 해로운 약물 위험성 알기 4. 생활 주변의 해로운 약물·화학제품 그림으로 구별하기 5. 모르면 먼저 어른에게 물어보기 6. 가정용 화학제품 만지거나 먹지 않기 7. 어린이 약도 함부로 많이 먹지 않기
재난대비 안전 교육	6개월에 1회 이상 (연간 6시간 이상)	1. 화재의 원인과 예방법 2. 뜨거운 물건 이해하기 3. 옷에 불이 붙었을 때 대처법 4. 화재 시 대처법 5. 자연재난의 개념과 안전한 행동 알기
교통안전 교육	2개월에 1회 이상 (연간 10시간 이상)	1. 차도, 보도 및 신호등의 의미 알기 2. 안전한 도로 횡단법 3. 안전한 통학버스 이용법 4. 바퀴 달린 탈것의 안전한 이용법 5. 날씨와 보행안전 6. 어른과 손잡고 걷기

⊙ **교육 방법**

성폭력 예방 교육	1. 전문가 또는 담당자 강의 2. 장소·상황별 역할극 실시 3. 시청각 교육 4. 사례 분석
아동학대 예방 교육	
실종·유괴의 예방·방지 교육	
감염병 및 약물의 오용·남용 예방 등 보건위생 관리 교육	1. 전문가 또는 담당자 강의 2. 시청각 교육 3. 사례 분석
재난대비 안전 교육	1. 전문가 또는 담당자 강의 2. 시청각 교육 3. 실습교육 또는 현장 학습 4. 사례 분석
교통안전 교육	1. 전문가 또는 담당자 강의 2. 시청각 교육 3. 실습교육 또는 현장 학습 4. 일상생활을 통한 반복 지도 및 부모교육

4)
- : 안전사고, 화재, 재난, 학대, 유괴 등에 대처하는 방법을 경험한다.

> **참고**
>
> ▶ 2019 개정 유치원 교육과정 '신체운동·건강' 영역

내용 범주	안전하게 생활하기
내용	내용 이해
안전사고, 화재, 재난, 학대, 유괴 등에 대처하는 방법을 경험한다.	유아가 안전사고, 화재, 재난, 학대, 유괴 등의 위험에 처한 상황을 알고, 주변에 도움을 요청하는 방법을 배우며, 평소 훈련에 따라 대피하는 연습을 하는 등의 안전 교육과 관련된 내용이다.

2013학년도 추시 유치원 교직논술

내용	작성란		
A초등학교 병설유치원 조직문화의 긍정적 측면 2가지 [2점]	협력적인 동료관계(교육활동 방법 공유 등)이다.		
	리더의 명확한 목표 제시(인성교육 목표 제시)이다.		
B초등학교 병설유치원 조직문화의 문제점 4가지와 해결 방안 4가지 [8점]	문제점		해결 방안
	전문성 증진의 기회가 없는 점이다.		동료장학 활성화가 필요하다.
	업무 분담이 명확하지 않은 점이다.		업무 분담표 작성 및 수시로 의사소통을 해야 한다.
	개혁성이 없는 점이다.		새롭고 다양한 시도를 할 수 있는 조직문화 형성이 필요하다.
	수직적 의사결정 구조이다.		의사결정의 권한 분산 및 수평적 의사결정 구조를 조성해야 한다.
B초등학교 병설유치원 교사들에게 필요한 인성적 자질 3가지와 기관 차원의 지원 방안 2가지 [5점]	인성적 자질	배려	초임에 대한 배려가 필요하다.
		협력	협력의 중요성에 대해 인식해야 한다.
		존중	다른 교사의 의견을 존중하는 태도가 필요하다.
	기관 차원의 지원 방안		체계적인 학습공동체 및 멘토링 등을 조직하여 교사들이 협력하여 전문성 발달을 하도록 지원해야 한다.
			워크숍을 지원하여 교사들 간의 친밀감과 신뢰감을 높이고 협력의 중요성에 대해 인식하도록 해야 한다.

2)
- ·: ㉠ 플라스틱으로 만들었다(재질 관련 속성), ㉡ 붉은색이다(색 관련 속성)

3)
- ·: 유아들이 만든 집이나 다리를 그림으로 그려 보게 하는 활동

4)
- ·ⓐ: 유아들이 만든 집이나 다리를 다양한 위치에서 보고 서로 비교해 본다.
- ·ⓑ: 여러 가지 블록을 모양별로 분류해 본 후에 색깔별로 재분류해 본다.

> **참고**
>
> ▶ 2019 개정 유치원 교육과정 '자연탐구' 영역
>
> | 내용 범주 | 내용 |
> |---|---|
> | 생활 속에서 탐구하기 | 물체의 특성과 변화를 여러 가지 방법으로 탐색한다. |
> | | 물체를 세어 수량을 알아본다. |
> | | 물체의 위치와 방향, 모양을 알고 구별한다. |
> | | 일상에서 길이, 무게 등의 속성을 비교한다. |
> | | 주변에서 반복되는 규칙을 찾는다. |
> | | 일상에서 모은 자료를 기준에 따라 분류한다. |
> | | 도구와 기계에 대해 관심을 가진다. |

08

1)
- ·①: 주변 세계와 자연에 대해 지속적으로 호기심을 가진다.
- ·②: 장 교사가 바람개비를 잘 돌게 하는 다른 방법은 무엇이 있는지 물어본 것이다.

> **참고**
>
> ▶ 2019 개정 유치원 교육과정 '자연탐구' 영역
>
> | 내용 범주 | 탐구 과정 즐기기 |
> |---|---|
> | 내용 | 내용 이해 |
> | 주변 세계와 자연에 대해 지속적으로 호기심을 가진다. | 유아가 물질, 물체, 동식물, 자연현상 등에 호기심을 가지고, 놀이에서 지속적으로 궁금한 것을 찾아가거나 표현하는 내용이다. |
> | 궁금한 것을 탐구하는 과정에 즐겁게 참여한다. | 유아가 궁금한 것을 알아보기 위해 관찰, 비교, 분류, 예측, 실험 등의 다양한 탐구 과정을 자발적으로 즐기는 내용이다. |
> | 탐구 과정에서 서로 다른 생각에 관심을 가진다. | 유아가 탐구하는 과정에서 자신의 생각을 또래나 교사와 함께 공유하고, 서로 다른 생각에 관심을 가지는 내용이다. |

2)
- ·: '비교'의 발문은 '부채를 부칠 때와 선풍기를 돌릴 때 바람이 어떻게 다르니?'이다.
  '예측'의 발문은 '어떤 도구로 바람을 만들 때 바람개비가 더 잘 돌아갈 것 같니?'이다.

3)
- ·: 유아들이 바람 만들기에 계속 열중했으나 실외놀이를 마칠 시간이 되어 서둘러서 활동을 마무리한 것이다. 유아가 충분한 시간 동안 놀이나 자신이 흥미 있는 활동을 즐길 수 있도록 실외놀이 시간을 연장해 주어야 한다.

4)
- ·: 교사가 직접 결론을 내려 주었기 때문이다. 유아는 궁금한 것을 알아보는 방법을 고안하고 예측하고 실험하고, 실험 결과에 대해 서로의 생각을 교환하면서 과학적 사고가 확장되는데, 교사가 결론을 내려 주면 이런 과정을 경험하지 못하게 되기 때문이다.

| 지속성 | 일반적으로 유치원 유아들은 10분 정도 놀이를 지속해야 사회극놀이로 간주한다. |

2)
- : 상위 의사소통, ㉠은 진영이가 사회극놀이 도중 가작화 상황 밖으로 나와 현실의 민우에게 놀이 진행을 위한 적절한 행동을 요구하는 의사소통이기 때문이다.

3)
- : 극놀이로 경험이나 이야기를 표현한다.

참고

▶ 2019 개정 유치원 교육과정 '예술경험' 영역

내용 범주	창의적으로 표현하기
내용	내용 이해
극놀이로 경험이나 이야기를 표현한다.	유아가 자신의 경험, 다양한 상황, 이야기를 자유롭게 상상하며 극놀이로 표현하는 과정을 즐기는 내용이다.

06

1)
- : ㉠ 질감, ㉡ 공간

2)
- ① : 유아는 보이는 것을 그리는 것이 아니라 아는 것을 그린다.
- ② : 다민이는 나무에는 나이테가 있고 땅속에는 뿌리가 있다는 것을 알고 있기 때문에 나무를 그리면서 보이지 않는 나이테와 땅속 뿌리를 그린 것이다.

참고

▶ 아동 미술을 보는 관점에 따른 구분

인지발달이론	아동은 자신들이 알고 있는 것을 그리기 때문에 자신이 스스로 알지 못하거나 개념화할 수 없는 것은 그릴 수 없다.
개성표현이론	미술 표현은 잠재의식의 시각적 재현이며 이를 근거로 아동의 심리를 파악할 수 있다.
지각발달이론	아동은 사물을 자신이 본 대로 그린다.
발생반복이론	아동의 미술 표현은 인류의 발달 과정에서 나타나는 미술적 표현과 유사한 단계를 거쳐서 나타난다.

3)
- : 서로 다른 예술 표현을 존중한다.

참고

▶ 2019 개정 유치원 교육과정 '예술경험' 영역

내용 범주	예술 감상하기
내용	내용 이해
서로 다른 예술 표현을 존중한다.	유아가 자신과 또래의 작품, 음악, 춤, 미술 작품, 극 등에 포함된 다양한 표현을 존중하는 내용이다.

4)
- ① : ⓐ 서술, ⓑ 분석
- ② : ⓒ 다민이는 왜 이 그림을 그렸을까?(그림에서 어떤 소리가 들리는 것 같니?, 왜 그렇게 생각하니?), ⓓ 그림에서 어느 부분이 가장 마음에 드니?(이 그림을 걸어 둔다면 어디가 좋을까?)

참고

▶ 미술 감상 지도 단계(펠드만 E. B. Feldman)

1단계	서술	'작품 속에 무엇이 표현되어 있는가'에 대한 객관적 설명(개인의 주관적 평가 보류)이다.
2단계	분석	크기, 형태, 색상, 질감, 공간, 부피 등이 어떻게 상호작용하는가를 분석하는 것이다.
3단계	해석	분석 단계에서 관찰했던 것들이 무엇을 의미하는지 결정하는 것이다.
4단계	평가	작품의 가치를 판단하는 단계이다. '이 작품은 잘 되었다고 생각하는가?', '이 작품의 어떤 점이 마음에 드는가?', '이 작품을 갖고 싶은가?' 등

07

1)
- : 물체의 특성과 변화를 여러 가지 방법으로 탐색한다.

참고

▶ 2019 개정 유치원 교육과정 '자연탐구' 영역

내용 범주	생활 속에서 탐구하기
내용	내용 이해
물체의 특성과 변화를 여러 가지 방법으로 탐색한다.	유아가 주변에서 쉽게 발견할 수 있는 친숙한 물체나 물질의 크기, 모양, 색, 냄새, 소리, 질감과 같은 기본적 특성에 관심을 갖는 내용이다. 나아가 그 물체나 물질을 자르고 섞는 등 다양한 방법으로 변화시켜 보며, 변화되는 특성과 변화되지 않는 특성이 무엇인지 탐색해 보는 내용이다.

04

1)
- ① : 사회학습
- ② : 첫째, 쌓기 영역에서 우영이가 무거운 블록으로 집짓기를 하는 것의 모델을 보여 준 것이다. 둘째, 지훈이가 무거운 블록을 들고 와 집을 짓자 남아들이 "야! 지훈이는 아빠같이 힘이 세고 집도 잘 짓네."라고 하며 좋아하여 정적강화를 해 준 것이다.

참고

▶ 2013 기출문제 B. 4-1) 원본
반두라(A. Bandura)의 (①)이론은 모델이 보이는 행동을 관찰하고 모델의 행동을 따라하는 모방과 ② 정적강화가 인간의 사회성 발달에 있어 필수적이라고 본다. ①이 무엇인지 쓰고, 위 사례에서 ②의 예를 1가지 찾아 쓰시오.
〔정답〕• ① : 사회학습
　　　② : 남아들이 "야! 지훈이는 아빠같이 힘이 세고 집도 잘 짓네."라고 하며 좋아한 것이다.

▶ '관찰학습'에서의 강화의 종류

외적강화	외부에서 주어지는 강화 예 칭찬
자기강화	스스로에게 주어지는 강화 예 그래, 잘했어.
대리강화	다른 사람이 강화받는 것을 보면서 강화를 받음 예 다른 아동이 보는 곳에서 칭찬해 줌

2)
- ① : 성항상성
- ② : 옷이나 머리 모양과는 상관없이 성은 변하지 않는다는 것을 인식하는 것이다.

참고

▶ 성역할 개념의 발달(콜버그 L. Kohlberg)

성동일시	생물학적 속성을 토대로 자신이 남자인지 여자인지를 이해하는 것이다.
성안정성	성은 시간이 흘러도 변하지 않는 것임을 아는 것이다.
성항상성	한 개인의 성은 그의 머리, 옷, 활동이 변하여도 변하지 않는다는 것을 아는 것이다.

3)
- ① : 양성평등
- ② : '우리 가족이 하는 일'이라는 주제로 이야기 나누기를 할 수 있다. 가족은 서로 돕는 공동체이며 가정 내 역할이 남자와 여자 구분 없이 함께 도와야 한다는 것을 인식시켜 줄 수 있기 때문이다.

05

1)
- ① : 인디언 치마를 사자 갈기로 대용하고 진영이가 사자 흉내를 내고 민우는 무서워하는 척을 하고 있음
- ② : 사회극놀이가 10분 이상 지속되는 것

참고

▶ 제시된 놀이 분석

사회극놀이 구성요소	설명	(가)의 사례
사회적 상호작용	최소한 2명 이상의 놀이자가 놀이 주제와 관련하여 직접적인 상호작용을 하는 것	진영, 민우, 정민 3명의 놀이자가 상호작용하고 있음
가작화	어떠한 사물을 가상 놀이 안에서의 대용물로 사용하거나 행동이나 상황을 가작화하는 데 언어로 묘사하거나 행동으로 나타내는 것	인디언 치마를 사자 갈기로 대용하고 진영이가 사자 흉내를 내고 민우는 무서워하는 척을 하고 있음
지속성	사회극놀이가 10분 이상 지속되는 것	놀이가 15분 이상 진행되었음

▶ 사회극놀이의 성립 요소(스밀란스키 S. Smilansky)

사회극놀이 의 요소	해당하는 내용
역할이행	유아가 어떠한 역할을 받아들이고 그러한 역할을 언어로 나타내거나("나는 엄마야.") 적합한 행동(인형의 기저귀를 갈아 주는 시늉)을 하는 것이다.
가상전환 (가작화)	① 사물의 가작화 : 대용 사물이 사용되거나 말로써 표현 ② 행동의 가작화 : 망치질을 하고 있는 시늉을 하거나 행동을 나타내기 위한 언어적 표현("나는 지금 망치로 못을 박고 있는 거야.")을 한다. ③ 상황의 가작화 : 언어로 상황을 만들어 낸다. ("자, 우리는 비행기 안에 있어.")
사회적 상호작용	적어도 2명 이상의 유아가 놀이 에피소드와 관련하여 직접적으로 서로 상호작용을 한다.
언어적 의사소통	① 상위 의사소통 : 놀이 에피소드를 구조화하고 조직화하는 데 사용된다. 　• 사물의 가작화 : "인형을 아기라고 하자." 　• 역할의 배정 : "너는 아빠 해. 난 엄마 할래." 　• 이야기 줄거리 계획 : "아기 목욕시키고 재우는 걸로 하자." 　• 부적절한 행동을 하는 놀이자에 대한 견책 : "인형을 그렇게 박박 문지르면 어떻게 해?" ② 가작화 의사소통 : "여보, 우리 아기 목욕시켜야 해요."

3)
- : 얘들아, 다른 사람이 말을 하거나 글을 읽어 줄 때는 어떻게 들어야 할까?

02

1)
- ① : 의미가 없는 지루한 반복 연습으로 인하여 언어에 대한 흥미를 잃을 수 있다.
- ② : 의미의 지나친 강조로 정확한 철자를 비롯한 언어의 형식과 관련된 지식을 배우지 않아 정확함이 떨어져 유능한 읽기·쓰기를 할 수 없게 된다.

2)
- : 균형적 언어 교육 접근법

3)
- ⓒ : 낱자
- ⓔ : 낱말

4)
- ① : 통합
- ② : 동시 활동 시 동시와 관련된 또래들의 경험을 듣고 말하게 하고, 동시를 읽고 부분적으로 써 보게 한다.

03

1)
- : ① 현재 같이 놀아야 친구라고 생각한다. 지호는 지금 자신과 놀지 않는 동민이는 친구가 아니고 현재 함께 노는 준서가 친구라고 말했다.
  ② 친구는 바뀔 수 있다고 생각한다. 처음에는 동민이가 친구라고 했다가 나중에는 동민이는 친구가 아니고 준서가 친구라고 말했다.

참고

▶ 우정 개념의 발달 과정(셀만 R. L. Selman)

0단계 (3~7세)	일시적인 신체적 놀이짝 단계	일시적이고 신체적인 상호작용이 중심이 되며, 놀이 친구를 지향하는 단계로 우정 관계가 쉽게 변하고 순간적이다.
1단계 (4~6세)	일방적인 조력 단계	친구를 자기 목적을 달성하기 위한 대상으로 파악한다. 좋은 친구란 자기가 원하는 것을 하는 친구라고 생각한다.
2단계 (6~9세)	공평한 협력 단계	상호 호혜적 관계를 갖는 시기로 협동이 나타난다. 유사성 있는 아동들끼리 집단을 만들고 그 집단에 동조하는 경향이 있다.
3단계 (9~12세)	상호적 공유 단계	친밀하고 상호적이며 공유 관계를 나타낸다. 작은 갈등을 초월하여 서로 주고받는 우정을 지속적으로 유지하려고 노력한다.
4단계 (12세 이상)	자율적 상호 의존 단계	상호 심리적 지원을 위한 중요한 사회적 관계로 인식하며 서로 동일시하고 정체감을 형성해 가는 단계이다.

2)
- : 공감(감정이입)

3)
- : 서로 다른 감정, 생각, 행동을 존중한다.

참고

▶ 2019 개정 유치원 교육과정 '사회관계' 영역

내용 범주	더불어 생활하기	
내용		내용 이해
서로 다른 감정, 생각, 행동을 존중한다.		유아가 다른 사람들의 감정, 생각, 행동에 관심을 갖고 감정, 생각, 행동이 서로 다를 수 있음을 이해하고 존중하는 내용이다.

4)
- ① : 배려
- ② : 다른 사람의 요구나 필요에 민감하게 반응해 주는 것이다.

참고

▶ 인성 덕목별 유아 인성교육의 내용

배려	• 타인의 필요와 요구에 민감하게 반응, 공감하는 것 • 친구, 가족, 이웃, 동식물에 대한 배려
존중	• 사람이나 사물은 기본적으로 그들의 존재만으로 존중할 가치가 있음을 인식하고, 그 가치에 대하여 소중히 여기는 것 • 자신과 전통문화에 대한 존중, 사람들과 다른 문화에 대한 존중, 생명과 환경에 대한 존중
협력	• 두 명 이상의 구성원이 공동의 목표를 설정하고, 이를 달성하기 위하여 개인적 책임을 다하고 서로 조언 및 조력을 주고받는 것 • 긍정적인 상호의존성, 개인적 책임감, 집단 협력
나눔	• 자기 스스로 우러난 마음에서 남을 돕기 위해서 하는 일로, 대가를 바라지 않고 지속적으로 도와주는 것 • 나눔의 의미 알기, 나눔을 실천하기, 나눔에 참여하기
질서	• 민주주의 사회에서 책임감 있는 민주 시민으로서 살아가기 위해 필요한 사회규범을 지키는 것 • 기초질서, 법질서, 사회질서
효	• 자식으로서 인간된 도리를 충실히 하는 것 • 부모, 조부모, 지역사회 어른에 대한 효

2013학년도 유치원 교육과정 B

▶ 2013 기출문제 A. 8-2) 원본
　유아가 자신의 입장에서만 사물을 생각하며 다른 사람의 입장에서 이해하지 못하는 것은 '자기중심성'에 해당한다. 그리고 ⓒ에서처럼 자신이 지각하는 한 가지 요소에만 주의를 집중하고 그 외 다른 요소들을 고려하지 못하는 것은 '(　　)'에 해당된다. 괄호 안에 들어갈 알맞은 말을 쓰시오.
〔정답〕• : 직관적 사고

3)
• : 안전사고, 화재, 재난, 학대, 유괴 등에 대처하는 방법을 경험한다.

▶ 2019 개정 유치원 교육과정 '신체운동·건강' 영역

내용 범주	안전하게 생활하기
내용	내용 이해
안전사고, 화재, 재난, 학대, 유괴 등에 대처하는 방법을 경험한다.	유아가 안전사고, 화재, 재난, 학대, 유괴 등의 위험에 처한 상황을 알고, 주변에 도움을 요청하는 방법을 배우며, 평소 훈련에 따라 대피하는 연습을 하는 등의 안전 교육과 관련된 내용이다.

4)
• ① : 손사래를 치면 벌이 달려들 수 있으므로 손사래를 치지 말고 천천히 그 자리를 벗어난다.
• ② : 얇은 카드로 밀어서 벌침을 제거한다. 생리식염수나 흐르는 물에 비누로 씻는다. (항히스타민 연고를 바르고 냉찜질한다.)

01

1)
• ① : 사회적 지식
• ② : ㉠의 예에서 생일의 높임말이 생신이라는 것은 물리적 및 논리·수학적 필연성이 없이 사회의 약속에 의해 만들어진 지식이다. 이렇듯 사회적 지식은 한 사회 내에서 사람들 사이에서 서로 동의하여 만들어진 지식을 의미한다.

▶ 지식의 유형(카미와 드브리스 C. Kamii & DeVries Program)

물리적 지식	환경에서 물체와 물체의 특성 및 움직임과 변화와 관련된 지식으로, 구체적인 경험이나 관찰을 통해 획득된다. 예 굴리기, 물에 녹이기, 자석에 붙이기, 그림자 놀이 등
논리·수학적 지식	물체들 간의 관련성(같고 다름, 많고 적음, 수, 분류 등)에 대한 지식으로 직접적인 활동과 경험에 의해서 획득된다. 예 같은 것끼리 모으기, 큰 순서대로 나열해 보기 등
사회적 지식	사회에서 살아가는 사람들에 의해 만들어진 유형의 지식으로, 사회적 상호작용에 의해 직접적인 설명이나 안내를 통해 획득된다. 예 교통신호, 국경일 등

2)
• ① : 주변의 상징, 글자 등의 읽기에 관심을 가진다.
• ② : 유아의 읽고 쓰는 경험이 분리되지 않음을 고려하고자 했기 때문이다.

▶ 2019 개정 유치원 교육과정 '의사소통' 영역

내용 범주	읽기와 쓰기에 관심 가지기
내용	내용 이해
주변의 상징, 글자 등의 읽기에 관심을 가진다.	유아가 일상에서 자주 보는 상징(표지판, 그림문자 등)이나 글자 읽기에 관심을 가지는 내용이다. 유아가 상징이나 글자에는 사람들의 생각과 감정, 정보가 담겨 있다는 것을 이해하는 내용이다.

[개정의 중점]
　유아의 읽고 쓰는 경험이 분리되지 않음을 고려하여 기존 누리과정의 '읽기'와 '쓰기'를 '읽기와 쓰기에 관심 가지기'로 제시하였다.

06

1)
- ① : 햇님반 유아들, 홍 교사, 하모니 선생님, 지연이 어머니, 유치원 등, 아동과 상호작용하며 직접적으로 영향을 주는 환경이기 때문이다.
- ② : 웃어른을 공경하는 우리나라 문화의 영향으로 지연이가 하모니 선생님께도 공손하고 잘 따르는 것이다.

▶ 지연이의 거시체계
- 웃어른을 공경하는 우리나라 문화

2)
- ① : 어머니의 직장, 어머니의 직장은 지연이가 적극적인 참여자로 개입하지는 않지만, 지연이가 소속된 환경에서 일어나는 경험이나 사건과 영향을 주고받는 환경이기 때문이다.
- ② : 지연이의 하원 시간이 이전보다 1시간 정도 늦어진 저녁 7시가 되었다.

3)
- ① : 생존기
- ② : 홍 교사는 경력 1년 차 교사로, 부모와의 관계나 수업에 대해 어려움을 겪으며 초조해하고 앞으로 교사로서 살아남을 수 있을지 염려하고 있기 때문이다.

▶ 유아 교사 발달 단계(캐츠 L. G. Katz)

단계	발달 과업
생존기 (1년)	교사로서 부임한 첫해에 교사의 주된 관심은 자신이 교사로서 살아남을 수 있을까 하는 문제이다.
강화기 (1년 말~3년)	생존 단계에서 알게 된 것을 강화하고 다음 단계에서 익혀야 할 과업과 기술을 새롭게 인식하게 되며, 문제 영유아와 문제 상황에 대해 관심을 갖게 된다.
갱신기 (3년~4년)	반복적인 일에 싫증을 느끼기 시작하며, 자신에 대한 발전(갱신)에 대해 관심을 갖게 된다.
성숙기 (4년~5년)	자신을 교사로서 인정하게 된다. 교사로서의 신념과 가치, 교육의 역할과 같은 보다 깊고 추상적인 질문을 할 수 있는 시각이 형성된다.

4)
- : 교사 연수

07

1)
- ① : 신체적 접근법은 준비운동이나 줄을 따라 걷거나 공을 던지는 것과 같이 공간, 시간, 무게, 흐름 등 동작의 구성요소를 중심으로 기본동작을 탐색하고 실험해 보게 하는 것이다.
- ② : 극적 접근법은 뱀처럼 기는 동작을 하며 창의적 동작 표현을 한 것과 같이 상상력을 중심으로 다양한 동작을 유도하고 창의적 동작 표현을 자극하는 것을 강조하는 것이다.

2)
- ⓐ : 공간
- ⓑ : 가볍게 공을 던져 보자.
- ⓒ : 점점 속도를 내어 빨리 걸어 보자.

3)
- ① : 평형성
- ② : 신체 움직임을 조절한다.

▶ 2019 개정 유치원 교육과정 '신체운동·건강' 영역

내용 범주	신체활동 즐기기
내용	내용 이해
신체 움직임을 조절한다.	유아가 몸을 움직이며 균형을 잡고, 몸이나 도구의 움직임을 다양하게 조절하는 내용이다. 또한 눈과 손을 협응하며 소근육 움직임을 조절하는 내용이다.

4)
- ① : ⓔ 인정하기, ⓑ 모범 보이기, ⓓ 지도하기
- ② : ⓒ 유아들에게 "선생님처럼 이렇게 공을 던져 보자."라고 하면서 공 던지기의 정확한 동작을 보여 준다.

08

1)
- ㉠ : 주제
- ⓐ : 상황

2)
- : 첫째 자기중심적 사고이다. 곤충을 좋아하여 벌을 잡으려다 위협을 느낀 벌에게 쏘인 것과 같이 민수가 자신의 입장에서만 사물을 생각하고 벌의 입장에서 생각하지 못했기 때문이다. 둘째, 직관적 사고(중심화 경향)이다. 벌이 위험하다는 것에는 주의를 기울이지 못하고 좋아하고 재미있다는 생각만 하여 벌을 잡으려다 쏘인 것과 같이 자신이 지각하는 한 가지 요소에만 주의를 집중하고 다른 요소들을 고려하지 못했기 때문이다.

04

1)
- ① : 유엔아동권리협약
- ② : 아동권리보장원

> **참고**
>
> ▶ 아동복지법 [2021. 12. 21. 일부 개정]
> 제10조의2(아동권리보장원의 설립 및 운영) ① 보건복지부장관은 아동 정책에 대한 종합적인 수행과 아동복지 관련 사업의 효과적인 추진을 위하여 필요한 정책의 수립을 지원하고 사업 평가 등의 업무를 수행할 수 있도록 아동권리보장원(이하 "보장원"이라 한다)을 설립한다.

2)
- : 성, 신체적 특성, 장애, 종교, 가족 및 문화적 배경 등으로 인한 차별이 없도록 편성하여 운영한다.

3)
- ① : ⓒ 무차별, ⓓ 발달
- ② : ⓐ 놀이, ⓑ 기회

4)
- ① : 어린이 헌장
- ② : 아동권리헌장

> **참고**
>
> ▶ 유엔 「아동의 권리에 관한 협약」 [발효일 1991. 12. 20.]
> (1) 4가지 기본 원칙
>
> | 무차별의 원칙 | 가족의 직업, 인종, 종교, 재산, 장애로 인한 편견을 받지 않아야 한다. |
> |---|---|
> | 아동 이익 최우선의 원칙 | 아동에 대한 의사 결정은 아동의 이익을 최우선으로 고려해야 한다. |
> | 생존 및 발달 보장의 원칙 | 적절한 생존 및 발달을 위해 보호와 지원을 받아야 한다(어떤 경우라도 학교에서 교육을 받을 수 있음). |
> | 아동의 의사 존중 및 참여의 원칙 | 자신에 대한 의견을 말할 수 있어야 한다. |
>
> (2) 4가지 기본 권리
>
> | 생존의 권리 | 안전하게 살아갈 권리, 충분한 영양을 섭취하고 기본적인 의료 서비스를 받을 수 있는 권리이다. |
> |---|---|
> | 보호의 권리 | 학대와 방임, 차별, 폭력, 성폭력 등 아동에게 유해한 것들로부터 보호받을 권리이다. |
> | 발달의 권리 | 교육 받을 권리, 여가를 즐길 권리, 문화생활을 하고 정보를 얻을 권리, 생각 및 양심과 종교의 자유를 누릴 권리이다. |
> | 참여의 권리 | 의견을 말할 권리, 모임을 열 수 있는 권리, 유익한 정보를 얻을 권리이다. |

05

1)
- ① : 게젤
- ② : 준비도

2)
- ① : 방정환
- ② : 천도교 사상(동학사상)

> **참고**
>
> ▶ 천도교 사상
> ① 천도교는 현세주의적인 종교로서 모든 사람이 한울님처럼 대접받을 수 있는 정치·경제·문화 체제가 이루어지도록 힘써 지상에 천국을 건설하자는 종교이다.
> ② 인내천(人乃天)으로 대표되는 천도교의 인간관은 사람을 한울님처럼 존엄한 존재로 본다. 모든 사람은 태어나면서부터 존엄한 한울님을 모시고 있다고 보기 때문에 사람의 존엄성이 곧 한울님의 존엄성과 같다고 보고 있다. 따라서 인간 평등과 존엄성을 신앙의 실천적인 핵심으로 삼는다.
> ③ 사인여천(事人如天)으로 대표되는 천도교의 윤리관은 사람 섬기기를 한울님 섬기듯이 하자는 것이다. 모든 사람은 한울님을 모시고 있다고 보고 사람 섬기기를 한울님처럼 섬기도록 했다. 1920년대의 천도교가 어린이운동의 목표로 어린이의 윤리적 해방을 내세웠던 것 역시 어린이도 한울님을 모셨다고 보는 천도교의 신앙에서 연유된 것이다.

3)
- : 작업

> **참고**
>
> ▶ 프뢰벨(F. Froebel)의 '작업'
> ① 프뢰벨이 1838년 은물과 함께 고안해 낸 것이다.
> ② 어린이들의 놀이를 풍부하게 할 뿐 아니라 손 운동의 민첩성을 길러 주고 작업을 통해 자연의 법칙을 가르치는 것을 목적으로 한다.
> ③ 은물이 형체, 면, 선, 점의 순서인 것과 반대로 점, 선, 면, 형체의 순서로 되어 있다.

(3) 의의
① 저소득층 아동의 생활 및 교육환경 변화를 추구하는 지역 접근(저소득층 아동들을 위하여 지역사회의 교육적 환경을 전반적으로 개선하는 것을 목적으로 함)
② 학교를 중심으로 하여 지역사회의 교육공동체 구축(저소득층 아동·청소년의 실질적 교육 기회 보장을 위한 지역사회 차원의 교육·문화·복지 통합 서비스망 구축/학교가 지역사회 교육·문화·복지 통합 서비스망의 중심적 역할을 수행할 수 있도록 투자우선지역 내 학교의 기능 강화)
③ 조기 개입을 통한 출발점 평등 구현을 통해 교육 기회를 실질적으로 보장(아동의 발달 단계에 따른 기본적 욕구 해결과 문제행동 예방/학력 향상, 정서발달, 심성 계발, 건강 증진, 방과 후 보육 서비스 제고 등 다양하고 통합적인 교육복지 서비스 제공)

02

1)
- ① : ⓐ 계열성, '북소리를 들으며 걸어 본다.' 는 반복되었지만 5세반 활동 계획안인 (나)는 '장단과 강약에 맞춰 걷는다.' 라는 다음 단계의 조건이 추가되어 있는 것과 같이, 유아에게 제시하는 활동 경험이 반복되면서도 폭과 깊이가 더해지도록 하는 것이다.
- ② : 북소리를 들으면서 달리다가 교사가 멈춤 신호를 주면 그 자리에 바로 멈춘다.

참고

▶ 타일러(R. Tyler) 이래 교육 내용의 선정과 조직에 관련되는 원칙

위계성	교육 내용을 '내용 범주-내용'으로 점점 단계적·구체적으로 분류하여 제시하는 것을 의미하며, 3세, 4세, 5세의 내용을 단계적으로 제시하는 것을 의미하는 경우도 있다.
계속성	중요한 교육과정 요소, 또는 교육 내용의 조직이 시간 계열에 따라 반복적으로 경험되도록 조직하는 것이다 (반복, 또는 연속성이라고도 함).
계열성	중요한 교육과정 요소라 하더라도 완전히 동일한 수준에서 반복되는 것이 아니라 연령이 높아질수록 그 교육과정 요소가 포괄하는 경험의 폭과 깊이가 더해지도록 조직하는 것을 말한다.
통합성	교과에 대한 학습이 그것으로만 끝나는 것이 아니라 일상생활에서 활용하거나 다른 교과의 내용과 관련짓도록 하기 위한 것으로 각 학습경험의 수평적 조직을 의미한다.
접합성	- 시기적으로 밀접한 시기의 교육 내용이 매끄럽게 연결되어야 한다는 것이다. - 유치원과 초등학교와 같은 두 개 학교급 간의 거대 관점에서 포괄적인 의미로 연관을 갖는다는 의미이다(관련성).

2)
- ① : 북소리를 듣거나 장단과 강약을 인식하는 것은 음악을 인식하는 것이므로 예술경험 영역의 활동이고, 걷는 것은 신체운동·건강 영역의 활동이기 때문이다.

- ② : 신체활동 즐기기

3)
- : 수업 전 수업 계획안을 공유하며 서로 협의하고 계획한 활동을 실행하면서 영상을 촬영한 후, 촬영된 수업 영상을 함께 보면서 서로의 교수 행위에 대해 객관적으로 분석한다. (이는 교사들의 반성적 사고를 기르는 데 도움이 된다.)

##

1)
- : 부모-자녀 간의 대등한 관계를 강조한다. / 부모-자녀 간의 평등한 관계를 강조한다.

2)
- ① : 관심 끌기, 힘 행사하기, 보복하기, 부적절성 나타내기
- ② : 관심 끌기

3)
- : 인정

4)
- ① : 자녀의 행동 결과에 대해 부모와 자녀가 합의하여 결정한 것을 자녀가 따르도록 하는 것이다.
- ② : 현재와 미래

참고

▶ 민주적 부모교육 이론(드라이커스 R. Dreikurs)
(1) 아동의 잘못된 행동 목표

관심 끌기	관심과 인정을 받지 못한다고 생각하면 파괴적인 방법으로라도 관심을 얻으려고 하는 것이다.
힘 행사하기	자신의 힘과 능력을 시험해 보고 존재 가치를 인정받으려고 하는 것이다.
보복하기 (앙갚음하기)	자신이 상처받은 만큼 다른 사람도 상처받아야 한다고 생각하고 적개심, 증오심 등의 나쁜 감정을 드러내 상처를 주는 것이다.
부적절성 나타내기 (무능함 보이기)	극도로 좌절되어 있으면서 자신을 쓸모없는 인간이라고 생각하고 의욕상실의 모습을 보이는 것이다.

(2) 자녀 행동 통제 방법

자연적 귀결	인위적인 부모의 개입 없이 자신의 행동에 대한 자연적 결과를 경험함으로써 바람직한 질서와 행동을 터득하는 것이다.
논리적 귀결	부모와 자녀가 사전에 합의하여 문제 행동과 논리적 관계가 있는 결과를 경험하게 하는 것이다. 벌은 과거 시점의 행동에 초점을 두고 맹목적으로 복종하는 행동을 가르치지만, 논리적 귀결은 현재와 미래 시점의 행동에 초점을 두면서 책임 있는 행동을 가르쳐 준다.
격려	성공이나 실패의 상황과 무관하게 긍정적인 측면을 강조하는 것이다.

2013학년도 유치원 교육과정 A

본책 p.8

01

1)
- ㉠ : 유아교육법
- ㉡ : 영유아보육법

> **참고**
>
> ▶ **무상교육의 법적 근거**
> (1) 「유아교육법」 [2021. 7. 20. 일부 개정]
> **제24조(무상교육)** ① 초등학교 취학직전 3년의 유아교육은 무상(無償)으로 실시하되, 무상의 내용 및 범위는 대통령령으로 정한다. <개정 2012. 3. 21.>
> ② 제1항에 따라 무상으로 실시하는 유아교육에 드는 비용은 국가 및 지방자치단체가 부담하되, 유아의 보호자에게 지원하는 것을 원칙으로 한다. <개정 2010. 3. 24.>
> ③ 제2항에 따라 국가 및 지방자치단체가 부담하는 비용은 제4항의 표준유아교육비를 기준으로 교육부장관이 예산의 범위에서 관계 행정기관의 장과 협의하여 고시한다. <신설 2012. 3. 21., 2013. 3. 23.>
>
> (2) 「영유아보육법」 [2022. 6. 10. 일부 개정]
> **제34조(무상보육)** ① 국가와 지방자치단체는 영유아에 대한 보육을 무상으로 하되, 그 내용 및 범위는 대통령령으로 정한다.

2)
- ① : 저소득 계층의 측면에서 교육에 있어서의 계층 간 차이가 줄고 모든 유아가 교육·보육 혜택을 받을 수 있다. 한편 인구학적 측면에서 교육비 부담으로 인한 출산 기피가 줄어들어 출산율 제고에 기여한다.
- ② : 각 생애 단계별로 동일한 금액을 투자할 경우 영유아기의 인적 자원 투자 대비 회수 비율이 가장 크므로 영유아기의 인적 자원 투자를 확대해 나가야 한다는 것이다.

> **참고**
>
> ▶ **2012 개정 '누리과정 제도의 도입 배경'**
> 우리나라는 최근 합계 출산율이 1.22명(2010년, 통계청)으로 떨어지는 등 세계 최저 수준의 저출산이 고착화되는 현상을 보이고 있다. 저출산으로 인구 규모가 감소되고 인구의 구조도 변화하게 되면서 노동력 감소, 노인 인구의 증가, 이에 따른 사회적 비용의 증가 등 심각한 사회 문제를 초래할 것이라는 우려가 확대되고 있다. 이러한 상황에서 영유아 교육·보육비 부담은 저출산을 더욱 심화시키는 요인으로 지적되고 있다. 2010년 기준으로 만 5세 유아는 약 44만 명으로 이 중 약 90%가 유치원이나 어린이집에 다니고 있었다. 그러나 나머지 10%는 교육·보육의 혜택 범위에서 벗어나 있고 이들 중 저소득층은 경제적 부담으로 유치원이나 어린이집에 다니지 못하고, 고소득층은 영어나 특기 교육을 위하여 고가의 학원을 선택하고 있는 현실이다. 이러한 계층 간에 나타나는 큰 차이를 줄이고 모든 유아가 교육·보육의 혜택을 받을 수 있도록 국가가 적극 나서야 할 때라는 인식 또한 높아지고 있다.
> ……(중략)……
> 최근 영유아기 발달의 중요성이 부각된 것도 국가 지원 체제가 강화된 주요 요인 중의 하나이다. 생애 단계별로 투자 비용을 동일하게 산정할 경우, 영유아기의 인적자원 투자 대비 회수 비율이 가장 크게 나타난다는 헤크만(J. Heckman, 2006)의 연구가 발표되면서 영유아기 발달의 중요성이 더욱 주목받게 되었다. 미국의 페리 프리스쿨 프로젝트(Perry Preschool Project, 2003)는 유아교육 1달러 투자 시 16.14달러의 편익이 발생한다고 보고한 바 있고, 1명의 유아가 유아교육기관에 다니도록 약 2,500파운드를 지원하는 것은 가난한 부모의 수입을 약 17,000파운드 직접 지원하는 것과 동일한 효과가 난다는 영국의 이피피이 프로젝트(EPPE Project, 2007) 결과도 보고된 바 있다. 영유아기는 인지·정서·사회 영역 등의 기초 능력이 집중 형성되어야 하며, 이 시기의 발달 정도는 개인의 전 생애 학습에 대한 태도나 학습 능력에 크게 영향을 미치므로 생애 초기 단계인 영유아기 교육·보육에 대하여 국가 지원이 필요하다는 것이다.
> ……(중략)……
> 우리나라의 저출산 요인은 매우 다양하나 그중에서도 육아 지원 서비스의 미흡과 자녀 교육비 부담이 출산 중단 및 기피의 가장 큰 이유로 지적되고 있으므로, 5세 누리과정의 도입은 우리나라 출산율 제고에도 기여할 수 있을 것으로 기대하고 있다.

3)
- : 연령 구분 없이 3~5세 유아가 모두 경험할 수 있는 내용으로 제시한 것이다.

4)
- ① : 교육복지우선지원
- ② : 가정과 지역사회와의 협력과 참여에 기반하여 운영한다.

> **참고**
>
> ▶ **교육복지우선지원 사업**
> (1) 사업의 목적
>   ① 저소득층 영유아 및 아동, 청소년의 교육의 기회, 과정, 결과에서 나타나는 주요 취약성을 최대한 보완하기 위한 다차원(교육, 문화, 복지 등)적 지원 사업이다.
>   ② 학교가 중심이 되는 지역교육공동체 구축을 통해 학습, 문화, 심리, 정서 등 삶의 제반에 대한 지원을 함으로써 저소득층 아동·청소년의 교육적 취약성을 해결해 나가고자 한다.
>
> (2) 추진 배경
>   ① 계층 간 소득 격차의 심화, 가정의 기능 약화, 급격한 도시화 등이 초래하는 사회통합 위기에 학교와 지역사회가 적극적으로 대처할 필요성 증대(지역의 경제적 여건 차이로 인한 교육 여건의 격차 또한 확대되고 있는 추세)
>   ② 교육·문화적 조건이 상대적으로 열악한 도시 저소득층 밀집 지역의 교육 및 문화적 기회 불평등 완화 정책 추진이 시급한 실정

1교시 [ ] 학년도 공립 유치원, 초등학교, 특수학교 [유치원·초등] 교사 임용후보자 선정경쟁시험 (제1차) 답안지

본인은 응시자 유의사항을 숙지하였으며 이를 지키지 않아 발생하는 모든 불이익을 감수할 것을 서약합니다.

성 명

유치원, 초등학교, 특수학교(유치원·초등) 교직 논술 전용 답안지

쪽 번호: ① ❷

수험번호

※ **결시자 확인란**(응시자는 표기하지 말 것)
- 결시자 성명과 수험번호 기재
- 검은색 펜으로 결시자 수험번호와 우측란을 '●'로 표기

○

※ **감독관 확인란**(응시자는 표기하지 말 것)
- 본인 여부, 성명, 수험번호 기록 및 쪽수가 정확한지 확인 후 서명/날인
- 결시자는 위의 결시자 확인란에도 표기

(서명 또는 날인)

1. 수험번호는 검은색 펜을 사용하여 '●'로 표기하시오.
2. 답안은 지워지거나 번지지 않는 동일한 종류의 검은색 펜을 사용하여 작성하시오.(연필/사인펜/수정테이프/수정액 등 사용 불가)
3. 연필로 작성한 부분, 수정테이프(수정액)를 사용하여 수정한 부분, 문항별 답안란 이외의 부분에 작성한 답안은 채점하지 않으니 유의하시오.

2교시 [ ] 학년도 공립 유치원, 특수학교[유치원], 특수학교[초등] 교사 임용후보자 선정경쟁시험 (제1차) 답안지

문항 1

문항 2

문항 3

문항 4

문항 5

문항 6

문항 7

문항 8

[답안지 양식 - 빈 양식]

문항 5

문항 6

문항 7

문항 8

1교시

[ ] 학년도 공립 유치원, 초등학교, 특수학교 [유치원·초등] 교사 임용후보자 선정경쟁시험 (제2차) 답안지

유치원, 초등학교, 특수학교(유치원·초등) 교직 논술 전용 답안지

쪽 번호: ❶ ②

1. 수험번호는 검은색 펜을 사용하여 '●'로 표기하시오.
2. 답안은 지워지거나 번지지 않는 동일한 종류의 검은색 펜을 사용하여 작성하시오.(연필/사인펜/수정테이프/수정액 등 사용 불가)
3. 연필로 작성한 부분, 수정테이프(수정액)를 사용하여 수정한 부분, 문항별 답안란 이외의 부분에 작성한 답안은 채점하지 않으니 유의하시오.

[ ]학년도 공립 유치원, 특수학교[유치원], 특수학교[초등] 교사 임용후보자 선정경쟁시험 (제2차) 답안지

2교시

유치원, 특수학교(유치원) 특수학교(초등) 교육과정 A 전용 답안지

쪽 번호: ❶ ②

문항 1

문항 2

문항 3

문항 4

2교시 [　　] 학년도 공립 유치원, 특수학교[유치원], 특수학교[초등] 교사 임용후보자 선정경쟁시험 (제2차) 답안지

본인은 응시자 유의사항을 숙지하였으며 이를 지키지 않아 발생하는 모든 불이익을 감수할 것을 서약합니다.

성 명

유치원, 특수학교(유치원) 특수학교(초등) 교육과정 A 전용 답안지

쪽 번호: ① ❷

수험번호

※ **결시자 확인란**(응시자는 표기하지 말 것)
- 결시자 성명과 수험번호 기재
- 검은색 펜으로 결시자 수험번호와 우측란을 '●'로 표기

※ **감독관 확인란**(응시자는 표기하지 말 것)
- 본인 여부, 성명, 수험번호 기록 및 쪽수가 정확한지 확인 후 서명/날인
- 결시자는 위의 결시자 확인란에도 표기

(서명 또는 날인)

1. 수험번호는 검은색 펜을 사용하여 '●'로 표기하시오.
2. 답안은 지워지거나 번지지 않는 동일한 종류의 검은색 펜을 사용하여 작성하시오.(연필/사인펜/수정테이프/수정액 등 사용 불가)
3. 연필로 작성한 부분, 수정테이프(수정액)를 사용하여 수정한 부분, 문항별 답안란 이외의 부분에 작성한 답안은 채점하지 않으니 유의하시오.

문항 5

문항 6

문항 7

문항 8

3교시 [ ) 학년도 공립 유치원, 특수학교[유치원], 특수학교[초등] 교사 임용후보자 선정경쟁시험 (제2차) 답안지

유치원, 특수학교(유치원) 특수학교(초등) 교육과정 B 전용 답안지

쪽 번호: ❶ ②

문항 1

문항 2

문항 3

문항 4

문항 5

문항 6

문항 7

문항 8

1교시 [   ) 학년도 공립 유치원, 초등학교, 특수학교 [유치원·초등] 교사 임용후보자 선정경쟁시험 (제3차) 답안지

본인은 응시자 유의사항을 숙지하였으며 이를 지키지 않아 발생하는 모든 불이익을 감수할 것을 서약합니다.

성 명

유치원, 초등학교, 특수학교(유치원·초등) 교직 논술 전용 답안지

쪽 번호: ❶ ②

※ 결시자 확인란(응시자는 표기하지 말 것)
- 결시자 성명과 수험번호 기재
- 검은색 펜으로 결시자 수험번호와 우측란을 '●'로 표기

※ 감독관 확인란(응시자는 표기하지 말 것)
- 본인 여부, 성명, 수험번호 기록 및 쪽수가 정확한지 확인 후 서명/날인
- 결시자는 위의 결시자 확인란에도 표기

(서명 또는 날인)

1. 수험번호는 검은색 펜을 사용하여 '●'로 표기하시오.
2. 답안은 지워지거나 번지지 않는 동일한 종류의 검은색 펜을 사용하여 작성하시오.(연필/사인펜/수정테이프/수정액 등 사용 불가)
3. 연필로 작성한 부분, 수정테이프(수정액)를 사용하여 수정한 부분, 문항별 답안란 이외의 부분에 작성한 답안은 채점하지 않으니 유의하시오.

1교시 [ ) 학년도 공립 유치원, 초등학교, 특수학교 [유치원·초등] 교사 임용후보자 선정경쟁시험 (제3차) 답안지

본인은 응시자 유의사항을 숙지하였으며 이를 지키지 않아 발생하는 모든 불이익을 감수할 것을 서약합니다.

성 명

유치원, 초등학교, 특수학교(유치원·초등) 교직 논술 전용 답안지

쪽 번호: ① ❷

수험번호

※ **결시자 확인란**(응시자는 표기하지 말 것)
- 결시자 성명과 수험번호 기재
- 검은색 펜으로 결시자 수험번호와 우측란을 '●'로 표기

※ **감독관 확인란**(응시자는 표기하지 말 것)
- 본인 여부, 성명, 수험번호 기록 및 쪽수가 정확한지 확인 후 서명/날인
- 결시자는 위의 결시자 확인란에도 표기

(서명 또는 날인)

1. 수험번호는 검은색 펜을 사용하여 '●'로 표기하시오.
2. 답안은 지워지거나 번지지 않는 동일한 종류의 검은색 펜을 사용하여 작성하시오.(연필/사인펜/수정테이프/수정액 등 사용 불가)
3. 연필로 작성한 부분, 수정테이프(수정액)를 사용하여 수정한 부분, 문항별 답안란 이외의 부분에 작성한 답안은 채점하지 않으니 유의하시오.

문항 1

문항 2

문항 3

문항 4

문항 5

문항 6

문항 7

문항 8

문항 5

문항 6

문항 7

문항 8

3교시 [   ] 학년도 공립 유치원, 특수학교[유치원], 특수학교[초등] 교사 임용후보자 선정경쟁시험 (제4차) 답안지

본인은 응시자 유의사항을 숙지하였으며 이를 지키지 않아 발생하는 모든 불이익을 감수할 것을 서약합니다.

성 명

유치원, 특수학교(유치원) 특수학교(초등) 교육과정 B 전용 답안지

쪽 번호: ❶ ②

※ 결시자 확인란(응시자는 표기하지 말 것)
- 결시자 성명과 수험번호 기재
- 검은색 펜으로 결시자 수험번호와 우측란을 '●'로 표기

※ 감독관 확인란(응시자는 표기하지 말 것)
- 본인 여부, 성명, 수험번호 기록 및 쪽수가 정확한지 확인 후 서명/날인
- 결시자는 위의 결시자 확인란에도 표기

(서명 또는 날인)

1. 수험번호는 검은색 펜을 사용하여 '●'로 표기하시오.
2. 답안은 지워지거나 번지지 않는 동일한 종류의 검은색 펜을 사용하여 작성하시오.(연필/사인펜/수정테이프/수정액 등 사용 불가)
3. 연필로 작성한 부분, 수정테이프(수정액)를 사용하여 수정한 부분, 문항별 답안란 이외의 부분에 작성한 답안은 채점하지 않으니 유의하시오.

문항 1

문항 2

문항 3

문항 4

[ ] 학년도 공립 유치원, 특수학교[유치원], 특수학교[초등] 교사 임용후보자 선정경쟁시험 (제4차) 답안지

2교시

본인은 응시자 유의사항을 숙지하였으며 이를 지키지 않아 발생하는 모든 불이익을 감수할 것을 서약합니다.

성 명

유치원, 특수학교(유치원) 특수학교(초등) 교육과정 A 전용 답안지

쪽 번호: ❶ ②

※결시자 확인란(응시자는 표기하지 말 것)
- 결시자 성명과 수험번호 기재
- 검은색 펜으로 결시자 수험번호와 우측란을 '●'로 표기

※감독관 확인란(응시자는 표기하지 말 것)
- 본인 여부, 성명, 수험번호 기록 및 쪽수가 정확한지 확인 후 서명/날인
- 결시자는 위의 결시자 확인란에도 표기

(서명 또는 날인)

1. 수험번호는 검은색 펜을 사용하여 '●'로 표기하시오.
2. 답안은 지워지거나 번지지 않는 동일한 종류의 검은색 펜을 사용하여 작성하시오.(연필/사인펜/수정테이프/수정액 등 사용 불가)
3. 연필로 작성한 부분, 수정테이프(수정액)를 사용하여 수정한 부분, 문항별 답안란 이외의 부분에 작성한 답안은 채점하지 않으니 유의하시오.

문항 1

문항 2

문항 3

문항 4

| 3교시 | [   ] 학년도 공립 유치원, 특수학교 [유치원], 특수학교 [초등] 교사 임용후보자 선정경쟁시험 (제3차) 답안지

문항 5

문항 6

문항 7

문항 8

3교시 [   ]학년도 공립 유치원, 특수학교[유치원], 특수학교[초등] 교사 임용후보자 선정경쟁시험 (제3차) 답안지

문항 1

문항 2

문항 3

문항 4

문항 5

문항 6

문항 7

문항 8

2교시 [ ] 학년도 공립 유치원, 특수학교[유치원], 특수학교[초등] 교사 임용후보자 선정경쟁시험 (제7차) 답안지

유치원, 특수학교(유치원) 특수학교(초등) 교육과정 A 전용 답안지

1. 수험번호는 검은색 펜을 사용하여 '●'로 표기하시오.
2. 답안은 지워지거나 번지지 않는 동일한 종류의 검은색 펜을 사용하여 작성하시오.(연필/사인펜/수정테이프/수정액 등 사용 불가)
3. 연필로 작성한 부분, 수정테이프(수정액)를 사용하여 수정한 부분, 문항별 답안란 이외의 부분에 작성한 답안은 채점하지 않으니 유의하시오.

문항 1

문항 2

문항 3

문항 4

1교시

[ ] 학년도 공립 유치원, 초등학교, 특수학교 [유치원·초등] 교사 임용후보자 선정경쟁시험 (제7차) 답안지

본인은 응시자 유의사항을 숙지하였으며 이를 지키지 않아 발생하는 모든 불이익을 감수할 것을 서약합니다.

성 명

유치원, 초등학교, 특수학교(유치원·초등) 교직 논술 전용 답안지

쪽 번호: ❶ ②

※ 결시자 확인란 (응시자는 표기하지 말 것)
- 결시자 성명과 수험번호 기재
- 검은색 펜으로 결시자 수험번호와 우측란을 '●'로 표기

※ 감독관 확인란 (응시자는 표기하지 말 것)
- 본인 여부, 성명, 수험번호 기록 및 쪽수가 정확한지 확인 후 서명/날인
- 결시자는 위의 결시자 확인란에도 표기

(서명 또는 날인)

1. 수험번호는 검은색 펜을 사용하여 '●'로 표기하시오.
2. 답안은 지워지거나 번지지 않는 동일한 종류의 검은색 펜을 사용하여 작성하시오.(연필/사인펜/수정테이프/수정액 등 사용 불가)
3. 연필로 작성한 부분, 수정테이프(수정액)를 사용하여 수정한 부분, 문항별 답안란 이외의 부분에 작성한 답안은 채점하지 않으니 유의하시오.

문항 5

문항 6

문항 7

문항 8

[ ] 학년도 공립 유치원, 특수학교 [유치원], 특수학교 [초등] 교사 임용후보자 선정경쟁시험 (제6차) 답안지

3교시

유치원, 특수학교(유치원) 특수학교(초등) 교육과정 B 전용 답안지

쪽 번호: ❶ ②

문항 1

문항 2

문항 3

문항 4

문항 5

문항 6

문항 7

문항 8

문항 1

문항 2

문항 3

문항 4

1교시 [ ]학년도 공립 유치원, 초등학교, 특수학교 [유치원·초등] 교사 임용후보자 선정경쟁시험 (제6차) 답안지

본인은 응시자 유의사항을 숙지하였으며 이를 지키지 않아 발생하는 모든 불이익을 감수할 것을 서약합니다.

성 명

유치원, 초등학교, 특수학교(유치원·초등) 교직 논술 전용 답안지

쪽 번호: ❶ ②

수험번호: ① ② / ⓪①②③④⑤⑥⑦⑧⑨ / ⓪ / ①②③④⑤⑥⑦⑧ / ⓪①②③④⑤⑥⑦⑧⑨ / ⓪①②③④⑤⑥⑦⑧⑨ / ⓪①②③④⑤⑥⑦⑧⑨ / ⓪①②③④⑤⑥⑦⑧⑨

※ **결시자 확인란**(응시자는 표기하지 말 것)
- 결시자 성명과 수험번호 기재
- 검은색 펜으로 결시자 수험번호와 우측란을 '●'로 표기

○

※ **감독관 확인란**(응시자는 표기하지 말 것)
- 본인 여부, 성명, 수험번호 기록 및 쪽수가 정확한지 확인 후 서명/날인
- 결시자는 위의 결시자 확인란에도 표기

(서명 또는 날인)

1. 수험번호는 검은색 펜을 사용하여 '●'로 표기하시오.
2. 답안은 지워지거나 번지지 않는 동일한 종류의 검은색 펜을 사용하여 작성하시오.(연필/사인펜/수정테이프/수정액 등 사용 불가)
3. 연필로 작성한 부분, 수정테이프(수정액)를 사용하여 수정한 부분, 문항별 답안란 이외의 부분에 작성한 답안은 채점하지 않으니 유의하시오.

3교시 [　　　] 학년도 공립 유치원, 특수학교[유치원], 특수학교[초등] 교사 임용후보자 선정경쟁시험 (제5차) 답안지

본인은 응시자 유의사항을 숙지하였으며 이를 지키지 않아 발생하는 모든 불이익을 감수할 것을 서약합니다.

성 명

유치원, 특수학교(유치원) 특수학교(초등) 교육과정 B 전용 답안지	쪽 번호
	① ❷

수험번호		
		① ②
		ⓞ ① ② ③ ④ ⑤ ⑥ ⑦ ⑧ ⑨
		ⓞ
		① ② ③ ④ ⑤ ⑥ ⑦ ⑧
		ⓞ ① ② ③ ④ ⑤ ⑥ ⑦ ⑧ ⑨
		ⓞ ① ② ③ ④ ⑤ ⑥ ⑦ ⑧ ⑨
		ⓞ ① ② ③ ④ ⑤ ⑥ ⑦ ⑧ ⑨
		ⓞ ① ② ③ ④ ⑤ ⑥ ⑦ ⑧ ⑨

※결시자 확인란(응시자는 표기하지 말 것)	
– 결시자 성명과 수험번호 기재 – 검은색 펜으로 결시자 수험번호와 우측란을 '●'로 표기	○

※감독관 확인란(응시자는 표기하지 말 것)	
– 본인 여부, 성명, 수험번호 기록 및 쪽수가 정확한지 확인 후 서명/날인 – 결시자는 위의 결시자 확인란에도 표기	(서명 또는 날인)

1. 수험번호는 검은색 펜을 사용하여 '●' 로 표기하시오.
2. 답안은 지워지거나 번지지 않는 동일한 종류의 검은색 펜을 사용하여 작성하시오.(연필/사인펜/수정테이프/수정액 등 사용 불가)
3. 연필로 작성한 부분, 수정테이프(수정액)를 사용하여 수정한 부분, 문항별 답안란 이외의 부분에 작성한 답안은 채점하지 않으니 유의하시오.

문항 5

문항 6

문항 7

문항 8

2교시 [　　] 학년도 공립 유치원, 특수학교[유치원], 특수학교[초등] 교사 임용후보자 선정경쟁시험 (제5차) 답안지

문항 5	문항 6

문항 7	문항 8

문항 1

문항 2

문항 3

문항 4

1교시 [ ) 학년도 공립 유치원, 초등학교, 특수학교 [유치원·초등] 교사 임용후보자 선정경쟁시험 (제5차) 답안지

본인은 응시자 유의사항을 숙지하였으며 이를 지키지 않아 발생하는 모든 불이익을 감수할 것을 서약합니다.

성 명

유치원, 초등학교, 특수학교(유치원·초등) 교직 논술 전용 답안지

쪽 번호: ❶ ②

수험번호

※ **결시자 확인란** (응시자는 표기하지 말 것)
- 결시자 성명과 수험번호 기재
- 검은색 펜으로 결시자 수험번호와 우측란을 '●'로 표기

※ **감독관 확인란** (응시자는 표기하지 말 것)
- 본인 여부, 성명, 수험번호 기록 및 쪽수가 정확한지 확인 후 서명/날인
- 결시자는 위의 결시자 확인란에도 표기

(서명 또는 날인)

1. 수험번호는 검은색 펜을 사용하여 '●'로 표기하시오.
2. 답안은 지워지거나 번지지 않는 동일한 종류의 검은색 펜을 사용하여 작성하시오.(연필/사인펜/수정테이프/수정액 등 사용 불가)
3. 연필로 작성한 부분, 수정테이프(수정액)를 사용하여 수정한 부분, 문항별 답안란 이외의 부분에 작성한 답안은 채점하지 않으니 유의하시오.

3교시 [ ] 학년도 공립 유치원, 특수학교 [유치원], 특수학교 [초등] 교사 임용후보자 선정경쟁시험 (제8차) 답안지

본인은 응시자 유의사항을 숙지하였으며 이를 지키지 않아 발생하는 모든 불이익을 감수할 것을 서약합니다.

성 명

유치원, 특수학교(유치원) 특수학교(초등) 교육과정 B 전용 답안지	쪽 번호
	❶ ②

수험번호

	① ②
	ⓞ ① ② ③ ④ ⑤ ⑥ ⑦ ⑧ ⑨
	ⓞ
	① ② ③ ④ ⑤ ⑥ ⑦ ⑧
	ⓞ ① ② ③ ④ ⑤ ⑥ ⑦ ⑧ ⑨
	ⓞ ① ② ③ ④ ⑤ ⑥ ⑦ ⑧ ⑨
	ⓞ ① ② ③ ④ ⑤ ⑥ ⑦ ⑧ ⑨
	ⓞ ① ② ③ ④ ⑤ ⑥ ⑦ ⑧ ⑨

※결시자 확인란(응시자는 표기하지 말 것)	
– 결시자 성명과 수험번호 기재 – 검은색 펜으로 결시자 수험번호와 우측란을 '●'로 표기	○

※감독관 확인란(응시자는 표기하지 말 것)	
– 본인 여부, 성명, 수험번호 기록 및 쪽수가 정확한지 확인 후 서명/날인 – 결시자는 위의 결시자 확인란에도 표기	(서명 또는 날인)

1. 수험번호는 검은색 펜을 사용하여 '●' 로 표기하시오.
2. 답안은 지워지거나 번지지 않는 동일한 종류의 검은색 펜을 사용하여 작성하시오.(연필/사인펜/수정테이프/수정액 등 사용 불가)
3. 연필로 작성한 부분, 수정테이프(수정액)를 사용하여 수정한 부분, 문항별 답안란 이외의 부분에 작성한 답안은 채점하지 않으니 유의하시오.

문항 1

문항 2

문항 3

문항 4

문항 5

문항 6

문항 7

문항 8

2교시 [ ] 학년도 공립 유치원, 특수학교[유치원], 특수학교[초등] 교사 임용후보자 선정경쟁시험 (제8차) 답안지

문항 1

문항 2

문항 3

문항 4

3교시 [ ] 학년도 공립 유치원, 특수학교[유치원], 특수학교[초등] 교사 임용후보자 선정경쟁시험 (제7차) 답안지

유치원, 특수학교(유치원) 특수학교(초등) 교육과정 B 전용 답안지

쪽 번호: ❷

문항 5

문항 6

문항 7

문항 8

3교시 [ ] 학년도 공립 유치원, 특수학교[유치원], 특수학교[초등] 교사 임용후보자 선정경쟁시험 (제7차) 답안지

문항 1

문항 2

문항 3

문항 4

문항 5

문항 6

문항 7

문항 8

1교시 [ ) 학년도 공립 유치원, 초등학교, 특수학교 [유치원·초등] 교사 임용후보자 선정경쟁시험 (제11차) 답안지

본인은 응시자 유의사항을 숙지하였으며 이를 지키지 않아 발생하는 모든 불이익을 감수할 것을 서약합니다.

성 명

유치원, 초등학교, 특수학교(유치원·초등) 교직 논술 전용 답안지

쪽 번호: ❶ ②

수험번호

※ **결시자 확인란** (응시자는 표기하지 말 것)
- 결시자 성명과 수험번호 기재
- 검은색 펜으로 결시자 수험번호와 우측란을 '●'로 표기

※ **감독관 확인란** (응시자는 표기하지 말 것)
- 본인 여부, 성명, 수험번호 기록 및 쪽수가 정확한지 확인 후 서명/날인
- 결시자는 위의 결시자 확인란에도 표기

(서명 또는 날인)

1. 수험번호는 검은색 펜을 사용하여 '●'로 표기하시오.
2. 답안은 지워지거나 번지지 않는 동일한 종류의 검은색 펜을 사용하여 작성하시오. (연필/사인펜/수정테이프/수정액 등 사용 불가)
3. 연필로 작성한 부분, 수정테이프(수정액)를 사용하여 수정한 부분, 문항별 답안란 이외의 부분에 작성한 답안은 채점하지 않으니 유의하시오.

문항 5

문항 6

문항 7

문항 8

문항 1

문항 2

문항 3

문항 4

문항 5

문항 6

문항 7

문항 8

2교시 [ ] 학년도 공립 유치원, 특수학교(유치원), 특수학교(초등) 교사 임용후보자 선정경쟁시험 (제10차) 답안지

본인은 응시자 유의사항을 숙지하였으며 이를 지키지 않아 발생하는 모든 불이익을 감수할 것을 서약합니다.

성 명

유치원, 특수학교(유치원)
특수학교(초등)
교육과정 A
전용 답안지

쪽 번호: ❶ ②

※ **결시자 확인란**(응시자는 표기하지 말 것)
- 결시자 성명과 수험번호 기재
- 검은색 펜으로 결시자 수험번호와 우측란을 '●'로 표기

※ **감독관 확인란**(응시자는 표기하지 말 것)
- 본인 여부, 성명, 수험번호 기록 및 쪽수가 정확한지 확인 후 서명/날인
- 결시자는 위의 결시자 확인란에도 표기

(서명 또는 날인)

1. 수험번호는 검은색 펜을 사용하여 '●'로 표기하시오.
2. 답안은 지워지거나 번지지 않는 동일한 종류의 검은색 펜을 사용하여 작성하시오.(연필/사인펜/수정테이프/수정액 등 사용 불가)
3. 연필로 작성한 부분, 수정테이프(수정액)를 사용하여 수정한 부분, 문항별 답안란 이외의 부분에 작성한 답안은 채점하지 않으니 유의하시오.

문항 1

문항 2

문항 3

문항 4

1교시 [ ] 학년도 공립 유치원, 초등학교, 특수학교 [유치원·초등] 교사 임용후보자 선정경쟁시험 (제10차) 답안지

1교시

[   ]학년도 공립 유치원, 초등학교, 특수학교 [유치원·초등] 교사 임용후보자 선정경쟁시험 (제10차) 답안지

유치원, 초등학교, 특수학교(유치원·초등) 교직 논술 전용 답안지

쪽 번호: ❶ ②

1. 수험번호는 검은색 펜을 사용하여 '●'로 표기하시오.
2. 답안은 지워지거나 번지지 않는 동일한 종류의 검은색 펜을 사용하여 작성하시오.(연필/사인펜/수정테이프/수정액 등 사용 불가)
3. 연필로 작성한 부분, 수정테이프(수정액)를 사용하여 수정한 부분, 문항별 답안란 이외의 부분에 작성한 답안은 채점하지 않으니 유의하시오.

문항 5

문항 6

문항 7

문항 8

2교시 [　] 학년도 공립 유치원, 특수학교[유치원], 특수학교[초등] 교사 임용후보자 선정경쟁시험 [제9차] 답안지

유치원, 특수학교(유치원) 특수학교(초등) 교육과정 A 전용 답안지

1. 수험번호는 검은색 펜을 사용하여 '●'로 표기하시오.
2. 답안은 지워지거나 번지지 않는 동일한 종류의 검은색 펜을 사용하여 작성하시오.(연필/사인펜/수정테이프/수정액 등 사용 불가)
3. 연필로 작성한 부분, 수정테이프(수정액)를 사용하여 수정한 부분, 문항별 답안란 이외의 부분에 작성한 답안은 채점하지 않으니 유의하시오.

문항 5	문항 6

문항 7	문항 8

[ ] 학년도 공립 유치원, 특수학교[유치원], 특수학교[초등] 교사 임용후보자 선정경쟁시험 (제9차) 답안지

2교시

본인은 응시자 유의사항을 숙지하였으며 이를 지키지 않아 발생하는 모든 불이익을 감수할 것을 서약합니다.

성 명

유치원, 특수학교(유치원) 특수학교(초등) **교육과정 A** 전용 답안지

쪽 번호: ❶ ②

※ 결시자 확인란(응시자는 표기하지 말 것)
- 결시자 성명과 수험번호 기재
- 검은색 펜으로 결시자 수험번호와 우측란을 '●'로 표기

※ 감독관 확인란(응시자는 표기하지 말 것)
- 본인 여부, 성명, 수험번호 기록 및 쪽수가 정확한지 확인 후 서명/날인
- 결시자는 위의 결시자 확인란에도 표기

(서명 또는 날인)

1. 수험번호는 검은색 펜을 사용하여 '●'로 표기하시오.
2. 답안은 지워지거나 번지지 않는 동일한 종류의 검은색 펜을 사용하여 작성하시오.(연필/사인펜/수정테이프/수정액 등 사용 불가)
3. 연필로 작성한 부분, 수정테이프(수정액)를 사용하여 수정한 부분, 문항별 답안란 이외의 부분에 작성한 답안은 채점하지 않으니 유의하시오.

문항 1

문항 2

문항 3

문항 4

1교시 [   ] 학년도 공립 유치원, 초등학교, 특수학교 [유치원·초등] 교사 임용후보자 선정경쟁시험 [제9차] 답안지

본인은 응시자 유의사항을 숙지하였으며 이를 지키지 않아 발생하는 모든 불이익을 감수할 것을 서약합니다.

성 명

유치원, 초등학교, 특수학교(유치원·초등) 교직 논술 전용 답안지

쪽 번호: ❶ ②

※ 결시자 확인란(응시자는 표기하지 말 것)
- 결시자 성명과 수험번호 기재
- 검은색 펜으로 결시자 수험번호와 우측란을 '●'로 표기

※ 감독관 확인란(응시자는 표기하지 말 것)
- 본인 여부, 성명, 수험번호 기록 및 쪽수가 정확한지 확인 후 서명/날인
- 결시자는 위의 결시자 확인란에도 표기

(서명 또는 날인)

1. 수험번호는 검은색 펜을 사용하여 '●'로 표기하시오.
2. 답안은 지워지거나 번지지 않는 동일한 종류의 검은색 펜을 사용하여 작성하시오.(연필/사인펜/수정테이프/수정액 등 사용 불가)
3. 연필로 작성한 부분, 수정테이프(수정액)를 사용하여 수정한 부분, 문항별 답안란 이외의 부분에 작성한 답안은 채점하지 않으니 유의하시오.

점수 기록지

✏️ 채점 후 점수를 기록해 보세요.

		교직 논술	교육과정 A	교육과정 B	총점
1회	2013학년도				
2회	2013학년도 추시				
3회	2014학년도				
4회	2015학년도				
5회	2016학년도				
6회	2017학년도				
7회	2018학년도				
8회	2019학년도				
9회	2019학년도 추시				
10회	2020학년도				
11회	2021학년도				
12회	2022학년도				

총점 추이

✏️ 나의 총점을 그래프 안에 점을 찍어 서로 이어 보세요.

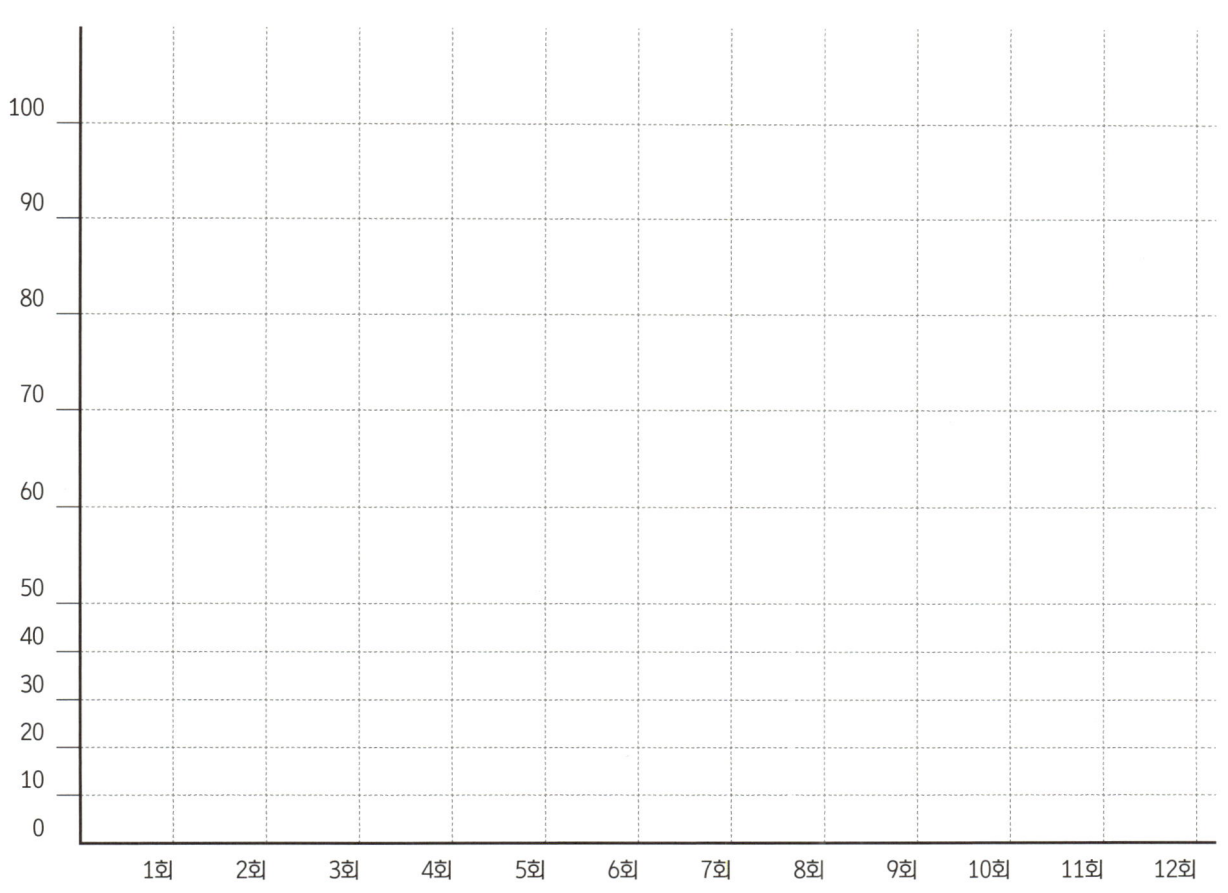

▶ 수학적 연계하기와 수학적 표상하기의 기준

수학적 연계하기의 기준	• 수학적 사고 간의 연관성을 인식하고 이를 적절하게 사용해야 한다. • 수학적 지식들이 상호 연관되어 있다는 것을 이해하고 하나의 전체를 만들기 위해 서로 연계시킬 수 있어야 한다. • 수학 이외의 상황에서 수학을 인식하고 적용할 수 있어야 한다.
수학적 표상하기의 기준	• 수학적 지식을 조작하고 기록하고 의사소통하기 위해 표상을 만들고 사용할 수 있어야 한다. • 문제를 해결하고 활용하기 위해 수학적 표상들을 선택하고 적용하고 변형시킬 수 있어야 한다. • 물리적·사회적·수학적 현상을 해석하고 모델화하기 위해 표상을 사용할 수 있어야 한다.

08

1)
- ① : 끈과 같이 ㉠과 같은 곡선이나 ㉡과 같은 각이 진 것도 잴 수 있는 임의측정 단위여야 한다.
- ② : 첫째, 동일한 임의측정 단위를 반복하여 측정할 때에는 단위를 반복할 때 사이가 벌어지지 않게 정확하게 연결해야 한다.
  둘째, 임의측정 단위로 물체들의 한쪽 끝에서 한쪽 끝까지 맞추어 재야 한다.

▶ 「배지윤의 누리해설」 p.99
- 임의 단위 사용 : 손 뼘, 발 길이, 블록, 연필, 양팔저울과 같은 임의 단위를 사용. 손 뼘이나 발 길이와 같은 신체 단위는 사람에 따라 다르므로 측정 결과가 달라진다는 점을 인식. 연필이나 끈-길이, 색종이-면적, 컵-들이와 같이 측정할 대상에 따라 적절한 임의측정 단위를 선택. 무게 측정 시 두 물체를 직접 들어 보면서 눈으로 보기에는 더 작은 물체이지만 손으로 들어 보았을 때 더 무거울 수 있다는 것을 알게 됨.
- 측정기술 : 측정할 속성에 적합한 단위를 선정. 동일한 단위를 반복하여 측정할 때 필요한 기술(단위를 반복할 때 사이가 벌어지지 않게 정확하게 연결하거나 물체들의 한쪽 끝을 맞추어 배열하기) 알기.

2)
- : ㉢은 우산을 임의측정 단위로 사용한 간접적 비교 유형이고, ㉣은 아빠와 승민이의 키를 직접 대 보며 비교한 직접적 비교 유형이다.

▶ 비교하기의 유형

시각적 비교	크기 차이가 두드러진 물체 비교
직접적 비교	두 물체를 나란히 놓아 보거나 한 물체를 다른 물체 위에 놓고 그 차이를 비교(두 물체를 겹쳐 놓는 놓기 전략과 두 물체의 모양이 유사하도록 방향을 조절하는 조절 전략이 필요)
간접적 비교	제3의 물체(측정도구)를 사용하여 비교

3)
- : ㉣은 비교 활동을 직접 경험한 것이므로 행동적 표상이며, ㉤은 비교의 내용을 언어라는 상징으로 표현한 것이므로 상징적 표상이다.

▶ 표상 양식(브루너 J. Bruner)

행동적 표상	아동이 환경과의 직접적인 경험을 통해 지식을 획득하는 단계로 피아제의 감각운동기와 전조작기에 해당한다. 따라서 아동은 직접적으로 환경을 탐색하기 위해 운동기술을 발달시켜 나가게 되며, 행동을 통해 환경과 직접적으로 접촉하여 지식을 획득해 나간다.
영상적 표상	아동이 새로운 대상을 이해하고 받아들이기 위해 정신적 영상을 사용할 수 있는 시기로 피아제의 전조작기와 구체적 조작기에 해당한다. 이 시기는 개념을 완벽하게 정의하는 것이 아니라 영상이나 심상을 통해 대체적으로 이해하게 된다. 따라서 이 시기에 보다 효과적인 학습의 형태는 도해, 그림, 사진, 시범을 보이는 것, 견학시키는 것 등과 같이 아동의 시각적 경험이나 감각적 경험을 이용하는 것이 된다.
상징적 표상	아동이 자신의 경험과 자기 주변에서 일어난 사건을 기술하기 위해 언어와 개념을 사용할 수 있는 시기로 피아제의 구체적 조작기와 형식적 조작기에 해당한다.

05

1)
- ① : 가운데에 있는 나무를 중심으로 오른쪽과 왼쪽의 같은 점과 다른 점을 찾아보자./그림에서 오른쪽과 왼쪽을 나누는, 중심이 되는 것이 무엇인지 찾아보자.
- ② : 개성표현이론/정신분석이론

> **참고**
>
> ▶ 미술의 요소와 원리
>
> | 미술의 요소 | | 선, 형(모양), 색, 명암, 질감, 공간감 |
> |---|---|---|
> | 미술의 원리 | 균형 | • 대칭, 비대칭, 방사적 균형
• 어떤 것이 더 무거워 보이는지 찾고 이유 설명해 보기 |
> | | 강조 | • 제일 먼저 눈에 띄는 부분을 확인 |
> | | 움직임 | • 정적인 느낌과 동적인 느낌 차이
• 움직이는 느낌의 확인 및 이유 설명해 보기 |
> | | 조화
(통일성) | • 색, 선, 모양, 질감 등의 반복
• 리듬(패턴에 따라 반복) |
>
> ▶ 균형
> - 균형이란 어느 한쪽으로 기울거나 치우치지 않은 평형 상태를 말한다. 균형을 이루는 방식에는 대칭적 균형과 비대칭적 균형이 있다.

2)
- ① : 중앙원근법적 표현/회전식 표현
- ② : 유아는 공간개념과 미술 표현 기술에 한계가 있으므로 하나의 시점으로 사물을 표현하기 힘들어하기 때문이다. 따라서 가운데에 하나의 물체를 그리고 화지를 돌려 가면서 그리는 회전식 표현이 나타나게 된다.

3)
- : 생태학적 접근을 통한 미술 교육을 적용하여 인근 공원을 방문하여 나뭇가지나 나뭇잎 등 자연물을 수집한 것으로 콜라주 미술 표현 활동을 하는 것이다.

> **참고**
>
> ▶ 커뮤니티 중심 미술 교육
> (1) 지역사회 중심 미술 교육 : 지역사회에 있는 미술관, 박물관, 마을회관, 주민센터, 도서관, 건물, 야외공원, 지역 수공예품, 지역사회 내 미술가 등을 포함한 지역사회 내의 모든 장소와 물적·인적 자원을 미술 교육에 활용하고 접목하는 교수법이다.
> (2) 생태학 중심 미술 교육 : 우리가 살고 있는 지역의 산과 바다, 숲, 강, 냇가, 저수지, 습지 등을 포함한 모든 물리적 자연환경과 사회적 환경을 미술 교육에 접목한 자연 체험 학습이나 생태체험 학습법이다.
> (3) 민족공동체 중심의 미술 교육 : 특정한 민족공동체가 살고 있는 그 지역의 문화와 풍습, 사회 물리적 환경을 미술 교육에 활용하여 접목하는 교수학습 방법이다.
> (4) 사이버공동체 중심 미술 교육 : 오늘날 인터넷의 급속한 확산 속에서 21세기를 살아가는 우리 세대들의 또 다른 삶의 공간으로서의 가상공간인 온라인 사이버공동체를 미술 교육에 활용하는 교수학습 방법이다.

06

1)
- ① : 관찰
- ② : 전조작기 유아들은 논리적 사고보다는 직관적 사고의 특성이 있으므로 추상적인 경험보다 직접적인 경험을 해야 더욱 흥미를 갖고 지속적으로 탐구하려고 하기 때문이다.

2)
- ① : 물체가 크면 물에 가라앉고 작으면 물에 뜬다고 생각하는 것이다.
- ② : 물체의 무게/물체의 밀도

3)
- : 바구니에 담겨 있는 물체를 물에 넣어 보고 '뜨는 물건과 안 뜨는 물건'의 분류하기 활동

07

1)
- ① : 연진이는 도형의 모양과 명칭을 인식하는 단계이므로 꼭짓점의 개수 등과 같은 도형의 속성을 알도록 지도해야 한다.
- ② : 수진이는 '자기중심적 표상' 수준이다. 아이스크림 가게의 위치를 '내 옆에는 없어'라고 하면서 자기를 중심으로 공간을 이해하고 표상하려고 하기 때문이다. 반면 다영이는 '지표중심적 표상' 수준이다. 장난감 가게를 중심으로 아이스크림 가게를 나타내고 있기 때문이다.

> **참고**
>
> ▶ 유아가 도형의 속성을 인식하고 보이는 반응
> (클레멘츠와 사라마 D. Clements & J. Sarama)
> 유아가 도형의 시각적 특징뿐만 아니라 속성적 특징을 주목하고, 표현할 수 있도록 교육할 필요가 있다.
>
> | 시각적인 반응 | 주변 사물의 형태를 참조하여 보이는 반응으로서, 모양의 형태를 종이나 허공에 그리면서 '~처럼 생겨서'라고 표현하는 것이다. |
> |---|---|
> | 속성적인 반응 | 기하학적인 요소나 모양의 속성을 이해하여 보이는 반응으로서, 삼각형의 모양을 설명할 때 '선이 3개예요.' 또는 '뾰족한 점이 3개예요.'라고 표현하는 것이다. |

2)
- : 사회적 지식, 사회적 지식이란 도형의 명칭과 같이 사회적 약속에 의해 만들어진 지식으로 다른 사람의 설명을 통해 획득되는 지식을 말한다.

3)
- ① : 연계하기
- ② : 수학적 지식을 활용하여 다른 영역 및 과목이나 활동에 적용하는 것이다.

2)
- ② : 친구와 갈등이 있을 때 우리의 속상한 마음을 어떻게 표현하면 좋을까?/친구와 의견이 맞지 않을 때 화내는 것 말고 다른 방법은 없을까?/놀이하다가 친구와 생각이 다를 때 어떻게 하면 서로 웃으면서 다시 놀이할 수 있을까?

> **참고**
>
> ▶ 2019 개정 유치원 교육과정 '사회관계' 영역
>
> | 내용 범주 | 나를 알고 존중하기 |
> |---|---|
> | 내용 | 내용 이해 |
> | 나를 알고 소중히 여긴다. | 유아가 자신을 나타내는 나이, 성별, 모습 등에 대해 알고, 자신을 소중히 여기며 가치 있는 존재로 느끼는 내용이다. |
> | 나의 감정을 알고 상황에 맞게 표현한다. | 유아가 자신의 감정에 대해 알고 다양한 상황에서 자신의 감정을 적절하게 표현하는 내용이다. |
> | 내가 할 수 있는 것을 스스로 한다. | 유아가 자신이 할 수 있는 일을 알고 자신감을 가지며 자율적으로 실천해 가는 내용이다. |

3)
- : 대인관계 지능이다. 이는 지현이가 속상해하는 서연이를 안아 주고 토닥여 준 것과 같이 타인의 정서, 동기, 의도 등을 이해하고 이에 적절히 반응할 수 있으며 대인 간 상호관계를 잘 다루어 가는 능력이다.

03

1)
- : 변화, 유아들이 아기 때 사진 속 모습과 현재 자신의 모습을 비교하며 더 컸음을 이야기한 것과 같이 과거와 현재가 있음을 알고 과거와 현재의 변화를 이해하는 것이다.

> **참고**
>
> ▶ 역사 교육의 내용
>
> | 시간 | 사건을 시간에 따라 순서 지어 봄으로써 과거와 현재의 흐름을 아는 것이다. |
> |---|---|
> | 변화 | 시간의 흐름에 따른 유아 자신과 가족, 이웃 등 주변 생활의 변화를 이해하고 수용 및 적응하는 방법을 아는 것이다. |
> | 인과관계 | 과거의 모든 사실이나 사건에는 원인이 있고, 이러한 원인의 영향을 받아 현재의 상황에 이르게 된다는 것을 아는 것이다. |
> | 생활의 연속성 | 역사 교육을 통해 유아는 과거의 사건이 현재의 생활에 주는 영향에 대해 이해하는 것이다. |
> | 리더십 | 역사적 인물이나 영웅들에 대해 관심을 가지며 이들에 대한 동일시를 통해 바람직한 가치관을 형성하는 것이다. |

2)
- ① : 점토로 얼굴 만들기에서 무엇을 어떻게 해야 할지 모르는 도은이는 미영이의 말과 행동을 모방하여 점토 활동의 동기가 유발되었다.
- ② : 자기 강화, 도은이가 점토 작품을 만든 후 자신의 작품에 대해 감탄하는 것과 같이 자기가 수행한 일에 대해 스스로 칭찬하는 등의 보상을 해 주는 것이다.

3)
- ① : 역할극/극놀이
- ② : 역할극(극놀이)을 통해 서로 입장을 바꿔 역할을 맡아 놀이해 봄으로써 친구의 감정, 생각, 행동에 대해 이해할 수 있다.

> **참고**
>
> ▶ 2019 개정 유치원 교육과정 '사회관계' 영역
>
> | 내용 범주 | 더불어 생활하기 |
> |---|---|
> | 내용 | 내용 이해 |
> | 가족의 의미를 알고 화목하게 지낸다. | 유아가 자신의 가족 구성원을 알고, 가족과 함께 생활하며, 가족은 서로 돕고 살아간다는 것을 경험하는 내용이다. 가족의 구성원이 다양함을 이해하고 존중하는 내용이다. |
> | 친구와 서로 도우며 사이좋게 지낸다. | 유아가 친구들과 함께 놀이하는 즐거움을 느끼고 친구와 서로 도우며 배려하고 협력하며 더불어 살아가는 내용이다. |
> | 친구와의 갈등을 긍정적인 방법으로 해결한다. | 유아가 친구와 갈등이 생겼을 때 자신의 감정과 생각을 제대로 표현하고, 배려, 양보, 타협 등을 통해 해결하는 내용이다. |
> | 서로 다른 감정, 생각, 행동을 존중한다. | 유아가 다른 사람들의 감정, 생각, 행동에 관심을 갖고 감정, 생각, 행동이 서로 다를 수 있음을 이해하고 존중하는 내용이다. |
> | 친구와 어른께 예의 바르게 행동한다. | 유아가 친구와 어른께 배려, 존중, 공경하는 마음을 담아 예절을 실천하는 내용이다. |

04

1)
- : '지난 시간에 배운 '빗방울' 노래를 손기호와 함께 계이름으로 부른다.'는 해당하지 않는다. 손기호와 계이름으로 부르기는 오르프가 아니라 코다이의 음악 교수 방법에 해당하기 때문이다.

2)
- ① : 음색
- ② : 다양한 악기 소리를 각기 다른 색깔과 크기로 표현해 보기

3)
- ① : 실로폰/멜로디언, 리듬막대/탬버린/캐스터네츠 등
- ② : '조화로운 즉흥연주가 되도록 기억한 것을 반복하여 연습하도록 한다.'는 부적절하다. 즉흥연주란 그 즉석에서 표현하고 싶은 것을 연주하는 것으로, 기억하거나 연습한 것을 연주하는 것이 아니기 때문이다.

2022학년도 유치원 교육과정 B 　본책 p.214

01

1)
- ① : 상호의존성
- ② : 현재의 시간과 공간에서는 직접적으로 경험할 수 없는 것을 모형이나 사진 등을 통해 비교적 구체적으로 표상하면서 경험을 확장시킬 수 있다.

▶ 환경 교육의 내용 〔장학자료 「교사와 유아를 위한 유아 사회 교육 활동자료」(2007)〕

주변 환경 깨끗이 하기	오염되고 훼손되고 있는 환경을 보호하는 방법을 알고 지키기, 자신이 사용한 물건을 제자리에 정돈하고 청소하는 습관 기르기, 교실에서 공동으로 사용하는 물건을 함께 청소하기
상호의존성	생명체(사람, 동물, 식물)는 서로 의존하며 살아간다는 것을 알고 동식물 보호하기, 우리가 살아가는 데 자연환경(물, 공기, 흙)이 매우 중요함을 알기
재활용과 재사용	재활용의 의미와 재사용의 의미를 알고 실천하기
심미감	주변 자연의 아름다움을 감상함으로써 생명체의 연결고리와 환경보호에 관심 가지기, 잡초 뽑기, 나무 심기, 단풍잎의 잎맥 관찰하기 등
지구의 자원 보호	줄어드는 자원에 관심을 가지며 지구 자원을 보호하기 위한 방법을 알고 지키기

2)
- ① : 문제해결하기 단계이다. / 결론 도출하기 단계이다.
- ② : 지구가 뜨거워져서 동물들의 집이 없어지지 않도록 하는 다양한 문제해결 방법 중 ⓑ이 유아들이 가장 쉽게 실천할 수 있는 것이기 때문이다.

▶ 문제해결학습법

문제 확인하기 단계	해결하여야 할 문제 상황을 인식하고 그중에서 해결하여야 할 문제를 명료화하는 단계이다.
문제해결 방법 찾기 단계	문제해결을 위한 가설을 설정하고 이를 바탕으로 하여 문제해결을 위한 계획을 하고 자료를 수집하는 단계이다.
문제해결하기 단계	탐구한 문제해결 방법을 바탕으로 하여 가설을 검증하고 최선의 해결안으로 문제 해결을 시도하는 단계이다.
일반화하기 단계	문제해결 과정에서 터득한 원리를 다른 상황에 적용하고 연습함으로써 학습 내용을 익히는 단계이다.

〈다른 단계〉
문제 인식하기 → 가설 세우기 → 실험하기 → 결론 도출하기 → 결과에 대해 의사소통하기의 단계를 거침. (코스텔닉 외, 1999)

3)
- : (일반화하기 단계) 그럼 각자 집에서는 어떤 노력을 할 수 있을까?

02

1)
- ① : 규칙있는 게임
- ② : [A]는 윷놀이의 기본 규칙을 지키며 하는 놀이이고, [C]는 게임에 참여하는 유아들의 흥미와 요구에 맞게 규칙을 변경하며 하는 놀이이다.

2)
- ① : 자기 조절하기

▶ 유아 사회 교육에서 다루어야 할 사회적 기술

자기 조절력	· 유아가 목표를 달성하기 위해 순간의 충동이나 욕구와 행동을 억제할 수 있는 능력으로, 유아는 자신의 흥미와 요구, 관심사를 현실 상황을 고려하여 조정하고 통합할 수 있어야 한다.
친구 사귀기	· 유아들은 또래에게 수용되기 위해서는 친구와 물건을 나눠 쓰고, 양보해야 할 필요성을 배우게 된다. · 유아가 친구를 사귀고 또래로부터 인정받는 것은 유아들의 긍정적인 자아개념과 친사회적 기술 획득뿐 아니라 학업 성취도에도 중요한 영향을 미친다.
공유하기	· 공유하기는 타인과 사물이나 권리, 애정 등을 나눠 가지는 것을 말한다. · 교사는 유아의 개인적 소유권을 존중하면서 교실의 공용 물건과 공간을 나눠 쓰도록 지도해야 한다.
협력하기	· 유아들은 친구와 협력하면서 구성원 간에 서로 의견이 다를 수 있다는 것을 이해하고, 모두의 이익을 위해 때로는 자신의 요구를 조절하고 양보할 필요성이 있다는 것을 알게 된다.
의사소통과 협의기술	· 의사소통 능력은 다른 사람의 의견을 잘 듣고 공감하며 자신의 마음을 효과적으로 표현하는 것을 의미한다.
갈등 해결 하기	· 유아가 직면한 갈등 상황에서 스스로 갈등을 원만하게 해결할 수 있도록 하는 것이다. · 갈등 해결을 위한 상호작용 시 교사는 유아가 갈등의 원인과 결과와의 관계를 연결 지어 생각할 수 있도록 하고, 유아의 어떤 행동과 말이 갈등 해결에 작용하게 되는지를 이해할 수 있도록 도와야 한다.

07

1)
- : 명시적 어휘 지도

명시적 어휘 지도	교수자가 직접적으로 어휘를 가르쳐 준다거나 사전을 활용하기, 단어 목록 혹은 단어 노트 활용 등과 같은 직접적으로 어휘에 초점을 맞춘 자료들과 활동 등을 통하여 학습자들이 언어 자체에 초점을 맞추어 의도적으로, 계획적으로 어휘가 학습되는 것을 의미한다.
암시적 어휘 지도	어휘 학습을 위하여 시간을 따로 들이거나 어휘 학습 자료를 따로 만드는 것이 아니라 읽기 혹은 듣기 활동 속에서 나타나는 어휘를 자연스럽게 비계획적으로, 우연적으로 학습하는 것을 뜻한다. 영화, 드라마, 라디오와 같은 주어진 문맥 속에서 전달되는 메시지에 초점을 맞추고 어휘는 부가적인 학습이 되는 것이다.

▶ 명시적 어휘 지도와 암시적 어휘 지도

2)
- ① : 탈맥락적
- ② : 만일 너희가 곰돌이였다면 어떻게 했을까?

▶ 맥락화 · 탈맥락화 언어와 내러티브

밥을 먹을 때 "이거 맛있지.", 놀이할 때 "인형 옷이 벗겨졌어." 등 유아가 하는 말은 모두 밥을 먹거나 놀이하는 맥락에서 구체적으로 드러나는 상황에 대한 것이다. 그러나 유아들도 현재의 맥락에서 벗어나 추상적인 상황과 언어를 다루고 사용해야 하는 경우가 있다. 예를 들면, 지나간 일을 기억해서 말하거나 그림책의 이야기를 말할 때이다. 이런 경우, 유아는 지금 여기서 벌어지는 상황을 벗어나 기억이나 상상에 기초하여 표현해야 하므로 탈맥락적인 사고를 해야 하고, 설명하기, 이야기하기, 또는 가장하기 같은 특정 구조를 갖는 탈맥락적 언어를 사용해야 한다. 탈맥락적 언어 사용의 대표적인 예로서 내러티브를 들 수 있다. 내러티브는 일반적으로 개인적 내러티브와 가상적 내러티브로 분류된다. 개인적 내러티브는 개인의 경험을 이야기하는 내러티브 형태이며, 가상적 내러티브는 가상적으로 꾸며낸 이야기를 말하는 형태이다.

3)
- ① : '자·모음 결합원리도 직접적으로 지도해요.'가 잘못되었다. 이는 언어의 형식을 중요하게 여겨 언어의 작은 단위부터 지도하고자 하는 발음중심 접근법에 기초한 것이기 때문이다.
- ② : 창안적 쓰기도 관례적 쓰기와 마찬가지로 유아의 생각과 경험을 표현하는 기능을 갖고 있기 때문이다.

08

1)
- : '노래만'은 '노래'와 '만'의 두 개의 형태소로 구분된다. 자립성 측면에서 '노래'는 단어 하나만으로도 스스로 쓰일 수 있는 자립형태소인 반면, '만'은 명사나 부사 등과 함께 쓰이는 의존형태소이다.

2)
- ① : 의태어
- ② : 의인법

3)
- ⓒ : (동물의) 동작(행동)이 나오면 박수를 친다.
- ⓒ : 동물과 (동물의) 동작이 나오면 동물에서는 머리를 만지고 동작에서는 박수를 친다.

참고

▶ 「아동복지법」

제10조의2(아동권리보장원의 설립 및 운영) ① 보건복지부장관은 아동정책에 대한 종합적인 수행과 아동복지 관련 사업의 효과적인 추진을 위하여 필요한 정책의 수립을 지원하고 사업평가 등의 업무를 수행할 수 있도록 아동권리보장원(이하 "보장원"이라 한다)을 설립한다.
② 보장원은 다음 각 호의 업무를 수행한다. 〈개정 2020. 12. 29〉
6. 아동학대의 예방과 방지를 위한 제22조제6항 각 호의 업무

▶ 「아동학대범죄의 처벌 등에 관한 특례법」

제10조의2(불이익조치의 금지) 누구든지 아동학대범죄신고자등에게 아동학대범죄신고 등을 이유로 불이익조치를 하여서는 아니 된다.
제10조의3(아동학대범죄신고자등에 대한 보호조치) 아동학대범죄신고자등에 대하여는 「특정범죄신고자 등 보호법」 제7조부터 제13조까지의 규정을 준용한다.

2)
- ㉣ : 동행요청
- ㉤ : 응급조치

참고

▶ 아동학대 신고 시 처리 절차도

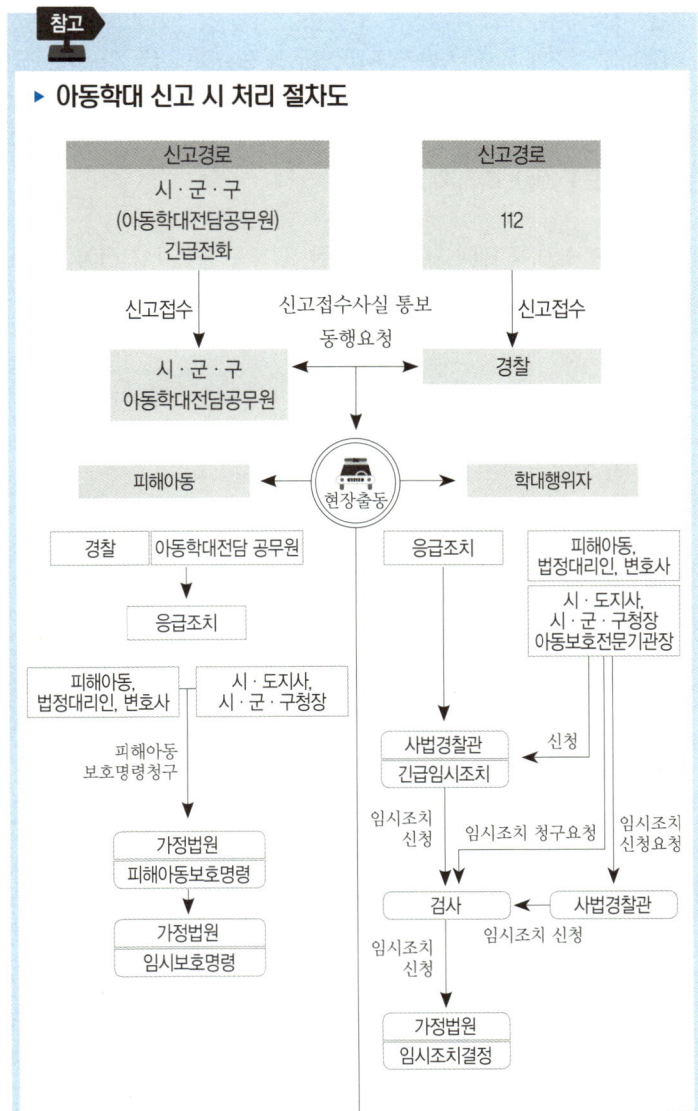

04

1)
- ㉠ : 심폐지구력
- ㉡ : 비이동성

2)
- ① ㉢ : 유아들이 활발하게 움직이면(힘들어하면) 활동 공간을 넓혀 줌(제한함).
  ㉣ : 유아의 운동 능력과 협동 능력이 낮은(높은) 유아를 위해 운동 수행 인원을 줄여 줌(늘여 줌)
- ② ㉤ : 운동수행 조건변화

05

1)
- : 첫째, 준재에게 다른 놀잇감을 가지고 함께 놀자고 한 것이다. 둘째, 준재와 스마트폰을 1시간만 사용하기로 약속한 것이다.

2)
- : 첫째, 준재가 공놀이를 좋아하니 부모가 준재와 함께 공놀이를 할 것을 제안한 것이다. 둘째, 부모님 스마트폰에 자녀의 스마트폰 사용 시간을 설정해 놓으면 알려 주는 앱이 있으니 이용해 볼 것을 제안한 것이다.

3)
- : 집단면담

06

1)
- ① : 유아가 언어를 이해하고 산출하는 선천적 능력이 있다는 것을 믿고 그 능력이 발휘될 때까지 기다리는 것이다.
- ② [B] : 발음 중심(부호 중심) 언어지도 방법
  [C] : 총체적 언어지도 방법/문학적 언어지도 방법

2)
- ① : ㉢이다. ㉢은 음절을 인식하는 활동인 반면, 나머지 활동은 음소를 인식하는 활동들이다.
- ② : 음소대치

2022학년도 유치원 교육과정 A

01

1)
- : 유아 중심의 배움을 실현하는 데 교사의 교육적 판단이 중요한 역할을 하기 때문이다.

2)
- ① : '지역, 기관 수준의 다양성'이 잘못되었다. '국가 수준의 공통성과 지역, 기관 및 개인 수준의 다양성을 동시에 추구해요.'가 적절하다.
- ② : 놀이 지원 계획

> **참고**
>
> ▶ 2019 개정 유치원 교육과정 '성격'
>
> 국가 수준의 공통성과 지역, 기관 및 개인 수준의 다양성을 동시에 추구한다.
>
> ▶ 2019 개정 유치원 교육과정 놀이실행자료 p.10
>
> 진정한 유아·놀이 중심 교육과정은 교사의 책무성이 자율성을 뒷받침할 때 완성된다. '책무성'이란 유아·놀이 중심 교육과정에서 놀이, 일상생활, 활동이 잘 이루어질 수 있도록 고민하고 지원하는 교사의 역할 인식 및 실천을 의미한다. 특히, 교사의 책무성은 놀이 속에 녹아 있는 배움과 누리과정 5개 영역의 내용을 읽어내고 지원하는 것이 핵심이다. 이는 교사가 수시로 일과 가운데 유아·놀이 중심의 철학을 벗어나지는 않았는지 자신을 돌아보면서 교수를 실천할 때 지켜진다. 기존에 혹시라도 '미리 계획한 계획안에 기반한 실행과 평가'에 주력하였다면 이제는 '지속적인 놀이 지원 계획을 수립하는 것'에 힘을 쏟을 필요가 있다. 즉, 유아·놀이 중심 교육과정이라고 하여 교사의 역할이 축소되는 것이 아니라 학급 수준 교육과정의 개발자로서 더 높은 전문성이 요구되는 것이다.

3)
- ① : 유아들의 요구대로 모래 구덩이를 파는 삽을 제공하여 유아 주도적인 놀이와 배움을 지원했다.
- ② : 처음에는 모래 구덩이를 뛰어넘지 못했으나 뛰어넘기를 반복하더니 모래 구덩이를 능숙하게 뛰어넘게 되었다.

> **참고**
>
> ▶ 2019 개정 누리과정 해설서 pp.53~54
>
> 나. 유아의 특성 및 변화 정도와 누리과정의 운영을 평가한다.
>
> 평가는 유아 평가와 누리과정의 운영 평가로 이루어진다.
> 유아 평가는 궁극적으로 유아의 행복과 전인적 발달을 지원하는 데 그 목적이 있다. 교사는 유아의 놀이, 일상생활, 활동 속에서 유아의 고유한 특성이나 의미 있는 변화를 발견하고, 그것을 바탕으로 유아의 배움과 성장을 돕기 위하여 평가를 할 수 있다. 교사는 유아의 배움이 나타나는 놀이, 일상생활, 활동에서 유아가 가장 즐기고 잘하는 것, 놀이의 특성, 흥미와 관심, 친구 관계, 놀이를 이어가기 위한 자료의 활용 등에 주목하여 유아 놀이를 관찰하고 이를 통해 유아의 특성과 변화를 이해하도록 한다.
> 누리과정 운영 평가는 유치원과 어린이집의 교육과정이 유아·놀이 중심으로 적절하게 운영되고 있는지 평가하는 데 그 목적이 있다. 유치원과 어린이집의 누리과정 운영 평가에서는 놀이시간을 충분히 운영하였는지, 유아 주도적인 놀이와 배움이 이루어지고 있는지, 놀이 지원이 적절한지 등을 평가할 수 있다. 이는 놀이 속에서 나타나는 유아의 특성 및 변화 정도와 연계하여 파악할 수 있다. 필요에 따라 부모와의 협력이나 행정적·재정적 지원이 적절하게 이루어지고 있는지 등을 평가할 수도 있다.

02

1)
- ① : 우리 반 유아들은 단풍잎에 관심을 가지고 단풍잎을 만져 보고, 모양과 색깔을 살펴보면서 식물에 대해 알아보고 싶어 해요.
- ② : 지적·도덕적·기능적인 것을 조화롭게 발전시켜 나가는 것이다.

2)
- ① : 자동교육
- ② : '민감기에 준비된 환경을 마련해 줄 필요가 없다.'가 잘못되었다. 유아들의 민감기 및 발달 수준에 적합하도록 준비된 환경을 제공해 주어 교구와의 상호작용을 통해 자동교육이 일어날 수 있도록 해야 하기 때문이다.

3)
- : 놀이 후 놀이를 위해 사용한 놀잇감 및 도구 등을 제자리에 정리하여 공간의 질서를 이룰 수 있도록 지도해야 한다.

> **참고**
>
> ▶ 리듬을 통한 질서의 원리(슈타이너 Rudolf Steiner)
> 이를 통해 유아는 심리적 안정감을 느낄 수 있다.
>
> | 공간의 질서 | 정리정돈에 의해 정리된 공간은 유아에게 활동에 몰입할 수 있는 여유를 준다. |
> |---|---|
> | 시간의 질서 | 시간을 질서 있게 운영하는 것으로, 하루 일과뿐 아니라 일주일, 한 달, 일 년의 주기로 규칙성을 가지고 운영되어야 한다. |
> | 영혼의 질서 | 영혼의 질서는 외부 세계를 받아들이는 데 긍정적 역할을 한다. |

03

1)
- ㉠ : 아동권리보장원
- ㉡ : 2
- ㉢ : (아동학대범죄) 신고자에 대한 보호

예시답안과 해설

2022학년도 유치원 교직논술

내용	작성란	
만들어가는 교육과정의 개념 1가지(1점)	국가에서 주어지는 것만이 아닌 교사와 유아가 함께 구성해 가는 것이다.	
만들어가는 교육과정이 유아에게 미치는 긍정적 효과 2가지(2점) [3점]	흥미와 관심을 가지고 적극적으로 놀이에 참여할 수 있다.	
	교사의 적절한 지원과 유아의 주도적인 놀이로 인해 놀이가 더 정교하게 발전할 수 있다.	
시간, 공간, 자료, 활동 유형 각각의 측면에서 유아 놀이 지원 방안 1가지씩 4가지 [4점]	시간	놀이시간을 연장해 주어 유아들의 호기심과 흥미에 기반한 배움의 기회를 줄 수 있다.
	공간	경사로 놀이를 위해 교실 밖으로 놀이 공간을 확장시켜 줄 수 있다.
	자료	경사로에서 굴려 볼 수 있는 자료를 다양하게 지원해 줄 수 있다.
	활동 유형	경사로의 기울기에 따라 속도가 어떻게 변화하는지 예측하고 실험하고 결과에 대해 토론하는 과학 활동으로 활동 유형을 변경할 수 있다.
교수 행동 전략 2가지(2점)와 각각의 장점 1가지씩 2가지(2점) [4점]	교수 행동 전략	장점
	시범 보이기	활동이 어려운 유아들이 쉽게 따라 하며 놀이에 참여할 수 있다.
	언어화 및 인정하기	유아는 자신의 활동에 대해 자신감을 가지고 더 적극적으로 놀이할 수 있다.
학습공동체의 특징 2가지 (2점)	여러 교사들이 경험 사례를 나누고 고민도 솔직하게 나누며 서로 격려하며 배울 수 있다.	
	유아 놀이 중심 교육과정을 운영하면서 생긴 어려움을 해결하는 방안도 서로 도우며 찾을 수 있다.	
교사 개인, 기관 차원에서 나타날 수 있는 기대 효과 각각 1가지씩 2가지(2점) [4점]	교사 개인 차원에서 교사로서의 전문적 성장을 할 수 있다.	
	기관 차원에서 서로 돕고 협력하는 유치원의 조직문화를 형성할 수 있다.	

▶ 시간 개념(찰스워스 R. Charlesworth)

개인적 시간	유아의 경험을 중심으로 과거와 현재, 미래를 생각하는 것이다.
사회적 시간	정해진 일과를 이해하고 학습하는 것이다.
문화적 시간	시계와 달력 같은 객관적인 시간을 이해하는 것이다.

08

1)
- ① : 증가패턴/성장패턴
- ② : 3~4명의 유아가 두 팔을 만세하듯이 위로 올려 V자로 만들고 일직선으로 선다. (패턴의 기본단위를 대칭 모양으로 한 것)

▶ 패턴의 생성 방식에 따른 유형

반복패턴	패턴을 이루고 있는 구성요소가 일정한 규칙에 따라 변화없이 반복되는 패턴이다. 예 AbAb / AAbAAb 등
성장패턴	패턴을 이루고 있는 구성요소가 일정한 규칙에 따라 변형(증가, 혹은 감소)하여 만들어지는 패턴이다. 예 AbAAbAAAbAAAAb
관계패턴	두 개의 숫자가 함수와 관련되어 나타나는 패턴을 의미한다. 예 1-8, 2-16, 3-24
대칭패턴	패턴의 기본단위가 대칭이 되면서 만들어지는 패턴을 의미한다. 대표적인 예로는 ◁▷◁▷◁▷의 배열과 같이 패턴의 기본 요소를 반으로 접었을 때 대칭을 이루면서 만들어지는 유형이다.
회전패턴	패턴의 기본단위가 회전되어 만들어지는 패턴 유형이다. 예 ↑⇒⇓⇐↑⇒⇓⇐↑…

▶ 패턴의 표상 양식

시각적 유형	신호등의 색깔 변화, 옷과 포장지의 무늬, 타일 바닥 등 시각적으로 발견할 수 있는 패턴이다.
청각적 유형	여러 가지 소리를 이용하여 만들어진 패턴으로 청각적인 감각으로 발견할 수 있는 패턴이다.
운동적 유형	신체를 이용하여 만든 패턴으로 스키핑-호핑-스키핑-호핑, 앉기-서기-앉기-서기와 같이 동작을 이용하여 만든 패턴이다.

2)
- ⓒ : 복합분류, 한 번에 두 가지 또는 그 이상의 공통된 속성에 따라 분류하는 것이다.
- ⓔ : 짝짓기, 같은 것 또는 관련 있는 것끼리 연결하는 것이다.

▶ 분류 발달 단계

(1) 비요르클룬드(Bjorklund, 2000)에 기초한 발달 단계

짝짓기 (관련짓기)	같은 것 또는 관련 있는 것끼리 연결하는 것을 말한다. 짝짓기는 분류하기의 가장 기초적인 단계로서 일대일 대응의 개념과 관련된다. 유아는 물체의 차이점보다는 공통점을 먼저 인식하므로 자연스럽게 같은 물체끼리 짝짓는 경험을 한다. 예 신발만 모으기, 어미와 새끼 동물, 실과 바늘 등 유사하거나 어울리는 것끼리 짝지어 볼 수 있다.
단순분류	한 가지 공통된 속성에 따라 사물을 분류하는 것이다.
복합분류	한 번에 두 가지 또는 그 이상의 공통된 속성에 따라 분류하는 것이다.

(2) 찰스워스(R. Charlesworth, 2000)

임의적 분류	주관적 기준으로 분류하는 것이다. 즉, 사물의 객관적 유사성과 차이점은 무시한다.
단순분류	한 가지 공통된 기준에 따라 사물을 분류하는 것이다.
복합분류	두 가지 또는 그 이상의 공통된 기준에 따라 분류하는 것이다.

(3) 라바텔릭(Lavatellic, 1973)

단순 분류	색깔이나 크기 또는 모양과 같이 현저하게 눈에 띄는 한 가지 속성에 따라 물체들을 분류하는 것이다.
논리적 분류	물체들의 모임에서 공통된 속성을 추출해 내고 그 그룹 외에 다른 물체들에서도 같은 속성을 발견해 내는 두 과정을 동시에 하는 것이다.
복합 분류	한 번에 한 가지 이상의 속성에 의해 물체를 분류할 수 있고 한 가지 물체가 동시에 여러 유목에 속할 수 있다는 것을 인식하는 것이다.
전체-부분 관계	어떤 유목의 모든 구성원이 갖고 있는 속성을 구분하는 것이다.
유목 포함 관계	물체들을 세부 유목에 따라 분류할 수 있고 세부 유목들을 다시 더 큰 유목에 포함시킬 수 있다.

3)
- : 그림 그래프

해석	• 작가, 활동명을 소개한다. - 작가는 왜 이런 작품을 만들었을까?/이 작품에 제목을 붙인다면 무엇이라 하고 싶니?
평가	• 작품을 내면화하고 재창조적 사고를 해 볼 수 있도록 한다. - 너희들이 화가처럼 작품을 만든다면 무엇을 만들고 싶니?/어떤 재료로 만들 수 있을까?/어떤 크기로 만들고 싶니? 그 후에 제목을 바꾼다면 뭐라고 하고 싶니?

06

1)
- • : 나무 막대 놀잇감의 사용 방법과 놀이 전략을 교사가 모두 가르쳐 주고 그대로 놀이하게 한 점은 부적절하다. 유아가 직접 놀잇감을 탐색하고 나름대로 놀이 방법을 만들고 놀이 전략을 세우도록 하여 유아 스스로 창의성과 문제해결력을 기르도록 해야 하기 때문이다.

2)
- • ① : 논리 · 수학적 지식
- • ② : 직접 실험을 통해 쓰러진 나무 막대와 쓰러지지 않은 나무 막대의 거리를 비교해 보다가 쓰러뜨리기 위해서는 나무 막대를 가깝게 놓아야 한다는 것을 안 것과 같이 직접 경험에 의해 사물과 사물의 관계에 대해 알게 되는 지식이다.

> 참고
>
> ▶ 지식의 유형(피아제 J. Piaget)
>
> | 물리적 지식 | 물체의 속성으로부터 얻을 수 있는 지식이다. 유아의 감각적 경험을 통해서 스스로 직접적인 실험을 해야 한다. |
> |---|---|
> | 논리 · 수학적 지식 | 사물과 사물의 관계를 통해서 얻을 수 있는 지식이다. |
> | 사회적 지식 | 다른 사람과 상호작용을 하면서 알게 되는 지식이다. |

3)
- • ① : 끈기성/집착성
- • ② : 나무 막대를 세워 쓰러뜨렸지만 다 쓰러지지 않자 다시 한번 해 보지 않고 재미없다고 하며 다른 놀이를 하러 가 버린 것과 같이 직접 시도한 것이 실패했을 때 다시 시도하려 하지 않고 포기해 버렸기 때문이다.

07

- • ① : 단순서열
- • ② : 3개의 종이비행기를 멀리 날아간 거리에 따라 등수를 매긴 것과 같이 3개 이상의 물체를 한 가지 속성에 따라 순서대로 배열하는 것이다.

> 참고
>
> ▶ 순서 짓기
>
> | 단순서열 | 세 개 이상의 물체를 길이, 크기, 무게 등 한 가지 속성에 따라 순서를 짓는 것이다. |
> |---|---|
> | 이중서열 | 두 집단의 사물을 한 가지 속성에 따라 일대일로 짝을 지어 순서 짓는 것이다.
예 아빠 곰, 엄마 곰, 아기 곰의 크기에 따라 그릇의 크기를 짝지어 순서 지은 것과 같이 두 집단에 공통된 속성을 적용하여 일대일로 짝을 짓는 것이 특징이다. |
> | 복합서열 | 세 개 이상의 물체를 두 가지 속성을 동시에 고려하여 순서를 짓는 것이다. |

2)
- • : 추상화의 원리

> 참고
>
> ▶ 수 세기의 원리
>
> | 일대일 대응의 원리 | 수를 셀 때 물체 하나에 수 단어가 하나씩 대응되어야 한다는 원리이다.
[일대일 대응 수 세기 전략]
- 물체를 한 개씩 손가락으로 지적
- 헤아린 물체를 한쪽으로 놓음
- 헤아린 그림은 표시를 하여 지움 |
> |---|---|
> | 안정된 순서의 원리 | 하나, 둘, 넷, 셋이 아닌 하나, 둘, 셋, 넷 등의 정확한 순서로 나열할 수 있어야 한다는 원리이다. |
> | 기수의 원리 | 물체의 집합을 세는데 마지막 항목에 적용된 수의 명칭이 그 집합 전체의 수량을 나타낸다는 원리이다. |
> | 추상화의 원리 | 세는 대상이 물리적인 것이 아니라 날짜, 사건, 경험한 일 등 추상적인 것도 셀 수 있다는 원리이다. |
> | 순서 무관의 원리 | 사물의 수를 셀 때 세는 순서는 아무래도 수량과는 무관하다는 원리이다.
(사물과 수의 일대일 관계는 임의적임) |

3)
- • ① : 문화적 시간
- • ② : 유아는 사회적 시간을 알게 되면서 정서가 안정되고, 정해진 일과 순서를 예측하고 준비할 수 있게 된다.

- **유아 음악 교육의 5가지 영역**

  음악 듣기, 노래 부르기, 악기 연주하기, 신체 표현하기, 음악 창작하기

- **2019 개정 유치원 교육과정 '예술경험' 영역**

내용 범주	창의적으로 표현하기
내용	내용 이해
신체, 사물, 악기로 간단한 소리와 리듬을 만들어 본다.	유아가 자신의 신체, 주변의 사물, 리듬 악기 등을 사용하여 소리와 리듬을 창의적으로 만들어 보는 내용이다.
신체나 도구를 활용하여 움직임과 춤으로 자유롭게 표현한다.	유아가 자연과 생활에서 발견한 다양한 움직임을 자유롭게 표현하고 나아가 자신의 생각과 느낌을 자신의 신체나 다양한 도구를 활용하여 움직임과 춤으로 표현하는 내용이다.
다양한 미술 재료와 도구로 자신의 생각과 느낌을 표현한다.	유아가 자연과 생활에서 발견한 다양한 재료와 도구를 활용하여 여러 가지 방법으로 표현하는 내용이다. 자신의 경험, 느낌, 생각 등을 창의적으로 표현하는 과정을 즐기는 내용이다.
극놀이로 경험이나 이야기를 표현한다.	유아가 자신의 경험, 다양한 상황, 이야기를 자유롭게 상상하며 극놀이로 표현하는 과정을 즐기는 내용이다.

05

1)
- : 강조

- **미술의 요소와 원리**

미술의 요소	선, 형(모양), 색, 명암, 질감, 공간감
미술의 원리	균형, 강조, 움직임(운동), 조화(리듬, 반복, 패턴의 통일성), 비례

2)
- ① : 자기중심적 표현/과장과 생략의 표현/확대 또는 축소 표현
- ② : 성숙주의

- **자기중심적 표현과 과장과 생략의 표현**

자기중심적 표현	자신의 관심과 흥미를 보이는 대상을 강조하거나 과장되게 표현하고, 관심이 없는 부분은 생략하는 표현이다. 즉, 그림을 그릴 때 대상을 객관적으로 표현하지 않고 자기중심적으로 그리는 것으로 자신이 좋아하는 대상은 좋아하는 색을 사용하여 크고 아름답게, 싫어하는 대상은 작게 그리거나 무시하여 생략하는 표현 형태를 말한다.
과장과 생략의 표현	확대 또는 축소 표현. 유아의 관심과 흥미에 따라 대상의 비례나 관계 간의 크기에 상관없이 특정 부분이 과장 또는 축소되어 표현되는 것으로 유아의 주관적 사고의 한 표현방법이다. 즉 유아는 자신에게 의미 있고 중요하다고 생각하는 것은 크게 과장하여 그리거나 자신에게 의미 없거나 관심 없는 부분은 축소하거나 생략해서 표현한다. 예 고구마 밭에서 고구마를 캤던 경험을 그릴 때 유아가 고구마를 중요하게 생각할 경우 자기 자신보다 고구마를 더 크게 과장하여 그린다. 이러한 표현은 유아의 자기중심적 사고가 그림으로 표현된 것이다.

3)
- ① : 서술
- ② : 서술 단계의 다음 단계인 분석 단계에서는 작품에 나타나 있는 색, 모양, 질감 등 미술적 요소나 강조, 비례, 조화 등 미술적 원리에 대해 이야기 나눈다.

- **미술 감상 4단계(펠드만 E. Feldman)**

	교사의 언어적 상호작용
서술	• 작품을 관찰한다. - 어떤 그림이니?/보이는 것을 말해 보자.
분석	• 미술의 요소 및 원리에 대해 이야기를 나눈다. - 선의 모습이 어떠니?/모양을 찾아보자/어떤 색깔들이 보이니?/만져 보면 느낌이 어떨까?/하늘(땅)에는 무엇이 표현되어 있니? • 작품 내용에 대해 이야기 나눈다. - 이 아이는 지금 어떤 생각을 하고 있을까?/이 아이는 무슨 말을 하고 있을까?/작품 속 아이처럼 내 몸을 만들어 보도록 하자./작품과 똑같이, 다르게 만들어 보자. 또 여러 가지 모습을 몸으로 표현해 보자./작가는 왜 이렇게 표현했을까?

▶ 정서지능 4영역 16요소(살로베이와 메이어 P. Salovey & J. Mayer, 1997)

정서지능 구성요소	요소
정서의 인식과 표현	• 자신의 정서를 파악하기 • 타인의 정서를 파악하기 • 정서를 정확하게 표현하고 욕구 표현하기 • 표현된 정서들을 구별하기
정서에 의한 사고 촉진	• 정서 정보를 이용하여 사고의 우선순위 정하기 • 정서를 이용하여 판단하고 기억하기 • 정서를 이용하여 다양한 관점 취하기 • 정서를 활용하여 문제 해결 촉진하기
정서의 지식 활용	• 미묘한 정서 간의 관계를 이해하고 명명하기 • 정서 속에 담긴 의미를 헤아리기 • 복잡하고 복합적인 감정을 이해하기 • 정서들 간의 전환을 이해하기
정서의 반영적 조절	• 정적·부적 정서들을 모두 받아들이기 • 자신의 정서에서 거리를 두거나 반영적으로 바라보기 • 자신과 타인의 관계 속에서 정서를 반영적으로 들여다보기 • 자신과 타인의 정서를 조절하기

2)
• : 은서는 도구적 상대주의 지향 단계이다. 불판이 있어야 더 재미있게 놀 수 있기 때문에 은색 바구니를 가져오라고 하는 것과 같이 자신의 이익을 기준으로 도덕적 판단을 했기 때문이다. 혜민이는 처벌과 복종 지향 단계이다. 교사에게 혼나기 때문에 은색 바구니를 가져오면 안 된다고 하는 것과 같이 권위자의 처벌이 도덕적 판단에서 중요한 기준이 되기 때문이다.

참고

▶ 도덕성 발달 이론(콜버그 L. Kohlberg)

전인습 수준	처벌과 복종 지향	• 결과만 가지고 행동을 판단한다. • 처벌받지 않기 위해 행동한다. • 어른이 복종하라고 말하기 때문에 복종한다.
	도구적 상대주의 지향	• 자신에게 보상과 이익이 있는가를 기준으로 도덕적 판단을 한다.
인습 수준	대인 간 조화 (착한 아이 지향)	• 다른 사람들이 '좋은 아이, 착한 아이'라고 생각하기를 바라면서 신뢰, 보호, 타인에 대한 충성을 도덕적 판단의 기준으로 삼는다.
	법과 질서 지향	• 사회질서를 위해 법을 준수하는 행동이 도덕적 행동이라고 생각한다.
후인습 수준	사회적 계약과 합법성 지향	• 가치나 법이란 상대적이며, 규범이 개인마다 다르다는 것을 안다.
	보편적 윤리적 원리 지향	• 인간의 존엄성, 인간의 평등성, 정의와 같은 것을 우선하는 것이며, 개인에게 위험을 가져오더라도 양심을 따른다.

04

1)
• : 모방

참고

▶ 예비 오디에이션 단계(고든 E. Gordon)

문화이입 (출생~ 만 2-4세)	수용	주위 환경에 있는 음악소리를 듣고 청각적으로 받아들임
	무의도적 반응	주위의 음악소리와 관련은 없지만 거기에 따라 동작하고 옹알이 함
	의도적 반응	주위의 음악소리에 동작과 옹알이를 연관시키려고 노력함
모방 (만 2-4세~ 만 3-5세)	자기중심주의 탈피	자신의 동작과 옹알이가 주위 환경의 음악소리와 어울리지 않는다는 것을 인식함
	음악적 기호 이해	주위 환경에 있는 음악소리, 특히 음정패턴과 리듬패턴을 정확히 모방함
동화 (만 3-5세~ 만 4-6세)	자기반성	노래와 찬트가 호흡을 포함한 신체동작과 조화되지 않는다는 것을 자각함
	조화	노래와 찬트를 호흡 및 신체동작과 조화시킴

2)
• : 김 교사가 음의 높이를 알게 하려고 스타카토가 나올 때마다 깡충 뛰어 보게 한 것은 부적절하다. 스타카토는 음의 높이가 아니라 음의 길이에 관련된 것으로 짧게 끊어서 연주해야 하기 때문이다. 박 교사가 악기마다 고유한 소리의 특성을 알게 하기 위해 여러 악기 사진을 보여 준 것은 부적절하다. 악기의 고유한 소리를 알게 하기 위해서는 악기들의 사진이 아니라 직접 다양한 악기 소리를 들려주어야 하기 때문이다.

3)
• ① : 신체, 사물, 악기로 간단한 소리와 리듬을 만들어 본다./신체나 도구를 활용하여 움직임과 춤으로 자유롭게 표현한다./다양한 미술 재료와 도구로 자신의 생각과 느낌을 표현한다.
• ② : (다양) '아기 코끼리의 걸음마'에 맞춰 리듬막대로 리듬, 빠르기, 셈여림 등을 다양하게 하여 자유롭게 리듬치기를 한다./신체로 '아기 코끼리의 걸음마'의 음정과 리듬을 자유롭게 표현한다./ '아기 코끼리의 걸음마'의 음색이나 리듬에서 느껴지는 것을 미술 활동으로 표현한다. (음악 영역 이외의 확장 활동 예시에 음악적 요소가 들어가도록 제시)

가치 판단의 분석	**가치 판단을 분석한다.** 유아에게 특정 가치 판단을 지지하거나 반박할 수 있는 증거를 제시하도록 한다. 예 친구에게 화를 내면 어떻게 될까? 언제나 양보만 하는 것이 정말 맞는 것일까?
가치 갈등의 분석	**대안에 대한 생각을 함께 나누고 공유한다.** 진퇴양난의 가치를 제시하고 갈등이 무엇인지, 대안에는 어떠한 것이 있는지, 각각의 결과는 무엇인지 묻는다. 그리고 최상의 결과를 얻기 위한 대안을 선택하게 하고 그 이유를 설명하도록 한다. 예 나도 가지고 놀고 싶은데 친구도 놀고 싶대. 양보하지 않고 내가 가지고 놀면 어떻게 될까? 잠깐만 놀고 친구에게 양보해야 한다고 생각했구나. 왜 그렇게 생각하니?

(2) 유아 발달을 고려한 가치분석 5단계

1단계	상황에 관심 갖기	문제 상황을 인식한다.
2단계	상황의 문제가 무엇인지 구별하기	사람들이 다른 가치를 가지고 있으며, 입장이 다르다는 것을 안다. 같은 상황에서 사람들은 서로 다른 가치를 갖기도 하고, 다른 상황에서 유사한 가치 판단을 내리기도 한다는 것을 안다.
3단계	상황에서 무엇을 할 수 있는지 알아보기	상황에 대한 느낌을 이야기한다. 자신이 느끼는 감정과 타인이 느끼는 감정이 어떨지에 대해 생각하고 정서와 나타나는 행동과의 관련성이 있다는 것을 인식한다.
4단계	할 수 있는 일의 결과로 어떤 일이 발생할지 토론하기	가치 판단을 분석한다. 유아들은 여러 가지 질문을 통해 자신의 판단을 반박하거나 지지할 수 있는 증거를 찾거나 자신이 내린 가치 판단의 결과를 예측하고 분석해 볼 수 있다.
5단계	생각들을 함께 나누고 자신과 다른 사람들에 대한 이해를 증진시키기	대안에 대한 생각을 함께 나누고 공유한다. 갈등의 요인이 무엇인지 파악하고 가능한 대안이 무엇인지 결정하고, 이 결정의 결과에 대해 평가해 본다.

02

1)
- ① : 틀린믿음
- ② : 윤기, 훈이가 개미집 주변에 놓은 자신의 삽을 윤기가 정리함에 갖다 놓은 것을 몰라 예린이의 삽이 자신의 것이라고 오해하여 예린이와 갈등이 생겼다는 것을 알았기 때문이다.

2)
- ① : 적대적 공격성/신체적 공격성
- ② : 훈이와 갈등 후 화가 나서 훈이를 밀친 것과 같이 다른 사람에게 피해를 주고자 하는 목적으로 의도적으로 공격적 행동을 하는 것이다./훈이를 신체적 힘을 가해 밀친 것과 같이 언어의 공격이 아닌 신체적인 방법으로 공격적인 행동을 하는 것이다.

> **참고**
>
> ▶ **공격성의 분류**
>
> | 적대적 공격성 | 고통이나 불쾌감 등에 의해 유발되는 것으로서 감정적이거나 충동적으로 다른 사람을 해칠 목적을 가지고 공격 행동을 하는 것이다. | |
> |---|---|---|
> | | 신체적 공격성 | 신체적으로 다른 사람에게 공격하는 것이다. |
> | | 언어적 공격성 | 언어적 폭력 또는 위협, 조롱, 괴롭힘, 모욕을 주는 것이다. |
> | 도구적 공격성 | 자신의 욕구를 충족시키거나, 가치 있다고 여기는 것을 획득하기 위한 수단으로 공격 행동을 하는 것이다. | |

03

1)
- ① : 정서조절
- ② : ㉠은 자신의 정서를 조절한 것이고, ㉡은 타인의 정서를 조절한 것이다.

> **참고**
>
> ▶ **정서지능 3영역 10요소(살로베이와 메이어 P. Salovey & J. Mayer, 1990)**
>
> | 정서지능 구성요소 | 요소 |
> |---|---|
> | 정서의 인식과 표현 | • 자기 정서의 언어적 인식과 표현
• 자기 정서의 비언어적 인식과 표현
• 타인 정서의 비언어적 인식과 표현
• 감정 이입 |
> | 정서의 조절 | • 자기의 정서 조절
• 타인의 정서 조절 |
> | 정서의 활용 | • 융통성 있는 계획 세우기
• 창조적 사고
• 주의 집중의 전환
• 동기화 |

2021학년도 유치원 교육과정 B

본책 p.196

01

1)
- ① : 외체계
- ② : 유아와 직접 상호작용하지는 않으나 유아의 미시체계에 영향을 주는 사회적 환경을 말한다.

참고

▶ 생태학적 이론(브론펜브레너 U. Bronfenbrenner)

미시체계	부모, 가정, 친구, 학교, 교사, 지역사회 등 유아가 속한 가장 직접적인 환경을 말한다. 미시체계는 유아와 상호작용함으로써 영향력을 행사하는데, 유아가 살고 있는 지역, 동네에 있는 놀이시설의 양과 수준, 도서관에 비치된 도서의 양 등과 같은 물리적 특성과 또래집단의 사회경제적 지위, 부모의 교육 수준, 교사의 신념 등 유아 발달에 영향을 미칠 수 있는 심리적, 사회적 특성들도 포함된다. 브론펜브레너에 의하면 유아는 환경의 영향을 받는 수동적인 존재가 아니라 환경을 구성하는 능동적인 주체이므로 유아가 성장하면 미시체계도 변화하게 된다. 유아와 관련된 사회문화적 영향에 대한 대부분의 연구는 미시체계에 초점을 맞추고 있다.
중간체계	두 가지 이상의 미시체계들 간의 관계, 다시 말하면 환경들과의 관계로 구성된다. 중간체계 수준의 상호작용은 사적이며 직접적으로 이루어지는데 여기에는 학교(교사)와 가정(부모) 간의 관계, 가정과 또래집단 간의 관계가 포함된다. 예를 들어, 부모와의 관계가 원만하지 않은 유아는 친구와의 관계도 원만하지 않을 수 있는데, 이는 중간체계가 유아의 발달에 영향을 미쳤기 때문이라고 볼 수 있다. 일반적으로 이 체계들 간의 관계가 밀접할수록 유아의 발달은 순조롭게 진행된다.
외체계	유아와 직접 상호작용하지는 않으나 유아의 미시체계에 영향을 주는 사회적 환경을 말한다. 즉 지역사회 수준에서 기능하고 있는 사회의 주요 기관으로 부모의 직장, 학교운영위원회, 정부기관, 교통·통신시설, 문화시설 등이 포함된다. 유아가 직접 이러한 외체계에 참여하지는 않지만 이러한 환경은 유아의 행동에 여러 가지 영향을 미친다. 예 엄마의 취업 여부나 정부의 보육정책에 따라 유아의 생활패턴이 달라지는 것이 외체계의 영향이라고 할 수 있다. 그러나 외체계가 유아에게 미치는 영향력은 비개인적이고 간접적이며 일방적이다.
거시체계	미시체계, 중간체계, 외체계에 포함된 모든 요소뿐만 아니라 개인이 살고 있는 문화적 환경까지 포함한다. 거시체계는 법률과 같이 명백한 형태를 가진 것도 있으나 문화적 신념, 국가, 정치적 이념, 관습, 일상생활 습관 등 대부분 비형식적인 것들로 구성된다. 유아가 속해 있는 사회문화적 배경에 따라 부모의 양육태도 등 가치관이 달라지며 이러한 가치관은 유아의 발달에 지속적으로 영향을 미친다. 거시체계는 유아의 삶에 직접적이지는 않으나 매우 강한 영향력을 발휘한다. 일반적으로 거시체계는 다른 체계보다 더 안정적이지만 때로는 사회 변화에 따라 변할 수도 있으며, 하위체계에 대한 지지기반과 가치준거를 제공해 준다.

2)
- ① : 가치의 확인(상황에 관심 갖기), 가치의 비교와 대조(상황의 문제가 무엇인지 구별하기)
- ② : 자신이 내린 가치 판단의 결과를 생각해 보게 함으로써 자신의 가치를 스스로 검증할 수 있기 때문이다./자신의 행동에 대한 결과를 예측해 보게 함으로써 자신이 선택한 가치가 과연 올바른 것인지 생각해 보도록 할 수 있기 때문이다.

참고

▶ 가치와 태도 분석(시펠트 Seefeldt)

(1) 가치분석 방법

가치의 확인	**문제 상황을 인식한다.** 주어진 상황에서 유아에게 사람들이 가지고 있는 가치를 찾아내도록 한다. 상황 설정은 유아에게 일어난 것일 수도 있고 이야기일 수도 있다. 예 팔을 다친 친구를 도와주기, 친구를 놀이에 끼워 주지 않기
가치의 비교와 대조	**유사점과 차이점을 비교한다.** 같은 상황이라도 사람에 따라 서로 다른 가치를 가질 수 있고, 다른 상황이라도 비슷한 가치를 가질 수 있다. 교사는 유아에게 각자 다르게 가지고 있는 가치에 대해 묻고 유사점과 차이점에 대해 비교해 생각해 보도록 한다.
감정의 탐색	**이 상황에 대한 느낌을 이야기한다.** 유아 자신의 감정에 대하여 이야기하게 하고, 다른 사람의 감정을 알아보도록 하며, 다양한 상황에서 일어나는 정서를 경험하게 함으로써 유아가 자신의 가치와 다른 사람의 가치를 구성하는 강한 정서적 요소에 대하여 이해할 수 있도록 한다. 예 이런 상황에서 너는 어떤 느낌이 드니? 친구는 어떤 느낌이 들었을까?

▶ 발문 유형(블로서 Bloosser)

발문의 분류		내용	예시
폐쇄적 발문	인지·기억적 발문	인식, 기억, 화상 등으로 사실, 공식과 같은 것을 단순하게 회상하도록 하는 발문	• 씨앗이 자라면 무엇이 되니?, 식물의 잎은 무엇을 하니? • 비눗방울이 비눗물에서 점점 많이 생기는 것이 보이니? • 양서류는 어떤 동물을 의미하니?
	수렴적 사고 발문	주어지거나 혹은 기억된 자료를 종합하고 적용하거나 연결, 분류, 구별, 결론과 같은 정신적 활동을 자극하려는 발문	• 너의 실험 결과를 가장 잘 나타내려면 도표나 그래프나 그림 중 어떤 것이 좋을까? • 물의 양의 변화는 어떠하니? • ○○과 △△의 다른 것과 같은 것에 대하여 말해 보자.
개방적 발문	확산적 사고 발문	창의적이고 상상적인 대답을 불러일으키도록 하는 발문	• 너는 왜 이 식물이 저 식물보다 더 잘 자라게 될 것이라고 생각하니? • 얼음을 쉽게 녹일 수 있는 방법은 무엇이 있을까? • 로봇이 많아지면 어떻게 될까?
	평가적 사고 발문	판단, 가치 선택이 이루어지게 하며 자신의 반응을 정당화하는 것을 포함하는 발문	• 이 씨앗이 다른 씨앗보다 빨리 자라게 된 것은 어떤 이유 때문일까? • 공기 오염을 막기 위해 우리가 할 수 있는 것은 무엇일까? • 왜 그런 결과가 나타날 거라고 생각하니?

참고

▶ 동시의 5가지 요소
주제와 소재, 운율(리듬), 비유, 이미지, 어조(문체, 시에 사용된 말투)

3)
- ① : 회귀적 형식, 보물을 찾기 위해 땅속 동물들에게 순서대로 갔다가 다시 자기 집으로 돌아오는 것과 같이, 비슷한 사건이 반복되다가 다시 제자리로 돌아오는 구성이기 때문이다.
- ② : 전래동화

 08

1)
- ① : 반향적 반응에 의한 언어 학습
- ② : 강화

참고

▶ 유아의 언어 학습 방법(스키너 B. Skinner, 1957)

요구 반응	'물'과 비슷한 발음을 듣고 물을 요구하는 것으로 생각하여 물을 주면서 '물'이라고 말해 주는 것이다.
반향적 반응	우연한 기회에 부모나 어른의 음성을 모방했을 때 칭찬의 보상을 받음으로써 언어를 학습하는 것이다.
접촉 반응	물을 먹다가 물과 비슷한 발음이 날 때 '그래 그건 물이야'라고 강화해 주는 과정이 반복되면서 '물'이라는 명칭을 익히게 되는 것이다.
문장적 반응	글로 쓰인 단어를 보고 그것을 소리 내어 읽는 반응이다.
언어내적 반응	'실'이라는 단어를 들으면 '바늘'이라는 말이 산출되는 것과 같이 한 언어 자극이 다른 언어 반응을 연상적으로 산출시키는 경우이다.
자동적 반응	주어-목적어-동사의 어순과 같은 문장 틀과 관련된 것으로, '엄마가 우유를 먹다'라는 문장을 말할 수 있게 되면, '엄마가 과자를 먹다' 혹은 '아빠가 과자를 먹다'와 같이 자신의 의도에 따라 동일한 형식의 문장을 자유롭게 생산할 수 있는 것이다.

2)
- ① : 수민이의 말을 끝까지 듣지 않고 중간에 말한 태도는 지도가 필요하다. 다른 사람의 말을 끝까지 듣고 차례를 지켜 자신의 의견을 말하도록 해야 하기 때문이다.
- ② : 바른 태도로 듣고 말한다.

참고

▶ 2019 개정 유치원 교육과정 '의사소통' 영역

내용 범주	듣기와 말하기
내용	내용 이해
바른 태도로 듣고 말한다.	유아가 말하는 사람에게 주의를 기울이며 듣는 내용이다. 말을 끝까지 듣고, 자신의 의견을 말하는 내용이다.

3)
- ① : 과잉 일반화, "동생이 먹으라고 해."와 "소정이도 엄마하고 싶어요."라는 올바른 문법이 아니라 '이가'와 '요'를 적절하게 구분하지 않고 예외없이 사용함으로써 오류가 나타났기 때문이다.
- ② : 다른 사람과 상호작용하면서 말하는 사회적 언어가 아닌 인지적 미성숙으로 인하여 나타나는 자기중심적 언어 중 독백이다.

> 참고

▶ **총체적 언어 학습 방법**

언어를 전체적으로 의미를 이루는 덩어리로 보고 의미 있는 맥락에서 문자를 경험하도록 하는 것에서 문해의 기초가 형성된다고 보았다. 총체적 언어 교육에서는 언어의 기본 단위를 '의미'로 보며, 언어 사용을 풍부하게 경험할 수 있는 환경을 제시하여 언어의 네 가지 기능인 말하기, 듣기, 읽기, 쓰기를 상호 관련시켜 통합하여 경험하게 하고 나아가 모든 다른 활동과 통합하여 가르친다.

총체적 언어 교육 접근법은 구성주의와 상호작용주의 이론에 근거하였으며, 언어를 사용하여 의사소통을 잘하는 것에 관심을 두고 있다. 유아에게 의미 있는 문해자료나 문학작품, 유아들의 경험 등을 교육자료로 많이 제공하여 의미 있는 상호작용이 이루어지도록 지도한다.

▶ **문학적 접근법**

총체적 언어의 철학에 가장 잘 부합하는 교수 방법으로 문학, 즉 질 좋은 그림책을 사용하여 문해와 사회적 맥락을 가르치고자 한다. 로젠블랫(Rosenblatt)은 책을 읽는 과정에서 일어나는 독자와 본문 간의 풍부한 관계를 '상호 교류'로 설명했고, 굿맨(Goodman)은 언어와 사고를 읽기에 적용하는 문학적 접근법이 유아의 언어 교육을 위해 가장 적절하다고 주장했다.

07

1)
- : 평행어법

> 참고

▶ **유아 말하기를 촉진하는 교사의 언어(빌레이와 프랫 Bealy & Pratt)**

확장	유아가 한 말에 추가하여 반응하는 것이다. 예 유치원에 무엇을 타고 왔느냐는 교사의 질문에 유아가 '차'라고 말한 경우, '미옥이가 자동차를 타고 유치원에 왔구나'라고 반응해 줌
연장	유아가 한 말에 정보를 덧붙여서 반응하는 것이다. 예 그래, 네가 푸른 색 자동차에서 내리는 것을 선생님이 보았어.
반복	유아가 한 말을 반복하는 것이다. 예 차?
평행어법	유아가 하는 행동을 언어로 묘사하는 것이다. 예 미옥이가 물총에 물을 넣고 쏴서 물이 쭉 나가게 하는구나.
자기언어 (self-talk)	교사가 하는 행동을 말로 표현하는 것이다. 예 선생님도 너처럼 이렇게 물총에 물을 넣고 쏠 거야.

수직구조 (vertical structuring)	유아가 한 말에 질문을 함으로써 말을 계속하도록 유도하는 것이다. 예 유아가 '쏘세요, 쏘세요'라고 말한 경우, '물총을 어디로 쏘면 좋을까?'라고 질문
채워넣기 어법 (fill-in)	교사가 하는 말에 유아가 적절한 단어를 채워 넣게 하는 것이다. 예 '손을 내밀어요, 그리고 친구와…'라고 교사가 말하고, 유아들이 '악수해요!'라고 말하는 것

2)
- ① : 자기 나름대로의 생각이나 상상한 내용을 이야기하도록 하여 창의성과 확산적 사고를 의도한 발문이다.
- ② : 운율

> 참고

▶ **발문의 종류**

폐쇄적 발문	인지 발문	개념을 묻는 발문	예 동그랗게 생긴 달을 무슨 달이라고 하지?
	기억 발문	암기와 회상을 통해 기억한 내용을 단순히 이끌어 내는 발문	예 어제 어디에 갔었니?
	수렴 발문	제시되거나 기억한 자료의 분석과 통합을 요하는 발문, 혹은 관계를 기술하거나 설명을 요하는 발문	예 개와 고양이의 차이점을 알고 있니?
개방적 발문	창의 발문	창의적 사고를 자극하는 발문. 의문사 구조로 이루어지고 그에 대한 답의 범위가 무한한 형태, 학습자들의 사고를 자극하여 새로운 추구나 발견 또는 사고의 확대를 가져오고 발전시킴	예 달을 보면 어떤 생각이 나니?
	평가 발문	기준과 준거를 사용하고, 가치와 선택, 판단의 문제를 다루며, 판단적인 특징	예 이 그림을 함께 보려면 어떻게 해야 할까?

05

1)
- ① : 응급처치 동의서
- ② : 첫째, 어두운 곳에서 손전등을 비춘다. 둘째, 베이비오일(따뜻한 물, 식용유, 알코올 등)을 한두 방울 귓속에 떨어뜨린 후 가볍게 마사지하고 잠시 후 귀를 아래쪽으로 향하게 하여 이물질이 밖으로 나오게 한다.

2)
- ① : 응급상황 알기 및 도움 요청하기
- ② : 폭력예방 및 신변보호 교육

참고

▶ 학생 안전 교육의 교육 내용 및 방법(학교안전교육 7대 영역)

명칭	교육 내용
생활안전 교육	1. 교실, 가정, 등하굣길에서 안전하게 생활하기 2. 안전한 장소를 알고 안전하게 놀이하기 3. 놀이기구나 놀잇감, 도구의 바른 사용법을 알고 안전하게 사용하기 4. 실종, 유괴, 미아 상황 알고 도움 요청하기 5. 몸에 좋은 음식, 나쁜 음식 알기
교통안전 교육	1. 표지판 및 신호등의 의미 등 교통안전 규칙 알고 지키기 2. 안전한 도로 횡단법 알기 3. 어른과 손잡고 걷기 4. 교통수단(자전거, 통학버스 등) 안전하게 이용하기
폭력예방 및 신변보호 교육	1. 내 몸의 소중함과 정확한 명칭 알기 2. 좋은 느낌과 싫은 느낌 알기 3. 성폭력 예방 및 대처 방법 알기 4. 나와 내 주변사람(가족, 친구 등)의 소중함을 알고 사이좋게 지내기 5. 아동학대 신고 및 대처 방법 알기
약물 및 사이버 중독 예방 교육	1. 올바른 약물 사용법 알기 2. 생활주변의 해로운 약물·화학제품 만지거나 먹지 않기 3. TV, 인터넷, 통신기기(스마트폰 등) 등의 중독 위해성을 알고 바르게 사용하기
재난안전 교육	1. 화재의 원인과 예방법 알기 2. 화재 발생 시 유의사항 및 대처법 알기 3. 각종 자연 재난 및 사고 적절하게 대처하는 방법 알기 4. 각종 재난 유형별 대비 훈련 실시
직업안전 교육	1. 일터 안전의 중요성 및 안전을 위해 지켜야 할 일 알기 2. 일터 안전시설 현장 체험하기
응급처치 교육	1. 응급 상황 알기 및 도움 요청하기 2. 119 신고와 주변에 알리기 3. 손 씻기와 소독하기 등 청결 유지하기 4. 상황별 응급처치 방법 알기
교육방법	1. 학생 발달 수준을 고려한 전문가 또는 교원 설명 2. 학생 참여 수업 방법 연계 적용 (예시 : 역할극, 프로젝트 학습, 플립러닝(Flipped Learning : 학생들은 동영상 강의 등을 통해 사전에 예습하고, 교실에서는 문제풀이와 토론발표 중심의 수업을 진행함으로써 지식 확장과 더불어 자기주도성을 촉진시키는 방식) 등 3. 교내외 체험교육 또는 현장학습 4. 일상생활을 통한 반복 지도 및 부모교육 연계

06

1)
- : (가)에서는 음소 단위, (나)에서는 음절 단위를 강조하고 있다.

2)
- ① : 주변의 상징, 글자 등의 읽기에 관심을 가진다.
- ② : 한글의 1글자는 한 소리인 1음절이기 때문이다./한글은 발음의 최소 단위인 음절 단위로 모아 쓰기 때문이다.

참고

▶ 2019 개정 유치원 교육과정 '의사소통' 영역

내용 범주	읽기와 쓰기에 관심 가지기
내용	내용 이해
말과 글의 관계에 관심을 가진다.	유아가 일상에서 말이 글로, 글이 말로 옮겨지는 것에 관심을 갖는 내용이다.
주변의 상징, 글자 등의 읽기에 관심을 가진다.	유아가 일상에서 자주 보는 상징(표지판, 그림문자 등)이나 글자 읽기에 관심을 가지는 내용이다. 유아가 상징이나 글자에는 사람들의 생각과 감정, 정보가 담겨 있다는 것을 이해하는 내용이다.

3)
- : 총체적 언어 학습 방법, 동화를 읽고 발음이나 철자를 가르치기보다는 동화의 내용을 예측해 보고 동화를 읽은 후 다음에 일어날 일을 상상해 보는 등 의미를 중심으로 활동을 했기 때문이다.

2)
- ① : ㉠ 기술적 수준, ㉡ 도덕적·윤리적 수준
- ② : ㉡ 도덕적·윤리적 수준이다. 이는 어떤 교육적 경험이나 활동이 보다 공평하고 평등하며 유아들을 행복한 삶으로 이끌어 줄 수 있는지를 반성적으로 사고하는 것이다.

참고

▶ 반성적 사고의 수준(반 매년 V. Manen)

기술적 수준 (기계적 수준)	주어진 목적을 달성하기 위해 교육적 지식을 기술적으로 적용하는 것에 관심이 있다.
전문가적 수준 (실천적 수준)	모든 교육적인 행위가 특정한 가치관과 연결되어 있다고 보며, 여러 가지 교육 목표들 가운데 어떤 것이 더 교육적으로 추구할 만한 가치가 있는지에 대한 고려도 함께 한다.
도덕적· 윤리적 수준 (비판적 수준)	어떤 교육적인 경험이나 활동이 공평하고, 평등하며, 행복한 삶으로 이끌어 줄 것인가에 초점이 맞추어진다. 교사들은 유아들의 장기적인 발달뿐만 아니라 교육정책에도 공헌을 하게 된다.

03

1)
- ㉠ : 소극적 교육
- ㉡ : 감각

참고

▶ 감각과 직관

감각	신체의 내외부에서 나온 자극에 의해 생기는 의식의 체험, 즉 시각, 청각, 후각, 미각, 피부감각의 5개의 감각을 말한다.
직관	사물이나 사태를 순간적으로 지각하는 것을 말한다. 직관은 사상을 순간적으로 직감하는 것으로써, 예를 들어 상대의 표정에서 상대의 감정 상태를 짐작한다든지, 장차 상대와의 관계를 헤아리는 것 등을 들 수 있다. 직관은 교수(instruction)와도 밀접한 관계를 가지고 있다. 직관주의 교수는 아동으로 하여금 실제 사상(事象)을 직접 관찰하게 하고, 그러한 직접적인 관찰을 통해서 실증적으로 경험하는 것을 강조하고 있다. 코메니우스는 "모든 인식은 감각에서 출발하는 것이라는 근거를 바탕으로 모든 교수도 사물을 직관하는 것으로 시작되어야 한다."고 하였으며, 페스탈로치도 직관에 의한 교수를 강조하는 주장으로써 "나는 직관을 모든 인식의 절대적인 기초로 삼아 교수의 가장 높고 가장 훌륭한 원리를 확립하였다."라고 하였다.

2)
- ① : ㉢ 상호작용의 원리, ㉣ 계속성의 원리
- ② : 성장

3)
- : 유아가 학교에서 갖게 되는 모든 경험으로서의 교육과정

참고

▶ 유아교육과정의 개념(슈바르츠와 로비슨 S. Schwartz & H. Robison, 1982) 「유아를 위한 교육과정 설계」

우연히 일어난 것으로서의 교육과정	• 발현적 교육과정 • 개별 유아의 요구와 흥미 중심
유아가 학교에서 갖게 되는 모든 경험으로서의 교육과정	• 의도적 경험 및 잠재적 교육과정까지 포함 • 학생의 학습 결과에 영향을 주는 여러 요인들에 배려
교수를 위한 계획으로서의 교육과정	• 목표, 내용, 방법 등의 계획을 중심으로 한 교육과정 계획(교육 계획안 등) • 장점 : 자료와 환경을 체계화하도록 도와줌으로써 초보 교사도 어려움 없음 • 단점 : 유아의 요구 및 흥미에 대한 융통성 있는 교육을 위축시킬 가능성 있음
교수요목으로서의 교육과정	• 교육 목표와 내용, 순서를 일련의 문서로 작성한 것(좁은 의미의 교육과정) • 국가 수준 교육과정 : 유아교육기관과 지역사회의 특성, 유아들의 흥미와 요구 등을 반영하기 어려움
프로그램으로서의 교육과정	• 몬테소리 프로그램, 디스타(distar) 프로그램과 같이 특별한 이름을 가진 유아교육의 모델 유형 • 특정한 이론에 의해 조직된 교육과정 모델로서 일반적인 교육과정의 개념보다는 구체화되고 실제 현장에서 가르치는 교육 내용을 상세하게 기술한 것

04

1)
- ① : 조작동작은 물체에 추진적으로 힘을 주는 추진운동이나 대상으로부터 흡수적으로 힘을 받는 흡수운동이 있는 신체동작이다.
- ② : 차기/때리기/튕기기/밀기/들기/들어올리기 중 1가지

2)
- ① : 첫째, 교실 주위를 스키핑으로 나선을 그린 것이다. 둘째, 리본을 지그재그로 높이 흔든 것이다.
- ② : 스키핑으로 나선을 그린 것은 바닥 경로이고, 리본을 지그재그로 높이 흔든 것은 공중 경로이다.

2021학년도 유치원 교육과정 A

01

1)
- ㉠ : 창의력
- ㉡ : 배려

> **참고**
>
> ▶ 2019 개정 유치원 교육과정 '목적과 목표'
>
> (1) 목적
> 누리과정의 목적은 유아가 놀이를 통해 심신의 건강과 조화로운 발달을 이루고 바른 인성과 민주 시민의 기초를 형성하는 데에 있다.
>
> (2) 목표
> 가. 자신의 소중함을 알고, 건강하고 안전한 생활 습관을 기른다.
> 나. 자신의 일을 스스로 해결하는 기초능력을 기른다.
> 다. 호기심과 탐구심을 가지고 상상력과 창의력을 기른다.
> 라. 일상에서 아름다움을 느끼고 문화적 감수성을 기른다.
> 마. 사람과 자연을 존중하고 배려하며 소통하는 태도를 기른다.

2)
- : 유아의 발달과 장애 정도에 따라 조정하여 운영한다.

> **참고**
>
> ▶ 2019 개정 유치원 교육과정 '누리과정의 운영-편성·운영'
>
> > 바. 유아의 발달과 장애 정도에 따라 조정하여 운영한다.
>
> 유아의 놀이는 연령 및 발달적 특성에 따라 다양한 모습으로 나타난다. 같은 연령의 유아들일지라도 흥미, 관심, 경험, 발달, 가정의 문화 등 많은 부분에서 차이가 있으므로, 교사는 유아가 자신에게 적합한 방식으로 놀이할 수 있도록 누리과정을 조정하여 운영한다.
> 발달 지연 또는 장애 유아도 또래 유아와 함께 하는 경험이 필요하다. 따라서 교사는 특별한 요구를 가진 유아가 차별 없이 또래와 더불어 생활하고 함께 놀이하도록 지원해야 한다.
> 교사는 모든 유아가 보편적인 환경에 접근하고 참여할 수 있도록 교육 환경, 교육 내용, 교육 방법 등을 조정하여 운영할 수 있다. 또한 유치원과 어린이집에서는 특수학급 또는 통합학급을 편성하여 운영할 수 있다. 교사는 장애 유아의 특성과 요구를 파악하여 개별화 교육계획을 수립하고, 개별 장애 유아의 교육적 요구에 적합한 교육이 이루어지도록 한다. 이때 교육과정의 효과적인 운영을 위해 부모, 특수교사, 사회복지사, 의료진 등 가족과 관련 기관의 전문가와 서로 소통하고 협력하는 것이 중요하다. 필요에 따라 특별히 고안된 장치나 보조기구, 자료를 활용하여 유아가 장애로 인한 불편함을 덜 느낄 수 있도록 지원한다.

3)
- : 유아에 대한 이해, 누리과정 운영 개선

> **참고**
>
> ▶ 2019 개정 유치원 교육과정 '누리과정의 운영-평가'
>
> > 라. 평가의 결과는 유아에 대한 이해와 누리과정 운영 개선을 위한 자료로 활용할 수 있다.
>
> 교사는 유아의 놀이, 일상생활, 활동을 통해 수집된 자료를 평가의 목적에 맞게 종합하여 평가의 결과를 얻을 수 있다. 유아 평가의 결과는 유아가 행복감을 느끼고 전인적으로 발달하도록 도움을 주는 데 활용한다. 또한 누리과정이 추구하는 인간상과 목적 및 목표 등에 비추어 유아의 특성과 변화 정도를 이해하고 유아의 배움과 성장에 도움이 되도록 지원하는 데 활용한다. 수집된 모든 자료를 바탕으로 개별 유아의 특성과 변화 정도를 종합적으로 이해하여, 이를 부모와의 면담자료 및 유아의 생활지도 등에 활용할 수 있다.
> 한편, 유치원과 어린이집에서 자율적인 방식을 통해 실시한 누리과정 운영 평가의 결과는 각 기관에서 유아·놀이 중심 교육과정의 운영을 보다 나은 방향으로 개선하는 데 활용할 수 있다.

02

1)
- ① : 그래서 복도까지 나가서 그릴 수 있도록 허용해 주었다. 유아들이 만든 구성물을 치우지 않고 며칠 동안 그대로 두어 유아들이 계속 놀이할 수 있도록 하였다.
- ② : 나도 박수를 치며 유아들의 노력을 칭찬하였다.

> **참고**
>
> ▶ 2019 개정 유치원 교육과정 놀이 지원
>
> | 상호작용
지원 | 정서적 지원 | • 유아의 놀이를 지원하기 위해 교사는 놀이에 직접 참여하지 않고도 격려, 미소, 공감의 표정을 보이거나 칭찬과 격려의 말을 건네는 정서적 지원을 제공하는 것이다. |
> |---|---|---|
> | | 언어적 지원 | • 놀이를 관찰하다가 배움이 일어나도록 질문이나 제안을 건네 보는 등의 상호작용에 기반한 언어적 지원이다. |
> | 환경적
지원 | | • 놀이 공간의 변화
• 놀이 자료의 변화
• 일과의 변화 |
> | 기타 지원 | | • 안전과 장애통합 등 |

예시답안과 해설

2021학년도 유치원 교직논술

내용	작성란	
양방향적 의사소통의 필요성 (1점)	유아의 문제를 해결하는 등 유치원과 가정에서 일관된 지도를 하기 위해서는 유치원에서의 유아의 모습과 가정에서의 유아의 모습에 대해 유치원과 가정이 정보를 공유해야 하기 때문이다.	
대면 개별(개인)면담과 전화면담 장점(4점) [5점]	대면 개별(개인)면담	- 부모-교사 간 친밀감과 신뢰감을 쌓을 수 있어 긍정적인 관계 형성을 할 수 있다. - 눈빛이나 태도 등 비언어적 의사소통으로 알 수 있는 것에 대해 파악할 수 있다. - 관찰 기록이나 포트폴리오 자료 등 자료 제시를 하며 유아의 유치원 생활을 객관적으로 설명하여 학부모가 자신의 자녀를 잘 파악하도록 도울 수 있다.
	전화면담	- 시간과 장소에 구애됨 없이 면담할 수 있다. 부모가 바빠 유치원에 오기 힘든 경우 전화면담이 효과적이다. - 일상적인 작은 문제도 부담없이 상담할 수 있다. 교사나 부모가 대면 시의 부담을 덜고 알고 싶은 내용만 간단하게 소통할 수 있다.
워크숍 형식이 부모교육 방법으로 적합한 이유 (1점)	소집단 모임 형식의 워크숍을 통해 부모들이 직접 의사소통 기술을 익히고 실습까지 할 수 있기 때문이다.	
워크숍으로 부모교육을 실시하고자 할 때 교사가 준비해야 할 사항 3가지(3점) [4점]	첫째, 일정과 주제를 정해야 한다.	
	둘째, 가정통신문을 보내 부모교육을 알리고 그 안에 설문 내용을 넣어 부모들이 참석할 수 있는 일정이 언제인지 알아본다.	
	셋째, 주제에 맞는 강연자를 정해야 한다. 워크숍의 강연자는 외부 인사도 좋지만 유치원 상황과 유아나 부모에 대해 잘 이해하고 있는 유치원 내 교사가 좋다.	
워크숍으로 부모교육을 실시했을 때 나타나는 긍정적 효과 2가지씩 [6점]	교사-유아	- 의사소통 기술이 향상되어 유아의 요구에 더 민감하게 반응할 수 있다. - 유아의 특성에 맞는 교육을 할 수 있다.
	교사-부모	- 부모님들과의 관계에서 자신감을 가질 수 있다. - 부모들은 교사들과 양방향적 의사소통이 더 원활해져 유치원 일에 적극적으로 협조해 줄 수 있다.
	교사-부모	- 자녀의 눈높이에 맞춰 대화할 수 있다. - 유아들이 정서적으로 안정되고 사회적 능력도 증진될 수 있다.

MEMO

3)
- : 덜어내기

> **참고**
>
> ▶ **구체물을 이용한 더하기와 빼기 전략**
>
> | | | |
> |---|---|---|
> | 더하기 | 모두세기 | 두 집합의 합을 구해야 하는 상황에서 두 집합의 물체를 모두 합하여 센다. |
> | | 손가락으로 세기 | 구체적인 물체가 없을 경우 구체적 물체를 대신해 손가락을 사용하여 덧셈을 하는 것이다. |
> | | 묶어세기 | 수를 여러 단위로 묶어 세는 것이다. 둘씩(둘, 넷, 여섯, 여덟, 열), 셋씩, 다섯씩 묶어 셀 수 있다. |
> | 빼기 | 덜어내기 | 구체물을 덜어내고 나머지를 세는 방법이다.
예 5-2인 경우 공 5개에서 공 2개를 따로 뺀 뒤, 남은 공 3개를 하나씩 센다. |
> | | 감수에서 피감수까지 더해가기 | 빼는 수(감수)로부터 빼어지는 수(피감수)까지 더해 가는 방법이다.
예 5-2인 경우 공 2개를 따로 뺀 후 셋부터 계속 세어서 다섯까지 남은 공을 센다. |

4)
- : 의사소통하기

> **참고**
>
> ▶ 측정개념의 발달 단계(찰스워스와 린드 R. Charlesworth & K. Lind, 1995)
>
> | 놀이와 모방 단계 | 더 나이 많은 유아와 성인의 행동을 흉내 냄 |
> |---|---|
> | 비교 단계 | '~보다 큰-~보다 작은', '더 무거운-더 가벼운', '더 긴-더 짧은' 과 '더 뜨거운-더 차가운' 과 같은 비교를 함 |
> | 임의측정 단위를 사용하는 단계 | 임의측정 단위를 사용하여 측정하기를 배움
예 모래놀이 때 컵을 사용, 발자국, 블록 |
> | 표준측정 단위의 필요성 인식 | • 구체적 조작기에 들어가면 표준측정 단위의 필요성을 인식하기 시작
• 다른 사람과 의사소통을 하기 위해 공통으로 사용하는 단위의 필요성을 인식 |
> | 표준측정 단위의 사용 | 표준측정 단위를 사용함 |
>
> ▶ 비표준 단위의 예
>
> | | 표준 단위 | 비표준 단위 |
> |---|---|---|
> | 길이 | cm, m, km | 클립, 깎지 않은 연필, 이쑤시개, 발, 눈금 없는 자, 끈 |
> | 넓이 | cm^2, m^2 | 타일, CD, 색종이, 책, 일정한 크기로 자른 종이 |
> | 무게 | g, kg | 양팔저울, 동전, 바둑알 |
> | 부피 | cm^3, m^3, cc, $m\ell$, ℓ | 종이컵, 컵, 우유갑, 페트병, 주전자, 양동이, 상자 |

07

1)
- : 가역성의 원리

2)
- ① : 인지적 갈등
- ② : (두 찰흙을 마주 대어 보며) 이거 봐 봐, 내 찰흙이 더 많은 줄 알았는데 똑같네./납작하게 만든 찰흙이 길게 만든 찰흙보다 많다고 생각했지만 모양과는 상관없이 찰흙의 양이 동일하다는 것을 알게 되었다.

3)
- : 비계설정

4)
- : 협동성

> **참고**
>
> ▶ 과학적 태도 : 협동성
>
> 개인보다는 집단의 이익을 먼저 생각하고 행동하며 이견이 있을 때 서로 협의하는 태도이다. 이를 나타내는 행동으로는 집단 내의 이견을 서로 협의하기, 실험도구를 나누어 사용하기, 실험 후 정리 정돈 함께하기, 집단 전체의 생각을 따르기, 실험에서 역할 분담하기 등이 있다.

5)
- : ㉣은 예측하기이다. 찰흙과 물의 속성에 근거하여 찰흙에 물을 넣으면 어떻게 될지 결과에 대해 생각해 보도록 했기 때문이다.
  ㉤은 추론하기이다. 찰흙이 부드러워진 결과를 관찰하고 그 결과의 원인을 되짚어 짐작해 보게끔 했기 때문이다.

> **참고**
>
> ▶ 과학적 탐구 과정 : 추론하기
> 어떤 결과를 관찰하고 이러한 결과의 원인을 되짚어 짐작해 보는 것이다.

08

1)
- : 더하기/덧셈

> **참고**
>
> ▶ 수 연산
> 더하기, 빼기(곱하기, 나누기)

2)
- ① : 합리적 수 세기
- ② : 물체를 셀 때 하나의 물체에 하나의 수를 부여하여 일대일 대응하면서 세는 것이다.

> **참고**
>
> ▶ 수 세기
> (1) 겔만(Gelman)
>
> | 기계적 수 세기
(rote counting)/
구술 세기
(oral counting) | 수 단어를 기계적으로 암송하여 기억에 의존하여 말로 수 단어를 부여하는 것이다. |
> |---|---|
> | 합리적 수 세기
(rational counting)/
물체 세기
(object counting) | 각 숫자의 이름을 물체와 순서대로 대응하여 짝지을 수 있는 것이다.
<합리적 수 세기의 원리> 일대일 대응의 원리, 안정된 순서의 원리, 기수의 원리, 추상화의 원리, 순서무관의 원리 |
>
> (2) 쇼와 블레이크(Shaw & Blake)
>
> | 기계적 세기 | • 수를 무조건 암기하여 기계적으로 센다.
• 1~10까지 거침없이 말한다. |
> |---|---|
> | 합리적 세기 | • 일대일 관계로 짝지을 수 있다.
• 벌려서 배열한 집합이 더 많다고 말한다. |
> | 동등성 이해의 세기 | • 지각에 더 이상 의존하지 않고 수의 불변 논리를 이해하고 세는 것이다. |

2)
- ① : 귀가 세모처럼 보여요. 꼬리 모양이 달라요.
- ② : 앉아 있는 호랑이와 움직이는 호랑이로 나누어 볼 수 있어요.

3)
- ① : 관찰을 통한 감상 지도법/관찰법
- ② : 토론을 통한 감상 지도법/토론법/토의법

▶ 미술 감상 지도법

관찰을 통한 명화감상	분석법	작품을 여러 관점에서 분석
	비교법	같은 종류의 작품을 다양한 방법으로 감상 예 수묵화와 종이찰흙
	분류법	여러 작품을 보고 공통점 발견
토론을 통한 명화감상	대집단	학습 유아 전체
	소집단	소집단 사회자의 안내를 통해 감상
	대담 형식	두 명이 짝을 지어 감상
모의 미술관법		전시에 의한 명화감상. 유아가 제작한 작품을 전시·감상
조형활동을 통한 감상		제작법. 명화를 보고 특징적 부분을 소재로 하여 제작해 보는 것
셀프가이드에 의한 명화감상		셀프가이드 : 자기 스스로 혹은 교사의 진행에 따라 보다 흥미 있게 대화를 나누면서 명화가 갖고 있는 의미에 다가갈 수 있도록 고안된 자기감상용 교재나 도구(워크시트, 팸플릿 등)를 사용
작문법		작품에 대한 감상의 내용을 글로 표현

4)
- ① : 묘사적 상징기
- ② : 상징적 도식을 반복적으로 사용한다.

▶ 평면 표현 발달 단계(버트 C. Burt)

선화기 (4세)	시각적 조절 능력이 발달함. 원(머리), 점(눈), 두 선(다리)의 사람 그림. 드물게 다른 원(몸)이나 두 선(팔)이 나타나기도 함. 각 부분들이 완전히 합성되지 못한 형태이며 이를 시정하기 위한 시도 하지 않음.
묘사적 상징기 (5~6세)	사람은 어느 정도 정확하게 그리나 조잡한 상징적 도식으로 표현 형태는 가장 거친 방법으로 배치되고 관습적으로 그림. 도식은 아동마다 약간씩 다른 유형으로 나타나며 보다 많은 것을 그리기 위하여 나름대로 선호하는 패턴을 상당히 고수함.
묘사적 사실기 (7~8세)	보이는 것을 그리는 것이 아니라 아는 것을 그림. 실제로 본 것을 본인의 경험대로 소화시켜 앞면과 옆면이 동시에 나타나는 그림도 그린다. 사물에 대하여 아동이 기억하는 모든 것과 흥미를 끄는 것을 표현함.
시각적 사실기 (9~10세)	기억과 상상에 의존하여 그리는 단계에서 자연을 보고 그대로 표현하려는 단계로 바뀜. ① 2차원 - 외곽선만 사용 ② 3차원 - 입체성, 중첩, 원근, 약간의 명암과 단축법, 풍경그림

06

1)
- ⓐ : 어느 공이 더 큰지 대 보자.
- ⓑ : 끈으로 두 개의 공의 크기를 재서 어느 것이 둘레가 더 긴지 비교해 보자.

▶ 비교하기 방법(레이 등, Ray et al., 1994)

시각적 비교	크기 차이가 두드러진 물체 비교
직접적 비교	두 물체를 나란히 놓아 보거나 한 물체를 다른 물체 위에 놓고 그 차이를 비교
간접적 비교	제3의 물체(측정도구)를 사용하여 비교

2)
- ① : 뭐든지 큰 공은 무겁고 작은 공은 가벼운 거야.
- ② : 장난감 공과 크기가 같은 실물 공(진짜 공)/장난감 공과 크기는 같지만 무게는 다른 공(실물 공)

3)
- ① : 임의측정 단위를 사용하는 단계
- ② : 물체의 크기와 무게를 한 번에 비교할 수 있기 때문이다./물체의 크기에 따라 무게가 무거워지는 것이 아니라는 것을 시각적으로 분명하게 비교할 수 있기 때문이다.

> **참고**
>
> ▶ **놀이성 척도(바넷 L. Barnett)**
>
> | | |
> |---|---|
> | 신체적 자발성 | 1. 동작이 잘 협응된다.
2. 놀이하는 동안 능동적이다.
3. 능동적인 것을 선호한다. |
> | 사회적 자발성 | 1. 타인이 접근하면 쉽게 반응한다.
2. 타인과의 놀이를 제안한다.
3. 다른 유아와 협동적으로 놀이한다.
4. 놀잇감을 공유한다.
5. 놀이 시 지도자 역할을 한다. |
> | 인지적 자발성 | 1. 게임을 스스로 만든다.
2. 놀이에서 비전형적인 놀잇감을 사용한다.
3. 여러 역할을 가작화한다.
4. 놀이 동안 활동을 변화시킨다. |
> | 즐거움의 표현 | 1. 놀이 동안 즐거움을 표현한다.
2. 놀이 동안 충만함을 나타낸다.
3. 놀이 동안 열정을 나타낸다.
4. 놀이 동안 감정을 표현한다.
5. 놀이하면서 노래를 부르고 말한다. |
> | 유머감각 | 1. 다른 유아들과 농담을 즐긴다.
2. 다른 사람을 조용하게 놀린다.
3. 재미있는 이야기를 말한다.
4. 재미있는 이야기에 웃는다.
5. 익살부리는 것을 좋아한다. |

04

1)
- : 5세 유아의 음역 발달 수준에 비추어 노래의 음이 너무 높기 때문이다.

> **참고**
>
> ▶ **유아 노래곡 선정 원리**
>
> | | |
> |---|---|
> | 선율 | • 유아의 음역 안에서 음의 도약이 무리 없이 연결된 선율
• 반복되면서 흥미롭고 노랫말과 잘 어울리는 선율
• 충분 음역 : 레~라 |
> | 리듬 | • 유아의 호흡에 알맞은 리듬
• 단순하며 반복되는 형태의 리듬 |
> | 노랫말 | • 경험하거나 체험한 내용의 노랫말
• 아름다운 상상력을 촉진하는 노랫말
• 새로운 것을 발견하고 그 기쁨을 체험할 수 있는 노랫말
• 내용이 구체적이며 흥미롭고, 체계적으로 구성된 노랫말 |
> | 노래곡 선정 | • 다양한 의성어와 의태어를 활용
• 음의 명료성과 청각적 변별력을 향상시키는 교육 효과를 가져올 수 있는 노래
• 국악, 외국곡 등 다양한 문화를 체험할 수 있는 노래 선정 |

2)
- ① : 셈여림
- ② : 노래 부르기를 할 때 교사가 팔 동작의 크기에 변화를 주어 지휘한다.

> **참고**
>
> ▶ **음악적 요소**
> 리듬, 형식, 셈여림, 빠르기, 음의 고저, 화음, 음색, (멜로디, 다이내믹스)

3)
- ① : 음색
- ② : 눈을 감고 친구 목소리 듣고 누구인지 알아맞히기, 교사, 원감 선생님, 원장 선생님, 친구들의 녹음된 목소리를 듣고 누구인지 알아맞히기

4)
- : ⓐ 새 노래를 한 소절씩 나눠 반복하는 것은 부적절하다. 잘 되지 않는 부분은 마디로 끊어서 부르되, 가능하면 전체를 한 번에 부르고 지나치게 반복하지 않는다.
  ⓑ 오선악보와 가사를 보며 새 노래를 부르는 것은 부적절하다. 그림 악보나 그림이 함께 있는 가사판을 보며 불러야 한다.

05

1)
- : 이해중심

> **참고**
>
> ▶ **현대 아동 미술 교육의 흐름**
>
> | | |
> |---|---|
> | 표현기능중심 미술 교육 | 교육에서 미술을 가르쳐 표현능력을 향상시키고 결국은 사회에서 필요한 화가, 조각가, 디자이너, 공예가 등을 기르고자 하는 미술 교육이다. |
> | 창의성중심 미술 교육 | 치젝이 아동의 자유로운 자기표현에 의한 미술 교육을 주창한 후 세계적으로 급속하게 보급된 미술 교육 흐름이다. 듀이의 아동중심 교육에 영향을 받은 것으로 1940년대 로웬펠드와 허버트 리드 등이 주축이 된 아동의 창의성과 표현 발달을 강조하는 흐름으로 이어지게 된다. |
> | 이해중심 미술 교육 | 학문중심 교육과정과 지각 심리학의 영향을 받았고, 현대 미술의 다양한 전개에 의해 나타난 미술 교육으로, 미술 교과의 독자성을 강조했으며, 미술 이해와 감상을 중요시했고 교육과정과 교사를 중시했다. 아이스너, 펠드만 등이 대표적 학자이다. 이들의 방식은 DBAE(학문에 기초한 미술 교육)이라고 불리웠다. DBAE에서는 미술제작, 미술비평, 미술사, 미학 등을 목표로 삼았다. |

(2) 맥코비와 마틴(E. Maccoby & A. Martin)

권위 있는 양육 유형	통제할 것은 하면서 동시에 아이에게 애정 어린 양육을 하는 유형이다. 가정에서 아동이 지켜야 할 규칙을 명확하게 제시함과 동시에 아동의 개인적인 욕구에도 잘 반응한다.
독재적 양육 유형	자녀에게 요구가 많고 통제를 많이 하는 반면 자녀의 욕구에 대한 반응은 적은 유형이다.
허용적 양육 유형	애정은 많으나 아동의 연령에 적절한 요구나 통제, 그리고 대화가 적은 유형이다.
무관심한 양육 유형	자녀의 욕구에 반응도 적고 적절한 통제도 하지 않는 유형으로 4가지 양육 태도 중 가장 나쁜 결과를 나타낸다.

4)
- ① : 일시적인 신체적 놀이짝(놀이동료) 단계
- ② : 일방적인 조력 단계, 자신의 소망을 충족시켜 주는 친구의 특정 행동에 초점을 두며, 무엇을 좋아하고 무엇을 싫어하는지 잘 아는 상대를 친한 친구로 생각한다.

참고

▶ 우정발달 단계(셀만 L. Selman)

0 단계	일시적인 신체적 놀이짝 단계 (3~7세)	친구를 가까이 사는 사람이라는 근접성에 근거하여 이해하며, 친구관계를 일시적이고 신체적인 놀이짝을 의미하는 것으로 생각하고, 바로 그 순간에 노는 아동을 친구라고 생각한다.
1 단계	일방적인 조력 단계 (4~9세)	자신의 소망을 충족시켜 주는 친구의 특정 행동에 초점을 두며, 무엇을 좋아하고 무엇을 싫어하는지 잘 아는 상대를 친한 친구로 생각한다.
2 단계	공평한 협동 단계 (6~9세)	상호조망이 고려되며 어느 한쪽의 기준과 기대를 맞추는 것이 아니라 자신과 상대의 기호를 조정하고 통합하는 개념으로 우정을 이해하며 협동이 나타난다.

03

1)
- ① : 폐쇄공간을 만드는 단계
- ② : 다리를 만드는 단계

참고

▶ 쌓기놀이 발달 단계(존슨 H. Johnson, 1974)

1단계	블록을 이리저리 옮기는 단계
2단계	구조물을 만들기 시작하는 단계
3단계	다리를 만드는 단계
4단계	폐쇄공간을 만드는 단계
5단계	장식적 패턴이 나타나는 시기
6단계	구조물에 이름을 붙이는 단계
7단계	블록에 의한 표상이 활발한 단계

2)
- ① : 밀도, 밀집도
- ② : 쌓기 영역과 역할놀이 영역을 통합하여 구성한다.

참고

▶ 놀이 공간 밀도

(1) 공간의 밀도 : 놀이 공간에서 유아 한 명당 차지할 수 있는 넓이를 말하는 것으로 밀집도를 나타내는 지표이다.

(2) 맥그루(McGrew, 1972)

사회적 밀집도	공간의 크기를 일정하게 유지하면서 유아의 수를 조절하는 것
공간적 밀집도	유아의 수는 일정하게 유지하면서 공간의 크기를 조절하는 것

(3) 밀집도와 유아의 놀이 행동
  ① 일반적으로 밀집도가 높은 환경일수록 유아들 간의 신체적 접촉이 증가되고 이로 인하여 서로 간의 놀이가 방해됨에 따라 공격적 행동이 증가되는 경향을 볼 수 있다.
  ② 밀집도가 낮은 공간 또는 개방된 실외놀이 공간에서 영유아는 뛰어다니는 활동적인 놀이 선택이 더 많아진다.
  ③ 그러나 동일한 면적이 주어진 공간에서도 공간배치와 제시되는 놀잇감에 따라 유아의 놀이 형태와 놀이 지속시간은 달라질 수 있다.
  ④ 잘 훈련된 교사는 복잡한 상황에서도 이를 조절할 수 있는 전략을 활용할 수 있으므로 놀이 환경에 영향을 주는 다양한 변인이 있음을 이해하고 유아의 놀이발달에 긍정적으로 영향을 줄 수 있도록 한다.

3)
- ① : 유머 감각
- ② : ⓐ 달리기를 잘한다. ⓑ 친구들과 협동해서 놀이한다. ⓒ 게임할 때 다른 방식으로도 논다. ⓓ 이야기를 재미있게 한다./친구들과 익살스럽게 이야기한다.

2)
- ① : 사회적 자아존중감
- ② : 나를 알고 존중하기, 나를 알고 소중히 여긴다.

> **참고**
>
> ▶ 아동 중기 자아존중감의 위계적 구조
>
> | 학업적
자아존중감 | 읽기, 셈하기 및 기타 과목의 능력 |
> | --- | --- |
> | 사회적
자아존중감 | 또래와의 관계, 부모와의 관계 |
> | 신체적
자아존중감 | 신체적 능력, 외모 |

> **참고**
>
> ▶ 2019 개정 유치원 교육과정 '사회관계' 영역
>
> | 내용 범주 | 나를 알고 존중하기 | |
> | --- | --- | --- |
> | 내용 | 내용 이해 | |
> | 나를 알고
소중히 여긴다. | 유아가 자신을 나타내는 나이, 성별, 모습 등에 대해 알고, 자신을 소중히 여기며 가치 있는 존재로 느끼는 내용이다. | |

3)
- ① : 권위 있는 양육 유형
- ② : '자녀에게 모든 의사결정을 맡겨 주세요.' 가 부적절하다. 충분한 대화를 통해 부모와 자녀의 입장을 반영하여 민주적으로 의사결정을 해야 한다.

> **참고**
>
> ▶ 양육 행동 유형
> (1) 바움린드(D. Baumrind)
> 바움린드는 부모가 자녀의 요구와 행동에 반응(애정-거부)하는 정도와 자녀에게 요구(통제-자율)하는 정도에 따라 양육 태도를 4가지 유형으로 나누었다.
>
> | 반응의
수준

요구의
수준 | 부적절하게
요구하는 부모
(자녀에게 기대하지
않는 양육) | 적절히 요구하는 부모
(자녀에게 알맞게 기대
하는 양육) |
> | --- | --- | --- |
> | 반응이
활발함
(수용적,
아동중심적) | **허용적 양육 유형**
자녀의 지나친 응석을 받아줌, 자녀가 무리한 요구를 해도 통제 안 함, 훈육을 거의 하지 않음 | **권위 있는 양육 유형**
신뢰와 존중의 관계, 서로의 입장을 배려, 의미 있고 다양하며 충분한 의사소통 |
> | 반응이
부족함
(거부적,
성인 중심적) | **무관심한 양육 유형**
무관심, 부족한 의사소통, 엄격함의 결여, 애정적이지 않은 양육 | **권위주의적 양육 유형**
통제적, 개인의 차이를 존중하지 않는 관계, 한 방향으로만 흐르는 소통으로 의미 전달 불가능 |

▶ **놀이지도 : 현대 놀이이론-상위인지이론-상위의사소통이론**
 베이트슨(Bateson)은 유아가 놀이에서 수행하는 행동의 의미는 실제 생활의 행동과 다르다. 유아는 놀이에 참여하기 전에 놀이에서 일어나는 상황이 실제가 아니라 단지 놀이라는 것을 알게 하는 '지금은 놀이중'이라는 놀이의 틀(play frame)이나 맥락을 설정한다. 유아는 실제와 놀이를 구분하고 놀이에 맞게 행동한다. 그러나 가상놀이 시 문제가 야기되면 놀이의 틀을 깨고 현실로 돌아와 문제를 해결한 후 다시 놀이의 틀로 돌아가 놀이한다. 즉 유아는 놀이의 진행을 위하여 적절한 말을 해야 할 뿐 아니라 놀이 중의 이야기인지, 놀이 밖의 이야기인지도 알아야 한다. 놀이에서 상위의사소통은 놀이를 지속적으로 유지하는 데 중요한 요인이다.

3)
- : 탐색, 처음 사용해 보는 손전등의 켜는 방법을 몰라 이리저리 살펴보는 것과 같이 익숙하지 않은 새로운 사물의 사용 방법을 알고자 했기 때문이다.

> **참고**
>
> ▶ **놀이와 탐색(허트 C. Hutt, 1989)**
> - 놀이와 탐색은 내적으로 동기화된 행동
> - 탐색은 유아가 익숙하지 않은 새로운 사물에 호기심을 보이면서 '이 사물의 속성은 무엇일까' 하는 것이고, 놀이는 '이 사물을 가지고 무엇을 할 수 있을까?' 하는 것
> - 탐색이 놀이보다 먼저 나타남
> - 특정탐색 : 새로운 자극물을 접할 때 그 자극물을 만져 보고 조작하여 실험
> - 다각적 탐색 : 자극물의 특성을 파악한 후에 좀 더 내적으로 동기화되고 오랜 기간 지속되는 탐색

4)
- ① : 각본
- ② : 에피소드, 유아들의 사회극놀이에 구조대원이 되어 구조 준비물을 가지고 출동하는 사건, 아픈 곰돌이를 치료하고 먹이는 사건, 곰돌이에게 먹일 음식을 만드는 사건이 연결되어 나타났기 때문이다.

02

1)
- : 범주

>
>
> ▶ **범주자아**
> 유아의 자아개념은 범주자아라고 한다. 이 시기의 유아는 자신의 연령이나 성을 토대로 자아개념을 형성한다. 이렇게 유아가 자신을 연령과 성을 범주로 기술하는 것을 범주자아라고 한다.

08

1)
- ㉠ : 끼적거리기

2)
- ㉡ : 그림을 그리는 것과 문자를 쓰는 것이 다르다는 것을 인식하고 있기 때문이다.
- ㉢ : 문자는 자기 마음대로 쓰는 것이 아니라 일정한 규칙이 있다는 것을 인식하고 있기 때문이다.

3)
- ① : 교사의 말이 끝나기 전에 솔이가 말을 하는 태도는 지도가 필요하다. 솔이에게 상대방의 말을 끝까지 듣고 자신의 의견을 말하도록 지도해야 한다.
- ② : 바른 태도로 듣고 말한다.

참고

▶ 2019 개정 유치원 교육과정 '의사소통' 영역

내용 범주	듣기와 말하기	
내용	내용 이해	
바른 태도로 듣고 말한다.	유아가 말하는 사람에게 주의를 기울이며 듣는 내용이다. 말을 끝까지 듣고, 자신의 의견을 말하는 내용이다.	

2020학년도 유치원 교육과정 B
본책 p.178

01

1)
- ① : 복합적 사회 가작화 놀이
- ② : 각 유아가 역할을 맡아 가작화 활동을 하는 협동적 사회 가작화 놀이가 나타나면서 상위 의사소통을 하는 것이다.

참고

▶ 또래놀이 척도(하위스와 매더슨 C. Howes & Matheson, 1992)

병행놀이	• 파튼의 병행놀이와 유사 • 두 유아가 유사한 활동을 하지만 사회적 상호작용 없음
상호존중의 병행놀이	• 거리상으로 가깝고 서로 눈을 마주친다든지 상대방을 의식
단순한 사회 놀이	• 상대방에게 사회적 시도 • 미소를 짓거나 말을 하는 것, 만지는 것, 사물을 주고받는 것, 상대 유아가 화났을 때 위로해 주는 것, 과제를 도와주는 것, 동의해 주는 것 등
상호보완적 놀이	상호인식 하의 보상적이고 호혜적인 놀이	• 두 유아가 보상적이고 호혜적인 활동을 함 • 한 유아가 어떤 활동을 하면서 다른 유아가 그 활동을 역으로 하여 상대방의 역할을 하나, 사회적 시도는 나타나지 않음 예 공놀이, 쫓고 쫓기는 놀이, 주고받기 놀이
	보상적이고 호혜적인 사회놀이	• 보상적이고 호혜적인 역할을 하면서 사회적 시도가 나타남
협동적 사회 가작화 놀이	• 사회극놀이를 하면서 유아들이 서로 보완적인 역할을 함(역할 나눔) • 조직화된 사회극놀이를 수행함 • 보상적이고 호혜적인 활동을 하며, 각 유아가 제3단계에서처럼 서로에게 사회적 시도를 함	
복합적 사회 가작화 놀이	• 협동적 사회 가작화 놀이와 상위 의사소통이 동시에 나타남 예 "내가 엄마를 할 테니까 너는 아빠를 해", "우리 정글에서 길을 잃었다고 해 보자", "도서관에서는 책을 사는 것이 아니라 빌리는 거야" 등	

2)
- : 연서야, 내가 역할 영역에서 물을 가져올 테니까 구조 가방 준비해 줘.

> **참고**
>
> ▶ 환경 인쇄물(environmental print)
> 실생활의 기능을 포함한 특정한 맥락을 담고 있는 간판, 교통표지판, 전단지, 과자 상자와 같은 자료를 말한다.

3)
- ① : ⓒ과 ⓔ은 확장 모방이다. 교사가 유아의 말을 성숙한 문형으로 확장하여 다시 말해 주었기 때문이다.
- ② : ⓓ은 의미 부연이다. 교사가 유아의 말에 '초콜릿이랑 사탕이랑'이라는 어휘와 '만들었나 봐'라는 어휘를 추가하여 말해 주었기 때문이다.

4)
- : ⓕ의 발문은 폐쇄적 발문(제한적 발문)으로 유아의 대답을 몇 가지로 제한하는 발문이며, ⓖ의 발문은 개방적 발문(확산적·발산적 발문)으로 유아들이 다양하게 말하도록 하는 발문이다.

> **참고**
>
> ▶ 발문의 유형(블로서 Bloosser)
>
> | 발문의 분류 | | 내용 | 예시 |
> |---|---|---|---|
> | 폐쇄적 발문 | 인지·기억적 발문 | 인식, 기억, 회상 등으로 사실, 공식과 같은 것을 단순하게 회상하도록 요구하는 발문 | • 씨앗이 자라면 무엇이 되니?, 식물의 잎은 무엇을 하니?
• 비눗방울이 비눗물에서 점점 많이 생기는 것이 보이니?
• 양서류는 어떤 동물을 의미하니? |
> | 교수적 발문 | 수렴적 사고 발문 | 주어지거나 혹은 기억된 자료를 종합하고 적용하거나 연결, 분류, 구별, 결론과 같은 정신적 활동을 자극하려는 발문 | • 너의 실험 결과를 가장 잘 나타내려면 도표나 그래프나 그림 중 어떤 것이 좋을까?
• 물의 양의 변화는 어떠하니?
• ○○과 △△의 다른 것과 같은 것에 대하여 말해 보자. |
> | 개방적 발문 | 확산적 사고 발문 | 창의적이고 상상적인 대답을 불러일으키도록 하는 발문 | • 너는 왜 이 식물이 저 식물보다 더 잘 자라게 될 것이라고 생각하니?
• 얼음을 쉽게 녹일 수 있는 방법은 무엇이 있을까?
• 로봇이 많아지면 어떻게 될까? |
> | | 평가적 사고 발문 | 판단, 가치 선택이 이루어지게 하며 자신의 반응을 정당화하는 것을 포함하는 발문 | • 이 씨앗이 다른 씨앗보다 빨리 자라게 된 것은 어떤 이유 때문일까?
• 공기 오염을 막기 위해 우리가 할 수 있는 것은 무엇일까?
• 왜 그런 결과가 나타날 거라고 생각하니? |

07

1)
- ① : '가' 자로 시작하는 말, 이름으로 삼행시 짓기
- ② : 1글자가 1음절에 해당한다./1글자는 음절 단위로 모아쓴다.

2)
- ⓐ : 글 없는 그림책 보고 이야기 꾸미기
- ⓑ : 귓속말로 전달하기

3)
- ① : 동음이의어
- ② : 눈은 눈인데 볼 수 없는 눈은?/배는 배인데 먹을 수 없는 배는?

> **참고**
>
> ▶ 동음이의어
> 두 개 이상의 낱말이 우연히 소리만 같을 뿐 전혀 다른 뜻으로 사용되는 경우에 이 낱말들을 동음이의어라 한다.
> - 다리 (1) : 사람이나 동물의 몸통 아래 붙어 있는 신체의 부분. 서고 걷고 뛰는 일 따위를 맡아 한다.
> - 다리 (2) : 물을 건너거나 또는 한편의 높은 곳에서 다른 편의 높은 곳으로 건너다닐 수 있도록 만든 시설물.
>
> ▶ 다의어
> 하나의 낱말에 의미가 여러 가지 있는 것이다. '보다'는 '영화를 보다', '맛을 보다', '이익을 보다' 등 여러 의미로 쓰인다.
>
> > 손
> > 1. 사람의 팔목 끝에 달린 부분. 손등, 손바닥, 손목으로 나뉘며 그 끝에 다섯 개의 손가락이 있어, 무엇을 만지거나 잡거나 한다. 예 손으로 잡다
> > 2. =손가락(손끝의 다섯 개로 갈라진 부분). 예 손에 반지를 끼다
> > 3. =일손(3. 일을 하는 사람). 예 손이 부족하다
> > 4. 어떤 일을 하는 데 드는 사람의 힘이나 노력, 기술. 예 나는 부모님이 돌아가셔서 할머니의 손에서 자랐다.
> > 5. 어떤 사람의 영향력이나 권한이 미치는 범위. 예 손에 넣다
> > 6. 사람의 수완이나 꾀. 예 장사꾼의 손에 놀아나다

4)
- : 발단-전개-위기-절정-결말

> **참고**
>
> ▶ 플롯(plot)의 구성 단계
>
> | 발단 | 이야기의 도입부로서 시간적·공간적 배경을 제시하고 인물들의 성격을 독자에게 알려 준다. |
> |---|---|
> | 전개 | 사건이 본격적으로 펼쳐지는 부분으로 이야기의 갈등이 나타나는 단계이다. |
> | 위기 | 갈등이 고조되고 심화되는 단계이다. |
> | 절정 | 갈등과 사건이 최고조에 이르는 단계이다. 절정은 해결의 전환점을 맞이하는 단계이기도 하다. |
> | 결말 | 갈등과 사건이 해결되고 마무리되는 단계이다. |

- ■ 기록 확인, 관찰 : 유아 감염병 예방 정보에 대한 가정통신문, 위기대응편람, 교육부자료 등
  - 유아, 교직원, 유치원 시설안전사고에 대한 보험을 가입한다.
- ■ 기록 확인, 관찰 : 학교안전공제회, 교육시설재난공제회, 교육기관종합보험, 상해보험, 화재보험, 배상책임보험, 가스배상책임보험, 통학버스 책임보험, 통학버스 종합보험 등
- □ 교직원은 유아의 안전을 위해 항상 전체 상황을 주시한다.
  - 안전을 위해 전체 유아를 주시한다.
  - 교사는 가급적 유아만 남겨두고 활동공간에서 자리를 비우지 않는다. (부득이하게 교사가 자리를 비울 경우 원장이나 다른 교사 등 책임 있는 성인과 교대한 후에 자리를 비운다.)
  - 유아의 놀잇감 던지기, 모래뿌리기 등 위험 행동이 안전사고를 초래하지 않도록 긍정적인 방법으로 지도한다.
- □ 계절 및 날씨 관련 놀이 안전수칙을 준수한다.
  - 폭염, 한파, 미세먼지, 황사, 폭우, 폭설, 낙뢰, 태풍 등에 따라 필요한 조치를 취하거나 일정을 조정한다.
- □ 유아와 교사의 손씻기가 위생적으로 이루어진다.
  - 교사는 유아에게 바르게 손씻기를 지도한다.
  - 유아는 급·간식 전, 대소변 후, 신체 분비물을 만진 후, 실외활동 후 등 손을 씻는다.
- ■ 기록 확인, 관찰 : 유아 손씻기 지도 기록, 손씻기 환경(물비누, 핸드타월 등)
  - 교사는 급·간식 배식 전, 화장실 다녀온 후, 유아의 배변 도움 후, 투약 전/후, 상처를 소독하거나 밴드를 붙이기 전, 동물을 만진 후, 청소 및 쓰레기통을 만진 후, 손이 더러워진 경우 유아의 신체 분비물을 만진 후, 실외활동 후에 손을 씻는다.
- ■ 기록 확인, 관찰 : 교사의 손씻기에 대한 위생관리 자체점검표 (월 1회)
- □ 유아의 양치질이 위생적으로 이루어진다.
  - 교사가 유아에게 바른 양치질 방법에 대한 지도 및 도움을 주어야 한다.
  - 급식 후 유아들은 양치질을 한다.
- ■ 기록 확인, 관찰 : 바른 양치질 방법에 대한 지도 기록 등
  - 유아 칫솔 및 양치컵은 세척 후 소독·건조기 등을 사용하여 청결한 상태로 보관한다.
- ■ 기록 확인, 관찰 : 칫솔, 양치컵, 칫솔소독기 청결관리에 대한 위생관리 자체점검표(월 1회)

▶ 유치원 시설 관리 매뉴얼

점검 내용	설명
응급상황 발생 시 대응체계 및 각자의 역할에 대한 비상대응계획이 문서로 작성되어 있다.	응급상황 발생 시 피해를 최소화하기 위해서는 교사들 간의 역할 분담과 응급처리절차 과정이 문서로 작성되어 있어야 함.
비상연락망이 작성되어 눈에 잘 띄는 곳에 부착되어 있다.	비상연락망을 교실 내 전화기 옆에 부착하도록 함.

05

1)
- ① : 피하기
- ② : ㉠ 비이동동작, ㉡ 이동동작

▶ 재빨리 피하기(dodge)
 사물이나 사람을 피하기 위해 몸 전체를 아주 재빨리 움직이는 동작이다. 재빨리 피하기는 제자리에 선 상태에서 이루어지기도 하며, 달리면서 이루어지기도 한다. 서 있거나 고정된 상태에서는 구부리거나 뻗기, 꼬기 같은 비이동 동작이 포함되며, 달리기와 함께 피하는 동작을 하는 경우에는 이동 동작 기술이 된다.

2)
- : 공간, 수준

3)
- ⓐ : 점프를 할 때는 후프 테두리를 밟지 않도록 조심해야 해요.
- ⓑ : 지금부터는 친구랑 손잡고 서로 도와서 두 발로 점프해 다음 후프로 넘어가는 거예요.
- ⓒ : 규칙성 이해하기

▶ 2019 개정 유치원 교육과정

영역	내용 범주	내용
신체운동·건강	안전하게 생활하기	일상에서 안전하게 놀이하고 생활한다.
사회관계	더불어 생활하기	친구와 서로 도우며 사이좋게 지낸다.
자연탐구	생활 속에서 탐구하기	주변에서 반복되는 규칙을 찾는다.

06

1)
- ① : 균형적 언어 교육 접근법
- ② : 친숙한 글자로 의미 있게 접근하는 것은 의미를 중시하는 총체적 접근법의 방법이고 낱자를 이용해 놀이하는 것은 작은 언어 단위부터 정확하게 학습시키고자 하는 발음중심 접근법의 방법이므로 ㉠은 총체적 접근법과 발음중심 접근법을 접목시킨 균형적 언어 교육 접근법이 되기 때문이다.

2)
- ① : (다음 중 2가지) 유치원 주변 간판, 과자 상자, 광고지
- ② : 간판, 전단지, 과자 상자 등과 같이 실생활의 기능을 포함한 특정한 맥락을 담고 있어 유아들에게 친숙하면서도 글자의 기능을 알게 하고 글자의 의미를 쉽게 유추해 볼 수 있도록 하는 것이다.

폭력예방 및 신변보호 교육	8	학기당 2회 이상	1. 내 몸의 소중함과 정확한 명칭 알기 2. 좋은 느낌과 싫은 느낌 알기 3. 성폭력 예방 및 대처방법 알기 4. 나와 내 주변사람(가족, 친구 등)의 소중함을 알고 사이좋게 지내기 5. 아동학대 신고 및 대처방법 알기
약물 및 사이버 중독 예방 교육	10	학기당 2회 이상	1. 올바른 약물 사용법 알기 2. 생활주변의 해로운 약물·화학제품 만지거나 먹지 않기 3. TV, 인터넷, 통신기기(스마트폰 등) 등의 중독 위해성을 알고 바르게 사용하기
재난 안전교육	6	학기당 2회 이상	1. 화재의 원인과 예방법 알기 2. 화재 발생 시 유의사항 및 대처법 알기 3. 각종 자연 재난 및 사고 적절하게 대처하는 방법 알기 4. 각종 재난 유형별 대비 훈련 실시
직업 안전교육	2	학기당 1회 이상	1. 일터 안전의 중요성 및 안전을 위해 지켜야 할 일 알기 2. 일터 안전시설 현장 체험하기
응급처치 교육	2	학기당 1회 이상	1. 응급상황 알기 및 도움 요청하기 2. 119 신고와 주변에 알리기 3. 손 씻기와 소독하기 등 청결 유지하기 4. 상황별 응급처치 방법 알기
교육 방법			1. 학생 발달 수준을 고려한 전문가 또는 교원 설명 2. 학생 참여 수업 방법 연계 적용 (예시: 역할극, 프로젝트 학습, 플립러닝 등) 3. 교내외 체험교육 또는 현장학습 4. 일상생활을 통한 반복 지도 및 부모교육 연계

2)
- ㉠ : 심폐소생술
- ㉡ : 업무 분장표

> [참고]
> ▶ 유치원 교사 양성을 위한 교육실습(참고 : 「교원자격검정령」)

교육실습을 위한 기준	내용
실습 기관과 기간	한 해 4주 동안 「유아교육법」 제7조에 의해 설립된 유치원에서 교육실습을 해야 하며 실습지도 교사는 유치원 1급 정교사 자격증을 가진 교사에 한한다.
실습 내용	실습생은 실습 기간 동안 학습지도, 생활지도, 유아관리, 환경관리, 평가 등 학급경영 전반적인 내용에 대해 지도를 받으며, 교사로서의 직무수행을 전체적으로 경험하게 된다.

교직 적성 및 인성 검사 기준	교원양성과정을 이수하는 동안 해당 교원양성기관의 장이 실시한 교직 적성 및 인성 검사 결과가 다음 각 목의 기준을 충족해야 한다. 가. 2년 이하의 교원양성과정을 이수한 사람 : 적격 판정 1회 이상 나. 2년을 초과하는 교원양성과정을 이수한 사람 : 적격 판정 2회 이상
응급처치 및 심폐소생술 실습 기준	교원양성과정을 이수하는 동안 해당 교원양성기관의 장이 실시한 응급처치 및 심폐소생술 실습을 2회 이상 받아야 한다.
성인지(性認知) 교육 이수 기준	교원양성과정을 이수하는 동안 해당 교원양성기관의 장이 실시하는 성인지 교육을 4회 이상 받아야 한다(3년 이하의 교원양성과정을 이수하는 경우에는 해당 교육을 2회 이상).
마약·대마·향정신성의약품 중독 여부 조회	학생 개인이 마약·대마·향정신성의약품 중독 여부에 대한 의사 진단서를 지역대학으로 제출해야 한다.

> [참고]
> ▶ 제5주기 유치원 평가 매뉴얼 - 건강·안전, 3-2 건강 및 안전 증진

평가 항목	질병 및 상해 관리가 적절히 이루어진다.

□ 질병 및 상해에 관한 대응책을 마련한다.
  - 응급상황 시의 업무분장, 처리절차, 응급처치 매뉴얼(안전사고 시 유아의 상해 유형 포함)을 갖추고 있다.
■ 기록 확인, 관찰 : 응급상황 업무분장표, 응급상황에 대한 건강관련 자체점검표, 응급처치 매뉴얼 등
  - 응급상황 시 보호자와 연락할 비상연락망을 갖추고 이를 운영한다.
■ 기록 확인, 관찰 : 학부모(보호자) 비상연락망
■ 기록 확인, 관찰 : 유아의 질병 및 상해의 경우 부모에게 즉시 알린 기록
  - 응급상황 시 유아에 대한 응급처치에 대한 부모 동의서를 갖추고 있다.
■ 기록 확인, 관찰 : 보호자의 응급처치동의서
  - 응급의료기관을 포함한 인근 의료기관의 정보(병원명, 운영시간, 진료과, 전화번호, 병원까지의 소요시간 등)가 기록된 자료를 비치하고 있다.
■ 기록 확인, 관찰 : 인근 의료기관 자료
  - 사고가 발생했을 시, 사고 시간, 장소, 경위를 안전사고일지에 기록한다.
■ 기록 확인, 관찰 : 안전사고일지
  - 감염병 예방관리 계획, 유아가 자주 걸리는 감염병(예 : 수두, 볼거리, 홍역, 수족구, 독감, 뇌염 등)의 증상, 등원 불가 전염병의 종류 및 기간, 감염병에 걸린 유아를 위한 대처방안, 감염병에 걸린 교직원을 위한 대처방안, 신고체계 자료를 갖추고 있다.

03

1)
- : 동심원적 접근법, 유아가 친숙하게 접하는 동물을 알아보고 동네의 동물 관련 기관 및 동물 병원이나 애견 미용실에 현장체험 학습을 가는 것과 같이 유아를 중심으로 하는 내용을 우선으로 하고 점차 유아 주변에 있는 내용들로 확장시켜 사회 교육의 내용을 구성하는 것이다.

> **참고**
>
> ▶ 유아 사회 교육 내용의 조직
>
> | | |
> |---|---|
> | 동심원적 조직 | 유아를 중심으로 하는 내용을 우선으로 하고 점차 유아 주변에 있는 내용들로 확장시켜 사회 교육의 내용을 구성하는 것
<유의점> 유아의 주변 세계에 있지 않으면 유아가 실질적으로 경험할 수 없기 때문에 유아의 경험의 폭을 넓혀 줄 수 있는 내용들을 선정하도록 한다. |
> | 나선형적 조직 | 동일한 내용을 어린 연령 단계에서는 직접적이고 구체적인 활동으로 제시하고, 다음에는 그림이나 영상 활동처럼 조금 높은 단계로 확대하여 제시하며, 점차 상징적이고 추상적인 수준으로 반복 제시 |
> | 아동발달 조직 | 유아들의 발달 수준 및 유아들의 흥미나 관심 등과 같은 유아들의 요구에 근거해서 유아 사회 교육의 내용을 조직하는 방법(이론적 배경 : 게젤, 듀이) |
> | 과정 중심 조직 | 사회적 사태에 대해 유아들이 사고하는 방법을 스스로 배울 수 있도록 도우며, 사태에 직면할 때마다 적절한 갈등의 해결 방법을 유아 스스로 발견할 수 있도록 상호작용함(이론적 배경 : 피아제, 비고츠키) |

2)
- ㉠ : 개별화의 원리
- ㉡ : 집단역동성의 원리

> **참고**
>
> ▶ 교수·학습의 기본 원리
>
> 놀이 중심의 원리, 생활 중심의 원리, 개별화의 원리, 집단역동성의 원리, 자발성의 원리, 융통성의 원리

3)
- : 계속성의 원리가 적용된 내용은 3세뿐 아니라 4, 5세에서도 지속적으로 '동물' 주제를 다룬 것이다. 한편 계열성의 원리가 적용된 내용은 처음에는 반려동물이나 까치나 다람쥐 등을 다루고 사라진 동물에 대해 다뤄 보면서 점점 사라져 가는 동물들을 보호하는 방법도 알아본 것이다.

> **참고**
>
> ▶ 타일러(R. Tyler)의 교육 내용의 선정과 조직
>
> | | |
> |---|---|
> | 계속성 | 중요한 교육과정 요소, 또는 교육 내용의 조직이 시간 계열에 따라 반복적으로 경험되도록 조직하는 것이다. (반복, 또는 연속성이라고도 함) |
> | 계열성 | 중요한 교육과정 요소라고 하더라도 완전히 동일한 수준에서 반복되는 것이 아니라 연령이 높아질수록 그 교육과정 요소가 포괄하는 경험의 폭과 깊이가 더해지도록 조직하는 것을 말한다. |

4)
- ⓐ : 발달
- ⓑ : 배경
- ⓒ : 개별 특성

> **참고**
>
> ▶ 2019 개정 유치원 교육과정 총론 '교수·학습'
>
> 유아의 연령, 발달, 장애, 배경 등을 고려하여 개별 특성에 적합한 방식으로 배우도록 한다.

04

1)
- ① : 생활안전 교육
- ② : 등하굣길
- ③ : ⓕ

> **참고**
>
> ▶ 학교안전교육 7대 영역(「학교안전교육 실시 기준 등에 관한 고시」 [2021. 9. 24. 일부 개정])
>
> | 구분 | 교육시간 | 횟수 | 교육 내용 |
> |---|---|---|---|
> | 생활
안전교육 | 13 | 학기당
2회
이상 | 1. 교실, 가정, 등하굣길에서 안전하게 생활하기
2. 안전한 장소를 알고 안전하게 놀이하기
3. 놀이기구나 놀잇감, 도구의 바른 사용법을 알고 안전하게 사용하기
4. 실종, 유괴, 미아 상황 알고 도움 요청하기
5. 몸에 좋은 음식, 나쁜 음식 알기 |
> | 교통
안전교육 | 10 | 학기당
3회
이상 | 1. 표지판 및 신호등의 의미 등 교통안전 규칙 알고 지키기
2. 안전한 도로 횡단법 알기
3. 어른과 손잡고 걷기
4. 교통수단(자전거, 통학버스 등) 안전하게 이용하기 |

2020학년도 유치원 교육과정 A

01

1)
- 첫째, 바깥놀이터 모래 놀이장을 넓힌 것(실외 공간 개선)이다. 둘째, 모래 놀이장에서 유아가 놀이하는 모습에 대한 관찰 결과를 부모 면담 때 이야기한 것이다. 셋째, 준석이의 놀이 방해 행동에 대한 지도 계획을 세운 것이다.

▶ 관련 2019 개정 유치원 교육과정 '평가'

평가의 결과는 유아에 대한 이해와 누리과정 운영 개선을 위한 자료로 활용할 수 있다.

교사는 유아의 놀이, 일상생활, 활동을 통해 수집된 자료를 평가의 목적에 맞게 종합하여 평가의 결과를 얻을 수 있다. 유아 평가의 결과는 유아가 행복감을 느끼고 전인적으로 발달하도록 도움을 주는 데 활용한다. 또한 누리과정이 추구하는 인간상과 목적 및 목표 등에 비추어 유아의 특성과 변화 정도를 이해하고 유아의 배움과 성장에 도움이 되도록 지원하는 데 활용한다. 수집된 모든 자료를 바탕으로 개별 유아의 특성과 변화 정도를 종합적으로 이해하여, 이를 부모와의 면담 자료 및 유아의 생활 지도 등에 활용할 수 있다. 한편, 유치원과 어린이집에서 자율적인 방식을 통해 실시한 누리과정 운영 평가의 결과는 각 기관에서 유아·놀이 중심 교육과정의 운영을 보다 나은 방향으로 개선하는 데 활용할 수 있다.

2)
- 빈도 사건표집법

3)
- 준석이의 놀이 방해 행동의 원인과 결과

02

1)
- ① : C 유아가 <표 1>에서는 A 유아와 E 유아를 선택했지만 <표 2>에서는 A 유아와 B 유아를 선택한 것이다.
- ② : 시간의 흐름에 따른 또래 간 사회적 관계의 변화를 알 수 있기 때문이다.

2)
- : 특정 또래 그룹이 형성된 이유, 사회적 관계에서 무시되고 있는 유아의 놀이 유형

▶ 사회성 측정법
① 개념 : 사회성 측정법(sociometry)은 한 집단 내의 역학관계, 즉 어떤 집단에게 그 집단 구성원들의 상호작용 양상이나 집단의 응집력을 알아보고자 할 때 이용되는 방법으로 한 유아가 그의 급우들에 의해 어떻게 지각되고 받아들여지고 있는가를 평가하는 데 이용된다. (황해익, 2000)

② 목적 : 모레노(J. L. Moreno)에 의해서 창시되었는데 사회성 측정법의 일반적 목적은 다음과 같다. (송인섭·김정원·정미경·김혜숙·신은경·박소연, 2001)
첫째, 새로운 집단을 조직하거나 기존의 집단 구조를 재구성하고자 할 때 필요한 정보를 얻을 수 있다.
둘째, 사회적 상호작용에서 도움을 필요로 하는 아동을 찾아내고 그 원인을 진단하는 데 이용할 수 있다.
셋째, 한 집단의 응집력과 집단 내 개인들 간의 수평적 및 수직적 인간관계를 분석하고자 할 때 이용된다.
넷째, 특수한 교육문제 해결에 적용 가능하다. 대부분의 문제 행동은 인간관계에서 오는 경우가 많으므로 사회성 측정법은 인간관계 개선을 위한 교육지도에 도움을 주게 된다.

③ 측정 방법 : 동료지명법(peer nomination method), 동료평정법(peer rooster and rating method), 평판검사(reputation test), 쌍 비교법(paired comparison measures)

④ 측정 결과 분석 방법
  ㉠ 소시오그램(sociogram) : 소시오그램은 '방향 그래프(directed graph)'라고도 불리는데, 모레노(J. L. Moreno)가 처음 고안한 것이며, 사회성 측정을 분석하는 방법으로 가장 많이 사용되는 방법이다. 이것은 집단 구성원의 선택과 배척을 개괄해서 나타내는 도형적 방법으로 집단 구성원을 표시하는 기하학적 도형과 이 도형을 연결하는 여러 가지 종류의 선으로 이루어진다. 따라서 소시오그램은 집단 구조의 특성을 간결하게 나타내 줄 뿐만 아니라, 아동과 아동 사이의 사회적 관계를 분명하게 제시해 줄 수 있다.
  ㉡ 사회성 측정 행렬표(sociometric matrix) : 대상의 선택과 피선택 반응을 이용한 이원표를 뜻하며 각 질문마다 각 학생이 선택되어진 횟수와 순위를 행렬표에 표시하여 사회성을 표시하는 방법이다. 표에서 피선택수가 적을수록 집단에서 고립되거나 경시되는 사람이라고 볼 수 있다. 이를 통해 아동의 사회적 수용도(피선택수가 많을수록 사회적 수용이 높음), 사회적 적응도(피배척수가 많을수록 낮다), 교우관계의 적극성 등을 나타낼 수 있다.

3)
- : 신뢰도

2020학년도 유치원 교직논술

내용		작성란
세 교사가 갈등한 내용 [3점]	최 교사	편식하는 주영이에게 억지로라도 골고루 먹여야 할지 싫어하는 음식을 남기는 것을 허용해야 할지 갈등했다.
	권 교사	부모님들의 갈등 때문에 정서가 불안정한 상희를 위해 원인이 되는 부모님께 부모 갈등에 대해 이야기해야 할지 말아야 할지 갈등했다.
	김 교사	작년과 같은 방식으로 운동회를 하자는 교사 협의회에서 새로운 방식의 운동회에 대한 의견을 말해야 할지 말아야 할지 갈등했다.
세 교사가 선택한 행동의 이유 [3점]	최 교사	최 교사는 편식하는 주영이에게 골고루 먹도록 지도했다. 유아의 건강이 중요하다고 생각했기 때문이다.
	권 교사	권 교사는 상희 부모에게 유아의 정서 불안 요인인 부모 갈등에 대해서는 언급하지 않고 상희의 유치원의 모습만 말씀드렸다. 부모님과의 관계가 불편해질까 봐 염려되었기 때문이다.
	김 교사	김 교사는 새로운 운동회에 대한 구상을 제안했다. 작년과 같은 방식보다는 유치원과 지역공동체가 함께하는 새로운 운동회 방식이 좋다고 생각했기 때문이다.
세 교사의 문제 해결 방안 [3점]	최 교사	주영이는 배가 아프다는 핑계를 대며 음식을 남겼다. 따라서 교사는 싫어하는 음식을 억지로 먹이기보다 조리 방법을 달리하거나 함께 요리를 해 보거나 음식을 만드는 사람들의 노고에 대해 생각하도록 하여 시간을 두고 편식 습관을 개선할 수 있도록 해야 한다.
	권 교사	상희가 점점 더 어두운 표정을 할 때가 많아졌다. 따라서 교사는 부모 갈등이 유아에게 미치는 영향에 대한 가정통신문을 보내거나 직접 면담을 통해 상희의 정서 불안의 원인이 될 수 있는 부모 갈등에 대해 부모와 조심스럽게 이야기 나눠야 한다.
	김 교사	김 교사의 제안에도 불구하고 다른 교사들은 관심을 보이지 않았다. 이때 김 교사는 동료들의 성향을 존중할 필요가 있다. 그리고 회의 시간뿐 아니라 평소에 자신의 신념이나 교육과정 운영 개선 방법에 대해 이야기하고, 만약 구할 수 있다면 구체적인 사례를 가지고 와서 운동회 담당자인 박 교사 및 다른 교사들과 시간을 들여 공감대를 형성할 필요가 있다.
유아 교사가 유아, 학부모, 동료 교사에 대해 갖추어야 할 덕목(3점)과 그 이유(3점) [6점]	최 교사	- 덕목 : 유아의 개별성에 대한 존중, 교사의 정서 조절, 공감능력 등 - 이유 : 자신의 교육 신념이나 규칙을 우선하기보다는 주영이의 문제 행동에 대해 먼저 이해하고 주영이가 선호하는 방식으로 해결했을 때 교육적 효과가 크고 유아의 전인발달을 도울 수 있기 때문이다.
	권 교사	- 덕목 : 진실성, 솔직성, 의사소통, 협조 - 이유 : 상희의 문제행동을 개선해 나가기 위해서는 가정과 상희의 정보를 솔직하고 진실되게 공유하고 협조를 구할 필요가 있기 때문이다. 이를 위해 교사는 가정과의 조화뿐 아니라 진실된 의사소통을 해야 한다.
	김 교사	- 덕목 : 동료에 대한 공감, 존중, 동료 간 긍정적 상호관계 유지, 협력을 통한 전문성 증진 - 이유 : 동료에 대한 존중과 친밀한 상호관계를 유지할 때 동료와의 협력적 관계 속에서 전문성 증진과 유치원 운영 개선이 이루어질 수 있기 때문이다.

(1) 나를 중심으로 앞, 뒤, 옆, 위, 아래를 알아본다. <3세>

　공간 내에서 물체를 감각적으로 탐색하면서 자기 자신과 관련지어 물체의 위치를 인식하는 내용이다. 공간 내에서 위치와 방향에 대한 이해는 자신을 기준으로 물체의 위치를 파악하는 것에서 시작한다. 따라서 만 3세 유아는 '나의 앞/뒤/옆/위/아래'와 같이 자기 자신을 기준으로 물체의 위치를 말하고 인식하도록 격려한다.

(2) 위치와 방향을 여러 가지 방법으로 나타내 본다. <4, 5세>

　공간 내에서 물체들 간의 위치, 방향, 거리를 인식하고 이를 언어, 구체물, 그림, 지도와 같이 여러 가지 방법으로 나타내어 보는 내용이다. 유아는 물체의 위치와 방향을 '책상 위', '책꽂이 뒤', '창문 앞쪽으로', '현관 쪽으로'와 같이 공간적 어휘로 나타낼 수 있다. 또한 교실이나 놀이터 같이 친숙한 장소의 공간 구성을 블록과 같은 구체물로 나타내거나 그림으로 그려서 표현할 수 있다. 만 4, 5세경에는 점차적으로 친숙한 장소까지의 경로를 인식하여 간단한 지도를 만들면서 옆, 앞, 뒤, 멀리, 가까이 등과 같은 공간 관계를 알게 된다.

(3) 여러 방향에서 물체를 보고 그 차이점을 비교해 본다. <5세>

　한 물체의 모양은 바라보는 위치와 방향에 따라서 달라진다는 것을 알고 각 방향에서의 모양을 비교하는 내용이다. 만 5세 유아는 물체를 정면에서 봤을 때, 옆에서 봤을 때, 그리고 위에서 내려다봤을 때 보이는 모습이 서로 다르다는 것을 알게 된다. 이는 위치의 변화에 따른 결과에 대해 유아가 공간적 추론을 하도록 한다.

2)
- ⓒ : 안정된 순서의 원리
- ⓒ : 보물을 모두 몇 개 찾았는지 세어 보자.
- ⓔ : '순서 무관의 원리'에 따라 오른쪽에서부터 세어 보고, 왼쪽에서부터 세어 보며 물체의 순서가 바뀌더라도 수량은 변화가 없다는 것을 이해하게 한다.

참고

▶ 수 세기의 다섯 가지 원리(겔만과 갈리스텔 R. Gelman & C. Gallistel)

일대일 대응의 원리	배열된 각 물체에 대해 한 개의 수 단어(수 이름)를 부여하여야 한다. (일대일 대응 수 세기 전략 : 물체를 한 개씩 손가락으로 지적하며 헤아린다. / 헤아린 물체를 한쪽으로 놓아서 아직 헤아리지 않은 물체와 분리한다. / 물체의 그림을 셀 때는 이미 헤아린 그림은 표시를 하여 지워 나간다.)
안정된 순서의 원리	수 명칭은 안정된 순서로 사용되어야 한다.
기수의 원리	물체의 집합을 세는 데 마지막 항목에 적용된 수의 명칭이 그 집합 전체의 수량을 나타낸다.
추상화의 원리	수 세기의 대상에 관한 원리로 형태가 있는 물체만 셀 수 있는 것이 아니라 날짜, 사건, 경험한 일 등 형태가 없는 추상적인 것도 셀 수 있음을 이해하는 것이다.
순서 무관의 원리	수 이름은 임의로 정해진 것으로서 세어지는 사물의 내재적인 속성은 아니다.

07

1)
- : 유아의 발달 단계상 이해할 수 없는 개념이나 원리를 다룬 것이기 때문이다. 유아의 과학 개념 발달을 위해서는 유아의 직접적 조작에 의해 원인과 결과를 분명히 알 수 있는 활동을 해야 한다.

2)
- : 과학 교수 효능감, 과학 활동 지도에서 교사가 수행하는 수행 능력에 대한 믿음을 말한다.

> **참고**
>
> ▶ **과학 교수 효능감**
>
> 과학 교수 효능감이란 반두라(Bandura, 1999)의 자아 효능감 이론에 근거한 것으로, 과학 활동에서 개인이 수행하는 수행 능력에 대한 신념을 말한다. 이는 과학 교수 개인 효능감과 과학 교수 결과 기대감을 포함하는 개념으로 정의되고 있다. 과학 교수 개인 효능감은 과학을 효과적으로 지도할 수 있는지의 능력에 관한 신념을, 과학 교수 결과 기대감은 교사가 학생의 과학 학습에 영향을 미칠 수 있다고 믿는 신념을 의미한다.

3)
- : 과학 활동의 자료는 결과가 분명하게 나오는 것으로 제시해야 한다. 교육 실습생은 딸기즙으로는 색 변화가 거의 없었으므로 블루베리즙을 사용하여 색 변화의 결과를 분명하게 제시하고자 했기 때문이다.

> **참고**
>
> ▶ **좋은 물리적 지식의 선정 기준**
>
> | | |
> |---|---|
> | 생산성 | 유아 자신의 행위에 의해 움직임이 생겨날 수 있어야 함. 유아가 어떤 사물에 대해 직접적으로 행위를 가함으로써 움직이도록 하는 활동이어야 함. |
> | 다양성 | 유아는 자신의 행위를 바꿀 수 있어야 함. 유아가 물체에 대한 조작을 다양하게 시도, 다양한 물체의 반응 결과가 나올 때 유아는 규칙성을 구성할 기회를 갖게 됨. |
> | 관찰가능성 | 사물의 반응은 유아가 관찰 가능한 것이어야 함. |
> | 즉각성 | 사물의 반응은 즉각적이어야 함. 물체의 반응이 직접적이면 인과관계의 대응성을 더 쉽게 성립할 수 있음. |

4)
- ① : ⓐ 호기심, ⓑ 궁금한 것을 탐구하는 과정에 즐겁게 참여한다.
- ② : '밀가루 만드는 과정을 알아본다.'는 적절하지 않다. 밀가루 점토 만들기는 밀가루의 색 변화와 밀가루가 뭉치는 것을 경험하는 활동이므로, 밀가루 만드는 과정은 관련이 없기 때문이다.

> **참고**
>
> ▶ **2019 개정 유치원 교육과정 '자연탐구' 영역**
>
> | 내용 범주 | 탐구 과정 즐기기 |
> |---|---|
> | **내용** | **내용 이해** |
> | 주변 세계와 자연에 대해 지속적으로 호기심을 가진다. | 유아가 물질, 물체, 동식물, 자연현상 등에 호기심을 가지고, 놀이에서 지속적으로 궁금한 것을 찾아가거나 표현하는 내용이다. |
> | 궁금한 것을 탐구하는 과정에 즐겁게 참여한다. | 유아가 궁금한 것을 알아보기 위해 관찰, 비교, 분류, 예측, 실험 등의 다양한 탐구 과정을 자발적으로 즐기는 내용이다. |
> | 탐구 과정에서 서로 다른 생각에 관심을 가진다. | 유아가 탐구하는 과정에서 자신의 생각을 또래나 교사와 함께 공유하고, 서로 다른 생각에 관심을 가지는 내용이다. |

08

1)
- ① : 공간 방향화
- ② : 바깥놀이터의 그네와 미끄럼틀을 중심으로 보물의 위치를 찾도록 안내하기

> **참고**
>
> ▶ **유아기의 목표가 되는 공간 감각**
>
> | | |
> |---|---|
> | 공간 방향화 | 3차원 공간 속에서 여러 물체들의 위치 관계를 이해하는 능력이다. 또한 제시된 형상이 다른 시각에서 어떻게 나타나는지를 상상하는 능력이며 형상의 방향이 변하였어도 혼동되지 않는 능력이다. |
> | 공간 시각화 | 2차원과 3차원의 공간에서 도형을 옮기고, 뒤집고, 돌리는 경험을 수반함으로써 도형의 이동과 대칭을 경험하면서 머릿속에서 변화할 형태에 대한 이미지를 생성하는 공간 능력이다. |
>
> ▶ **2015 개정 '자연탐구'**
>
> | 내용 범주 | 수학적 탐구하기 | |
> |---|---|---|
> | 내용 | 공간과 도형의 기초 개념 알아보기 | |
> | 세부 내용 | | |
> | 3세 | 4세 | 5세 |
> | 나를 중심으로 앞, 뒤, 옆, 위, 아래를 알아본다. | 위치와 방향을 여러 가지 방법으로 나타내 본다. | |
> | | | 여러 방향에서 물체를 보고 그 차이점을 비교해 본다. |

> **참고**
>
> ▶ 왈츠
>
> 4분의 3박자의 경쾌한 춤곡, 또는 그 음악에 맞춰 남녀가 한 쌍이 되어 원을 그리며 추는 춤을 말한다. 왈츠의 기초 리듬은 1, 2, 3이고 템포는 1분간 28~30소절이다.

> **참고**
>
> ▶ 2019 개정 유치원 교육과정 '예술경험' 영역
>
> | 내용 범주 | 창의적으로 표현하기 |
> |---|---|
> | 내용 | 내용 이해 |
> | 신체나 도구를 활용하여 움직임과 춤으로 자유롭게 표현한다. | 유아가 자연과 생활에서 발견한 다양한 움직임을 자유롭게 표현하고 나아가 자신의 생각과 느낌을 자신의 신체나 다양한 도구를 활용하여 움직임과 춤으로 표현하는 내용이다. |

2)
- ① : 첫째, 교사가 미리 역할을 정한 것은 바람직하지 않다. 교사가 미리 역할을 정해 주면 유아가 흥미와 관심을 갖고 음악극에 참여할 수 없기 때문이다. 따라서 유아들이 의논하여 흥미에 따라 하고 싶은 역할을 직접 정하도록 해야 한다.
  둘째, 20명의 유아가 모두 주인공이 되도록 한 것이다. 물리적으로도 불가능하고 교육적으로도 바람직하지 않기 때문이다. 따라서 주인공뿐만 아니라 다양한 역할도 맡아 보게 하고 관객이 되어 관람하는 경험도 할 수 있도록 해야 한다.
- ② : 연령 적합성

> **참고**
>
> ▶ 미국의 전국유아교육협회(NAEYC)의 「발달에 적합한 실제」
>
> | 연령 적합성 | 유아기 연령 범주에 속하는 보편적 특성에 적합한 학습환경과 교육적 경험을 통해 교육과정을 운영해야 한다는 원리이다.
예 놀이와 직접 경험, 구체적 교구 사용 |
> |---|---|
> | 개인적 적합성 | 유아의 발달 수준, 흥미, 이해 수준에 적합하게 교육과정을 운영해야 한다는 원리이다.
예 흥미 영역 중심의 환경구성, 자유로운 선택 기회, 유아의 학습 방법과 속도에 맞는 다양한 교수 전략 |
> | 사회·문화적 적합성 | 유아의 발달과 학습은 그들이 속한 다양한 사회·문화적 맥락에 의해 영향을 받으므로 개별 유아 및 그 가족이 지닌 가치, 신념, 전통, 문화 등에 적합해야 한다는 것이다.
예 양성평등, 노인공경, 반편견 등 |

3)
- ⓒ : 화성/화음
- ⓒ : 빠르기

06

1)
- : ⓓ, 유아가 고안한 방법에 오류가 있을 때 교사가 직접적으로 해결 방법을 제시하는 것은 부적절하다. 이는 유아가 능동적으로 탐구 과정에 참여하면서 스스로 답을 찾고 즐거움을 얻었을 때 길러지는 유아의 탐구 태도 형성을 방해하기 때문이다.

> **참고**
>
> ▶ 2015 개정 '자연탐구' 교사용 지침서 p.145
>
> (1) 유아가 궁금한 점을 알아볼 수 있는 방법에 대해 생각하도록 격려하고 자신이 고안한 방법으로 탐구하는 것을 즐길 수 있도록 충분한 시간을 제공한다.
>
> (2) 유아가 고안한 방법에 오류가 있다 하더라도 교사는 직접적인 답을 주지 않고 유아가 오류를 변경할 수 있는 시간을 주도록 한다.
>
> (3) 유아가 탐구하는 과정에서 처음 예측한 것과 실제 나타난 결과를 비교해 보도록 하여 자신이 생각한 가설과 결과가 다를 수 있음을 알 수 있도록 한다.
>   예 "너는 방울토마토가 물에 뜰 것이라고 생각했구나. 물에 넣어 보니 어떻게 되었니?"
>
> (4) 유아는 일상생활에서 일어나는 문제 해결 과정에서 자신의 생각이 다른 사람과 다를 수 있음을 알고 논의를 통해 새로운 방법을 계획하고 실행해 보도록 한다.
>
> (5) 교사는 유아가 토의하는 과정에서 자신의 생각만 주장하지 않고, 다른 사람의 생각도 존중해 주도록 안내하고, 교사도 유아와 함께 탐구 과정을 즐기려는 태도를 갖도록 한다.

2)
- ⓐ : 예측, 지금 알고 있는 지식이나 관찰 결과를 바탕으로 미래에 일어날 일을 미리 짐작해 보는 것이다.
- ⓑ : 추론, 결과를 관찰한 후 결과의 원인을 되짚어 보는 것이다.

3)
- : 첫째, 두 유아의 자동차가 동일한 출발선에서 출발하도록 한다. 둘째, 손뼘과 같은 신체 단위는 사람마다 다름을 인식시키고, 좀 더 객관적인 임의 측정 단위 사용을 제안한다.

04

1)
- ① : ⓐ 재료, 나뭇가지, 나뭇잎, 솔방울
- ② : 오늘은 숲에서 본 것들에 대한 미술 활동을 해 보자.

> **참고**
>
> ▶ 2015 개정 '예술경험'
>
> | 내용 범주 | 예술적 표현하기 | |
> |---|---|---|
> | 내용 | 미술 활동으로 표현하기 | |
> | 세부 내용 | | |
> | 3세 | 4세 | 5세 |
> | 다양한 미술 활동을 경험해 본다. | 다양한 미술 활동으로 자신의 생각과 느낌을 표현한다. | |
> | | 협동적인 미술 활동에 참여한다. | 협동적인 미술 활동에 참여하여 즐긴다. |
> | 미술 활동에 필요한 재료와 도구에 관심을 가지고 사용한다. | 미술 활동에 필요한 재료와 도구를 다양하게 사용한다. | |

미술 활동에 필요한 재료와 도구를 다양하게 사용한다.

유아가 미술 활동을 하면서 다양한 재료와 도구들을 새롭고 독창적인 방법으로 경험하도록 하는 내용이다. 만 4, 5세 유아는 만 3세보다 소근육과 눈과 손의 협응력이 발달되었기 때문에 다양한 재료와 도구를 사용하여 창의적인 미술 표현이 가능하다. 미술 활동에서 창의성은 다양한 재료를 가지고 무엇을 어떻게 표현하고 만들 것인지, 특정 도구는 어떠한 기능을 하는지를 탐색하고 사고하는 과정에서 나타나며, 이를 통해 자신만의 독특한 표현 방법을 찾아내게 된다. 그러므로 가능하면 다양한 종류의 미술 재료와 도구를 비치해 주어야 하며, 유아가 이러한 재료와 도구를 자신만의 새로운 방법으로 실험하고 사용해 볼 수 있도록 격려해 주어야 한다. 또한 생활 주변의 모든 사물들이 미술 활동의 재료가 될 수 있음을 알려 줌으로써 유아의 창의적 표현을 도와주어야 한다.

▶ 2015 개정(교사용 지침서 p.126)

(1) 주변의 친숙한 대상에 호기심을 갖고 보고 만지며 느낄 수 있는 다양한 미술 활동 경험을 제공한다. 만 3세는 일반적인 재료와 함께 나무껍질, 돌, 조개껍질 등 다양한 형태와 재질의 재료에 그림을 그리거나 색칠을 하고 질감을 느끼며 비교할 수 있는 활동을 제공한다. 만 4, 5세는 일반적인 재료와 표현 방법 이외에도 다양한 재료를 이용하여 찢기, 오리기, 붙이기, 모자이크, 판화 등의 새로운 표현 방식의 변화를 경험할 수 있도록 한다.

예 "밀가루 점토를 주물러 보자. 어떤 느낌이 드니?" "조개껍질 위에 색칠할 때는 어떤 느낌이 들었니?" "분필로 그림을 그릴 때와 색연필로 그릴 때는 어떻게 다르니?"

(2) 찰흙, 점토, 철사, 구슬, 돌, 실, 단추 등의 다양한 입체적 재료를 사용한 입체 미술 활동과 직조 짜기, 염색하기, 자연물 공예, 빨대, 철사 등을 활용한 선 공예, 골판지 공예 등 다양한 방법과 재료를 활용한 만들기와 꾸미기를 경험하도록 한다.

예 "찰흙과 철사를 이용해서 서 있는 사람을 만들 때 철사를 어떻게 이용하면 좋을까?" "찰흙으로만 사람을 만든 것과 철사 위에 찰흙을 붙여 만든 것이 어떻게 다르니?"

(3) 미술 활동에 필요한 재료와 도구에 관심을 가지고 다양하게 사용하도록 하기 위해 여러 가지 재료와 도구를 비치하여 호기심을 유발하고 자유롭게 탐색하며 사용해 볼 수 있도록 한다.

(4) 만 3세는 평면적인 재료, 입체구성을 위한 재료, 소근육을 발달시킬 수 있는 재료와 도구를 일상적으로 제공해 주어 유아가 언제든 자신이 원하는 바를 표현하도록 한다. 만 4, 5세는 보다 다양한 미술 재료와 도구를 활용하여 자신만의 새로운 방법으로 탐색하고 사용해 볼 수 있도록 격려하며 생활 주변의 모든 사물들이 미술 활동의 재료가 될 수 있음을 알려 줌으로써 유아에게 창의적 표현의 기회를 제공한다.

예 "○○는 흰색 털실을 이용해서 양의 털을 표현하였구나. 만져 보니 정말 양을 만지는 것 같구나." "여기 노란색 단풍잎과 솔방울이 많이 떨어져 있구나. 이것을 이용해서 무엇을 만들 수 있을까?"

(5) 붓, 가위, 롤러, 스테이플러, 펀치, 점토놀이 도구 등의 미술 활동에 필요한 도구를 제시할 때는 반드시 올바른 사용법을 자세히 알려 주어 안전하게 사용하도록 한다.

2)
- : ㉠ 콜라주, ㉡ 프로타주

> **참고**
>
> ▶ 콜라주와 프로타주
>
> | 콜라주 | 화면에 종이·인쇄물·사진 따위를 오려 붙이고, 일부에 가필하여 작품을 만드는 것이다. |
> |---|---|
> | 프로타주 | 표면이 울퉁불퉁한 물체에 얇은 종이를 대고 크레파스, 색연필 등으로 문질러 나타내는 표현 기법이다. |

3)
- : 보이는 것을 그리는 것이 아니라 아는 것을 그리는 특성이 있으나 인지 발달의 미성숙으로 인해 공간의 위치 관계나 사물과 사물 간의 관계를 파악하지 못하기 때문이다.

05

1)
- ① : 교실 바닥에 미리 노란 스티커를 붙여놓은 것이다. 왈츠는 네 박자가 아니라 세 박자이다.
- ② : 신체나 도구를 활용하여 움직임과 춤으로 자유롭게 표현한다.

Level 2-B	평등과 상호호혜성을 함께 고려하여 공정한 선택을 위해 다양한 개인의 욕구와 구체적인 상황의 요인들을 모두 고려한다. 예 모든 가능한 정의에는 요구, 평등성, 필요, 보상, 결손의 보충 등이 고려된다.

03

1)
- ① : 현실유보/비실제성
- ② : ㉠ 자주적인 사람, ㉡ 창의적인 사람

> 참고

▶ 놀이 행동의 특성

(1) 정신분석의 놀이 이론 : 놀이는 소망의 충족을 위한 것이다. 즉, 놀이는 아동이 상상 속에서 원하는 바를 표현하면서 자신의 바람을 충족시키는 수단이기 때문에 놀이의 반대는 현실적인 것이다.

(2) 레비(Levy)의 놀이 행동의 특성

자발적 동기	결과보다는 행동 자체에서 만족을 얻는다.
현실의 유보	놀이 속에서 환상적, 상상적 자아로 변신하여 현실로부터 벗어나 자유롭고 다양한 경험을 한다.
내면적 통제	놀이 시 유아는 자신의 행위에 대해 스스로 책임과 통제를 갖게 된다.

> 참고

▶ 2019 개정 유치원 교육과정 '추구하는 인간상'

건강한 사람	건강한 사람은 몸과 마음이 고루 발달하고 스스로 건강함을 유지하며 안정적이고 안전한 생활을 하는 사람을 의미한다.
자주적인 사람	자주적인 사람은 자신을 잘 알고 존중하며 자신감을 가지고 스스로 할 수 있는 일을 주도적으로 해 나가는 사람을 의미한다.
창의적인 사람	창의적인 사람은 주변 세계에 열려 있고, 호기심이 많으며, 자기만의 방식으로 상상하고 느끼고 표현하고 탐구하는 가운데 새롭고 독창적인 생각을 하는 사람을 의미한다.
감성이 풍부한 사람	감성이 풍부한 사람은 예술을 사랑하고 존중하며 자신을 둘러싼 주변 세계에 경이감과 아름다움을 느끼고 즐길 수 있는 풍부한 문화적 감수성을 지닌 사람을 의미한다.
더불어 사는 사람	더불어 사는 사람은 자신이 속해 있는 사회에 소속감을 느끼고, 다른 사람과 생명을 존중하고 자연과 더불어 살아가며 보다 나은 사회를 만들기 위해 사회문제에 관심을 갖고 협력하는 민주 시민을 의미한다.

2)
- ① : 유아가 사전 경험이 없거나 소극적이어서 오랫동안 스스로 놀이를 시작하지 못할 때이다.
- ② : 전 생애에 걸쳐/성인이 되어

> 참고

▶ 놀이 개입 단계

우드, 맥마흔, 크램스톤	병행놀이-협동놀이-놀이지도(외적중재, 내적중재)-현실대변인
존슨, 크리스티, 야키	비참여자-방관자-무대관리자-공동놀이자-놀이지도자-감독자, 교수자

3)
- ① : 반복
- ② : 정화

> 참고

▶ 정신분석의 놀이 이론(프로이트)

(1) 소망의 충족 : 놀이는 아동이 상상 속에서 원하는 바를 표현하면서 자신의 바람을 충족시키는 수단이 된다.

(2) 놀이의 정화 기능 : 놀이를 통해 마음속에 억압된 스트레스 등 감정의 응어리를 해소함으로써 정신의 안정을 찾는 것이다.

역할 전환	역할놀이에 참여한 유아는 놀이 상황에서 현실을 잠시 중단하고, 현실에서의 부정적 경험을 수동적으로 받아들이는 존재에서 그 부정적 경험을 제공하는 적극적이고 능동적인 존재로 역할을 전환할 수 있다. 이러한 과정에서 유아는 부정적인 감정을 다른 사람이나 대체물에 전이할 수 있다.
반복	놀이에서 유아는 현실에서의 나쁜 경험이나 감정을 여러 번 반복해서 다룬다. 즉 부정적 경험을 자신이 감당할 수 있을 정도의 작은 부분으로 나누어 놀이를 계속 반복함으로써 유아는 그 경험과 관련된 부정적 정서를 천천히 정화시킬 수 있다.

02

1)
- : 친구들끼리 다투는 건 무조건 나쁘다는 인식이 부적절하다. 또래 간의 갈등과 다툼은 반드시 나쁜 것만은 아니며 대화, 양보, 협동, 배려 등을 통해 긍정적으로 문제를 해결할 수 있는 사회적 기술을 습득하도록 도와주어야 하기 때문이다.

> **참고**
>
> ▶ 2015 개정 '사회관계'
>
> | 내용 범주 | 다른 사람과 더불어 생활하기 | |
> |---|---|---|
> | 내용 | 친구와 사이좋게 지내기 | |
> | 세부 내용 | | |
> | 3세 | 4세 | 5세 |
> | 친구와 함께 놀이한다. | 친구와 협동하며 놀이한다. | |
> | 나와 친구의 의견에 차이가 있음을 안다. | 친구와의 갈등을 긍정적인 방법으로 해결한다. | |
>
> **친구와의 갈등을 긍정적인 방법으로 해결한다. <4, 5세>**
>
> 친구와 다툼이나 갈등이 생겼을 때 긍정적인 방법으로 문제를 해결하도록 하며, 갈등을 해결하는 과정을 통해 배려, 양보, 타협 등 친구와 사이좋게 지낼 수 있는 사회적 기술을 익히도록 하는 내용이다. 만 4, 5세 유아가 친구와 의견 차이가 있을 때에는 상대방의 관점에서 생각해 보도록 노력하고, 갈등과 다툼은 반드시 나쁜 것만은 아니며 이러한 갈등과 다툼이 있을 때에는 서로 대화하며 배려하고 양보하는 노력을 통하여 화해하고 상호 협동하는 관계로 되돌아갈 수 있음을 알게 한다.
>
> ▶ 관련 2019 개정
>
> | 영역 | 사회관계 |
> |---|---|
> | 내용 범주 | 더불어 생활하기 |
> | 내용 | 내용 이해 |
> | 친구와의 갈등을 긍정적인 방법으로 해결한다. | 유아가 친구와 갈등이 생겼을 때 자신의 감정과 생각을 제대로 표현하고, 배려, 양보, 타협 등을 통해 해결하는 내용이다. |

2)
- ⓐ : 유아(아동)의 관점을 분명히 하기
- ⓑ : 더 많은 아이들이 함께 놀 수 있는 방법이 있을까?

> **참고**
>
> ▶ 갈등중재모델(코스텔닉 등 M. Kostelnik et al.)
>
> | 중재 과정 시작하기 | 사물, 영역, 권리에 대해 중립적 입장을 취한다.
예 (수빈이에게 다가가) 쌓기놀이 영역에서 놀이할 거니? (난처한 표정을 지으며) 그런데 저기에 자리가 없네. |
> |---|---|
> | 유아의 관점을 분명히 하기 | 각 유아의 관점에서 갈등을 분명히 한다.
예 수빈이는 쌓기놀이 영역에 들어가고 싶고, 동호는 약속 때문에 안 된다고 생각하는구나. |
> | 요약하기 | 분쟁을 중립적으로 정의한다.
예 오늘 쌓기놀이 영역에서 놀고 싶어도 놀지 못하는 친구들이 있었어. |
> | 대안 찾기 | 해당 유아와 주변 유아들에게 대안을 제시해 보게 한다.
예 더 많은 아이들이 함께 놀 수 있는 방법이 있을까? |
> | 해결책에 동의하기 | 서로 만족할 수 있는 행동 계획을 만들어 본다. |
> | 문제해결과정 강화하기 | 노력해서 서로 만족할 수 있는 해결 방안을 만들어 낸 것에 대해 칭찬한다. |
> | 실행하기 | 유아가 동의한 것을 실행하도록 돕는다. |

3)
- ① : ⓑ, ⓒ, ⓓ
- ② : ⓑ은 개인의 욕구를 반영하여, 외적으로 드러나는 요인을 바탕으로 합리화하려는 것이다. ⓒ은 단순한 평등의 개념으로, 일방적이고 융통성 없는 공정성의 개념으로 판단하는 것이다. ⓓ은 수행한 일에 대한 보상의 개념으로 공정성을 판단하는 것이다.

> **참고**
>
> ▶ 공정성 추론 이론 단계(4~9세)(데이몬 W. Damon, 1977)
>
> | Level 0-A | 분배의 정의는 개인의 욕구와 혼동되어 자신의 소망을 근거로 합리화하려 한다.
예 "내가 가지고 싶으니 가져야 한다." |
> |---|---|
> | Level 0-B | 개인의 욕구를 반영하여, 외적으로 드러나는 요인을 바탕으로 합리화하려 한다.
예 "우리는 여자이기 때문에 더 많이 가져야 돼." |
> | Level 1-A | 단순한 평등의 개념으로, 일방적이고 융통성 없는 공정성의 개념으로 판단한다.
예 "모든 사람은 모두 똑같이 가져야 한다." |
> | Level 1-B | 상호호혜적 행동 개념으로 발전하는데, 수행한 일에 대한 보상의 개념으로 판단한다.
예 "더 많이 일한 사람이 가져야 한다." |
> | Level 2-A | 특별한 결핍이나 필요가 있는 사람의 요구에 더욱 비중을 두게 된다.
예 "A가 대부분 다 가져야 하지만 B도 조금은 가져야 한다." |

2019학년도 추시 유치원 교육과정 B 본책 p.160

 01

1)
- ① : 재화, 문어 탐험대의 탐사선, 작은 특공대의 로봇
- ② : 화폐가치, 오백원으로 한 개, 이천원으로 여러 개

참고

▶ 경제 소비자 교육 개념 요소

개념 요소	교육적 의미
희소성	희소성이란 사람들의 무한한 욕망에 비해 그 욕망을 충족시켜 주는 재화나 서비스가 부족한 현상이다.
선택	사람마다 욕구가 다르고 필요로 하는 것이 다르기 때문에 희소성도 사람마다 다르게 작용하며, 사람들은 선택(choice)의 문제에 직면하게 됨을 이해해야 한다.
기회비용	기회비용이란 어떤 것을 얻기 위해 포기한 대가로, 실제로 지출하지는 않았다고 해도 비용의 성격을 가지고 있으면 모두 비용에 포함된다. 선택을 해야 하는 상황에서 되도록 포기한 것에 대한 기회비용이 작은 것을 선택하는, 즉 합리적 선택을 할 수 있어야 한다.
의사결정	희소한 것일수록 가격이 비싸기 때문에 자신에게 가장 필요한 것이 무엇인지를 심사숙고하여 구매하는 합리적인 의사결정을 통해 효용극대화를 경험할 수 있어야 한다.
화폐가치	화폐로 살 수 있는 재화와 용역의 양을 말하며, 모든 경제 활동의 기본이 된다. 화폐의 종류와 기능에 대한 기본적 이해가 선행되어야 한다.
생산	다양한 상품이 나에게 오기까지의 과정을 이해하고 우리는 누구나 생산자인 동시에 소비자임을 이해해야 한다.
소비	계획적이고 합리적인 소비 행위를 경험하고 소비자의 권리와 책임을 이해하고 실천해야 한다.
분배	생산된 재화와 용역이 그 사회구성원 개개인 또는 집단에 귀속되는 일을 말한다. 분배의 의미와 가치를 경험하고 이해해야 한다.
절제	계획적인 소비생활을 위해 기초가 되는 절제의 필요성을 인식하고, 절약과 저축하는 습관을 형성해야 한다.
재활용	제품을 다시 자원으로 만들어 새로운 제품의 원료로 이용하는 일로, 자원이 한정되어 있기 때문에 재활용(recycling)은 필수적이다. 리듀스(reduce, 쓰레기 줄이기), 리유스(reuse, 재사용하기)와 함께 3R을 실천할 수 있어야 한다.

2)
- ① : 사회과학 개념의 구조화 접근 방식, 사회현상의 이해를 위해 역사나 지리, 경제, 환경과 같은 사회과학 분야의 기본 개념을 구조화하여 가르치는 접근 방식이다.
- ② : 생명과 자연환경을 소중히 여긴다.

참고

▶ 자원, 시장, 공유

	주요 개념
자원	• 재화 : 대가를 주고 얻을 수 있는 유형의 물질 • 용역 : 아이디어나 지식, 신용 등 생산과 소비에 필요한 노동력을 제공하는 일. 생산과 소비에 필요한 서비스 • 화폐 : 상품의 교환·유통을 원활하게 하기 위해 사용되는 매개물
시장	• 시장 : '어떠한 물건이 거래되는 장소'의 개념을 넘어 '경제 활동 순환 과정'이 이루어지는 시스템. 수요자와 공급자가 서로의 의사를 확인할 수 있는 접촉점이며 이에 필요한 규칙과 질서가 존재하는 곳 • 소비자의 역할과 책임 : 간단한 경제 활동에 참여해 보면서 생산자와 소비자의 관계를 이해하고 소비자의 역할과 책임을 경험해야 함
공유 (현명한 소비)	• 소비자 시민성 : 이익의 재분배에 관심을 가지고, 공유를 통해 정의로운 분배를 실현할 수 있는 현명한 소비 마인드를 갖는 것이 중요 • 소비자의 역할, 책임, 가치 : 개인의 만족을 추구하는 소비자의 입장에서 한 걸음 나아가 소비자의 역할과 책임을 알고 실천하며, 현명한 소비와 투자, 기부를 경험해 볼 수 있어야 함

참고

▶ 2019 개정 유치원 교육과정 '자연탐구' 영역

내용 범주	자연과 더불어 살기
내용	내용 이해
생명과 자연환경을 소중히 여긴다.	유아가 동식물뿐만 아니라 동식물이 살아가기에 좋은 환경에 대해 관심을 가지고, 이들을 생명체로서 소중히 여기는 내용이다.

3)
- : 유아 간의 의견 충돌 시 교사가 개입하여 문제를 해결해 준 것이 적절하지 않다. 토의 활동에서 유아 간 의견 충돌이 있을 경우에는 교사가 적극적으로 개입하기보다는 유아 스스로 의견 차이를 해결할 수 있도록 도와주어야 하기 때문이다.

06

1)
- ① : 대화의 기록
- ② : (보드판의 글자를 손가락으로 짚으며) '호', '랑', '이'.

> **참고**
> ▶ 언어 경험 접근법의 절차
> 계획 → 경험 → 대화 → 경험(대화)의 기록 → 읽기

> **참고**
> ▶ 2019 개정 유치원 교육과정 '의사소통' 영역
>
> | 내용 범주 | 내용 |
> |---|---|
> | 읽기와 쓰기에 관심 가지기 | 말과 글의 관계에 관심을 가진다. |
> | | 주변의 상징, 글자 등의 읽기에 관심을 가진다. |
> | | 자신의 생각을 글자와 비슷한 형태로 표현한다. |

2)
- ① : 발생적 문식성
- ② : 일상생활 환경 속에서 풍부한 문식성 환경을 만들어 자연스럽게 문자언어를 경험시켜 음성언어와 함께 통합적으로 서서히 발달하도록 한다.

3)
- ① : 의미
- ② : 첫째, 언어의 4기능인 듣기, 말하기, 읽기, 쓰기를 통합시킨다. 둘째, 일상생활에서 다른 영역과 통합시킨다.

07

1)
- ① : 자아중심적 언어
- ② : 자아중심적 사고 등 인지 발달의 미성숙으로 인해 상대방을 고려하면서 말하기가 아직 제한적이기 때문이다.

2)
- ① : 혼잣말
- ② : ⓒ, 연령이 증가하고 인지가 발달할수록 내적언어로 바뀐다.

3)
- : 말하기

> **참고**
> ▶ 언어의 기능상 분류
>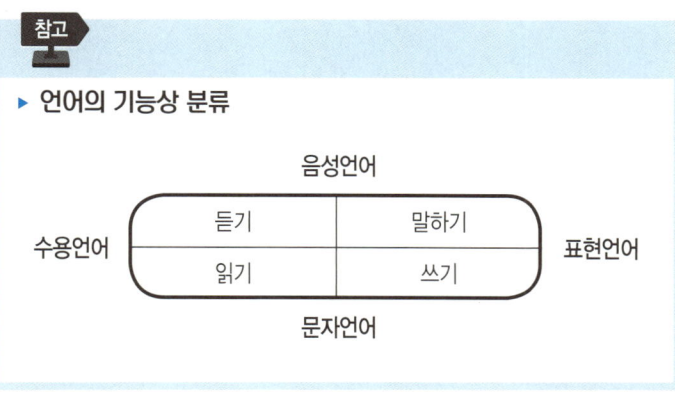

08

1)
- ① : 회귀적 형식/순환적 형식
- ② : 개미가 스승을 찾기 위해 해님, 구름, 바람, 나무를 찾아가 스승이 되어 달라고 하는 것이 반복되다가 마지막에는 자신들에게 단족하고 집으로 돌아와 사는 것과 같이, 비슷한 사건이 반복되다가 다시 제자리로 돌아가는 것이기 때문이다.

2)
- ① : 반응중심 문학 교육 접근법
- ② : ㉠은 정보추출식 반응이며, ㉡과 ㉢은 심미적 반응이다.

3)
- ① : 물활론적 사고
- ② : 첫째, "해님이에게 개미가 좋아했어요."는 구문론에 근거하여 오류가 있는 문장이다. "해님이를 개미가 좋아했어요."가 올바른 표현인데 조사를 적절하지 못하게 사용하여 문장의 구성에 오류가 나타났기 때문이다.
  둘째, "개미가 나무를 낳았어요."는 의미론에 근거하여 오류가 있는 문장이다. "개미가 나무를 갉았어요."가 올바른 표현인데 적절하지 못한 의미의 단어를 사용하여 오류가 나타났기 때문이다.

> 참고

▶ 「등원 중지 안내서」 및 「진료 확인서」
(1) 등원 중지 안내서

등원 중지 안내서 (앞면)

반 이름 : _____

안녕하세요? 가정에 건강과 행복이 함께 하길 기원합니다. 위 유아는 감염병(예시 : 수두)에 감염되었거나 의심되어 다른 유아의 감염을 예방하기 위하여 등원 중지를 권고하오니, 뒷면 진료 확인서에서 의사가 적시한 기간 동안 등원 중지시키고 아래의 가정에서 지켜야 할 사항을 준수하여 주시기 바랍니다.

등원 중지 기간 동안 가정에서 지켜야 할 사항

1. 완치될 때까지 가정 또는 병의원에서 격리치료를 받습니다.
2. 가족 간에도 감염 우려가 있으므로 가정 내에서도 위생관리를 철저히 합니다.
3. 완쾌 후 등원할 때는 선생님께 진료 확인서, 의사소견서, 진단서, 처방전 중 1부를 제출하여 주시기 바랍니다.

※ 등원 중지 기간까지 완치되지 않은 경우 전염력이 없다는 의사의 진단일까지 기간을 연장합니다.
※ 등원 중지 기간은 결석으로 처리되지 않습니다.

〈관계법령〉
◆ 「학교보건법」 제8조, 동법 시행령 제22조
◆ 「감염병의 예방 및 관리에 관한 법률」 제2조

20 . . .

○○ 유 치 원 장

(2) 진료 확인서

진료 확인서 (예) (뒷면)

안녕하십니까? 항상 질병관리에 힘써 주심에 감사드립니다.
본 유치원에서는 「학교보건법」 제8조 및 동법 시행령 제22조에 의거 법정감염병 또는 감염성이 강하여 유치원 내 단체생활에 피해가 우려되는 질병에 대하여 병원의 소견서를 근거로 등원 중지를 통해 가정에서 요양하도록 하고 있습니다.
등원 중지 대상자 선별을 위해서 의사선생님의 진단과 소견을 참고하고자 하오니 아래의 내용을 참고하시어 적어 보내 주시면 대단히 감사하겠습니다.

_____

반 이름 : _____

1. 진단(의심) 질환명 :
2. 발병일 :
3. 소견 내용 :
   위 환자는 상기 질환으로 약 월 일부터 월 일까지의 (통원, 입원)치료를 요하나, 증상의 호전 정도에 따라 그 기간의 증감이 필요하고, 추후 위 질환과 관련된 합병증의 관찰과 계속적인 주의를 요합니다.

※ 참고자료 : 유치원 빈발 감염병별 권장 등원 중지 기간

유치원 빈발 감염병	권장 등원 중지 기간
급성 출혈성 결막염	격리없이 개인위생수칙을 지킬 것을 권장함
성홍열	항생제 치료 시작 후 24시간까지
수두	모든 수포에 가피가 형성될 때까지
수족구병	수포 발생 후 6일간 또는 가피가 형성될 때까지
유행성각결막염	격리없이 개인위생수칙을 지킬 것을 권장함
유행성이하선염	증상 발현 후 5일까지
인플루엔자	전파방지를 위한 등원 중지는 의미없지만 환자 상태에 따라 실시

발행일 : 20 . . .
의사명 :   (인)
(※고무인 유효함)

○○ 유 치 원 장 귀하

3)
• ⓪ : 교실 환기, 소독
• ⓗ : 손 씻기와 기침 예절의 중요성

04

1)
- ① : ⓐ 조작동작, ⓑ 힘
- ② : ㉠의 굴리기 동작은 후프에 힘을 가하는 추진 움직임이며, 받기 동작은 후프로부터 힘을 받는 흡수 움직임이다.

2)
- ① : 개별화의 원리
- ② : 키가 작은 가람이에게 후프가 너무 커서 좀 더 작은 후프를 준 것과 같이 유아의 개별적인 발달 수준을 고려하여 활동 자료를 조정해 주었기 때문이다.

3)
- ① : 앞에 놓인 고깔 사이를 빨리빨리 방향을 바꾸면서 뛰어가야 해.
- ② : 점프해서 매달려 있는 종을 치고 돌아오는 거야.

05

1)
- ① : 재난대비 안전 교육, 6시간
- ② : 흔들림이 멈춘 후

참고

▶ 교육 활동 중 지진 발생 시 학생 행동 요령

구분	학생 행동 요령
발생 직후	○ 자신의 책상 밑으로 재빨리 들어가거나, 손이나 책·방석 등으로 머리를 보호한다. - 밖으로 급하게 달려나가지 않는다. - 책상, 탁자 아래로 들어가 몸을 웅크리고 책상 다리를 꼭 잡는다. - 근처에 책상이 없을 때는 손이나 책 등으로 머리를 보호한다. - 즉시 창문에서 떨어지고, 계단에서 떨어지지 않도록 난간을 붙잡는다.
흔들림이 멈춘 후	○ 인솔 교사의 안내에 따라 침착하게 대피를 준비한다. - 큰 흔들림이 진정되면 출입문부터 개방한다. - 화재를 대비해 전열기 및 전원(주간)을 차단한다. - 재난방송을 청취한다.
대피 시	○ 밖으로 대피할 때에는 손이나 책가방(책·방석 등)으로 머리를 보호하면서 이동한다. - 엘리베이터를 타지 않는다. (사용 중인 경우, 모든 층을 눌러 바로 내린다.) - 낙하물 및 유리창 파편에 의해 부상을 당하지 않도록 주의한다. (절대로 맨발로 이동하지 않는다.) - 창문에서 멀리 떨어져 이동한다. - 인솔 교사의 통제하에 뛰지 않고 질서 있게 대피경로를 따라 이동한다. - 환자와 장애학생을 우선적으로 도와준다. ○ 교실 밖으로 나와서는 최대한 건물로부터 멀리 떨어진 운동장으로 피한다.
대피 이후 행동	○ 안전지대에서는 인솔 교사의 안내에 따라 행동한다. - 환자 및 불안 증세를 보이는 학생은 담임(인솔)교사 및 보건교사에게 이야기하고 조치를 받는다. - 불필요한 대화는 삼가고 침착하게 인솔교사의 지시에 따른다. - 보호자 인계 등 인솔교사의 지시가 있을 때까지 안전지대를 벗어나지 않는다.

2)
- ① : 일시적인 격리/격리, ㉢ 등원 중지 안내서
- ② : (다음 중 2가지) 질환명, 등원 중지 기간, 치료 기간 소견 내용

참고

▶ 유아 감염병 예방 위기 대응 1단계 유치원 안에서 감염병 유증상자를 발견한 경우 (「유아 감염병 예방·위기 대응 매뉴얼」(2016))
(1) 감염병 증상 여부 확인
(2) 의료기관 진료 여부 파악 : 유아가 잘 모를 경우 학부모에게 연락하여 확인
(3) 마스크 착용 필요 여부 확인 : 마스크 착용이 필요한 감염병으로 진단받았거나 주증상이 기침, 발열 또는 발열을 동반한 두통, 인후통, 침샘비대인 경우
(4) 체온 측정 : 발열을 호소하는 경우 체온을 측정하여 실제 발열 여부를 다시 확인함.
(5) 일시적 격리 필요성 판단 및 실시 : 의료기관에 진료를 받으러 가기 전까지 별도의 공간(일시적 관찰실)에 격리하여 관찰함으로써 유치원 내 전파를 방지함.
(6) 보호자 연락 및 의료기관 진료 요청 : 진료받은 유아는 보호자를 통해 진료 여부 및 결과를 확인함. 진료받지 않은 유아는 보호자에게 의료 기관에서 진료받도록 안내함. 이때 반드시 유아에게 「등원 중지 안내서」와 「진료 확인서」를 배부함.
(7) 교실 위생 관리 조치
  ① 교실 환기 : 최소 2~3시간 동안 창문 및 문을 열어 실시함.
  ② 소독 : 학교 소독 지침에 따라 임시 소독을 실시함.
(8) 위생수칙 교육 : 손 씻기, 기침 예절 등
(9) 의료기관 진료 결과 확인 및 조치

2019학년도 추시 유치원 교육과정 A

01

1)
- ① : ㉠ 차별, ㉡ 교육
- ② : ⓐ 의견, ⓑ 표현, ⓒ 예술

2)
- ㉢ : 발달
- ㉣ : 민주 시민

> **참고**
>
> ▶ 2019, 2015 개정 교육과정의 목표
>
> | | |
> |---|---|
> | 2019 개정 | 누리과정의 목적은 유아가 놀이를 통해 심신의 건강과 조화로운 발달을 이루고 바른 인성과 민주 시민의 기초를 형성하는 데에 있다. |
> | 2015 개정 | 누리과정은 만 3~5세 유아의 심신의 건강과 조화로운 발달을 도와 민주 시민의 기초를 형성하는 것을 목적으로 한다. |

3)
- : 국가

02

1)
- ① : 강점
- ② : 예린이의 강점 지능은 신체운동 지능과 대인관계 지능이고, 약점 지능은 공간 지능과 언어적 지능이다. 따라서 바깥놀이에서 친구들과 함께 색깔 찾아오기 활동이나 친구와 카드에 써 있는 낱말이나 수수께끼의 답을 신체로 표현하는 활동을 한다.

2)
- ① : 프로젝트
- ② : 프로젝트 접근법에서는 주제 선정 시 유아와 브레인스토밍 등으로 유아들의 흥미와 관심 있는 것이 무엇인지 알아본 후 최종적으로 교사가 결정한다.

3)
- ① : 기록
- ② : 교육과정에 대한 정보 공유의 기회를 제공한다.

> **참고**
>
> ▶ 레지오 에밀리아 접근법
> (1) 로리스 말라구치(Loris Malaguzzi, 1920~1994) : 레지오 에밀리아 접근법을 확립하였으며, '어린이는 100가지 언어와 생각, 100가지 놀이하는 방법과 말하는 법을 알고 있지만 세상 사람들이 그중에 99가지는 훔쳐간다'고 말했다.
> (2) 이론적 배경 : 피아제, 비고츠키, 듀이, 다중지능이론에 영향을 받았다.
> (3) 기본 원리 : 발현적 교육과정, 협력, 표상의 발달, 환경 및 기록의 중요성
> (4) 교육 내용과 활동 : 놀이 활동, 주제 탐구, 민주 시민 교육
> (5) 교수·학습 방법과 교사의 역할 : 기록화 연구, 부모와 협력, 지역사회와의 연계, 의사소통, 아동 지지 등
> (6) 교육 구성원 : 교육 조정자인 페다고지스타, 미술 전담 교사인 아틀리에리스타, 요리사와 청소부도 교육의 중요한 주체가 된다.
> (7) 환경 구성 : 실내 공동 공간인 피아자, 아틀리에, 주방, 식당, 화장실, 목욕실도 호기심을 자극할 뿐만 아니라 공동 활동, 의사소통, 협동이 이루어지는 공간으로서 중요성을 갖는다.

4)
- ① : 적극적 경청, 나 전달법, 무승부법
- ② : 선생님은 윤상이가 화장실에 갔다가 돌아오지 않아 윤상이에게 문제가 생긴 것은 아닐까 걱정도 되고 친구들이 윤상이를 기다리느라 활동을 못 하게 되니 속상했단다.

> **참고**
>
> ▶ '나 전달법'의 구성요소
>
> | | |
> |---|---|
> | 문제가 되는 행동 서술 | 윤상이가 화장실에 갔다가 돌아오지 않아 |
> | 결과 서술 | 윤상이에게 문제가 생긴 것은 아닐까 걱정도 되고 친구들이 윤상이를 기다리느라 활동을 못 하게 되니 |
> | 감정 서술 | (선생님은) 속상하단다. |

03

1)
- ① : 빈도사건표집법, ㉠ 발달 변화
- ② : ⓐ 협동하기, ⓑ 양보하기

2)
- : ① '신뢰성과 객관성의 확보가 용이하며'가 부적절하다. 포트폴리오 평가는 평가 기준이 모호하므로 신뢰성과 객관성의 확보가 용이하지 않을 수 있다.
  ② '결과 중심의 평가를 지향하며'가 부적절하다. 포트폴리오 평가는 과정 중심의 평가를 지향한다.

3)
- : 유아가 작품을 만들면서 힘들거나 어려웠던 점은 무엇이었는가?, 처음 계획대로 되었는가?, 자랑하고 싶거나 고치고 싶은 점이 무엇인가?

> **참고**
>
> ▶ 포트폴리오의 구성요소
> 작업표본, 날짜, 내용 목차, 유아의 자기 반영, 주변인들의 조언, 관찰기록

2019학년도 추시 유치원 교직논술

내용	작성란	
안전사고 관련 적절하지 못한 행동의 수정(3점), 그 이유(3점) [6점]	행동 수정	이유
	안전 관련 관찰을 철저히 해야 하고, 평소 다쳤을 경우 즉시 교사에게 이야기하도록 해야 한다.	• 유아의 안전사고를 예방할 책임이 있다. • 가급적 빨리 응급처치를 해야 한다.
	유아의 얼굴에 상처가 났을 경우 어떻게 난 상처인지 원인을 물어보고 깨끗한 물로 씻고 부모 동의하에 연고를 발라주는 등 적절한 응급처치를 해야 한다.	• 상처의 원인에 따라 응급처치가 달라진다. • 감염을 막기 위해 흐르는 물로 상처를 씻는 것이 중요하다. • 특이 체질 가능성이 있으므로 잘 모를 경우 부모의 동의를 받아야 한다.
	동수가 집에 도착하기 전 동수의 얼굴 상처의 원인과 응급처치 내용에 대해 부모에게 전화로 알려야 한다.	• 부모가 아무 정보 없이 자녀의 상처를 보게 되면 많이 놀라게 된다. • 부모는 자녀의 상처 원인과 응급처치에 대해 알 권리가 있다.
정서적 지원의 기대 효과(3점)와 전문적 지원의 기대 효과(3점) [6점]	정서적 지원	기대 효과
	공감적 이해, 위로	자신에 대한 부정적인 감정이 감소된다.
	지지에 대한 확신과 용기	어려움이 있을 때 혼자서 해결하는 것이 아닌 주위의 도움을 받을 수 있다는 안정감을 가질 수 있고 어려움을 극복하고자 하는 용기를 가질 수 있다.
	자신감	자아존중감 및 교사 효능감을 높여 다양한 장학에 도전하도록 이끈다.
	전문적 지원	기대 효과
	부모 면담 참관	면담 절차와 부모와 상호작용하는 방법을 알 수 있다.
	부모 면담 워크숍	부모 면담에 대한 이론과 기술을 다양하게 배울 수 있다.
	교사 연구회	실제의 사례를 바탕으로 한 부모 면담 기술을 알 수 있고 1회성이 아니라 지속적으로 배워 나갈 수 있다.
교사 역량과 그 개발의 필요성 [3점]	교사 역량	필요성
	반성적 사고	반성적 사고를 통해 지속적으로 성장해 나가야 한다.
	부모 면담 기술 향상	가정 연계를 위해 필요하다.
	동료와의 협력	다양한 정보 교류를 통해 함께 성장할 수 있고 유치원 안에서의 문제를 효과적으로 해결할 수 있다.
서론	- 유치원 교사의 현장 적응과 전문성 향상을 위해 동료의 지원은 매우 중요하다. - 동료의 정서적 지원과 전문적 지원에 대해 알아보고, 협력을 통해 개발되는 교사 역량에 대해 논하겠다.	
결론	- 동료 교사의 지원이 있을 때 교사는 정서적 안정감을 갖고 전문적 역량을 향상해 나갈 수 있다. - 협력적인 조직문화를 만들기 위해 교사는 끊임없이 노력해야 한다.	

수준 Ⅲ 형식적 연역	형식적 논리를 사용하고 원칙과 법칙에 근거를 둔 증거를 만들어 내고 추상적 정의를 사용(중·고등학교)
수준 Ⅳ 엄격한 적용	원칙적 시스템을 정교화하고 비교(수학자)

2)
- : 공간 시각화, 네모가 없을 때 세모의 모양 조각을 돌려서 합성시켜 네모를 만든 것과 같이, 도형을 옮기고 뒤집고 돌렸을 때 머릿속에서 변화할 형태에 대한 이미지를 생성하는 공간 능력이 있기 때문이다.

> **참고**
>
> ▶ 유아기의 목표가 되는 공간 능력
>
> | 공간 방향화
(로먼 Lohman) | • 3차원 공간 속에서 여러 물체들의 위치 관계를 이해하는 능력
• 제시된 형상이 다른 시각에서 어떻게 나타내는가를 상상하는 능력
• 형상의 방향이 변하였어도 혼동되지 않는 능력(클레멘츠)
• 한 물체의 모양은 바라보는 위치와 방향에 따라서 달라진다는 것을 아는 것 |
> |---|---|
> | 공간 시각화
(클레멘츠
Clements) | • 공간 내에서 3차원 대상들의 운동을 상상하는 능력
• 2차원과 3차원의 공간에서 도형을 옮기고 뒤집고 돌리는 경험을 수반함으로써 도형의 이동과 대칭 경험을 하면서 머릿속에서 변화할 형태에 대한 이미지를 생성하는 공간 능력 |

3)
- : 논리·수학적 지식, 직접 조작을 통해 사물과 사물의 공통점 등을 관계 짓는 지식이다.

4)
- : 물체의 위치와 방향, 모양을 알고 구별한다.

> **참고**
>
> ▶ 2019 개정 유치원 교육과정 '자연탐구' 영역
>
> | 내용 범주 | 생활 속에서 탐구하기 |
> |---|---|
> | 내용 | 내용 이해 |
> | 물체의 위치와 방향, 모양을 알고 구별한다. | 유아가 자신과 물체를 기준으로 앞, 뒤, 옆, 위, 아래 등 공간 안에서 위치와 방향을 알아가는 내용이다. 유아가 주변 환경에서 네모나 세모, 둥근 기둥, 상자 모양 등을 찾고 다양한 모양에서 공통점과 차이점을 알아가는 내용이다. |

5)
- : ⓒ 표상하기, ⓔ 의사소통하기

08

1)
- ① : 주스 사세요
- ② : 첫째, 동일성이다. 은희가 다른 컵에 주스를 옮길 때 새로 넣거나 뺀 것이 없음을 이해하지 못했기 때문이다. 둘째, 보상성이다. 은희가 길쭉한 컵 속에 담긴 물을 넓적한 컵에 옮겨 담았는데, 높이가 줄어든 대신 밑면이 넓어졌다는 것을 이해하지 못했기 때문이다. 셋째, 가역성이다. 원래의 컵에 다시 담으면 주스의 높이가 같아진다는 것을 이해하지 못했기 때문이다.

2)
- ① : 내 차가 더 멀리 가, 무거우니까.
- ② : 조작변인은 자동차에 싣는 블록(물건)의 양을 변화시키는 것이다. 통제변인은 동일한 출발선, 똑같은 자동차, 똑같은 힘이 된다.

> **참고**
>
> ▶ 실험의 가설과 독립·종속변인의 관계
>
> | 실험의 가설 | • 블록(물건)의 양에 따라 자동차가 갈 수 있는 거리가 달라진다.
• (선호) 자동차에 블록(물건)을 많이 실으면 자동차가 더 멀리 간다. / 자동차에 싣는 물건(블럭)의 유무에 따라 자동차가 갈 수 있는 거리가 다르다.
• (상진) 자동차에 블록(물건)을 적게 실으면 자동차가 더 멀리 간다. / 자동차에 싣는 물건(블럭)의 유무에 따라 자동차가 갈 수 있는 거리가 다르다. | |
> |---|---|---|
> | 독립변인 | 조작변인 | 블록의 양/물건의 양/블럭의 유무 |
> | | 통제변인 | 동일한 출발선, 동일한 자동차, 똑같은 힘 |
> | 종속변인 | 자동차가 간 거리 | |

3)
- : 도구와 기계에 대해 관심을 가진다.

> **참고**
>
> ▶ 2019 개정 유치원 교육과정 '자연탐구' 영역
>
> | 내용 범주 | 생활 속에서 탐구하기 |
> |---|---|
> | 내용 | 내용 이해 |
> | 도구와 기계에 대해 관심을 가진다. | 유아가 일상생활에서 사용하는 다양한 도구와 기계에 관심을 가지고 직접 사용해 보면서, 도구와 기계가 우리의 생활에 어떠한 도움을 주는지에 대해 관심을 가지는 내용이다. |

05

1)
- ① : ㉠ 기저선의 표현, 화지 아래쪽에 가로선을 그려 위와 아래의 공간 경계를 만들었기 때문이다.
- ② : ㉡ 의인화된 표현, 꽃과 나무에 사람 얼굴을 그려 넣어 인간처럼 표현했기 때문이다.

참고

▶ 미술 표현 방식

기저선의 표현	아동이 공간에 대한 자신의 관점을 시각적으로 표현하는 방법으로 선을 통해 공간의 경계를 만드는 것
의인화된 표현	모든 사물을 살아 있는 인간처럼 표현하는 것

2)
- ㉢ : 콜라주
- ㉣ : 마블링

참고

▶ 미술 기법

콜라주	실, 종이, 헝겊 등의 여러 가지 재료를 직접 화면에 붙여서 여러 가지 질감이나 무늬를 표현하는 방법이다.
마블링	물과 기름이 반발하는 원리를 이용하여 물 위에 유성 물감이나 페인트를 흘려 재미있는 무늬를 만든 후에 화지를 얹어서 찍어 내는 방법이다. 대리석 무늬와 같은 우연의 효과를 강조한다.

3)
- ① : ⓐ 이 모빌을 보니 어떤 느낌이 드니?, ⓑ 두 가지 이상의 색이 섞여 있는 부분은 어디니?
- ② : ⓒ 해석, ⓓ 이 모빌에 어떤 제목을 붙이겠니?

 참고

▶ 미술 감상 지도 과정(앤더슨 T. Anderson)

반응 · 인상	• 작품에 대한 첫인상으로 아동이 미술작품을 처음 대했을 때의 순간적인 생각과 감정이며 판단 • "이 작품을 보았을 때 어떤 느낌이 드는가?", "이 작품을 보고 무엇이 떠오르는가?"
서술 · 묘사	• 작품의 시각적 형태에 대해 좀 더 주의 깊게 관찰하면서 서술하고 묘사 • 작품의 의미와 의의를 찾게 되는 근거자료들이 됨
해석	• 서술 · 묘사에서 분석을 통해 나온 많은 증거자료들을 토대로 작품의 의미에 대한 주관적인 해석
평가	• 작품에 대한 이해와 해석을 통해 작품의 가치에 대한 평가를 내림

4)
- : 두족인/두족류/올챙이형 인간

참고

▶ 입체표현의 발달 단계(골롬브 C. Golomb)

탐색기 (2~4세)	점토를 가지고 조물조물 만져 보고 두드리고 눌러 보는 등 다양한 방법으로 탐색하는 시기로, 납작한 떡이나 공, 뱀 등의 모양을 만들어 실제 놀이에 이용하기도 함.
분화기 (4~5세)	그리기의 인물표현처럼 구형이나 납작하게 눕힌 원반에 다리를 붙여 표현한 두족인 형태가 대부분임.
완성기 (6세 이후)	전체적인 모양을 생각하여 주요한 몸의 골격들이 대부분 균형 있게 만들어지고 그 위에 좀 더 세부적인 것들이 표현됨.

06

1)
- ① : ⓐ '봄의 노래' 감상하기, ⓑ '새싹' 그림 그리기
- ② : 씨앗으로 모양 구성하기

2)
- : '가락 패턴을 연주할 수 있다.'가 부적절하다. ㉡의 악기들은 리듬 타악기들로, 가락을 연주할 수 없기 때문이다.

3)
- ㉢ : 리듬
- ㉣ : 셈여림

4)
- : '음역은 도~솔로 유아에게 적절하다.'는 부적절하다. '도~라의 음역으로 구성된 노래로 유아에게 적절하다.'로 수정해야 한다.

07

1)
- ① : 시각화 수준, '세모는 산처럼 생겨서 세모라고 해'라고 말한 것과 같이 도형의 모양을 구분하고 명명하였다.
- ② : 기술적 · 분석적 수준, '세모는 뾰족한 곳이 세 개, 평평한 곳이 세 개', '네모는 뾰족한 곳이 네 개, 평평한 곳이 네 개'라고 말한 것과 같이 도형의 속성에 초점을 두어 도형을 구별했다.

참고

▶ 기하 개념의 발달(5단계)(반힐레 부부 Pierre van Hiele & Dina van Hiele-Geldolf)

수준 0 시각화 수준	총체적 느낌에 의해 원, 네모, 세모와 같은 기하학적 모양 구분 및 이름을 말함
수준 Ⅰ 기술적 · 분석적 수준	도형의 속성에 초점을 두어 놀이하고 분류
수준 Ⅱ 비형식적 연역	도형의 종류들 간의 관계를 구성하며, 논리적으로 생각함

04

1)
- ① : 병행-극놀이(극화놀이)
- ② : 두 명 이상의 유아가 같은 공간, 같은 시간에 경험을 표상하는 상징적 놀이를 하고 있으나 서로 간 상호작용은 없는 것이다.
- ③ : 집단-극놀이(극화놀이)

참고

▶ 2017 기출문제 B. 2-3) 원본

(나)

> 조작놀이 영역에서 영준, 석민이는 끼우기 블록으로 로봇을 만들고 있다.
> 영 준: (로봇을 다 만든 후) 슝, 날아라!
> 석 민: (영준이를 흘깃 쳐다본 후, 다시 로봇 만들기를 계속한다.) [A]
>
> 관찰 유아: _____   관찰 일시: _____
>
> | 사회적 수준 | 인지적 수준 | | | |
> |---|---|---|---|---|
> | | 기능놀이 | 구성놀이 | (ⓒ) | 규칙 있는 게임 |
> | 혼자놀이 | | | | |
> | 병행놀이 | | | | |
> | 집단놀이 | | | | |
>
> … (하략) … [B]

3) (나)의 ① ⓒ에 들어갈 명칭을 쓰고, ② [A]의 놀이가 [B]의 '사회/인지적 놀이 기록양식'에서 해당하는 수준을 쓰시오. [1점]

- ① : _____
- ② : _____

〔정답〕
- ① : 극화놀이
- ② : 병행-구성놀이 수준

2)
- ① : 놀잇감의 구조성이란 놀잇감을 특정한 용도로만 사용하는가 혹은 다양한 놀이에 사용할 수 있는가라는 기준이다.
- ② : 블록

참고

▶ 놀잇감의 구조성 정도

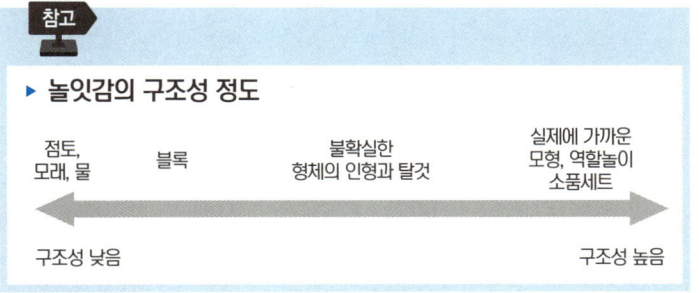

참고

▶ 공간 블록(Hollow Blocks)
공간 블록은 나무로 제작된 속이 비어 있거나 상·하가 트여 있는 블록으로 크기가 커서 유아들이 구조물을 단시간에 완성시킬 수 있으므로 효과적이다. 또한 공간 블록을 가지고 유아들이 직접 들어가 앉거나 올라설 수 있는 규모가 커다란 구조물을 만들 수 있어서 역할놀이를 자극하며 실내분만 아니라 실외에서도 사용이 가능하다는 특징이 있다.

▶ 단위 블록(Unit Blocks)
유니트 블록은 단단하면서도 너무 무겁지 않고 부드러운 단풍나무, 자작나무로 만든 것이 좋으며 크기의 비율이 정확하게 맞도록 제작되어야 한다. 또한 나무색 그대로 사용하는 것이 싫증이 덜 나고 유아의 상상력을 자극할 수 있다. 그 밖에 유니트 블록은 적절한 수량이 제공되어야 한다. 블록의 개수가 적으면 유아가 단조로운 형태의 구조물을 만들게 되고, 반대로 개수가 너무 많으면 블록을 효율적으로 사용하지 못한다. 유니트 블록의 형태와 크기는 다음과 같다.

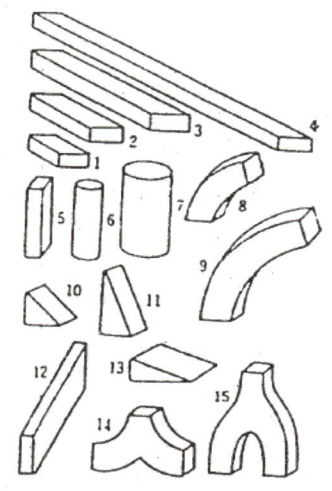

1. 반단위 블록
2. 단위 블록
3. 2배 단위 블록
4. 4배 단위 블록
5. 사각기둥
6. 작은 원기둥
7. 큰 원기둥
8. 작은 원형 커브
9. 큰 원형 커브
10. 작은 삼각형
11. 큰 삼각형
12. 마루판(지붕판)
13. 경사로
14. ㅅ자 블록
15. Y자 블록

〈유니트 블록의 여러 형태〉

3)
- : 주유소 놀이라는 한 가지 놀이를 계속하니 지루해서 세차장이라는 새로운 것을 만들어 놀이를 다양화하려고 한 것과 같이, 각성조절이론은 비슷한 놀이를 하면서 더 이상 자극을 못 받아 각성이 낮아지면 새로운 놀이를 통해 다양한 형태의 자극을 받고자 한다는 이론이다.

참고

▶ 2019 기출문제 B. 4-3) 원본
[A]와 관련하여, ( ) 안에 공통으로 들어갈 용어를 쓰시오. [1점]

> ( )조절이론은 놀이와 자극과의 관계를 다룬 이론이다. 유아는 놀이를 통해 ( )을/를 최적의 상태로 유지하려 하고 자극이 결핍되었을 때에는 놀이를 통해 다양한 형태의 자극을 제공받는다.

〔정답〕
- : 각성

평등성	국가, 민족, 인종, 성, 신체적 능력, 사회계층은 다르지만, 인간은 모두 평등하다는 긍정적인 태도와 가치를 형성하도록 하는 것임.
반편견	선입견, 편견, 고정관념 및 차별대우에 대한 비판적인 사고를 형성하고, 이러한 문제에 직면했을 때 대처할 수 있는 능력을 길러 주는 것임. 그 예로는 장애인에 대한 반편견을 들 수 있음.
협력	다양한 사람들과의 상호작용 능력과 협동 능력을 길러 주는 것. 공동체를 유지하기 위한 사람들의 노력과 일 등이 이에 속함.

▶ **정체성(Identity)**

상당 기간 동안 비교적 일관되게 유지되는 고유한 실체로서의 자기에 대한 경험을 말한다. 정체감은 주관적 경험으로서, 아동 자신이 세상 안에서 다른 사람들과 함께 한 개인으로서 존재한다는 자각으로부터 시작된다. 즉 정체감의 형성 과정에서 아동은 다른 사람들과는 달리 자신의 소망, 사고, 기억 그리고 외모를 갖고 있다는 자각을 갖는다. 따라서 "정체성이란 용어는 자신 내부에서 일관된 동일성을 유지하는 것과 다른 사람과의 어떤 본질적인 특성을 지속적으로 공유하는 것 모두를 의미한다."(Erikson, 1956, p. 57).

3)
- ⓐ : 사전답사
- ⓑ : 현장학습 동의서

4)
- : 지역사회 인사 활용

▶ **2015 개정 유치원 교육과정 총론 '편성·운영'**

(5) 가정과 지역사회와의 협력과 참여에 기반하여 운영한다.
① 유치원과 어린이집, 가정, 지역사회 간의 협력적인 관계는 교육·보육 활동뿐 아니라 가정과 지역사회에도 긍정적인 영향을 미친다.
② 가정과 지역사회의 협력의 가치
  ㉠ 지역의 문화적·지리적 환경과 특성은 교육·보육 활동을 풍부하고 효과적으로 제공하는 자원이 된다.
  ㉡ 가정, 지역사회와 연계한 누리과정 운영은 가정이나 지역사회로 하여금 유아의 건강하고 행복한 성장발달에 기여하는 보람과 사명감을 가질 수 있게 한다.
③ 협력의 구체적 방법
  ㉠ 다양한 직업, 취미 및 특기를 가진 가족구성원과 지역사회 인사들을 누리과정 운영에 적극 활용하고, 가정 및 지역사회와의 교류를 통해 프로그램을 효율적으로 운영한다.
  ㉡ 각 기관이 위치하고 있는 지역의 역사나 산업의 특성을 파악하여 교육·보육 활동에 적절히 반영한다.
  ㉢ 역사적 유적지나 산업시설, 문화시설 및 대학과 같은 지역의 물적 자원을 충분히 활용하여 누리과정 운영 효과를 높인다.

④ 협력 지원 : 이를 위해 유치원은 교육청 및 유아교육진흥원, 어린이집은 시·군·구청 및 보육정보센터로부터 운영 전반에 대한 지원을 받을 수 있다.

▶ **지역사회 연계 유형**

유치원 교육 자원 보충	지역 내 놀이터, 초등학교 운동장 이용, 지자체 예산으로 특성화 교육
기관 방문	도서관, 소방서, 역사 유적지 탐방
지역사회 참여 및 기여	축제 공연, 초등학교 발표회 찬조 출연, 양로원 방문 공연
지역사회 인사 활용/ 전문가 초빙	다문화 교육 관련 외국인

▶ **세대간 지혜 나눔**

세대간 지혜 나눔은 사회 각계의 전문 인력을 활용한 유치원 교육과정 심화 개발·지원사업이다. 이 사업은 유아들에게는 유아기 발달에 적합한 교육 제공을, 교사들에게는 풍부한 실용교육 내용에 관한 역량 보완을, 학부모에게는 특성화 분야에 관한 사교육비 경감 효과를, 전문 인력에게는 자아실현과 사회참여의 기회를 제공하여 1석 4조의 효과를 거둘 수 있다.

5)
- ⓐ : 소중히
- ⓑ : 문화

▶ **2019 개정 유치원 교육과정 '사회관계' 영역**

내용 범주	나를 알고 존중하기	
내용	내용 이해	
나를 알고 소중히 여긴다.	유아가 자신을 나타내는 나이, 성별, 모습 등에 대해 알고, 자신을 소중히 여기며 가치 있는 존재로 느끼는 내용이다.	
내용 범주	사회에 관심 가지기	
내용	내용 이해	
다양한 문화에 관심을 가진다.	유아가 다른 나라의 다양한 문화와 생활양식에 대해 관심을 가지고, 문화의 다양성을 이해하며 존중하는 내용이다.	

3)
- ⓐ : 타당도

4)
- ① : 시간표집법
- ② : 기록 방법이 간단하고 기록에 드는 시간이 짧다.

02

1)
- ① : ㉣-㉠-㉢-㉡
- ② : ㉢ 기술 익히기 단계, ㉡ 개념 형성 단계
- ③ : 다른 부모들과 아이를 키울 때 겪었던 고충을 나눈 것이다.

2)
- : 장난감은 던지는 게 아니라 갖고 노는 거니까 던져서는 안 된다고 한 것이다.

> **참고**
>
> ▶ **인본주의 부모교육 프로그램(기노트 H. Ginott)**
> (1) 인본주의 부모교육 프로그램의 단계
>
> | | |
> |---|---|
> | 불평 늘어놓기 단계 | 부모들에게 그들이 경험했던 자녀양육의 문제와 자녀에 대한 불만, 죄책감, 분노 등을 표현하게 하는 단계이다. |
> | 감수성 증진 단계 | 자녀 중심적으로 문제를 생각하고 자녀 입장에서 문제를 해결하도록 하며 자녀의 행동에 내재되어 있는 의미를 발견할 수 있는 태도를 형성시키기 위한 훈련을 하는 단계이다. |
> | 개념형성 단계 | 전 단계를 통해 왜 부모로서 자녀 문제를 다루는 데 실패하였는지 그 원인을 파악하고 평가 분석하여 부모-자녀 문제를 해결하기 위한 새로운 지식과 개념을 갖게 하는 단계이다. |
> | 기술 익히기 단계 | 실제 가정에서 자녀와의 관계에서 생기는 문제 상황에 지금까지 배운 기술들을 적용해 보면서 토론을 통해 다른 부모들과 그 경험을 나누고 함께 더 나은 해결 방안을 모색하여 실제로 문제를 해결하는 방법이다. |
>
> (2) 부모교육의 원리
> ① 부모-자녀 사이의 감정 교환하기 : 아동의 감정을 알아주는 대화법을 사용한다.
> ② 효율적으로 칭찬하기 : 잠재력이 있음을 인정하고 아동의 노력, 행동, 생각, 향상된 점 등을 칭찬한다.
> ③ 행동의 한계 설정하기 : 감정은 알아주지만 행동에는 합리적인 제한이 있다는 것을 알려 준다.
> ④ 모델로서 부모역할하기 : 긍정적인 모습으로 감정 표현 및 행동의 바람직한 모습을 보여 준다.

3)
- ① : 서하가 "저번에 내가 던진 장난감이 부서져서 갖고 놀 수 없었어"라고 한 것이다. / 서하가 장난감을 던져 갖고 놀 수 없는 부정적인 결과를 경험한 것이다. / "저번에 내가 던진 장난감이 부서져서 갖고 놀 수 없었어."
- ② : 자신이 던진 장난감이 부서져서 그 결과 갖고 놀 수 없는 불편함을 경험하면서 장난감을 던지지 않는 바람직한 행동을 하게 되는 것과 같이 인위적인 부모의 개입 없이 자연적 사건으로부터 바람직한 행동을 터득했기 때문이다.

> **참고**
>
> ▶ **민주적 부모교육이론의 자녀 통제 방법(드라이커스 R. Dreikurs)**
>
> | | |
> |---|---|
> | 자연적 귀결 | 인위적인 부모의 개입 없이 자연적 사건으로부터 질서와 바람직한 행동을 터득하는 것이다. |
> | 논리적 귀결 | 자녀의 행동 결과에 대해 부모와 자녀가 합의하여 결정한 것을 자녀가 따르도록 함으로써 자신의 잘못된 행동에 대해 책임을 수용하는 법을 배울 수 있도록 도와주는 방법이다. 벌은 과거 시점의 행동에 초점을 두고 맹목적으로 복종하는 행동을 가르치지만, 이것은 현재와 미래 시점의 행동에 초점을 두면서 책임 있는 행동을 기르기 위한 것이다. |

03

1)
- : 정체성

2)
- : 문화 이해

> **참고**
>
> ▶ **다문화 교육의 개념 요소(「유아 다문화 이해 교육 프로그램」(2013))**
>
> | | |
> |---|---|
> | 문화이해 | 문화 간의 유사점과 차이점을 알고, 각 문화에 대한 이해와 존중심을 기르며, 문화 간 긍정적인 태도를 발달시킴. 범주로는 거주(가옥 등), 음식, 직업, 언어, 문학, 음악, 춤, 기념일(축제), 종교, 예식, 문화유산, 일상생활, 가족 구조 등이 있음. |
> | 정체성 | 긍정적인 자아개념과 자아 정체감 및 집단 정체성을 형성하도록 하는 것임. |
> | 다양성 | 유사점과 차이점을 가지고 있는 다양한 개인과 집단이 존재하는 것을 알고, 이러한 다양성을 존중하는 마음을 갖도록 하는 것. 다양한 인종이나 민족의 존재 및 인종이나 민족 간의 유사점과 차이점 등이 이에 속함. |

3)
- ① : ⓛ 수평적, ⓒ 수직적
- ② : 과잉축소, 숟가락으로 먹는 것은 아이스크림이 아니라고 하는 것과 같이 단어의 범위를 성인보다 더 좁혀서 사용했기 때문이다.

08

1)
- ① : ㉠ 사회적 욕구의 주장, ㉡ 예측 및 추론
- ② : 지금 이야기짓기 활동을 하니까 조용히 해 줘.

> **참고**
>
> ▶ 5가지 언어 기능(스테브 C. Stabb, 1992)
>
> | 언어의 기능 | 유아들의 음성 언어 |
> |---|---|
> | 사회적 욕구의 주장 (asserting and maintaining social needs) | 자신의 욕구나 권리를 주장하는 것이다.
예 상훈이에게 음성 편지를 보내고 싶어요. |
> | 통제 (controlling) | 요청, 요구, 간청, 협박, 명령 등 자신이나 타인의 행동을 통제하는 것이다.
예 내 목소리도 녹음해야지. 야, 밀지 마. |
> | 정보 (informing) | 어떤 사물에 이름을 붙이거나 특정 사건을 회상하는 것, 관찰이나 비교를 통해 정보를 알려 주는 것, 정보를 요청하는 것이다.
예 상훈이가 아파서 유치원에 안 왔어. |
> | 예측 및 추론 (forecasting & reasoning) | 인과관계나 상황에 근거하여 추측하거나 추론하는 것이다.
예 내일 토요일이니까 선생님이 내일 가시겠지. |
> | 투사 (projecting) | 타인의 감정이나 경험을 자신에게 투사하여 표현하는 것으로, 주로 만약 다른 사람이라면 어떻게 할 것인가를 표현할 목적으로 사용한다.
예 내가 상훈이면 많이 속상할 것 같아요. |

2)
- : 사람들이 씨름을 하고 있구나. 민수가 '씨름'이라고 말한 것을 '사람들이 씨름을 하고 있구나'라고 말한 것과 같이 문장 구성이 되지 않은 한 단어의 유아의 말을 성숙된 문장으로 다시 말해 주었기 때문이다.

3)
- ① : 초성이 같은 낱말 찾기
- ② : 끝말잇기, 내 이름으로 삼행시 짓기

4)
- ① : ⓒ 전승, ⓐ 사실동화
- ② : 전설

2019학년도 유치원 교육과정 B

본책 p.142

01

1)
- ① : 중심화 경향의 오류, 지나치게 긍정적이거나 부정적 판단을 회피하기 위해(양극단을 피하기 위해) 중간 점수에 표시해 버려 올바른 평정을 하지 못했기 때문이다.
- ② : 후광 효과, 평소 친구와 잘 논다고 생각하는 유아의 또래 상호작용의 평정 점수를 더 높이 주는 것과 같이 관찰 대상에 대한 예비지식, 개인적인 감정으로 대상의 행동을 과대평가했기 때문이다.

2)
- ① : ⓐ 관찰자 간 신뢰도, ⓑ 관찰자 내 신뢰도
- ② : ⓐ 동료 교사와 같은 평정척도법으로 동일한 유아를 평정하여 동일한 결과가 나오는지 확인해 본다. ⓑ 1명의 교사가 평정 대상 유아의 행동을 녹화하여 평정해 보고, 며칠 후 다시 평정해 본다.

> **참고**
>
> ▶ 관찰자 간 신뢰도/관찰자 내 신뢰도
>
> | | |
> |---|---|
> | 관찰자 간 신뢰도 | • 한 장면에 대해 2명 이상의 관찰자가 독립적으로 관찰했을 때 관찰자 간 일치 정도, 관찰기록의 일관성을 의미한다.
• 관찰 전 관찰행동에 대한 명확한 기준과 정의를 가져야 한다. |
> | 관찰자 내 신뢰도 | • 1명의 관찰자가 같은 장면을 두 번 이상 관찰하고 기록하였을 때 같은 결과가 나오는 것이다.
• 관찰장면을 비디오로 녹화하여 반복해 보며 기록 간 일치도를 높인다. |
>
> ▶ 객관도/신뢰도/타당도
>
> | | | |
> |---|---|---|
> | 객관도 | | • 평정자가 주관적 편견을 갖지 않고 객관적으로 공정하게 채점하는가의 정도를 나타낸다.
• 두 사람 이상의 평정자들이 어느 정도 일치된 평정을 하는가의 정도를 의미한다. |
> | 신뢰도 | | 평가도구를 이용하여 수집한 검사의 점수가 얼마나 정확하고 일관성 있느냐의 정도이다. |
> | 타당도 | 내용 타당도 | 평가하고자 하는 내용이 평가도구에 제대로 반영되었는지 검토하는 것으로, 평가도구가 평가하고자 의도한 목표나 내용을 모두 포괄할 수 있는 대표성을 가지고 있는지, 평가요소들이 적절하게 구성되어 있는지 등을 검토하는 것이다. |
> | | 공인 타당도 | 기존의 평가도구와 새로운 평가도구와의 상호 관련성을 검토함으로써, 새롭게 제작한 평가도구의 타당성을 검토하는 것이다. 외적 준거와의 관련성이 높을수록, 즉 관찰을 기초로 해서 내린 추론을 지지해 주는 증거 자료가 많을수록 더욱더 타당성을 지닌다. |
> | | 예언 타당도 | 특정 평가도구를 사용한 평가결과가 피험자의 미래에 발생할 행동이나 특성을 얼마나 잘 예언하느냐에 관한 것이다. |

감염병 및 약물의 오용·남용 예방 등 보건위생 관리 교육	3개월에 1회 이상 (연간 10시간 이상)	1. 감염병 예방을 위한 개인위생 실천 습관 2. 예방접종의 이해 3. 몸에 해로운 약물 위험성 알기 4. 생활 주변의 해로운 약물·화학제품 그림으로 구별하기 5. 모르면 먼저 어른에게 물어보기 6. 가정용 화학제품 만지거나 먹지 않기 7. 어린이 약도 함부로 많이 먹지 않기	1. 전문가 또는 담당자 강의 2. 시청각 교육 3. 사례 분석
재난대비 안전 교육	6개월에 1회 이상 (연간 6시간 이상)	1. 화재의 원인과 예방법 2. 뜨거운 물건 이해하기 3. 옷에 불이 붙었을 때 대처법 4. 화재 시 대처법 5. 자연재난의 개념과 안전한 행동 알기	1. 전문가 또는 담당자 강의 2. 시청각 교육 3. 실습교육 또는 현장학습 4. 사례 분석
교통안전 교육	2개월에 1회 이상 (연간 10시간 이상)	1. 차도, 보도 및 신호등의 의미 알기 2. 안전한 도로 횡단법 3. 안전한 통학버스 이용법 4. 바퀴 달린 탈것의 안전한 이용법 5. 날씨와 보행안전 6. 어른과 손잡고 걷기	1. 전문가 또는 담당자 강의 2. 시청각 교육 3. 실습교육 또는 현장학습 4. 일상생활을 통한 반복 지도 및 부모 교육

06

1)
- ① : 팔을 앞으로 뻗어 흔들어요. 위아래로 흔들어요.
- ② : 천천히 흔들어요. 점점 빠르게 흔들어요.

2)
- : 던지기, 받기, 차기

3)
- ① : 순발력, 몸을 빠르게 움직이거나 물체를 멀리 던지는 것 같은 활발한 운동을 위하여 제한된 시간 안에 최대의 힘을 끌어내는 능력이다.
- ② : 뛰어넘기/건너뛰기

 참고

▶ 기초체력의 요소

체력 요소	개념	활동
근력	근육이 무게나 힘 등의 자극에 대해 최대한 힘을 발산할 수 있는 능력	앉아서 등 밀기, 벽 밀기, 오리걸음, 팔씨름, 팔굽혀펴기, 줄다리기, 엉덩이 밀기
근지구력	무게나 힘 등의 자극에 대해 반복하여 힘을 낼 수 있는 능력	
순발력	순간적으로 최대한의 힘을 발산할 수 있는 능력	높이뛰기, 높이 뛰어 회전하기, 개구리 점프, 공던지기, 가위 점프

07

1)
- ① : 다혜는 자기가 잘 알고 있는 '가', '나', '다'와 같이 받침이 없는 몇 개의 낱자를 여러 가지로 조합해서 쓰고 있었다.
- ② : 기호개념의 원리, 융통성의 원리

참고

▶ 유아 쓰기 학습의 원리(클레이 M. Clay)

반복의 원리	글자가 그림을 그린 것처럼 동그라미나 선 모양이 반복적으로 쓰인다.
생성의 원리	알고 있는 글자나 쓸 수 있는 몇 개의 낱자들을 여러 가지로 조합하여 반복적으로 쓴다.
기호개념의 원리	그림, 디자인, 기호의 차이를 인식하고 종이 위에 아이디어나 정보들을 나타내려고 애를 쓴다. 그림을 그려 놓고 그 밑에 정확하지는 않지만 글자 모양을 그리고 구두로 설명을 붙이기도 한다.
융통성의 원리	글자의 기본 모양으로 한 번도 본 적 없는 새로운 글자를 만들어 내며 글과 말소리의 관계를 지으려고 애를 쓴다. 이때부터 창안적 글자쓰기(invented spelling)가 나타난다.
줄 맞추기와 쪽 배열의 원리	글을 쓸 때 줄을 맞추려고 하고 왼쪽에서 오른쪽으로 쓰며, 그 줄을 다 쓰면 다시 내려와서 왼쪽에서 오른쪽으로 쓰기 시작한다.
띄어쓰기의 원리	단어와 단어 사이를 띄는 것을 안다.

2)
- ① : 곰가 달려간다.
- ② : '사자가 달려간다', '곰이 달려간다'와 같이 주격 조사 이/가의 규칙을 구분하지 않고 모두 예외없이 '가'로 일반화시켜 사용했기 때문이다.

> 2019학년도

▶ 심리적 양성성
한 사람이 남성성과 여성성을 동시에 가질 수 있기 때문에, 성역할 고정관념에 구애받지 않고 능력을 발휘할 수 있다는 보다 효율적인 성역할 개념이다.

4)
- ① : 사회학습이론
- ② : 태영이가 희연이의 칭찬받는 모습을 유심히 본 것은 주의집중이다. 그리고 희연이의 행동을 기억하는 것은 파지이며, 철민이를 도와주는 행동을 한 것은 운동재생이다.

▶ 관찰학습의 단계
주의집중 - 파지 - 운동재생 - 동기화

05

1)
- ⓐ : 어린이 보호
- ⓑ : 보행자 전용도로

> ▶ 교통 표지판
>
> | 보행자 전용도로 | 횡단보도 | 어린이 보호 |
> |---|---|---|
> | (보행자전용도로 표지) | (횡단보도 표지) | (어린이보호 표지) |

2)
- ① : ⓒ 중지, 감염병 및 약물의 오용·남용 예방 등 보건위생관리 교육
- ② : ⓒ 심폐소생술, 2시간

> ▶ 「학교보건법」 [2021. 12. 28. 일부 개정]
> 제8조(등교 중지) ① 학교의 장은 제7조에 따른 건강검사의 결과나 의사의 진단 결과 감염병에 감염되었거나 감염된 것으로 의심되거나 감염될 우려가 있는 학생 또는 교직원에 대하여 대통령령으로 정하는 바에 따라 등교를 중지시킬 수 있다.
> 제9조의2(보건교육 등) ① 교육부장관은 「유아교육법」 제2조제2호에 따른 유치원 및 「초·중등교육법」 제2조에 따른 학교에서 모든 학생들을 대상으로 심폐소생술 등 응급처치에 관한 교육을 포함한 보건교육을 체계적으로 실시하여야 한다.

이 경우 보건교육의 실시 시간, 도서 등 그 운영에 필요한 사항은 교육부장관이 정한다.
② 「유아교육법」 제2조제2호에 따른 유치원의 장 및 「초·중등교육법」 제2조에 따른 학교의 장은 교육부령으로 정하는 바에 따라 매년 교직원을 대상으로 심폐소생술 등 응급처치에 관한 교육을 실시하여야 한다. <신설 2013. 12. 30., 2016. 12. 20.>

▶ 학교보건법 시행규칙 [2022. 6. 29. 일부 개정] [별표 9]
응급처치 교육의 내용 및 시간 등(제10조제1항 관련)

구분	내용	시간
가. 이론 교육	① 응급상황 대처요령 ② 심폐소생술 등 응급처치 시 주의사항 ③ 응급의료 관련 법령	2시간
나. 실습 교육	심폐소생술 등 응급처치	2시간

3)
- ① : '6개월에 1회 이상' 이 아니라 '2개월에 1회 이상' 이다.
- ② : 교통사고와 방지대책

> ▶ 「아동복지법 시행령 [별표 6] [2022. 6. 21. 일부 개정]
> 교육기준(제28조제1항 관련)
>
> | 구분 | 실시 주기 (총 시간) | 교육 내용 | 교육 방법 |
> |---|---|---|---|
> | 성폭력 예방 교육 | 6개월에 1회 이상 (연간 4시간 이상) | 1. 내 몸의 소중함
2. 내 몸의 정확한 명칭
3. 좋은 느낌과 싫은 느낌
4. 성폭력 예방법과 대처법
5. 성폭력의 개념 및 성폭력의 주체에 대한 교육 | 1. 전문가 또는 담당자 강의
2. 장소·상황별 역할극 실시
3. 시청각 교육
4. 사례 분석 |
> | 아동학대 예방 교육 | 6개월에 1회 이상 (연간 4시간 이상) | 1. 나의 권리 찾기(소중한 나)
2. 아동학대 및 아동학대행위자 개념
3. 자기감정 표현하기 및 도움 요청하기
4. 신고 이후 도움 받는 방법 | 1. 전문가 또는 담당자 강의
2. 장소·상황별 역할극 실시
3. 시청각 교육
4. 사례 분석 |
> | 실종·유괴의 예방·방지 교육 | 3개월에 1회 이상 (연간 10시간 이상) | 1. 길을 잃을 수 있는 상황 이해하기
2. 미아 및 유괴 발생 시 대처방법
3. 유괴범에 대한 개념
4. 유인·유괴 행동에 대한 이해 및 유괴 예방법 | 1. 전문가 또는 담당자 강의
2. 장소·상황별 역할극 실시
3. 시청각 교육
4. 사례 분석 |

3)
- ⓐ : 프뢰벨
- ⓑ : 은물

4)
- ① : ⓔ 오웬, ⓓ 성격형성학원
- ② : ⓐ

▶ 오웬의 성격형성학원
  오웬은 5세 이하의 유아들을 위해 유아학교를 별도로 운영했다. 가능한 한 옥외놀이를 격려했으며 나이에 따라 교육받는 방을 옮기도록 했다. 2~4세, 4~6세, 6세 이상으로 나누어 지도했다.

03

1)
- ㉠ : 교육 현장에서 일어나는 모든 일에 대해 전문적으로 판단하고 그때그때 상황에 적합한 최선의 방안을 찾아내어 결정을 내리는 역할이다.
- ㉡ : 개별 유아들의 정서에 관심을 가지고 지원하며 자녀의 발달이나 또래 관계에 대해 부모님과 상담하고 조언하는 역할이다.

▶ 유아 교사 역할(사라초 O. Saracho)
  진단자, 교육과정 계획자, 교육 조직자(일과계획 및 수행자), 학습 관리자, 상담자 및 조언자, 의사결정자, 연구자, 행정업무 및 관리자

의사결정자	유치원 현장에서 일어나는 모든 일(정답 없음)에 대해 전문적으로 판단하고 결정을 내리는 것. 끊임없이 유아에 대한 활동, 교육 목표, 내용, 방법 등에 대한 결정을 내려야 함.
상담자 및 조언자	유아 및 부모를 대상으로 상담자 및 조언자 역할. 유아가 정서적으로 안정감을 느낄 수 있는 물리적 환경 및 심리적 분위기를 조성(예측 가능한 환경 조성, 수용적 태도와 반응적 태도)

2)
- : 사이버 장학, 약식 장학

▶ 사이버 장학
  교육청에서 유치원으로 일방적으로 제공되던 장학 내용을 양방향 또는 유치원 간의 상호 장학자료로 활용할 수 있도록 제공하고, 장학 내용을 교육청 홈페이지에 공개함으로써 장학 정보를 공유하는 장학 형태이다. 교수-학습 방법, 유치원 운영 등 넓은 범위를 포함하며, 유아교육 전문가로 구성된 장학지원단에서 상담 내용을 일정 기간 안에 처리한다.

3)
- ① : ㉢ 생태적 측면, ㉣ 자기이해 측면
- ② : 전문적 지식과 기술 측면, 교사에게 효과적인 교수를 위한 기술과 지식을 요구하고 이를 학습할 수 있는 기회를 주어야 한다는 관점이다.

▶ 유아 교사의 전문성 발달(하그리브스와 풀란 A. Hargreaves & M. Fullan, 1992)

전문적 지식과 기술 측면의 교사 발달	교사에게 효과적인 교수를 위한 기술과 지식을 요구하고 이를 학습할 수 있는 기회를 주어야 한다는 관점이다.
자기이해 측면의 교사 발달	자기 이해와 자신에 대한 지식이 전문성 발달에 중요한 요인이 된다는 관점이다. 교사 발달이란 교사의 개인적인 측면을 토대로 이루어지는 것으로서 연령, 성, 생활방식, 인생주기, 교사 신념 등 교사 자신에 대한 이해를 바탕으로 해야 한다. 교사는 반성적 실천자로서 자신의 전문성 발달에 대한 책임감을 가지고 자신에게 맞는 내용과 방법으로 발달해 나가야 한다.
생태적 측면의 교사 발달	지속적인 전문성의 발전을 지지하는 직무환경이 만들어져야 한다는 것이다. 동료 교사와의 관계 형성, 부모 및 지역사회와의 관계 형성, 물적 지원 환경 조성 등이 이에 속한다.

04

1)
- ① : 남아들은 의사 역할을 하고 여아들은 간호사 역할을 하더라고요.
- ② : 남녀 의사, 남녀 간호사, 남녀 소방관의 사진을 준비하여 남자, 여자 모두 어떤 직업이라도 가질 수 있음을 함께 이야기 나누고 게시판에 사진을 붙여 놓는다.

2)
- ① : 남근기
- ② : 남근기 유아는 동성 부모를 동일시함으로써 자신의 성에 대한 적절한 역할, 도덕적 태도 및 가치관 등을 내면화하게 된다. 이에 근거하여 ㉠의 수호의 행동은 동성 부모인 아버지를 동일시하는 행동으로 이를 통해 수호는 자신의 성에 따른 역할 등을 내면화하게 된다.

▶ 남근기(3~4세)
  동성 부모를 동일시함으로써 자신의 성에 대한 적절한 역할, 도덕적 태도 및 가치관 등을 내면화하게 된다.

3)
- : 양성성

2019학년도 유치원 교육과정 A

01

1)
- ① : 정의적 영역
- ② : 거북이가 잘 살 수 있는 환경에 관심을 갖는다.

> **참고**
>
> ▶ 「교육 목표 분류학」(블룸 B. Bloom)
>
> | | |
> |---|---|
> | 인지적 영역 | • 정보, 지식 및 정신적 기능
• 지식, 이해, 응용, 분석, 종합, 평가에서 기억하기, 이해하기, 응용하기, 분석하기, 평가하기, 창조하기로 수정됨(2000년) |
> | 정의적 영역 | • 흥미, 태도, 감정
• 감수, 반응, 가치화, 조직화, 가치 또는 가치복합에 의한 인격화 |
> | 심동적 영역 | • 신체적 행위를 통한 신체적 기능, 조작, 조정 |

2)
- : 생명과 자연환경을 소중히 여긴다.

> **참고**
>
> ▶ 2019 개정 유치원 교육과정 '자연탐구' 영역
>
> | 내용 범주 | 자연과 더불어 살기 |
> |---|---|
> | 내용 | 내용 이해 |
> | 생명과 자연환경을 소중히 여긴다. | 유아가 동식물뿐만 아니라 동식물이 살아가기에 좋은 환경에 대해 관심을 가지고, 이들을 생명체로서 소중히 여기는 내용이다. |

3)
- ① : ⓐ 상징적 경험, ⓑ 시·청각적 경험, ⓒ 행동적 경험
- ② : ⓑ, ⓓ 역할을 정하여 「토끼와 거북이」 동극을 한다.

> **참고**
>
> ▶ 경험의 원추(cone of experience) 모형
>
>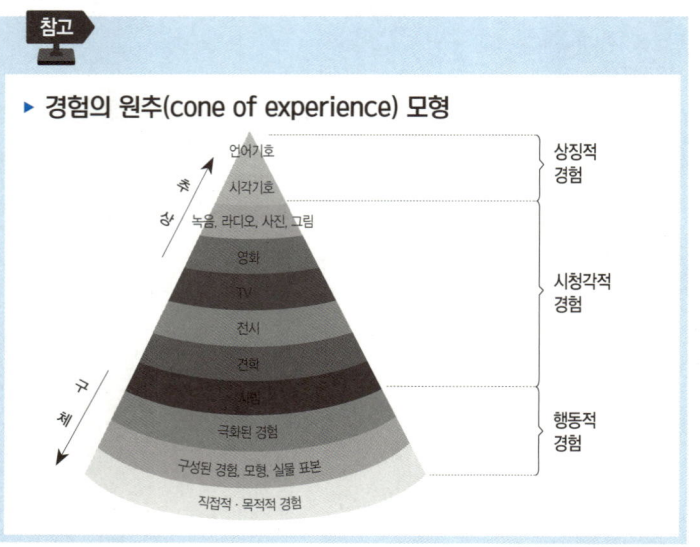

4)
- ① : 문화전달주의
- ② : 행동주의 이론

> **참고**
>
> ▶ 교육과정 분류(교육 이데올로기 유형)
> (콜버그와 메이어 L. Kohlberg & R. Mayer)
>
> | | |
> |---|---|
> | 낭만주의 | 성숙주의 이론의 관점에서 프로그램이 운영되며, 루소, 프뢰벨, 프로이트, 게젤 등의 이론이 기초가 되었다. |
> | 진보주의 | 듀이의 진보주의 교육관과 피아제의 인지발달 이론에 기초한 것으로서 교육은 유아와 환경과의 상호작용이 허용되고 증진되는 조건하에서 유아와 환경 간의 상호작용으로부터 나타난다는 전제에 기초한다. |
> | 문화전달주의 | 로크의 환경론으로부터 손다이크, 스키너 등의 행동주의 학습이론을 바탕으로 계획적 강화에 의해 구체적인 학습목표를 달성하는 상당히 구조화된 프로그램이 여기에 속한다. |

02

1)
- ① : 대교수학
- ② : ⓐ 어머니 무릎학교, ⓑ 모국어 학교

2)
- ① : 조화와 균형의 원리
- ② : 노작의 원리

> **참고**
>
> ▶ 페스탈로치의 교육원리
>
> | | |
> |---|---|
> | 조화와 균형의 원리
(유아교육의 원리) | 인간은 지적(Head)·도덕적(Heart)·기능적(Hand)인 것을 선천적으로 가지고 있다고 보았으며, 이 중에서 도덕적 기능을 중심으로 하는 제능력(3H)의 조화적 발전을 교육의 이상으로 했다. |
> | 노작의 원리
(교육 방법의 원리) | 노작은 일하지 않으면 살아갈 수 없다는 관점에서 출발하였고, 노작교육은 생활의 필요와 경제적 및 인간 형성의 측면과 결부되어 있다. 근면한 노동을 통해 협동과 도덕성을 기를 수 있으며, 이로써 사회가 변화할 수 있으므로 노동을 인간형성의 원리로 간주하였다. 따라서 학습과 노동을 결부시켜 읽기, 쓰기, 셈하기 및 다양한 지식을 노작교육에 포함시켰다. |

문항 1

문항 2

문항 3

문항 4

3교시 [   ]학년도 공립 유치원, 특수학교[유치원], 특수학교[초등] 교사 임용후보자 선정경쟁시험 (제11차) 답안지

유치원, 특수학교(유치원)
특수학교(초등)
교육과정 B
전용 답안지

문항 5

문항 6

문항 7

문항 8

1교시 [ ) 학년도 공립 유치원, 초등학교, 특수학교 [유치원·초등] 교사 임용후보자 선정경쟁시험 (제1차) 답안지

본인은 응시자 유의사항을 숙지하였으며 이를 지키지 않아 발생하는 모든 불이익을 감수할 것을 서약합니다.

성 명

유치원, 초등학교, 특수학교(유치원·초등) 교직 논술 전용 답안지

쪽 번호: ❶ ②

※ 결시자 확인란(응시자는 표기하지 말 것)
- 결시자 성명과 수험번호 기재
- 검은색 펜으로 결시자 수험번호와 우측란을 '●'로 표기

※ 감독관 확인란(응시자는 표기하지 말 것)
- 본인 여부, 성명, 수험번호 기록 및 쪽수가 정확한지 확인 후 서명/날인
- 결시자는 위의 결시자 확인란에도 표기

(서명 또는 날인)

1. 수험번호는 검은색 펜을 사용하여 '●'로 표기하시오.
2. 답안은 지워지거나 번지지 않는 동일한 종류의 검은색 펜을 사용하여 작성하시오.(연필/사인펜/수정테이프/수정액 등 사용 불가)
3. 연필로 작성한 부분, 수정테이프(수정액)를 사용하여 수정한 부분, 문항별 답안란 이외의 부분에 작성한 답안은 채점하지 않으니 유의하시오.

1교시 [   ]학년도 공립 유치원, 초등학교, 특수학교 [유치원·초등] 교사 임용후보자 선정경쟁시험 (제12차) 답안지

본인은 응시자 유의사항을 숙지하였으며 이를 지키지 않아 발생하는 모든 불이익을 감수할 것을 서약합니다.

성 명

유치원, 초등학교, 특수학교(유치원·초등) 교직 논술 전용 답안지

쪽 번호: ❷

※ 결시자 확인란(응시자는 표기하지 말 것)
- 결시자 성명과 수험번호 기재
- 검은색 펜으로 결시자 수험번호와 우측란을 '●'로 표기

※ 감독관 확인란(응시자는 표기하지 말 것)
- 본인 여부, 성명, 수험번호 기록 및 쪽수가 정확한지 확인 후 서명/날인
- 결시자는 위의 결시자 확인란에도 표기

(서명 또는 날인)

1. 수험번호는 검은색 펜을 사용하여 '●'로 표기하시오.
2. 답안은 지워지거나 번지지 않는 동일한 종류의 검은색 펜을 사용하여 작성하시오.(연필/사인펜/수정테이프/수정액 등 사용 불가)
3. 연필로 작성한 부분, 수정테이프(수정액)를 사용하여 수정한 부분, 문항별 답안란 이외의 부분에 작성한 답안은 채점하지 않으니 유의하시오.

2교시 [ ] 학년도 공립 유치원, 특수학교 [유치원], 특수학교 [초등] 교사 임용후보자 선정경쟁시험 (제12차) 답안지

본인은 응시자 유의사항을 숙지하였으며 이를 지키지 않아 발생하는 모든 불이익을 감수할 것을 서약합니다.

성 명

유치원, 특수학교(유치원) 특수학교(초등) 교육과정 A 전용 답안지

쪽 번호: ❶ ②

수험번호

※ **결시자 확인란**(응시자는 표기하지 말 것)
- 결시자 성명과 수험번호 기재
- 검은색 펜으로 결시자 수험번호와 우측란을 '●'로 표기

※ **감독관 확인란**(응시자는 표기하지 말 것)
- 본인 여부, 성명, 수험번호 기록 및 쪽수가 정확한지 확인 후 서명/날인
- 결시자는 위의 결시자 확인란에도 표기

(서명 또는 날인)

1. 수험번호는 검은색 펜을 사용하여 '●'로 표기하시오.
2. 답안은 지워지거나 번지지 않는 동일한 종류의 검은색 펜을 사용하여 작성하시오.(연필/사인펜/수정테이프/수정액 등 사용 불가)
3. 연필로 작성한 부분, 수정테이프(수정액)를 사용하여 수정한 부분, 문항별 답안란 이외의 부분에 작성한 답안은 채점하지 않으니 유의하시오.

문항 1

문항 2

문항 3

문항 4

문항 5

문항 6

문항 7

문항 8

3교시 [ ]학년도 공립 유치원, 특수학교[유치원], 특수학교[초등] 교사 임용후보자 선정경쟁시험 (제12차) 답안지

문항 5

문항 6

문항 7

문항 8

문항 1

문항 2

문항 3

문항 4